„... für deutsche Geschichts- und Quellenforschung“

HISTORISCHE
KOMMISSION
BEI DER BAYERISCHEN
AKADEMIE DER
WISSENSCHAFTEN

HK
MÜNCHEN

„...für deutsche Geschichts- und Quellenforschung

150 Jahre Historische Kommission bei der Bayerischen Akademie der Wissenschaften

Herausgegeben von

Lothar Gall

R. Oldenbourg Verlag München 2008

Gedruckt mit Unterstützung S.K.H. Herzog Franz von Bayern.

Bibliographische Information der Deutschen Nationalbibliothek
Die Deutsche Nationalbibliothek verzeichnet diese Publikation in der Deutschen Nationalbibliographie; detaillierte bibliographische Daten sind im Internet über <http://dnb.d-nb.de> abrufbar.

Rosenheimer Straße 145, D-81671 München
Internet: oldenbourg.de

Umschlagentwurf: Dieter Vollendorf
Gedruckt auf säurefreiem, alterungsbeständigem Papier (chlorfrei gebleicht).
Satz: Elisabeth Lukas-Götz, München
Druck: Memminger MedienCentrum, Memmingen
Bindung: Buchbinderei Klotz, Jettingen-Scheppach

ISBN 978-3-486-58286-4

Inhalt

Lothar Gall
150 Jahre Historische Kommission bei der Bayerischen Akademie der Wissenschaften

„Die Idee und die Erscheinung" überschrieb Franz Schnabel, der damalige Präsident der Historischen Kommission bei der Bayerischen Akademie der Wissenschaften, seine große Studie, mit der er vor fünfzig Jahren die Festschrift zum hundertjährigen Bestehen der Kommission einleitete. Das Schwergewicht legte er dabei auf die „Idee", die Leopold Ranke, den eigentlichen geistigen Vater und Gründer der Kommission, leitete. Die „Erscheinung" – wir würden heute sagen: die Praxis – behandelte er ausführlicher nur für die ersten zwei bis drei Jahrzehnte und beschränkte sich für die folgende Zeit auf eine knappe Skizze.[1] Damit trat im Zeichen der Rückbesinnung auf die leitenden Vorstellungen und Planungen, die hinter der Gründung standen, das Element der kritischen Bilanz, zumindest vordergründig, eher zurück. Heute jedoch bedarf es, angesichts immer knapper werdender Ressourcen, vor allem aber im Hinblick auf tiefgreifende Veränderungen im Fach selber wie im Verhältnis der Geschichtswissenschaft zu den übrigen Wissenschaften und zur Öffentlichkeit eines bei aller Würdigung der positiven Traditionen sicher selbstkritischeren Blicks. Was, so muß man fragen, macht die Arbeit einer solchen von einer freien Vereinigung von Gelehrten getragenen Kommission „für deutsche Geschichts- und Quellenforschung", deren Ziel, wie es in dem Gründungsstatut vom 20. August 1858 hieß, die „Auffindung und Herausgabe wertvollen Quellenmateriales für die deutsche Geschichte in deren ganzem Umfang" sein sollte,[2] bis heute nicht nur wichtig, sondern in vielem unentbehrlich?

Zunächst einmal: Anders als es Ranke und seine Mitstreiter, aber auch die Schöpfer des älteren Schwesterunternehmens der „Monumenta Germaniae Historica" anfangs meinten, ließ sich die Aufgabe der „Auffindung und Herausgabe wertvollen Quellenmaterials für die deutsche Geschichte in deren ganzem Umfang", die Erforschung also „der großen, Alle angehenden, Alle verbindenden, das Leben der Nation beherrschenden Ereignisse" selbst für die älteren Zeiten, also bis zum Beginn des 19. Jahrhunderts, nicht binnen weniger Jahrzehnte bewältigen. Und dazu kamen in der folgenden Zeit ständig wachsende Quellenmassen aus sich gleichzeitig laufend erweiternden Gebieten der politischen, der wirtschaftlichen, der sozialen, der Kultur- und Wissenschafts- und schließlich der Alltagsgeschichte. Sie überforderten schon bald die Leistungsfähigkeit der Kommission, auch wenn diese sich personell und sachlich ständig erweiterte. Zwar hielt man an einem Vorrang der politischen Geschichte im engeren Sinne mit manchen Einschränkungen und Überschreitungen im Hinblick auf die Geschichte der Wissenschaften, der Volkslieder, der Handelsakten, in gewisser Weise auch der Städtechroniken lange Zeit fest. Aber es wurde doch auch in dieser Hinsicht immer deutlicher, daß das Ausmaß der zu bewältigenden Aufgaben, sobald man sich dem ausgehenden 19. und dann vor allem dem 20. Jahrhundert näherte und die Felder sich immer mehr erweiterten, jede Dimension sprengte. Andere Institutionen übernahmen Aufgaben auf dem Gebiet der Quellenedition, für die, bezogen auf die deutsche Geschichte als ganze, bis dahin vornehmlich die Historische Kommission zuständig gewesen war. So gab es eine starke Tendenz, sich auf die traditionellen Gebiete, auf das zu konzentrieren, was seit der Gründung der Kommission ihre Hauptarbeitsgebiete gewesen waren: vor allem auf die Edition der sogenannten Reichstagsakten seit dem späten Mittelalter, seit 1376 – hier lag die Hauptabgrenzung von den „Monumenta" – bis zum Ende der Reformationszeit, auf die Chroniken der deutschen Städte im gleichen Zeitraum, auf die sogenannten Wittelsbacher Korrespondenzen der Frühen Neuzeit, auf die Briefe und Akten zur Geschichte des Dreißigjährigen Krieges und auf die Geschichte der Wissenschaften, ergänzt durch die Jahrbücher der deutschen Geschichte seit ihren Anfängen bis zur Höhe des 13. Jahrhunderts und durch die Edition historischer Volkslieder. Die Schwelle zum 19. Jahrhundert überschritt die Kommission bis zum Ersten Weltkrieg dabei nur in Ausnahmefällen – an ihrer Spitze stand das gleichfalls, allerdings nicht in erster Reihe, von Ranke initiierte biographiegeschichtliche Sammelwerk der „Allgemeinen Deutschen Biographie", das Ende der 1860er Jahre ins Leben trat und vor dem Ersten Weltkrieg in 56 Bänden vollendet wurde. Ansonsten aber konzentrierte sich die Arbeit der Kommission im wesentlichen auf die gesamtdeutsche Geschichte des Spätmittelalters und der Frühen Neuzeit, mit dem Hauptakzent auf der politischen Geschichte im engeren Sinne und auf der Wissenschafts- und Geistesgeschichte.

Ein entscheidender Erweiterungs- und damit zugleich auch Veränderungsversuch wurde durch eine durch die Kommission aus dem Kreis ihrer Mitglieder eigens eingesetzte Reformkommission während der Zeit des Ersten Weltkrieges unternommen, in einer Zeit also, die als ein tiefer Einschnitt empfunden wurde, der eine Epoche beendete. Es gelte, das war der dabei leitende Gedanke, die nun zu Ende gehende Epoche in ihrer ganzen Breite in die Arbeit der Kommission miteinzubeziehen. Moriz Ritter, der damalige Vorsitzende der Kommission, machte in einer eigenen kleinen Denkschrift vom 28. Juli 1916 zunächst den Vorschlag, ein breit angelegtes „Quellenwerk zur Geschichte der Gründung und Befestigung des Deutschen Reichs" also der Zeit ab 1866, ins Auge zu fassen. Diesen Gedanken aufgreifend, aber zugleich entscheidend erweiternd, entwickelte der Berliner Historiker Friedrich Meinecke in einer weiteren Denkschrift vom 16. September des gleichen Jahres den ins einzelne gehenden Plan, den Ritterschen Vorschlag „auszudehnen auf den ganzen Zeitraum der modernen deutschen National- und Einheitsbewegung, also etwa auf das Jahrhundert von 1795–1888 (1890), wobei ein Hinübergreifen über diese Jahresgrenzen, wenn der einzelne Fall dazu drängt, nicht ausgeschlossen sein darf". Die Aufgabe, vor der die Kommission als erstes stehe, sei es, das ins Auge gefaßte „Arbeitsfeld im ganzen zu bestimmen, auch die einzelnen Parzellen auf ihm ungefähr schon abzustecken und nun je nach Gunst der Lage diese oder jene Parzelle jetzt in Arbeit zu nehmen". „Die Acta Germanica – so möchte ich unser Unternehmen am liebsten genannt sehen – werden dann genau so wie die Monumenta Germaniae einen gewaltigen Rahmen für eine Höhezeit unserer nationalen Geschichte darstellen, den die Arbeit von Generationen dann auszufüllen hat."[3]

Dieser weit ausgreifende Plan, mit dem die Historische Kommission zugleich nach den Vorstellungen Friedrich Meineckes federführend zahlreiche andere Institutionen integrieren sollte – von diesem Plan wird noch ausführlicher die Rede sein – ist im Zeichen der Niederlage und des dramatischen Verfalls der öffentlichen (und privaten) Finanzen niemals wirklich in Angriff genommen, geschweige denn realisiert worden. Das einzige, was von ihm blieb, war die Begründung einer neuen Abteilung der Historischen Kommission mit dem Namen „Deutsche Geschichtsquellen des 19. Jahrhunderts", ein Name, der später, nach 1945, um den Zusatz „und 20. Jahrhunderts" erweitert wurde.

Sie brachte zwar im einzelnen viele Quellenwerke zunächst meist diplomatiegeschichtlichen und politischen, auch parteigeschichtlichen Inhalts hervor, stand aber insgesamt in einem eher lockeren systematischen Zusammenhang. Dabei blieb es bis in die 1960er und 1970er Jahre. Erst dann erfolgte wieder ein größerer Vorstoß in neue Bereiche. Es wurde eine Abteilung „Forschungen zur deutschen Sozialgeschichte" mit Schwerpunkt auf dem 19. und 20. Jahrhundert ins Leben gerufen, ein Editionsunternehmen unter dem Titel „Dokumente zu den Reformen in den deutschen Mittelstaaten zwischen 1799 und 1820" und ein solches zum Thema „Quellen zur Geschichte des Deutschen Bundes" begründet. Gemeinsam mit dem Bundesarchiv gab und gibt die Kommission zudem seit den 1960er Jahren ein vielbändiges Quellenwerk „Akten der Reichskanzlei" in der Weimarer Republik und dann unter der Regierung Hitler heraus und hat seit den 1990er Jahren in Zusammenarbeit mit der Generaldirektion der Staatlichen Archive Bayerns die Edition der „Protokolle des Bayerischen Ministerrats 1945–1954" begonnen. Auch wurde die Reihe der „Deutschen Geschichtsquellen des 19. und 20. Jahrhunderts" thematisch insbesondere auf das Gebiet der Wissenschafts- und allgemein der Geistesgeschichte erweitert und die Reihe der „Deutschen Reichstagsakten" über 1555 hinaus um eine eigene Abteilung zu den Reichsversammlungen 1556–1662 ergänzt. Ein Vorhaben zum Thema „Deutsche und ostmitteleuropäische Europa-Pläne des 19. und 20. Jahrhunderts" wurde seit Ende der 1990er Jahre ebenso realisiert wie die Arbeiten an einem großangelegten „Repertorium Academicum Germanicum" vorangetrieben, dessen Ziel die Erfassung der graduierten Gelehrten des Alten Reiches (Theologen, Juristen, Mediziner und Artisten-Magister) im Zeitraum von 1250 bis 1550 ist. Daneben wurde das bis auf die Anfänge der Kommission zurückgehende Großunternehmen eines biographischen Lexikons, die „Allgemeine Deutsche Biographie", die den gesamten deutschsprachigen Raum umfaßt, schon seit 1943 völlig neu bearbeitet und seit 1953 unter dem Titel „Neue Deutsche Biographie" in bisher 23 Bänden herausgegeben. Flankiert wurde die Editionstätigkeit auf den verschiedensten Gebieten schließlich durch eine 1957 begonnene vielbändige Schriftenreihe, deren Autoren vielfach Mitarbeiter der Kommission waren oder noch sind.

Insgesamt also eine stolze Bilanz. Die Editionen aus den verschiedensten Gebieten stehen, immer wieder bestätigt, auf höchstem Niveau, und in den letzten drei bis vier Jahrzehnten sind nicht nur das 19. und die erste Hälfte des 20. Jahrhunderts hinzugekommen, sondern es wurden auch zahlreiche Gegenstandsbereiche neu erschlossen, von der Sozial- und Wirtschaftsgeschichte über die Wissenschafts-, die Parteien- und die Verfassungsgeschichte bis hin zur Bevölkerungsgeschichte und zu Zeugnissen individueller Lebenswelten unterschiedlichster Art. Die Kommission hat ihre zentrale Stellung als führendes Editionsunternehmen auf dem Feld der deutschen Geschichte seit dem späten Mittelalter in ihrem ganzen Umfang nicht allein behauptet, sondern in vieler Hinsicht ausgebaut. Und sie hat dieses bewerkstelligt nicht als ein Großinstitut mit direktorialer Leitung, sondern als freie Gelehrtenvereinigung, die stets unterschiedlichen Positionen und Ansätzen Raum gab und gibt.

Darin liegt freilich, bei allen Vorteilen, auch eine gewisse Schwäche. Die einzelnen Abteilungen und die um sie jeweils konzentrierten speziellen Forschungsinteressen und Forschungsansätze tendieren dazu, ein Eigenleben zu führen, auch wenn die zentrale Institution der Kommission, die Jahresversammlung ihrer Mitglieder, ihre Funktion als Kontroll- und Entscheidungsorgan sehr ernst nimmt und jedes neue Vorhaben eingehend erörtert wird, bevor es gebilligt – oder auch abgelehnt – wird. Ähnliches gilt für die Frage des jeweiligen Fortschrittes der einzelnen Unternehmen und die Überprüfung ihrer Ergebnisse. So enthält die heutige Kommission in ihren Abteilungen sozusagen eine Vielzahl von Unterkommissionen, die die jeweiligen zeitlichen und thematischen Schwerpunkte, konzentriert auf den Abteilungsleiter und seine festen und freien Mitarbeiter, in sich vereinigen. Dadurch entstehen über die einzelnen Editionsvorhaben eine Pluralität und ein Pluralismus der Perspektiven, der Ansätze und Fragestellungen, die sich je länger, je weniger unter mehr als formale gemeinsame Prinzipien und übergreifende Gesichtspunkte bringen lassen. Darin liegt einerseits die Stärke der Kommission insofern, als sie die Vielfalt der Zugänge zur Geschichte auch in ihren jeweiligen Epochen unter ihrem Dach vereinigt. Andererseits aber markiert dies auch eine gewisse Schwäche, das Fehlen einer klar fixierten Eindeutigkeit und eines präzisen, nach außen zu vermittelnden Programms.

Abb. 1: Leopold von Ranke (1795–1886), 1858–1886 Präsident der Historischen Kommission.

Ein solches Programm, eine leitende „Idee“ besaß die Kommission fraglos in ihren Anfängen, vermittelt und repräsentiert durch ihren geistigen Gründervater, durch Leopold Ranke. Und es ist kein Zufall, daß Franz Schnabel in seinem Eröffnungsbeitrag zu der Festschrift aus Anlaß des hundertjährigen Bestehens der Kommission 1958 vor allem auf diese „Idee“ abhob und die „Erscheinung“, also die Praxis, vergleichsweise kurz abhandelte. Das reale Bild der Kommission wurde und wird allerdings bis heute in immer stärkerem Maße von dieser Praxis bestimmt. Und hier gilt, daß – wie das auch bei historischen Begriffen der Fall ist – die reale „Erscheinung“ sich in und aus ihrer Geschichte entfaltet. Davon soll im folgenden, wenn auch nur in einem eher skizzenhaften Überblick, die Rede sein.

Zunächst aber noch einmal ein Blick auf die Ausgangslage und die Ausgangsidee, die Franz Schnabel vor fünfzig Jahren meisterhaft analysiert und dargestellt hat. Deutsche Geschichte, das war für Ranke und den Kreis derjenigen, die der bayerische König Maximilian II. wesentlich auf Rankes Vorschlag hin 1858 zusammengerufen hatte, die Geschichte des 1806, also vor einem halben Jahrhundert aufgelösten Heiligen Römischen Reichs Deutscher Nation. Seine Geschichte galt es nach den von Barthold Georg Niebuhr, Georg Heinrich Pertz, von Leopold Ranke selber und vielen anderen in ihrem Gefolge entwickelten und erprobten neuen wissenschaftlichen Methoden zunächst aus den Quellen zu erforschen und diese dann in möglichst endgültiger Form zu präsentieren, bevor von dieser Basis aus die Geschichtsschreibung und Geschichtsdeutung „sine ira et studio“, frei von allen außerwissenschaftlichen Einflüssen beginnen würde. Ob der Impuls oder gar der Auftrag zu solchen Werken gleichfalls von der Kommission ausgehen und ihren für die Editionen ins Auge gefaßten Prüfungs- und Kontrollverfahren unterworfen werden sollte, war von Anfang an umstritten. Pertz und vor allem Johann Gustav Droysen, der früh mit Werken über Alexander den Großen und über den Hellenismus hervorgetreten war und seit einigen Jahren an einer ganz nach den neuen Methoden aus den Quellen gearbeiteten „Geschichte der preußischen Politik" saß, sprachen sich entschieden dagegen aus. Solche Werke müßten ganz aus der Initiative des einzelnen Gelehrten entstehen, und die Kommission dürfe nicht in den Verdacht geraten, eine Leitungsinstanz einer quasi offiziellen Geschichtsschreibung sein zu wollen. „Arbeiten solcher Art", so Droysen in seiner knappen Denkschrift zur Gründung der Kommission, seien „zu individueller Natur, als daß sie durch einen noch so glänzenden Verein von Forschern in Gemeinschaft vorgenommen oder geleitet werden können".[4]

Im übrigen aber stimmten alle Mitglieder der neu berufenen Kommission dem Vorschlag Rankes zu, daß es die Hauptaufgabe sein müsse, die Quellen der zentralen Institutionen des, wie man später sagen sollte, „Alten Reiches" mit den Reichstagen an der Spitze zu erforschen und zu präsentieren – ein Unternehmen, das Ranke mit den „Jahrbüchern der deutschen Geschichte" mit seinen Schülern auf den Weg gebracht hatte. Daneben wurde, wiederum auf Anregung von Ranke und Pertz, beschlossen, die Geschichte des Reiches gleichsam von unten, von der Ebene der Städte und ihres Bürgertums her, systematisch zu erforschen und sich dabei auf die Publikation der deutschen Städtechroniken zunächst vom 14. bis 16. Jahrhundert zu konzentrieren.

Ferner regte Ranke eine vielbändige, gleichfalls ganz aus den Quellen zu erarbeitende Geschichte der Wissenschaften in Deutschland an und ein umfangreiches biographisches Lexikon, eine „Allgemeine Deutsche Biographie". Droysen erinnerte an das Vorhaben, eine Sammlung der historischen Volkslieder ins Leben zu rufen. Allerdings erklärte die vorbereitende Kommission, die, wie es wörtlich hieß, „begutachtende Versammlung", über all dies müsse noch intensiv beraten werden, und sie warnte gleichzeitig vor einer Überdehnung des Aufgabenfeldes und der Gefahr einer Zersplitterung der Arbeit der Kommission. Auch sei all dies mit den in Aussicht gestellten Mitteln nicht zu leisten.

Im Herbst 1859 trat die erste Plenarversammlung der neuen Einrichtung in München zusammen, nachdem König Maximilian II. am 26. November 1858 die Gründung der „Kommission für deutsche Geschichts- und Quellenforschung bei der Kgl. Bayerischen Akademie der Wissenschaften" bestätigt hatte. Mitglieder wie Vorstand waren bei dieser Gelegenheit vom König ernannt worden, wobei es im Vorfeld um die einzelnen Personen noch ein zähes Ringen gegeben hatte. Außer den Namen der zu der „begutachtenden Versammlung" wesentlich auf Vorschlag von Ranke Eingeladenen waren in der Liste, die dem Monarchen übergeben worden war, noch die Namen von Jacob Grimm, von Johann Martin Lappenberg, dem langjährigen Archivar Hamburgs, von Wilhelm Giesebrecht und von „Einheimischen" die beiden Bibliothekare Heinrich Föringer und Georg Martin Thomas genannt, außerdem vier potentielle außerordentliche Mitglieder.

№ 186

Koenigreich Bayern

Staats-Ministerium des Innern für Kirchen- und Schul-Angelegenheiten.

Seine Majestaet der König haben die Gründung einer Commission für deutsche Geschichts- und Quellenforschung bei der k. Akademie der Wissenschaften allergnädigst zu beschließen geruht. Die Dotation dieser Commission beträgt jährlich 15.000 fl. und fließt aus der Allerhöchsten Kabinetskasse. Die wissenschaftliche Aufgabe und innere Organisation derselben ist in dem in Abschrift hieneben angefügten Statut vom 20. v. Mts. näher bestimmt. Zu Mitgliedern der Commission sind im Art. XI des Statuts die Akademiker von Rudhart, von Spruner und von Sybel mit dem Beifügen ernannt worden, daß dieselben über die Ernennung auswärtiger Mitglieder Anträge einzureichen haben. Die Stellung dieser Anträge ist zu beschleunigen, weil Seine Majestaet der König wünschen, daß, womöglich noch im heurigen Herbste der erste Zusammentritt von Mitgliedern der erwähnten Commission stattfinde. Wegen Benützung der k. Hof- und Staatsbibliothek, des Archives, ferner wegen der Rechnungsrevision ist bereits das Geeignete

Abb. 2: Schreiben des „Staatsministeriums des Innern, für Kirchen- und Schulangelegenheiten“ betr. Gründung einer „Commission für deutsche Geschichts- und Quellenforschung“ durch König Maximilian II. von Bayern vom 9. September 1858.

Von den „Hiesigen“, wie Sybel sie nannte, wurde Thomas als politisch mißliebig vom König gestrichen und dafür Carl Adolf Cornelius, Sybels Kollege an der Münchener Universität, und Franz Löher ernannt. Damit, nach den Worten Sybels, die „katholische Rechte“ nun nicht zu stark wurde, hatte der König auch den Luzerner Joseph Eutych Kopp, der zu den ins Auge gefaßten Mitgliedern der vorbereitenden Versammlung gehört, aber auf die Einladung nicht einmal geantwortet hatte, von der Liste gestrichen und mit ihm Johann Friedrich Böhmer mit der Begründung, der Sonderling werde ja doch ablehnen. Daß Ranke der Vorsitzende der Kommission sein sollte, war von Anfang an unbestritten, und ebenso, daß Heinrich von Sybel, der älteste Schüler von Ranke, der zwei Jahre zuvor von Marburg nach München berufen worden war, der geschäftsführende Sekretär sein sollte.

Diese Eingriffe des Königs in die Vorschläge von seiten der Wissenschaft wurden von den meisten ihrer Vertreter zwar bedauert. Aber das waren unbezweifelbare Rechte des Stifters, der sehr intensiv an dem Ganzen teilgenommen hatte. Sie konnte man ihm nach allgemeiner Meinung schwerlich bestreiten. Und der insbesondere von Ranke formulierte doppelte Grundsatz blieb jedenfalls gewahrt: daß man sich nicht allein am wissenschaftlichen Ansehen des einzelnen – das war natürlich ein Grundkriterium –, sondern auch an dessen Bereitschaft zur aktiven Mitarbeit orientieren solle, und daß die Kommission als eine, wie Ranke es ausdrückte, „Akademie der deutschen Geschichtswissenschaft“, „eine nationale Verbindung und Genossenschaft wissenschaftlicher Männer“, als eine von Anfang an gesamtdeutsch konzipierte, auf die Erforschung der „allgemeinen Geschichte des gesammten Vaterlandes“ hin ausgerichtete Akademie Vertreter aus allen Bereichen Deutschlands vereinigen solle – insofern war allerdings die Nichtberücksichtigung des Luzerners Kopp ein zusätzlicher kleiner Wermutstropfen, auch wenn an dessen Bereitschaft zu intensiver Mitarbeit von vornherein Zweifel bestanden.

Es sollte, so hat Ranke es ausgedrückt, eine Gesellschaft entstehen „ohne Rücksicht auf Verschiedenheit der Konfession und der Landschaften unter einem fürstlichen Patronat“. Sie „wurzelt im bayerischen Boden, umfaßt aber das ganze Vaterland“. „Der Erforschung der großen, Alle angehenden, Alle verbindenden, das Leben der Nation beherrschenden Ereignisse soll unsere akademische Verbindung ihren Fleiß widmen.“[5] Programmatisch hatte das Heinrich von Sybel in dem von Februar 1859 datierten „Vorwort“ der fast gleichzeitig gegründeten „Historischen Zeitschrift“ so ausgedrückt: „Der geschichtlichen Betrachtung erscheint das Leben jedes Volkes, unter der Herrschaft der sittlichen Gesetze, als natürliche und individuelle Entwicklung, welche mit innerer Nothwendigkeit die Formen des Staats und der Cultur erzeugt, welche nicht willkürlich gehemmt und beschleunigt, und nicht unter fremde Regel gezwungen werden darf.“[6]

In diesem Sinne beschloß die erste reguläre Plenarversammlung der Kommission im Herbst 1859 die Herausgabe dreier großer Reihen: die Edition der Reichstagsakten seit dem späten 14. Jahrhundert, seit 1376, der Wahl König

Abb. 3: König Maximilian II. von Bayern (1811–1864), Gründer der Historischen Kommission.

Wenzels, die nach Heinrich von Sybel, der die Abteilung faktisch begründet hatte, drei Jahrzehnte lang unter der Leitung von Julius Weizsäcker stand und deren erster Band 1867 erschien; die von Karl Hegel, dem Sohn des Philosophen, betreuten „Chroniken der deutschen Städte vom 14. bis in's 16. Jahrhundert" – hier kamen die ersten drei, Nürnberg gewidmeten Bände der fränkischen Städte bereits 1862 bis 1866 heraus, dicht gefolgt von denen der schwäbischen Städte mit Augsburg als Zentrum, der niedersächsischen Städte mit zunächst Braunschweig und Magdeburg und der oberrheinischen Städte mit Straßburg beginnend; und schließlich die „Jahrbücher der deutschen Geschichte", deren erste beiden Bände, die die Zeit Ludwigs des Deutschen und die Anfänge der Zeit Heinrichs II. zum Thema hatten, bereits 1862 erschienen, gefolgt von der Neuauflage eines von Georg Waitz herausgegebenen Bandes über die Zeit Heinrichs I., der bereits 1837 in der von Ranke begründeten Reihe der „Jahrbücher des Deutschen Reiches unter dem Sächsischen Hause" publiziert worden war, der Keimzelle des nun gewaltig erweiterten Werkes. Von den Jahrbüchern sind, anfangs von Ranke persönlich geleitet, bis Anfang der 30er Jahre des 20. Jahrhunderts in chronologisch unregelmäßiger Folge 37 Bände erschienen, bis das Unternehmen, in der Anlage und in seinem thematischen Aufbau eher veraltend, mehr und mehr ins Stocken geriet und schließlich abgebrochen wurde.[7] Auch die Reihe der Städtechroniken endete mit ebenfalls 37 Bänden im gleichen Zeitraum mit einem Band über die

Chroniken von Lüneburg, dem 37 Jahre später, 1968, noch ein weiterer Band mit einer Bremer Chronik folgte – auch diese Reihe als Quellenwerk von nach wie vor größtem Wert und in vielem noch unausgeschöpft. Nur die Edition Reichstagsakten, mittlerweile auf vier Reihen erweitert, ist bis heute von diesen Anfangsvorhaben der Kommission, die Ranke und sein Kreis binnen weniger Jahrzehnte zum Abschluß zu bringen hofften, aus vielerlei Gründen, darunter vor allem die nicht vorausgesehene Masse und Vielfältigkeit des Stoffes, noch nicht abgeschlossen.

Bei diesen drei Großvorhaben ließ es allerdings die mit jährlich 15.000 fl., rund 350.000 € heutigen Geldes, aus der Kabinettskasse dotierte Kommission von Anfang an nicht bewenden. Schon im Vorfeld der Gründung hatte Ranke, wie bereits erwähnt, eine alle wissenschaftlichen Disziplinen umfassende, breitgefächterte „Geschichte der Wissenschaften in Deutschland" ins Auge gefaßt, die mit am Ende 32 Bänden seit den 1860er Jahren zu erscheinen begann – sie ist, wie sich versteht, heute in weiten Teilen veraltet und in den meisten Bänden und Teilen nur noch von historischem Interesse. Wenig später nahm man, gleichfalls von früh auf geplant, ein biographisches Lexikon in Angriff, das, Persönlichkeiten vornehmlich aus Politik, Kunst und Geistesleben des gesamten deutschsprachigen Raumes erfassend, vom Erscheinen des ersten Bandes im Jahre 1875 bis zu seinem Abschluß 1912 insgesamt 56 Bände umfaßte, Vorbild ähnlich aufgebauter Werke in vielen Ländern Europas. Angeregt von Pertz und Johann Gustav Droysen wurde unter dem späteren ersten Schriftleiter dieser „Allgemeinen Deutschen Biographie", Rochus Freiherr von Liliencron, gleichzeitig die Herausgabe der „historischen Volkslieder der Deutschen vom 13. bis 16. Jahrhundert" beschlossen, die in fünf Bänden zwischen 1865 und 1869 erschienen; ihnen folgten zu Beginn des 20. Jahrhunderts noch drei weitere Bände, die die Zeit von der zweiten Hälfte des 16. Jahrhunderts bis 1879 umfaßten.

Und noch etwas gehörte als Vorhaben bereits in die Anfangsjahre der Kommission: Johann Martin Lappenberg, Autor einer nach den Grundsätzen der neuen, kritischen Geschichtsforschung erarbeiteten Geschichte Englands – sie erschien zwischen 1834 und 1837 – hatte als eines der Gründungsmitglieder der Kommission und als langjähriger Kenner der Geschichte der deutschen Hanse angeregt, die sogenannten Hanserezesse, die Beschlüsse der Hansetage, kritisch zu edieren. Das wurde im Grundsatz beschlossen und nach längerem Suchen mit Karl Koppmann, einem Schüler von Waitz, ein geeigneter Bearbeiter gewonnen. Koppmann hat von 1870 bis 1897 „Die Recesse und andere Akten der Hansetage von 1216 bis 1430" in einer eigenen Reihe der Historischen Kommission ediert; der 1870 gegründete Hansische Geschichtsverein übernahm zeitlich parallel dazu die Fortsetzung der Reihe.

Und als ob all dies nicht genug sei, beschloß die Plenarversammlung der Kommission zwei Jahre nach ihrer Gründung und ein Jahr nach ihrer ersten Vollversammlung auf Antrag von Carl Adolf Cornelius, dem nächsten Kollegen von Sybel an der Münchener Universität, und von Maximilian II. – wie gesagt, aufgrund seines persönlichen Initiativrechts in die Kommission berufen –, die „Politischen Korrespondenzen der Fürsten aus dem Hause Wittelsbach“ von 1550 bis in die Zeit des Dreißigjährigen Krieges herauszugeben. Auch damit wurde sogleich begonnen. In den folgenden Jahren und Jahrzehnten erschienen unter dem Titel „Wittelsbachische Korrespondenzen“ in drei Unterabteilungen, gegliedert unter den Themen „Ältere pfälzische Korrespondenzen“, „Briefe und Akten zur Geschichte des 16. Jahrhunderts mit besonderer Rücksicht auf Bayerns Fürstenhaus“ und „Briefe und Akten zur Geschichte des Dreißigjährigen Krieges in den Zeiten des vorwaltenden Einflusses der Wittelsbacher“, 35 Bände.[8] Schließlich wurde, angeregt von Jacob Grimm, eine Sammlung der „Weistümer“ herausgegeben, ergänzt um eine Edition deutscher Rechtssprichwörter sowie um eine zweite Auflage des von Johann Andreas Schmeller zuerst von 1827 bis 1837 herausgegebenen Bayerischen Wörterbuchs.

Mit einem Wort, die Kommission konzentrierte sich in den Jahren vor dem Ersten Weltkrieg auf die Zeit vom ausgehenden 14. bis zur Mitte des 17. Jahrhunderts und setzte dabei den Schwerpunkt ihrer sogleich allgemein als vorbildlich akzeptierten, die Standards der Geschichtswissenschaft bestimmenden Editionen auf die Geschichte der Reichstage und auf die sehr wesentlich politisch verstandene Geschichte der deutschen Nation. Dabei wurde, dem Sitzland entsprechend, ein besonderer Akzent auf die Geschichte Bayerns unter den Wittelsbachern gelegt und daneben ein spezielles Augenmerk auf die Kulturgeschichte im damaligen Verständnis gelegt. Auch das biographische Lexikon, das in knapp vierzig Jahren 1912 in 56 Bänden abgeschlossen wurde, konzentrierte sich auf die Darstellung der führenden Persönlichkeiten auf politischem und geistig-kulturellem Gebiet im deutschsprachigen Raum, sah also die Nation wesentlich in der politischen und geistigen Führungsschicht verkörpert.

Dem entsprach, daß man, von Ranke angeregt, die Geschichte der Wissenschaften in Deutschland als eine der vordringlichsten Aufgaben auf dem Gebiet der Darstellung ansah. Noch 1878 hat Ranke in Ergänzung dieses Werkes, das sich auf das 18. und 19. Jahrhundert konzentrierte, eine „Geschichte der wissenschaftlichen Cultur in Deutschland bis in das siebzehnte Jahrhundert“ angeregt, „und zwar in zwei Abteilungen, von denen die eine die Zeit der Klosterschulen, die andere die der Universitäten umfassen würde“.[9] Diese Anregung ist freilich nicht weiter verfolgt worden, auch weil man den Kreis der Aufgaben nicht noch weiter ausdehnen wollte – nicht zuletzt auch, weil die Mittel dafür fehlten.

In all dem spiegelte sich das Geschichtsbild, von dem sich Ranke und sein Kreis ursprünglich leiten ließen und das sie zu befestigen strebten. Die Zeit nach dem Westfälischen Frieden blieb ebenso ausgeklammert wie das, was die Zeitgenossen damals als unmittelbare „Zeitgeschichte“ betrachteten, die noch nicht dem unmittelbaren Streit und dem aktuellen Ringen zwischen den verschiedenen Positionen entzogen war. Diese Zeit ließ sich noch nicht „sine ira et studio", wie man meinte, dauerhaft „objektivieren". Das war das große Ziel in dem Glauben, daß man durch kritische Aufbereitung der jeweils ursprünglichsten Quellen und durch konsequente Anwendung der historisch-kritischen Methode nicht nur die Wahrheit einzelner Vorgänge und Ereignisse herausarbeiten könne, sondern auch die dahinter wirkenden Kräfte und „Tendenzen", wie Ranke das nannte. So werde zugleich der historische Prozeß als ganzer erkennbar, werde seine innere Logik sichtbar als Teil einer letztlich von Gott bestimmten Weltordnung. Es gehe in diesem Sinne also nur darum zu erforschen, „wie es eigentlich gewesen ist".

Dahinter verbarg sich Rankes ganze Geschichtsphilosophie. Von ihr geleitet, hatte er sich zunächst in großen darstellerischen Werken, die er ganz aus den Quellen schöpfte, jenen Epochen zugewandt, die nun auch im Zentrum der Arbeit der wesentlich von ihm ins Leben gerufenen Historischen Kommission standen. Das praktische Geschäft der Organisation dieser Arbeit auf den verschiedenen Gebieten übernahm dabei vor allem Wilhelm Giesebrecht, nachdem der erste Sekretär der Kommission, Heinrich von Sybel, schon Anfang der 1860er Jahre einen Ruf an die Universität Bonn angenommen und München verlassen hatte. Über Jahrzehnte, von 1862 bis zu seinem Tode 1889, hat Giesebrecht das Amt des Sekretärs versehen und viele der großen Publikationen recht eigentlich in Gang gesetzt; bei der Edition der Reichstagsakten lag die Betreuung allerdings bis zu dessen Tode wesentlich bei Sybel.

Giesebrecht war gleichfalls ein Schüler Rankes, zunächst Gymnasiallehrer, dann Professor in Königsberg, bevor er 1862 nach München berufen wurde. Noch als Lehrer am Joachimsthaler Gymnasium in Berlin hatte er 1855 den ersten Band seiner „Geschichte der deutschen Kaiserzeit" veröffentlicht, die ihn, verfaßt ganz im Sinne der neuen historisch-kritischen Methode, aber zugleich getragen von patriotischem Pathos, weit über die Grenzen des Fachs bekannt machte. Ranke selber hat die der Kommission zugrundeliegenden Ideen immer wieder akzentuiert und als langjähriger Vorsitzender wie kein anderer verkörpert. Um die praktische Realisierung und die konkrete Arbeit aber hat er sich eher weniger gekümmert – das war die Aufgabe und das große Verdienst von Giesebrecht. Ranke hat nach 1871 den Vorsitz der Kommission nur noch aus der Ferne wahrgenommen; von 1872 bis zu seinem Tode 1886 ist er nicht mehr in München gewesen.

Das hing mit seinem Alter und seinen körperlichen Beschwerden zusammen, aber doch auch mit dem Bewußtsein, daß die Arbeiten der Kommission, so wertvoll ihre Ergebnisse im einzelnen waren, mit den Fortschritten der Wissenschaft und der Entdeckung immer neuer und immer umfangreicherer Quellenbestände mit einer Art inneren Logik zunehmend ins Kleinteilige gerieten – mit der Folge zugleich, daß sie nicht so rasch vorankamen, wie Ranke das ursprünglich gehofft hatte: Er hatte ursprünglich mit zwanzig, höchstens mit dreißig Jahren gerechnet. Auch erhoben sich in der Wissenschaft selber, zumal bei den Vertretern der jüngeren Generation, zunehmend kritische Stimmen.

Vor allem Johann Gustav Droysen, eines der Gründungsmitglieder der Kommission, hat dieser Kritik schon früh Ausdruck gegeben. Ein Jahrzehnt jünger als Ranke, zu dem er politisch als dezidierter „Kleindeutscher", aber auch persönlich in vieler Hinsicht in Gegensatz stand, sprach er in einem Brief an Friedrich Andreas Perthes aus dem Jahre 1859 davon, Ranke und seine Schule sähen den Zweck der historischen Forschung allein darin, die Richtigkeit der Tatsachen festzustellen. „Es versteht sich, daß dergleichen wichtig, wesentliche Grundlage ist, nur nicht Zweck. Das wahre Faktum steht nicht in den Quellen. Man braucht einen höheren Gesichtspunkt als das Kritisieren der Quellen; und die Richtigkeit der zu erzählenden Fakta ist stets prekär." Man dürfe es nicht bei der „allein seligmachenden" Quellenkritik belassen, wolle man der Geschichtswissenschaft den ihr zukommenden Platz im geistigen Leben der Nation sichern. Vor allem gelte es, der Nation in ihrem Streben nach einem in sich geschlossenen Nationalstaat und nach dem nationalen Selbstbestimmungsrecht mit entsprechend akzentuierten historisch-politischen Werken zur Seite zu springen, Werken, die, den Grundsätzen der neuen historisch-kritischen Methode verpflichtet – das blieb für Droysen ein irreversibles Prinzip –, sich nicht nur an Fachleute, sondern an die Nation als ganze, zumindest an ihren gebildeten Teil, richteten. Droysen sprach auch von der „Leisetreterei" Rankes, die ihn zwar, geborener Höfling und Diplomat, Maximilian II. für die Gründung der Kommission habe gewinnen lassen, ihr aber auch, wie sich vor allem an den Kompromissen in der Frage der Berufung der Mitglieder gezeigt habe, gleich wieder einen Teil der beanspruchten Selbständigkeit genommen habe. Diese „Leisetreterei" Rankes sei auch für seine ganze Geschichtsschreibung und für sein Zeitalter, das Zeitalter der Restauration, der Jahre vor 1848, charakteristisch, dessen Geist „jetzt aus unserer Nation verdrängt" werde, wie Droysen optimistisch bemerkte.[10]

Bei der Mehrheit der Kommission aber herrsche, so Droysen, unter Führung von Pertz und Ranke ein solcher Geist noch vor. Droysen hat sich daher an den Arbeiten der Kommission kaum beteiligt. „Ich habe wenig Lust dazu, den Schein, als ob es in München deutschen Interessen gelte und als ob man dort hochherzig der Wissenschaft lebe, noch länger zu erhalten." Endgültig aus der Kommission ausgetreten ist er allerdings erst vor der Jahresversammlung des Jahres 1871 – der vorletzten, was er freilich nicht wußte, die Ranke persönlich leitete.

Solche Kritik ist auch in den folgenden Jahren und Jahrzehnten nie ganz verstummt, auch wenn ihr die stetig wachsende Anerkennung der praktischen Leistungen der Mitglieder und Mitarbeiter der Kommission auf den verschiedenen Gebieten gegenüber stand, wie sie sich in der Fülle der Publikationen niederschlugen. Am massivsten und später immer wieder zitiert, hat, von einem ganz anderen politischen Standpunkt aus, diese Kritik schon früh und sie des öfteren wiederholend der Baseler Historiker Jacob Burckhardt geäußert. Selbst ein Schüler Rankes, hat er über die „Urkundionen" in München und, in Bezug auf die Monumenta, in Berlin gespottet und seiner Sorge Ausdruck gegeben, daß auf dem hier eingeschlagenen und verfolgten Wege die Geschichtswissenschaft sich ins Kleinliche und gleichzeitig ins Uferlose verlieren werde. Die Ergebnisse einer solchen Geschichtswissenschaft würden außerhalb des engsten Kreises der Fachleute nicht mehr rezipiert werden und sie werde dadurch ihre Rolle im öffentlichen Leben mehr und mehr verlieren. Das war ein ebenso scharfer wie grundsätzlicher Angriff und die Reaktion der Betroffenen war entsprechend: Als Burckhardt, mittlerweile ein auch international hoch angesehener, wenn auch nicht unumstrittener Vertreter des Faches, 1892 zur Zuwahl in die Kommission vorgeschlagen wurde, erhielt er nur drei Stimmen.

Zu der, allerdings stets nur von einer Minderheit vorgetragenen Kritik an der Methode und am ganzen Ansatz der Kommission kamen schon früh äußere und handfest-materielle Bedrohungen der Arbeit der Kommission. Maximilian II. hatte die Gründung mit jährlich 15.000 fl. aus der Kabinettskasse dotiert, dazu hatte er 1859 einen auf fünf Jahre befristeten außerordentlichen Zuschuß von pro Jahr 10.000 fl. für die Erarbeitung der von früh auf geplanten Geschichte der Wissenschaften in Deutschland gewährt, die, finanziert mit dieser Summe, bis 1913 in 32 Bänden erschienen ist. Dann allerdings starb wenige Jahre nach der Gründung der Kommission, im März 1864, Maximilian II. im Alter von gerade 52 Jahren, und es herrschte große Unsicherheit, vor allem im Kreise der Mitarbeiter, wie es nun weitergehen sollte. Zwar hatte der König mehrfach versichert, daß seine Gründung auch über seinen Tod hinaus sichergestellt sei, Genaueres aber war darüber aus seinem Testament nicht zu entnehmen oder wurde von den Testamentsvollstreckern daraus nicht entnommen. Und der neue Monarch, Ludwig II., bemerkte sogleich, daß er hoffe, daß die Arbeiten sehr bald zu Ende kämen. Auf eine entsprechende Anfrage des Ministeriums erklärte daraufhin der Ortsausschuß, die begonnenen Arbeiten könnten in etwa zwölf Jahren beendet sein. Auf diese Auskunft hin verfügte Ludwig II., daß die bisherige Dotation von 15.000 fl. für fünfzehn Jahre weiter gewährt werden solle. Diese Frist wurde 1877 um weitere zehn Jahre verlängert. Schließlich wurde die Kommission, drei Jahre später, 1880, wie es bei der damaligen Lage der Dinge schien, endgültig auf Dauer gestellt: Ludwig II. errichtete nämlich aus Anlaß des 700jährigen Jubiläums der Belehnung der Wittelsbacher mit dem Herzogtum Bayern am 23. März 1880 die „Wittelsbacher Stiftung für Wissenschaft und Kunst" und verfügte, daß diese „bis auf weiteres" zunächst der Unterhaltung der Historischen Kommission dienen sollte. Hochbeglückt kommentierte der eigentliche Gründer und langjährige Präsident der Kommission, der bald 85jährige Leopold von Ranke, von Berlin aus die Nachricht. „Der Stifter König Maximilian hatte mir dies einst versprochen; sechzehn Jahre nach seinem Tode ist sein Versprechen erfüllt worden. [...] Die Commission kann nun ihre Arbeiten fortsetzen, ohne Besorgnis, darin durch zufällige Umstände unterbrochen zu werden; sie kann", fuhr er fort, „zu neuen Unternehmungen schreiten und ihren Beruf in vollem Umfang erfüllen."[11]

№ 1603

Präs. 27/3 80. No 91

Ludwig II

von Gottes Gnaden Koenig von Bayern,
Pfalzgraf bey Rhein,
Herzog von Bayern, Franken und in Schwaben x.x.

Um die Allerhöchsten Intentionen Unseres vielgeliebten, nun in Gott ruhenden Herrn Vaters, Seiner Majestät des Königs Maximilian II. von Bayern im thunlichsten Umfange in ehrender Verwirklichung zu bringen und insbesondere für die Arbeiten der von Höchstdemselben bei der Akademie der Wissenschaften in München gegründeten historischen Kommission auch fernerhin die entsprechenden Mittel zu sichern, haben Wir in Gemeinschaft mit Unseres vielgeliebten Herrn Bruders, des Prinzen Otto von Bayern Königliche Hoheit beschlossen, eine allgemeine Landesstiftung zunächst zur Förderung wissenschaftlicher Zwecke zu errichten und verordnen hiermit, was folgt:

I.

Die begründete Stiftung führt den Namen „Wittelsbacher Stiftung für Wissenschaft und Kunst"; sie besitzt die Eigenschaft einer Landesstiftung mit juristischer Persönlichkeit und hat ihren Sitz in München.

II.

Zur Dotation derselben bestimmen Wir und Unseres Herrn Bruders des Prinzen Otto von Bayern Königliche Hoheit den Betrag von zusammen sechsmal hundert fünfzigtausend Mark aus dem Nachlasse Unseres höchstseligen Herrn Vaters.

III.

Die Verwaltung des Stiftungsvermögens wird der Kassaverwaltung

Abb. 4: Urkunde zur Errichtung der „Wittelsbacher Stiftung für Wissenschaft und Kunst" vom 23. März 1880 durch König Ludwig II. von Bayern.

Das Stiftungsvermögen von 655.000 Goldmark sollte von der Kasse der Bayerischen Akademie unter Aufsicht des Vorstandes der Historischen Kommission verwaltet werden. Unmittelbar nach dem Ersten Weltkrieg betrug das Stiftungsvermögen 725.000 RM mit einem jährlichen Zinsertrag von etwa 26.000 RM. Davon blieben nach der Inflation allerdings nur noch 75.150 RM mit einem Ertrag von rund 3.000 RM übrig. Hier setzte jedoch dann ein Jahreszuschuß von seiten des zur Republik gewordenen bayerischen Staates von 30.000 RM ein, sodaß insgesamt rund 33.000 RM zur Verfügung standen. Angesichts der steigenden Personalkosten reichte diese Summe jedoch schon bald hinten und vorne nicht. Das Reichsinnenministerium, dann die Notgemeinschaft der deutschen Wissenschaft, die Vorgängerin der Deutschen Forschungsgemeinschaft, gewährten zeitweise einen Jahreszuschuß von 10.000 RM. Dieser Zuschuß wurde nach 1930 gekürzt und fiel dann ganz weg. Auch der bayerische Staatszuschuß fiel bis 1939 auf rund 20.000 RM, um dann im Krieg wieder etwas anzusteigen.

Aber zurück zu der Situation in den 80er Jahren des 19. Jahrhunderts. Zwar wurde immer wieder betont, daß der König mit einem Abschluß der Arbeiten der Kommission zu einem absehbaren Zeitpunkt rechne und daß die Zinsen aus dem Stiftungsvermögen dann anderen Zwecken aus den Bereichen von Kunst und Wissenschaft zugeführt werden sollten. Aber weder Giesebrecht, der damals schon der effektive Vorsitzende der Kommission war, noch der im Herbst 1886 als Nachfolger Rankes formell zum Vorsitzenden gewählte Heinrich von Sybel rechneten mit einem baldigen Abschluß der einen immer größeren Umfang annehmenden Arbeiten der Kommission. Es wurden im Gegenteil nach der kurzen Amtszeit von Sybels Nachfolger, dem Wiener Alfred Ritter von Arneth, unter dem gleichfalls in Wien als Leiter des Instituts für österreichische Geschichtsforschung wirkenden Theodor Sickel und dann seit 1908 dem an der Universität Bonn lehrenden Moriz Ritter als Vorsitzenden[12] immer wieder Anregungen erwogen, die Arbeiten der Kommission auf das gerade abgeschlossene 19. Jahrhundert auszudehnen. Diese Überlegungen führten schließlich, wie bereits kurz erwähnt, zur Bildung einer förmlichen Unterkommission, bestehend aus Moriz Ritter, Erich Marcks, Max Lenz und Erich Brandenburg, die aus eigenem Recht weitere Mitglieder hinzuwählen konnten, was sie mit der Wahl Hermann Grauerts, von Walter Goetz und des auf der Plenarversammlung vom Sommer 1916 neu in den Kreis der Mitglieder der Kommission getretenen Friedrich Meinecke auch sogleich taten. Diese Unterkommission erhielt den Auftrag, genauere Pläne für eine solche Ausweitung zu entwickeln und eine entsprechende Beschlußvorlage vorzubereiten.

Daraus ist, vorgeschlagen und formuliert von Moriz Ritter und dann, auch in zeitlicher Hinsicht erweiterter Form von dem neuen Mitglied Friedrich Meinecke, 1916/17 das Konzept eines in viele Einzelbereiche und Unterabteilungen gegliederten Großvorhabens zur Geschichte des 19. Jahrhunderts entstanden – ein, nach den Worten Meineckes, „gewaltiger Rahmen für eine Höhezeit

Abb. 5: Friedrich Meinecke (1862–1954), seit 1916 o. Mitglied der Historischen Kommission.

unserer nationalen Geschichte", den „die Arbeit von Generationen dann auszufüllen" haben werde. Hier war nun vom Abschluß der Arbeiten der Kommission endgültig keine Rede mehr. Auf Vorschlag Meineckes sollte das ganze Unternehmen den Titel „Deutsche Geschichtsquellen des 19. Jahrhunderts" tragen und die Zeit von 1795 „bis zum Ausgange des jetzigen Krieges" umfassen, „ohne daß diese Grenzen durchaus bindend sein sollen".[13]

Das Unternehmen sollte sich, beschloß die Unterkommission nach längerer Diskussion, in vier Abteilungen gliedern, nämlich in „Akten und Aktenverarbeitungen", „Parlamentsverhandlungen und politische Tagungen", „Denkwürdigkeiten und Briefwechsel" sowie in „Regesten und Repertorien", wobei man der Kommission empfehle, die Abteilungen 3 und 4 „als zunächst ausführbar und dringlich in Angriff" zu nehmen. Aus der Abteilung 3 sei zunächst an die Papiere aus dem Nachlaß von Radowitz, die sich im Besitz Meineckes befänden, an den politischen Briefwechsel Hallers mit dem Grafen von Salis, an den Nachlaß Leopold von Gerlachs und an den politischen Nachlaß August Wilhelm von Schlegels, eventuell in Verbindung mit anderen Briefen aus den Kreisen der Frühromantiker, zu denken, später dann an die Nachlässe Heinrich von Gagerns, Twestens, von der Pfordtens, Laskers, des jüngeren Radowitz, Sybels, Dunckers, Häussers und Hayms. Für die Abteilung 4 könne man zunächst ein „chronologisch geordnetes Verzeichnis der Flugschriften mit knapper Inhaltsangabe nach dem Muster von Wentzckes kritischer Bibliographie der Flugschriften zur deutschen Verfassungsfrage aus den Jahren 1847–1850" in Aussicht nehmen, wobei vielleicht schon mit dem Jahre 1763, also dem Ende des Siebenjährigen Krieges, einzusetzen wäre.

Allerdings war man sich von vornherein in der Unterkommission darüber einig, daß die Verwirklichung eines solchen Plans die Kräfte der Kommission überfordere, daß man sich also zu diesem Zweck mit anderen Institutionen zusammentun und die Arbeit unter ihnen aufteilen müsse, allerdings unter Federführung der Historischen Kommission. Im Auftrag der Unterkommission trat Meinecke an die Berliner Akademie der Wissenschaften und an die Preußische Archivverwaltung heran. Bei beiden Einrichtungen traf er auf grundsätzliche Zustimmung, wobei aus dem Schoß der Berliner Akademie angeregt

— 8 —

Bemerkungen zu dem Ritterschen Vorschlag eines Quellenwerkes zur Geschichte der Begründung und Befestigung des Deutschen Reichs.

Der Rittersche Plan stellt uns vor eine Aufgabe, so groß und umfassend, wie sie vor einem Jahrhundert die Begründer der Monumenta Germaniae auf sich nahmen. So haben wir uns von vornherein zu sagen, daß sie auch für ein Jahrhundert Arbeit gibt, wenn sie ihr Ziel ganz erreichen soll. Das darf uns nicht abschrecken, soll uns aber den richtigen Maßstab geben, um Enttäuschungen zu vermeiden und doch innerhalb der Grenzen des Möglichen dem idealen Ziele näher zu kommen.

Die Haupt- und Kardinalfrage ist: Werden uns die Reichs- und Staatsbehörden das Aktenmaterial in derjenigen Vollständigkeit zur Verfügung stellen, die wir brauchen, die uns in die letzten erreichbaren Motive der Handelnden einführt und uns gestattet, aus der ungeheuren Masse des Stoffs die wirklich wertvollen und entscheidenden Zeugnisse auszuwählen und zu veröffentlichen? Wenn man sich der Bedenken erinnert, die das Auswärtige Amt noch heute gegen die vollständige Veröffentlichung der politischen Testamente Friedrichs des Großen von 1752 und 1768 hat, wenn man an die Schicksale des Sybelschen Werkes denkt, so wird man etwas skeptisch gestimmt. Es müßte also vorausgehen eine genaue und gründliche Aussprache der Kommission mit den Spitzen der Reichs- und Staatsbehörden, um festzustellen, in welchem Grade wir auf ihr Entgegenkommen hoffen dürfen. Es ist zu erwarten, daß uns namentlich auf dem Gebiete der auswärtigen Politik Schwierigkeiten gemacht und bestimmte Materialien vorenthalten werden. Ich meine nicht, daß man deswegen auf eine Abteilung für auswärtige Politik überhaupt verzichten müßte, wofern es nur gelingt wenigstens für einige der dazu gehörigen wichtigeren Aufgaben die Bürgschaft einer vollständigen Aktenbenützung zu erhalten. Die Rittersche Denkschrift bemerkt ja schon sehr

Abb. 6: „Bemerkungen zu dem Ritterschen Vorschlag eines Quellenwerkes zur Geschichte ...“

— 9 —

treffend, daß nach ungefährer Feststellung der Hauptthemata die einzelnen Aufgaben nicht in streng einzuhaltender Reihenfolge, sondern je nachdem sich tüchtige Bearbeiter finden, anzugreifen seien. Ich füge hinzu, auch je nachdem uns die Bürgschaft vollständiger Aktenbenützung gegeben wird oder nicht — diejenigen Themata, für die sie uns nicht gegeben wird, müssen dann der nächsten oder übernächsten Generation überlassen werden. Unsere Aufgabe muß sich heute darauf beschränken, das Arbeitsfeld im ganzen zu bestimmen, auch die einzelnen Parzellen auf ihm ungefähr schon abzustecken und nun je nach Gunst der Lage diese oder jene Parzelle jetzt in Arbeit zu nehmen. Die Acta Germanica — so möchte ich unser Unternehmen am liebsten genannt sehen — werden dann genau so wie die Monumenta Germaniae einen gewaltigen Rahmen für eine Höhezeit unserer nationalen Geschichte darstellen, den die Arbeit von Generationen dann auszufüllen hat.

Eben deswegen aber muß der Rahmen nun auch soweit gezogen werden, daß in der Tat alle zusammengehörigen Phasen dieser Höhezeit von ihm umfaßt werden. Ich bin deshalb dafür, ihn auszudehnen auf den ganzen Zeitraum der modernen deutschen National- und Einheitsbewegung, also etwa auf das Jahrhundert von 1795—1888 (1890), wobei ein Hinübergreifen über diese Jahresgrenzen, wenn der einzelne Fall dazu drängt, nicht ausgeschlossen sein darf.

Es mag paradox klingen, aber mir scheint, daß diese Ausdehnung des schon an sich fast unermeßlichen Plans unsere Aufgabe nicht erschwert, sondern erleichtert. Denn nun können wir innerhalb dieses enormen Gebiets diejenigen Stoffe, die sich heute fruchtbar bearbeiten lassen, viel zweckmäßiger und erfolgreicher auswählen, als wenn wir uns auf den Zeitraum von 1866—1888 beschränken wollten. Wir müssen mehr Spielraum haben für unsere Themata, wir dürfen nicht in die Gefahr kommen, plötzlich von den eigentlichen und besten Quellen abgeschnitten zu werden; wir müssen sicher sein, jederzeit über ergiebige und wichtige Themata und Stoffmassen verfügen zu können. Und die Hineinziehung des ganzen Zeitraums der Genesis

[„Acta Germanica"] von Friedrich Meinecke vom 16. September 1916, gedruckt, München 1916, 8–18.

wurde, die Angelegenheit zu einer Gemeinschaftsaufgabe der deutschen Akademien zu machen, eine Anregung, die allerdings auf seiten der Kommission auf wenig Gegenliebe stieß. Der Generaldirektor der Preußischen Staatsarchive teilte bei den entsprechenden Gesprächen mit, daß er „Veröffentlichungen ähnlicher Art im Rahmen der Publikationen aus den Preuß. Staatsarchiven und des in Berlin neu zu gründenden Historischen Instituts plane".[14] Daraufhin wurde von der Gesamtkommission auf ihrer Pfingsttagung 1917 angeregt und beschlossen, in naher Zukunft eine Konferenz von Vertretern dieser vier Institutionen einzuberufen und bei dieser Gelegenheit jeder an dem Plan beteiligten Einrichtung ein bestimmtes Publikationsgebiet zuzuweisen, so der Preußischen Akademie die preußische Reformzeit und die preußische Geschichte bis 1840, der Preußischen Archivverwaltung und dem neuzugründenden Historischen Institut die preußisch-deutsche Politik der Folgezeit und insbesondere die Zeit Bismarcks und der Historischen Kommission die Nachlässe, Denkwürdigkeiten und Repertorien, also die Abteilungen 3 und 4 sowie aus der Abteilung 1 die „Akten allgemein-deutschen Charakters, z. B. provisorische Zentralgewalt, Bundestag usw." und aus der Abteilung 2 die gesamtdeutschen Tagungen.

Das ganze Vorhaben, für das Meinecke sozusagen als Stichwort die Bezeichnung „Acta Germanica" vorschlug, ist auf den Plenarversammlungen der Jahre 1917 und 1918 eingehend erörtert worden, wobei neben der Anregung, auch Österreich zur Mitarbeit einzuladen und die österreichischen Verhältnisse bis 1866 sowie die Entwicklung der großdeutschen Ideen zu berücksichtigen, auch manche Zweifel an der Realisierbarkeit eines so weit ausgreifenden Planes geäußert wurden.

Zunächst allerdings waren die Vorbereitungen in großem Stil weitergegangen, ja, das ganze Vorhaben hatte immer weitläufigere Dimensionen angenommen. Ende Juni 1917 war es zu der geplanten Zusammenkunft von Vertretern der Historischen Kommission (Brandenburg, Meinecke und Marcks) mit Repräsentanten der Berliner Akademie (Roethe und Hintze), der preußischen Archivverwaltung (Kehr und Bailleu) und des von Kehr vertretenen neuen, wie es nun genannt wurde, „Instituts für Deutsche Geschichte" der Kaiser-Wilhelm-Gesellschaft gekommen, das kurz vor seiner offiziellen Gründung stand. Auf diesem Treffen wurden die Verteilung des Stoffes, die Organisation der Arbeit und die Form der Veröffentlichungen beschlossen, wobei man im wesentlichen von den Vorschlägen ausging, die die Plenarversammlung der Kommission Anfang Juni gebilligt hatte. Außerdem verständigte man sich darüber, weitere Institutionen zur Mitarbeit aufzufordern. Die Federführung und Koordination sollte in dieser Hinsicht bei der Historischen Kommission liegen, die es auch übernahm, jährlich zu einem Treffen der vier in dem Unternehmen der, wie es nun offiziell hieß, „Deutschen Geschichtsquellen des 19. Jahrhunderts" fortan verbundenen und zusammenarbeitenden Institutionen einzuladen.

Die Aufforderung der Historischen Kommission zur Mitarbeit an dem Unternehmen erging zunächst an die wichtigsten einzelstaatlichen historischen Kommissionen, an die württembergische, die sächsische, die badische, die hessische, die oldenburgische und die thüringische, und an die größeren der vielen Geschichtsvereine, an die Gesellschaft für Rheinische Geschichtskunde, den Hessischen Geschichtsverein, den Verein für Geschichte der Mark Brandenburg, die Görresgesellschaft und die Burschenschaftliche Historische Kommission. Auch die Kommission für Neuere Geschichte Österreichs wurde angeschrieben. Insgesamt waren es am Ende 27 Kommissionen und Vereine, die zur Mitarbeit aufgefordert wurden. Das heißt, die vier unter Federführung der Historischen Kommission zusammengefaßten Einrichtungen versuchten, praktisch alle an Quelleneditionen und Forschungen zur damals neuesten deutschen Geschichte beteiligten und interessierten Institutionen in einem großen Verbund zusammenzufassen.

Fast alle dieser Institutionen reagierten positiv, manche legten bereits genaue Veröffentlichungspläne vor. So kündigte die Gesellschaft für Rheinische Geschichtskunde neben den schon im Entstehen begriffenen, zum Teil bereits ausgedruckten zwei Bänden „Rheinische Briefe und Akten zur Geschichte der politischen Bewegung 1830–1850", die dann später im Rahmen der „Deutschen Geschichtsquellen" der Historischen Kommission erschienen, einen Band über die Entstehung des politischen Katholizismus am Rhein und einen über die dortige politische Entwicklung an. Später sollte dann eine Veröffentlichung der Landtagsakten zwischen 1824 und 1847 folgen. Auch die Kommission für Neuere Geschichte Österreichs legte, parallel zu den Plänen der Berliner Einrichtungen, ein umfangreiches Programm zur Geschichte der österreichischen Reichspolitik zwischen 1795 und 1866 bzw. bis 1879 vor und erklärte sich bereit, die weitere Koordination und Organisation der Arbeit hinsichtlich der österreichischen Geschichte in die Hand zu nehmen. Außerdem wurde geplant, noch weitere Institutionen zur Mitwirkung heranzuziehen, so die Frankfurter Historische Kommission, die die „Hand auf den Akten des Jahres 1848" habe und eine Reihe einschlägiger Pläne wie die Herausgabe der Petitionen an die Nationalversammlung und der Tagebücher des Reichsverwesers Erzherzog Johann verfolge. Der Jahresversammlung der Historischen Kommission Ende Mai 1918 lag also ein umfangreicher, vielfach bis in die Einzelheiten gehender Plan für ein editorisches Großunternehmen zur deutschen Geschichte des 19. Jahrhunderts vor.

Mit der deutschen Niederlage im Herbst 1918, der Revolution und der sich im weiteren immer mehr beschleunigenden Inflation aber wurden alle diese Pläne sehr rasch Makulatur. Ja, man konnte in München froh sein, die Finanzmittel für die Kommission und die Weiterführung der bisherigen Aufgaben einigermaßen aufbringen zu können. An grundlegend Neues, an eine systematische quellenmäßige Erschließung des 19. Jahrhunderts ab dem Stichjahr 1795, wie sie Meinecke ursprünglich vorschwebte, war bei Lage der Dinge, zunächst jedenfalls, nicht zu denken. Der Aufruf zur Gründung einer Gesellschaft der

Freunde der deutschen Geschichte, den die Historische Kommission gemeinsam mit einer ganzen Reihe von Vertretern des öffentlichen Lebens noch im Frühjahr 1919 mit dem Ziel veröffentlichte, Gelder für das große Unternehmen zusammenzubekommen, verhallte in den Wirren der Nachkriegszeit und der immer größere Ausmaße annehmenden Inflation.

Immerhin hatte die Kommission 1917 als Teil des ins Auge gefaßten und auch bereits praktisch vorangetriebenen Gesamtunternehmens die Gründung einer neuen Abteilung beschlossen, der man wie dem ins Auge gefaßten Gesamtunternehmen den Titel „Deutsche Geschichtsquellen des 19. Jahrhunderts“ gab. Zu ihrem Leiter wurde Erich Marcks bestellt und eine Reihe von Aufträgen vergeben. Sie konzentrierten sich, den ursprünglichen Plänen folgend, auf die dritte, von der Historischen Kommission direkt zu betreuende Abteilung, die „Denkwürdigkeiten und Briefwechsel bedeutender Persönlichkeiten“.

In dieser Abteilung sind in den folgenden Jahren zahlreiche Bände erschienen, durchschnittlich zwei pro Jahr. Sie waren jeweils als Einzelvorhaben konzipiert und erschlossen mehrheitlich den Nachlaß einzelner bedeutender Persönlichkeiten, so in insgesamt sechs Bänden den Briefnachlaß Ferdinand Lassalles, den die Kommission 2007 auch online zugänglich gemacht hat, oder in drei Bänden die „Denkwürdigkeiten“ des Generalfeldmarschalls Alfred Graf Waldersee. Auch die „Aufzeichnungen und Erinnerungen aus dem Leben des Botschafters Joseph Maria von Radowitz“ erschienen hier in zwei Bänden sowie, gleichfalls in zwei Bänden, die von Hermann Oncken, dem Nachfolger von Erich Marcks als Leiter der Abteilung, besorgte Edition „Großherzog Friedrich I. von Baden und die deutsche Politik von 1854–1871. Briefwechsel, Denkschriften, Tagebücher“.

Eröffnet wurde die Reihe allerdings 1919 mit dem von Joseph Hansen herausgegebenen ersten Band der Quellenveröffentlichung „Rheinische Briefe und Akten zur Geschichte der politischen Bewegung 1830–1850“. Der ließ noch das ursprüngliche Ziel der „Acta Germanica“ erkennen, bei der Erschließung und Bearbeitung von Quellen epochenbestimmende Bewegungen und Tendenzen in den Blick zu nehmen. In gewisser Weise knüpfte hieran später auch das vielbändige, von Heinrich Ritter von Srbik angeregte und herausgegebene Quellenwerk zur deutschen Politik Österreichs 1859–1866 an, das in rascher Folge zwischen 1934 und 1938 erschien. Die Abteilung, seit 1947 unter dem Namen „Deutsche Geschichtsquellen des 19. und 20. Jahrhunderts“, hat sich seither, inzwischen auf mehr als sechzig Bände angewachsen, über die politische Geschichte im engeren Sinne hinaus auf das Gebiet der Wissenschaftsgeschichte und allgemein der Geistesgeschichte ausgedehnt und hier einen weiteren Schwerpunkt gefunden.

Von den weiter ausgreifenden Plänen aber blieb zunächst, in den Jahren nach dem Ersten Weltkrieg, wenig übrig. Das galt auch für ein Unternehmen, das von Paul Wentzcke, dem Düsseldorfer Stadtarchivar, noch während des Ersten Weltkrieges mit großem Nachdruck vorgeschlagen und verfolgt worden war. Es sollte den Titel „Grundlagen der Deutschen Parteiengeschichte“ tragen und der Erforschung der deutschen Parteiengeschichte von ihren Anfängen bis in die Gegenwart dienen – als Teil des großen Gesamtvorhabens der von Meinecke zunächst so genannten „Acta Germanica“ und angesiedelt unter dem Dach der Historischen Kommission.

Marcks und Meinecke hatten sich zunächst sehr interessiert gezeigt, und Wentzcke legte noch im Frühjahr 1919 einen ausführlichen Arbeitsplan vor. Dabei sollte, wie er betonte, der Begriff der „Partei“ „möglichst weit“ gefaßt werden, „insofern auch alle Vereinigungen Berücksichtigung finden müssen, deren Tagungen für den Aufbau und die Entwicklung der eigentlichen politischen Parteien von Einfluß gewesen sind“, also etwa die Altkatholikenbewegung, die Protestantentage, die Vereinigungen der Freihändler und der Kathedersozialisten und natürlich die Gewerkschaften. Und außerdem sollte sich das Werk „nicht auf die Entwicklungsgeschichte der Parteien im ‚Reich‘ allein beschränken, sondern auch auf das Werden und Wachsen der Parteien in den deutschen Einzelstaaten zum wenigsten so weit eingehen, als die Gesamtentwicklung dadurch bedingt und beeinflußt wird“.[15]

Aus all dem wurde zunächst nichts, wenn man von der „politischen Briefsammlung“ absieht, die Paul Wentzcke und Julius Heyderhoff 1925/27 unter dem Titel „Deutscher Liberalismus im Zeitalter Bismarcks“ im Rahmen der „Deutschen Geschichtsquellen“ veröffentlichten. Erst nach 1945 wurde der Plan, sich systematischer mit der Geschichte der politischen Parteien zu beschäftigen, wieder aufgegriffen. Innerhalb der Historischen Kommission gab es damals, nach 1945, durchaus Überlegungen, an das anzuknüpfen, was seinerzeit, ausgehend von den Vorschlägen Paul Wentzckes, erwogen worden war, und die Kommission zum Träger eines entsprechenden Unternehmens zu machen.

Insbesondere Franz Schnabel, der 1951 als Nachfolger von Walter Goetz zum Präsidenten der Kommission gewählt werden sollte, setzte sich nachdrücklich dafür ein, das für die historische Fundierung der eben neu gegründeten parlamentarischen Demokratie so wichtige Feld der Parlaments- und Parteiengeschichte in den Aufgabenkreis der Kommission einzubeziehen. Dann aber lösten sich die entsprechenden Planungen von der Historischen Kommission, deren sogenannte Reformkommission Anfang 1951 erklärte, sie sei „an der Neugründung angesichts der weniger wissenschaftlichen als politischen Zielsetzung nicht interessiert“.[16] Ein Jahr später, 1952, kam es zur Gründung einer eigenen, zunächst vom Bundesinnenministerium und dann von dem neuen Land Nordrhein-Westfalen, schließlich seit 2004 vom Deutschen Bundestag getragenen Einrichtung, der „Kommission für Geschichte des Parlamentarismus und der politischen Parteien“.

Aber zurück zu der Zeit nach 1918. Außer den „Deutschen Geschichtsquellen“, die, wie gesagt, ursprünglich Teil eines editorischen Gesamtunternehmens zur Geschichte des 19. Jahrhunderts sind, ist nach 1918 bis zu Beginn der 1950er Jahre kein neues Unternehmen mehr in die Bahn gebracht worden. Die Tätigkeit der Kommission beschränkte sich in dieser Zeit im wesentlichen darauf, die schon vor langer Zeit begonnenen Vorhaben weiter voranzutreiben, auch wenn deren damit ursprünglich verbundene Zielsetzung mittlerweile deutlich an gegenwartsbezogener Bedeutung verloren hatte. Das galt nicht zuletzt für die Edition der Reichstagsakten, an deren Beginn wie bei den „Jahrbüchern der Deutschen Geschichte", wie bei den „Chroniken der deutschen Städte", auch bei den drei Abteilungen der „Wittelsbachischen Korrespondenzen" des 16. und 17. Jahrhunderts durchaus das Ziel gestanden hatte, von diesen, zugleich in vielfältiger Weise idealisierten Zeiten der Entstehung und Ausformung der deutschen Nation den Bogen zu spannen in die bei der Gründung der Kommission noch unentschiedene deutsche Gegenwart und Zukunft. Von hier aus hatte man sich der eigenen Identität vergewissern und Klarheit für das eigene, für geschichtlich begründetes und begründbares Handeln gewinnen wollen.

Ob dieser Ansatz richtig sei oder ob nicht vielmehr seit dem Ausgang des 18. Jahrhunderts ein ganz neues Zeitalter begonnen habe, von dem aus, ohne die Bedeutung und das Gewicht älterer Traditionen zu verkennen, bei der Bestimmung des eigenen Handelns in erster Linie auszugehen sei, diese Frage stellte sich nun in verstärktem Maße. Hinzu kam, daß die Quelleneditionen, der inneren Logik einer sich entwickelnden Wissenschaft folgend, zunehmend kleinteiliger wurden und ihre Ergebnisse kaum noch über den engen Kreis der Fachleute hinausdrangen. Das betraf nicht nur die Editionen der Historischen Kommission, sondern ganz ebenso die 1819 begründeten „Monumenta Germaniae Historica", die vom Deutschen Historischen Institut in Rom begründete Reihe der Nuntiaturberichte aus Deutschland oder die von der Preußischen Akademie der Wissenschaften herausgegebenen „Acta Borussica" unter dem Titel „Denkmäler der Preußischen Staatsverwaltung im 18. Jahrhundert". Vieles geriet darüber ins Stocken, und auch über die Zielsetzung wurde zunehmend kritisch diskutiert.

In diesen Zusammenhang gehörte auch die damals aufflammende Diskussion über Aufbau und Zielsetzung eines der zentralen Unternehmen der Historischen Kommission, die Edition der Reichstagsakten.[17] Diese Edition war zunächst vor allem von Julius Weizsäcker als Abteilungsleiter vorangetrieben worden und umfaßte seit 1886 zwei Reihen, die im ersten Jahrzehnt des 20. Jahrhunderts auf sechzehn umfangreiche Bände angewachsen waren. Sollten diese Bände vor allem die Tätigkeit der Institution Reichstag dokumentieren, so umfangreich und viele Felder berührend schon diese sich darstellte? Sollte die Edition also in erster Linie Reichstagsgeschichte bieten oder sollte sie, konzentriert jeweils auf bestimmte zeitliche Abschnitte, versuchen, die Reichsgeschichte insgesamt zu erfassen? Diese Debatte ging unentschieden aus, und dabei ist es auch im weiteren vielfach geblieben. Man überließ es lange Zeit hindurch den Herausgebern und Bearbeitern, wo sie jeweils den Hauptakzent setzten. Erst in jüngerer Zeit hat man sich, auch mit Blick auf die ständig zunehmenden Quellenmassen, auf die Reichstagsgeschichte im engeren Sinne beschränkt und damit ein rascheres Erscheinen der einzelnen Bände erreicht. Auch jetzt noch aber wird der Abschluß des Unternehmens, das mittlerweile in drei Reihen unterteilt ist, die insgesamt die Zeit zwischen 1376 und 1555 umfassen, noch geraume Zeit auf sich warten lassen. Und inzwischen ist unter dem Titel „Reichsversammlungen 1556–1662" sogar noch eine vierte Reihe hinzugekommen.

Gleichzeitig hatte sich die Zahl derjenigen Institutionen, die Editionsprojekte auf dem Gebiet der deutschen Geschichte betrieben, vor allem seit Beginn des 20. Jahrhunderts laufend vermehrt. Schon zu Zeiten Rankes, Sybels und Giesebrechts war es auf breiter Front zur Gründung von landesgeschichtlichen Kommissionen gekommen. Von ihnen sich in den Aufgaben abzugrenzen, war allerdings insofern leicht gefallen, als die Historische Kommission sich von vornherein, mit einer gewissen Ausnahme hinsichtlich Bayerns, auf die Reichsgeschichte und mit den Chroniken auf die Geschichte der Städte konzentriert und die Geschichte der einzelnen Territorien den landesgeschichtlichen Kommissionen überlassen hatte – im Hinblick auf die Geschichte der Hanse hatte man Ende des 19. Jahrhunderts die Fortführung der mittlerweile auf acht Bände angewachsenen Dokumentation der Hansetage und ihrer Beschlüsse, der Hanserezesse, die bisher die Jahre 1256 bis 1430 umfaßte, an den 1870 gegründeten Hansischen Geschichtsverein abgetreten.

Schwieriger war eine solche Abgrenzung gegenüber dem noch vor dem Ende des Ersten Weltkrieges, im Herbst 1917, auf Initiative und unter Leitung des Mediävisten Paul Fridolin Kehr ins Leben gerufenen „Kaiser-Wilhelm-Institut für Deutsche Geschichte", das sogleich eine Reihe großer Editionsaufgaben in Angriff nahm, so das auf viele Bände angelegte Vorhaben einer „Germania sacra". Und ähnliches galt für die gut zehn Jahre später, 1928, von dem neuen Reichsarchiv in Potsdam gegründete Historische Reichskommission, die zumindest in der Beschreibung ihrer Aufgaben und Kompetenzen eine direkte Konkurrenz zu der Münchener Historischen Kommission darstellte. Allerdings lieferte die Reichskommission durch ihre bloße Existenz dann ein zusätzliches Argument für alle diejenigen, die sich, nicht zuletzt mit dem Hinweis auf einen drohenden Reichszentralismus auch auf kulturellem Gebiet, bisher schon für die Erhaltung der Historischen Kommission auch nach dem Ende der ursprünglichen Stifterdynastie der Wittelsbacher und dem Verfall des Stiftungsvermögens in der Inflation eingesetzt hatten.

Ungeachtet dessen geriet die Historische Kommission in den späten 1920er Jahren gegenüber der neuen Historischen Reichskommission auch im Bewußtsein der Öffentlichkeit ins Hintertreffen, zumal die Reichskommission in ihrer militärgeschichtlichen Abteilung ein Thema in Angriff nahm, nämlich die Darstellung der Geschichte des Ersten Weltkrieges, das von höchstem aktuellen Interesse war. Dem hatte die Historische Kommission mit ihrem eigentlichen Hauptfeld, der Geschichte des Alten Reiches, die durch den Ersten Weltkrieg und seine Folgen der Gegenwart noch ein Stück weiter entrückt schien, wenig entgegenzusetzen. Und auch die Arbeit der neu gegründeten Abteilung, die „Deutsche Geschichtsquellen des 19. Jahrhunderts" zu versammeln versprach, ließ zunächst nicht erkennen, daß dahinter ein für die Neubestimmung der nationalen Identität bedeutsames, Geschichte und Gegenwart in neuer Form verbindendes Konzept stand.

So erlebte die Historische Kommission in den 1920er und beginnenden 1930er Jahren einen wachsenden Bedeutungsverlust, und zwar nicht nur in der Öffentlichkeit, sondern auch innerhalb des Faches selber, in dem sich schon damals viele seiner Vertreter von den herkömmlichen Fragestellungen und der herkömmlichen Blickrichtung abwandten und nach neuen Perspektiven suchten. Das zeigte sich an dem gesteigerten Interesse hinsichtlich der Entwicklungen der Wirtschaft, aber auch der Gesellschaft mit ihren neuen Organisationsformen in Partei und Verband, an einer Neueinschätzung und Aufwertung der Bedeutung der Kultur im weiten Sinne, aber auch der Religion und der religiösen Strömungen. Auch die Geschichte der Technik drang zunehmend ins allgemeine Bewußtsein und dann auch in die Arbeiten der Historiker. Vor allem aber veränderte sich der Interpretationsrahmen in sehr entscheidender Weise. An die Stelle der politisch, der staatlich verfaßten Nation trat in wachsendem Maße das „Volk" als ethnische Gemeinschaft, die vor aller politischen, d. h. staatlichen Gemeinschaft stehe und dieser das Gesetz gebe und geben müsse. In radikaler Form hieß das, daß der „völkische Gedanke" Politik, Gesellschaft, auch die Kultur durchdringen und hier überall entsprechende Neuordnungen hervorbringen müsse.

Zu solcher Radikalität ist die Mehrzahl der Historiker nicht gelangt. Aber auch diese Mehrheit blieb von dem neuen Geist nicht unbeeinflußt, und als er nach 1933 politisch-staatlich in der nationalsozialistischen Diktatur zur Herrschaft gelangte – gleichzeitig freilich zu bloßen Machtzwecken instrumentalisiert wurde – da brachen sich solche Tendenzen auf breiter Front Bahn, auf breiterer jedenfalls, als man nachher in apologetischer Absicht zunächst gemeint hat. Die Historische Kommission ist davon insofern in ihrer Arbeit allerdings eher verschont geblieben, als sie sich schon in der Zeit der Weimarer Republik den neuen Entwicklungen im Fach nur sehr begrenzt geöffnet hatte. Zwar hatte sie schon gegen Ende des Kaiserreichs mit der 1913 auf Antrag Georg von Belows gegründeten Reihe „Deutsche Handelsakten des Mittelalters und der Neuzeit" ein neues Unternehmen in die Bahn gebracht, das der gewachsenen Bedeutung wirtschaftlicher Entwicklungen auch im allgemeinen Bewußtsein Rechnung trug; Johann Gustav Droysen hatte ähnliches schon bei der Gründung der Kommission gefordert. Aber auch hier verharrten die Arbeiten in der Zeit des Alten Reiches mit Schwerpunkt auf dem 15. und 16. Jahrhundert, hatten also nur geringen Gegenwartsbezug. Ansonsten blieb man auf dem Gelände der vertrauten Aufgaben und geriet darüber mehr und mehr in den Windschatten des allgemeinen Interesses und damit letztlich auch, nach 1933, des Interesses der Nationalsozialisten.

In deren Visier geriet zunächst der nach 1918 ins Leben getretene Konkurrent der Münchener Historischen Kommission, die Historische Reichskommission. Sie wurde, obwohl auch sie in den Jahren davor faktisch wenig zustande gebracht hatte, 1935 zur Selbstauflösung gezwungen. An ihre Stelle trat ein „Reichsinstitut für Geschichte des neuen Deutschlands" unter Walter Frank, der die Eröffnung des neuen Instituts mit einer Rede einleitete, in der er unter dem Thema „Zunft und Nation" die „Volksfremdheit" der bisherigen Geschichtswissenschaft geißelte.

Was aus der Historischen Kommission werden sollte, blieb zunächst unklar. Mehrere Gründe scheinen eine Rolle gespielt zu haben, daß es nicht zu einer Beseitigung der Kommission im Zuge einer erzwungenen Selbstauflösung kam. Zum einen, daß die Mehrzahl der Mitglieder der Kommission offenbar nicht zu den engagierten, geschweige denn zu den kämpferischen Verteidigern der Weimarer Republik gehört hatte. Hinzu kam, daß das Prestige der bald 75 Jahre alten Kommission wesentlich auf Gebieten erworben worden war, die nicht im aktuellen Meinungskampf standen, und daß es sich vor allem neben dem schon seit mehr als zwei Jahrzehnten abgeschlossenen großen biographischen Lexikon, der „Allgemeinen Deutschen Biographie", auf vorbildliche Editionen zur älteren deutschen Geschichte vom 14. bis zum 16. Jahrhundert stützte. Eine Rolle hat sicher auch gespielt, daß der 1923 zum Präsidenten gewählte Bismarck-Biograph Erich Marcks als entschieden nationaler Mann und erklärter Gegner der Weimarer Republik galt und Karl Alexander von Müller, der 1928 als Nachfolger des politisch dem Liberalismus zuneigenden Hermann Oncken zum Sekretär gewählt worden war, den Nationalsozialisten schon in der Zeit der Weimarer Republik zumindest sehr nahe stand und im Mai 1933 dann auch Parteimitglied mit der Mitgliedsnummer 1747534 wurde.

Müller hatte sich schon früh für Adolf Hitler, mit dem er persönlich bekannt war, eingesetzt, von ihm als dem kommenden starken Mann gesprochen und zählte unter anderen Hermann Göring und Rudolf Heß zu seinen begeisterten Hörern. Walter Frank war einer seiner Schüler, und dieser machte ihn, der 1935 auch anstelle des mißliebig gewordenen Friedrich Meinecke Herausgeber der Historischen Zeitschrift geworden war, 1936 zum Leiter der Forschungsabteilung zur Judenfrage im eben gegründeten „Reichsinstitut für Geschichte des neuen Deutschlands". Mit Karl Alexander von Müller, der von 1938 bis 1942 auch das durch den Tod von Erich Marcks verwaiste Amt des Präsidenten der Kommission verwaltete, hatte die Kommission einen starken Schutzschild, hinter dem sie ihre bisherige Tätigkeit, allerdings auf einer in finanzieller Hinsicht stark reduzierten Basis, einigermaßen ungestört fortsetzen konnte. Es erschienen sogar noch einige Bände der „Deutschen Geschichtsquellen". Sie enthielten, neben dem von dem Wiener Neuhistoriker Heinrich Ritter von Srbik angeregten und herausgegebenen Unternehmen der „Quellen zur deutschen Politik Österreichs 1859 bis 1866", das die großdeutschen, die, wie Srbik sich ausdrückte, „gesamtdeutschen" Initiativen und Bestrebungen von seiten Wiens ins Licht rückte, die Erinnerungen von Robert Heinrich Graf von der Goltz, dem preußischen Botschafter in Paris während der

1860er Jahre, und den Briefwechsel Franz von Roggenbachs mit Kaiserin Augusta und Albrecht von Stosch.

Müller, Aushängeschild und Symbolfigur des Zusammenwirkens zwischen den kooperationsbereiten Kräften der Zunft und dem nationalsozialistischen Regime, verfolgte offenbar, anders als sein Schüler Walter Frank, das Ziel, die noch zögernden Kräfte durch eine Politik der Umarmung zu gewinnen und sie nicht durch einen offenen Konfrontationskurs zu verschrecken. Wenn Karl Alexander von Müller allerdings in einem Brief 1942 bemerkte, die Kommission sei im Windschatten der Zeitereignisse geblieben, sie habe sich zeitweise in „Winterschlaf“ begeben, was immer noch besser sei, als wenn sie „endgültig erledigt“ worden wäre, so ist das eine im nachhinein nur allzugern aufgegriffene beschönigende Formulierung. Sie lag, wesentlich durch Müller herbeigeführt, in einer erstickenden Umarmung. In ihr sorgte der Sekretär und später gleichzeitig geschäftsführende Präsident der Kommission dafür, daß das Führerprinzip strikt eingehalten und dadurch jede Oppositionsbildung, zumindest auf der institutionellen Ebene, verhindert wurde – ganz wie auch bei der Bayerischen Akademie der Wissenschaften, deren Präsident Müller seit 1936 gleichfalls war.

Zwar blieb die Satzung der Kommission unverändert in Kraft; es wurde in ihren Titel nur das von Heinrich von Srbik seit den 1920er Jahren propagierte Wort „gesamtdeutsch“ eingefügt, das den in der Unterscheidung zwischen großdeutsch und kleindeutsch immer mitschwingenden Konflikt des 19. Jahrhunderts überwölben und gleichzeitig neue Horizonte eröffnen sollte. Auch war von einem von außen erzwungenen Ausscheiden einzelner Mitglieder nicht die Rede. Selbst der schon 1933 emigrierte Ludwig Quidde, ein erklärter Gegner des Regimes, der 1935 von der Abteilungsleitung der Reichstagsakten Ältere Reihe auch formal entbunden und 1940 aus dem Deutschen Reich ausgebürgert worden war, blieb bis zu seinem Tode 1941 Mitglied der Kommission,[18] und das gleiche galt für Hermann Oncken und Walter Goetz, die 1935 bzw. 1933 ihrer akademischen Ämter enthoben wurden. Das seit ihren Anfängen zentrale Gremium der Kommission, bei dem bis dahin alle Entscheidungen lagen, nämlich die alljährliche Vollversammlung aller Mitglieder, wurde jedoch seit 1935 für viele Jahre nicht mehr einberufen. An ihre Stelle traten zwischen 1935 und 1942 sogenannte Abteilungsleitersitzungen, ein Gremium, in das Ende 1935 Hermann Heimpel eintrat, der fortan als Mitglied der Kommission galt, obwohl zwischen 1935 und 1942, eben weil in dieser Zeit das Wahlgremium, die Vollversammlung, nicht mehr zusammenkam, keine Wahlen stattfanden.

In der ganzen Zeit zwischen 1933 und 1945 wurde überhaupt nur ein neues Mitglied gewählt, nämlich 1943 auf der einzigen Plenarversammlung, die zwischen 1934 und 1945 stattfand, auf Vorschlag des 1942 zum Präsidenten ernannten Heinrich Ritter von Srbik der Wiener Ludwig Bittner, seit 1926 Leiter des Haus-, Hof- und Staatsarchivs in Wien und dort seit 1928 ordentlicher Professor – er beging Anfang April 1945 Selbstmord. Mit dem Zusammenbruch des NS-Regimes 1945 endeten auch die Amtszeit – und Mitgliedschaft – sowohl des langjährigen Sekretärs Karl Alexander von Müller als auch des neu bestellten Präsidenten Heinrich von Srbik.

Unter diesen faktisch grundlegend veränderten institutionellen Umständen ging, wie gesagt, die praktische Arbeit der Kommission im wesentlichen, wenngleich in reduzierter Form, weiter. Neue Bände der Reichstagsakten sowohl in der älteren als auch in der jüngeren Reihe erschienen, auch drei Bände der „Deutschen Handelsakten des Mittelalters und der Neuzeit". Das gleiche galt für einen von Walter Goetz bearbeiteten Band der „Briefe und Akten zur Geschichte des Dreißigjährigen Krieges" sowie, wie schon erwähnt, für die „Deutschen Geschichtsquellen des 19. Jahrhunderts". Allerdings verlief das alles, bedingt durch die Zeitumstände und die Reduzierung der finanziellen Mittel, sehr schleppend, und neue Vorhaben wurden mit Ausnahme der Planungen für eine „Neue Deutsche Biographie", die 1943 unter Leitung von Walter Goetz auch personell in Gang kamen,[19] überhaupt nicht mehr begonnen, ja nicht einmal erwogen. Das Ziel war offenbar, die Kommission im „neuen Deutschland" schrittweise einschlafen zu lassen, den „Winterschlaf", von dem Müller in seinem Brief von 1942 sprach, durch Auszehrung in den endgültigen Tod übergehen zu lassen.

Die Ernennung des dem Regime genehmen Abgeordneten des Großdeutschen Reichstages Heinrich von Srbik, der auch großes Ansehen in der Wissenschaft genoß, zum Präsidenten der Kommission im Jahre 1942 hat dieses Ende noch einmal hinausgezögert und auch die nochmalige Einberufung einer Plenarversammlung ermöglicht. Neue Mitglieder wurden jedoch mit Ausnahme Bittners nicht gewählt und von neuen Projekten war auch nicht die Rede – bei Lage der Dinge im vierten Kriegsjahr, wo in dem Protokoll der Sitzung schon von „Luftgefährdung des Akademiegebäudes" die Rede war, nicht weiter verwunderlich. Ob man allerdings angesichts all dessen und angesichts der äußerst dürftigen Quellenlage summarisch davon sprechen kann, „daß die Kommission auch im moralischen Sinne relativ unbeschädigt über diese Zeit hinweggekommen ist",[20] sei dahingestellt.

Als die Kommission nach Kriegsende Ende September 1946 erstmals wieder zu einer „Plenarversammlung" zusammentrat, da bestand sie nur noch aus dreizehn ordentlichen Mitgliedern; drei Mitglieder, die das Kriegsende überlebt hatten, nämlich Erich Brandenburg, Hermann Oncken und Karl Brandi, waren wenige Monate zuvor verstorben. Diese dreizehn waren der Anfang August 1945 vom Präsidenten der Bayerischen Akademie der Wissenschaften „im Einvernehmen mit dem bayerischen Staatsministerium für Unterricht und Kultus" auf Weisung der amerikanischen Militärregierung in Nachfolge des ausgeschiedenen Karl Alexander von Müller mit der „vorläufigen Führung der Sekretariatsgeschäfte der Historischen Kommission betraute" 77jährige Walter Goetz, der, 1913 zum Mitglied der Kommission gewählt, 1933 von den Nationalsozialisten von seinem Leipziger Lehrstuhl vertrieben worden war und jetzt zum Präsidenten der Kommission gewählt wurde;[21] der 82jährige Friedrich Meinecke, Mitglied seit 1916 und 1935 zum Rücktritt als Herausgeber der Historischen Zeitschrift zu Gunsten von Karl Alexander von Müller veranlaßt; der Wiener Wirtschaftshistoriker Alfons Dopsch, Mitglied seit 1920, auch er schon 78 Jahre alt; schließlich der 75jährige Generaldirektor der Preußischen Staatsarchive und 1935 kommissarische Leiter des Reichsarchivs, Albert Brackmann, Mitglied seit 1928, ferner der im gleichen Jahr gewählte Schweizer Hans Nabholz, Willy Andreas aus Heidelberg, Heinrich Günter aus München, Hermann Aubin aus Breslau, alle drei Anfang der 1930er Jahre gewählt und der Ende 1935 zum Abteilungsleiter und damit zum Mitglied der Kommission „ernannte" Hermann Heimpel. Hinzu kamen als vor dieser Plenarversammlung vom September 1946 noch 1945 bzw. Anfang 1946 auf Vorschlag von Walter Goetz kooptierte ordentliche Mitglieder Max Spindler, Martin Grabmann[22], Gerhard Ritter und der schon bald, im Frühjahr 1947, verstorbene Hilfswissenschaftler Rudolf von Heckel sowie als außerordentliche Mitglieder der Münchener Otto Basler und der aus Sachsen stammende Franz Thierfelder.[23]

Daß die Kommission allein schon vom Alter der meisten noch verbliebenen Mitglieder her in der NS-Zeit keine Zukunft gehabt hätte, liegt auf der Hand. Es erfolgte also bei der Plenarversammlung im Herbst 1946 faktisch eine Neugründung, freilich wesentlich auf der Basis der alten Aufgaben – neu hinzugekommen war, wie gesagt, in den letzten Jahren eigentlich nur der Plan einer „Neuen Deutschen Biographie", der jetzt freilich gleichfalls ganz neu konzipiert werden mußte.

An dieser Neugründung nahmen von den genannten dreizehn Personen vor allem aufgrund der bestehenden Reisebeschränkungen nur fünf teil, nämlich Walter Goetz, Willy Andreas, Hermann Aubin, Heinrich Günter und Hermann Heimpel, die alle außer Goetz durch ihr Verhalten während der NS-Zeit mehr oder weniger belastet waren. Diese fünf wählten nicht weniger als zehn neue Mitglieder – in dem Protokoll dieser ersten Sitzung nach der Kapitulation finden sich in drei Zeilen nur die Namen der Gewählten, die Goetz einige Tage später dem Ministerium mitteilte und um Bestätigung bat. Dies waren: Friedrich Baethgen, Ludwig Dehio, Karl Griewank, Martin Grabmann, Herbert Grundmann, Fritz Hartung, Walther Holtzmann, Johannes Kühn, Peter Rassow und Rudolf Stadelmann als ordentliche Mitglieder sowie Archivrat Werner Ohnsorge als außerordentliches Mitglied. Ferner teilte Goetz dem Kultusministerium mit, daß er zum Präsidenten gewählt worden sei. Am 16. Oktober 1946 wurden die Wahlen bestätigt. Von wem die einzelnen Wahlvorschläge stammten, wie die Laudationes aussahen und ob es Diskussionen über die einzelnen Namen gab, ist in dem Protokoll und den Akten nicht überliefert.

Diesen Ende September 1946 zehn Neugewählten folgten bei der nächsten Plenarversammlung ein knappes Jahr später noch drei weitere: neben dem Schweizer Werner Näf aus Bern Erich Freiherr von Guttenberg aus Erlangen und Franz Schnabel, der nach seiner Zwangspensionierung durch die Natio-

Abb. 7: Walter Goetz (1867–1958), 1945–1951 Präsident der Historischen Kommission.

nalsozialisten 1936 eben als Ordinarius nach München berufen worden war, nachdem er zuvor anderthalb Jahre „Landesdirektor" für Kultus und Unterricht, sprich Kultusminister, im Landesbezirk (Nord-)Baden von Württemberg-Baden gewesen war. Die Kommission zählte nun also wieder 23 ordentliche Mitglieder, wozu mit Otto Basler, Franz Thierfelder, dem Archivar Werner Ohnsorge und dem 1947 gewählten Vorstand des Geheimen Staatsarchivs in München, Ludwig Maenner, noch vier außerordentliche Mitglieder kamen.

Über die jeweilige Begründung für die Wahl der neuen Mitglieder ergibt sich, wie gesagt, aus den Akten so gut wie nichts. Offenbar verbanden sich in jedem Einzelfall die verschiedenen Motive in je unterschiedlicher Weise. Neben dem Blick auf die zu bewältigenden Aufgaben und die spezifische Qualifikation des einzelnen, neben der Rücksicht auf eine gleichmäßige Verteilung zwischen den einzelnen Fachdisziplinen und, natürlich ganz prominent, die Einschätzung des fachwissenschaftlichen Ansehens der Person traten, das drängte sich unmittelbar auf, politische Gesichtspunkte, die Einschätzung und Bewertung des Verhaltens des Betreffenden in den vergangenen zwölf Jahren, wobei Walter Goetz („frühere Partei-Mitglieder" seien „z. Zt. unmöglich") den Ton angab und die übrigen Mitglieder des Wahlgremiums sich aus verständlichen Gründen sehr zurückhielten.

Überhaupt war Goetz, wissenschaftlich hoch angesehen und politisch völlig unbelastet, der zunächst als einziger das volle Vertrauen der amerikanischen Besatzungsmacht besaß, nicht nur bei diesem Neugründungsakt die zentrale Figur. Ihm war es vor allem zu verdanken, daß die Kommission, zumindest äußerlich, durch die Person ihres Sekretärs und auch ihres seit 1942 amtierenden Präsidenten, durch Karl Alexander von Müller und Heinrich von Srbik, einbezogen in das Wissenschaftssystem des Nationalsozialismus, nach 1945 als Institution unangefochten blieb und ihre Arbeit in eigener Verantwortung fortsetzen konnte. Daß das im weiteren dann gern, wenn auch nicht so direkt, als Zeugnis dafür angeführt wurde, daß sie als Institution und mit fast allen ihren Mitgliedern unbeschadet durch das „Dritte Reich" gekommen sei, steht auf einem anderen Blatt. Dazu bedurfte es, begünstigt durch das Fehlen aussagekräftiger Quellen, des wechselseitigen Beschweigens der jüngsten Vergangenheit.

Dieses Beschweigen bedeutete allerdings nicht, um das gleich hinzuzufügen, daß die einzelnen Mitglieder, die alten und mit innerer Selbstverständlichkeit die neuen, sowie die Institution als ganze nicht sehr entschiedene Schlußfolgerungen aus dieser Vergangenheit gezogen hätten. Das zeigte sich vor allem daran, daß man schon bald ganz neue Aufgaben erwog, die unmittelbar an diese Vergangenheit und die Erforschung ihrer Ursachen und tieferen Gründe heranführen sollten. So wurde ins Auge gefaßt, im Rahmen der „Deutschen Geschichtsquellen des 19. Jahrhunderts" große Aktenpublikationen zur Innenpolitik des Kaiserreichs und der Weimarer Republik speziell mit Blick auf die Entwicklung hin zum „Dritten Reich" auf den Weg zu bringen. Auch wurde schon früh der Plan erörtert, ob die von den Amerikanern gewünschte Gründung einer Institution, die sich speziell der Erforschung der Geschichte des Nationalsozialismus widmen sollte – zunächst, 1947, war von einem „Institut zur Erforschung der nationalsozialistischen Politik" die Rede –, im Rahmen der Kommission oder doch jedenfalls, entsprechend dem Beschluß des „Länderrats", in enger Anlehnung an diese zu erwägen sei. Einige der Mitglieder, darunter Peter Rassow und vor allem Walter Goetz, sprachen sich nachdrücklich dafür aus, andere, wie Gerhard Ritter äußerten ihre Skepsis, ob die Kommission dadurch nicht allzu sehr ins Fahrwasser politisch-pädagogischer Bildungsarbeit im Sinne der „reeducation" geraten werde. Während der Plenarversammlung 1947 wurde die Frage ausführlich erörtert mit dem Ergebnis, sich weiter intensiv an der Diskussion zu beteiligen und zu signalisieren, die Kommission sei bereit, die geplante Institution in der einen oder anderen Form unter ihre Fittiche zu nehmen.

Am Ende aber kam es dann 1949 zur Errichtung eines „Deutschen Instituts für Geschichte der nationalsozialistischen Zeit" neben und unabhängig von der Historischen Kommission. Seit 1950 getragen durch finanzielle Zuwendungen des Freistaats Bayern und der neu gegründeten Bundesrepublik erhielt es 1952 seine bis heute gültige Bezeichnung „Institut für Zeitgeschichte" und neun Jahre später, 1961, seine definitive rechtlich-organisatorische Struktur: Als „Stiftung zur wissenschaftlichen Erforschung der Zeitgeschichte" hat es seitdem die Rechtsform einer öffentlichen Stiftung des Bürgerlichen Rechts, die von der Bundesrepublik Deutschland, dem Freistaat Bayern und weiteren sechs Ländern getragen wird (seit 1995 gehört es zu den Forschungseinrichtungen, die sich zur „Wissenschaftsgemeinschaft Gottfried Wilhelm Leibniz" zusammengeschlossen haben).

Ob damals für die Historische Kommission wirklich die Chance bestand, zum Träger dieser mittlerweile auf allen Gebieten der zeitgeschichtlichen Forschung breit entfalteten Institution zu werden, steht dahin. Es hätte dazu wohl einer grundlegenden Neuorientierung der Aufgabenstellung der Kommission, jedenfalls einer sehr weitgehenden Ergänzung bedurft, und dafür fehlte in der zweiten Hälfte der 1940er Jahre allein schon von der Haushaltslage her jede Perspektive: Ein provisorischer Haushalt summierte Ende 1946 die Finanzanforderungen der Kommission auf 45.000 RM, 1947 gewährte der bayerische

Staat einen Zuschuß von 30.000 RM. Das Vermögen der Kommission betrug zu diesem Zeitpunkt 89.000 RM.

Nach der Währungsreform wurden die Verhältnisse noch schwieriger. In einer Denkschrift vom 2. Juli 1949 „über die Lage der Münchener Historischen Kommission" erklärte ihr Präsident, Walter Goetz, die Kommission stehe jetzt „vor der Frage einer zeitweiligen Einstellung ihrer Arbeiten oder vor einer Beschränkung, die einer Einstellung so gut wie gleich käme". Diese Sachlage sei „umso schmerzlicher, als zu gleicher Zeit ein Institut zur Erforschung der Zeitgeschichte gegründet werden soll mit einem von den einzelnen deutschen Ländern subventionierten Jahresetat von mindestens 100.000 DM, von denen auf den bayerischen Staat 20.000 DM entfallen". Und er fuhr, seine tiefe Enttäuschung nicht verbergend, fort: „Dieses noch vollkommen unklare Institut verschlingt die Mittel, die die Wirksamkeit eines bewährten und in fruchtbarster Arbeit stehenden Unternehmens fördern könnten, das der deutschen und der bayerischen Wissenschaft zur höchsten Zierde gereicht und von Bayern als eines seiner wertvollsten Besitztümer angesehen werden darf."[24]

Das war der Schlußstrich unter die monatelangen Gespräche über eine enge Verbindung zwischen der Kommission und dem geplanten neuen Institut, die freilich auch von seiten der Kommission mancherlei Bedenken zu Tage gefördert hatten. Und in ungewöhnlich scharfer Form akzentuierte Goetz diesen Schlußstrich in einer weiteren Denkschrift wenige Wochen später, die den Titel trug „Über die Gründung eines Instituts zur Erforschung des Nationalsozialismus". Darin beklagte er den unbedingten Vorrang der Politik und politischer Gesichtspunkte bei dieser Gründung und bei der Zusammensetzung der Gremien des neuen Instituts sowie bei der Bestellung ihres Leiters – es handelte sich um Gerhard Kroll –, der „ein Nichtfachmann, ein Vertreter der theoretischen Soziologie, also des am weitesten von der Geschichtswissenschaft entferntesten Gebietes der Soziologie" und außerdem ein Mitglied des Bayerischen Landtags sei: „Was also die Historische Kommission als selbstverständliche Voraussetzung für eine solches Institut bezeichnet hatte: absolute Wissenschaftlichkeit und Freiheit von jeder Politik wird dadurch verwirklicht, daß ein Nichtfachmann die historische Wissenschaft repräsentiert und ein Parteipolitiker den ‚unpolitischen' Charakter des Instituts zur Geltung bringen soll." Natürlich, fuhr Goetz fort, sei die Erforschung der Geschichte des Nationalsozialismus, der den „schwersten Niedergang deutscher Geschichte" markiere, „nicht nur eine wissenschaftliche, sondern eine hohe nationale und moralische Pflicht, deren Durchführung ein wertvolles Moment zum inneren und äußeren Aufbau Deutschlands ist. Aber diese Aufgabe kann nur dann erfolgreich und im Sinne eines wahrhaft neuen Deutschlands ausgeführt werden, wenn der Geist wissenschaftlicher Verantwortlichkeit und absoluter Sauberkeit das Ganze beherrscht. Wir sehen diese Voraussetzungen in den bisherigen Anfängen des Instituts nicht verwirklicht und sprechen deshalb die Bitte aus, daß erst dann die nötigen Geldmittel dafür bewilligt werden, wenn eine genaue Überprüfung sowohl der Aufgabe wie des Etats wie des anzustellenden Leiters stattgefunden hat."[25]

Dieser Appell blieb freilich ohne Echo. Die Gründung des neuen Instituts wurde in der geplanten Form vollzogen und die Kommission sah sich, jedenfalls was das Gebiet der neuesten Geschichte anging, einmal mehr aus der zentralen Stellung innerhalb der deutschen Geschichtswissenschaft herausgedrängt, die sie nach 1945 wieder einzunehmen gehofft hatte. Immerhin konnte man mit Befriedigung registrieren, daß die andere aus dem 19. Jahrhundert überlieferte gesamtnationale Institution, die 1819 begründeten „Monumenta Germaniae Historica", die sich schon früh mit der Kommission über die Grenzlinie der jeweiligen Arbeitsgebiete verständigt hatte, mittlerweile auch in München ansässig geworden war. Dadurch waren zwei der für die deutschsprachige Geschichtswissenschaft zentralen Institutionen in der bayerischen Landeshauptstadt versammelt, und dazu trat bald darauf, sich rasch entwikkelnd, als dritte das neue Institut für Zeitgeschichte. Man konnte also einen Moment lang wenigstens darauf hoffen, daß sich die zahlreichen Richtungen und Institutionen der deutschen Geschichtswissenschaft wie in ihren Anfängen als wissenschaftliche Disziplin wieder um eine neue Mitte vereinigen, also doch ein neues, wenngleich in sich vielgestaltiges, vieles verbindendes neues Zentrum finden würden.

Schon bald freilich zeigte sich, daß, auch wegen der föderalistischen Struktur der Bundesrepublik, vor allem aber infolge der sich immer mehr auseinanderbewegenden Strömungen und Interessengebiete innerhalb der Geschichtswissenschaft, nicht nur hinsichtlich des Instituts für Zeitgeschichte das Gegenteil der Fall war. Seit den späten 1940er Jahren kam es, teilweise in Konkurrenz zueinander, teilweise aber auch zur gezielten Pflege neuer beziehungsweise bisher vernachlässigter Fachgebiete, zur Gründung zahlreicher neuer Institutionen. Hierzu gehörten der „Konstanzer Arbeitskreis für mittelalterliche Geschichte" ebenso wie das in zwei Abteilungen, eine für „Universalgeschichte" und eine für „Abendländische Religionsgeschichte", gegliederte „Institut für Europäische Geschichte" in Mainz, die schon erwähnte „Kommission für Geschichte des Parlamentarismus und der politischen Parteien" in Bonn ebenso wie das „Militärgeschichtliche Forschungsamt" in Freiburg. Der von Otto Brunner und Werner Conze ins Leben gerufene Heidelberger „Arbeitskreis für moderne Sozialgeschichte" widmete sich vor allem der Geschichte der Gesellschaft und der gesellschaftlichen Bewegungen in der mit der Industrialisierung einsetzenden Moderne, die „Vereinigung zur Erforschung der Neueren Geschichte" in Bonn hatte sich in erster Linie die Herausgabe der Akten zu den Westfälischen Friedensschlüssen zum Ziel gesetzt. Für die Ost- und Südosteuropaforschung wurden eigene Einrichtungen und Institute geschaffen, und auch das alte Kaiser-Wilhelm-Institut erfuhr als Max-Planck-Institut für Geschichte, nun in Göttingen, in zwei Abteilungen für mittelalterliche und neuere Geschichte eine Wiederbelebung. Hinzu kamen im weiteren neben dem seit vielen Jahrzehnten bestehenden Institut in Rom im Lauf der Jahre fünf neue historische Auslandsinstitute, in Paris, in London und in Washington, und, nach 1990, in Warschau und zuletzt in Moskau – von den Forschungsinstituten der zentralisierten, marxistisch-leninistischen Geschichtswissenschaft im mittlerweile untergegangenen zweiten deutschen Staat, konzentriert in der Ostberliner „Deutschen Akademie der Wissenschaften" bzw. dann der „Akademie der Wissenschaften der DDR", ganz zu schweigen.

Wie die seinerzeit fast gleichzeitig gegründete „Historische Zeitschrift" hat sich die Historische Kommission dieser Tendenz zur jeweils fach- und interessenspezifischen Separierung und Institutionalisierung, die mit der Ausprägung der föderalistischen Struktur der Bundesrepublik Hand in Hand ging, freilich insofern entgegengestellt, als sie an ihrem von Ranke einst formulierten Anspruch festhielt, die gesamte deutschsprachige Geschichtswissenschaft zu repräsentieren und in ihrer ganzen Breite zu fördern. So hat die Kommission schon bald nach ihrer faktischen Neugründung im Herbst 1946 ganz neue Tätigkeitsfelder vor allem im Bereich der damals neuesten Geschichte betreten. Fritz Hartung und Rudolf Stadelmann schlugen ein breitangelegtes Unternehmen unter dem Titel „Preußische Akten der Auswärtigen Politik" vor, das den Weg der preußisch-deutschen Außenpolitik im Lichte der Erfahrungen der jüngsten Vergangenheit nachzeichnen sollte. Gerhard Ritter regte an, die bisher vernachlässigte Sozialgeschichte seit der Bismarckzeit unter Einschluß der Wirtschaftsgeschichte in einer eigenen großen Abteilung zu behandeln. Schließlich wurde nach längeren Diskussionen beschlossen, zwei neue Abteilungen einzurichten, eine für das „19. Jahrhundert und seine soziale Entwicklung" mit Rudolf Stadelmann als Abteilungsleiter und parallel dazu eine weitere für das 20. Jahrhundert mit Schwerpunkt auf der Weimarer Zeit und der Vorgeschichte des Nationalsozialismus. Ihr sollte Fritz Hartung als Abteilungsleiter vorstehen. Beide wurden aufgefordert, diesem Grundsatzentschluß entsprechende Planungen zu entwickeln und der nächsten oder übernächsten Plenarversammlung zu präsentieren.

Man griff also unter dem Eindruck, es bedürfe neben dem personellen auch eines grundlegenden sachlichen Neuanfangs, in gewisser Weise das wieder auf, was die Kommission während des Ersten Weltkrieges zur Bildung jener Unterkommission veranlaßt hatte, die schließlich in der Form zweier Denkschriften, von Moriz Ritter und vor allem von Friedrich Meinecke, grundlegende Reform- beziehungsweise Erweiterungsvorschläge vorgelegt hatte. Wie nach dem Ersten, so kam freilich auch nach dem Zweiten Weltkrieg das ganze Vorhaben sehr rasch ins Stocken. Dabei haben sicher der plötzliche Tod des erst 47jährigen Rudolf Stadelmann im Sommer 1949 – zu seinem Nachfolger wurde im Herbst 1949 Peter Rassow bestellt – und die Tatsache eine Rolle gespielt, daß der schon auf die Siebzig zugehende Fritz Hartung nach dem Tode Stadelmanns vom ferngerückten Berlin aus nicht mehr die Kraft aufbrachte, die Dinge wirklich in die Hand zu nehmen. Entscheidender aber war, daß das ins Auge gefaßte Feld der damals neuesten deutschen Geschichte schon bald, wie erwähnt, von einer Fülle von konkurrierenden Institutionen

Abb. 8: Franz Schnabel (1887–1966), 1951–1959 Präsident der Historischen Kommission.

besetzt wurde, die Ende der 1940er und zu Beginn der 1950er Jahre wie Pilze aus dem Boden schossen, und daß gleichzeitig die der Kommission zur Verfügung stehenden Finanzmittel stagnierten.

Es wurde also schon bald deutlich, daß man, was die neuere und neueste Geschichte anging, die Aufgabenfelder neu bestimmen und sich dabei vor allem auch, die finanzielle Situation vor Augen, bescheidenere Ziele setzen mußte. Außerdem gelte es, wie etwa Hermann Aubin betonte, der dann 1959 als Nachfolger Franz Schnabels zum Präsidenten der Kommission gewählt wurde, die Aufgaben der nun unter der Leitung Rassows stillschweigend wieder zusammengefaßten zwei Abteilungen der „Deutschen Geschichtsquellen des 19. und 20. Jahrhunderts" von denen „des geplanten Instituts zur Erforschung des Nationalsozialismus scharf abzugrenzen".[26] Konkret hieß das, daß man die übergreifenden Zielsetzungen aufgab und sich auf Einzelvorhaben konzentrierte, deren Auswahl im wesentlichen beim Abteilungsleiter lag. So erschienen hier, mit Schwerpunkt auf dem späten 18. und auf dem 19. Jahrhundert, in den 1950er Jahren zwei Bände des politischen Briefwechsels des Herzogs und dann Großherzogs Carl August von Weimar, das geheime Kriegstagebuch Paul Bronsart von Schellendorfs aus dem Krieg 1870/71, die Lebenserinnerungen Wilhelm Groeners und des Königs Johann von Sachsen. Und auch in den 1960er Jahren wurde die Grenze des Jahres 1918 nicht überschritten.

Mit dieser Neubestimmung der Aufgaben der Abteilung „Deutsche Geschichtsquellen", die zugleich mit einer starken Beschränkung dieser Aufgaben einherging, war angesichts der großen Zahl der auf dem Feld der neuesten Geschichte miteinander konkurrierenden neuen Institutionen und angesichts ihrer immer bedrohlicher werdenden Finanzlage ein Prozeß der selbstkritischen Infragestellung der Kommission verbunden. Sollte sie sich ganz auf ihre traditionellen Aufgaben auf dem Gebiet des Spätmittelalters und der Frühen Neuzeit zurückziehen, auf die Edition der Reichtagsakten, auf die Jahrbücher der Deutschen Geschichte, auf die Deutschen Handelsakten des Mittelalters und der Neuzeit und auf die Briefe und Akten zur Geschichte des Dreißigjährigen Krieges? Oder sollte man angesichts der gegebenen Lage ihre Existenz grundsätzlich in Frage stellen? Sollte man nicht ernsthaft erwägen, so gab Gerhard Ritter zu bedenken, einen Teil der laufenden Unternehmungen der Kommission von ihr abzutrennen und sie einer neu zu bildenden zu überweisen? Ja, Fritz Hartung und Hermann Aubin stellten auf der Sitzung des erweiterten Ortsausschusses der Kommission Ende September 1950, auf der diese grundsätzlichen Probleme im Zusammenhang mit der Revision der Satzung erörtert wurden, offen die Frage, „ob die Kommission in der heutigen Form und ohne zusätzliche Mittel überhaupt noch lebensfähig sei".[27]

Am Ende setzte sich die Meinung durch, man solle einerseits alles tun, neue Geldquellen zu erschließen, um so die Kommission zu erhalten, andererseits aber, zumindest perspektivisch, neue Ziele und Aufgaben ins Auge fassen, um so der Gefahr zu entgehen, sich in der Bewältigung der vor langer Zeit übernommenen Aufgaben zu erschöpfen, so nötig und wichtig diese nach wie vor seien.

Als eine solche neue Aufgabe erschien im Augenblick, nachdem sich die ursprünglich, unmittelbar nach 1945, an eine grundlegende Neubestimmung des Aufgabenfeldes der „Deutschen Geschichtsquellen des 19. und 20. Jahrhunderts" geknüpften Erwartungen offensichtlich nicht erfüllt hatten, das Unternehmen einer auf ganz neue Felder erweiterten, auch methodisch vielfach neue Wege beschreitenden „Neuen Deutschen Biographie". Dieses Vorhaben war zwar schon, von Walter Goetz, während des Krieges konzipiert, inzwischen jedoch mit neuen jungen Mitarbeitern und grundlegend neuen Zielen auf einen noch einmal grundsätzlich veränderten Weg gebracht worden. Auch hierfür reichten allerdings, wie sich bald zeigte, insbesondere nach der Währungsreform die vorhandenen Mittel bei weitem nicht aus. Die Mehrheit der Kommission war jedoch entschlossen, an dem Vorhaben festzuhalten, und man beschloß, sich deswegen an den Bund zu wenden und diesen zu einem Engagement mit dem Argument zu bewegen, dies sei wie viele, ja, die meisten Aufgaben der Kommission eine Aufgabe von gesamtstaatlicher Bedeutung. Eine im Herbst 1950 eingesetzte „Reformkommission" bereitete eine entsprechende Initiative vor, wobei man nicht zuletzt auf die Unterstützung des neu gewählten Bundespräsidenten Theodor Heuss setzte, der ein Schüler und persönlicher Freund von Walter Goetz war.

In der Tat hatte der Vorstoß Erfolg. Das Bundesinnenministerium erklärte sich bereit, die Kosten der „Redaktion" zu übernehmen – dieser Bundeszuschuß wurde allerdings rund zwanzig Jahre später, 1977, eingestellt und Bayern übernahm von da an wieder die gesamte finanzielle Förderung der Kommission. Auch signalisierte die „Notgemeinschaft der deutschen Wissenschaft", die Vorgängerin der späteren „Deutschen Forschungsgemeinschaft", Anfang der fünfziger Jahre, entsprechende Druckkostenzuschüsse bewilligen zu wollen. Gleichzeitig gewährte das Bayerische Finanzministerium eine Erhöhung des laufenden Etats der Kommission auf die beantragten 40.000 DM. Ihr parallel dazu geäußerter Wunsch allerdings, man möge auch die von verschiedener Seite angeregte Einrichtung einer Institution zur Erforschung der Geschichte des Parlamentarismus und der politischen Parteien unter die Fittiche der Kommission nehmen und diese als eine Unterabteilung der Kommission begründen, erfüllte sich nicht. Die Parlamentarismuskommission, wie sie dann abgekürzt genannt wurde, entstand, wie schon erwähnt, 1952 als eine eigenständige Einrichtung.

Nachdem die Finanzierung gesichert war, wurde das Vorhaben einer „Neuen Deutschen Biographie" intensiv vorangetrieben. 1953 erschien der erste Band von „Aachen bis Behaim", dem bis heute 22 weitere gefolgt sind, der bisher letzte, der 23., 2007; bis 2017 soll das Unternehmen im Alphabet abgeschlossen sein. Eine NDB/ADB-online als digitales nationalbiographisches Portal wird derzeit mit der Bayerischen Staatsbibliothek als Partner vorbereitet. Ferner wurde schon früh erneut eine historisch-kritische Ausgabe der Werke Rankes, des Gründervaters der Kommission, erwogen, die schon in den zwanziger Jahren auf Anregung des Drei Masken Verlages durch die Deutsche Akademie begonnen worden war, aber seit 1934 ruhte. Hieraus ist im weiteren eine eigene, von Theodor Schieder geleitete Abteilung zum Thema „Leopold von Ranke, Aus Werk und Nachlaß" entstanden, die seit 1964 vier Bände (Tagebücher, Über die Epochen der Neueren Geschichte, Frühe Schriften, Vorlesungseinleitungen) herausbrachte, dann jedoch über viele Jahre ruhte und zu Beginn unseres Jahrhunderts definitiv eingestellt wurde; inzwischen ist eine neue, von Klaus Hildebrand geleitete Abteilung an ihre Stelle getreten, die eine auf sechs starke Bände angelegte „Gesamtausgabe des Briefwechsels von Leopold von Ranke" unter Ägide von Ulrich Muhlack vorbereitet, deren erster Band (2007) für die Jahre 1813–1825 große Resonanz gefunden hat.

Im übrigen reichten die Finanzmittel in den 1950er Jahren knapp, die bisherigen Arbeiten fortzuführen und die bestehenden Abteilungen aufrechtzuerhalten. An neue Vorhaben war bei Lage der Dinge in dieser Zeit nicht zu denken. Auch ein Versuch, durch die Aufnahme in das Königsteiner Abkommen in den Genuß einer Bund-Länder-Förderung zu kommen – die Bayerische Staatsregierung stellte einen entsprechenden Antrag – scheiterte. Die Konferenz der Kultusminister lehnte 1958 den Antrag ab.

Erst seit Beginn der 1960er Jahre, als sich ganz allgemein die finanzielle Situation in Bund und Ländern verbesserte und sich in den Staatshaushalten auch für die Förderung von Forschung und Wissenschaft wieder größere Spielräume eröffneten, änderte sich auch für die Historische Kommission die Lage. Neue Initiativen erschienen nun plötzlich aussichtsreich. In einer Denkschrift, die der 1959 zum Nachfolger von Franz Schnabel gewählte neue Präsident, Hermann Aubin – Schnabel hatte sein Amt, wie seit längerem angekündigt, ein Jahr nach dem 100jährigen Jubiläum vorzeitig zur Verfügung gestellt –, 1960 an den Präsidenten des 1957 neu gegründeten Wissenschaftsrats, den Frankfurter Rechtshistoriker Helmut Coing, richtete,[28] nahm er auf den „weitgreifenden Entwurf von ‚Acta Germanica'" aus der Feder von Friedrich Meinecke Bezug. Dieser sei nach 1918 aus den bekannten Gründen nicht zum Zuge gekommen, und auch Pläne, „wenigstens für wesentliche Teile der Innenpolitik des neuen Deutschen Reiches (wie Kulturkampf, Sozialpolitik,

Handelsverträge) Quellenveröffentlichungen in Angriff zu nehmen", seien 1950 zwar auf Vorschlag insbesondere Gerhard Ritters von der Kommission aufgegriffen, aber dann gleichfalls aufgrund der finanziellen Situation nicht weiter verfolgt worden. Überhaupt müsse man sagen, daß die Kommission, die nach den Vorstellungen ihres geistigen Vaters, Leopold von Rankes, eine „Akademie der deutschen Geschichte" sein sollte, „nach ihren erfolgreichen Anfängen und großen Leistungen [...] in unserem Jahrhundert immer wieder durch die politischen Umstände daran gehindert worden" sei, „die ihr zustehenden Aufgaben voll aufzunehmen und sich zeitgemäß neu zu organisieren". Heute, also 1960, seien, „die politischen Voraussetzungen für eine grundsätzliche Neuregelung gegeben. Die wirtschaftliche Lage Deutschlands gestattet, sie einzuleiten. Der Bund stellt erhöhte Mittel für die Forschung bereit." Die Kommission richte daher an den im September 1957 gegründeten Wissenschaftsrat die förmliche Bitte, „grundsätzlich anzuerkennen, daß für die Historische Kommission dem Wesen nach gleiche Bedingungen wie für die Akademien gelten sollen, d. h. daß sie im Stande sein muß, ihren Aufgaben aus eigenen Mitteln zu genügen. Sie bittet ferner, diesen Standpunkt bei ihren Empfehlungen für die Verwendung der vom Bunde zu verteilenden Forschungsbeihilfen zu vertreten." Es gehe dabei, so Aubin, um eine zusätzliche Summe von 265.000 DM zu dem bisherigen Etat von 335.000 DM, also fast um eine Verdoppelung, wobei 50.000 DM für die Erweiterung der bestehenden und 100.000 DM für die Errichtung neuer Abteilungen vorgesehen seien, neben den gestiegenen Kosten für Gehälter, Honorare und Druckkosten.

Sicher war sich Aubin mehr oder minder darüber im Klaren, daß an eine Bewilligung der vollen Summe nicht zu denken war. Aber sein Schritt, sich in einer ausführlichen Denkschrift an den Präsidenten des Wissenschaftsrats zu wenden, macht doch deutlich, daß man von seiten der Kommission davon ausging, daß in die ganze Frage der Finanzierung und des möglichen Ausbaus der Kommission Bewegung gekommen sei. Und dementsprechend begannen im Schoß der Kommission auch sogleich konkrete Planungen. Bereits 1959 hatte man als neue Aufgabe eine „große kritische" Gesamtausgabe der Werke Rankes ins Auge gefaßt – aus der dann die erwähnte vierbändige Edition „Aus Werk und Nachlaß" hervorging, beginnend 1964 mit einem Band „Tagebücher", dem 1971 eine historisch-kritische Ausgabe der „Epochen der Neueren Geschichte" sowie als Band 3 und 4 1973 und 1975 „Frühe Schriften" und „Vorlesungseinleitungen" folgten, bevor die von Theodor Schieder geleitete Abteilung in den 1980er Jahren faktisch aufgegeben und im Jahre 2000 auch formell eingestellt wurde. Ein Jahr später, 1960, wurde dann eine ganze Reihe möglicher neuer Editionspläne erörtert. So regte Gerhard Ritter eine „Edition zur politischen Geschichte des Weltkriegs" an, da hier „eine Lücke vorhanden sei zwischen der ‚Großen Politik' und der Edition aus den Akten des AA zwischen 1919 und 1939". Percy Ernst Schramm schlug eine „zeitgeschichtliche Edition über sozial- und wirtschaftsgeschichtliche Zusammenhänge der 20er- und 30er-Jahre (z. B. die Inflation und ihre Folgen)" vor, Walther Holtzmann eine solche zum Kulturkampf. Ferner erhielt der eben, 1959, zugewählte Werner Conze den Auftrag, „unter der Voraussetzung, daß in einem Jahr hierfür Mittel in Aussicht stehen", einen Plan für Editionen zur „Sozialgeschichte des 19. Jahrhunderts" vorzulegen. Schließlich empfahl der neu gewählte Sekretär, Götz Freiherr von Pölnitz, eine „Edition von Unterlagen zur Finanzgeschichte des Reiches, der Länder und Territorien sowie besonderer Ereignisse, zum Beispiel Türkenkriege, Bauernkrieg, Kampf gegen die Wiedertäufer", ins Auge zu fassen.[29]

Mit einem Wort: Die Kommission wurde, angeregt durch die, wie es schien, positiven Kontakte des neuen Präsidenten mit dem Wissenschaftsrat und seinem Vorsitzenden, von einer förmlichen Aufbruchstimmung erfaßt. Grundlage dafür, in den folgenden Jahrzehnten den inhaltlichen und personellen Ausbau der Kommission sowie die organisatorische Abwicklung der kontinuierlich steigenden Drittmittel auch bewältigen zu können, war die damit einhergehende Professionalisierung ihrer Leitungsebene. Sie ist aufs engste mit dem Namen Georg Kalmers verknüpft, der, zunächst 1969 wissenschaftlicher Assistent des Sekretärs Fritz Wagner, von 1973 bis 2005 als Geschäftsführer der Kommission wirkte.

In den Zusammenhang mit diesem Aufbruch gehört auch die auf Initiative von Karl Dietrich Erdmann 1962 ins Leben gerufene und in Zusammenarbeit mit dem Bundesarchiv vorangetriebene neue Abteilung zum Thema „Akten der Reichskanzlei, Weimarer Republik". Sie kam seit Mitte der 1960er Jahre in raschem Tempo voran und publizierte zwischen 1968 und 1990 insgesamt 23 Bände, die die Forschungen zur Geschichte der Weimarer Republik in vielfältiger Weise befruchtet haben und, inzwischen digitalisiert, weiter befruchten. Ihnen folgten parallel dazu seit Ende der 1970er Jahre die „Akten der Reichskanzlei, Regierung Hitler 1933–1938", mittlerweile gleichfalls ein unentbehrliches Instrument der Forschung.

Während die Vorschläge von Holtzmann und Schramm über das Stadium bloßer Anregungen und der Vorschlag Ritters über eine entsprechende Denkschrift[30] nicht hinauskamen, ergriff Conze die ihm gestellte Aufgabe in sehr grundsätzlicher, über die Idee einer bloßen Edition ausgewählter Quellen hinausgehender Weise. Er schlug in einem Exposé vom Oktober 1961[31] vor, eine „Edition der Wirtschafts- und Sozialstatistik Deutschlands, d. h. zumindest der wichtigsten größeren Staaten sowie ausgewählter Kleinstaaten und Großstädte" in Angriff zu nehmen, „damit endlich eine befriedigende Orientierung über die grundlegenden Tatsachen der sozialen und wirtschaftlichen Verhältnisse und Entwicklungen Deutschlands im 19. Jahrhundert ermöglicht wird". Dabei müsse es darum gehen, „die gedruckten, größtenteils aber schwer erreichbaren Statistiken unter leitenden Fragestellungen durchzusehen, auszulesen, in kleineren Teilen wörtlich abzudrucken, großenteils aber zusammenfassend und umrechnend abzudrucken". Das sei eine Aufgabe, „die klare Leitlinien des sozial- und wirtschaftsgeschichtlich Wesentlichen" ebenso voraussetze wie „richtige Interpretation der sozialen Begriffsbildung in den jeweils zugrundeliegenden statistischen Veröffentlichungen". Schließlich, fügte Conze hinzu, entstehe dabei das „Problem der Vergleichung", d. h. man müsse sich bemühen, „so weit wie möglich gleiche oder vergleichbare ‚Nenner' herzustellen, die Vergleiche in zeitlichen Längs- und Querschnitten" gestatten würden.

Im einzelnen bezog sich Conze dabei, sowohl was die praktischen und theoretischen Methodenfragen eines solchen Unternehmens als auch seine konkrete Gliederung anging, auf eine im Entstehen begriffene Arbeit seines „alten Schülers, Dr. Wolfgang Köllmann", der einen entsprechenden Band für das Deutsche Reich von 1871–1914 vorbereite – erschienen ist diese bei der Mainzer Akademie geplante Arbeit dann freilich nicht. Jedenfalls aber wurde nach längeren Vorgesprächen in einer vorbereitenden Unterkommission, in die von der Gesamtkommission neben Präsident und Sekretär Conze, Otto Brunner, Schieder und Schramm entsandt wurden, auf der Jahresversammlung 1962 die Gründung einer neuen Abteilung zum Thema „Forschungen zur deutschen Sozialgeschichte" mit Conze als Abteilungsleiter beschlossen.[32] Zugrundegelegt wurde ihr das Programm, das Conze in seiner Denkschrift vom Oktober 1961 entwickelt hatte. Gleichzeitig wurde von Conze selber, aber auch von anderen, unter ihnen insbesondere von Hans Herzfeld, die quellenmäßige Untersuchung und Darstellung der Bauernbefreiung unter dem Oberbegriff „Geschichte der Umwandlung der ländlichen Sozialverfassung im Deutschland des 19. Jahrhunderts (1750/1850)" als ein besonders wichtiges, vordringlich in Angriff zu nehmendes Thema genannt. Daraus ist als erste Veröffentlichung der neuen Abteilung überhaupt das zweibändige, Darstellung und Quellenedition in neuer Form vereinigende Werk von Wolfgang von Hippel über „Die Bauernbefreiung im Königreich Württemberg" entstanden, das 1977 erschien. Ab 1980 folgte dann als zweiter Band der „Quellen zur Bevölkerungs-, Sozial- und Wirtschaftsstatistik Deutschlands 1815–1875" die „Berufs- und Gewerbestatistik Deutschlands 1816–1875: Preußische Provinzen" bearbeitet von Antje Kraus, dem in den folgenden Jahren bis 1995, stets bearbeitet von Antje Kraus, noch Bände über die Norddeutschen, die Mitteldeutschen und die Süddeutschen Staaten folgten. Als weiteres größeres Unternehmen wurde in dieser Abteilung unter der Überschrift „Säkularisation und Mediatisierung in den vier rheinischen Departements 1803–1813" eine Veröffentlichung des entsprechend bearbeiteten Datenmaterials der zu veräußernden Nationalgüter in diesen Departements in Angriff genommen. Diese Veröffentlichung erschien in sieben umfangreichen Teilbänden im Jahre 1991, flankiert von einem 1987 vorweg veröffentlichten Darstellungs- und Kommentarband aus der Feder von Wolfgang Schieder und Alfred Kube sowie einer Monographie über „Immobilienhändler und Spekulanten. Die sozial- und wirtschaftsgeschichtliche Bedeutung der Großkäufer bei den Nationalgüterversteigerungen in den rheinischen Departements (1803–1813)" von Gabriele B. Clemens, die 1995 herauskam. Dann freilich geriet die Arbeit dieser Abteilung in ihrer bisherigen, von Werner Conze begründeten und geplanten Form ins Stocken. Am Ende standen zwei, für sich genommen, zwar wichtige Einzeleditionen, nämlich „Die Protokolle des Volkswirtschaftlichen Ausschusses der deutschen Nationalversammlung 1848/49“ und „Die Petitionen an den Deutschen Handwerker- und Gewerbe-Kongreß in Frankfurt 1848“, gefolgt von dem „Gutachten des Wirtschaftsprüfers Karl Eicke über die Deutsche Arbeitsfront (DAF) vom 31. Juli 1936“. Ein übergreifender Forschungs- und Interessenzusammenhang aber war dahinter kaum noch erkennbar. In unserer Gegenwart wurde daher versucht, die ganze Abteilung mit Dieter Langewiesche als neuem Abteilungsleiter auf eine ganz neue Basis zu stellen und ihr, anknüpfend an ältere, seinerzeit steckengebliebene Pläne, mit der Universitäts- und Bildungsgeschichte ein grundlegend verändertes Profil zu geben – allerdings unter Beibehaltung zugleich der sozialgeschichtlichen Ausrichtung.

Neben diesen beiden erfolgreich begonnenen und vorangetriebenen neuen Arbeitsschwerpunkten der Kommission in den 1960er Jahren, dem sozialgeschichtlichen zum 19. Jahrhundert und dem politikgeschichtlichen zur Weimarer Republik, wurden nach einer erneuten Stagnation im Zuge der allgemeinen Finanzkrise in den 1970er Jahren, deren Wirkungen durch den Ausfall des Bundeszuschusses 1977 noch verschärft wurden, vor allem seit den 1980er Jahren mehrere neue Forschungsfelder erschlossen. Grundlage dafür bot eine Initiative des Bundesministeriums für Forschung und Technologie nach dem Regierungswechsel von 1982/83, spezielle Förderungsmaßnahmen auch für die Geisteswissenschaften, insbesondere die Geschichtswissenschaften, ins Auge zu fassen. Dabei war zunächst an die Gründung eines Bundesinstituts für Neuere Geschichte gedacht, das die angeblich bestehende Lücke zwischen den Monumenta Germaniae Historica und dem Münchener Institut für Zeitgeschichte schließen sollte. Auf den Hinweis der Kommissionsleitung, daß eine solche Institution bereits seit mehr als 125 Jahren bestehe, erklärte das Forschungsministerium, man erwäge statt des ursprünglich geplanten Instituts eine Förderung der Kommission unter der Bedingung, daß Bayern einer Mischfinanzierung zustimme – von insgesamt 18 zusätzlichen Wissenschaftlerstellen war zunächst die Rede. Die Verhandlungen darüber kamen allerdings nicht recht voran, da Bayern sich auf eine Mischfinanzierung nicht einlassen wollte. Die Bayerische Staatsregierung erklärte sich jedoch im weiteren ihrerseits bereit, ihre bisherige Förderung in materieller Hinsicht deutlich zu verstärken. Gleichzeitig ließ sie eine klare Präferenz für Projekte zum 19. Jahrhundert erkennen. Die Kommission legte darauf ein detailliertes Ausbauprogramm mit drei Schwerpunkten hinsichtlich des 19. Jahrhunderts vor. Sie sollten sich auf die Zeit des Zweibundes, auf die erweiterte Fortführung des bereits begonnenen Vorhabens über die Reformen der Rheinbundzeit und, als ganz neuer Plan, auf das Wirken des Deutschen Bundes beziehen. Dafür waren insgesamt sechs Wissenschaftlerstellen vorgesehen. Auch wurden insgesamt vier neue Stellen für die bisherigen Reichstagsvorhaben, zwei für ein Projekt „Immerwährender Reichstag“ (bis 1806), zwei für einen Plan, die Reichsgesetzgebung und die Reichsfinanzen systematisch zu untersuchen, und zwei weitere für einen neu zu begründenden Bereich „Wissenschafts- und Bildungsgeschichte“ ins Auge gefaßt. Hinzu sollten noch viereinhalb zusätzliche Sekretariatskräfte und die Stelle einer halben Diplom-Bibliothekarin kommen.

In der Praxis kamen dann allerdings, auch weil die verstärkte materielle Förderung der Kommission am Ende sehr viel geringer ausfiel als ursprünglich erwartet, nur, was das 19. Jahrhundert anging, zwei Projekte zum Zuge, nämlich die erweiterte Fortführung des Vorhabens „Reformen der Rheinbundzeit“ und der Plan, das Wirken des Deutschen Bundes in Quellen und Darstellungen zu erforschen. Hierfür wurden unter dem Titel „Quellen zu den Reformen in den Rheinbundstaaten“ beziehungsweise „Quellen zur Geschichte des Deutschen Bundes“ zwei neue Abteilungen ins Leben gerufen. Zu ihnen ist in jüngster Zeit, was die Geschichte des 19. Jahrhunderts angeht, noch eine Edition der „Protokolle des Bayerischen Staatsrats 1799–1817“ gekommen, die in Zusammenarbeit mit der Generaldirektion der Staatlichen Archive Bayerns vorangetrieben wird. Hingegen bilden die Zeit des Kaiserreichs wie die Epoche des 18. Jahrhunderts nach wie vor weiße Felder im Rahmen der Kommissionsarbeit.

Neben der Erweiterung der Tätigkeit der Kommission hinsichtlich des 19. Jahrhunderts wurde auf dem Gebiet der älteren deutschen Geschichte mit der Gründung einer vierten Abteilung der „Deutschen Reichstagsakten“, die die „Reichsversammlungen“ zwischen 1556 und 1662 zum Gegenstand hat, ein weiterer Schwerpunkt gesetzt. Außerdem entstand in diesem Bereich eine weitere neue Abteilung zum Thema „Die Urkunden und Akten der oberdeutschen Städtebünde“ unter Leitung von Gerd Tellenbach. Ihr schloß sich im Bereich der spätmittelalterlichen bzw. frühneuzeitlichen Geschichte jüngst, finanziert mit Drittmitteln, eine Abteilung „Repertorium Academicum Germanicum“ an. Geleitet von Peter Moraw und Rainer C. Schwinges verfolgt diese Abteilung seit 1998/99 das Ziel, alle zwischen 1250 und 1550 auf dem Gebiet des Alten Reiches tätigen graduierten Gelehrten (Theologen, Juristen, Mediziner und Artisten-Magister) in einer Datenbank zu erfassen. Bisher sind bereits 35.000 Personen identifiziert und mit Grunddaten erfaßt, auf eine ständig wachsende Zahl von Datensätzen kann die Forschung seit 2006 online zugreifen. Am Ende wird dieses „Who's Who“ des Alten Reiches in dem genannten Zeitraum rund 40.000 ausführliche Datensätze umfassen und der Forschung zur Verfügung stellen.

Auch hinsichtlich der neuesten Geschichte hat die Kommission in der Verbindung von Quellenedition und Darstellung kontinuierlich neue Forschungsfelder erschlossen. Wie bei den Protokollen des Bayerischen Staatsrats zwischen 1799 und 1817 hat sie in Zusammenarbeit mit der Generaldirektion der Staatlichen Archive Bayerns damit begonnen, die Protokolle des Bayerischen Ministerrats zwischen 1945 und 1954 mit entsprechenden umfangreichen Einleitungen und Kommentaren zu publizieren. Dieses Unternehmen ist unter Leitung von Dieter Albrecht und dann von Rudolf Morsey durch die Kompetenz und Arbeitskraft des Bearbeiters, Herrn Gelberg, des jetzigen Geschäftsführers der Kommission, überraschend schnell vorangekommen. Nach einer Stagnationsphase war es möglich, die Stelle des Bearbeiters ab April 2007 wieder zu besetzen. Schließlich hat als ein durch die Deutsche Forschungsgemeinschaft finanziertes Langfristprojekt das Vorhaben einer von Ulrich Muhlack veranstalteten und vorangetriebenen kritischen „Gesamtausgabe des Briefwechsels von Leopold von Ranke" unter dem Dach der Kommission in einer eigenen, von Klaus Hildebrand geleiteten Abteilung seinen Platz gefunden.

Durch diesen weitgefächerten Ausbau der Forschungsvorhaben der Historischen Kommission vom 14. bis in die zweite Hälfte des 20. Jahrhunderts, dem neben der starken Erweiterung der „Deutschen Geschichtsquellen des 19. und 20. Jahrhunderts" in jüngster Zeit noch, gemeinsam mit dem Institut für Europäische Geschichte in Mainz, ein Vorhaben unter dem Titel „Deutsche und ostmitteleuropäische Europa-Pläne des 19. und 20. Jahrhunderts" zur Seite getreten ist, hat die Kommission ihren Anspruch erneut untermauert, eine übergreifende Zuständigkeit für Quelleneditionen für den Gesamtbereich der deutschen Geschichte seit dem 14. Jahrhundert zu besitzen, und zwar auf den verschiedensten Gebieten. Dieser Anspruch konnte und kann selbstverständlich stets nur teilweise eingelöst werden, nicht zuletzt, weil vieles, was, angestoßen in den 1980er Jahren durch den Bund, an zusätzlicher Förderung angekündigt worden war, auf dem Papier geblieben ist; zu Beginn der 1990er Jahre reduzierte die Kommission von sich aus angesichts der allgemeinen Finanzlage ihr in der zweiten Hälfte der 1980er Jahre beschlossenes Ausbauprogramm um sechs Stellen, aber auch in dieser reduzierten Form blieb es bis heute, obwohl immer wieder angemeldet, unerfüllt.

Nicht zuletzt aus diesem Grunde klaffen in dem prinzipiell ins Auge zu fassenden Arbeitsprogramm der Kommission nach wie vor sehr große Lücken, vor allem auch was die zweite Hälfte des 17. und das 18. Jahrhundert sowie die Zeit des Kaiserreichs zwischen 1866/70 und 1914 angeht. Unter diesen Umständen wurden manche andere Aufgaben zwar des öfteren angemahnt, aber dann doch nicht in Angriff genommen. Das gilt etwa für die Universitäts-, Bildungs- und Wissenschaftsgeschichte, für die Theodor Schieder als Präsident seit Beginn der 1970er Jahre energisch eintrat und für die er die Errichtung einer eigenen Abteilung vorschlug, zu der es aber dann doch, zunächst jedenfalls, nicht kam. Ende der 1990er Jahre wurde ein Vorhaben zum Thema „Der Beitrag des Staates zu Forschung und Entwicklung in Deutschland seit der Reichsgründung" eingehend erörtert, auch bereits ein entsprechender Antrag an das Bundesforschungsministerium vorbereitet und im weiteren eine eigene Abteilung zur historischen Innovationsforschung eingerichtet. Das Forschungsministerium zögerte jedoch, ein solches Vorhaben ganz unter das Dach der Kommission zu stellen, und trieb es in der Folgezeit unter Beteiligung weiterer Forschungseinrichtungen, allerdings unter Federführung des von der Kommission berufenen Abteilungsleiters, auf eigene Faust voran; dabei spielte auch eine Rolle, daß die Kommission weder die erforderliche

Grundausstattung für ein so groß dimensioniertes Unternehmen noch die entsprechenden Arbeitsräume zur Verfügung stellen konnte.

Noch komplizierter gestaltete sich die ins Auge gefaßte Übernahme der Serie A der „Akten zur deutschen auswärtigen Politik 1918–1945“, die die Zeit von 1918–1925 umfassen sollte. Das Gesamtunternehmen war nach dem Zweiten Weltkrieg zunächst von der amerikanischen, der britischen und der französischen Regierung initiiert und einer Editorengruppe aus diesen Ländern übertragen worden, die die Zeit ab 1933 in Angriff nahm. Ab 1960 hatten sich auch die deutsche Regierung und deutsche Editoren daran beteiligt. Für die ins Auge gefaßte Serie A aber hatte sich zunächst kein Träger gefunden. Erst nach einem Appell an den Bundesaußenminister hatte die Bundesregierung die Finanzierung auch dieser Serie unter der Bedingung zugesagt, daß eine eigene wissenschaftliche Institution die Betreuung der Edition übernehme. Dadurch war die Historische Kommission ins Gespräch gekommen. Das Ganze aber war dann doch vor allem an arbeitsrechtlichen Problemen gescheitert. Ein ähnliches Schicksal erlitt aus unterschiedlichen Gründen auch der Mitte der 1980er Jahre erörterte Plan, „Studien und Quellen zur Außen- und Innenpolitik in der Zeit des [...] deutsch-österreichischen Zweibundes“ in einer eigenen Abteilung zu fördern und derjenige, Akten des Auswärtigen Amtes seit Begründung der Bundesrepublik Deutschland herauszugeben. Auch die eingehend erörterte Überlegung, die Geschichte der Großforschungseinrichtungen der Bundesrepublik in Angriff zu nehmen, kam am Ende nicht recht voran.

Ungeachtet der Tatsache jedoch, daß im Lauf der Zeit manche Initiativen steckenblieben und manche Vorhaben, nicht zuletzt aus finanziellen Gründen, über das Stadium der Planungen nicht herauskamen – der Anspruch einer übergreifenden Zuständigkeit der Kommission für Quelleneditionen aus dem Gesamtbereich der deutschen Geschichte seit dem 14. Jahrhundert, wie er bei ihrer Gründung formuliert wurde, blieb davon unberührt. Er besteht im Prinzip bis heute – Heinrich Lutz hat ihn bei der Übernahme der Präsidentschaft 1985 noch einmal nachdrücklich betont – und bestimmt die Arbeitsvorhaben der Kommission, die Festlegung ihrer konkreten Aufgaben und Arbeitsbereiche wie auch die Auswahl ihrer Mitglieder.

Ein derartiger Anspruch als solcher enthält natürlich, fast unnötig zu betonen, keinen Monopolanspruch. Ein solcher wäre weder von der Sache her begründbar, geschweige denn durchsetzbar. Aber er umschreibt das Aufgabenfeld und die Zielsetzung der Kommission: die deutsche Geschichte, ausgehend vom Alten Reich, in Arbeitsteilung mit den „Monumenta Germaniae Historica“ seit dem späten Mittelalter, als eine Einheit zu betrachten und sie in diesem Zusammenhang, konzentriert jeweils auf verschiedene Lebensbereiche, zu untersuchen und zu präsentieren. Ein solcher Anspruch scheint ebenso anspruchsvoll und umfassend wie auch, als Erbe aus der Mitte des 19. Jahrhunderts, in den Augen des einen und des anderen in mancher Weise anachronistisch.

Abb. 9 (oben) und 10 (unten): Plenarversammlung der Historischen Kommission am 1./2. März 1983. – Abb. 9: Theodor Schieder (1908–1984), 1964–1984 Präsident; Abb. 10: Mitte: Eberhard Weis (geb. 1925), 1982–1987 Sekretär und 1987–1997 Präsident, links: Theodor Schieder, rechts Georg Kalmer, 1973–2005 Geschäftsführer der Historischen Kommission.

Das galt in besonderem Maße in der Zeit der deutschen Teilung zwischen 1945 und 1989/90, in der sich deutsche Geschichte für viele in übergreifende soziale, wirtschaftliche, politische und kulturelle Zusammenhänge mit ganz neuen Binnen- und Außengrenzen der beiden europa- und weltweit unterschiedlichen Lager auflöste, zu denen das ehemalige Deutschland auch in seiner 1866/70 reduzierten Form in Ost und West nun gehörte. Und auch nach 1990, nach der Wiedervereinigung der zwischenzeitlich in zwei Staaten getrennten Teile Deutschlands, wirkten Deutschland und Deutsche Geschichte für viele so vorbelastet, daß sie sich ihrer als Rahmen oder als Darstellungsform nur ungern oder doch mit großer innerer Distanz bedienten. Auch in dem Vortrag, den Theodor Schieder zum 125jährigen Jubiläum der Kommission im Jahre 1983 hielt, ist eine solche Distanz, zumindest in Andeutungen, immer wieder erkennbar. Nicht zufällig endet er mit einem Zitat aus Jacob Burckhardts Weltgeschichtlichen Betrachtungen, in dem Burckhardt auf die „Kontinuität der geistigen Erinnerungen" verweist, die „ein wesentliches Interesse unseres Menschseins und ein metaphysischer Beweis für die Bedeutung seiner Dauer" sei.[33]

Das ist in dieser Allgemeinheit sicher richtig. Aber ein Hinweis auf ein konkretes Forschungsprogramm, geschweige denn eine Art Richtlinie für ein solches ist darin nicht enthalten. Beides steckte jedoch in dem Ansatz, der die Gründung der Kommission trug und ihre Arbeit über viele Jahrzehnte leitete. Es war die Idee, daß die ursprünglich von der Sprache und den in ihr enthaltenen jeweils spezifischen kulturellen Traditionen bestimmte, aber konkret und geschichtsmächtig erst durch eine lange gemeinsame Vergangenheit historisch-politisch geformte Nation eine, wenn nicht die bestimmende Kraft des historischen Prozesses sei. Indem man ihre Geschichte erforsche, leiste man einen entscheidenden Beitrag zu einem tieferen Verständnis der Gegenwart und damit zugleich zu einer Bestimmung des Weges in die Zukunft.

Gerade in Deutschland ist dieser Glaube in den letzten Jahrzehnten tief erschüttert worden und mit ihm die Überzeugung, daß die Erforschung der Geschichte der eigenen Nation den Weg eröffne für eine realistische und sachgerechte Einschätzung der Gegenwart und Zukunft. In diesem Sinne hat sich König Maximilian II. von Bayern im zeitlichen und vor allem auch sachlichen Zusammenhang mit der Gründung der Historischen Kommission an Leopold Ranke gewandt und ihm in den sogenannten Berchtesgadener Gesprächen entsprechende Fragen gestellt, in der beiderseitigen Überzeugung, daß der Historiker wie kein anderer geeignet sei, sie verbindlich zu beantworten. Das ist Vergangenheit. Aber der eigentliche Gründungsimpuls sollte doch auf jeden Fall nicht ganz vergessen werden, zumal er jenseits der pragmatischen Aufgaben auf den verschiedenen Gebieten, die ihrerseits bisweilen ins Kleinteilige geraten, immer noch zumindest in der Form eine Leitidee der nunmehr 150 Jahre alten Kommission darstellt, als sie an dem Gedanken einer übergreifenden und als solche historisch bestimmbaren Einheit der Deutschen Geschichte festhält. Franz Schnabel sprach hier vor 50 Jahren anläßlich des 100jährigen

Jubiläums der Kommission im Zeichen von zwei Weltkriegen und der Auflösung der politischen Einheit der Nation auch in ihrer seit 1866/70 reduzierten Form ganz unpathetisch und zurückhaltend von „wichtigen Aufgaben" der Kommission „im Dienste der ganzen deutschen Geschichte" und davon, daß sie „im deutschen Sprachgebiet" die einzige „akademische Korporation" sei, „die sich der Erschließung der Quellen zur gesamten deutschen Geschichte widmet".[34]

Der Rückzug des damaligen Präsidenten der Historischen Kommission auf ihr, modisch gesprochen, „Alleinstellungsmerkmal" dokumentierte freilich indirekt, wie weit man sich mittlerweile von der ursprünglichen Gründungsidee entfernt hatte, die Schnabel in seinem Beitrag so eingehend und umfassend dargestellt hatte: Der Glauben an die zentrale, geschichtsbestimmende Kraft der Nation war offenbar schrittweise verlorengegangen und die Geschichte der eigenen Nation bildete nur noch den äußeren Rahmen für die Bündelung sehr verschiedenartiger Forschungsfelder, die sich auf einen bestimmten, historisch-geographisch fixierten Raum bezogen.

Das Ansehen der Kommission und die vielfach anerkannte Qualität ihrer Quellen- und Editionsarbeit bleiben freilich dadurch, daß ihre hochfliegenden und in manchem auch spekulativen Gründungsideen zurücktraten, ja, teilweise in den Augen der jeweiligen Zeitgenossen fragwürdig wurden, zunächst weitgehend unberührt. Nur in Zeiten eines offenkundigen Epochenwechsels wie in der Zeit des Ersten Weltkrieges und in den Jahren unmittelbar nach 1945 wird in Rückbesinnung und gleichzeitiger Modifizierung dieser Gründungsideen sowohl nach ihrem noch zeitgemäßen Charakter wie danach gefragt, wie weit die Schwerpunkte der Kommissionsarbeit noch in die Zeit passen und welche neuen Schwerpunkte etwa ins Auge gefaßt werden müßten. Im Ersten Weltkrieg ist dieser Prozeß aus finanziellen Gründen, aber nicht nur aus diesen, steckengeblieben. Als neuer, zeitnäherer Schwerpunkt haben sich nur, ohne präzises Programm mit recht willkürlich gewählten Themen, die „Deutschen Geschichtsquellen" zunächst des 19., dann auch des 20. Jahrhunderts etabliert. Nach dem Zweiten Weltkrieg kamen, hier in erster Linie zunächst allein aus finanziellen Gründen, Bestrebungen der Kommission, zusätzlich neue Schwerpunkte zu setzen, gleichfalls nicht recht voran. Seit den 1960er Jahren jedoch gelang es, in einer allgemein stark verbesserten finanziellen Lage und unter dem Druck der Tatsache, daß neue Institutionen zunehmend das Feld der neueren deutschen Geschichte in ihren jeweiligen zeitlichen Dimensionen besetzten, das Feld der Tätigkeit der Kommission gerade in diesen Bereichen ständig auszuweiten.

Davon war schon die Rede und auch davon, daß hier zahlreiche Gebiete und Vorhaben mit Akzent auf den letzten zwei Jahrhunderten, angefangen mit den Reformen der Rheinbundzeit bis zur unmittelbaren Zeitgeschichte, neu in Angriff genommen worden sind. Dafür hat die Kommission auch zunehmend sogenannte Drittmittel eingeworben – bis zu heute fast einem Drittel ihres Gesamtetats. Gleichzeitig hat sie eine Reihe von Abteilungen geschlossen, als nicht mehr zeitgemäß oder nach Beendigung ihrer seinerzeitigen Aufgabe, so die „Jahrbücher der Deutschen Geschichte", die „Urkunden und Akten der oberdeutschen Städtebünde", die Abteilung „Leopold von Ranke, Aus Werk und Nachlaß" und zuletzt, nach Abschluß der diesbezüglichen Arbeiten, die Jüngere Reihe der „Reichstagsakten", die die Zeit von 1519 bis 1555 zum Inhalt hatten; auch die Edition der „Briefe und Akten zur Geschichte des Dreißigjährigen Krieges" steht unmittelbar vor dem Abschluß. Dafür sind seit den 1960er Jahren nicht weniger als elf neue Vorhaben und Abteilungen hinzugekommen, davon acht innerhalb der letzten zwanzig Jahre.

Man kann also sagen, daß die Historische Kommission bei der Bayerischen Akademie der Wissenschaft bis heute, mit Mitgliedern aus Österreich und der Schweiz, nicht nur die bedeutendste und auch größte akademische Körperschaft darstellt, die sich Editionen und Forschungen auf dem gesamten Gebiet der deutschen Geschichte vom 14. Jahrhundert bis zur unmittelbaren Zeitgeschichte widmet, sondern daß sie dafür auch nach wie vor die Maßstäbe setzt. Sie ist in dieser Hinsicht, auch wenn ihr im Augenblick nicht allein für weitere Vorhaben, sondern auch für die Weiterförderung bereits laufender Projekte an der einen oder anderen Stelle das Geld fehlt, für die Zukunft gerüstet. Die Frage allerdings, was das übergreifende, pragmatische Begründungen überschreitende Ziel der Einrichtung und damit die letzte Zielsetzung ihrer Arbeit sei, die ihre Gründerväter noch so frohgemut beantworten zu können glaubten, bleibt gerade heute im Zeichen der sogenannten Globalisierung und der Infragestellung vieler der bisherigen identitätsstiftenden Faktoren, darunter nicht zuletzt der Idee der Nation, gestellt. Darin ist die heutige Situation derjenigen in der Zeit der Gründung der Kommission nicht unähnlich, so unvergleichlich sie in vielem ansonsten ist. Auch damals galt es, eine Brücke zu schlagen zwischen der radikal veränderten Gegenwart und der rasch versinkenden Vergangenheit, um auf diese Weise einen Weg in die Zukunft zu finden.

Die Kommission tat das einerseits dadurch, daß sie sich Ende der 1960er Jahre entschloß, einen, wie Theodor Schieder, seit 1964 neuer, auch in organisatorischer Hinsicht sehr aktiver Präsident der Kommission, sich ausdrückte,[35] „wenn nicht föderativen, so doch wenigstens konföderativen Zusammenschluß" der vielfach neu entstandenen neuen Institutionen herbeizuführen. Die Kommission wurde damit zum eigentlichen Geburtshelfer der „Arbeitsgemeinschaft außeruniversitärer historischer Forschungseinrichtungen in der Bundesrepublik Deutschland e.V.",[36] die mittlerweile mehr als 90 derartiger Organisationen umfaßt, heute freilich aus finanziellen Gründen sehr bedroht ist. Auf der anderen Seite leistete sie bzw. eine größere Zahl ihrer Mitglieder eine wesentliche Geburtshilfe bei der Gründung eines „Historischen Kollegs" in München als eines „Institute for Advanced Study" nach dem Vorbild Princetons. Zwanzig Jahre lang, von 1980 bis 2000, finanziert von der Deutschen Bank über ihren Stiftungsfond beim Stifterverband für die deutsche Wissenschaft, wird es seither gemeinsam vom bayerischen Staat und einzelnen wechselnden Stifterinstitutionen in einer „Public Private Partnership" getragen. Mit ihren jeweils auf ein Jahr vergebenen drei Forschungs- und mittlerweile zwei Förderstipendien greift das Kolleg, das inzwischen bald dreißig Jahre besteht, in gewisser Weise eine der Gründungsideen der Historischen Kommission wieder auf, nämlich neben großen Quelleneditionen auch große historische Darstellungen anzuregen und zu fördern – sie nun freilich nicht mehr allein auf die deutsche Geschichte beschränkt. Bezeichnend für den engen Zusammenhang zwischen Historischer Kommission und Historischem Kolleg ist, daß alle drei bisherigen Vorsitzenden des Kuratoriums des Kollegs aus den Reihen der Kommission stammten und zwei davon ihre Präsidenten waren und daß beide Institutionen inzwischen in einer gemeinsamen Stiftung, der „Stiftung zur Förderung der Historischen Kommission bei der Bayerischen Akademie der Wissenschaften und des Historischen Kollegs", mit einem gemeinsamen Stiftungsrat vereinigt sind.

Auf diese Weise hat sich München zu Beginn des 21. Jahrhunderts, 150 Jahre nach der Gründung der „Historischen Kommission bei der Bayerischen Akademie der Wissenschaften" als, wie Ranke immer wieder betont hat, „Akademie der deutschen Geschichtswissenschaft", am Ende doch wieder zu einem Zentrum der deutschsprachigen Geschichtswissenschaft entwickelt, mit den vier Schwerpunkten: Historische Kommission, Historisches Kolleg, Monumenta Germaniae Historica und Institut für Zeitgeschichte, flankiert von zahlreichen kleineren Institutionen der Geschichtswissenschaft. Wie das Haus Wittelsbach vor 150 Jahren, so hat der bayerische Staat nach dem Ende der Monarchie und der weitgehenden Entwertung des Stiftungsvermögens die Aufgabe übernommen, die gesamtnationale Zielsetzung, die mit der Gründung der Historischen Kommission programmatisch verbunden war, materiell zu fördern und, stellvertretend für den Gesamtstaat, voranzutreiben – über all die Umbrüche der deutschen Geschichte in diesen anderthalb Jahrhunderten hinweg. Bayern knüpft dabei freilich zugleich an das an, was schon vor der Begründung eines deutschen Nationalstaats 1871, bewahrt in den Traditionen des 1806 untergegangenen Alten Reiches und dann, im Deutschen Bund, in seinen historisch gewachsenen Territorien, eines der Kennzeichen und Bestimmungsgründe der nationalen Identität der Deutschen war: die Einheit in der Vielheit, bei der die Glieder des nationalen Körpers, die Einzelstaaten, zugleich jeweils Aufgaben der Gesamtheit übernehmen. Dieses, das föderale Prinzip der deutschen Geschichte, herauszuarbeiten und anschaulich werden zu lassen, war eines der Grundanliegen, das sich die Historische Kommission und ihr fürstlicher Protektor bei der Gründung der Kommission gesetzt hatten. Und an diesem Gedanken der gesamtstaatlichen Verantwortung der einzelnen Gliedstaaten, der zugleich ihre eigene Identität schützt und bewahrt, hat Bayern allen Veränderungen zum Trotz als materieller Träger und Förderer der Kommission bis heute festgehalten. Von daher weiß sich die Kommission, im Prinzip eine gesamtnationale, gesamtstaatliche Einrichtung, Bayern und dem bayerischen Staat weit jenseits des Formalen und Materiellen in besonderem Maße verbunden.

[1] Das galt auch schon für die Rede, die Moriz Ritter, ihr damaliger Präsident, am 4. Juni 1909 zur Feier des 50jährigen Bestehens der Kommission in der Münchener Akademie hielt (Ritter, Gründung).
[2] HiKo 2.
[3] Beide Denkschriften in: HiKo 285. Vgl. den Beitrag von Klaus Hildebrand in diesem Band.
[4] Abgedruckt in: HZ 1 (1859), 38ff.
[5] Denkschrift Rankes, abgedruckt in: HZ 1 (1859), 28ff., Zit. 31.
[6] HZ 1 (1859), III.
[7] Vgl. den Beitrag von Rudolf Schieffer in diesem Band.
[8] Vgl. den Beitrag von Helmut Neuhaus in diesem Band.
[9] Leopold von Ranke an Wilhelm Giesebrecht, 24. Sept. 1878, in: HiKo 19.
[10] Franz Schnabel, Die Idee und die Erscheinung, in: FS 1958, 7–69, hier 61f.
[11] Leopold von Ranke an Wilhelm Giesebrecht, 28. Sept. 1880, in: HiKo 19.
[12] Erst seit Moriz Ritter erhielt der Vorsitzende wie der Vorsitzende der Akademie die Amtsbezeichnung „Präsident".
[13] Vgl. hierzu und zum folgenden: HiKo 285.
[14] Protokoll der Plenarversammlung der Historischen Kommission, 30.5.–1.6.1917, in: HiKo 107.
[15] HiKo 285.
[16] Protokoll vom 6. Januar 1951, in: HiKo 3.
[17] Vgl. den Beitrag von Eike Wolgast in diesem Band.
[18] Karl Holl, Ludwig Quidde (1858–1941). Eine Biographie (Schriften des Bundesarchivs 67), Düsseldorf 2007.
[19] Vgl. den Beitrag von Hans Günter Hockerts in diesem Band.
[20] Theodor Schieder, Organisation und Organisationen der Geschichtswissenschaft, in: FS 1983, 22–44, hier 38.
[21] Wolf Volker Weigand, Walter Goetz 1867–1958. Eine biographische Studie über den Historiker, Politiker und Publizisten (Schriften des Bundesarchivs 40), Boppard 1992, hier bes. 343ff.
[22] Grabmann wurde auf der Plenarversammlung vom 28. September 1946 mit den übrigen damals neu Gewählten noch einmal ausdrücklich bestätigt.
[23] Goetz an das Staatsministerium für Unterricht und Kultus, 21. Jan. 1946: Durchschlag seines Schreibens in: BA Koblenz 1215/55, NL Goetz.
[24] HiKo 127.
[25] Undatierte Denkschrift vom Sommer 1949, in: HiKo 127.
[26] Niederschrift über die Plenarversammlung im September 1949, in: HiKo 127.
[27] HiKo 195.
[28] Denkschrift vom 13. Feb. 1960, in: HiKo 137.
[29] HiKo 137.
[30] Beilage zum Protokoll der Plenarversammlung 1961, in: HiKo 138.
[31] Ebd.
[32] Vgl. den Beitrag von Dieter Langewiesche in diesem Band.
[33] Schieder (wie Anm. 20), 43.
[34] Schnabel (wie Anm. 10), 68.
[35] Schieder (wie Anm. 20), 39.
[36] Seit 2006 „Arbeitsgemeinschaft historischer Forschungseinrichtungen in der Bundesrepublik Deutschland e.V.".

Rudolf Schieffer

Mittelalterliche Geschichte

1. Gründung und erste Vorhaben

Vor 150 Jahren, als die Historische Kommission mit einem Auftrag „für die deutsche Geschichte in deren ganzem Umfang" ins Leben trat,[1] gab es noch kaum die disziplinäre Unterscheidung von mittelalterlicher und neuzeitlicher Geschichte, die sich im Zuge fortschreitender Spezialisierung seither weltweit eingespielt hat. Leopold von Ranke, der geistige Wegbereiter und erste Vorstand der Kommission, ist selbst das beste Beispiel für einen Historiker, der in Quellenkritik wie Darstellung die weite Zeitspanne vom frühen Mittelalter bis an die Schwelle der eigenen Gegenwart beherrschte. Eine epochenübergreifende Breite der gelehrten Interessen findet sich auch bei vielen anderen Gründungsmitgliedern der Kommission. Nur fünf (von 18) kann man im heutigen Sinne als reine oder ganz vorwiegende Mittelalterhistoriker bezeichnen: neben Joseph Chmel, der noch 1858 starb, Wilhelm Giesebrecht, Johann Martin Lappenberg, Georg Heinrich Pertz und Georg Waitz.

Vor diesem Hintergrund konnte es bei den konzeptionellen Überlegungen am Anfang der Kommissionsarbeit schwerlich darum gehen, der deutschen Geschichte vor 1500 einen bestimmten quantitativen Anteil zuzusichern oder gar spezifische Aufgaben für Mediävisten ins Auge zu fassen, und auch später war die Kommission gern geneigt, sich Projekte vorzunehmen, die in irgendeiner Weise Mittelalter und Neuzeit verbanden (auch wenn die Ausführung nicht immer in vollem zeitlichen Umfang gelang). Eher spielte zu Beginn eine Rolle, daß es auf dem Felde der mittelalterlichen Quellenforschung schon seit 40 Jahren die Monumenta Germaniae Historica gab, die sich in der Rechtsform eines privaten Vereins, gestützt auf Mäzene sowie Zuwendungen der deutschen Bundesstaaten, mit inzwischen 12 Scriptores- und 2 Leges-Bänden in Folio bei der Dokumentation des Zeitraums vom 8. bis zum 12. Jahrhundert hervorgetan hatten und weiter voranzuschreiten gedachten. Ihr wissenschaftlicher Leiter, Geheimrat Pertz, dem zugleich die Königliche Bibliothek in Berlin unterstand, nahm die kurzfristige Einladung zu der „begutachtenden Versammlung" vom 29. September bis 1. Oktober 1858 in München nach eigenem Bekunden in der Erwartung an, „durch ein verständiges Wort einiges

Abb. 11: Georg Heinrich Pertz (1795–1876), wissenschaftlicher Leiter der Monumenta Germaniae Historica, seit 1858 o. Mitglied.

Gute bewirken und Unpaßendes verhindern“ zu können.[2] Tatsächlich erreichte er den Beschluß in Artikel III des Statuts, der die Aufgabenstellung der künftigen Kommission beschrieb, den Passus einzufügen: „soweit dasselbe“ (d. h. das Quellenmaterial) „nicht in den Bereich bereits bestehender Unternehmungen fällt“. Pertz begnügte sich indes nicht mit dieser rein formalen Abgrenzung, sondern benannte noch während der Versammlung seinerseits gleich fünf Vorhaben aus der älteren Geschichte, die er der Kommission aufzugreifen empfahl, weil sie außerhalb der Planungen der Monumenta lagen.[3]

Im einzelnen riet Pertz zu einer Sammlung der (lateinischen) Quellen über die germanische Frühzeit vor 500, die man damals ganz selbstverständlich als Bestandteil der deutschen Geschichte ansah. Diese Anregung haben sich eine Generation später die Monumenta selber auf Betreiben Theodor Mommsens zu eigen gemacht und in 15 Bänden „Auctores antiquissimi“ (1877–1919) verwirklicht. Des weiteren setzte sich Pertz für eine Ausgabe der Geschichtsschreiber der Kreuzzüge ein, womit man freilich den Rahmen der deutschen Geschichte verlassen und überdies der Pariser Académie des Inscriptions et Belles-Lettres Konkurrenz gemacht hätte, die schon 1841 mit ihrem „Recueil des historiens des croisades“ begonnen hatte (bis 1858 allerdings nur in zwei Bänden). Bessere Resonanz fand daher Pertz’ dritter, auch von anderer Seite favorisierter Vorschlag, eine Editionsreihe für die deutschsprachigen Städtechroniken des Spätmittelalters vorzusehen, wovon noch näher zu berichten sein wird. Unausgeführt blieb dagegen der damit verbundene Gedanke einer „Sammlung der Statuten und Rechte der deutschen Städte“, den der Erlanger Rechtshistoriker Heinrich Gottfried Gengler bereits 1852 mit einem Doppelband „Die deutschen Stadtrechte des Mittelalters“ aufgegriffen hatte und auch im Alleingang weiterführte, bevor daraus nach 1900 eine Domäne landesgeschichtlicher Kommissionen wurde. Schließlich redete Pertz auch noch einer auf breiter Quellengrundlage zu erarbeitenden „Geschichte der deutschen Bisthümer, Stifter und Klöster“ das Wort, also einer Wiederaufnahme der im späten 18. Jahrhundert im Kloster St. Blasien begonnenen Germania Sacra, die erst im 20. Jahrhundert wieder zur Forschungsaufgabe des Kaiser-Wilhelm-, später Max-Planck-Instituts für Geschichte geworden ist.

Der Leiter der Monumenta war nicht der einzige, der auf der Gründungsversammlung von 1858 – in Abwesenheit von Chmel, Giesebrecht, Lappenberg und Waitz – Überlegungen zu Projekten vorstellte, die das Mittelalter betrafen (oder wenigstens einschlossen).[4] Von vornherein der Kommission in die Wiege gelegt waren die beiden von Ranke selbst eingebrachten Großvorhaben der Reichstagsakten, die 1356 mit der Goldenen Bulle Karls IV. einsetzen sollten, sowie der „Jahrbücher der deutschen Geschichte" mit einem Beginn in der Merowingerzeit. Während die gleichfalls von Ranke angekündigte vielbändige „Geschichte der Wissenschaften in Deutschland" sich fürs erste auf die Zeit seit dem 16. Jahrhundert beschränken sollte, war bei seinem Plan einer „allgemeinen Lebensbeschreibung der namhaften Deutschen" (woraus ab 1875 die Allgemeine Deutsche Biographie hervorging) nie zweifelhaft, daß auch Persönlichkeiten der mittelalterlichen Jahrhunderte zu behandeln sein würden. Einen kräftigen mediävistischen Einschlag hatte vom 1. Bande an auch die 1859 beschlossene Zeitschrift der Kommission, die „Forschungen zur deutschen Geschichte" (26 Bände, 1860–1886).

Zu den Vorgaben, die bei der Gründung der Kommission bereits feststanden, gehörte im übrigen, daß sie das Erbe der 1855 von König Maximilian II. ins Leben gerufenen, nun wieder aufgehobenen „Commission zur Herausgabe bayerischer und deutscher Quellenschriften" anzutreten hatte. Diese auch als „Archivalische Kommission" bezeichnete Institution hatte binnen kurzem in ihren „Quellen zur bayerischen und deutschen Geschichte" vier Bände mit mittelalterlicher Überlieferung herausgebracht und weitere in Vorbereitung, die nach der Übernahme durch die Historische Kommission zu deren frühesten Publikationen wurden und ebenfalls mediävistisch ausgerichtet waren: ein zweiter Band „Monumenta Wittelsbacensia" (1861) mit Urkunden des 14. Jahrhunderts, zwei Bände mit Quellen zur Geschichte des Pfalzgrafen Friedrich des Siegreichen (1862/63), der Bericht des Erhard Schürstab über den Krieg des Markgrafen Albrecht Achilles gegen die Nürnberger 1449/50 (1860) sowie ein Doppelband mit vermischten Briefstellern und Formelbüchern des 11. bis 14. Jahrhunderts (1863/64).

Anders als diese Früchte der Arbeit bayerischer Archivare, die der Kommission gewissermaßen in den Schoß fielen, entwickelte sich aus ihrer Mitte, nämlich durch Johann Gustav Droysen, bereits auf der Gründungsversammlung die Initiative zu einer Sammlung der „historischen Volkslieder" (seit dem 13. Jahrhundert), während auf der ersten Plenarversammlung 1859 Jacob Grimm vollends das Tor zur älteren Germanistik aufstieß,[5] indem er die Bearbeitung „historischer Gedichte" in deutscher Sprache (seit dem Annolied, um 1080), die Fortsetzung seiner eigenen „Weisthümer" (3 Bände, 1840–1842), die Edition der ungedruckten Glossen zum Sachsenspiegel sowie eine erweiterte Neuauflage von Johann Andreas Schmellers Bayerischem Wörterbuch (4 Bände, 1827–1837) anregte. Das leitete in der Geschichte der Kommission eine

Abb. 12: Jacob Grimm (1785–1863), seit 1858 o. Mitglied.

kurze, aber sehr produktive Phase ein, in der derartige Manifestationen des „Volksgeistes" gemäß dem historisch-politischen Zeitgeschmack mit Eifer und viel öffentlicher Resonanz zusammengetragen und dokumentiert wurden. Von 1865 bis 1869 erschienen in fünf Bänden, besorgt von Rochus Freiherrn von Liliencron (dem späteren Redakteur der Allgemeinen Deutschen Biographie), „Die historischen Volkslieder der Deutschen vom 13. bis zum 16. Jahrhundert". 1863, im Todesjahr Grimms, begann die Publikation der von ihm zuvor noch nicht edierten Weistümer, die sich in drei Bänden bis 1869 hinzog (Registerband 1878) und von dem Rechtshistoriker Richard Schröder verantwortet wurde. Mit der erheblich ausgebauten Neufassung des Bayerischen Wörterbuchs, die Georg Karl Frommann, Bibliothekar des Germanischen Nationalmuseums in Nürnberg, auf der Basis von Schmellers Nachlaß vollbrachte, dauerte es bis 1872/77. Daneben sind zwei verwandte Werke zu erwähnen, die nicht von der Kommission auf den Weg gebracht, aber unter ihre Veröffentlichungen eingereiht worden sind (zumindest im ersten Falle auch auf Wunsch des Königs), nämlich die auf eine Preisaufgabe der Münchener Juristenfakultät zurückgehende Sammlung der deutschen Rechtssprichwörter von Eduard Graf und Mathias Dietherr (1864) sowie ein philologischer Kommentarband (1869) und später ein Glossar (1881) zu der bereits 1856 erschienenen Ausgabe von Otfrids Evangelienbuch durch den aus Bayern gebürtigen Prager Germanisten Johann Kelle. Anderes aus Grimms Wunschliste von 1859 wie die Publikation deutschsprachiger Geschichtsdichtungen des Mittelalters oder die Glossierung des Sachsenspiegels ist übrigens später von den Monumenta aufgegriffen worden (6 Bände „Deutsche Chroniken", 1877–1923; Fontes iuris Germanici antiqui N. S. 7, 2002). Nach Grimm und Wilhelm Wackernagel, der ihm 1868 im Tod folgte, hat die Kommission keinen Germanisten mehr hinzugewählt und damit diese Entwicklungslinie der Anfangsjahre nicht weiterverfolgt.

Aus der Fülle der Initiativen und Aktivitäten des ersten Jahrzehnts, die in rückblickender Betrachtung meist episodenhaft erscheinen, schälten sich erst allmählich diejenigen Arbeitsfelder heraus, auf denen die Historische Kommission zu dauerhaftem Profil im Bereich der mittelalterlichen Geschichte gelangt ist. Das gilt vor allem von den deutschen Reichstagsakten, dem einzigen im Gründungsstatut (Artikel XI) explizit bezeichneten Vorhaben der Kommission, zu dem Ranke schon seit langem Überlegungen angestellt hatte. Da darüber in dieser Festschrift gesondert berichtet wird, sei hier nur festgehalten, daß die Dimensionierung ganz konkret das Verhältnis der Kommission zu den Monumenta berührte. Nachdem Pertz die Reichstagsakten früher eine Zeitlang als wünschenswerte „Ergänzung der Monumenta Germaniae" angesehen hatte, zeigte er schon im Vorfeld der Kommissionsgründung Bereitschaft, den weit in die Neuzeit hineinragenden Stoff den Münchnern zu überlassen, und willigte 1859 auf der ersten Plenarversammlung in das Stichjahr 1356 für den Auftakt der beabsichtigten Edition ein. Freilich mußte die Zeitgrenze bereits auf der Versammlung von 1862 erneut erörtert werden, nachdem sich gezeigt hatte, daß die „Direktion der Monumenta Germaniae [...] diese Abgrenzung so verstanden hatte, daß die Goldne Bulle noch in ihr Gebiet zu fallen habe", was zu dem Beschluß führte, „die ganze Periode Karls IV den Monumenta Germaniae zu überlassen" und den (1867 erschienenen) ersten Band der Reichstagsakten mit der Königswahl Wenzels 1376 beginnen zu lassen.[6] Die Goldene Bulle haben die Monumenta dann tatsächlich 1972 – im Vorgriff auf den 1992 vollendeten 11. Constitutiones-Band – herausgebracht (Fontes iuris Germanici antiqui 11); der Anschluß der Constitutiones-Reihe an die Reichstagsakten der Historischen Kommission ist exakt für die damals strittige Phase von 1357 bis zum Tod Karls IV. 1378 nach wie vor in Arbeit.

2. Jahrbücher der deutschen Geschichte

Im Unterschied zu den Reichstagsakten blickte Pertz mit spürbarer Herablassung auf das andere von Ranke zur Sprache gebrachte Großprojekt, die „Jahrbücher der deutschen Geschichte von den ältesten Zeiten bis jetzt", weil er als eingefleischter Quellenforscher von darstellerischen Zielsetzungen der Kommission grundsätzlich nichts hielt. Dieser Einschätzung ist die wissenschaftliche Mit- und Nachwelt indes nicht gefolgt, vielmehr haben sich die „Jahrbücher" in ihrer faktisch eingetretenen Beschränkung auf das 7. bis 13. Jahrhundert als die bedeutendste und wirksamste, ausschließlich dem Mittelalter gewidmete Unternehmung der Kommission erwiesen.[7] Sie sind die ureigenste Schöpfung Rankes, der bereits in den 1830er Jahren mit seinen Berliner Schülern die Technik erprobt hatte, unter Heranziehung und kritischer Würdigung aller erreichbaren Quellenzeugnisse den Verlauf der politischen Reichsgeschichte Jahr für Jahr mit größtmöglicher Genauigkeit nachzuerzählen. Die beiden daraus hervorgegangenen Bände „Jahrbücher des Deutschen Reichs unter dem Sächsischen Hause" (1837/40), von 919 bis 1002 reichend, erschienen nur wenige Jahre nach dem ersten Versuch Johann Friedrich Böhmers (1831), alle ihm bekannt gewordenen Urkunden der römisch-deutschen Herrscher von Konrad I. bis Heinrich VII. unter kurzer inhaltlicher Zusammenfassung in eine chronologische Abfolge zu bringen, um den Reiseweg des umherziehenden Königshofes erkennbar zu machen und vor diesem Hintergrund willkürlich datierte Fälschungen ausscheiden zu können.[8] Beide Erfindungen, die „Regesta Imperii" ebenso wie die „Jahrbücher", beruhten auf der Vorstellung von einer historischen Wahrheit, die gewissermaßen unter all den disparaten Quellen verborgen liege, aber mit bohrendem Scharfsinn sowie dem Willen zur Objektivität aufgespürt und dargestellt werden könne.

Auf der Gründungsversammlung von 1858 hat Ranke das Konzept der „Jahrbücher" als anwendbar auf die gesamte deutsche Geschichte, mithin auch die neuere, bezeichnet, also eigentlich kein spezielles Vorhaben für das Mittelalter kreieren wollen, doch gedachte er mit einer „zusammenhängenden, annalistischen Behandlung von dem Ursprung des fränkischen Reichs bis auf den Untergang der Hohenstaufen" zu beginnen, woran dann das 14. Jahrhundert leicht angeschlossen werden könne.[9] Dafür sprach nicht bloß der Stand der schon geleisteten Vorarbeiten, sondern auch der glückliche Umstand, daß die Aufbereitung der erzählenden Quellen (Annalen, Chroniken, Viten) durch die Monumenta, beginnend mit der Karolingerzeit, soeben das Ende der Salierzeit erreicht hatte und zwischen 1859 und 1880 in weiteren Scriptores-Folianten auch die gesamte Stauferzeit erschließen sollte. Diesen bequem zugänglich gemachten Fundus in eine chronologische Schilderung von zuvor nicht erreichter Gründlichkeit umzusetzen, erschien als eine höchst reizvolle Aufgabe, für die es auch unabhängig von der Kommissionsgründung interessierte Bearbeiter gab. Der anfängliche Gedanke, die 20 Jahre zuvor von Ranke herausgegebenen „Jahrbücher" der Ottonenzeit einfach in die neue Reihe einzubeziehen, wurde fallengelassen bis auf eine Zweitauflage des Anteils über Heinrich I., die Georg Waitz 1863 herausbrachte (3. Auflage 1885). Ein ursprünglich noch für jene älteren „Jahrbücher" gedachtes Manuskript über Heinrich II. von Siegfried Hirsch konnte nach dessen Tod (1860) noch wenigstens in zwei Teilbänden gedruckt werden (1862/64) und ist in einem dritten Band 1875 von Harry Bresslau vollendet worden. Dagegen hatte Ernst Dümmler in Halle, auch ein Schüler Rankes, von sich aus eine „Geschichte des Ostfränkischen Reiches" von Ludwig dem Deutschen bis Konrad I. verfaßt, die als zweibändiges Werk übernommen werden konnte (1862/65, Neuauflage in drei Bänden, 1887/88). Daraufhin gelang in rascher Folge auch die Bearbeitung der voraufgegangenen Karolingerzeit: Jeweils im Auftrag der Kommission legten Heinrich Hahn 1863 Jahrbücher der Zeit von 741 bis 752, 1865 Sigurd Abel den ersten Band über Karl den Großen, 1866 Heinrich Eduard Bonnell die Darstellung der „Anfänge des karolingischen Hauses" (vor 714), 1869 Theodor Breysig die Behandlung Karl Martells und 1871 Ludwig Oelsner diejenige der Königszeit Pippins vor. 1874/76 folgten zwei Bände über die Regierung Ludwigs des Frommen von Bernhard Simson, der später auch eine verbesserte Neuauflage des ersten Bandes über Karl den Großen von Abel besorgte (1888), nachdem dieser selbst noch 1883 den zweiten Band herausgebracht hatte.

Abb. 13: Gerold Meyer von Knonau (1843–1931), seit 1894 o. Mitglied und langjähriger Leiter der Abteilung „Jahrbücher der Deutschen Geschichte".

Nicht geringer war inzwischen der Elan, auch die einzelnen Abschnitte der sogenannten deutschen Kaiserzeit mit wachsender Quellendichte zu bearbeiten. Nach dem frühen, weniger geglückten Band von Theodor Toeche über Heinrich VI. (1867) übernahmen erfahrene Autoren wie Dümmler und Bresslau diese Aufgabe für Otto den Großen (1876) bzw. Konrad II. (1879/84). Aber auch jüngere Historiker sahen die Chance, sich in jahrelanger Mühe mit einem Werk solcher Art einen Namen zu machen. So übernahm Ernst Steindorff gleich nach seiner Promotion die Bearbeitung der „Jahrbücher" Heinrichs III. (1874/81), nach deren Erscheinen er rasch in Göttingen zum Ordinarius aufstieg. Eduard Winkelmann begleitete die Arbeit an zwei Bänden über Philipp von Schwaben und Otto IV. (1873/78) vom Dasein eines Privatdozenten in Dorpat über eine erste Professur in Bern bis auf den Lehrstuhl in Heidelberg. Wilhelm Bernhardi dagegen hat seine Werke über Lothar III. (1879) und Konrad III. (1884) neben einer Tätigkeit als Gymnasialprofessor in Berlin verfaßt. 1886 lagen jedenfalls beim Tode Rankes, der sich bis zuletzt die Leitung vorbehalten hatte, nicht weniger als 24 Bände vor, die den größeren Teil des historischen Weges von den frühesten Karolingern bis zum Ende der Staufer beschrieben und durchweg bis heute zitierfähig und zitierpflichtig geblieben sind.

Aus dem Fortgang der Reihe unter der Ägide zunächst Giesebrechts, dann Dümmlers ragen die sieben Bände „Jahrbücher des Deutschen Reiches unter Heinrich IV. und Heinrich V." hervor, die der Zürcher Ordinarius Gerold Meyer von Knonau nach einer zwölfjährigen Phase der Materialsichtung Zug um Zug von 1890 bis 1909 veröffentlicht hat. Sie stellen nicht bloß die größte Einzelleistung innerhalb des Unternehmens dar, sondern bilden auch in qualitativer Hinsicht dessen Höhepunkt, weil der Autor mit bis dahin unerreichter Gründlichkeit und Vollständigkeit den Quellenstoff aus dem bewegten Zeitalter des Investiturstreits beiderseits der Alpen und darüber hinaus noch die verstreute Spezialliteratur verarbeitet hat, namentlich Dissertationen und Gymnasialprogramme. Daneben entstanden freilich nur noch Torsi: Die von Winkelmann nach seinen früheren Bänden übernommene Behandlung der langen Regierung Friedrichs II. (1889/97) gedieh nur bis zum Jahre 1233, weil der

Heidelberger Mediävist nach langer Krankheit mit 57 Jahren starb. Karl Uhlirz, Privatdozent in Wien und langjähriger Mitarbeiter Theodor Sickels an den Diplomata Ottos II. und Ottos III., entledigte sich des Auftrags, diese beiden Kaiser in den „Jahrbüchern" darzustellen, nur zur Hälfte mit einem Band über Otto II. (1902), bevor er 1914 als Professor in Graz noch nicht 60jährig ebenfalls dahinschied. Als 1908 ein erster Band über Friedrich Barbarossa (bis 1158) von dem Münchner Extraordinarius Henry Simonsfeld erschien, löste eine kritische Rezension von Karl Hampe[10] eine grundsätzliche Debatte über die Entwicklung der „Jahrbücher" aus. Moniert wurde die zunehmende, durch das Gebot der Vollständigkeit der Quellenerfassung bedingte Breite, die bei Friedrich I. einen Gesamtumfang von 5.000 Seiten erwarten lasse, nachdem bereits Meyer von Knonau mehr als 3.000 Seiten gefüllt hatte. Zudem leide die Qualität der Darstellung erheblich darunter, daß zwischen Wichtigem und Unwichtigem nicht unterschieden werde und der strikt chronologische Duktus kausale Zusammenhänge auseinanderreiße. Meyer von Knonau fühlte sich veranlaßt zu replizieren, indem er im Vorwort seines 7. Bandes von 1909 an Heinrich von Sybels Zweckbestimmung der „Jahrbücher" erinnerte, die „ein großes Annalenwerk" sein wollten, „nicht eben zur Lectüre des großen Publikums bestimmt, sondern ein Nachschlagebuch für den historischen Forscher und Lehrer, wo er den geschichtlichen Stoff aus den Quellen gesammelt, kritisch gesichtet und nach den bisherigen Ergebnissen der Forschung verarbeitet fände, in chronologischer Folge mit möglichster Objectivität geordnet, ohne die Absicht, ein darstellendes Kunstwerk oder politisch-kirchliche Erörterung zu liefern".[11] Mit dieser eingeschränkten Ambition ermunterte die Kommission 1909 Simonsfeld zur Fortsetzung seines Werkes,[12] doch starb er bereits 1913, und danach haben sich noch mehrere Nachfolger stets vergeblich bemüht, der Barbarossa-Zeit im Stil der „Jahrbücher" gerecht zu werden. Hampe, der Kritiker, erbot sich, die ausstehenden Schlußbände über Friedrich II. in eingeschränkter Vollständigkeit der Materialdarbietung und gelockerter chronologischer Ordnung zu verfertigen, gab den Auftrag aber 1919 unerledigt zurück. Das Scheitern an den beiden großen Stauferkaisern macht deutlich, daß das von Ranke im 10. Jahrhundert erprobte Konzept der „Jahrbücher" jenseits eines bestimmten Volumens an Quellenmaterial nicht bloß quantitativ, sondern eben auch darstellerisch nicht mehr befriedigend einzulösen war. Die Entwicklung des 20. Jahrhunderts sollte mehr und mehr zeigen, daß die ohne jeden erzählenden Rahmen auskommenden, auf bloße zeitliche Reihung der Zeugnisse bedachten „Regesta Imperii" (in ihrer 1889 begonnenen, bis heute nicht vollendeten Neubearbeitung unter Einbeziehung nichturkundlicher Quellen) der gangbarere Weg zu einem für das ganze Mittelalter probaten Instrument der Forschung sind.

3. Quellen zum mittelalterlichen Bürgertum: Chroniken der deutschen Städte und Hanserezesse

Daß von allen editorischen Vorhaben der Historischen Kommission die „Chroniken der deutschen Städte" am raschesten in Gang gekommen sind, ist vor allem Karl Hegel zu verdanken. Der 1856 auf einen Erlanger Lehrstuhl berufene Sohn des berühmten Philosophen, ausgewiesen durch eine zweibändige „Geschichte der Städteverfassung von Italien seit der Zeit der römischen Herrschaft bis zum Ausgang des zwölften Jahrhunderts" (1847), war auf der Gründungsversammlung 1858 beauftragt worden, die von Pertz gegebene, sogleich von Ranke wie auch dem Stuttgarter Oberbibliothekar Christoph Friedrich von Stälin unterstützte Anregung zu einem förmlichen Konzept auszugestalten. Was er der ersten Plenarversammlung 1859 vorlegte,[13] fand allgemeinen Beifall: eine Konzentration auf das 14. bis beginnende 16. Jahrhundert als „Blüthezeit des deutschen Städtewesens" unter Verzicht auf ältere, meist lateinische Quellenbestände und mit Würdigung auch des Wertes für die deutsche Sprachentwicklung. Zu den Vorzügen des Planes gehörte nicht nur, daß er der historischen Selbstvergewisserung des wirtschaftenden Bürgertums einen weithin ungehobenen Schatz an anschaulichen Zeugnissen versprach und der Kommission ein Tätigkeitsfeld fernab der (damals) reichsgeschichtlich ausgerichteten Monumenta eröffnete, sondern auch daß er ein in den meisten Fällen singulär überliefertes, relativ rasch in den Druck umsetzbares Material betraf und zu dezentraler Arbeitsteilung einlud. Hegel strebte nicht nach vollständiger Sammlung aller in Betracht zu ziehenden Texte, sondern wollte wichtige und aussagekräftige Quellen unabhängig von ihrer Thematik und Form, soweit sie für städtische Leser bestimmt gewesen waren (also auch Familiengeschichten, Autobiographisches, Fehde- oder Reiseberichte), gebündelt nach historischen Landschaften herausgeben.

Demgemäß begann er mit drei 1862 bis 1864 erschienenen Bänden „Chroniken der fränkischen Städte", worin neun verschiedene Nürnberger Quellen des 15. Jahrhunderts präsentiert wurden, bearbeitet neben Hegel auch von vier jüngeren, eigens angestellten Editoren, die alle wissenschaftlich ihren Weg machen sollten: Theodor von Kern (später Ordinarius in Freiburg), Friedrich von Weech (nachmals Direktor des Generallandesarchivs in Karlsruhe), dem bekannten Germanisten Matthias Lexer (bald Ordinarius in Freiburg, Würzburg, München) sowie Dietrich Kerler, der sich auch um die Reichstagsakten Sigismunds verdient gemacht hat und als Oberbibliothekar der Universität Würzburg 1883 zum außerordentlichen Mitglied der Kommission gewählt wurde. Nach diesem Vorbild gelang es, auch in anderen Regionen ähnliche Bemühungen anzuregen. Ein besonders ergiebiges Terrain war Augsburg, wo zunächst Ferdinand Frensdorff zwei (Bd. 4–5, 1865/66), später Friedrich Roth drei Bände bearbeitete (Bd. 22–23, 25, 1892/96), aber auch Köln, die Wirkungsstätte von Hermann Cardauns, der in seinen drei Bänden (1875/77) unter anderem die voluminöse „Koelhoffsche Chronik" von 1499

Abb. 14: Karl Hegel (1813–1901), 1858–1901 Leiter der Abteilung „Die Chroniken der deutschen Städte vom 14. bis in's 16. Jahrhundert".

unterbrachte. Eher gering war die Ausbeute in altbayerischen Städten, die in nur einem Band (1878) vier Texte aus Regensburg, Landshut, Mühldorf und München zusammenbrachten. Hegel selbst, der den meisten Bänden ein Vorwort voranstellte, leitete noch zwei weitere Nürnberger Bände (1872/74), deren Bearbeitung wieder in Händen von Kerns lag, und betätigte sich selbst als Editor der Quellen aus Mainz (Bd. 17–18, 1881/82) und vor allem aus Straßburg (Bd. 8–9, 1870/71), wo er glücklicherweise wichtige Überlieferungen der Chronik Jakob Twingers von Königshofen noch kurz vor ihrer Vernichtung im Krieg von 1870 verwerten konnte. Mit der Zeit kamen auch die niederdeutschen Städte in der Reihe zu ihrem Recht, beginnend mit Braunschweig, dessen Chroniken der Stadtarchivar Ludwig Hänselmann vorlegte (Bd. 6, 16, 1868/80), über Magdeburg, wo anfangs der Staatsarchivar Karl Janicke (Bd. 7, 1869), dann der Stadtarchivar Max Dittmar (Bd. 27, postum hg. von Gustav Hertel, 1899) tätig wurde, und Lübeck, dessen chronikalische Überlieferung Karl Koppmann parallel zu den (gleich zu behandelnden) Hanserezessen aufarbeitete (Bd. 19, 26, 1884/99), bis hin in den westfälisch-niederrheinischen Raum, wo aus Dortmund, Neuß, Soest und Duisburg manches Material zusammenkam, um dessen Erschließung sich unter der Ägide von Karl Lamprecht der spätere Kölner Stadtarchivar Joseph Hansen (Mitglied der Kommission ab 1917), der Münsteraner Archivar Theodor Ilgen sowie der westfälische Germanist Franz Jostes (nachmals Ordinarius in Münster) verdient gemacht haben (Bd. 20, 21, 24, 1887/96).

Als Hegel 1901 starb, war das Wesentliche vollbracht: Die Reihe der „Städtechroniken" hatte in 27 vorliegenden Bänden Gestalt angenommen und durch vielfach erstmalige oder erstmals kritische Textausgaben die bürgerliche Lebenswelt des deutschen Mittelalters in ein helleres Licht gerückt.[14] Zum Standard der Editionen, den Hegel geprägt hatte, gehörten ausführliche, meistens für die ältere Verfassungsentwicklung der Städte grundlegende Einleitungen, die Beigabe rekonstruierter mittelalterlicher Stadtpläne sowie historisch ebenso wie philologisch aufschlußreiche Register. Unter Georg von Below, Hegels Nachfolger in der Leitung des Unternehmens, setzte sich die Arbeit durchaus noch bis in den Ersten Weltkrieg hinein fort, betraf aber nur noch die Weiterführung auf vertrautem Gelände. Aus dem Augsburger 16. Jahrhundert steuerte Friedrich Roth 1906 und 1917 abermals zwei Bände bei, während die Bearbeitung der Lübecker Chronistik, die nach dem Tode Koppmanns (1905) an Friedrich Bruns überging, noch drei weitere Bände samt einem gesonderten Registerband erforderte, um 1914 zum Abschluß zu gelangen. Daß die Kommission bereits 1904 beschloß, das längst gesammelte Material zur Bamberger Chronistik der eben gegründeten Gesellschaft für fränkische Geschichte zu überlassen,[15] die damit 1907/10 den Reigen ihrer Publikationen eröffnen konnte, zeigt deutlich den Wandel in den Prioritäten ihrer Arbeit.

Im Unterschied zu den „Städtechroniken" ist das andere vom Bürgerstolz inspirierte Vorhaben der Kommission, die Herausgabe der Hanserezesse, anfänglich nicht vom Glück begünstigt gewesen. Der Vorschlag kam von Johann Martin Lappenberg, dem Hamburger Archivar, der auf der Plenarversammlung von 1859 vor allem die nationale Tragweite der Aufgabe darlegte, die der Reichsgeschichte eine neue Dimension gebe und „die Heldenzeit und die Großtaten des deutschen Bürgerthums" zu vergegenwärtigen bestimmt sei.[16] Sein Plan sah vor, die 1830 erschienene, nur bis 1370 reichende „Urkundliche Geschichte des Ursprungs der deutschen Hanse" von Georg Sartorius zu vervollständigen und darüber hinaus das Quellenmaterial über die weiteren hansischen Zusammenkünfte bis ins 16./17. Jahrhundert aus allen einschlägigen Archiven zusammenzutragen, wobei eine gewisse Analogie zu den Reichsabschieden als Kern der Reichstagsakten nicht verhohlen wurde. Die chronologische Anlage der Edition machte ebenso wie dort eine längere Phase der Materialsammlung erforderlich, bevor an den Beginn der Publikation gedacht werden konnte. Lappenberg, der das Unternehmen sogleich in Angriff nahm, wurde bei den Archivreisen in die einzelnen Hansestädte sowie nach London, Kopenhagen und Flandern von dem jungen Wilhelm Junghans unterstützt, der indes 1865 kurz nach der Übernahme einer Professur in Kiel plötzlich verstarb. Da auch Lappenberg im Verlauf desselben Jahres das Zeitliche segnete, mußte über das Vorhaben neu disponiert werden. Der Göttinger Rechtshistoriker Ferdinand Frensdorff, damals noch Extraordinarius, der gerade zwei Augsburger Bände für die „Städtechroniken" bearbeitet hatte, wurde mit den Hanserezessen betraut, gab den Auftrag aber 1868 unerledigt wieder zurück. Erst danach brachte Waitz seinen zwei Jahre zuvor promovierten Schüler Karl Koppmann ins Spiel, für den das Pensum auf die Zeit bis 1430 begrenzt wurde.

Koppmann hat diese Aufgabe in acht Bänden, die von 1870 bis 1897 herauskamen, anscheinend im Alleingang bewältigt. Da er lange ohne adäquate akademische Position war und erst 1884 als Stadtarchivar von Rostock zu einer festen Anstellung gelangt ist, war er zu allerlei gleichzeitigen Tätigkeiten veranlaßt und hat als Sekretär des Vereins für hamburgische Geschichte, daneben auch des 1870 gegründeten Hansischen Geschichtsvereins jahrelang deren Zeitschriften redigiert und obendrein von 1869 bis 1894 in sieben Bänden „Kämmereirechnungen der Stadt Hamburg 1350–1562" publiziert. Das mag erklären, warum seine Edition der Hanserezesse, die über die eigentlichen Hansetage hinaus vielerlei „Vorakten" und weitere Verhandlungen erfaßte, immer wieder umfangreiche Nachträge und Berichtigungen benötigte, die auf zu spät bekanntgewordenem Material fußten. Die Kommission hat gleichwohl Koppmann auch noch für den Lübecker Anteil an den „Städtechroniken" in Dienst genommen, die Edition der Hanserezesse über 1430 hinaus jedoch ganz dem Hansischen Geschichtsverein überlassen. Er hat sie in mehreren Anläufen zuletzt bis zum Jahre 1537 vorangetrieben, auch wenn längst niemand mehr wie einst von einer reichsgeschichtlichen Bedeutung dieses Materials schwärmt.

Gewissermaßen im Schatten der genannten Großprojekte begegnen während der ersten Jahrzehnte der Kommission unter ihren Veröffentlichungen oder auch bloß in den Protokollen der Jahresversammlungen noch einzelne weitere mediävistische Initiativen von begrenzten Ausmaßen. So kam es vor, daß bereits publikationsreife Manuskripte an die Kommission herangetragen wurden, um durch deren Druckkostenzuschuß gleichsam geadelt zu werden. Das war der Fall bei dem Quellenedition und Darstellung verbindenden zweibändigen Werk von Henry Simonsfeld über den Fondaco dei Tedeschi in Venedig (1887) oder bei der ebenfalls zweibändigen „Geschichte des Gerichtswesens und der Verwaltungsorganisation Baierns" (bezogen auf die Zeit von 1180 bis 1745), die der Jenenser Jurist Eduard Rosenthal 1889/1906 veröffentlichte, – beides grundlegende Werke, die bis heute ihre Bedeutung haben. Von sich aus suchte die Kommission dagegen seit 1881 Anteil zu gewinnen an der Ausbeute, die die Öffnung des Vatikanischen Archivs durch Papst Leo XIII. versprach. Der an Sigmund Riezler und Hermann Grauert erteilte Forschungsauftrag beruhte indes auf ziemlich unrealistischen Erwartungen und führte erst nach manchen Umwegen und einem Brandunglück in der Druckerei, das die Wiederholung eines Teils der Archivarbeit erforderlich machte, zu dem vereinzelt gebliebenen Band „Vatikanische Akten zur deutschen Geschichte in der Zeit Kaiser Ludwigs des Bayern" (1891). Gemäß einem Kommissionsbeschluß von 1899[17] lebten auf Wunsch Riezlers sowie Karl Theodor Heigels auch die „Quellen und Erörterungen zur bayerischen und deutschen Geschichte" (so der erweiterte Titel) der alten „Archivalischen Kommission" mit einer Neuen Folge auf, die dazu bestimmt war, das altbayerische Defizit an Städtechroniken durch Ausgaben der spätmittelalterlichen Landeschroniken vor Aventin auszugleichen. So erschienen von 1903 bis 1915 die bis heute maßgeblichen Editionen des Andreas von Regensburg, Hans Ebrans von Wildenberg, Ulrich Füetrers und Veit Arnpecks, aber auch die Bearbeitung der im 8. Jahrhundert einsetzenden Traditionsurkunden des Hochstifts Freising durch Theodor Bitterauf (1905/09). Ohne Auswirkungen auf das Publikationsverzeichnis der Kommission blieben hingegen die nach der Jahrhundertwende wiederholt angestellten Überlegungen oder sogar konkret erteilten Aufträge, die auf die Einbeziehung staatstheoretischer Traktate des Spätmittelalters oder der Briefe berühmter deutscher Humanisten ins Arbeitsprogramm abzielten. Das erste Vorhaben ist später mit mehr Erfolg von den Monumenta aufgenommen worden („Staatsschriften des späteren Mittelalters", seit 1941), das zweite fiel einer 1917 aus Anlaß des Reformationsjubiläums von Preußen ins Leben gerufenen Kommission zur Erforschung der Geschichte der Reformation und Gegenreformation zu („Humanistenbriefe", Bd. 1–5, 1923–1956).

4. Nach dem Ersten Weltkrieg

Nicht erst die allgemeine Zäsur des Ersten Weltkriegs, sondern bereits die Jahre unmittelbar davor, in denen die Historische Kommission 1909 das fünfzigjährige Bestehen feierte,[18] brachten auf dem Felde ihrer mediävistischen Forschungen eine fühlbare Erschöpfung mit sich. Die mittlerweile klassisch gewordenen „Jahrbücher" und „Städtechroniken" galten einerseits als zum wesentlichen Teil verwirklicht, andererseits als zunehmend problembehaftet, sofern man sie weiter fortzusetzen gedachte. Ohnehin wandte sich die Kommission unter dem Vorsitz von Moriz Ritter und dann Erich Marcks über den angestammten Zeitrahmen des Heiligen Römischen Reiches hinaus bevorzugt Quellen und Themen des 19. Jahrhunderts zu, die ab 1919 das Übergewicht in den Publikationen erlangten. Dazu kam das fruchtbare Wirken landesgeschichtlicher Kommissionen, regionaler Gesellschaften und einzelstaatlicher Archivverwaltungen, die seit dem ausgehenden 19. Jahrhundert urkundliches Material aus dem Mittelalter in erheblichem Umfang in eigenen Editionen und Regestenwerken vorlegten. Erst relativ spät entstand 1927 im Rahmen der Bayerischen Akademie der Wissenschaften auch eine Kommission für bayerische Landesgeschichte, die alsbald die „Quellen und Erörterungen zur bayerischen Geschichte" (wie sie fortan nur noch hießen) in ihre Regie nahm.[19]

All dies bewirkte, daß die Produktion neuer Werke der Historischen Kommission zum deutschen Mittelalter noch stärker zurückging, als dies im Zeichen des verlorenen Krieges und der Inflation auch insgesamt der Fall war. Von den unverdrossenen Plänen, das Konzept der „Jahrbücher" in abgeschwächter Form auf das Spätmittelalter nach Rudolf von Habsburg zu übertragen, dessen ausführliche Darstellung durch Oswald Redlich (1903) nachträglich als Ersatz für ein derartiges Buch angesehen wurde, gelangte nur ein einziger ans Ziel: die Behandlung der Regierung König Albrechts I. durch den Göttinger Extraordinarius und Bibliothekar Alfred Hessel (1931). Er löste sich ganz vom annalistischen Anlageprinzip und bot auf 240 Seiten eine gestraffte Erörterung der wichtigsten Entwicklungslinien aus zehn Jahren Reichsgeschichte (1298–1308), wofür er freilich bei der Kritik nicht nur Beifall fand. Geraume Zeit nach dem Ersten Weltkrieg begannen auch die „Städtechroniken" für eine kurze Weile wieder zu erscheinen, nachdem Hansen an Stelle des verstorbenen von Below die Leitung übernommen hatte. Die Bände 33 und 34 von 1928/29 brachten weitere Augsburger Quellen des 16. Jahrhunderts in der Bearbeitung durch Friedrich Roth, der sein Jahre zuvor abgeschlossenes Manuskript wegen des schmalen Druckkostenetats um fast die Hälfte hatte zusammenstreichen müssen. Verzögert kamen auch Braunschweiger Chroniken des späten 15. Jahrhunderts heraus (Bd. 35, 1928), deren Bearbeiter, der Gymnasiallehrer Hermann Baesecke, bereits 1923 an den Folgen seines Kriegseinsatzes verstorben war. Sowohl bei den Augsburger wie bei den Braunschweiger Bänden sind die angekündigten Sachregister nie zustande gekommen. Am stattlichsten fiel der 1931 erschienene Band 36 aus, in dem der Lüneburger Archivar Wilhelm Reinecke gemäß einem 1903 empfangenen Auftrag die älteren Chroniken seiner Stadt publizierte.

Gegenüber diesen eher zaghaften Weiterführungen älterer Vorhaben rückten als neues Unternehmen die „Deutschen Handelsakten des Mittelalters und der Neuzeit" in den Vordergrund, die indes schon 1913 auf Betreiben von Belows beschlossen worden waren.[20] Sie trugen einem bereits bei der Gründung der Kommission von Droysen artikulierten Bedürfnis nach Berücksichtigung wirtschaftsgeschichtlicher Überlieferungen Rechnung und waren zudem wie frühere Projekte der Kommission rittlings zur Epochengrenze von 1500 situiert, also wiederum keine spezifische Angelegenheit für Mediävisten. Da sich die vorrangig begonnenen Forschungen über deutsche Zolltarife des Mittelalters länger hinzogen, bildete 1923 den Auftakt der Publikationen das imposante, freilich nur durch private Spenden (wie man liest) zum Druck gebrachte Werk des Bonner Historikers und Kommissionsmitglieds Aloys Schulte über die Große Ravensburger Handelsgesellschaft 1380–1530. Es verband eine zweibändige detaillierte Darstellung mit einem dritten Band, der 162 Quellenstücke vornehmlich aus dem Karlsruher Generallandesarchiv, aber auch aus verstreuten weiteren Beständen bis nach Spanien zusammentrug, und ist sehr bald zu einem Klassiker der älteren Wirtschaftsgeschichte geworden. Sieben Jahre später folgte das Opus eines anderen Kommissionsmitglieds, Jakob Strieders in München, der seine während der deutschen Besetzung Belgiens im Ersten Weltkrieg gefertigten Abschriften aus Antwerpener Notariatsarchiven als Quellen zur Geschichte des deutschen Fernhandels im 16. Jahrhundert in einer reinen Edition ohne auswertende Darstellung veröffentlichte. Erst der fünfte Band, in dem der württembergische Staatsarchivar Karl Otto Müller 1934 unter dem Titel „Welthandelsbräuche (1480–1540)" fünf Handschriften des frühen 16. Jahrhunderts aus dem Besitz des Handelshauses Paumgartner in Augsburg herausgab, die als Lehrbücher damaligen kaufmännischen Wissens zu bezeichnen sind, war aus einem Arbeitsauftrag der Kommission erwachsen. Ein solcher lag auch der monumentalen, eine Darstellung von über 800 Seiten einschließenden Edition des Regensburger Runtingerbuches (1383–1407), des aussagekräftigsten Geschäftsbuches eines Kaufmannsgeschlechts im deutschen Spätmittelalter, zugrunde, die Franz Bastian in drei Bänden von 1935 bis 1944 vorgelegt hat. Der langjährige Mitarbeiter der Kommission hatte übrigens einen früheren Auftrag für die „Handelsakten", der sich auf die Tiroler Raitbücher bezog, 1931 durch eine Veröffentlichung in der Schriftenreihe der Kommission für bayerische Landesgeschichte absolviert,[21] die ihrerseits bis 1951 gar keine Mitarbeiterstellen hatte, aber auf solche Weise mit der Historischen Kommission kooperierte. Die „Welthandelsbräuche" Müllers und die dreibändige Ausgabe des Runtingerbuches, beide der aktuellen Politik weit entrückt, sind die einzigen in diesem Beitrag zu erwähnenden Publikationen aus der Zeit des Dritten Reiches, in der die Produktivität der Kommission überhaupt stark nachließ.

5. Seit dem Zweiten Weltkrieg

Als man nach 1945 inmitten der Trümmer wiederbegann, war das Bemühen um Wahrung der Kontinuität bei weitem stärker als jedes Bedürfnis nach neuen Zielen. Nicht nur auf dem Felde der Mittelalterforschung, die weiterhin eher am Rande stand (abgesehen von den Reichstagsakten), hieß das, die seit langem, teilweise seit der Gründung der Kommission anstehenden Aufgaben trotz aller Rückschläge und Unterbrechungen, wenn irgend möglich, voran und zu Ende zu bringen. Neben der seit 1953 erscheinenden Neuen Deutschen Biographie, die nicht anders als die frühere ADB auch das Mittelalter berücksichtigt, ging es daher wie seit eh und je um die „Jahrbücher", für deren modifizierte Fortführung bis 1378, zeitweilig sogar bis 1437, aber auch die Neubearbeitung älterer Bände wie desjenigen über Heinrich VI. immer aufs neue bereitwillige Autoren gefunden wurden und früher oder später durch andere ersetzt werden mußten. Zur Druckreife gelangt ist kein einziges dieser Vorhaben, was neben den seit langem bekannten konzeptionellen Problemen der Reihe auch an der wachsenden Flut von Spezialliteratur gelegen haben mag, die zusätzlich zu den Quellen Berücksichtigung erforderte, und letztlich wohl zum Ausdruck bringt, daß der ursprünglich gegebene Reiz geschwunden war, ein Stück Reichsgeschichte erstmals aus allen Quellen zu erheben. Statt dessen schloß sich auf eigentümliche Weise die für die Zeit Ottos III. gebliebene Lücke, indem Karl Uhlirz' Tochter Mathilde, auf die gemäß dessen letztem Willen 1916 durch Beschluß der Kommission die Bearbeitung übergegangen war,[22] nach einem Berufsleben im Schuldienst und an der Grazer Universität ihr Manuskript vorlegte, das nach allerhand Kürzungen 1954 erscheinen konnte und dem die Autorin 1956 gleich noch den entsprechenden Band der „Regesta Imperii" folgen ließ. Während Uhlirz sich ganz die traditionellen Gebote der Vollständigkeit an Quellen und der annalistischen Erzählweise zu eigen machte, geht der vorerst letzte, mehr als vierzig Jahre später erschienene „Jahrbücher"-Band von Peter Thorau, auf einer Saarbrücker Habilitationsschrift fußend, bei der Behandlung König Heinrichs (VII.), des unglücklichen Sohnes Kaiser Friedrichs II., deutlich freier mit der Chronologie um und verfolgt sachliche Zusammenhänge auch über die Jahresgrenzen hinweg. Das

Werk endet zeitlich allerdings mit dem Beginn der selbständigen Regierung des jungen Staufers 1228 und soll noch bis zu dessen Absetzung (1235) bzw. Tod (1242) weitergeführt werden. Davon abgesehen hat die Kommission jedoch 2002 beschlossen, die Reihe trotz ihrer Lücken einzustellen.

Daß 1968 noch ein 37. und letzter Band der „Städtechroniken" erschien, der die älteste Chronik der Stadt Bremen aus den Jahrzehnten um 1400 erstmals im vollen Umfang darbietet, ist allein mit dem zeitgeschichtlich bedingten Schicksal des Manuskripts zu erklären, das dem während des Krieges ins Sudetenland versetzten Bearbeiter Hermann Meinert 1945 durch tschechische Beschlagnahme abhanden kam und bis 1961 verschollen blieb, so daß er sein Werk erst als pensionierter Direktor des Frankfurter Stadtarchivs zum Druck bringen konnte.

Lebhafter entwickelten sich nach kriegsbedingter Unterbrechung die „Deutschen Handelsakten des Mittelalters und der Neuzeit" unter der Ägide von Hermann Aubin, später von Hermann Kellenbenz, dann von Wolfgang Zorn weiter.[23] Die Ergebnisse sollen hier einbezogen werden, obgleich sie ganz überwiegend die frühe Neuzeit betreffen. Nachdem zunächst Karl Otto Müller 1955 mit einem weiteren Band an seine Forschungen aus der Vorkriegszeit über die Paumgartner von Augsburg angeknüpft hatte, kamen endlich die schon seit Beginn der Reihe angestrebten Publikationen historischer Zolltarife in Gang: Otto Stolz machte den Anfang mit der Geschichte des Zollwesens und Handelsverkehrs in Tirol und Vorarlberg vom 13. bis zum 18. Jahrhundert (Bd. 10, 1955), es folgten die Bearbeitung der Hamburger Zolltarife durch Ernst Pitz (Bd. 11, 1961) und des Klevischen Rheinzollwesens vom 11. bis 18. Jahrhundert durch Marie Scholz-Babisch (Bd. 12, 13, 1971), während die auf drei Bände angewachsene Edition des Katzenelnbogener Rheinzollerbes 1479–1584, hauptsächlich auf St. Goar bezogen, durch Karl E. Demandt von der Historischen Kommission für Nassau übernommen wurde.[24] Unausgeführt blieben jedoch die Pläne, die das Zollwesen Kurkölns und der Stadt Köln, aber auch im westlichen Alpenraum betrafen. Von dem dreibändig konzipierten umfassenden Werk Herbert Hassingers zum Zollwesen, Handel und Verkehr im Ostalpenraum gelangte lediglich der erste Teil über das westliche Kärnten und das Salzburger Land zur Vollendung (Bd. 16/1, 1987). Daneben setzte sich die Beschäftigung mit einzelnen bemerkenswerten Quellenbeständen von handelsgeschichtlicher Relevanz fort. So publizierte Eckhart Schremmer 1971 eine Rarität aus der Zeit des späten Merkantilismus, nämlich eine im kurfürstlichen Auftrag während der 1790er Jahre angefertigte Analyse des bayerischen Salzwesens (Bd. 14), und Hermann Kellenbenz brachte 1974 das 1558 veröffentlichte „Handelsbuch" des Nürnbergers Lorenz Meder samt den im Exemplar des Germanischen Nationalmuseums enthaltenen handschriftlichen Nachträgen der Nürnberger Welser heraus (Bd. 15). Im Zuge einer gewissen Konzentration auf Augsburg im 16./17. Jahrhundert folgten 1988 die „Memorabilia and Letters" (1600–1639) des in der englischen Kupferindustrie erfolgreich gewordenen, aus Augsburg stammenden Kaufmanns Daniel Hoech-

Abb. 15: Hermann Kellenbenz (1913–1990), 1972–1990 Leiter der Abteilung „Deutsche Handelsakten des Mittelalters und der Neuzeit".

stetter, bearbeitet von George Hammersley (Bd. 17), sowie 1994 zwei Augsburger „Unterkaufbücher" von 1551 bis 1558, wichtige Quellen zum Geld- und Kreditverkehr in der Lechstadt, die Friedrich Blendinger, unterstützt von seiner Ehefrau Elfriede, erschlossen hat (Bd. 18), bevor 1996 und 2004 in zwei Bänden von Reinhard Hildebrandt „Quellen und Regesten zu den Augsburger Handelshäusern Paler und Rehlinger 1539–1642" vorgelegt wurden (Bd. 19). Eine Auswahl aus den Geschäftsbüchern der Firma Felix und Jakob Grimmel, die um die Mitte des 16. Jahrhunderts von Konstanz und Memmingen aus tätig war, bietet der 1999 erschienene Bd. 20, der Frank Göttmann und Andreas Nutz verdankt wird. Aus dem Nachlaß von Kellenbenz und dessen spanischen Archivstudien geschöpft ist schließlich der bislang letzte, von Rolf Walter zum Druck besorgte Bd. 21 (2001), der Notariatsakten aus Sevilla und Cadiz (1525–1560) als Zeugnisse für oberdeutschen und genuesischen Fernhandel präsentiert. Als nächstes zu erwarten ist eine Rückkehr nach Augsburg mit einer Edition der Rechnungsbücher der Welser-Gesellschaft von 1496 bis 1551, die bereits auf gutem Wege ist. Weitere einschlägige Projekte sind in der ohne immanente Systematik angelegten Reihe „Handelsakten" derzeit nicht vorgesehen.

Einen Neuansatz, der freilich auch schon 100 Jahre früher beim Beschluß über die „Hanserezesse" mitbedacht worden war, bedeutete die 1960 getroffene Entscheidung der Kommission, eine Reihe „Urkunden und Akten der oberdeutschen Städtebünde vom 13. Jahrhundert bis 1549" zu beginnen, die neben den hansischen Dokumenten und den „Städtechroniken" eine weitere Dimension bürgerlicher Regsamkeit im Spätmittelalter erhellen und zudem die Reichstagsakten-Edition ergänzen sollte.[25] Der Verlauf des Unternehmens während der folgenden Jahrzehnte vermag beispielhaft die Schwierigkeiten zu veranschaulichen, die sich der effektiven Bewältigung ungehobener Archivschätze entgegenstellen. Der unter der Leitung von Gerd Tellenbach beauftragte Bearbeiter Konrad Ruser war zunächst ein Jahrzehnt lang damit beschäftigt, allein für eine erste Phase bis etwa 1430 aus 63 verschiedenen Archiven das Material zusammenzutragen, was zu fast 40.000 photographischen

Aufnahmen von rund 14.000 Schriftstücken führte. Auf dieser Basis gestaltete er einen ersten, bis 1347 reichenden Teilband (1979), der die einzelnen Bündnisse und Landfrieden regional aufreiht und nur deshalb im Umfang von 562 Seiten gehalten werden konnte, weil aus dieser Frühzeit das meiste bereits anderweitig gedruckt vorlag und somit in regestenartiger Komprimierung wiedergegeben werden konnte. Der zweite Band, eigentlich für die Zeit bis zum Ende des Schwäbischen Städtebundes 1389 gedacht, kam 1988 in zwei Teilen heraus und bot auf zusammen 1.382 Seiten das zuvor großenteils ungedruckte Material lediglich bis zum Jahresende 1380 dar. Was bis 1389 noch übrig blieb, macht den dritten Band aus, der 2005 pünktlich zum 80. Geburtstag des Bearbeiters auf den Markt kam und, nun auch unter ausdrücklicher Einbeziehung der Schweiz, in drei Teilen insgesamt 3.140 Seiten füllt. Die Kommission beschloß 2002 die Einstellung des Vorhabens, nachdem der anfänglich genannte Zeitrahmen „vom 13. Jahrhundert bis 1549“ bereits stillschweigend auf dem Titelblatt von Bd. 2 entfallen war, aber auch die bis 1430 angelegte Materialsammlung sich nicht in einem Menschenalter hatte publikationsreif machen lassen. Dessen ungeachtet ist das, was vorliegt, natürlich eine wertvolle, künftige Forschung anregende Dokumentation, die den „Hanserezessen“ oder dem „Quellenwerk zur Entstehung der Schweizerischen Eidgenossenschaft“ würdig an die Seite tritt.

6. Ein Projekt mit Zukunft

Nachdem Bemühungen der Kommission um das Thema „Deutsche Universitäten“ (ohne präzise zeitliche Eingrenzung) während der 1970er Jahre aus Geldmangel im Sande verlaufen waren, konnte 1998 auf Antrag von Peter Moraw ein neues Vorhaben mit mittelalterlichem Schwerpunkt beschlossen werden, für das zu früherer Zeit schon die technischen Voraussetzungen gefehlt hätten. Das „Repertorium Academicum Germanicum“ (RAG) setzt ganz auf die elektronische Datenverarbeitung und besteht im Aufbau einer prosopographischen Datenbank, die alle im alten deutschen Reich zwischen 1250 und 1550 tätigen graduierten Gelehrten (Theologen, Juristen, Mediziner und Artisten-Magister) mit möglichst vollständigen Lebensläufen erfassen soll. Im einzelnen handelt es sich um die Absolventen von mehr als 30 Universitäten innerhalb und außerhalb des Reichsgebietes: von Bologna bis Löwen und von Greifswald bis Basel sowie aus Paris, Montpellier, Rom, St. Andrews, Krakau und noch einigen Orten mehr. Ihre Gesamtzahl wurde zu Beginn auf 35.000 geschätzt, scheint mittlerweile aber eher bei 40.000 zu liegen. Ausgewertet werden mit internationaler Beteiligung die Angaben universitärer Quellen in Matrikeln, Promotionsverzeichnissen, Dekanatsbüchern, Rektorats- und Fakultätsakten, dann aber auch Zeugnisse über den weiteren Lebensweg, die sich im Umfeld von Stiftskirchen, weltlichen und geistlichen Höfen, an der päpstlichen Kurie (vermittelt u. a. durch das Repertorium Germanicum des Deutschen Historischen Instituts in Rom), durch Ritter- und Trinkstubengesellschaften oder Bruderschaften, durch Bücherlisten, Testamente und Grabinschriften einstellen. Ziel ist die Verknüpfung der heterogenen Belege durch Identifizierung mehrfach auftauchender Personen und die Gewinnung individueller Profile. Es liegt auf der Hand, daß damit eine für die politische, kirchliche und kulturelle Entwicklung des Spätmittelalters wie der beginnenden Neuzeit ganz entscheidende Personengruppe ins Blickfeld gerückt und in zuvor ungekannter Weise für quantitative und qualitative Untersuchungen der verschiedensten Art erschlossen wird.[26]

Das RAG wird an zwei Orten, in Gießen (unter der Leitung Moraws) und in Bern (unter der Leitung von Rainer Christoph Schwinges), bearbeitet. Nach mehrjähriger Förderung durch die Deutsche Forschungsgemeinschaft und den Schweizerischen Nationalfonds ist das Vorhaben ab 2007 in das Akademienprogramm mit einer Perspektive bis 2018 aufgenommen worden. Mit ihm hat die Historische Kommission Anteil an der mediävistischen Grundlagenforschung des 21. Jahrhunderts.

1 HiKo 1; vgl. Franz Schnabel, Die Idee und die Erscheinung, in: FS 1958, 7-69, hier 7.

2 Vgl. Rudolf Schieffer, Bayern und die Monumenta Germaniae Historica zur Zeit der Gründung der Historischen Kommission, in: FS Gall, München 2006, 41–51.

3 HZ 1 (1859), 36–38.

4 HiKo 1.

5 HZ 2 (1859), Beilage, 37–42.

6 HiKo 54; Zitat: RTA 1, LVIIIf.

7 Vgl. Friedrich Baethgen, Die Jahrbücher der deutschen Geschichte, in: FS 1958, 70–81.

8 Vgl. Harald Zimmermann, Verschiedene Versuche, Vergangenheit vollständig zu vermitteln, in: Ders. (Hg.), Die Regesta Imperii im Fortschreiten und Fortschritt, Köln-Weimar-Wien 2002, 1–17.

9 HZ 1 (1859), 28–35, Zitat 33.

10 HZ 102 (1908), 106–114.

11 FS 1883, 25f., in der Wiedergabe bei Gerold Meyer von Knonau, Jahrbücher des Deutschen Reiches unter Heinrich IV. und Heinrich V., Bd. 7, Leipzig 1909, V.

12 HiKo 100.

13 HZ 2 (1859), Beilage, 22–30.

14 Vgl. Heinrich Schmidt, Die deutschen Städtechroniken als Spiegel des bürgerlichen Selbstverständnisses im Spätmittelalter (Schriftenreihe der Historischen Kommission 3), Göttingen 1958.

15 HiKo 95.

16 HZ 2 (1859), Beilage, 47–53, Zitat 48.

17 HiKo 90.

18 Ritter, Gründung.

19 Vgl. Wilhelm Volkert/Walter Ziegler (Hg.), Im Dienst der bayerischen Geschichte, 2. Auflage München 1999.

[20] Vgl. Hermann Aubin, Deutsche Handelsakten des Mittelalters und der Neuzeit, in: FS 1958, 158–165.

[21] Franz Bastian, Oberdeutsche Kaufleute in den älteren Tiroler Raitbüchern (1288–1370). Rechnungen und Rechnungsauszüge samt Einleitungen und Kaufmannsregister, München 1931.

[22] HiKo 216.

[23] Vgl. Vincent Demont, Les „Deutsche Handelsakten zur Geschichte des Mittelalters und der Neuzeit": édition et projet historiographique, in: Bulletin d'information de la Mission historique française en Allemagne 42 (2006), 109–118.

[24] Das Katzenelnbogener Rheinzollerbe 1473–1584, bearb. von Karl E. Demandt, Bd. 1–3, Wiesbaden 1978–1981.

[25] HiKo 243.

[26] Vgl. zum Ertrag Christian Hesse, Amtsträger der Fürsten im spätmittelalterlichen Reich. Die Funktionseliten der lokalen Verwaltung in Bayern-Landshut, Hessen, Sachsen und Württemberg 1350–1515 (Schriftenreihe der Historischen Kommission 70), Göttingen 2005, sowie zuletzt Suse Baeriswyl, Das Repertorium Academicum Germanicum. Überlegungen zu einer modellorientierten Datenbankstruktur und zur Aufbereitung prosopographischer Informationen der graduierten Gelehrten des Spätmittelalters, in: Sigrid Schmitt/Michael Matheus (Hg.), Städtische Gesellschaft und Kirche im Spätmittelalter, Mainz 2007, 17–36.

Eike Wolgast

Deutsche Reichstagsakten

1. Vorgeschichte und Planungen[1]

Die Deutschen Reichstagsakten als Editionsunternehmen sind älter als die Historische Kommission – zugespitzt ließe sich sogar sagen, daß die Historische Kommission nicht zuletzt deshalb gegründet wurde, um der Edition ein institutionelles Gehäuse zu verschaffen. Entstehungsgeschichtlich ist die Reichstagsaktenedition ein Produkt des deutschen Vormärz und der nationalen Romantik. Leopold von Ranke war 1836 bei den Vorarbeiten für seine „Deutsche Geschichte im Zeitalter der Reformation" im Stadtarchiv Frankfurt am Main auf 96 Foliobände mit Materialien zu den deutschen Reichstagen seit dem Spätmittelalter gestoßen. Er war fasziniert von der Aussagekraft dieser Akten: „Für die Geschichte des Reiches von ungefähr 1450 bis 1650, in welcher Zeit es seinen ganzen Umschwung von den alten Zuständen zu den neuen genommen hat, ist [...] nichts wichtiger als eine Kenntnis dessen, was auf den Reichstagen vorgegangen ist […]. Alles, was das öffentliche Leben betraf, mußte auf einer periodischen Versammlung, die das Reich wahrhaft repräsentierte, seine Geltung durchsetzen."[2] Die Reichstage erschienen Ranke als Verdichtungspunkte der deutschen Geschichte: „Die Geschichte der Reichstage ist die Geschichte der Regierung von Deutschland […]: es spricht sich darin [...] eine Idee aus, in der Deutschland lebt, [...], einer höheren Gemeinschaft, die über alle dem Treiben der kleineren Staaten schwebt."[3]

Ranke setzte auf die Geschichte als Mittel zur nationalen Bewußtseinsbildung und verstand die Reichstagsakten als einen Bestandteil der nationalpädagogischen Erziehung, als Beitrag zur „Entwickelung des deutschen Nationalgefühls".[4]

Nachdem er schon im November 1836 Georg Heinrich Pertz, den Leiter der MGH, befragt hatte, ob er es nicht für wünschenswert halte, im zeitlichen Anschluß an die MGH eine Edition der Reichstagsakten zu veranstalten,[5] schlug Ranke auf der Versammlung der deutschen Germanisten (Juristen, Historiker, Philologen) in Frankfurt am Main 1846 die Bildung eines „großen Geschichtsvereins" vor.[6] Zu dessen ersten Aufgaben sollte die Herausgabe der Reichstagsakten vom 15. bis zum 17. Jahrhundert gehören. Nachdem die Versammlung dem Plan zugestimmt hatte, entstand eine Denkschrift für den Deutschen Bundestag, die – von Johann Friedrich Böhmer verfaßt und neben ihm u. a. von Ranke, Pertz, Dahlmann und Jacob Grimm unterzeichnet – dem österreichischen Präsidialgesandten übergeben wurde. „Unter dem Schutze und mit der Unterstützung der Fürsten und freien Städte Deutschlands" sollten „einige der Sache gewachsene Männer sich der Aufgabe unterziehen", die Reichstagsakten herauszugeben. Über den Präsidialgesandten wurde der Deutsche Bund gebeten, dem geplanten Unternehmen wie schon den MGH seinen Schutz zu gewähren, für die Öffnung der Archive zu sorgen und das Ganze zu finanzieren.

Der Antrag blieb wirkungslos, zumal die Germanistenversammlung in Lübeck 1847 die Sache nicht wieder aufgriff; die Revolution von 1848 und ihre Folgen setzten dann ohnehin für Politiker und Historiker andere Prioritäten.

Als 1857 Maximilian II. von Bayern den von ihm an die Universität München berufenen Ranke-Schüler Heinrich von Sybel aufforderte, ihm Projekte vorzuschlagen, die „dem Gefühl für Deutschlands Wohl einen entsprechenden Ausdruck vor den Augen der Nation geben könnten", nannte Sybel vorzugsweise die Sammlung der Reichstagsakten. Er argumentierte mit derselben nationalpatriotischen Intention wie der bayerische König: „Es heißt nur das Leben einer Nation bekräftigen, wenn man die historischen Erinnerungen derselben belebt."[7]

Der von Sybel konsultierte Ranke unterstützte den Plan und skizzierte bereits die Binnengliederung der Edition: 1) Vor Maximilian; 2) Unter Maximilian; 3) Reformationsepoche; 4) Zweite Hälfte des 16. Jahrhunderts. Für die erste Abteilung bemerkte Ranke, daß es „nicht leicht" sein werde, die Akten „in einiger Vollständigkeit zusammenzubringen"; für die Maximilianszeit verwies er auf fürstliche und städtische Archive. Von den Texten beider Abteilungen, also von 1356 bis 1518, erwartete Ranke, „sie würden vielleicht in zwei Quartbänden erscheinen können" – Beginn einer grandiosen Fehleinschätzung, der die Editoren der Reichstagsakten in allen Abteilungen immer wieder unterlegen sind. Aus den zwei Quartbänden wurden 36 (zumeist mit mehreren Teilbänden), die bis heute nicht vollständig erschienen sind.

Die dritte Abteilung – so Ranke – „dürfte noch stärker werden als die beiden ersten zusammengenommen". Das hat sich mit zwanzig projektierten und größtenteils erschienenen Bänden (gleichfalls häufig in mehreren Teilbänden) nicht bewahrheitet. Überraschenderweise überlegte Ranke, ob „die Religionssache womöglich ausgeschlossen" werden könne. Bei der vierten Abteilung sah Ranke illusionslos voraus, daß in ihr alles „weitläufiger, massenhafter" sei und daher eine Auswahl getroffen werden müsse. Andererseits sei dieser Zeitraum am wenigsten erforscht, so daß hier das meiste noch unbekannte Material zu Tage gefördert werden könne.[8]

In einem wenig später aufgesetzten Exposé faßte Ranke die beiden ersten Abteilungen zusammen und wollte für die Reformationszeit nun auch die Religionsfrage berücksichtigt wissen. Richtungweisend, aber zum Schaden des ra-

Abb. 16: Heinrich von Sybel (1817–1895), seit 1860 Oberleitung über die Abteilung „Deutsche Reichstagsakten, Ältere Reihe", seit 1886 auch über die „Deutschen Reichstagsakten, Jüngere Reihe".

schen Vorankommens unberücksichtigt bleibend, waren seine Überlegungen, welche Archive für die erste Hälfte des 16. Jahrhunderts auszuwerten seien: ein kurfürstliches, ein fürstliches und ein städtisches Archiv, „ja, unter den Fürsten eigentlich drei, eines von einem geistlichen, eines von einem katholischweltlichen, ein anderes von einem protestantischen Hofe". Für die zweite Hälfte des 16. Jahrhunderts sollte der Versuch gemacht werden, „das Allgemeine und das Provinzielle zu scheiden" und nur Ersteres zu berücksichtigen. Über die zeitliche und personelle Dimension des Unternehmens äußerte sich Ranke eher unbestimmt; „fürs erste" waren ein oder zwei Mitarbeiter zu beauftragen, die vor allem das Wiener Archiv durchsuchen müßten. Für die „Vorbereitungen" rechnete er „ein paar Jahre [...] ohne Zweifel". Sybel setzte dagegen eine Arbeitszeit von drei Jahren an, bis das Jahr 1517 erreicht sein werde; die Gesamtausgabe der Reichstagsakten schätzte er auf zwölf Bände.[9]

Nach einigem Zögern bewilligte Maximilian II. im August 1857 für das Projekt „Sammlung und Erforschung der älteren deutschen Reichstagsakten" für zwölf Jahre je 3.000 fl. aus seiner Privatschatulle. An die Spitze des Vorhabens trat auf Rankes Vorschlag Sybel, der formell die Oberleitung bis zu seinem Tod 1895 behielt.[10]

Bei der Gründungssitzung der „Historischen Kommission bei der Königlich Bayerischen Akademie der Wissenschaften" zählte die Publikation der Reichstagsakten zur wichtigsten Aufgabe der neuen Institution; entsprechend hieß es in Artikel 11 des vom König am 20. August 1858 in Berchtesgaden unterzeichneten Statuts, die Kommission habe die Herausgabe der Reichstagsakten zu übernehmen. Aus der Jahresdotation von 15.000 fl. sollten dafür 3.800 fl. bereitgestellt werden.[11] Ranke unterstrich auf der Gründungssitzung nochmals die Bedeutung der Reichstagsakten: „[...] ein Unternehmen von größter Dimension, von dem man sich schon in seinen ersten Anfängen reiche Belehrung versprechen darf."[12]

Als ersten hauptamtlichen Mitarbeiter gewann Sybel den Königsberger Bibliothekskustos Georg Voigt. Für die Jahresversammlung 1859 erarbeitete dieser einen umfangreichen „Entwurf eines Planes zur Herausgabe der deutschen

Reichsstagsacten und Bericht über die eingeleiteten Arbeiten".[13] In dieser Denkschrift benannte er bereits nahezu alle Probleme, die sich in der Folgezeit bei der Edition ergeben sollten. Als Ausgangsjahr schlug er 1356 (Goldene Bulle) vor, während er das Endjahr noch offen ließ; er gab mehrere mögliche Schnittstellen an: 1555, 1618, 1648 oder 1663. Diesen großen Prospekt schränkte er gleichwohl sofort ein: „Fürs Erste sollen die Arbeiten nicht über das Jahr 1555 hinaus geleitet werden. Ja, es erscheint zweckmäßig, um nicht das Feld der Arbeit gar zu sehr in die Weite und den Beginn der Edition gar zu sehr in die Ferne hinauszuschieben, vorläufig schon das Jahr 1518 als einen Haltepunct festzusetzen." Im Gegensatz zu Ranke war sich Voigt – wie nach ihm Julius Weizsäcker – darüber im klaren, daß für das 14./15. Jahrhundert ein definierter Gegenstand der Edition noch gar nicht bestand.[14] Voigt zog daraus die zwar sachlich begründbare, für den Fortgang des Vorhabens jedoch verhängnisvolle Konsequenz, „eine Ausdehnung des Begriffes [sei] eher zu rechtfertigen als eine Einschränkung", und subsumierte auch die Materialien von Kurfürstenkonventen, Fürstenversammlungen und allgemeinen Städtetagen unter Reichstagsakten. Vor allem ungedruckte Stücke sollten „eher reichlich als sparsam", teilweise allerdings als Exzerpt oder Regest aufgenommen werden.

Die Edition hatte nach Voigts Vorstellungen mehr als den bloßen Text zu bieten. Vielmehr sollte sie „durch orientirende Einleitungen, durch kritische Sichtung des Materials, durch bündige Erklärungen und Citate, durch Fingerzeige geschichtlicher wie sprachlicher Natur den Gebrauch des Forschers erleichtern".

Aus Voigts Arbeitsbericht ging hervor, daß in Einzelverzettelung ein Repertorium aller bereits gedruckten Stücke entstand und Archivrecherchen in München für die Zeit zwischen 1356 und etwa 1496 liefen. An der Arbeit beteiligte sich von Anfang an August Kluckhohn; Voigt beabsichtigte jedoch, mehr Mitarbeiter zu gewinnen und die jedem Einzelnen zugewiesenen Recherchezeiträume zu verkleinern, um nicht den Editionsbeginn ungebührlich lange hinausschieben zu müssen.

2. Die Reichstagsakten unter Julius Weizsäcker

Voigt schied allerdings schon 1860 aus den Diensten der Kommission wieder aus, um eine Professur in Rostock zu übernehmen. Statt seiner übernahm, weiterhin unter Sybels Oberleitung, der Ranke-Schüler Julius Weizsäcker die Editionsarbeit – Ranke selbst hatte den Sohn von Pertz als Nachfolger Voigts empfohlen.[15]

Weizsäcker erhielt vom König zugleich gegen den Willen der Fakultät ein Extraordinariat für historische Hilfswissenschaften an der Universität München. Bis zu seinem Tode 1889 blieb er der Leiter des Unternehmens und aktiv an der Arbeit beteiligt trotz einer eindrucksvollen akademischen Karriere,

Abb. 17: Julius Weizsäcker (1828–1889), 1860–1889 Leiter der Abteilung „Deutsche Reichstagsakten, Ältere Reihe".

die ihn schon 1863 von München nach Erlangen und über Tübingen, Straßburg und Göttingen 1881 nach Berlin führte. Er gewann für die Reichstagsakten zahlreiche seiner Schüler als Mitarbeiter, darunter den zeitlich der Edition am längsten verbundenen Ludwig Quidde. Wie stark die Edition den Haushalt der Kommission in Anspruch nahm, geht aus den jährlichen „Creditforderungen" bei den Plenarversammlungen hervor – schon 1859 erhielten die Reichstagsakten 6.000 fl. aus der jährlichen Zuwendung von 15.000 fl., ein Jahr später 4.000 fl. Die Erhöhungen gegenüber dem ursprünglichen Ansatz waren nicht zuletzt deshalb erforderlich, weil die Münchener Bestände für das 14. Jahrhundert zu dürftig waren und daher kostenintensive Archivreisen nach auswärts unerläßlich waren, „um eine gewisse Vollständigkeit" zu erreichen.

Die Plenarversammlung der Historischen Kommission 1861 ließ erstmals eine gewisse Unruhe über den Fortgang des „Unternehmens" erkennen. Die Stoffsammlung sollte sich, so wurde beschlossen, künftig auf die zweite Hälfte des 14. und den Anfang des 15. Jahrhunderts konzentrieren, damit der erste Band möglichst bald publiziert werden konnte. Im folgenden Jahr wurde auf Antrag von Pertz das Ausgangsjahr von 1356 (Goldene Bulle) auf 1376 (Königswahl Wenzels) angehoben.

Mit 1863 beginnt die – bis in die Gegenwart reichende – Zeit der Terminankündigungen und -verschiebungen sowie der Vertröstungen auf eine nahe Zukunft. Schon Weizsäcker legte dabei eine beträchtliche semantische Kunstfertigkeit an den Tag. Eine wohl nur schwer zu übertreffende stilistische Spitzenleistung in diesem Bereich stammt aber aus dem Jahre 1958 vom Abteilungsleiter der Älteren Reihe. Er konstatierte, ein Band sei „der Druckfertigkeit entscheidend angenähert", so daß der Druck noch in demselben Jahr beginnen könne[16] – die erste Hälfte des so angekündigten Bandes erschien elf Jahre später! 1863 sagte Weizsäcker die baldige Drucklegung von Band 1 zu. 1864 wiederholte er die Hoffnung, das Opus nun im nächsten Jahr präsentieren zu können, fügte aber vorsorglich hinzu: „Der Band kann nur gewinnen durch Vorsicht und Gründlichkeit. Dazu ist aber immer Zeit nothwendig. Übereilung im letzten Augenblick kann das ganze unheilbar schädigen." 1865 kam die erste Erfolgsmeldung: Der Druck von Band 1 hat begonnen; 1866 hieß es: Der Druck ist fortgeschritten. Zugleich versicherte Weizsäcker dem

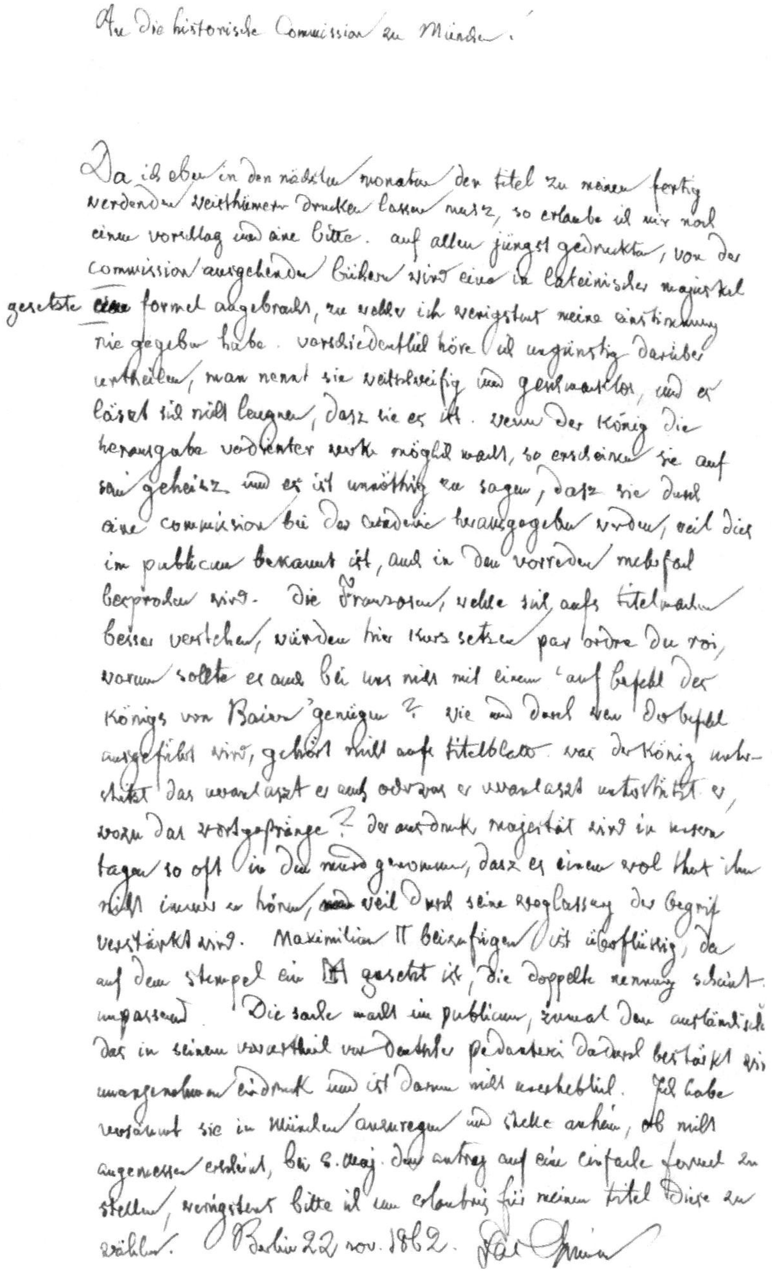

An die historische Commission zu München.

Da ich eben in den nächsten monaten der titel zu meinen fertig werdenden weisthümern drucken lassen musz, so erlaube ich mir noch einen vorschlag und eine bitte. auf allen jüngst gedruckten, von der commission ausgehenden büchern wird eine in lateinischer majuskel gesetzte formel angebracht, zu welcher ich wenigstens meine einstimmung nie gegeben habe. verschiedentlich höre ich ungünstig darüber urtheilen, man nennt sie weitschweifig und geschmacklos, und es läszt sich nicht leugnen, dasz sie es ist. wenn der könig die herausgabe verdienter werke möglich macht, so erscheinen sie auf sein geheisz und es ist unnöthig zu sagen, dasz sie durch eine commission bei der academie herausgegeben werden, weil dies im publicum bekannt ist, auch in den vorreden mehrfach besprochen wird. die Franzosen, welche sich aufs titelmachen besser verstehen, würden hier kurz setzen par ordre du roi, warum sollte es auch bei uns nicht mit einem 'auf befehl des königs von Baiern' genügen? wie und durch wen der befehl ausgeführt wird, gehört nicht aufs titelblatt. was der könig unterstützt das veranlaszt er auch oder was er veranlaszt unterstützt er, wozu das wortgepränge? der ausdruck majestät wird in unsern tagen so oft in den mund genommen, dasz es einem wol thut ihn nicht immer zu hören, weil durch seine weglassung der begrif verstärkt wird. Maximilian II beizufügen ist überflüssig, da auf dem stempel ein M gesetzt ist, die doppelte nennung scheint unpassend. Die sache macht im publicum, zumal dem ausländischen, das in seinem vorurtheil von deutscher pedanterei dadurch bestärkt wird, unangenehmen eindruck und ist darum nicht unerheblich. Ich habe versäumt sie in München anzuregen und stelle anheim, ob nicht angemessen erscheint, bei S. Maj. den antrag auf eine einfache formel zu stellen, wenigstens bitte ich um erlaubnis für meinen titel diese zu wählen. Berlin 22 nov. 1862. Jac. Grimm

Abb. 18: Kritik von Jacob Grimm (1785–1863), seit 1858 o. Mitglied, an der Gestaltung der Titelblätter der ersten Bände der Historischen Kommission, Brief vom 22. November 1862.

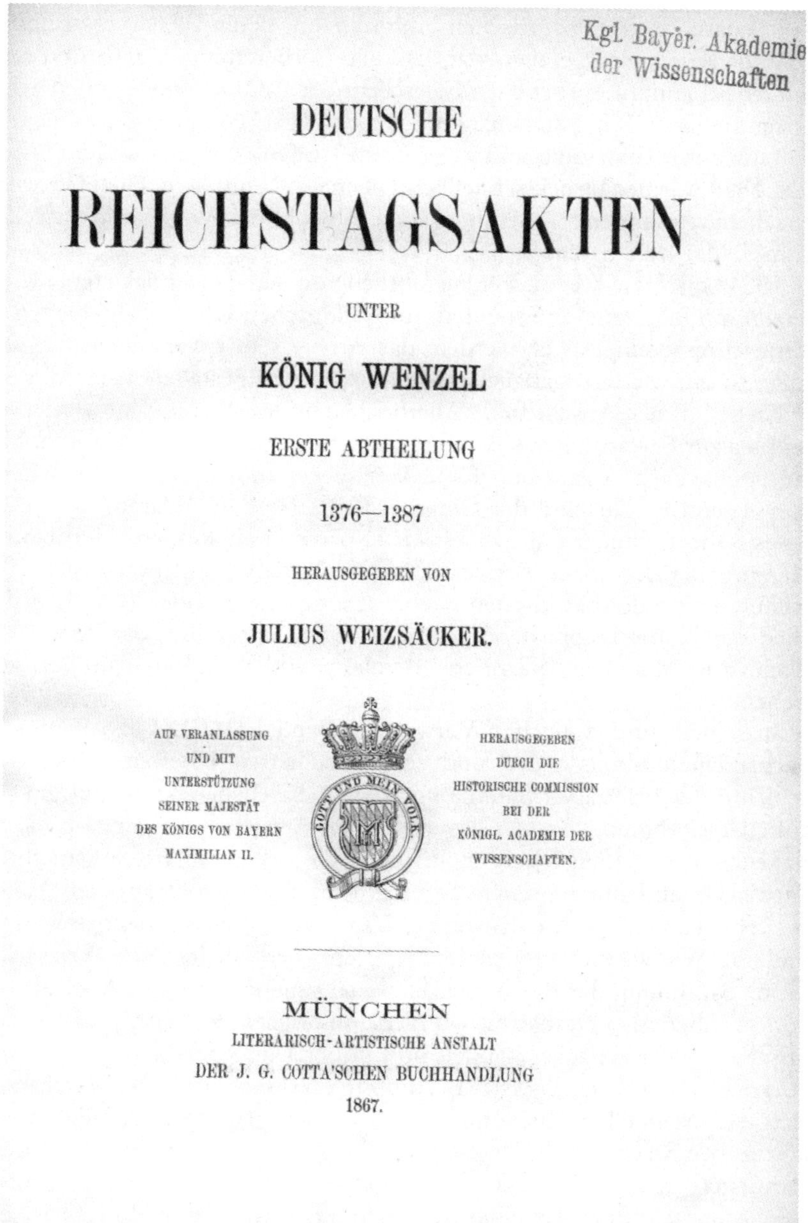

DEUTSCHE

REICHSTAGSAKTEN

UNTER

KÖNIG WENZEL

ERSTE ABTHEILUNG

1376–1387

HERAUSGEGEBEN VON

JULIUS WEIZSÄCKER.

AUF VERANLASSUNG
UND MIT
UNTERSTÜTZUNG
SEINER MAJESTÄT
DES KÖNIGS VON BAYERN
MAXIMILIAN II.

GOTT UND MEIN VOLK

HERAUSGEGEBEN
DURCH DIE
HISTORISCHE COMMISSION
BEI DER
KÖNIGL. ACADEMIE DER
WISSENSCHAFTEN.

MÜNCHEN
LITERARISCH-ARTISTISCHE ANSTALT
DER J. G. COTTA'SCHEN BUCHHANDLUNG
1867.

Abb. 19: Der erste Band der Deutschen Reichstagsakten erschien 1867. Das Titelblatt zeigt in der Mitte das Wappen König Maximilians II.

Lokalausschuß der Historischen Kommission, deren Plenarversammlung wegen des Krieges ausgefallen war, daß alle Vorbereitungen getroffen seien, damit einem „ununterbrochenen Fortschritt der Edition keine großen Schwierigkeiten mehr im Wege stehen". 1867 lag der Text (648 Seiten) gedruckt vor, so daß nur noch Einleitung und Register im Umfang von 109 und 50 Seiten fehlten. 1868 war der Druck schließlich vollendet.[17] Auf dem Titelblatt wurde das Erscheinungsjahr mit 1867 angegeben, obwohl das Vorwort Weizsäckers erst vom 3. Mai 1868 datierte.

1864 berichtete Weizsäcker ausführlich von den Schwierigkeiten, die der Materialsammlung im Wege standen. Im böhmischen Kronarchiv durften nur die Verzeichnisse eingesehen werden, das Archiv selbst war seinen Angaben zufolge so gut wie unzugänglich. Ebenso schwierig gestalteten sich die Arbeiten in Kassel, da alle Abschriften „Allerhöchsten Ortes" vorgelegt werden mußten und bis zur Erstattung des Berichts nicht freigegeben worden waren. Mit einer tagespolitischen Anspielung fügte Weizsäcker hinzu: „Es ist dieß nur durch den allgemeine Zustand der Dinge in Kurhessen zu erklären."[18] Über archivegoistische Behinderung gab es auch später noch Klagen. Hermann Herre, Herausgeber des ersten Bandes der Friedrichreihe, beschwerte sich 1912, der frühere Leiter des bayerischen Archivwesens, Franz Löher, obwohl selbst Mitglied der Kommission, habe es grundsätzlich abgelehnt, die Repertorien der Archive in München, Nürnberg, Bamberg und Würzburg zur Verfügung zu stellen.[19]

In seinem umfangreichen Vorwort zu Band 1 (I–CIX) gab Weizsäcker zunächst einen umfassenden und sehr detaillierten Überblick über die „Geschichte der bisherigen Sammlungen" von Reichstagsakten und ging danach auf „Ursprung und Art der gegenwärtigen Ausgabe" ein. Er hob die Schwierigkeiten des Anfangs hervor, insofern die geeignete Editionsmethode erst entwickelt und umfangreiche Sammlungen des weit verstreuten Materials – besucht wurden 74 Archive und Bibliotheken – zusammengetragen werden mußten. Wie schon Voigt in seinem „Entwurf" stellte auch Weizsäcker fest: „Eine Sammlung der Reichstagsakten soll gegeben werden. Aber es ist schon von vornherein sehr schwer, wo nicht unmöglich, zu sagen, was in der Zeit, um die es sich zunächst handelt und in der kaum der Name für diese Sache vorkommt, ein Reichstag ist." Bestimmte Merkmale für einen Reichstag ließen sich nach seiner Überzeugung nicht aufstellen; daher sollten alle Zusammenkünfte von Reichsständen in die Sammlung aufgenommen werden, „deren Berathungen sich auf Reichssachen beziehen und die vom König berufen oder wenigstens, wo man von einer Berufung nichts mehr weiß, in seiner Anwesenheit, wofür natürlich auch die seiner bevollmächtigten Räthe gilt, gehalten wurden." (LIIIf.) Als Textsorten, die zu berücksichtigen waren, nannte Weizsäcker: die vorbereitenden Korrespondenzen, Ausschreiben, Geleitsbriefe; Maßnahmen der Tagungsstadt, Beschreibung der Einzüge und der übrigen Festlichkeiten; Vollmachten und Anweisungen der Stände für ihre Gesandten; Werbungen, Ansprachen und Vorlagen des Reichsoberhaupts; offizielle Sitzungsprotokolle, Tagebücher einzelner Boten und ihre Berichte; Abschiede und Nebenabschiede, Landfriedensgesetze, Reichsanschläge und Matrikeln; Korrespondenz verschiedener Art, Streitschriften, Promemorien, Gutachten; Notizen über Marktpreise und Ratsverordnungen der Reichstagsstadt. Für Friedrich III. und Maximilian I. sowie für das 16. Jahrhundert stellte Weizsäkker in Aussicht, Vieles nur noch als Auszug in Fußnoten oder als Regest im Text wiederzugeben.

Sehr eingehend beschäftigte sich Weizsäcker mit den Editionsprinzipien und der Textbehandlung. Hier blieben seine Festlegungen häufig bis in die Gegenwart handlungsleitend. Alle wichtigen Stücke waren in voller Länge wiederzugeben; Variantenangaben beschränkten sich auf Sinnveränderungen – in der selbstbewußten Überzeugung des Editors: „Man muß sich bei etwaigen Zweifeln über die druckrichtige Wiedergabe der Vorlage eben auf die Sorgfalt der Kollationierung und Korrektur verlassen" (LXV). Die Vorlagen wurden notfalls durch Absätze gegliedert, Abkürzungen waren ohne Kennzeichnung aufgelöst. Majuskeln beschränkten sich auf Personen- und Ortsnamen sowie den Anfang eines Absatzes. Die „verwilderte Orthographie" (LXXII) wurde durch elaborierte Detailregelungen bereinigt; die Interpunktion war Sache des Bearbeiters, der sich nach dem Sinn der Aussagen zu richten hatte.

Die Edition verwendete zwei Schriftarten: Für Texte und Textauszüge Antiqua, für Hinzufügungen des Bearbeiters Kursive. Prophylaktisch auch für die folgenden Bände verteidigte Weizsäcker den Umfang der Kommentierung. Exzesse gelte es zwar zu vermeiden, jedoch solle der Editor sein durch die Sammlung und Durcharbeitung des Materials erworbenes Wissen in den jeweiligen Band einbringen: „Das hält ihm die Liebe warm zu diesen so vielfache geistige, man darf wol sagen, Aufopferung erfordernden Arbeiten. [...] Gehört das, was er vorbringt, nur zur Sache, so wird man ihm gerne verzeihen, wenn er sich heraus nimmt, da und dort den Cicerone der Sammlung zu machen. Wie weit er ausgreifen dürfe, mag Sache seines Taktes bleiben. [...] So manches, was wir sammeln, was wir zu sammeln die Möglichkeit haben vor Vielen, soll doch nicht verloren gehen, vielleicht für lange Zeit; lieber habe ich eine Note weiter gemacht" (LXXXIIf.). Zu den Beigaben gehörte zudem eine Zusammenfassung des Inhalts: „Ergebnisse des vorliegenden Bandes" – für Band 1 umfaßte sie immerhin 25 Seiten.

Gegen die Richtlinien und ihre Anwendung wurden unter drei Aspekten kritische Einwände erhoben: Die Bände enthielten zu viele Zutaten des Bearbeiters (Lindner); die Überlieferung werde überflüssig breit herangezogen (Haller); die orthographischen Vereinfachungen überzeugten nicht (Keutgen). Am weitesten in seiner Kritik ging Theodor Lindner, der zwar die Reichstagsakten gar nicht erwähnte, sie aber deutlich meinte. Er plädierte für einen bloßen Textabdruck, alles andere bevormunde den Forscher nur. Lindner warnte davor, einen Torso durch eigene Zutaten ergänzen zu wollen. Die Einleitung solle nur über die Herkunft der Textgrundlagen berichten, Echtheits- und Datierungsfragen erörtern; in Anmerkungen dürften nur schwierige Wörter erklärt sowie Orts- und Personennamen identifiziert werden. Johannes Haller machte sich lustig über den Dokumentationseifer der Bearbeiter, die für ein Aktenstück von sechs Zeilen sieben Handschriften kollationiert und weitere drei vermerkt hätten. Er kritisierte die Detailfreude der Einleitung von Band 10/1, bei der Herre offensichtlich von dem Ehrgeiz getrieben worden sei, „jedes politische Geschäft in allen seinen Phasen mit kinematographischer Treue bis auf das Eintauchen der Feder zu verfolgen und wiederzugeben". Friedrich Keutgen stellte grundsätzlich Weizsäckers Regeln zur Handhabung des Lautstandes in Frage, da sie – vor allem bei der Beseitigung der Konsonantenverdoppelungen – den philologischen Erkenntnissen nicht entsprächen.[20]

Ludwig Quidde verteidigte das von Weizsäcker gewählte Verfahren in mehreren Vorreden ausführlich und bezeichnete 1898 die Publikation des ersten Bandes durch seinen Lehrer als „eine Epoche in der Entwicklung der Editionsgrundsätze und der Editionstechnik für die deutschen Texte des späteren Mittelalters". Andererseits gab er Lindner darin Recht, daß die Verbindung von Text und subjektiven Zutaten des Herausgebers „etwas sehr Mißliches und Gefährliches an sich hat" und beim editorischen Beiwerk gelegentlich des Guten zuviel getan worden sei.[21] Die Kritik Hallers und Keutgens wies er dagegen als unsachgemäß zurück.

Ranke ließ sich durch die Anlaufschwierigkeiten und die von ihm völlig unterschätzte quantitative Dimension des Unternehmens nicht entmutigen. In der 10. Plenarversammlung 1869 unterstrich er noch einmal dessen Bedeutung: „Man hat nichts mehr als den Fortgang dieser so glücklich angefangenen Sammlung zu wünschen. Die deutsche Geschichte kann auch in den spätern Jahrhunderten ohne die Kunde und Erforschung der Verhandlungen an den Reichstagen nicht begriffen werden. Selbst der immerwährende Reichstag ist einer durchgreifenden Behandlung von Grund aus würdig. Die Masse des Stoffes ist geeignet, jeden abzuschrecken, der Hand daran legen will. Aber geschehen muß es doch."[22] Auch bei Rankes Plänen, nach dem Tod Maximilians II. im Jahre 1864 der Historischen Kommission in Gestalt einer Akademie für deutsche Geschichte und Literatur eine dauerhafte materielle Fundierung zu verschaffen, die sie von dynastischen Zufällen und fürstlichen Launen unabhängig machen sollte, genossen die Reichstagsakten Priorität. 1867 hatte Ranke Karl Alexander von Sachsen-Weimar vorgeschlagen, die von den deutschen Fürsten aus ihrem Privatvermögen zu dotierende Akademie solle die Edition dort fortsetzen, wo die Historische Kommission aufhöre, und bis zur Auflösung des Reiches weiterführen. 1871 erklärte er Bismarck, die projektierte Akademie solle mit Hilfe einer Stiftung das Unternehmen Reichstagsakten, das bis 1879 – der ursprünglich von Ludwig II. gesetzten Frist für die Weiterfinanzierung der Vorhaben der Historischen Kommission – keinesfalls abgeschlossen sei, materiell tragen.[23]

Für den Fortgang der Edition wagte Weizsäcker trotz seiner Fehlberechnungen bei Band 1 eine günstige Prognose. In seinem Arbeitsbericht von Oktober 1864 zeigte er „eine so glückliche Vermehrung des Stoffes" an, daß für die Regierungen Wenzels und Ruprechts je ein Band gefüllt werden könnte[24] – tatsächlich brachte es jeder König auf drei Bände. 1866 kalkulierte Weizsäcker für die Regierungszeit Sigismunds zwei Bände – daraus wurden dann sechs.

Ausgangs der sechziger Jahre begann die Historische Kommission, sich über den so langsamen Fortgang der Edition Gedanken zu machen – auf der Plenarversammlung 1869 sprach man erstmals über eine Verdichtung der Materialsammlung. Um schneller voranzukommen, wurde 1873 beschlossen, mehrere Regierungszeiten parallel zu bearbeiten, d. h. neben Wenzel/Ruprecht gleichzeitig auch Sigismund. Ein Jahr später stimmte die Kommission der Absicht Weizsäckers zu, auch die Vorbereitungen für Friedrich III. parallel in Angriff zu nehmen. Entsprechend zufrieden klang es daher im Rechenschaftsbericht Weizsäckers für 1877: „So schreitet auf verschiedenen Gebieten zugleich das Unternehmen rasch vorwärts"[25] – 1874 war Band 2 erschienen, drei Jahre später folgte Band 3 und damit der Abschluß der Wenzelzeit. 1876 wurde ein Kredit von 5.000 fl. angefordert, 1877 von 4.500 fl. Zeitgleich mit den drei Bänden über Ruprecht (1882–1888) erschienen die ersten drei Bände zur Regierung Sigismunds, bearbeitet von Dietrich Kerler, der auch als Herausgeber auf dem Titelblatt erschien und im Auftrag Weizsäckers die Vorworte verfaßte. Danach stockte die Publikation ein Dezennium lang. Weizsäcker starb 1889; Nachfolger als Leiter der Älteren Reihe wurde sein Schüler Ludwig Quidde, der bereits seit 1881 an den Reichstagsakten mitgearbeitet hatte. Faktisch behielt Quidde die Leitung bis 1935.

Die in den siebziger Jahren eingeführte simultane Bearbeitung mehrerer Regierungszeiten (Wenzel/Ruprecht, Sigismund, Friedrich III.) war nur durch eine Vergrößerung der Zahl der Mitarbeiter möglich. Sie bezogen ein Monatsfixum (ohne Alterssicherung), waren auf Honorarbasis oder unentgeltlich tätig. Schon im Vorwort von Band 1 hatte Weizsäcker zahlreiche Personen genannt, die ihm bei der Materialsammlung behilflich gewesen waren; alle Genannten waren hauptamtlich im Schul-, Archiv-, Bibliotheks- oder Universitätsdienst beschäftigt. Auf das damit verbundene Problem der Diskontinuität machte Quidde 1898 öffentlich aufmerksam: Es sei mißlich für die Reichstagsakten, daß sie keine Lebensstellung böten, sondern „fast immer nur als ein Durchgangsposten" dienten.[26] Schon zehn Jahre zuvor hatte er Weizsäcker auf die Schwierigkeit hingewiesen, Mitarbeiter zu gewinnen, da ihnen „weder wissenschaftlich noch finanziell eine Stellung" geboten werden könne, „die auf die Dauer befriedigt". Attraktiv war nach Quiddes Meinung die Mitarbeit nur für Personen, die eine wissenschaftliche Karriere anstrebten oder aber – wie Quidde selbst – „schon aus der regelmäßigen Carriere heraus sind". Er schlug daher vor, die Schulbehörden sollten eine fünfjährige Tätigkeit bei den Reichstagsakten nach dem Referendariat auf die künftige Laufbahn von Gymnasiallehrern anrechnen.[27]

Es gab aber auch immer wieder Mitarbeiter, die bei den Reichstagsakten aushielten und keine Karriere machen wollten. Dazu zählten in der Zeit bis

Abb. 20: Ludwig Quidde (1858–1941), 1889–1935 Leiter der Abteilung „Deutsche Reichstagsakten, Ältere Reihe".

zum Ersten Weltkrieg vor allem Hermann Herre und Adolf Wrede. Herre, seit seinem elften Lebensjahr vollständig taub und zur Kommunikation ganz auf Zettelverkehr angewiesen, war ab Dezember 1890 Mitarbeiter an der Älteren Reihe mit einem Jahresgehalt von 1.200 Mk.[28] Ein regulärer Dienstvertrag kam mit ihm offensichtlich erst 1919 zustande; zwei Jahre zuvor hatte er Erich Marcks als Präsidenten noch wissen lassen: „Ich liebe ungebundenes Arbeiten, und bei den Reichstagsakten, die vom Bearbeiter ein gewisses Maß an Geduld und Entsagung fordern, noch ganz besonders; einen Kontrakt würde ich immer als Last empfinden." Im Dienstvertrag vom 3. Dezember 1919 wurden ihm 3.600 Mk. Gehalt und 10 Mk. Bogenhonorar bei einer täglichen Arbeitszeit von fünf Stunden zugesichert. Herre starb 1921 im Alter von erst 57 Jahren. Unter seiner Herausgeberschaft waren zwischen 1900 und 1921 drei Bände in mehreren Teilbänden zur Regierung Sigismunds und Friedrichs III. erschienen (Bd. 10/1 und 10/2, 15/1 und 15/2, 16/1). 1928 folgte ein weiterer, zum größten Teil von ihm bearbeiteter Band (Bd. 16/2); außerdem hatte er an mehreren Bänden mitgewirkt. Quidde rühmte ihm nach: „Wenige Menschen sind mir begegnet, die ihm an Reinheit des Charakters an die Seite zu stellen wären und die Einem solchen Respekt abnötigten." Von allen Mitarbeitern war Herre für Quidde „wohl der sorgsamste und genaueste in allem Technischen der Editionsarbeit".[29] In einem Nachruf würdigte ihn Fritz Endres, Mitarbeiter an den Wittelsbacher Korrespondenzen: „Ein vornehmer und tapferer, ein reiner und guter Mensch, ein Gelehrter von vorbildlicher Treue und Hingebung, ein Freund von einer lächelnden Opferwilligkeit ohnegleichen."[30] Dietrich Kerler (1841–1907), Bibliothekar in Erlangen, später in Würzburg, dem Weizsäcker 1864 die drei ersten Bände der Regierungszeit Sigismunds übertragen hatte (Bd. 7–9, erschienen 1878–1887), verzichtete nach Abschluß von Band 9, „ermüdet durch die einförmige Editionsarbeit"[31], auf eine weitere Mitwirkung. Gustav Beckmann, Schüler Weizsäckers und 1891 in den Dienst der Reichstagsakten eingetreten, übernahm die Bearbeitung der beiden letzten Bände der Sigismund-Reihe (Bd. 11 und 12, erschienen 1898–1901) und den ersten Band über Albrecht II. (Bd. 13/1–3, erschienen 1908–1925, für Bd. 14

leistete er umfangreiche Vorarbeiten), obwohl er seit 1909 als Professor in Erlangen tätig war.

1885 tauchte für die Reichstagsakten erstmals ein Problem auf, das die Historische Kommission bis zum heutigen Tage begleitet: der Druckkostenzuschuß. Perthes in Gotha, der erst seit 1882 die Ausgabe verlegte, nachdem Oldenbourg den Vertrag mit der Kommission gekündigt hatte, stellte für Band 5 den Antrag auf einen Druckkostenzuschuß von 13,50 Mk. je Druckbogen (8 Seiten Großoktav). Da Weizsäcker das Begehren unterstützte, bewilligte die Kommission für diesen Band einen Pauschalbetrag von 1.000 Mk.; mit 8 : 2 Stimmen beschloß sie, bei künftigen Bänden 10 Mk. Zuschuß je Bogen zu zahlen.[32] Als der Druck der Jüngeren Reihe anstand, übermittelte Sybel 1890 dem Sekretär von Cornelius das Angebot des Verlags Mittler in Berlin, die Bände der neuen Reihe zu besseren Konditionen als Perthes zu drucken: Auflage von 850 Exemplaren, zusätzlich 50 Freiexemplare, kein Druckkostenzuschuß. Perthes druckte dagegen nur 560 Exemplare und verlangte Zuschüsse. Der Verkaufspreis wird nicht erwähnt. Cornelius wies Sybel jedoch darauf hin, daß der Vertrag mit Perthes sich auf die ganzen Reichstagsakten bezog, woraufhin dieser von dem Plan Abstand nahm.[33]

3. Die Begründung der Jüngeren Reihe

Schon auf der Plenarversammlung 1881 regte Hermann Baumgarten an, die Zeit Maximilians I. parallel zu den bisherigen Bänden in Angriff zu nehmen und damit eine neue Reihe zu beginnen. Er wiederholte seinen Vorschlag im folgenden Jahr, orientierte ihn jetzt aber auf die Reichstage Karls V.[34] Nach eingehender Diskussion befand die Kommission es als „in hohem Maße wünschenswert, die Veröffentlichung der Reichstagsakten des 16. Jahrhunderts möglichst schnell zu bewirken", um sich die vermeintlich besonders attraktive Epoche der Reformation exklusiv zu sichern. Als Voraussetzung galt allerdings die Beschaffung der erforderlichen finanziellen Mittel. An diesem Punkt setzte 1884 Sybel an. In Abwesenheit stellte er den Antrag, parallel zur bisherigen Reihe eine neue Serie mit Karl V. zu beginnen. Da die Kommission jedoch nicht über die nötigen Geldmittel verfüge, fragte er an, ob Einwände bestünden, falls er „anderweitig Mittel und Wege" finde, um die Reichstagsakten des 16. Jahrhunderts „in einer besonderen Serie" herauszubringen – gedacht war offensichtlich an die Sybel als Generaldirektor unterstehenden „Publikationen aus den Kgl. Preußischen Staatsarchiven". Die Kommission erklärte sich zu einer Begrenzung ihrer Arbeiten an den Reichstagsakten bereit, verschob aber die Beschlußfassung auf die nächstjährige Sitzung, zumal auch die Zustimmung des bayerischen Königs einzuholen war.

1885 schlugen Weizsäcker, Kluckhohn und Baumgarten vor, „der Redaktion der Reichstagsakten bzw. einem einzelnen Mitglied derselben" zu gestatten, Mittel beim Deutschen Reichstag einzuwerben. Der Sekretär Giesebrecht machte allerdings wiederum darauf aufmerksam, daß einer etwaigen Veränderung des Arbeitsplans der bayerische König zustimmen müsse. Da Waitz die Finanzlage der Kommission für ausreichend gut hielt, ohne daß dies im Protokoll näher begründet ist, wurde auf seinen Antrag eine Subkommission (Weizsäcker, Kluckhohn, Baumgarten, Sybel) eingesetzt, die bis zur nächsten Plenarversammlung einen konkreten Vorschlag für die Edition der Reichstagsakten ab 1519 vorlegen sollte.

Diese Kommission empfahl der Plenarversammlung 1886 einstimmig, sofort mit der Jüngeren Reihe zu beginnen, um zu verhüten, daß „durch andere, vielleicht weniger geeignete Hände gerade die interessanteren Partien des Stoffes vorweggenommen werden". Zur Gestaltung der neuen Serie lag ein Gutachten von Marburger Historikern (Max Lenz, Conrad Varrentrapp, Theodor Brieger und Walter Friedensburg) vor, das ein Aktenverzeichnis zur Reichsgeschichte anstelle einer Reichstagsaktenedition vorschlug. Die Kommission hielt jedoch am einheitlichen Charakter des Gesamtunternehmens fest; es müßten „insbesondere also auch Reichstagsakten bleiben, nicht Reichsakten werden". Als zeitliche Grenze der neuen Serie wurde, ausgehend von 1519, als frühestes Enddatum 1555 ins Auge gefaßt, als spätestes 1664. Da die Kommission von einem größeren Absatz der Bände zur Reformationszeit ausging, sollte Perthes für die neue Reihe keinen Druckkostenzuschuß erhalten.

Die Oberleitung blieb bei Sybel, „Spezialdirektor" der neuen Reihe wurde der Göttinger Historiker August Kluckhohn. Für das erste Jahr wurde ihm ein „Kredit" von 4.500 Mk. eröffnet, so daß die Reichstagsakten insgesamt 10.000 Mk. (im Folgejahr sogar 11.000 Mk.) beanspruchten. Kluckhohn begann in den Semesterferien mit der Materialsammlung für 1519–1526; der eigentliche Editor wurde, nach einem Intermezzo von Walter Friedensburg, ab 1887 Adolf Wrede (mit einer Jahresremuneration von 1.500 Mk., ab spätestens 1893 von 2.000 Mk.). Offenbar ohne akademischen Ehrgeiz, identifizierte sich Wrede in der Folgezeit vollständig mit seiner Aufgabe. Zwar bat er die Historische Kommission 1895 um einen einjährigen Urlaub, da ihm die Redaktion des „Ostasiatischen Lloyd" angeboten worden war, der einzigen deutschsprachigen Zeitung im Fernen Osten, beharrte aber nicht darauf, als die Kommission seinen Antrag ablehnte. Im Gegenteil bekannte er: „Mir sind auch die Reichstagsakten so ans Herz gewachsen, daß ich mich schwer in etwas anderes gefunden haben würde."[35]

Trotz der problematischen Erfahrungen mit der ab jetzt als „Ältere Reihe" firmierenden Serie wurden für die Jüngere Reihe keine neuen Editionsrichtlinien aufgestellt – außer dem Prinzip, nicht Reichsgeschichte zu dokumentieren, sondern Reichstagsakten herauszugeben. Die Kommission verständigte sich 1889 lediglich darauf, im nächsten Jahr Richtlinien zu beschließen – diese blieben aber aus. Sybel kündigte im Vorwort zu Band 1 (erschienen 1893) nur an, daß das von Weizsäcker entwickelte Editionsverfahren „erhebliche Modifikationen, teils nach der Natur des Stoffes, teils nach der kolossal anwachsenden Masse des Materials erfahren muß" (IV). Die Kommission werde dazu

Beschlüsse zu fassen haben. Nach Kluckhohns plötzlichem Tod 1893 kam es allerdings lediglich zu einer Konferenz Wredes mit den Kommissionsmitgliedern Sybel, Dümmler, Wattenbach und Lenz in Berlin, bei der Grundsätze für die Edition ab Band 2 festgelegt wurden. Der Text ist nicht überliefert, wenn er überhaupt schriftlich fixiert wurde. Wrede versicherte der Kommission in seinem Bericht 1894, sich bei der Bearbeitung des nächsten Bandes bemüht zu haben, „alles Nebensächliche und Unwichtige mit möglichster Kürze zu behandeln und nur soweit darauf einzugehen, als für das Verständnis nötig war".[36] Prinzipiell orientierte man sich aber weiterhin am Vorbild der Älteren Reihe.

Wie kostspielig die neue Reihe rasch wurde, zeigt der 1893 beantragte Kredit: 6.030 Mk. gegenüber 4.000 Mk. für die Ältere Reihe. Kluckhohn legte 1890 den Plan für den Inhalt des ersten Bandes vor, der in der ersten Abteilung die Wahl- und Krönungsakten von 1519, in der zweiten den Reichstag von 1521 behandeln sollte. In der Einleitung wollte er den Stoff nach Sachgruppen erörtern, während die Texte strikt chronologisch anzuordnen waren. Der Druck war für Ostern 1891 vorgesehen. Vorher kam es jedoch zu einer Änderung des Editionsplans, da die Wahl- und Krönungsakten sich rasch zu einem eigenen Band auswuchsen. Damit war bereits zu Beginn der neuen Serie das Prinzip Reichstags-, nicht Reichsakten durchbrochen. Die Kommission erteilte Kluckhohn allerdings deswegen 1891, wie das Protokoll ausdrücklich festhielt, „Indemnität".[37]

Nicht genug mit diesen wenig günstigen Vorzeichen für die neue Reihe, beschloß die Kommission auf ihrer Plenarversammlung 1889 auch noch, als Supplemente zur Jüngeren Reihe in Zusammenarbeit mit dem neugegründeten Preußischen Historischen Institut in Rom Nuntiaturberichte zu edieren. Bald aber wuchs die Einsicht, daß damit die eigenen Kräfte überanstrengt würden, so daß die Nuntiaturberichte schon 1892 an die römischen Historischen Institute Preußens und Österreichs abgegeben wurden.

Kurz bevor der erste Band der Jüngeren Reihe erschien, erneuerte Sybel 1893 – wieder selbst nicht anwesend, obwohl seit Rankes Tod 1886 Präsident – seinen Vorschlag, die Jüngere Reihe der preußischen Archivverwaltung zu überlassen. In einem Privatbrief an den Sekretär von Cornelius ließ er im März 1893 wissen: „Ich bin, als Archivdirektor, zur Zeit gut bei Casse, und würde auch Kluckhohns Honorar übernehmen";[38] Quidde brauche noch mindestens zwanzig Jahre, bis er zu 1519 komme – tatsächlich sind Ältere und Mittlere Reihe noch im Jahre 2008 beträchtlich von diesem Ziel entfernt. Kluckhohn als Spezialdirektor der Jüngeren Reihe war mit Sybels Vorschlag einverstanden, starb aber unmittelbar vor der Plenarversammlung. Die zur Prüfung eingesetzte Subkommission (Sickel, Wegele, Wattenbach und Cornelius) lehnte das Angebot Sybels mit Dank ab; dem schloß sich das Plenum an, vermutlich um so leichter, als Stieve darauf hinwies, daß die Jüngere Reihe nur einen kurzen Zeitraum abzudecken haben werde, da mit den vierziger Jahren „die verwandten Arbeiten" an den Wittelsbacher Korrespondenzen einsetzten.

Sybel hatte für den Fall der Ablehnung seines Angebots vorgeschlagen, den Greifswalder Historiker Heinrich Ulmann zum Nachfolger Kluckhohns zu bestimmen. Auch dies lehnte die Kommission ab, da zunächst Kommissionsmitglieder als Abteilungsleiter in Frage kämen; sowohl Bezold als auch Ritter seien für diese Position geeignet. Auf Sybels Antrag wurde jedoch 1894 Wrede „die selbständige Leitung und Vertretung" der Jüngeren Reihe übertragen. Die Finanzanforderungen für die Jüngere Reihe schwankten in den folgenden Jahren – mit einem Durchschnittsvolumen von 2.800 Mk. Bis zu seinem Tode 1908 publizierte Wrede, ganz auf sich gestellt und nur zeitweise durch Hilfsarbeiter unterstützt, die Akten in strikter Konzentration auf die Reichstage bis 1524. Allerdings sah er einen gesonderten Band für die Städtetage der zwanziger Jahre vor. Die Kommission hat ihrem fleißigen Mitarbeiter, der im Alter von nur 48 Jahren in Göttingen starb, keinen Nachruf gewidmet, da der nächste Band, der übliche Ort für einen Nekrolog, erst Jahrzehnte später erschien.[39]

4. Die Krisen von 1908/1909 und 1912–1914

In seiner Rede zum fünfzigjährigen Bestehen der Historischen Kommission erörterte Moriz Ritter, seit 1908 ihr Präsident, 1909 die Ursachen für das unerwartete Anwachsen des Volumens der Kommissionspublikationen und fragte kritisch, ob das methodische Verfahren der Urkundenedition „einfach auf die Herausgabe von Akten angewandt werden" könne. Zudem habe man sich, um die edierten Stücke in den historischen Kontext ihrer Entstehung einzuordnen, „in eine durch die endlose Weite der Zusammenhänge bedingte Gefahr" begeben. Eine noch größere Schwierigkeit sah Ritter in „der Massenhaftigkeit, Weitschweifigkeit und der vorherrschenden Dürftigkeit des Inhaltes der Akten", die es verböten, jedes Schriftstück als „geschichtliches Monument" zu bewerten. Aus diesem Befund ergab sich für ihn die Forderung, „nur eine kleine Minderheit durch Inhalt und Form hervorragender Schriftstücke" im Wortlaut abzudrucken, die große Mehrheit aber als Regesten wiederzugeben oder im Aktenreferat zusammenzufassen.[40]

In Ritters Ausführungen spiegelte sich die Krise, in die seiner Meinung nach die Jüngere Reihe geraten war.[41] Nach Wredes Tod beschloß die Plenarversammlung 1908, die Jüngere Reihe ruhen zu lassen, bis eine Subkommission (Bezold, Lenz, Quidde, Ritter) konzeptionelle und personelle Vorschläge ausgearbeitet hätte. Allerdings standen sich in dieser Kommission die Ansichten konträr gegenüber. Ritter, dem sich Bezold anschloß, kritisierte den seiner Meinung nach dürftigen Ertrag von Band 3 und 4 und den zu engen Anschluß der Jüngeren Reihe an die Ältere, insbesondere bei der „zu großen Breite in der Wiedergabe der Akten" und in der „Scheu vor dem bloßen Auszug". Für die Zukunft plädierte er für äußerste Beschränkung.

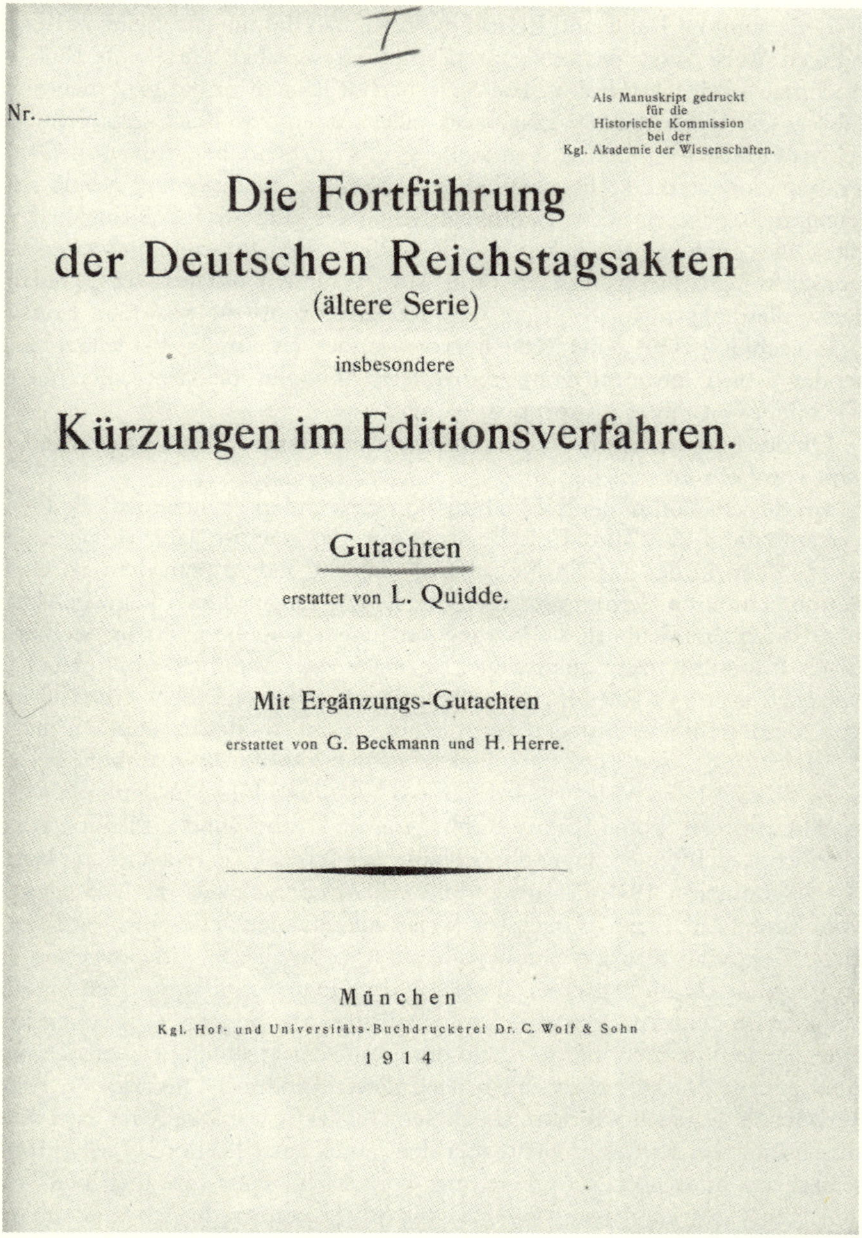

I

Nr. ......

Als Manuskript gedruckt
für die
Historische Kommission
bei der
Kgl. Akademie der Wissenschaften.

Die Fortführung
der Deutschen Reichstagsakten
(ältere Serie)
insbesondere
Kürzungen im Editionsverfahren.

Gutachten
erstattet von L. Quidde.

Mit Ergänzungs-Gutachten
erstattet von G. Beckmann und H. Herre.

München
Kgl. Hof- und Universitäts-Buchdruckerei Dr. C. Wolf & Sohn
1914

Abb. 21: Am 15. September 1913 legte Ludwig Quidde eine kritische Denkschrift zur Edition der Reichstagsakten vor, die 1914 auch gedruckt wurde.

Lenz stimmte Ritter und Bezold darin zu, daß die Jüngere Reihe in der bisherigen Weise nicht weiterzuführen sei, plädierte aber wie schon 1886 und nochmals nach Kluckhohns Tod 1895 nachdrücklich für ein ganz neues Verfahren: einen gedruckten „Nachweis aller Akten zur Reichsgeschichte, zunächst einmal bis 1555". Inhalt sollte sein: Ort, Schreiber, Adressat, Datum, Präsentationsvermerk, Beschaffenheit (Konzept, Ausfertigung, Kopie), vielleicht auch „eine ein- oder zweizeilige, jedenfalls kürzeste Inhaltsangabe", und dies „alles in einer Anordnung, welche sachliche und chronologische Gesichtspunkte miteinander verbindet". Ein Muster für ein solches Verzeichnis hat Lenz allerdings nicht vorgelegt. Als Konzession an die bisherige Editionspraxis schlug er vor, „eine Reihe hervorragender, um ihrer selbst willen bedeutender Schriftstücke mit zum Abdruck (zu) bringen, die dann aber nur den Charakter von Pièces justificatives hätten".

Quidde erklärte sich in Vielem mit Ritter einverstanden und lehnte das Konzept von Lenz entschieden ab.

Bei diesem Votum der Subkommission verwundert es nicht, daß die Plenarversammlung 1909 ihre Entscheidung auf das nächste Jahr vertagte. 1910 wurde dann in der Tat ein Neuanfang gemacht, indem man dem als Gast – vermutlich durch Vermittlung von Max Lenz – eingeladenen Leipziger Historiker Erich Brandenburg die Leitung der Jüngeren Reihe übertrug, weil er ein neues Editionskonzept ankündigte. Er durfte zwei Mitarbeiter mit einem Jahresgehalt von je 1.500 Mk. einstellen, die zu einer täglichen Arbeitsleistung von mindestens vier Stunden verpflichtet waren. Als Reisekosten wurden für 1910 4.200 Mk. zugesagt, für später jährlich 1.200 Mk. Brandenburg bestellte seine Schüler Julius Volk (1884–1933) (ab 1910) und Johannes Kühn (ab 1912) zu Mitarbeitern, wobei Kühn offenbar für die konzeptionelle Planung verantwortlich war. In einer Gegenüberstellung mit Wredes Textbehandlung legte er der Kommission 1912 das neue Editionskonzept vor, das die Vorstellungen von Ritter und Lenz in gewisser Weise miteinander verknüpfte und das in Band 7 erstmals realisiert wurde: eine auf Quellenauszüge und -regesten fundierte, strikt chronologische Darstellung des Geschehens, verbunden mit einer Publikation zentraler Aktenstücke im Anhang. Alle benutzten Texte erhielten eine eigene Nummer, mit der sie in der Geschichtserzählung erschienen, während genaue Nachweise in einem nach diesen Nummern geordneten Aktenverzeichnis gegeben wurden. Mit diesem Konzept war zweifellos eine Komprimierung des Stoffes erreicht, aber der Zweck einer Edition, Quellen für die Forschung in kritischer Aufbereitung vorzulegen, nahezu aufgegeben – mit Ausnahme der im Anhang publizierten Stücke. Daß jede Auswahl subjektiv war, war allen Editoren der Reichstagsakten seit Weizsäcker völlig bewußt; bei dem von Kühn gewählten Verfahren potenzierte sich die Subjektivität jedoch um ein Vielfaches.

Trotz dieser eklatanten Schwächen hat die Plenarversammlung von 1912 der neuen Arbeitskonzeption für die Jüngere Reihe zugestimmt. Quidde, der im Vorjahr nicht anwesend gewesen war, erhob allerdings 1913 Einspruch gegen einen „so radikalen Bruch mit dem bisherigen Editionsverfahren", ohne daß sich zuvor eine Subkommission damit beschäftigt hätte. Dennoch folgte die Bearbeitung der Reichstage von 1526, 1529 und 1530 (geplant für Bd. 5–8) der neuen Konzeption.

Eine zweite Krise brach 1912 auf, als nach Erscheinen von Band 15/1 der Älteren Reihe Moriz Ritter an der ausgeuferten Dokumentation der doch problemlos vollzogenen Wahl Friedrichs III. und eines nicht zustande gekommenen Reichstags – 524 Druckseiten für nicht einmal zwei Jahre – scharfe Kritik übte. Die von der Plenarversammlung eingesetzte Subkommission (Brandenburg, Hauck), die neue Editionsrichtlinien ausarbeiten sollte, forderte die Mitarbeiter der Älteren Reihe, Quidde, Beckmann und Herre (von dem Bd. 15/1 stammte), zu einem Gutachten auf, das Quidde 1913 vorlegte und 1914 als Manuskript für die Historische Kommission drucken ließ: „Die Fortführung der Deutschen Reichstagsakten (ältere Serie), insbesondere Kürzungen im Editionsverfahren. Gutachten erstattet von L. Quidde. Mit Ergänzungs-Gutachten erstattet von G. Beckmann und H. Herre" (70 Seiten in Quartformat).[42]

Auf der Grundlage der Mitarbeiter-Gutachten, zu denen noch Stellungnahmen Brandenburgs und Haucks sowie Repliken der Mitarbeiter kamen, beschloß die Plenarversammlung 1914 Richtlinien für die Ältere Reihe, die vor allem für die zweite Hälfte des 15. Jahrhunderts auf „eine stärkere Zusammendrängung des Materials" abzielten. Dies sollte erreicht werden durch Beschränkung auf Reichstagsakten im engeren Sinne, d. h. Verhandlungen von Reichstagen oder ihnen gleichstehenden Tagungen. Nur derartige Texte waren künftig in vollem Wortlaut wiederzugeben, während alle übrigen Stücke in der Regel nur als Exzerpt oder in Aktenreferaten präsentiert werden sollten; die Einleitungen waren möglichst zu kürzen.

5. Ludwig Quidde als Mitarbeiter und Abteilungsleiter

Ludwig Quidde ist der am längsten amtierende Leiter einer Abteilung der Reichstagsakten gewesen: von 1889 bis 1935; hinzu kommt seine Zeit als „wissenschaftlicher Hilfsarbeiter" seit 1881. Vom öffentlichen Bekanntheitsgrad her hat die Historische Kommission niemals eine so prominente Persönlichkeit in ihren Reihen und als Mitarbeiter gehabt wie den aktiven Demokraten und Pazifisten, der 1927 sogar den Friedensnobelpreis erhielt – ein Nobelpreisträger als Reichstagsakteneditor! Die lange Dauer seiner Mitarbeit an den Reichstagsakten ist umso bemerkenswerter, als Quidde schon 1885 seinem Lehrer Weizsäcker gestand, „daß Editionsarbeiten nicht gerade die lockendsten für mich sind und daß ich wünschen würde, mich bald vorwiegend untersuchenden Abhandlungen und später Darstellungen widmen zu können".[43] Erstmals erschien Quiddes Name 1882 im Vorwort Weizsäckers zu Band 4, in dem er als an den Korrekturarbeiten beteiligt erwähnt wurde. Nach dem Ausscheiden Kerlers meldete er seinen Anspruch an, die folgenden beiden Bände selbständig zu bearbeiten, um möglichst bald auf dem Titelblatt eines Bandes als Herausgeber zu erscheinen. Er erwartete sich davon eine bessere Ausgangsposition für die von ihm damals wenigstens noch als Option betrachtete akademische Karriere. Durch den Tod seines Vaters materiell unabhängig geworden, entschied er sich jedoch gegen eine Laufbahn als Hochschullehrer und für die Reichstagsakten, verlangte aber eine bessere Position als die eines wissenschaftlichen Hilfsarbeiters. Nach einem von Quidde selbst 1885 aufgesetzten Entwurf schloß Sybel als Leiter des Unternehmens einen Vertrag mit ihm, der ihm die selbständige Bearbeitung der noch ausstehenden Bände der Sigismundreihe sowie die gesamte Friedrichreihe unter Weizsäckers Oberleitung übertrug; neu eintretende Mitarbeiter für diese Bände wurden Quidde unterstellt. Obwohl Sybel und Weizsäcker die im Vertrag vorgesehene Wahl Quiddes zum außerordentlichen Mitglied der Historischen Kommission nicht sogleich durchsetzen konnten, blieb er – aus Interesse an dem Unternehmen, „bei dem ich zur Zeit nicht gut abkömmlich zu sein glaubte“[44], und aus Loyalität gegenüber Weizsäcker – bei den Reichstagsakten. Allerdings forderte er, die Kommission solle ihm die selbständige Edition für die Zeit von 1432 bis 1518 übertragen und diesen Beschluß veröffentlichen. „Gerade weil ich keinerlei Amt bekleide“, war ihm dies für sein Ansehen bei den Fachkollegen wichtig. Die Kommission faßte zwar keinen entsprechenden Beschluß, wählte ihn aber 1887 auf Antrag Weizsäckers zum außerordentlichen Mitglied, nachdem Sybel der Plenarversammlung empfohlen hatte, durch diese Wahl „einen sehr eifrigen Mitarbeiter [...] sich auf die Dauer zu erhalten“.

Quidde war ein nüchterner Realist und ein vorzüglicher Wissenschaftsorganisator, dazu von großer Loyalität gegenüber seinen Mitarbeitern und Kollegen. Die freundlich-herablassende Art, mit der Hermann Heimpel und Karl Alexander von Müller nicht ohne leichte Geringschätzung über Quidde geurteilt haben, ist ganz fehl am Platze und wird Quiddes Verdiensten um die Reichstagsakten keineswegs gerecht. Sie beruhte offenkundig vor allem auf politischer Voreingenommenheit.[45] Für Quiddes editorisch-organisatorische Qualitäten spricht sowohl der Vertrag, den Sybel mit ihm schloß, als auch die Übertragung der Leitung der Älteren Reihe nach dem Tode Weizsäckers 1889 – Quidde war erst 31 Jahre alt. Die Wertschätzung für den Historiker und Organisator zeigte sich auch im Drängen Sybels 1890, Quidde möge die Leitung des Preußischen Historischen Instituts in Rom übernehmen; in diesem Zusammenhang erhielt er den Professorentitel. Die zwei Jahre, die Quidde in Rom verbrachte – er legte sein Amt aus eigenem Entschluß nieder und kehrte nach München zu den Reichstagsakten zurück –, schränkten seine Beschäftigung mit der Edition vorübergehend ein; dafür gab er aber den Anstoß zu dem Repertorium Germanicum.

Zur Zäsur in Quiddes Leben und wissenschaftlicher Laufbahn wurde 1894 seine kleine Schrift „Caligula. Eine Studie über römischen Cäsarenwahn“. Während die deutsche und internationale Öffentlichkeit den Text als Allegorie auf Wilhelm II. las, hat Quidde immer daran festgehalten, daß es ihm nicht um den Kaiser, sondern um Kritik an dem beflissenen Byzantinismus und würdelosen Untertanengeist des deutschen Bürgertums gegangen sei.[46] Sybel war empört und sprach sich gegenüber dem Sekretär Cornelius für den Ausschluß Quiddes aus der Kommission und die Entlassung als Mitarbeiter aus. Cornelius bedeutete ihm jedoch, daß es dafür keinen Rechtsgrund gebe.[47] Als Quidde es auf der Plenarversammlung 1895 ablehnte, auf den Titelblättern der Bände 10/I und 11 als Mitherausgeber zu erscheinen, da deren eigentliche Bearbeiter Hermann Herre und Gustav Beckmann seien, denen er „die volle Verantwortung und Ehre überlassen wollte", fragte er zugleich, ob er „unter diesen Umständen" weiterhin Abteilungsleiter bleiben solle, wenngleich er der Serie „nur wenig Zeit und eigene Arbeit widmen könne". Er war aber zur Weiterführung der Geschäfte bereit, und die Kommission ersuchte ihn nach längerer Aussprache einstimmig, die Leitung der Abteilung vorläufig beizubehalten, wenigstens bis zur nächsten Plenarversammlung. Von „Caligula" war weder 1894 noch 1895 im Protokoll die Rede.[48]

Zwischen der Entscheidung von 1895 und der Plenarversammlung von 1896 lag die Verurteilung Quiddes wegen Majestätsbeleidigung. Er hatte sein „Lieblingsthema"[49], die kritiklose Verherrlichung Wilhelms I. als „Wilhelm der Große", dahin zugespitzt, daß er, anknüpfend an eine Medaille mit der Aufschrift „Zum Gedächtnis Wilhelms des Großen" erklärte, in einigen Jahrzehnten werde man sagen: „Zum Gedächtnis einer Lächerlichkeit und politischen Unverschämtheit", was Quidde, wie er noch 1926 versicherte, nicht auf Wilhelm II. bezog, der diesen Kaiserkult initiiert und gefördert hatte, sondern „auf ein byzantinisches Bürgertum". Quidde erhielt eine Gefängnisstrafe von drei Monaten, die er in Stadelheim verbüßte. Auf der Plenarversammlung von 1896 erinnerte der Sekretär Cornelius im Anschluß an Quiddes Bericht über die Ältere Reihe an die Entscheidung des Vorjahres und stellte Quidde die Frage, wie er sich „die nächste Zukunft des Unternehmens" vorstelle. „Professor Quidde antwortet, daß er die Leitung des Unternehmens fortzuführen beabsichtige." Die Plenarversammlung beschloß daraufhin, so das Schreiben des Sekretärs an Quidde vom 30. Mai 1896, ihn aufzufordern, die Leitung der Reichstagsakten „baldmöglichst, längstens bis zum 1. November 1896" an Friedrich von Bezold zu übergeben. Gründe wurden nicht genannt.[50] Quidde lehnte den Beschluß jedoch aus formalen Gründen ab, da die Verhandlungen darüber in seiner Gegenwart hätten geführt werden müssen, und erklärte, die Aufforderung nicht zu befolgen.

Die Plenarversammlung 1897, an der Quidde teilnahm, setzte einen Ausschuß zum „Fall Quidde" ein (Hegel, Dümmler, Riezler, Präsident Sickel, Sekretär Cornelius), der jedoch nicht zu einem einhelligen Votum gelangte. Er schlug daher als Kompromiß vor, Quidde solle die Bände 10–12 der Älteren Reihe herausgeben, aber aus der Kommission austreten. Bezold gab den im Vorjahr erteilten Auftrag zur Leitung der Älteren Reihe unverrichteter Dinge zurück – als Grund führte er an, daß er einem Ruf nach Bonn gefolgt sei.

Quidde wies laut Protokoll den Vorschlag des Ausschusses zurück, „weil derselbe seiner persönlichen Ehre widerspreche“, und erklärte, seine politische Tätigkeit hindere ihn nicht an der Arbeit für die Reichstagsakten, denen er mehr als zehn Jahre seine ganze Kraft gewidmet habe. Der „Caligula“ liege seit zwei Jahren vor und sei seinerzeit nicht als Ausschlußgrund betrachtet worden. Die Verurteilung wegen seines Protests gegen eine „übergroße Verherrlichung des alten Kaisers [...] werde von politisch denkenden, historisch gebildeten Männern wohl kaum als ehrenrührig betrachtet werden“; außerdem sei sie durch die Haft gesühnt. Im übrigen, so ließ er wissen, sei er sich bewußt, „weder die Schicklichkeit noch den guten Ton“ durch seine gegenwärtige politische Tätigkeit zu verletzen.

Daraufhin traten die ordentlichen Mitglieder der Historischen Kommission noch während der Plenarversammlung zu einer gesonderten Sitzung zusammen, um den Sachverhalt zu prüfen: Quidde hatte die Herausgabe seiner Materialien verweigert, auf die die Mitarbeiter Beckmann und Herre für ihre eigene Arbeit angewiesen waren, „so daß tatsächlich doch Prof. Quidde der Leiter des Unternehmens blieb“, wie das Protokoll festhielt. Der Sekretär stellte alternativ zur Abstimmung: 1) Ob Quidde die Leitung wieder überlassen werden solle bis zur nächsten Plenarsitzung oder 2) ob man die Verbindung lösen und das Unternehmen auf ein Jahr stillegen solle. Das Protokoll referiert als Voten: Karl Hegel: Der Austritt Quiddes aus der Kommission soll nicht verlangt werden, die Leitung sei ihm bis zur Vollendung von Band 10–12 zu überlassen; Felix Stieve: Ausschluß Quiddes aus der Kommission; Theodor von Sickel: Wunsch der Kommission auf Austritt, aber die Entscheidung dem Minister überlassen – dazu war aber die Kommission nach Meinung von Max Lossen nicht befugt. Der Sekretär Cornelius wandte sich – wie drei Jahre zuvor gegenüber Sybel – gegen einen Ausschluß Quiddes. Die Schlußabstimmung ergab folgende Ergebnisse:

1) Die Ausschließung wird an allerhöchster Stelle beantragt – mit 8 : 7 Stimmen abgelehnt;

2) Soll Quidde überhaupt die Leitung belassen werden – mit 7 : 5 Stimmen bejaht bei drei Enthaltungen (Bezold, Sickel, Stieve);

3) Quidde soll die Leitung zunächst bis zur nächsten Plenarsitzung behalten – 9 Ja-Stimmen bei sechs Enthaltungen (Sickel, Heigel, Stieve, Maurer, Bezold, Meyer von Knonau).

Damit hatte die Kommission den von ihr häufig beschrittenen Weg auch im Fall Quidde eingeschlagen, das Problem zu vertagen.

1898 berichtete „Abteilungsleiter Quidde“ über den Abschluß der Arbeiten an Band 11, den Gustav Beckmann bearbeitet hatte. In einer Beratung, an der nur die ordentlichen Mitglieder teilnahmen, schlug Hegel vor, Quidde die Leitung der Abteilung bis zur Vollendung der Bände 10–12 zu belassen, was einstimmig angenommen wurde; der Zusatz Stieves, daß die Kommission nach Vollendung der drei Bände die Leitung wieder an sich ziehen werde, fand eine Mehrheit von 6 : 4. Erinnert sei daran, daß alle Beschlüsse der Kommission satzungsgemäß der Genehmigung durch den bayerischen König bzw. den Prinzregenten Luitpold unterlagen, was auch in der Angelegenheit Quidde geschah.

Im folgenden Jahr war wieder von der Vollendung der Bände 10–12 als Begrenzung der Amtszeit Quiddes die Rede – der Sekretär sollte Quidde, der im Protokoll als „Leiter der Herausgabe der Reichstagsakten Ältere Reihe" firmiert, an den diesbezüglichen Vorjahresbeschluß erinnern. Als Quidde der Plenarversammlung 1900 den Band 10/1, bearbeitet von Herre, vorlegte – Band 11 war 1898 erschienen, Band 12 kam 1901 heraus, beide bearbeitet von Beckmann, mit Vorworten von Quidde –, machte er den Vorschlag, daß die beiden Mitarbeiter weiterhin selbständig tätig sein sollten, unter seiner Kontrolle und einheitlichen Leitung. Wiederum unternahm Hegel, diesmal von Paul Scheffer-Boichorst unterstützt, einen Vorstoß zugunsten Quiddes, indem er beantragte, ihm „neuerdings" die Leitung zu übertragen, was mit 7 : 8 Stimmen scheiterte. Stattdessen beschloß die Kommission, Beckmann und Herre die Regierung Albrechts II. (Bd. 13) und die Anfänge Friedrichs III. (Bd. 15ff.) zur selbständigen Bearbeitung zuzuweisen – die Entscheidungskompetenz in wichtigen Fragen delegierte die Kommission an den Lokalausschuß als gleichsam kollektiven Abteilungsleiter. Das Angebot Quiddes, Supplemente zu den Bänden der Älteren Reihe anzufertigen, nahm die Kommission an. Ihm wurde ein Bogenhonorar von 35 Mk. zugesagt, Beckmann und Herre erhielten je 2.100 Mk. Jahresgehalt, die Gesamtkreditforderung für die Reichstagsakten belief sich in diesem Jahr auf 5.600 – 6.200 Mk.

Seither waren alle drei Mitarbeiter (Quidde, Beckmann, Herre) nominell gleichberechtigt und erstatteten jährlich separate Arbeitsberichte. Damit war „das Prinzip der Organisation unter der einheitlichen Leitung eines Einzelnen" aufgegeben, wie Quidde 1901 im Vorwort zu Band 12 feststellte, ohne jedoch Kritik daran zu üben.[51] Im Bericht für die Öffentlichkeit wurde erklärt, daß die Bearbeitung der Reichstagsakten für die Regierung Sigismunds („unter Leitung Dr. Quiddes") abgeschlossen sei. Beckmann und Herre hätten Bände zur „selbständigen Bearbeitung" zugewiesen bekommen, der Supplementband sei „dem bisherigen Leiter" übertragen worden.[52]

Faktisch behielt Quidde jedoch als primus inter pares die Leitungsfunktion – zu Band 11 (1898), 12 (1901), 10 (1906) und 16 (1928), die Beckmann und Herre bearbeiteten, schrieb er die teilweise sehr umfangreichen Vorworte. Die Mitarbeiter ordneten sich ihm deutlich unter; auch wies nur er neue Mitarbeiter und Helfer in ihre Tätigkeit ein. Im Vorwort zu Band 15 würdigte Herre 1912 seine Verdienste ausführlich: „Durch Quidde erhielten nun die Arbeiten diejenige Gestalt und Richtung, die von da an für die Weiterführung des Unternehmens maßgebend geblieben sind" (V–VII). Vor allem gehörte dazu der Aufbau eines „Generalrepertoriums des handschriftlichen Materials", das auf Archivreisen gesammelt wurde, und „die Anlage eines Repertoriums der gedruckten Urkunden- und Aktensammlungen".

Von den drei Mitarbeitern der Älteren Reihe war es in der Folgezeit stets Quidde, der die grundsätzlichen Stellungnahmen verfaßte und auch in die entsprechenden Subkommissionen gewählt wurde. In der Krise der Jüngeren Reihe verteidigte er in einer umfangreichen Stellungnahme (31 Seiten) Wredes Arbeit gegen die harsche Kritik Ritters, wenn er auch prinzipiell mit dessen Überlegungen für die Weiterführung der Reihe übereinstimmte.[53] Skeptisch äußerte er sich allerdings in seinem ausführlichen Votum vom 4. Mai 1909 zu dessen Vorschlag, vermehrt mit Regesten zu arbeiten: „Ohne Not, d. h. ohne den Vorteil erheblicher Kürzungen, soll man die Form, meine ich, überhaupt nicht ändern." Auch gegen Ritters Vorstellungen von der Gliederung des Stoffes erhob er Einwände: Das „Ineinanderschieben ganz unterschiedlicher Quellen" und „die Zerstückelung der Stücke nach Einzelmaterien, die in ihnen behandelt sind", sei untunlich. Insgesamt urteilte er über Ritters Vorschläge sehr distanziert: „Die Praxis wird von Wrede nicht sehr verschieden sein." Die Umwandlung der Edition in ein Archivalienverzeichnis, wie sie Lenz vorschlug, verwarf Quidde einschränkungslos.

Das ausführliche Gutachten Quiddes über das weitere Editionsverfahren aus dem Jahre 1913 übte insbesondere Kritik an der Konzeption, die Kühn für die Jüngere Reihe entwickelt hatte, und verwahrte sich gegen deren Übertragung auf die Ältere Reihe.[54] Was „er (sc. Kühn) liefert, ist gar keine Edition [...], sondern eine vom Standpunkt des darstellenden Historikers aus gegebene, durch dessen subjektives Ermessen viel stärker als jede bloße Edition bestimmte Bearbeitung derselben". Andererseits verschloß er sich keineswegs der Notwendigkeit, den Stoff zu komprimieren. Er gab deshalb zu bedenken, bestimmte Materien (Kirchenfragen, Fehdewesen u. ä.) wegzulassen oder ihre Dokumentation zu beschränken. Bei den sogenannten technischen Kürzungen zeigte er sich offen, ohne aber letztlich etwas Neues vorzuschlagen. Quidde war nicht blind für die Schwächen der früheren Bände und räumte unumwunden ein, daß die Bearbeiter beim Abdruck von bereits publizierten Texten „manchmal, von dem Streben nach Vollständigkeit geleitet", zu weit gegangen seien und bei den Einleitungen öfter gegen die Grundsätze einer vernünftigen Beschränkung verstoßen hätten. Er warnte jedoch davor, von den von Moriz Ritter vorgeschlagenen Beschränkungen viel zu erwarten – nach seinen Berechnungen ergab sich bei den 1.262 Seiten der Bände 13/1–2 und Band 15/1 „ein Raumgewinn von 64 bis 101 Seiten".

Die von der Kommission 1914 neu formulierten Editionsrichtlinien für die Ältere Reihe basierten im wesentlichen auf Quiddes Denkschrift.

Verursacht durch seine politische, auch parlamentarische Tätigkeit kamen die von Quidde vorbereiteten Supplementbände nicht voran, so daß die Plenarversammlung 1919 auf Antrag von Walter Goetz beschloß, ihn zu bitten, auf die „Leitung der Abteilung Supplemente" zu verzichten.[55] Da Quidde, der 1919 nicht anwesend gewesen war, im nächsten Jahr berichtete, er habe die Arbeit wieder aufgenommen und hoffe, das erste Heft noch 1920 herauszubringen – es ist nie erschienen –, nahm die Plenarversammlung ihren Beschluß zurück. Dasselbe wiederholte sich 1925/1926, wobei Quidde einräumte, daß die Kommission ein Recht gehabt habe, mit ihm unzufrieden zu sein und ihm ein Ultimatum zu stellen. Bei der Erörterung des geringen Absatzes der Reichstagsakten 1926 bot er an, durch seine politischen Beziehungen eine „Propagandaaktion" im Ausland, vor allem in den USA, in die Wege zu leiten.

Der Tod Herres 1921 befestigte die Stellung Quiddes auch äußerlich. Die Kommission beauftragte ihn, die Leitung bei den von Herre begonnenen Bänden zu übernehmen, die entsprechenden Mitarbeiter zu instruieren und zu beaufsichtigen. Damit fungierte Quidde faktisch wieder als Leiter der Älteren Reihe, was nach dem Tod Beckmanns 1928 von der Kommission bestätigt wurde: „Die Leitung der Älteren Reihe bleibt bei Quidde"[56], ohne daß sie ihm je formell rückübertragen worden wäre. 1929 zog Quidde das Fazit: „Die Verantwortung ruht nun auf mir, der ich, als einziger Überlebender der zweiten Mitarbeitergeneration, des Nachlasses meiner einstigen ‚Schüler' (sc. Herre und Beckmann) mich anzunehmen habe, und auf den beiden zum Glück zur Selbständigkeit herangewachsenen jüngeren Mitarbeitern Dr. Weigel und Dr. Kaemmerer."[57] Beide waren von Quidde 1919 bzw. 1923 eingestellt und eingearbeitet worden.

Quidde war 1907 zum ordentlichen Mitglied der Historischen Kommission gewählt und auch vom Prinzregenten bestätigt worden;[58] er fehlte nur selten bei den Jahresversammlungen. 1923 entschuldigte er sich allerdings am 30. September aus Berlin: Er sei aufs dringendste gewarnt worden, nach München zu kommen, „weil ich auf der Hitlerschen Proskriptionsliste unter denen, die ‚umgelegt' werden sollen, mit an erster Stelle stände".[59] 1933 emigrierte Quidde nach Genf,[60] während seine halbjüdische Ehefrau bis zu ihrem Tode 1940 in München blieb. Die jährlichen Plenarversammlungen der Kommission wurden zwischen 1933 und 1943 (außer 1934) durch Abteilungsleitersitzungen ersetzt, zu denen Quidde 1933 und 1934 auch eingeladen wurde.[61] Er entschuldigte sich jeweils, legte aber schriftliche Berichte über die Ältere Reihe vor und beantragte zusammen mit Weigel 1933, zur Beschleunigung des Ganzen eine neue Reihe innerhalb der Regierungszeit Friedrichs III. zu eröffnen, was aber wegen Mangels an Mitteln auch bei Wiederholung des Antrags 1934 – diesmal durch Quidde allein – vertagt wurde. Für seine Mitarbeit an Band 14 (1935 erschienen) erhielt er das früher vereinbarte Honorar von 300 RM. 1934 beauftragte die Plenarversammlung „mit Rücksicht auf die Schwierigkeiten der Geschäftsführung" der Älteren Reihe wegen der Abwesenheit Quiddes Heinrich Finke mit der stellvertretenden Leitung; 1935 beschloß die Abteilungsleitersitzung, „die durch die Abwesenheit des Abteilungsleiters geschaffene unmögliche Lage" durch einen Wechsel in der Leitung zu beenden. Quidde wurden Dank und Anerkennung für seine langjährige Arbeit ausgesprochen.

Auf die Mitteilung des Sekretärs von Müller reagierte Quidde mit einem bemerkenswerten Schreiben vom 11. Oktober 1935 aus Genf. Die Nachricht habe ihn nicht unvorbereitet getroffen, da er darauf gefaßt sein mußte „nach den Grundsätzen, die im nationalsozialistischen Deutschland herrschen"; als

Demokrat und Pazifist stehe er „zu der herrschenden Partei in unversöhnlichem Gegensatz“, wenn er sich auch von „Emigranten-Agitation durchaus ferngehalten“ habe. Gleichwohl ließ er die Begründung seiner Entlassung, den dauernden Aufenthalt im Ausland, nicht gelten, da er seine Pflicht als Abteilungsleiter in Genf so gut wie in München erfüllt habe. Dennoch dankte er für die von der Kommission ausgesprochene Anerkennung seiner Arbeit: „Was alles dieser Arbeit gefehlt hat, was ihr teils aus dem Bereich meines eigenen Lebens, teils von außen hindernd in den Weg getreten ist, weiß ich selbst ja am besten. Beim Scheiden aus meiner Stellung tröstet mich das Bewußtsein, meiner Überzeugungstreue, die keine äußere ‚Gleichschaltung‘ duldete, das Opfer bringen zu müssen.“

Allerdings verstand Quidde die Entbindung vom Amt des Abteilungsleiters nicht als Abbruch aller Beziehungen zu den Reichstagsakten. Er glaubte, um Band 14 und Band 17/1 abzuschließen, „wird meine Mitwirkung wohl fast unentbehrlich sein“. Über die Supplemente müsse er sich mit Finke als seinem Nachfolger verständigen; er wolle sie jedenfalls fertigstellen. „Ob sie dann unter dem Namen des künftigen Abteilungsleiters und halb anonym erscheinen, ist mir relativ gleichgültig.“[62] Er erkundigte sich bei Finke, seinem Studienfreund, ob er auf seine Unterstützung rechnen könne, wenn er die Kommission bitte, ihm die Supplemente zu belassen und ihm eine Reise nach Wien zur Arbeit in Archiv und Bibliothek zu finanzieren. Finke empfahl dem Sekretär „möglichstes Entgegenkommen“.

Wer Quidde darüber informierte, daß die Kommission seine Dienste nicht mehr wünschte, läßt sich nicht ausmachen.[63] Im April 1936 verlangte er jedenfalls für die Übergabe des Materials zu den Sigismund-Supplementen eine Entschädigung von 1.000 RM, was der neue Abteilungsleiter Heimpel für angemessen hielt. „Mein Besuch bei Frau Quidde rief allerdings den Eindruck bei mir hervor, daß Bargeld dort bitter nötig ist. Eben wird die Bibliothek verkauft.“ Auch Margarethe Quidde selbst bat von Müller in bewegenden Worten um rasche Auszahlung, da sie in materieller Not lebe. Trotz Intervention Heimpels, Finkes und von Müllers bei den zuständigen Finanzbehörden war die Summe Ende 1936 zum größeren Teil immer noch nicht angewiesen; ob es je dazu kam, geht aus den Akten nicht hervor.

Offenbar ohne daß ein formeller Ausschluß stattgefunden hätte – jedenfalls enthalten die Akten darüber keinen Hinweis, und Quidde hätte, wenn er von einem solchen Ausschluß erfahren hätte, vermutlich dazu Stellung genommen –, wurde Quidde im Jahrbuch der Bayerischen Akademie der Wissenschaften ab 1937 (Stand: 1. Juni 1937) nicht mehr als Mitglied der Historischen Kommission aufgeführt; auch als außerordentliches Mitglied der Historischen Klasse der Akademie erschien er nicht mehr. Im Jahrbuch 1935/36 (Stand: 1. Juni 1936) war er dagegen noch als amtsältestes Mitglied an erster Stelle hinter Präsident und Sekretär verzeichnet gewesen, ebenso als außerordentliches Akademiemitglied. Wahrscheinlich hat von Müller als Präsident der Akademie und Sekretär der Kommission von sich aus ohne Legitimation durch eine Plenar-

oder Abteilungsleitersitzung (im Einverständnis mit dem Kommissionsvorsitzenden Marcks?) die Streichung veranlaßt, möglicherweise in verspäteter Reaktion auf Günther Franz' Polemik gegen Walter Goetz aus dem Jahre 1935, daß „die personellen Verhältnisse [...] nirgends so arg (liegen) wie bei [...] der Münchener Historischen Kommission, der zum Beispiel auch noch der bekannte Pazifist Ludwig Quidde angehört".

Quidde wurde 1940 ausgebürgert, nachdem kritische Äußerungen von ihm über den Anschluß Österreichs der Geheimen Staatspolizei in die Hände gefallen waren.[64] Ob die Historische Kommission Konsequenzen aus der Ausbürgerung zog – Quidde war formal immer noch ihr Mitglied – oder dies für überflüssig hielt, ist unbekannt, da zwischen 1938 und 1942 keine Sitzungen stattfanden und Quidde 83jährig 1941 in Genf starb. In der Historischen Kommission war er längst der damnatio memoriae anheimgefallen. Schon im Vorwort zu Band 14 (1935, von Helmut Weigel verfaßt) wurde er nicht mehr genannt; in seinem Aufsatz „Aus der Arbeit der gesamtdeutschen historischen Kommission"[65] erwähnte Heimpel 1943 zwar Herre und Beckmann, verschwieg aber Quiddes Mitwirkung an der Edition.

6. Die Reichstagsakten zwischen 1918 und 1945

Bereits auf der Jahresversammlung 1919 beantragte Gustav Beckmann, zur Entlastung der Älteren Reihe eine weitere für die Zeit Maximilians I. zu begründen. Die Kommission erklärte sich grundsätzlich damit einverstanden, vertagte die Entscheidung jedoch, um erst einen Band der Jüngeren Reihe, bearbeitet nach der neuen Editionsmethode, abzuwarten. 1925 erneuerte Beckmann seinen Antrag. Er begründete ihn diesmal mit dem gewachsenen Interesse an Maximilian I.; außerdem könne dadurch dem 1919 für die Ältere Reihe eingestellten Helmut Weigel (1891–1974), einem Schüler Beckmanns, ein eigenes Arbeitsfeld gegeben werden. Mit Weigel[66] hatte die Historische Kommission einen ferventen, auch publizistisch tätigen Nationalisten und Antirepublikaner gewonnen, der ausgerechnet dem erklärten Pazifisten und Demokraten Quidde unterstand und mit ihm offenbar passabel zusammenarbeitete – jedenfalls stellten beide gemeinsam 1933 den Antrag, in der Friedrichsreihe eine neue Serie zu eröffnen. Weigel habilitierte sich 1923 in Erlangen, trat 1931 der NSDAP bei und beteiligte sich nach 1933 aktiv an der Umgestaltung der Universität im nationalsozialistischen Sinn. Über die Verleihung des Professorentitels kam er dennoch nicht hinaus, und auch dieser wurde ihm zusammen mit der Lehrbefugnis 1936 entzogen, nachdem er schon im Jahr zuvor aus der NSDAP ausgeschlossen worden war, weil er sich nicht von seiner halbjüdischen Ehefrau trennen wollte. Weigels materielle Existenz beruhte vor wie nach 1933 und ebenso nach 1945 (bis zu seinem Ausscheiden 1964) auf seiner Tätigkeit bei den Reichstagsakten. Sie war zwar nach der Erlanger Katastrophe bedroht, Weigel durfte aber 1937 mit Genehmigung der „Kanzlei des Führers" weiterbeschäftigt werden; durch Führerentscheid wurde auch die 1939 von der Bayerischen Akademie der Wissenschaften wegen „jüdischer Versippung" ausgesprochene Kündigung zurückgenommen.

1925 beauftragte die Kommission Weigel mit den Vorarbeiten für die Mittlere Reihe und bestätigte diesen Beschluß 1926. Die endgültige Entscheidung über die Errichtung der neuen Reihe wurde beide Male verschoben – Weigel blieb bei der Älteren Reihe. Nach erneuter Vertagung auf der Jahressitzung 1927 – jetzt mit dem Argument, erst zwei Bände neuen Typs aus der Jüngeren Reihe abzuwarten –, wurde 1928 Paul Joachimsen, seit dem Vorjahr ordentliches Mitglied der Kommission, zum Leiter der neuen Abteilung gewählt und gebeten, einen Arbeitsplan vorzulegen. Zum Ausgangspunkt der Mittleren Reihe wurde die Königswahl Maximilians (1486) bestimmt. Als Bearbeiter stellte die Kommission durch Vermittlung von Walter Goetz Hans Baron (1900–1988)[67] ein, einen Schüler Friedrich Meineckes und Ernst Troeltschs. Baron, der sich 1928 in Berlin mit einer Arbeit zum italienischen Humanismus im 15. Jahrhundert habilitiert hatte, unterschätzte den für die Mittlere Reihe erforderlichen Aufwand beträchtlich, wenn er 1930 berechnete, daß die Jahre 1486–1495 „wohl zwei Bände beanspruchen" würden[68] – in Wirklichkeit wurden es fünf mit sieben Teilbänden.

Nach dem Tode Joachimsens 1930 und der kommissarischen Leitung durch Walter Goetz wurde 1932 der Heidelberger Historiker Willy Andreas, den Baron wegen dessen Humanismusauffassung früher kritisch rezensiert hatte, zum Leiter gewählt. Als sogenanntem Nichtarier kündigte der Sekretär von Müller Baron „auf Grund ministerieller Verfügung" am 13. Mai zum 30. Juni 1933; ein auf Barons Bitte unternommener Versuch des Sekretärs, die Verlängerung des Vertrags zu erreichen, blieb ohne Erfolg.[69] Er erhielt lediglich noch eine Vergütung von 600 RM, um seinen Nachfolger Ernst Bock[70] (1897–1979) einzuarbeiten. Über Italien und Großbritannien emigrierte Baron 1938 in die USA; dort war er als Historiker an verschiedenen Universitäten tätig, bis er 1949 eine feste Anstellung als Bibliothekar in Chicago fand. Nach Deutschland ist er nicht wieder zurückgekehrt. Bock, ein Schüler Joachimsens, trat zum 1. Dezember 1933 als wissenschaftlicher Hilfsarbeiter ein; laut Vertrag von 1937 erhielt er die ersten drei Bände der Mittleren Reihe zur Bearbeitung übertragen. Bei ganztägiger Arbeitszeit bezog er ein Monatsgehalt von 351 RM und bekam vier Wochen Jahresurlaub. Erschienen ist in der Mittleren Reihe bis zum Ende des Zweiten Weltkriegs nichts, obwohl Bock bis 1943 uk. gestellt war.

Für die Jüngere Reihe, die schon 1884 und 1893 von der Ausgliederung aus dem Programm der Gesamtedition bedroht gewesen war, sah sich die Kommission 1919 noch einmal vor dieselbe Situation gestellt. Ihr Leiter Brandenburg regte auf der Jahresversammlung an, die Reihe auf die von Preußen begründete „Kommission für Erforschung der Reformation und Gegenreformation" zu übertragen; schließlich wurde dieser aber nur die Edition der Humanistenbriefe überlassen.

Die Fortschritte der Jüngeren Reihe blieben auch nach 1918 bescheiden, zumal zwischen 1912 und 1923 das Editionsprinzip geändert worden war, ohne daß die Kommission dies je formal bestätigt hätte. In seinem Bericht für die Plenarversammlung 1923 ließ Kühn erstmals wissen, daß die Edition sich nicht auf die Reichstage beschränken werde, sondern auf alle wichtigen Tagungen ausgedehnt werden solle, insbesondere auf die des Schwäbischen und Schmalkaldischen Bundes sowie auf die Städtetage. Lapidar hieß es: Die Erweiterungen „haben sich bei der Bearbeitung sehr förderlich erwiesen".[71] Volk sah für die Zeit 1523–1526 zwei Bände mit folgendem Inhalt vor: Regensburger Konvent, Esslinger Münztag, Städtetag, Speyerer Nationalkonzil, Zusammenkünfte altkirchlicher und evangelischer Stände (als Bd. 4 a, für den Wrede das Material großenteils bereits gesammelt habe); Reichstag Augsburg-Speyer und Fürstentag in Esslingen (als Bd. 5). Nach seinen 1923 gemachten Angaben war das Material in 90 Archiven bereits soweit gesammelt, daß „die Drucklegung ins Auge gefaßt werden kann". In den nächsten Jahren ist in Volks Berichten dann gleichwohl von „Nachlesefunden" und weiteren Archivreisen die Rede. Immerhin richtete er 1925 die Bitte an die Kommission, die Mittel für Band 4 a in den Etat einzustellen. Die Notgemeinschaft der Deutschen Wissenschaft sollte um einen Druckkostenzuschuß von 6.000 RM angegangen werden. Auf der Plenarversammlung 1925 bezweifelten Joseph Hansen und Max Lenz, daß die Jüngere Reihe in der vorliegenden Form über 1530 hinaus fortzusetzen sei; als Hansen 1926 beantragte, darüber zu beraten, beschloß die Kommission, den nächsten Band der Reihe abzuwarten.

Volk starb 1933 im Alter von 49 Jahren durch Selbstmord, ohne den Druck eines der von ihm vorbereiteten Bände erlebt zu haben. Er hinterließ seine Familie (Frau und zwei Söhne) in bitterer Armut – die Mitarbeiter waren, wie sich an seinem Schicksal in dramatischer Deutlichkeit ablesen läßt, sozial nicht abgesichert.[72] Schon 1919 hatte Volk dem Präsidenten der Kommission angekündigt, sich um Aufnahme in den Staatsdienst zu bemühen – er war damals 35 Jahre alt. 1922 erhielt er das Angebot, ein Probejahr im Staatsarchiv Weimar zu absolvieren mit der Aussicht auf etatmäßige Anstellung. Für das Probejahr, das offenbar unbezahlt war, erbat er von der Kommission den Weiterbezug seines Gehalts und versprach als Gegenleistung, die Bände 1523–1526 abzuschließen. Weiteres ist in den Akten nicht überliefert – entweder lehnte die Kommission sein Gesuch ab oder der Berufswechsel fiel der Inflation zum Opfer. Auf immer neue Bittgesuche der Witwe von Julius Volk, die 1941 eine Monatsrente von lediglich 38,60 RM bezog, unterstützte die Kommission sie bis 1943 mit kleinen einmaligen Zahlungen und der Übernahme von Krankheitskosten. Eine solche Misere war vermutlich untypisch, zeigt aber doch die Probleme auf, mit denen ein Mitarbeiter zu rechnen hatte, wenn er nicht rechtzeitig in eine andere Laufbahn überwechseln konnte oder aber wie Herre und wohl auch Wrede unverheiratet blieb und bis zu seinem Ableben arbeitete.

Kühn und Volk sammelten bei ihren Archivreisen seit 1912 – mit Unterbrechung durch die Kriegszeit, wenigstens bei Kühn – nicht nur für ihre Bände, sondern bereits bis 1555, und legten nach dem Vorbild der Älteren Reihe ein „Generalrepertorium für die Zeit Karls V." an. Für die deutschen und österreichischen Archive war diese Sammlung nach ihren Angaben 1923 im wesentlichen abgeschlossen.

Während Volk Band 4 a erstmals 1923, dann erneut 1925 für druckreif erklärte, gab Kühn 1925 an, sein Band für 1527–1529 werde im nächsten Jahr fertig sein. 1926 hielt er aber noch Reisen nach Paris, Straßburg, Brüssel und Rom für notwendig – auf die Diskrepanz zu seiner früheren Aussage ist er von der Kommission nicht angesprochen worden, so wenig wie sonst jemals ein Bearbeiter bei optimistischen, dann aber nicht realisierten Voraussagen. 1928 erhielt Kühn eine Professur in Dresden, betreute seinen Band aber nebenher weiter. In seine Stelle als wissenschaftlicher Hilfsarbeiter rückte Herbert Grundmann ein, der den Augsburger Reichstag 1530 mit kleineren Tagungen nach Speyer II 1529 sowie der Königswahl Ferdinands 1531 edieren sollte. Grundmann wollte jedoch Kühns und Volks Editionsverfahren modifizieren: „Bloße Auszüge, Regesten, Inhaltsangaben bei wichtigen Stücken, zumal bei Briefen führender Persönlichkeiten, [machen] nicht den Einblick in das vollständige Original entbehrlich."[73] Zwar konnte Grundmann nach der Übernahme einer Professur in Königsberg 1938 die Edition nicht mehr wesentlich fördern, erklärte aber in seinem Arbeitsbericht 1942, daß das Aktenmaterial jetzt „nahezu vollständig gesammelt" sei.

Der von Kühn bearbeitete Band, der gleichgewichtig Tagungen des Schwäbischen Bundes, Städte- und Rittertage zwischen 1527 und 1529 sowie den Speyerer Reichstag 1529 dokumentierte, erschien 1935 in zwei Teilbänden, wobei der erste Teilband die quellengestützte Geschichtserzählung, der sehr viel schmalere zweite Aktenstücke in Regest, Teil- und Volltext enthielt. Die Vorworte Brandenburgs und Kühns stellten die neuen Editionsprinzipien in aller Kürze vor. Allerdings waren selbst die Kommissionsmitglieder nur noch teilweise von der Tragfähigkeit des Konzepts überzeugt – so wenig wie seinerzeit Quidde. Auf der Abteilungsleitersitzung 1942 erklärte Karl Brandi, daß in künftigen Bänden wieder geschlossene Reihen von Korrespondenzen und Protokolle in den Mittelpunkt gerückt werden müßten. Brandenburg verteidigte zwar das Konzept, einigte sich aber mit Brandi darauf, bei der Dokumentation des Augsburger Reichstags 1530 den Band besser zu gliedern als Band 7.[74] Dies bedeutete letztlich ein Abgehen von der rein chronologischen Präsentation, die Kühn und Volk gewählt hatten.

Die Hauptaufgabe von Volks Nachfolger Karl Wolff (geb. 1908), ebenfalls ein Schüler Brandenburgs, bestand auf Beschluß der Abteilungsleitersitzung von 1935 darin, das von Volk hinterlassene Manuskript zu kürzen. 1937 berichtete er, den Band 5 (bisher 4 a) von 120 auf 50 Bögen reduziert zu haben; andererseits müßten Einzeltagungen, die Volk nicht berücksichtigt hatte, zusätzlich inseriert und dafür Archivreisen unternommen werden. Die Planung

Wolffs, der seit seiner Übernahme in den sächsischen Schuldienst 1938 zunächst nur noch auf einer halben Stelle und ab 1939 lediglich auf Bogenhonorarbasis tätig war, sah nun so aus: Band 4 a: Nachträge Wredes zu Band 4; Band 5: Tagungen 1524/1525; Band 6: Augsburg 1525/Speyer 1526. Die jahrelange Verzögerung der Drucklegung durch „Kürzungsenthusiasten“[75] führte schließlich dazu, daß die Manuskripte von Volk und Wolff im Dezember 1943 im „feuersicheren Schrank“ des Historischen Instituts der Universität Leipzig verbrannten.[76] Wolff hatte in seinem Arbeitsbericht für die Kommission 1943 auf die „Luftgefährdung unserer Materialien“ hingewiesen, die Papiere seien weder im feuersicheren Schrank noch in seiner Wohnung „im Luftschutzgepäck“ sicher. Geschehen war von seiten der Kommission jedoch offensichtlich nichts. Nur der kleine Teil an Materialien, der sich zur aktuellen Bearbeitung in Wolffs Wohnung befand, blieb erhalten.

Der zweite, vielleicht noch schwerere Schlag traf die Jüngere Reihe wenig später, als das große Aktenrepertorium, das Volk und Kühn in jahrzehntelanger Arbeit für die Reichstage 1532–1555 zusammengetragen hatten, im April 1944 im alten Gebäude der Akademie der Wissenschaften (Wilhelminum) in München verbrannte. Weder von den Manuskripten für Band 4 a–6 noch vom Repertorium waren trotz der „Luftgefährdung“ Kopien angefertigt worden. Den seit 1942 verstärkten Bombenkrieg scheint der Sekretär von Müller nicht ernst genommen zu haben.

Um die Jüngere Reihe zu entlasten, hatte die Historische Kommission 1934 beschlossen, die seit 1521 auf den Reichstagen verhandelten Gravamina aus ihrem Kontext herauszulösen und in einem Sonderband zu publizieren.[77] Der Band wurde der durch ihre Dissertation einschlägig ausgewiesenen Annelies Schermann (seit 1937 verheiratete Grundmann), einer Schülerin Joachimsens, übertragen. Sie veranschlagte für die Fertigstellung etwa zwei Jahre. Für die künftigen Jahresversammlungen entstand mit den Gravamina ein Berichtspunkt mit geradezu grotesken Zeitvorstellungen und -versprechungen; 1936: Abschluß des Manuskripts in einem Jahr; 1937: in sechs Monaten druckfertig; 1942: in absehbarer Zeit. Gleichzeitig wurde die ursprünglich einfache Anlage der Edition im Laufe der Arbeit immer ausführlicher und zugleich komplizierter gestaltet, so daß der Band auch gegenwärtig noch nicht abgeschlossen ist.

In der Älteren Reihe lagen nach 75jähriger Arbeit 1935 die ersten 16 Bände in geschlossener Abfolge vor. Mit der Übernahme der Leitung durch Hermann Heimpel (November 1935) verband sich eine prinzipielle Abkehr von dem bisher immer wieder von der Kommission eingeschärften Editionsprinzip Reichstagsakten, nicht Reichsakten. Bei Heimpel hieß es jetzt: „Das Werk soll vielmehr die Politik des Reiches im ganzen darstellen.“[78] Widerspruch ist in den Abteilungsleitersitzungen offenbar nicht laut geworden; im Gegenteil folgte die Kommission dem Vorschlag Heimpels, „einen möglichst großen Teil ihrer Kraft auf die endliche Vollendung“ der Älteren Reihe zu verwenden. Die Möglichkeit dazu ergab sich durch eine Erhöhung des bayerischen Staatszuschusses. 1942 stellten Heimpel und Weigel einen Editionsplan auf, dem zufolge in sechs Bänden (Bd. 19–24) die Zeit zwischen 1452 und 1485 dokumentiert werden sollte. In etwa 15 Jahren „nach Eintritt normaler Archivbenutzungsmöglichkeiten" sollte die Edition abgeschlossen sein.[79] Neue Richtlinien, die aber eigentlich nur Bekanntes repetierten, waren dazu bestimmt, ein rasches Vorankommen zu sichern. Über die Supplemente äußerte sich Heimpel eher vage: Quidde nannte er nicht, hatte allerdings schon bei der Abteilungsleitersitzung 1937 erklärt, der von Quidde übernommene Bestand sei nicht druckfertig.[80] Erschienen ist seit der Übernahme der Abteilungsleitung durch Heimpel bis Kriegsende aus der Älteren Reihe nur der Teilband 17/1 (1939) mit 223 Seiten, bearbeitet von Walter Kaemmerer (1898–1979, seit 1922 Mitarbeiter, ab 1928 Stadtarchivar in Aachen); das weit geförderte Manuskript des zweiten Teilbandes verbrannte 1944 in München und mußte von Kaemmerer nach dem Zweiten Weltkrieg rekonstruiert werden.

7. Die Wiederaufnahme der Arbeit nach 1945 und die Expansion in der zweiten Jahrhunderthälfte

Nach dem Ende des Zweiten Weltkriegs herrschte zunächst Stagnation. Mitarbeiter waren gefallen oder in Gefangenschaft oder, wie Weigel und Wolff, im Internierungslager. Der Leiter der Jüngeren Reihe, Erich Brandenburg, starb Anfang 1946 in Leipzig. Bei der Plenarversammlung 1946 berichtete lediglich Grundmann, neu gewähltes Mitglied der Kommission, für die Reichstagsakten Positives: Der Band „Gravamina" sei fertig – was allerdings nicht zutraf. 1947 konnte dann Andreas bereits über die Wiederaufnahme der Arbeit an der Mittleren Reihe mit Bock und Heinz Gollwitzer als Bearbeitern informieren; insbesondere war aber die Ältere Reihe mit mehreren Mitarbeitern und erstmals auch Mitarbeiterinnen (ab 1943 Ingeborg Most-Kolbe und Henny Grüneisen) tätig, so daß Heimpel 1953 die Fertigstellung von Band 17/2,1 ankündigen konnte; weitere Bände näherten sich der Vollendung. Erneut präsentierte er einen Zeitplan für fünf Bände, die wenigstens jeweils mit einem ersten Teilband bis 1957/1958 erscheinen sollten[81] – wiederum widerlegte ihn die Wirklichkeit: Bis 1958 lag lediglich einer dieser Teilbände (Bd. 17/2,1) vor. An dem Prinzip Reichsakten statt Reichstagsakten wurde festgehalten – nahezu provozierend versicherte Heimpel 1958: „Wir geben unter dem beizubehaltenden Titel der Reichstagsakten tatsächlich Akten zur Reichspolitik überhaupt. Wir wollen eben dieses, und müssen es wollen."[82] Durch Ausscheiden oder Tod schrumpfte allerdings die Zahl der Mitarbeiter, so daß zwischen 1956 und 1973 vier Teilbände (Bd. 17/2,1 und 2,2, Bd. 19/1 sowie 22/1), zwischen 1973 und 1998 kein einziger Band der Älteren Reihe herauskamen.

Mit besonders großen personellen und sachlichen Schwierigkeiten hatte nach 1945 die Jüngere Reihe zu kämpfen. Die Manuskripte und Materialsammlungen waren – außer für den Augsburger Reichstag 1530 – vernichtet, der bisherige Bearbeiter Wolff stand nicht mehr zur Verfügung, einen Leiter gab es seit 1946 nicht mehr. Grundmann berichtete bei den Jahresversammlungen regelmäßig nur über die Fortschritte bei der Materialsammlung für 1530 und den Bearbeitungsstand der Gravamina – die Jüngere Reihe war gewissermaßen zu einem Familienunternehmen geschrumpft. 1947 wurde beschlossen, die Abteilung als ruhend zu betrachten.[83] Erst 1951 wurde Grundmann zum kommissarischen Leiter bestellt (seit 1957 ordentlicher Leiter). Die Plenarversammlung 1954 beschloß, anstelle der verbrannten Manuskripte zu Band 5 und 6 ein „regestenartiges Aktenverzeichnis" anfertigen zu lassen, sobald sich ein geeigneter Mitarbeiter fände. Vier Jahre später konnte Irmgard Höss (geb. 1919) nach ihrem Weggang aus Jena für diese Aufgabe gewonnen werden (1958–1961 von der DFG bezahlt, danach Professorin in Erlangen). Sie stellte einen Editionsplan auf, bei dem aus dem Aktenverzeichnis eine Art ausgedünnter regulärer Reichstagsaktenband wurde. Wie Volk wollte sie auch die Zwischentagungen berücksichtigen, also wiederum das Prinzip Reichstagsakten statt Reichsakten durchbrechen. Erst Heinrich Lutz als neuer Abteilungsleiter gab 1971 den Reichstag von 1526 als eindeutigen Schwerpunkt des Bandes vor.[84]

Für vordringlicher als den „Überbrückungsband" erklärte die Plenarversammlung 1954 die Suche nach einem Bearbeiter für das laut Grundmanns Berichten „bereits größtenteils gesammelte Material" zu 1530. 1956 übernahm Wolfgang Steglich (1927–2004), ein Schüler Gerhard Ritters, diese Aufgabe (DFG-finanziert bis 1962), änderte jedoch, wie schon Kühn und Volk, den Editionsplan, ohne daß die Kommission zuvor informiert worden wäre, und machte sich für einen ersten Teilband an die Dokumentation der Einzeltagungen zwischen Speyer 1529 und Augsburg 1530. Steglich strebte – wieder einmal – ein „Quellenwerk zur inneren deutschen Reichsgeschichte" an[85], statt sich auf die Reichstage zu konzentrieren. Das von Grundmann zusammengetragene Material zu Augsburg 1530 bezeichnete er als „noch durchaus unvollständig"[86], hielt aber an der Absicht fest, in einem zweiten Teilband auch diesen Reichstag zu edieren. Das Editionskonzept Kühns übernahm er nicht.

Nachdem sie schon mehrfach den schleppenden Fortgang der Arbeiten von Steglich und Höss kritisiert hatte, erklärte die Jahresversammlung 1967, es sei „wünschenswert [...], zwei neue, die Arbeiten vorantreibende Bearbeiter zu gewinnen".[87] Beide versprachen daraufhin, sich der Aufgabe energischer anzunehmen – Steglichs Band erschien in zwei Teilen 1970/71, während die Bearbeiterin des Überbrückungsbandes ihren Auftrag schließlich 1999 aus Krankheits- und Altersgründen unerledigt zurückgab. Entgegen der ursprünglichen Planung Steglichs enthielt Band 8 in beiden Teilen nur die Tagungen bis zum Augsburger Reichstag. Nicht verwirklicht wurde sein Vorschlag, nach dem Muster der Gravamina und des von ihm mit Grundmann herausgegebenen Tetleben-Protokolls bestimmte Materien wie Korrespondenzen und Türkenhilfe in Sonderbände zu verlagern. Die Kommission beschloß zwar 1971 „eine neben dieser Hauptreihe hergehende Sonderreihe thematisch umgrenzter Akteneditionen aus der Zeit Karls V.",[88] verfolgte diese konzeptionell wenig ausgereiften Überlegungen jedoch nicht weiter.

Nachdem der Wiener Historiker Heinrich Lutz 1971 die Leitung der Abteilung Jüngere Reihe übernommen hatte, gelang der entscheidende Durchbruch – die Abteilung wurde gewissermaßen professionalisiert. Voraussetzung dafür war die klare Entscheidung der Jahressitzung 1971, die Edition in ausschließlicher Konzentration auf die Reichstage bis 1555 zu führen. Dieses Votum erfolgte in vollem Bewußtsein, daß es infolge des Kriegsverlusts von 1944 für die Zeit nach 1530 noch so gut wie keine Vorarbeiten gab. Nach zehn Jahren gelang es 1972 erstmals wieder, einen hauptamtlichen, von der DFG finanzierten Mitarbeiter für die Jüngere Reihe einzustellen (Gottfried Mraz), der den Augsburger Reichstag 1530 bearbeiten sollte – jetzt als Band 9 der Jüngeren Reihe. 1978 bewilligte die DFG Lutz drei Mitarbeiterstellen; diese Bewilligung wurde verlängert, bis die Arbeitsstelle Wien zum 1. Januar 1986 in das Akademienprogramm der Union der deutschen Akademien der Wissenschaften übernommen wurde. Eine vierte Mitarbeiterstelle wurde von der Historischen Kommission finanziert.[89] Die von Lutz aufgestellten Richtlinien machten endgültig und auf Dauer verpflichtend mit dem Prinzip Edition von Reichstagsakten „stricto sensu" ernst. Das Material, vor allem in kleinen Archiven, wurde von den Mitarbeitern auf ihren Reisen für alle Reichstage bis 1555 erschlossen. Die Präsentationsform blieb dem einzelnen Bearbeiter überlassen: Gliederung und innere Strukturierung des Bandes sowie Behandlung der Texte (Voll- und Teilabdruck, Regest). Bei der Gewichtung des Textes sollten moderne Fragestellungen neben den traditionellen berücksichtigt werden.

Nachdem das Ende der Förderung durch das Akademienprogramm auf 2005 festgesetzt worden war (bewilligt wurde anschließend noch eine Auslauffinanzierung bis Ende 2006), mußte 1993/94 durch den gegenwärtigen Abteilungsleiter im Dialog mit den Mitarbeiterinnen und Mitarbeitern zur Ersparnis von Zeit und Raum das Editionskonzept noch einmal entschieden gestrafft werden:[90] Beschränkung auf Reichstagsakten „strictissimo sensu"; Limitierung des Umfangs der Bände, zu diesem Zweck Zusammenfassung bestimmter Quellengruppen (Supplikationen, Korrespondenzen, minderwichtige Instruktionen) in Listenform; Begrenzung der aufgesuchten Archive; Konstituierung der Textgrundlage nur noch durch zwei Überlieferungen; äußerste Sparsamkeit bei den Variantenangaben und Anmerkungen; kurze Einleitungen; Wegfall des nur mit großem Zeitaufwand erstellbaren Sachregisters.

Die Materialsammlungen erwiesen sich als zeitaufwendig – der erste Band aus der Wiener Arbeitsstelle erschien 1992 in drei Teilbänden: Reichstag 1532, dazu die Religionsverhandlungen in Schweinfurt und Nürnberg, die entgegen den Richtlinien des 1986 verstorbenen Abteilungsleiters Lutz von der Bearbeiterin Rosemarie Aulinger auf Verlangen der Kommission sehr viel breiter als ursprünglich vorgesehen dokumentiert werden mußten. Zwischen 2001 und 2006 erschienen dann in rascher Folge sechs Bände in zwölf Teilbänden (bear-

Abb. 22: Heinrich Lutz (1922–1986), 1971–1986 Leiter der Abteilung „Deutsche Reichstagsakten, Jüngere Reihe".

beitet außer von Frau Aulinger von Erwein Eltz, Ursula Machoczek und Silvia Schweinzer-Burian).

Neben der Lutz zu verdankenden Institutionalisierung der Jüngeren Reihe in einer kollegial organisierten Arbeitsstelle Wien (1978–2006) war die zweite große Innovation des Unternehmens Reichstagsakten nach dem Zweiten Weltkrieg die Begründung einer Reihe Reichsversammlungen für die Zeit nach 1555.[91] Initiator dieser Reihe war 1978 der langjährige Mitarbeiter der Mittleren Reihe Heinz Angermeier. Nach Billigung des Plans durch die Jahresversammlung 1980 bewilligte die VW-Stiftung auf Antrag Angermeiers ein Pilotprojekt (ab 1982 für zwei Mitarbeiter auf drei Jahre) – bearbeitet wurden ein Reichstag und ein Deputationstag, da für die neue Reihe die Beschränkung auf die Reichstage von vornherein aufgegeben wurde, ohne aber deswegen wieder einer Dokumentation der Reichsgeschichte das Wort zu reden. Die 1986 etablierte Abteilung „Reichsversammlungen 1556–1662" wurde fast ein Jahrzehnt von der VW-Stiftung gefördert, seit 1990 wird sie von der Historischen Kommission getragen.

Die Reihe folgt einem neuen Editionskonzept, das gleichwohl viele frühere Diskussionen widerspiegelt. Dies gilt insbesondere für die von Maximilian Lanzinner formulierten drei Hauptprinzipien: Begrenzung auf die Zeit zwischen Proposition und Abschied; strenger thematischer Bezug auf die Reichstagsverhandlungen; Restriktion in der Darbietung der Akten.[92] Damit wurde der Weg „von der kritischen Edition des gesamten Schriftenmaterials im Umkreis eines Reichstags zu der repräsentativen Dokumentation des unmittelbaren Verhandlungsgeschehens" gegangen.[93] Zu den Reichstagen traten als Gegenstand der Edition die anderen wichtigen Reichsversammlungen wie Deputations- und Kurfürstentage. Zentrale Quellen wie die Verhandlungsakten von Kaiser und Reichsständen wurden im Wortlaut wiedergegeben, dagegen Protokolle, Supplikationen und Korrespondenzen nur in komprimierter Form berücksichtigt. Nachdem die Praktikabilität dieses Konzepts an den während der Pilotphase erarbeiteten Bänden (Reichstag 1570, bearbeitet von Maximilian Lanzinner, und Reichsdeputationstag 1586, bearbeitet von Thomas Fröschl) nachgewiesen worden ist, scheint damit der Königsweg für die Edition frühneuzeitlicher Massenakten gefunden zu sein. Bis 2006 sind in der Reihe Reichsversammlungen vier Bände in acht Teilbänden erschienen.

Erfolglos blieb dagegen das Pilotprojekt, mit dem die Aktenberge des Immerwährenden Reichstags (1664–1806) erschlossen werden sollten.[94] Als Muster war die Regierungszeit Kaiser Franz' I. 1745–1765 ausgewählt worden. Wie die Abteilung Reichsversammlungen wurde auch dieses Projekt 1986 von der Historischen Kommission in ihr Programm aufgenommen und von der Volkswagen-Stiftung für drei Jahre mit einer Mitarbeiterstelle finanziert. Geplant war eine „Aktenpublikation, die über alle in Regensburg zur Beratung gestandenen Materien informiert und die wichtigsten Texte im Wortlaut bringt" (von Aretin 1985). Im Verlauf der Arbeit wurde der Plan geändert und auf ein EDV-gestütztes Verzeichnis der am Regensburger Reichstag verhandelten Materien reduziert. Da keine Bearbeiter mehr zur Verfügung standen, wurde das Projekt 1990 eingestellt.

Für die Mittlere Reihe war seit seiner Rückkehr aus dem Krieg erneut Ernst Bock tätig gewesen, allerdings nur noch nebenamtlich (hauptberuflich an der Stadtbibliothek München). Mehrfach äußerte sich die Kommission verärgert über das langsame Vorankommen und über nicht eingehaltene Termine, nachdem schon 1947 einige Mitglieder gedrängt hatten, Bock zu ersetzen, während der Abteilungsleiter an ihm festhielt.[95] Willy Andreas legte 1947 einen Editionsplan vor, der für die Zeit 1486–1495 drei Bände vorsah, für 1496–1519 zehn. In den Akten wechseln in der Folgezeit Ultimaten gegenüber Bock mit Bewilligungen weiterer Archivreisen ab, bis 1972/73 Band 3 (die Jahre 1488–1490 umfassend) in zwei Teilbänden erschien. Als Abteilungsleiter berechnete Friedrich Hermann Schubert 1972 den Gesamtumfang der Reihe auf zwölf Bände,[96] von denen seither sechs erschienen sind: Band 6 (1979), Band 5 mit drei Teilbänden (1981), Band 1 (1989), Band 2 (2001), Band 4 (2007) und Band 7 (2007) (jeweils mit zwei Teilbänden). Die Quellen werden weit intensiver als in der Älteren Reihe außer im Volltext auch in Regesten und mittels Aktenreferat wiedergegeben.

Dem Zug der Zeit folgend, präsentierte sich das Unternehmen Reichstagsakten auch der wissenschaftlichen Öffentlichkeit. Auf dem Trierer Historikertag 1986 gestalteten Mitarbeiter aus allen vier Abteilungen eine eigene Sektion: Forschungsfortschritte durch Reichstagsakten.[97] 1990 und 1997 fanden Mitarbeitertagungen anläßlich der Jahresversammlungen der Historischen Kommission statt.[98] Die Mitarbeiter der Jüngeren Reihe legten Werkstattberichte vor in einem von Heinrich Lutz und Alfred Kohler herausgegebenen Band: Aus der Arbeit an den Reichstagen unter Karl V. Sieben Beiträge zu Fragen der Forschung und Edition (Göttingen 1986). Aus einer 2003 in Bonn veranstalteten Tagung ging der Band: Der Reichstag 1486–1613: Kommunikation – Wahrnehmung – Öffentlichkeiten, herausgegeben von Maximilian Lanzinner und Arno Strohmeyer (Göttingen 2006), hervor.

8. Fazit[99]

Nach jahrzehntelangem Schwanken zwischen Akten zur Reichsgeschichte oder zur Geschichte der Reichstage ist die Auseinandersetzung endgültig zugunsten der bescheideneren Version entschieden – außer für die Ältere Reihe. Das Konzept, die Edition in eine annalistisch-chronologisch angelegte Geschichtserzählung mit oder ohne inserierte Quellen und Quellenauszüge zu verwandeln, hat sich trotz der Erwartungen, die zunächst darauf gesetzt wurden, nicht als der geeignete Weg erwiesen, um die Materialfülle zu bewältigen. Um die von Jahrzehnt zu Jahrzehnt anwachsenden Aktenmassen zu bändigen, verspricht das zuletzt befolgte Editionskonzept der Reihe „Reichsversammlungen" den besten Erfolg. Im Jubiläumsjahr der Historischen Kommission ist das ihr 1858 in die Wiege gelegte großdimensionierte Editionsvorhaben sehr weit fortgeschritten, aber immer noch nicht vollendet. Insbesondere für die von der historischen Forschung erst seit einiger Zeit verstärkt in den Blick genommenen Jahrzehnte nach 1555 fehlen noch Dokumentationen wichtiger Reichsversammlungen. In allen Abteilungen stellt die Edition seit ihren Anfängen reiches und sorgfältig aufbereitetes Material für weitere Forschungen unter vielen, auch wechselnden Fragehorizonten bereit. Kritische Einwände gegen das Editionsunternehmen „Reichstagsakten" in der gegenwärtigen Gestalt kommen aus zwei Richtungen. Einerseits wird das auf Materialbeschränkung abzielende Editionskonzept vor allem der Mittleren und Jüngeren Reihe sowie der Reihe „Reichsversammlungen" bedauert und gefordert, ausgeschiedene Quellengruppen (Korrespondenzen, Supplikationen, Dokumente zum sozialen und ökonomischen Umfeld des Reichstags) künftig wieder stärker zu berücksichtigen. Andererseits wird zu bedenken gegeben, ob im Zeitalter der elektronischen Datenverarbeitung und angesichts der spürbar geringer werdenden finanziellen Mittel für geisteswissenschaftliche Grundlagenforschung die kostenintensive Druckversion gegenüber der kostengünstigen online-Publikation überhaupt noch vertretbar sei. Das Schiff der Edition „Deutsche Reichstagsakten" zwischen der Scylla überdimensionierter, allzu kleinteilig angelegter und kaum noch verkäuflicher Bände und der Charybdis einer mit allen Kulturtraditionen brechenden, weniger bequem benutzbaren und möglicherweise durch neue Techniken bald veraltenden online-Publikation ohne Qualitätsverlust hindurchzusteuern, wird noch vielen Nachdenkens und energischer konzeptioneller Anstrengungen bedürfen. Unbestreitbar bleibt gleichwohl: Die Edition „Deutsche Reichstagsakten" dient, aufs Ganze gesehen, in ausgedehntem Umfang der Sicherung kulturellen Erbes und leistet in eminenter Weise geisteswissenschaftliche Grundlagenforschung. Dies wird das Ziel des „Unternehmens", um noch einmal die Quellensprache des 19. Jahrhunderts aufzugreifen, auch in Zukunft sein.

Anhang

I. Abteilungen der Edition Deutsche Reichstagsakten

Gründung und zeitlicher Entstehungsbereich

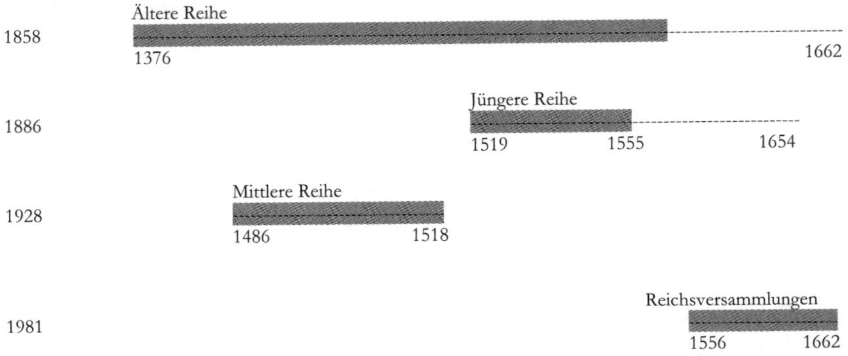

II. Abteilungsleiter

Ältere Reihe

Heinrich von Sybel 1858–1860 (bis 1895 Oberleitung der Deutschen Reichstagsakten)
Julius Weizsäcker 1860–1889
Ludwig Quidde 1889–1935 (1896 Entzug der Leitung und Übertragung an Friedrich von Bezold, der den Auftrag 1897, ohne ihn wahrgenommen zu haben, zurückgab; seither faktische, seit unbekannter Zeit auch formelle Leitung durch Quidde; formale Selbständigkeit der Bearbeiter Hermann Herre († 1921), Gustav Beckmann († 1928) und Ludwig Quidde seit 1900)
Heinrich Finke 1935 (Okt./Nov.) kommissarisch
Hermann Heimpel 1935–1979
Erich Meuthen 1979–2002
Heribert Müller seit 2002

Mittlere Reihe

Paul Joachimsen 1928–1930
Walter Goetz 1930–1932 kommissarisch
Willy Andreas 1932–1967
Friedrich Hermann Schubert 1968–1973
Heinz Angermeier seit 1974

Jüngere Reihe

August Kluckhohn 1886–1893
N. N. 1893–1910 („selbständige Leitung“ bei Adolf Wrede, † 1908)
Erich Brandenburg 1910–1946
N. N. 1946–1951
Herbert Grundmann 1951–1957 kommissarisch, 1957–1970
Friedrich Hermann Schubert 1970–1971 kommissarisch
Heinrich Lutz 1971–1986
Heinz Angermeier 1986–1987 kommissarisch
Dieter Albrecht 1987–1989 kommissarisch
Eike Wolgast seit 1989

Reichsversammlungen

Heinz Angermeier 1983–2003
Maximilian Lanzinner seit 2003

[1] Grundlagen: Archiv (HiKo) und Registratur (HiKo R) der Historischen Kommission; ferner die „Nachrichten von der historischen Commission“ bzw. „Bericht des Sekretariats“ (bis zum Anfang der 90er Jahre des 19. Jahrhunderts), in HZ, MIÖG sowie Forsch. z. Dt. Gesch. (ab Bd. 6/1866). Seit 1912 finden sich die Berichte der Historischen Kommission im Jb. BAdW. Einen Rückblick auf die Geschichte der RTA gibt Hermann Herre, in: RTA ÄR Bd. 15 (1912), I–XVII. Vgl. ferner die Beiträge von Hermann Heimpel (Deutsche Reichstagsakten, Ältere Reihe, 82–117), Willy Andreas (Deutsche Reichstagsakten, Mittlere Reihe, 118–131) und Herbert Grundmann (Deutsche Reichstagsakten, Jüngere Reihe, 132–157) in: FS 1958. Zu RTA als Quellentyp vgl. Johannes Helmrath, in: Lexikon des Mittelalters, Bd. 7, München 1995, 643–645. Eine knappe Geschichte der Edition ferner bei Heinz Angermeier, in: Handwörterbuch z. dt. Rechtsgeschichte, Bd. 4, Berlin 1990, 794–797.

[2] Leopold von Ranke, Dt. Geschichte im Zeitalter der Reformation, Bd. 6, München 1926, 471–487 (Manuskript Rankes: Über einige noch unbenutzte Sammlungen deutscher Reichstagsakten).

[3] Ebd., 479.

[4] Ebd., 487.

[5] Leopold von Ranke, Neue Briefe, hg. von Hans Herzfeld, Hamburg 1949, 229.

[6] Zum Folgenden vgl. Julius Weizsäcker, in: RTA ÄR Bd. 1, XLIXf.; Heinrich von Sybel, Vorträge und Abhandlungen, München-Leipzig 1897, 336–361 (zuerst 1883 erschienen); Volker Dotterweich, Heinrich von Sybel. Geschichtswissenschaft in politischer Absicht (1817–1861), Göttingen 1978, 286–319.

[7] Dotterweich (wie Anm. 6), 289.

[8] Vgl. Ranke (wie Anm. 5), 388f.; Leopold von Ranke. Das Briefwerk, hg. von Walther Peter Fuchs, Hamburg 1949, 424f.

[9] Vgl. Sybel (wie Anm. 6), 344f.; Dotterweich (wie Anm. 6), 290f.

[10] Vgl. ebd., 290.

[11] HiKo 1, 2.

[12] HZ 1 (1859), 31.

[13] HiKo 51; HZ 2 (1859), Beilage, 31–36.

[14] Vgl. Peter Moraw, Versuch über die Entstehung des Reichstags, in: Ders., Über König und Reich. Aufsätze zur deutschen Verfassungsgeschichte des späten Mittelalters, Sigmaringen 1995, 207–242 (zuerst 1980); Thomas Michael Martin, Auf dem Weg zum Reichstag 1314–1410 (Schriftenreihe der Historischen Kommission 44), Göttingen 1993.

[15] Vgl. Ranke (wie Anm. 5), 404f.

[16] HiKo 135.

[17] HiKo 55–59.

[18] HZ 13 (1865) Beilage 20.

[19] RTA ÄR Bd. 15, V.

[20] Theodor Lindner, in: MIÖG 16 (1895), 501–507 (Zitate 502, 506); Johannes Haller, in: Göttingische gelehrte Anzeigen 163 (1901), 807–817 (Zitat 811); Friedrich Keutgen (Hg.), Urkunden zur städtischen Verfassungsgeschichte, Berlin 1901, XIII–XIX.

[21] RTA ÄR Bd. 11, I; Bd. 10, IV–XXIX (Zitat VI).

[22] Forsch. z. Dt. Gesch. 10 (1870), 205.

[23] Leopold von Ranke, Sämtliche Werke Bd. 53/54, 696–711: Idee einer Akademie für deutsche Geschichte und Sprache.

[24] HZ 13 (1865) Beilage 19.

[25] HiKo 68.

[26] RTA ÄR Bd. 11, IV.

[27] Utz-Friedebert Taube, Ludwig Quidde. Ein Beitrag zur Geschichte des demokratischen Gedankens in Deutschland, Kallmünz 1963, 33f. – Karl Holl, Ludwig Quidde (1858–1941). Eine Biographie, Düsseldorf 2007, geht auf Quiddes Leistungen und auf seine Bedeutung für die Edition der Deutschen Reichstagsakten nicht ein.

[28] Zum Folgenden vgl. HiKo 32, 203.

[29] RTA ÄR Bd. 16, IV.

[30] HiKo 203; über Herre vgl. auch Karl Alexander von Müller, Im Wandel einer Welt, München 1966, 239f.

[31] Quidde, in: RTA ÄR Bd. 11, III.

[32] HiKo 76.

[33] HiKo 24.

[34] Zum Folgenden vgl. HiKo 72–77 sowie HiKo 241, 242.

[35] Vgl. HiKo 242.

[36] HiKo 85, 242.

[37] HiKo 82.

[38] HiKo 24.

[39] Vgl. nur die kurze Nachricht in: Historische Vierteljahrsschrift 11 (1908), 296.

[40] Ritter, Gründung, Zitate 292, 294f.
[41] Zum Folgenden vgl. HiKo 99, 100, 241.
[42] HiKo 105, 221; RTA ÄR Bd. 16, VI–IX.
[43] Zum Folgenden vgl. Taube (wie Anm. 27), 165–172.
[44] Ebd., 173 (an Weizsäcker, 29. Dez. 1886).
[45] Vgl. Karl Alexander von Müller, Mars und Venus, Stuttgart 1954, 233; Heimpel (wie Anm. 1), 96–98.
[46] Benutzt nach der 34. Auflage von 1926 (mit Quiddes „Erinnerungen"), hg. von Hans-Ulrich Wehler, Frankfurt a.M. 1977.
[47] HiKo 24, 221.
[48] HiKo 85, 86.
[49] So Quidde selbst in den „Erinnerungen" (wie Anm. 46), 44–46.
[50] Zum folgenden HiKo 221 sowie 87–91.
[51] RTA ÄR Bd. 12, I; vgl. auch H. Herre, in: Bd. 15, XVf.
[52] HiKo 91.
[53] HiKo 241.
[54] HiKo 105, 221; RTA ÄR Bd. 16, VI–IX (Kurzfassung des Gutachtens).
[55] Zum Folgenden vgl. HiKo 109, 110, 113, 114.
[56] HiKo 223.
[57] Ludwig Quidde, Die Deutschen Reichstagsakten, ältere Reihe, in: HZ 139 (1929), 84–98 (Zitat 91).
[58] In HiKo 98, 99 findet sich keine Aufzeichnung des Wahlergebnisses. Nach der Wahlordnung (HiKo 4) war die absolute Mehrheit der ordentlichen Mitglieder erforderlich; der König mußte die Wahl bestätigen. 1907 zählte die Kommission 17 Mitglieder, von denen 13 anwesend waren.
[59] HiKo 223.
[60] Vgl. Torsten Quidde, Friedensnobelpreisträger Ludwig Quidde, Berlin 2003, 169–196; Roger Durand (u. a.), Ludwig Quidde à Genève, asile – exil d'un prix Nobel de la paix 18 mars 1933 – 5 mars 1941, Genf 2004 (wenig Bezug auf RTA).
[61] Zum Folgenden vgl. HiKo 120–122, 223.
[62] HiKo 221.
[63] Zum Folgenden vgl. HiKo 223; Jb. BAdW 1935/36 und 1936/37; Volk im Werden 3 (1935), 320–322.
[64] Vgl. Martin Schumacher (Hg.), M.d.R. Die Reichstagsabgeordneten der Weimarer Republik in der Zeit des Nationalsozialismus, 3. Aufl. Düsseldorf 1994, 444f.
[65] HZ 168 (1943), 336–353.
[66] Vgl. BayHStA, MK 71116 (von K.-U. Gelberg freundlicherweise zur Verfügung gestellt); Alfred Wendehorst, Geschichte der Friedrich-Alexander-Universität Erlangen-Nürnberg 1743–1993, München 1993, 180f., 184, 228; Helmut Neuhaus (Hg.), Geschichtswissenschaft in Erlangen, Erlangen-Jena 2000 (Beiträge von Axel Gotthard, Friedrich Lenger); Hermann Heimpel, in: JffL 36 (1976), 259–261.
[67] Vgl. International Biographical Dictionary of Central European Emigrès 1933–1945, Bd. 2/1: A–K. München usw. 1983, 53f.; Klaus Große Kracht, „Bürgerhumanismus" oder „Staatsräson". Hans Baron und die republikanische Intelligenz des Quattrocento, in: Mario Keßler (Hg.), Deutsche Historiker im Exil (1933–1945). Ausgewählte Studien, Berlin 2005, 243–263; Gerhard A. Ritter (Hg.), Friedrich Meinecke. Akademischer Lehrer und emigrierte Schüler. Briefe und Aufzeichnungen 1910–1977, München 2006, 61–65, 267–297 (über die Arbeit an RTA vgl. 276f., 280).
[68] HiKo 119.

[69] HiKo 120; HiKo NL 1 Bd. 5.
[70] HiKo NL 1 Bd. 6.
[71] Zum Folgenden vgl. HiKo 112, 113, 242.
[72] HiKo 32, 204.
[73] HiKo 242.
[74] HiKo 122.
[75] So Quidde, in: RTA ÄR Bd. 16, X (1928).
[76] HiKo 242.
[77] HiKo 121ff., 242. Vgl. Annelies Grundmann, in: Heinrich Lutz/Alfred Kohler (Hg.), Aus der Arbeit an den Reichstagen unter Kaiser Karl V. (Schriftenreihe der Historischen Kommission 26), Göttingen 1986, 69–129.
[78] HZ 168 (1943), 346.
[79] Ebd., 349; HiKo NL 1 Bd. 6 (Denkschrift 13. Okt. 1942).
[80] HiKo 122.
[81] HiKo 224.
[82] Heimpel (wie Anm. 1), 102.
[83] HiKo 125.
[84] HiKo 242.
[85] RTA JR Bd. 8, XVIII.
[86] HiKo NL 3 Bd. 2.
[87] Hiko R 6.
[88] Vgl. Jb. BAdW 1971, 99.
[89] Vgl. Lutz/Kohler (wie Anm. 77), 10–12; Albrecht Luttenberger/Heinrich Lutz, in: Jb. d. hist. Forschung in der Bundesrepublik Deutschland. Berichtsjahr 1980, Stuttgart 1981, 55–57.
[90] Vgl. RTA JR Bd. 16 (2003), 51–54; Rosemarie Aulinger, in: Grete Klingenstein u. a. (Hg.), Umgang mit Quellen heute (Fontes rerum Austriacarum Abt. 2 Bd. 92), Wien 2003, 40–44.
[91] Vgl. HiKo R 344, 345; Heinz Angermeier, in: Jb. d. hist. Forschung in der Bundesrepublik Deutschland. Berichtsjahr 1985. München 1986, 39–45; RTA Reichsversammlungen: RT Speyer 1570, 19–25.
[92] Vgl. ebd., 80.
[93] Ebd., 24.
[94] HiKo R 348.
[95] HiKo 125, 235, 237; Heinz Angermeier, in: Jb. d. hist. Forschung in der Bundesrepublik Deutschland. Berichtsjahr 1981, Stuttgart 1982, 46–51.
[96] HiKo NL 3 Bd. 2; RTA MR Bd. 3, 5–8.
[97] Heinz Angermeier/Erich Meuthen (Hg.), Fortschritte in der Geschichtswissenschaft durch Reichstagsaktenforschung (Schriftenreihe der Historischen Kommission 35), Göttingen 1988.
[98] Erich Meuthen (Hg.), Reichstage und Kirche (Schriftenreihe der Historischen Kommission 42), Göttingen 1991.
[99] Vgl. den letzten zusammenfassenden Bericht von Heinz Angermeier/Erich Meuthen/Eike Wolgast, Die Reichstagsakten-Edition. Zum Stand des Forschungsunternehmens der Historischen Kommission bei der Bayerischen Akademie der Wissenschaften, in: Jb. d. hist. Forschung in der Bundesrepublik Deutschland. Berichtsjahr 1997, München 1998, 15–19; vgl. auch Eike Wolgast, The Edition of the „Deutsche Reichstagsakten", in: Augustus J. Veenendaal Jr./Johanna Roelevink (ed.), Unlocking government archives of the early modern period, Den Haag 1995, 42–50.

Helmut Neuhaus

Territorial- und Herrschergeschichte als Reichsgeschichte im 16. und 17. Jahrhundert

1. Die Begründung einer ersten Edition zur neueren Geschichte[1]

Mit den „Deutschen Reichstagsakten", deren Herausgabe als einzig konkret benanntes Editionsunternehmen im Statut der Historischen Kommission (20. August/26. November 1858) festgeschrieben, und mit den „Chroniken der deutschen Städte vom 14. bis in's 16. Jahrhundert", deren Edition von der Gründungsversammlung der Historischen Kommission vom 29. September bis 1. Oktober 1858 in München als erste beschlossen worden war,[2] wandte sich die vom bayerischen König Maximilian II. Joseph errichtete „Commission für deutsche Geschichte und Quellenforschung bei Meiner Akademie der Wissenschaften" sogleich ihren Aufgaben zu. Beide Vorhaben entsprachen den Zielsetzungen der „Erforschung der großen, Alle angehenden, Alle verbindenden, das Leben der Nation beherrschenden Ereignisse" sowie der „Publication unbekannter oder in besseren Texten mitzutheilender Quellenschriften und Urkunden", wie sie Leopold Ranke in seiner Denkschrift vom 30. September 1858 formuliert hatte.[3] Dabei war nicht zu übersehen, daß beide Projekte ihren Anfang im Mittelalter zu nehmen hatten, ohne in bestehende Unternehmungen wie die der Monumenta Germaniae Historica einzugreifen, und daß beide bis ins 16. Jahrhundert zu verfolgen waren. Wie Ranke die zunächst bis in die Zeit Kaiser Karls V. und in die zweite Hälfte des 16. Jahrhunderts projektierte „Sammlung der Reichstagsacten" gleichsam zum Flaggschiff der Historischen Kommission erklärte, so dachte er mit Blick auf weitere Editionen – ohne konkreter zu werden – zum Beispiel an „eine Zusammenstellung des authentischen auf die allgemeine Geschichte der Nation und ihrer vornehmsten Institute bezüglichen Stoffes aus den Chroniken des späteren Mittelalters".[4]

Diese Konzentration auf das Mittelalter, die sich auch in Rankes früher Anregung eines Annalenwerkes deutscher Geschichte „von ihren ersten Anfängen bis auf die neue Zeit" äußerte, das mit den „Jahrbüchern der Deutschen Geschichte" für das Mittelalter realisiert wurde, nahm Carl Adolf Cornelius während der zweiten Plenarversammlung der Historischen Kommission im September/Oktober 1860 zum Anlaß, eine Quellenedition „für die erste Periode der neueren Geschichte Deutschlands, für die Zeit der abendländischen Glaubensspaltung und der aus ihr hervorgehenden oder mit ihr zusammenhängenden Entwicklungen, Zerwürfnisse und Kriege" vorzuschlagen. Dem in Würzburg geborenen Katholiken, der 1848/49 Mitglied des Frankfurter Paulskirchen-Parlamentes gewesen war, seit 1856 neben dem Protestanten Heinrich von Sybel Lehrstuhlinhaber an der Münchener Universität, ging es um die Erforschung der in der deutschen Historiographie vernachlässigten Epoche nach dem Augsburger Religionsfrieden von 1555 bis in den Dreißigjährigen Krieg, für die es eine feste Quellenbasis zu erarbeiten galt. Dabei sah er – wie die kleindeutschen Historiker an das frühneuzeitliche Heilige Römische Reich den diesem nicht gerecht werdenden Maßstab des Zentral-, Macht- und Anstaltsstaates anlegend – das Hauptproblem der wissenschaftlichen Beschäftigung mit deutscher Geschichte der Neuzeit darin, „daß man ihre Hauptfäden nicht in den Acten einer Centralregierung zusammen findet, sondern aus dem Durcheinander der Wechselbeziehungen einer Anzahl bedeutender Reichsstände unter sich und zum Ausland entwirren muß."[5]

Angesichts des Sachverhaltes, daß Reichsangelegenheiten nur im Zusammenwirken von Römischem König beziehungsweise Kaiser und einer Vielzahl höchst unterschiedlicher sowie verschiedenen Konfessionen angehörender Reichsstände zu definieren und zu behandeln waren, verband sich mit dem Fehlen reichischer Zentralität für eine Quellenedition die Frage, von welcher archivalischen Basis aus sie zu erarbeiten war. Leopold Ranke hatte in seiner grundlegenden Denkschrift von 1858 als Zweck der Historischen Kommission eine „nicht auf die einzelnen Landschaften, sondern auf die allgemeine Geschichte des gesammten Vaterlandes" gerichtete Geschichtsforschung bezeichnet, den er freilich auch erfüllt sah, wenn „aus den bayerischen Archiven [...] vornehmlich auf solche Aufzeichnungen Rücksicht" genommen würde, „welche zugleich ein über das locale hinausgehendes Interesse für die allgemeine deutsche Geschichte darbieten."[6]

Cornelius plädierte bei seinem Vorschlag ebenfalls für die Archive des Hauses Wittelsbach als Ausgangspunkt und sah „den allgemeinen deutschen Gesichtspunkt" nahezu zwingend erfüllt, denn in der von ihm ins Auge gefaßten Epoche der drei bayerischen Herzöge von Albrecht V. bis zu Maximilian I. sowie der fünf pfälzischen Kurfürsten von Ottheinrich bis zu Friedrich V., dem böhmischen Winterkönig, bestimmten die Wittelsbacher maßgeblich das politische Geschehen im Heiligen Römischen Reich. Wie ihm München zum Hauptort eines wiedererstarkten Katholizismus wurde und Herzog Maximilian I. zum ebenso machtbewußten wie erfolgreichen Anführer der katholischen Liga, so entwickelte sich Heidelberg zum Zentrum des aufstrebenden Calvinismus und Pfalzgraf Friedrich V. zum gleichermaßen ehrgeizigen wie scheiternden Führer der protestantischen Union.

Abb. 23: Carl Adolf von Cornelius (1819–1903), 1861–1901 Leiter der Abteilung „Wittelsbachische Korrespondenzen", 1890–1898 Sekretär der Historischen Kommission.

Die „unbestreitbare Wichtigkeit für die deutsche Geschichte" und die europäische Dimension seines Themas veranlaßten ihn hinsichtlich der Quellenauswahl einerseits zur Begrenzung auf die archivalischen Hinterlassenschaften der Kurfürsten von der Pfalz und der Herzöge von Bayern sowie der Erzbischöfe und Kurfürsten von Köln und der Fürsten von Pfalz-Neuburg aus dem Hause Wittelsbach, andererseits aber hielt er den Rückgriff auf die wichtigsten Archive in Deutschland und Europa für notwendig. Da es Cornelius darum ging, „eine Grundlage für die deutsche Geschichte zu gewinnen", sollte der Schwerpunkt der Arbeit nicht auf der Geschichte der einzelnen Territorien liegen, sondern „auf die auswärtigen Beziehungen der Regenten und auf ihre Stellung innerhalb der politischen und religiösen Parteien ihrer Zeit" zielen. Es sollte „nicht so sehr auf eine vollständige Sammlung des officiellen Schriftenwechsels ankommen, als vielmehr auf die vertraulichen Correspondenzen, welche eine Einsicht in die Motive der Handlungen, eine Anschauung von dem Charakter der Regenten, ihrer Umgebungen und der leitenden Männer zu gewähren geeignet sind. Hierher gehören" – so konkretisierte Cornelius – „die Briefe der Fürsten an ihre Verwandten und an fürstliche Freunde, die geheimen Instructionen an Gesandte und Agenten, die Berichte der Agenten an fremden Höfen, die Briefe der Staatsmänner und Feldherren, die Berichte fremder Gesandten an ihre Auftraggeber über ihre Verrichtungen und Wahrnehmungen an den Wittelsbachischen Höfen."[7]

Den Antrag ihres Gründungsmitgliedes Carl Adolf Cornelius, „die Correspondenz der Wittelsbacher Fürsten beider Linien von der Mitte des 16. bis zur Mitte des 17. Jahrhunderts herauszugeben" – so das Protokoll der Plenarversammlung vom 5. Oktober 1860 – genehmigte die Historische Kommission einstimmig. Sie behandelte seinen – seinen bisherigen Forschungen näher stehenden – Vorschlag, „die Briefe hervorragender Theologen des 16. Jahrhunderts mit Ausnahme Luthers, Zwinglis und Melanchthons vom Beginn der Reformation bis gegen das Jahr 1535" herauszugeben, offenbar ebensowenig wie den zur „Herausgabe der Correspondenz Gustav Adolphs aus der Zeit des Teutschen Krieges". Und bereits einen Tag später konnte Leopold Ranke nicht nur berichten, daß König Maximilian II. Joseph „die Herausgabe der Correspondenzen der Wittelsbacher Fürsten 1550–1650" genehmigt, sondern auch „die sofortige Inangriffnahme befohlen" habe, wozu für das Jahr 1860/61 ein Betrag von 1.000 bis 1.500 fl. bereitzustellen war.[8]

Bei der Vorlage seines „Vorschlag[es], betreffend die Herausgabe eines Wittelsbachischen Archivs für die zweite Hälfte des 16. und die erste Hälfte des 17. Jahrhunderts", wurde Cornelius zwar auch vom Gedanken einer gewissen „Pflicht des Dankes gegen den Stifter der Commission und gegen das Land, in dem sie sich versammelt", geleitet, aber seine Entscheidung, die Geschichte des Heiligen Römischen Reiches in der Neuzeit über die Edition der Korrespondenzen der wichtigsten Reichsfürsten zu erschließen und mit denen des Hauses Wittelsbach zu beginnen, war ausschließlich inhaltlich begründet.

2. „Pfalzgeschichte"

Das Neuartige an Cornelius' Konzeption tritt überdeutlich angesichts eines ebenfalls von König Maximilian II. Joseph geförderten Unternehmens hervor, das im Jahre 1860 noch bestand und bis 1864 fortgeführt wurde: den „Quellen und Erörterungen zur bayerischen und deutschen Geschichte". Zur Veröffentlichung der „in den Archiven und Bibliotheken des Königreiches befindlichen historischen Schätze" hatte der König 1856 eine „Commission zur Herausgabe bayer. u. deutsch. Quellen-Schriften" begründet, die auch als „Archivalische Kommission" bezeichnet und am 19. November 1860 als „ältere Historische Commission" aufgelöst wurde.[9] Ihr gehörten mit Georg Thomas Rudhart als Vorsitzendem, Heinrich Föringer, Karl Muffat, Karl Spruner von Merz und Franz Löher (in der Nachfolge von Wilhelm Dönniges, dem einflußreichen Berater des Königs) – neben Conrad Hofmann und Franz Michael Wittmann – fünf Mitglieder der zwei Jahre später gegründeten Historischen Kommission an. „Die Commission richtet ihre Thätigkeit zunächst und hauptsächlich auf Alles" – formulierte sie im ersten, noch 1856 erschienenen Band der „Quellen und Erörterungen" –, „was zur Geschichte sämmtlicher bayerischen Landestheile, und insbesondere des durchlauchtigsten Regentenhauses gehört", wollte aber auch „Vieles an Urkunden und anderen Quellenschriften, was weit über das Königreich Bayern hinaus in die Gesammtgeschichte des deutschen Vaterlandes eingreift, [...] nach und nach zur öffentlichen Kunde [...] bringen."[10] Doch dazu kam es ebensowenig wie zu einer besonderen Hinwendung zur „neueren Geschichte, welche bisher im Vergleiche der älteren eine allzu stiefmütterliche Behandlung erfuhr." Die neun Bände der „Quellen und Erörterungen" bezogen sich ganz überwiegend auf das Mittelalter und die Landesgeschichte.

Dies wiederholte sich noch einmal für eineinhalb Jahrzehnte, nachdem die beiden bayerischen Landeshistoriker Karl Theodor von Heigel und Sigmund von Riezler auf der Plenarversammlung der Historischen Kommission des

Jahres 1899 die Wiederaufnahme des alten Reihenwerkes in einer Neuen Folge beantragt hatten. Insgesamt fünf Bände erschienen von 1903 bis 1915 in deren Obhut, bis sich schließlich 1927 die neugegründete Kommission für bayerische Landesgeschichte bei der Bayerischen Akademie der Wissenschaften dieses Unternehmens annahm. Hatte man schon 1899 bei der Wiederbegründung ein auf die Neuzeit zielendes Editionsprogramm zugunsten einer Beschränkung auf das Mittelalter aufgegeben, so verzichtete man nach 1927 auf die Publikation von Texten zur deutschen Geschichte und änderte den Reihentitel konsequenterweise in „Quellen und Erörterungen zur bayerischen Geschichte" ab.[11]

Auch wenn die Historische Kommission die vor ihrer Gründung vom bayerischen König Maximilian II. Joseph ins Leben gerufenen „Quellen und Erörterungen zur bayerischen und deutschen Geschichte" nicht zu ihrem eigenen Anliegen machte, so hatte sie sich doch immer wieder mit ihnen zu befassen, Berichte zum Fortgang der seit 1856 begonnenen Arbeiten, Anträge zu deren Finanzierung sowie Informationen zur Drucklegung der bis 1864 erschienenen Bände geschäftsmäßig zu behandeln und zur Kenntnis zu nehmen. Während der Plenarsitzung des Jahres 1861 setzte sie am 8. Oktober dann einen aus den Mitgliedern Spruner, Muffat und Föringer bestehenden Ausschuß mit der Aufgabe ein, die „Quellen und Erörterungen" „wo möglich in diesem Jahre zu Ende" zu bringen.[12] Nachdem 1864 der zweite Teil des 9. Bandes – „Briefsteller und formelbücher des elften bis vierzehnen jahrhunderts" (sic!), bearbeitet von Ludwig Rockinger – erschienen war, konnte während der Plenarversammlung des Jahres 1865 die „Vollendung" der Reihe festgestellt werden.[13]

Allerdings hielt sich die Historische Kommission von landesgeschichtlichen Projekten keineswegs völlig fern. Mit der Plenarversammlung des Jahres 1860 verbindet sich nicht nur der Beginn ihres den Wittelsbachischen Korrespondenzen im Jahrhundert nach dem Augsburger Religionsfrieden gewidmeten ersten neuzeitlichen Editionsunternehmens, sondern auch der Einstieg in die Erarbeitung einer „Pfälzer Geschichte". Sie ging auf einen Wunsch des bayerischen Königs aus der wittelsbachischen Linie Pfalz-Zweibrücken höchstpersönlich zurück, der ganz offensichtlich nicht nur – wie in „Quellen und Erörterungen" – die Erforschung der bayerischen Geschichte anstoßen wollte, sondern auch die des linksrheinischen Teils seines Königreiches; in diesem Sinne veranlaßte er den Heidelberger Professor Ludwig Häusser zu einer Stellungnahme. In Abwesenheit Häussers, der 1845 seine – 1856 in zweiter Auflage erschienene – zweibändige „Geschichte der rhein. Pfalz nach ihren politischen, kirchlichen und literarischen Verhältnissen" publiziert hatte, legte Ranke am 6. Oktober 1860 dessen Konzept für eine „Pfalzgeschichte" vor, die aus vier Teilen bestehen sollte: „1.) kritische Geschichte der Pfalz bis zum Eintreten der Wittelsbacher, 2.) Geschichte einzelner Lokalitäten, 3.) Geschichte des Herzogthums Zweibrücken, 4.) Biographien."[14]

Bereits ein Jahr später konnte Häusser konkrete Vorhaben für die „Pfalzgeschichte“ benennen, die von Anfang an nicht als eine umfassende Geschichte des wenig geschlossenen pfälzischen Herrschaftsgebietes gedacht war, sondern als ein Haupttitel, unter dem unverbundene Einzelarbeiten publiziert werden sollten, den Bänden der „Quellen und Erörterungen“ vergleichbar. Einziger Autor der bis 1869 erschienenen fünf Bände war der aus Dürkheim an der Haardt gebürtige evangelische Pfarrer und Geschichtsforscher Johann Georg Lehmann, seit 1860 korrespondierendes Mitglied der Münchener Akademie der Wissenschaften, der von seiner Pfarrstelle in Nußdorf bei Landau aus eine Fülle von Werken zur Geschichte der Rheinpfalz vorlegte.[15]

Bis zu seinem Tod am 17. März 1867 war Häusser gleichsam der Abteilungsleiter für „pfälzische Geschichte“ und berichtete Jahr für Jahr über die Arbeitsfortschritte Lehmanns, der 1862/63 seine zweibändige „Urkundliche Geschichte der Grafschaft Hanau-Lichtenberg“ vorlegte, 1867 seine „Vollständige Geschichte des Herzogthums Zweibrücken und seiner Fürsten, der Stamm- und Voraltern des k. bayer. Hauses“. Dafür konnte er sich schon deswegen stetiger finanzieller Unterstützung sicher sein, weil es der ausdrückliche Wunsch König Maximilians II. Joseph gewesen war, „gründliche Arbeiten für die pfälzische Geschichte zu fördern“ – wie es in einem Bericht vom Oktober 1863 anläßlich des fünfjährigen Bestehens der Historischen Kommission hieß[16] – und weil König Ludwig II. 1864 die „Pfalzgeschichte“ als jenes Vorhaben anerkannte, das auf Anregung seines verstorbenen Vaters begonnen und aus Mitteln seiner Privatschatulle finanziert worden war.

Doch mit dem Ableben Häussers verlor sie nicht nur ihren wissenschaftlichen Mentor, sondern auch das Interesse der Kommission, die sich entschieden den „Älteren Pfälzischen Korrespondenzen“ im Rahmen des von Cornelius 1860 vorgestellten Editionsunternehmens zugewandt hatte. Zwar wurde Johann Georg Lehmanns zweibändige Arbeit über „Die Grafschaft und die Grafen von Sponheim der beiden Linien Kreuznach und Starkenburg bis zu ihrem Erlöschen im 15. Jahrhundert“ noch bis zu ihrem Erscheinen 1869 unterstützt, aber damit auch die „Specialgeschichte der Rheinpfalz“ – wie es im schon zitierten Bericht zur fünften Plenarversammlung 1863 hieß – beendet. Das von Ludwig Molitor herausgegebene „Urkundenbuch zur Geschichte der ehemals Pfalzbayerischen Residenzstadt Zweibrücken“ präsentierte 176 Aktenstücke bis zum Jahre 1816, als „nunmehr mit dem Staate Bayern auch die ihm zugehörige Stadt Zweibrücken zu festen politischen Verhältnissen gelangt war.“[17] Nachdem es der Historischen Kommission „zur Einsichtnahme“ vorgelegen hatte, die seine Drucklegung auch mitfinanzierte, erschien es erst 1888, „durch Unterstützung der historischen Kommission bei der Kgl. Bayer. Akademie der Wissenschaften in den Druck gegeben“, wie es auf dem Titelblatt heißt.[18]

3. „Ältere Pfälzische Korrespondenzen"

Deutsche Geschichte, nicht Landesgeschichte, allgemeine deutsche Geschichte, nicht Spezialgeschichte eines deutschen Raumes, war die der Historischen Kommission mit ihrer Gründung gestellte Aufgabe. Ihre Erforschung im Rahmen verschiedener Editionsunternehmen nicht lediglich in die Neuzeit auslaufen zu lassen, sondern die neuzeitliche deutsche Geschichte selbst zum Gegenstand zu machen, verfolgte Carl Adolf Cornelius mit seinem 1860 beschlossenen Vorhaben, das zunächst – und bis heute ausschließlich – wittelsbachische Korrespondenzen ins Zentrum rückte. Es markiert einen Neuansatz zu einer Zeit, in der nebeneinander früher begonnene Unternehmungen oder solche, die in ihrem Geist verfolgt wurden, zum Abschluß gebracht wurden. In der Abfolge der Publikationen des ersten Bandes der „Wittelsbachischen Korrespondenzen" mit den Briefen des pfälzischen Kurfürsten Friedrich III., des Frommen, im Jahre 1868 und des letzten Bandes Johann Georg Lehmanns im Rahmen der nie „Pfalzgeschichte" genannten Reihe ein Jahr später wird dieses Nebeneinander von älterer und neuerer Konzeption deutlich, das zugleich eine Ablösung bezeichnet.

Cornelius' Quellenunternehmen, das unter der Bezeichnung „Wittelsbachische Korrespondenzen" in die Editionsgeschichte eingegangen ist, stand von Anfang an unter der „Oberleitung" seines Initiators, an der der Literaturhistoriker Franz Löher „mitwirken" sollte. Aber schon in der Plenarversammlung des Jahres 1861 zeichnete sich angesichts der enormen Materialfülle eine Dreiteilung ab, wonach Heinrich von Sybel die Edition der „Älteren Pfälzischen Korrespondenzen", Löher die der bayerischen Korrespondenzen der zweiten Hälfte des 16. Jahrhunderts und Cornelius selbst die der Korrespondenzen beider wittelsbachischen Linien in der ersten Hälfte des 17. Jahrhunderts leiten sollte.[19] Keiner der drei Abteilungsleiter edierte allerdings einen Band „seiner" Reihe selbst.

Die Arbeiten an den „Älteren Pfälzischen Korrespondenzen" erstreckten sich von ihrer Begründung bis zum Erscheinen des sechsten und letzten Bandes im Jahre 1903 über vier Jahrzehnte hinweg. Mit dem Wechsel Heinrich von Sybels von München an die Universität Bonn zum Wintersemester 1861/62 gab er die Leitung dieses Editionsunternehmens zwar nicht ab, beantragte aber schriftlich bei der Historischen Kommission, „Dr. Kluckhohn auf 3 Jahre mit je 900–1.000 fl. die Arbeiten zur Herausgabe der pfälzischen Correspondenzen zu übertragen"; die Jahresversammlung war am 7. Oktober 1861 allerdings der Auffassung, daß – wie es im Protokoll heißt – „die Sache mit Dr. Kluckhohn als seinem Unterarbeiter [von Sybel] selbst zu ordnen" sei. August Kluckhohn, der ab 1862 gleichsam als Abteilungsleiter regelmäßig über die Fortschritte seiner Arbeiten berichtete, legte 1868 den ersten, die Jahre 1559 bis 1566 umfassenden Band der „Briefe Friedrich des Frommen, Kurfürsten von der Pfalz, mit verwandten Schriftstücken" vor und begründete in seiner „Vorrede" vom 1. August 1867 – entgegen der „ursprüngliche[n] Auf-

Abb. 24: August Kluckhohn (1832–1893), seit 1878 o. Mitglied, hatte 1868 den ersten Band der „Wittelsbachischen Korrespondenzen" vorgelegt.

gabe […], Fürstenbriefe von geschichtlicher Bedeutung herauszugeben" – die Notwendigkeit, „zu den Briefen noch verwandte Materialien, Instructionen, Memoires, Berichte hinzu[zu]nehmen und auch die Papiere solcher Personen zu berücksichtigen, welche zu dem Fürsten in naher Beziehung standen und authentische Mittheilungen über denselben machen konnten." Es ging ihm um das „sachlich Wichtige" und „biographisch Werthvolle", das angesichts einer unerwarteten Materialfülle in zahlreichen in- und ausländischen Archiven nicht ausschließlich in vollständigen Texten präsentiert werden konnte, sondern der Auswahl, Kürzung oder regestenartigen Bearbeitung sowie der sachlichen Kommentierung bedurfte.[20]

Der zweite Band Kluckhohns erschien – aufgeteilt auf die Jahre 1567–1572 und 1572–1576 – in zwei Teilbänden in den Jahren 1870 und 1872, wobei sich die Verzögerung gegenüber den Publikationsplänen sowie der größere Umfang unter anderem daraus ergaben, daß noch während der Drucklegung Archivmaterial gesammelt, gesichtet und bearbeitet wurde. War es dem Bearbeiter beim ersten Band ein Anliegen gewesen, „durch Berücksichtigung des theologischen und kirchenpolitischen Materials in der Correspondenz Friedrichs zugleich ein Urkundenbuch für die Kirchengeschichte jener Jahre zu geben", in denen „sich die Scheidung zwischen Lutherthum und Calvinismus vollzog", trat im zweiten Band die kurpfälzische Außenpolitik innerhalb des Heiligen Römischen Reiches sowie gegenüber Frankreich und den Niederlanden deutlicher hervor. Allerdings blieben aus Raum- und Zeitgründen wichtige Bereiche wie die Geschichte der Reichstage in der Zeit Kaiser Maximilians II. (Augsburg 1566, Regensburg 1567, Speyer 1570, Regensburg 1576) oder die Wahl König Rudolfs II. im Jahre 1575 unberücksichtigt.

Nach Abschluß des den Briefen Friedrichs des Frommen bis in sein Todesjahr 1576 gewidmeten Editionsunternehmens befürwortete die Historische Kommission auf ihrer Plenarversammlung 1872, „zur Vervollständigung der älteren pfälzischen Abtheilung auch die Correspondenz Johann Kasimirs zu veröffentlichen."[21] Unter der Leitung Kluckhohns, seit 1871 außerordentliches Kommissionsmitglied, seit 1869 ordentlicher Professor an der Münchener Technischen Hochschule, sollte Friedrich von Bezold eine Aktenpublikation vorbereiten, bemerkenswerterweise nicht zu Friedrichs des Frommen Sohn und

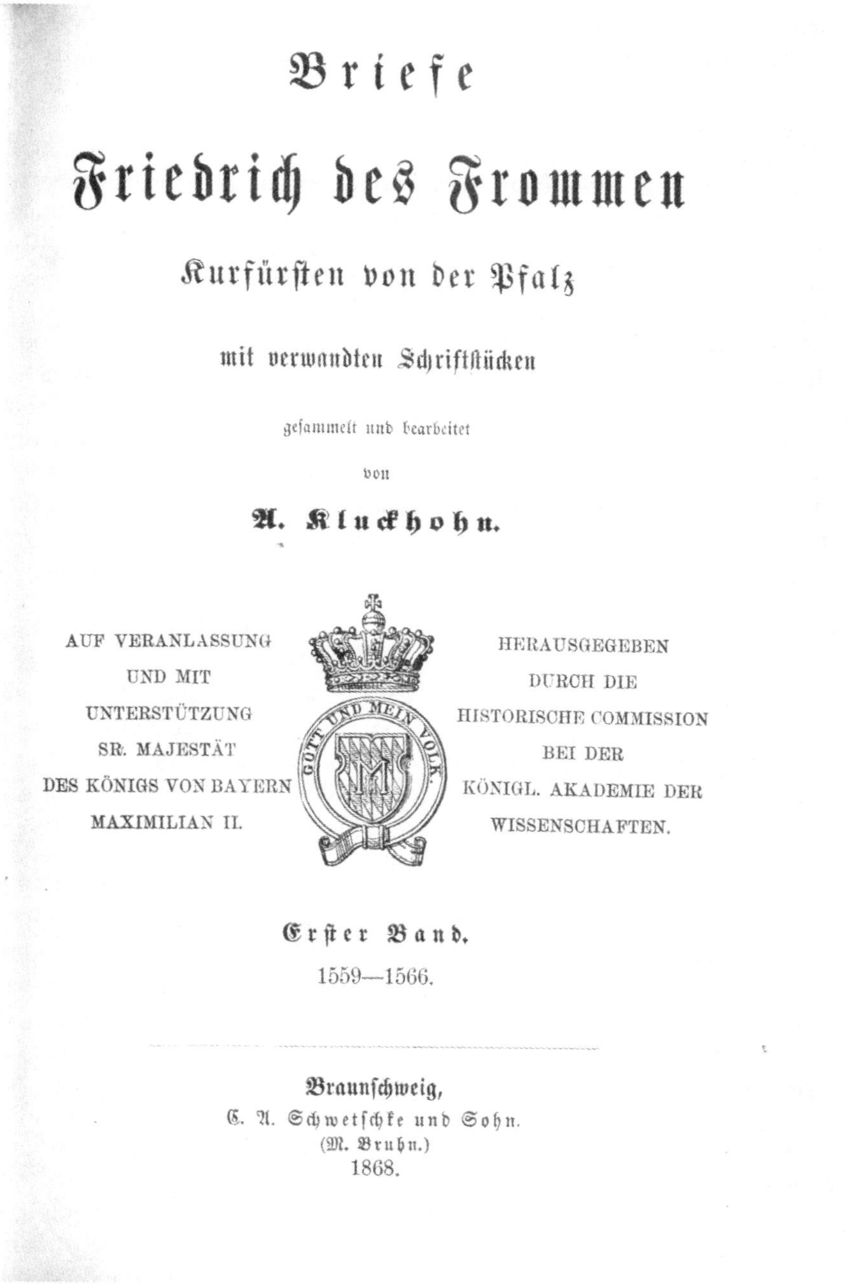
Briefe

Friedrich des Frommen

Kurfürsten von der Pfalz

mit verwandten Schriftstücken

gesammelt und bearbeitet

von

A. Kluckhohn.

AUF VERANLASSUNG UND MIT UNTERSTÜTZUNG SR. MAJESTÄT DES KÖNIGS VON BAYERN MAXIMILIAN II.

HERAUSGEGEBEN DURCH DIE HISTORISCHE COMMISSION BEI DER KÖNIGL. AKADEMIE DER WISSENSCHAFTEN.

Erster Band.

1559—1566.

Braunschweig,
C. A. Schwetschke und Sohn.
(M. Bruhn.)
1868.

Abb. 25: Titelblatt des ersten Bandes der „Älteren Pfälzischen Korrespondenzen", erschienen 1868 bei C. A. Schwetschke und Sohn in Braunschweig.

Nachfolger als Kurfürst von der Pfalz, Ludwig VI., der die Rückkehr der Pfalz zum Luthertum durchsetzte, sondern zu dessen jüngerem Bruder Johann Kasimir, der ein Vorkämpfer für den Calvinismus blieb und damit unmittelbar an seinen Vater anknüpfte.

Nach zehnjähriger Bearbeitungszeit legte von Bezold seinen ersten Band „Briefe des Pfalzgrafen Johann Casimir mit verwandten Schriftstücken" 1882 im Druck vor, wie die Friedrich dem Frommen gewidmeten Bände ohne einen auf die „Älteren Pfälzischen Korrespondenzen" innerhalb der „Wittelsbachischen Korrespondenzen" verweisenden Reihentitel, aber die Veranlassung und Unterstützung des bayerischen Königs sowie die Herausgeberschaft seiner Historischen Kommission auf dem Titelblatt hervorhebend. Dieser Band umfaßte Quellen für die Zeit von 1576 bis 1582, vom Todesjahr Friedrichs des Frommen bis zum Augsburger Reichstag, und verstand sich „als Fortsetzung und Abschluss des Werkes von Kluckhohn", wie der Bearbeiter in seiner „Vorrede" vom Januar 1882 festhielt und mit seiner etwa 200seitigen Einleitung „Die pfälzische Politik in den Jahren 1566–1576" bekräftigte.[22] Wichtig waren ihm „die Anfänge der lutherischen Reaktion in der Kurpfalz", die den Gegensatz zwischen Ludwig VI. und Johann Kasimir erklären, an die sich die Dokumentation der „politischen Correspondenz des Pfalzgrafen" anschloß, bei der einer äußerst schwierigen und lückenhaften Überlieferungslage Rechnung zu tragen war.

Bereits 1884 legte von Bezold, seit 1883 außerordentliches Mitglied der Historischen Kommission, für die Jahre von 1582 bis 1586 seinen zweiten Band vor, aber der abschließende dritte Band, der bis ins Todesjahr Johann Casimirs 1592 reicht und der schon bis zur redaktionellen Bearbeitung fortgeschritten war, ließ dann zwei Jahrzehnte – bis 1903 – auf sich warten. Die Gründe lagen zum einen in seinen – ihn vor neue universitäre Aufgaben stellenden – Berufungen auf Lehrstühle noch im Jahr 1884 nach Erlangen und 1896 nach Bonn, zum anderen in zeitaufwendigen Archivaufenthalten vor allem im europäischen Ausland, wo er das Quellenmaterial aus den kurpfälzischen und bayerischen Archiven sowie denen der übrigen protestantischen Reichsfürsten ergänzte. Vor allem aber erkannte er die Notwendigkeit, die inzwischen in anderen Zusammenhängen erfolgten Quellenveröffentlichungen und die angewachsene Forschungsliteratur zu berücksichtigen. Die bis zum Ende des 19. Jahrhunderts vielfältig entstandenen Forschungen machten Quelleneditionen anspruchsvoller und ließen es nicht zu, sie in Einleitungen und Kommentierungen zu ignorieren.

Mit dem Erscheinen des dritten Bandes der „Briefe des Pfalzgrafen Johann Casimir mit verwandten Schriftstücken" stellte die Historische Kommission 1903 die Editionsarbeiten an den „Älteren Pfälzischen Korrespondenzen" ein, ohne sie vollendet zu haben. Ausschlaggebend dafür war vor allem ein von Moriz Ritter vorgelegter Plan für die weitere Arbeit der Abteilung „Wittelsbachische Korrespondenzen", an deren Spitze er 1901 von der Historischen Kommission bestellt wurde, nachdem er, seit 1883 außerordentliches, seit

1898 ordentliches Kommissionsmitglied, in den 1870er Jahren drei Quelleneditionen zur Vorgeschichte des Dreißigjährigen Krieges sowie 1889 und 1894 die ersten beiden Bände seiner bis heute unentbehrlichen dreibändigen „Deutsche[n] Geschichte im Zeitalter der Gegenreformation und des Dreißigjährigen Krieges (1555–1648)“ vorgelegt hatte.

4. Ältere bayerische Korrespondenzen

Parallel zu den „Älteren Pfälzischen Korrespondenzen“ bestand seit 1861 die von Franz von Löher geleitete Abteilung zur Edition der älteren bayerischen Korrespondenzen, die unter dem Reihentitel „Briefe und Akten zur Geschichte des sechzehnten Jahrhunderts mit besonderer Rücksicht auf Bayerns Fürstenhaus“ in den vier Jahrzehnten zwischen 1873 und 1913 in sechs Bänden erschienen. Wenn Carl Adolf Cornelius in seinem „Vorschlag, betreffend die Herausgabe eines Wittelsbachischen Archivs für die zweite Hälfte des 16. und die erste Hälfte des 17. Jahrhunderts“ 1860 vorausschauend feststellte, daß sich „Anordnung und Umfang des Werkes erst im Verlauf der Zeit [...] näher bestimmen lassen“ werden, so sollte sich dies in besonderer Weise für die Bände der Löherschen Abteilung bewahrheiten.[23] Folgt man den Berichten des Münchener Reichsarchivars an die Plenarversammlungen der Historischen Kommission in den 1860er Jahren, dann waren seine Mitarbeiter Franz Kirchner und August von Druffel mit intensiven Archivrecherchen für die Regierungszeit Herzog Albrechts V. von Bayern befaßt, und zwar der bald aus dem Editionsvorhaben wieder ausscheidende Kirchner für die Jahre 1569 bis 1572 und von Druffel für die vorangehende Zeit von 1550 bis 1568. Dabei konzentrierte sich der offensichtlich sehr eigenständig forschende und von Löher kaum angeleitete Druffel mehr und mehr auf das erste Jahrfünft der Herrschaft Herzog Albrechts V. und dann auf die Reichsgeschichte insgesamt ohne „besondere Rücksicht auf Bayerns Fürstenhaus“ in dem Jahrzehnt vor dem Augsburger Religionsfrieden von 1555. In der Druffel gewidmeten biographischen Skizze in der Allgemeinen Deutschen Biographie erinnerte sich Moriz Ritter, daß Cornelius diesem „am Neujahrstag 1865 [...] in kurzen und eindringlichen Worten einen Plan vorzeichnete, der im wesentlichen darauf hinausging, daß er die großen Wandlungen, die seit dem Ende des schmalkaldischen Kriegs bis zum Religionsfrieden das Reich ergriffen hätten, zum Gegenstand seiner Actensammlung machen und die bairischen Herzoge in der Rolle bloß Mitwirkender auffassen solle.“[24]

Infolge der Einberufung Druffels zum Militär in den Kriegen von 1866 und 1870/71 erschien seine erste Quellenedition verzögert im Jahr 1873 unter dem – gegenüber den Planungen der Historischen Kommission von 1860/61 überraschenden – Titel „Beiträge zur Reichsgeschichte 1546–1551“. Ohne besondere Hervorhebung des seit der Gründung des Deutschen Reiches 1871 wieder besonders aktuellen Blickes auf Reichsgeschichte begründete der Bearbeiter – von seinen Überzeugungen her Großdeutscher und Katholik, der 1887 in eine altkatholische Gemeinde wechselte – die Anlage seines Bandes zwar auch mit der „Dürftigkeit der Bairischen Archive für die Zeit Albrechts V.“, aber viel stärker betonte er zu Beginn seiner „Vorrede“ vom 20. Juli 1873: „Bei der Wichtigkeit der dem Regierungsantritte Herzog Albrechts unmittelbar vorhergehenden Jahre erschien es zweckmäßig, nicht das Jahr 1550 als Anfangstermin streng festzuhalten, sondern, je nachdem die Akten dazu aufforderten, in einzelnen Beziehungen zurückzugehen auf das Jahr 1546, in welchem der Schmalkaldische Krieg so bedeutende Veränderungen in den deutschen Verhältnissen, besonders auch in der Stellung der Wittelsbacher hervorrief.“[25]

Druffel arbeitete – der Chronologie folgend – kontinuierlich weiter an seinen „Beiträge[n] zur Reichsgeschichte“ und legte 1880 in einem zweiten Band solche allein für das Jahr 1552 vor, nachdem sein ursprünglicher Plan dafür Aktenstücke für die Zeit von 1552 bis 1555 vorgesehen hatte.[26] Gleichzeitig arbeitete er an – umfangreicheren Quellentexten vorbehaltenen – Ergänzungen zu seinem ersten Band, die er noch vor dem zweiten Band 1876 als erste Abteilung eines dritten Bandes veröffentlichte: „Beiträge zur Reichsgeschichte 1546–1551“. Auch der zweite Band erhielt 1882 unter dem identischen Titel „Beiträge zur Reichsgeschichte 1552“ in einer zweiten Abteilung des dritten Bandes eine Ergänzung, die die Übersichtlichkeit des Editionsunternehmens erschwerte,[27] aber Druffels kaum nachvollziehbare Arbeitsweise dokumentiert. Abgesehen davon, daß er in unübersichtlichen Archivbeständen immer neue Quellenfunde machte, die oftmals wiederum neue Recherchen erforderten, bezog er immer mehr Überlieferungen aus immer zahlreicheren europäischen Archiven in seine Forschungen ein, zumal er parallel mit Kaiser Karls V. Verhältnis zur römischen Kurie in den Jahren 1544 bis 1546 befaßt war und dazu ebenfalls publizierte.[28]

August von Druffel, der 1887 ordentliches Mitglied der Historischen Kommission wurde, hat den Abschluß des ausschließlich mit seinem Namen verbundenen Editionsprojektes nicht mehr erlebt, da sich die oftmals angekündigte Fertigstellung und Drucklegung des vierten Bandes in den 1880er Jahren immer wieder verzögerte. Denn wenige Monate nach der Annahme seines Planes durch die Kommission, eine Sammlung von Briefen und Akten zur Geschichte Bayerns in der Zeit der Reformation herauszugeben,[29] mit dem er sich unter Ausdehnung des Zeitraumes auf die ganze Reformationszeit, der sein eigentliches Interesse galt, ansatzweise dem ursprünglichen Cornelius-Konzept annäherte, starb Druffel. Präsident Sybel und Sekretär Cornelius beauftragten den jungen Karl Brandi, den weitgehend druckfertigen Band „Beiträge zur Reichsgeschichte 1553–1555“ zu ergänzen und abschließend zu bearbeiten, der dann 1896 erschien und seine Handschrift trug: „es war mein Bestreben“ – schrieb er in seinem „Vorwort“ –, „die ganze einschlägige Literatur“ heranzuziehen und „sie mit dem neuen archivalischen Materiale so zu verbinden, dass wenigstens in Hinweisen eine Übersicht über das gesamte, für die allgemeine Reichsgeschichte der Jahre 1553–55 in Betracht kommende Quellenmaterial, soweit es publiziert ist, erreicht würde." Gleichwohl durfte Brandi, dem im Wiener Haus-, Hof- und Staatsarchiv die Benutzung des neu geordneten Bestandes „Reichsakten in genere" möglich war, nach dem Willen der Historischen Kommission, „nur wenig von dem ursprünglichen Plane Druffels abweichen"; daß die Akten des Augsburger Reichstages von 1555 keine Berücksichtigung fanden, ging auf einen Kommissionsbeschluß von 1893 zurück.[30]

Erst die Bände 5 und 6 der „Briefe und Akten zur Geschichte des sechzehnten Jahrhunderts mit besonderer Rücksicht auf Bayerns Fürstenhaus" entsprachen etwas mehr den Planungen von 1860/61. Der fast gleichzeitig mit Karl Brandi eingestellte Walter Goetz legte unter der Abteilungsleitung Max Lossens, der dem 1892 verstorbenen Löher in dieser Funktion folgte, im Jahre 1898 „Beiträge zur Geschichte Herzog Albrechts V. und des Landsberger Bundes 1556–1598" vor. Damit war das Programm mit Blick auf den für die älteren bayerischen Korrespondenzen vorgesehenen Zeitraum – wie bei den „Älteren Pfälzischen Korrespondenzen" – formal erfüllt, ohne inhaltlich zu befriedigen. Abgesehen davon, daß die Aktenstücke nur bis zum Jahre 1580 reichten und Goetz dann die Geschichte des Landsberger Bundes bis zu seiner Auflösung durch den Bayernherzog Maximilian I. am 27. September 1598 lediglich auf 15 Seiten skizzierte, dazu wenige „Bemerkungen über die Organisation des Bundes" machte, mußte der Bearbeiter in seinem „Vorwort" einräumen, daß „diese 34 [sic!] Jahre nicht mit derselben Ausführlichkeit behandelt worden sind, wie der Zeitraum von 1550–1555". Wenn er die Druffelsche Ausführlichkeit für die Jahre von 1556 bis 1580 für unangemessen hielt, dann entsprach das dem üblichen Fehlurteil über die Bedeutung der Jahrzehnte nach Augsburger Religionsfrieden und dauerhaft maßgeblich werdender Reichsexekutionsordnung von 1555. Entscheidend aber war wohl auch der Wunsch der Historischen Kommission, lediglich einen Überbrückungsband zur Regierungszeit Herzog Wilhelms V. zu publizieren, für die Felix Stieve schon 1878 einen Band im Rahmen der dritten von Cornelius projektierten Reihe vorgelegt hatte. Goetz' Edition thematisierte nicht die Regierungszeit Herzog Albrechts V. in ihrem ganzen Umfange, sondern konzentrierte sich auf „die wichtigsten Ereignisse der auswärtigen bairischen Politik [...] um die Geschichte des Landsberger Bundes" herum und wollte nur dafür vollständig sein.[31] Zwei Jahre vor seiner Edition hatte Goetz seine Leipziger Habilitationsschrift „Die bayerische Politik im ersten Jahrzehnt der Regierung Herzog Albrechts V. von Baiern (1550–1560)" zum Druck gebracht.

Der die Reihe abschließende Band 6 erschien erst 1913 nach Druffelschem Vorbild als Ergänzungsband – „Beiträge zur Geschichte Herzog Albrechts V. und der sog. Adelsverschwörung von 1563" –, der maßgeblich auf den Materialsammlungen und Studien des Nürnberger Gymnasialprofessors Leonhard Theobald beruhte und von diesem sowie Walter Goetz bearbeitet wurde. Er stand am Ende eines Unternehmens, das sich von Beginn an weit von den Intentionen der Historischen Kommission und ihres Mitgliedes Carl Adolf Cornelius entfernt hatte, ohne daß zu leugnen wäre, daß vor allem die von August von Druffel bearbeiteten Editionen ihren großen Wert für die Geschichte des Heiligen Römischen Reiches in der Mitte des 16. Jahrhunderts behalten haben.

5. Die „Wittelsbachischen Korrespondenzen" im konzeptionellen Widerstreit

In der Aufbruchstimmung der deutschen Geschichtswissenschaft und mit dem Historikern in der Mitte des 19. Jahrhunderts eigenen Optimismus, in kurzer Zeit – außer zur Geschichte von Institutionen wie den Reichstagen oder von Räumen wie den Städten – auch zu ganzen Epochen wie der vom Augsburger Religionsfrieden bis zum Westfälischen Frieden umfassende Quelleneditionen vorlegen zu können, übernahm Carl Adolf Cornelius 1861 selbst die Leitung der dritten Abteilung der „Wittelsbachischen Korrespondenzen". Im Vergleich zu den beiden ersten, die für die zweite Hälfte des 16. Jahrhunderts die Akten getrennt nach bayerischer und pfälzischer Linie der Wittelsbacher bereitstellen sollten, war seine Abteilung für die erste Hälfte des 17. Jahrhunderts und das Gesamthaus zuständig und damit mit der größten und anspruchsvollsten Aufgabe betraut. „Der Gegenstand unserer dritten Abtheilung" – erkannte er in seinem „Vorwort" von Juni 1870 zum ersten in der Reihe „Briefe und Acten zur Geschichte des Dreißigjährigen Krieges in den Zeiten des vorwaltenden Einflusses der Wittelsbacher" publizierten Band – „erschien so übermäßig umfangreich, dass wir uns von vorn herein entschlossen, das Endziel näher zu stecken, und die vorbereitenden Arbeiten nicht auf die ganze Zeit des dreissigjährigen Krieges, sondern nur bis zum Unterliegen der Liga im Kampf mit Gustav Adolf auszudehnen."[32]

Bearbeiter dieses ersten Bandes war der 1862 in die Dienste der Historischen Kommission getretene Moriz Ritter, den Cornelius damit beauftragte, die Akten zur Geschichte der kurpfälzischen Politik unter Kurfürst Friedrich IV. zu sichten und für die Edition bis zur Gründung der protestantischen „Union" von Auhausen vorzubereiten. Sie erschien – nach mehrfachen Änderungen der zeitlichen Grenzen – 1870 unter dem Titel „Die Gründung der Union 1598–1608" und schloß in gewisser Weise inhaltlich an Bezolds dritten Band der „Briefe des Pfalzgrafen Johann Casimir mit verwandten Schriftstükken" an, der allerdings erst 1903 vorlag. Noch bevor Bezold 1882 überhaupt seinen ersten Band fertiggestellt hatte, hatte Ritter 1874 und 1877 mit seinen beiden weiteren Bänden „Die Union und Heinrich IV. 1607–1609" sowie „Der Jülicher Erbfolgekrieg" seine Aufgabe abgeschlossen. Nach eigenem Bekunden konnte er dabei vor allem auf umfangreiche Archivrecherchen und Vorarbeiten seines Abteilungsleiters Cornelius und des 1867 als Mitarbeiter gewonnenen Felix Stieve zurückgreifen, der später sein schärfster persönlicher Gegner in der Historischen Kommission werden sollte.

Wenn Cornelius in seinem „Vorwort" zum ersten Ritterschen Band feststellte, daß das „Unternehmen [...] nicht particularen Zwecken [dient], sondern [...] dazu bestimmt [ist], der allgemeinen deutschen Geschichte in einem Zeitraum, welcher dessen vor andern bedarf, eine neue und feste Grundlage zu bieten", dann war das ganz im Sinne seines 1860 vorgebrachten „Vorschlag[es], betreffend die Herausgabe eines Wittelsbachischen Archivs für die zweite Hälfte des 16. und die erste Hälfte des 17. Jahrhunderts", der noch einmal vollständig zum Abdruck kam. Allerdings – so führte der Abteilungsleiter 1870 weiter aus – sollte „die erdrückende Masse von Briefen und Acten, die jeder für sich betrachtet wenig bedeuten, aber in ihrem Zusammenhange ein wichtiges Blatt deutscher Geschichte repräsentierten, [...] nicht, mit leichterer Mühe und grösseren Kosten, in ermüdender Ausführlichkeit ans Tageslicht gebracht werden, um die Bibliotheken anzuschwellen und den Historiker abzuschrecken." Daher wurden zunächst „vorwiegend Regestensammlung[en]" geboten, ohne allerdings zu versäumen, „die handelnden Personen selbst sich aussprechen und den unvermittelten Eindruck ihres Wesens auf den Leser wirken zu lassen."[33]

Moriz Ritter, seit 1883 außerordentliches, seit 1898 ordentliches Mitglied der Historischen Kommission und 1901 Nachfolger von Cornelius als Abteilungsleiter, hat in seiner „Denkschrift über die weitere Bearbeitung der dritten Abteilung der Wittelsbacher Correspondenzen" vom Mai 1900 im Rückblick auf seine Editionsarbeit der 1870er Jahre die Konzentration auf die „auswärtige kurpfälzische Politik" in Verbindung „mit derjenigen der Union" und der „der sog. correspondierenden Stände" als „erste Regel" bezeichnet.[34] Dazu kam als „zweite Regel", „für die Aufnahme der Schriftstücke nicht äußere Merkmale, sondern bestimmte Aufgaben historischer Forschung" zum „Maßstab" zu machen, also Inhalte, die freilich „die Gefahr" bargen, „daß der Herausgeber [...] sich in's Unbegrenzte verirrte." Um dem angesichts der Fülle von Korrespondenzen und Akten der „Unions- und Correspondenztage" entgegenzuwirken, wurden „in vorsichtiger Auswahl" nur die der „hervorragenden Mitglieder der Union und der Correspondierenden herangezogen", ergänzt um die thematisch relevanten der „Reichsversammlungen", von denen Ritter als besonders wichtig „Reichs-, Deputations- und Kurfürstentage" benannte, ohne „eine vollständigere Herausgabe solcher Acten [...] überflüssig" zu machen. „Nur in einem Punkt" – räumte Ritter im Jahre 1900 ein – „sind die angegebenen Grenzen wesentlich überschritten. Zu den Jahren 1609 und 1610 wurden auf Verlangen des damaligen Leiters des Unternehmens, des Herrn Prof. Cornelius, die Acten der gesamten auswärtigen Politik König Heinrichs IV. von Frankreich herangezogen. Aber auch hier wurde die Beschränkung auf das Wesentliche und das, was in anderen Veröffentlichungen nicht zu finden war, recht strenge gewahrt."

Was Moriz Ritter kritisch zur Grenzüberschreitung seines zweiten Bandes von 1874 bemerkte, geriet ihm in seiner „Denkschrift" von 1900 zum Generalvorwurf gegen Felix Stieves Editionsarbeit, von der bis dahin drei Bände zur

Abb. 26: Felix Stieve (1845–1898), in der Historischen Kommission nicht unumstrittener Editor der „Briefe und Akten“, seit 1887 o. Mitglied der Kommission.

„Politik Baierns 1591–1607“ (1878, 1883) und zur Zeit „Vom Reichstag 1608 bis zur Gründung der Liga“ (1895) vorlagen. 1867 von Cornelius als Mitarbeiter eingestellt, war Stieve – in der Nachfolge des 1865 verstorbenen Eugen Rohling und des nur kurzzeitig beschäftigten Max Lossen – parallel zu Ritter für die Akten zur Geschichte der bayerischen Politik und der katholischen Liga im Zeitraum von 1607 bis 1619 zuständig. Tatsächlich sah das Ergebnis seiner Forschungen zunächst gar nicht nach Quelleneditionen aus, denn 1878 erschien mit seinem ersten Band – dem vierten der Reihe – eine Darstellung der Geschichte bayerischer Politik von 1591 bis 1594, also bis zu dem Jahr, in dem Herzog Wilhelm V. seinen Sohn Maximilian I. zum Mitregenten machte. Wie diese Darstellung nicht einmal bis 1607 reichte, so lag eine dieses Jahr erfassende Aktenedition in weiter Ferne. Was als „kurze Einleitung“ zu den „mit dem Jahre 1608 beginnenden bairischen Acten“ projektiert war, „welche das vom Standpunkte der allgemeinen deutschen Geschichte aus Wichtige der früheren politischen Thätigkeit Maximilians I. zusammenfassen sollte“ – so Stieve in seiner „Vorrede“ vom 25. August 1878 –, „ist in der Ausführung wesentlich verändert und dahin erweitert worden, dass eine Geschichte der bairischen Politik in den Jahren 1591 bis 1607 in zwei Bänden gegeben werden soll.“[35]

Daß „die vorgeschriebene Grenzlinie vielleicht überschritten worden ist“, räumte Stieve an gleicher Stelle ein wenig ein, rechtfertigte aber seinen Band insgesamt mit fehlenden Untersuchungen zu seinem Gegenstand und hielt es sogar für „angemessen, die Ergebnisse [seiner] Forschung nicht im Auszuge, sondern ganz und ungeschmälert mitzutheilen, zumal sie doch vollständig innerhalb des Rahmens des Unternehmens der historischen Commission liegen.“[36] Und im „Vorwort“ zu seinem 1883 – fünf Jahre später – erschienenen zweiten Band, der das Begonnene für die Jahre 1594 bis 1607 vollendete, reagierte er auf den denkbaren „Vorwurf übertriebener Ausführlichkeit“ mit dem noch klarer ausgesprochenen Hinweis, „dass meine Darstellung die Veröffentlichung der Acten ersetzen soll“, und hoffte auf Dankbarkeit der Geschichtsforschung. Ebenso glaubte er, für seinen Versuch, „mit der Geschichte der bairischen Politik zugleich eine Geschichte des Reiches in den Jahren 1594 bis 1608 zu geben, „keiner Entschuldigung zu bedürfen“, auch wenn er sich vom Reihentitel „[…] in den Zeiten des vorwaltenden Einflusses der Wittelsbacher" fast gänzlich verabschiedet hatte.[37]

Ganz offensichtlich hat Stieve seine beiden ersten Bände mit Zustimmung von Cornelius verfassen können, aber die Historische Kommission war nicht länger bereit, in einer „Briefe[n] und Acten" vorbehaltenen Quellenedition reine Darstellungen erscheinen zu lassen. So folgte der seine Abteilung dominierende Gelehrte, seit 1883 außerordentliches, seit 1887 ordentliches Mitglied der Historischen Kommission, mit der Vorlage seines dritten Bandes „Vom Reichstag 1608 bis zur Gründung der Liga" im Jahre 1895 deren „Beschlüssen" und präsentierte „mit dem vorliegenden Bande" – wie zu Beginn seines „Vorwort[es]" vom 15. Februar 1895 zu lesen ist – „statt der Darstellung, welche die beiden vorausgehenden Bände füllte, die Veröffentlichung der Actenstücke im Wortlaut oder in Auszügen". Auch dabei ging es ihm darum, „den Gang der bairischen Politik sowie die Reichspolitik des Kaisers und der katholischen Reichsstände so weit wie möglich vollständig klarzulegen", weshalb er für die Zeit bis 1610 insgesamt drei Bände ankündigte.[38] Von diesen hat er das Erscheinen der beiden letzten jedoch nicht mehr erlebt, denn er starb 1898 im Alter von 53 Jahren.

6. Moriz Ritters „Denkschrift" von 1900 und die Akteneditionen für das Jahrzehnt vor dem Beginn des Dreißigjährigen Krieges

In Kenntnis von Stieves Arbeitsweise, seiner immer stärker auf kaiserliche und österreichische Politik gerichteten Interessen und seiner kleinteiligen Planungen für eine letztlich völlig unbestimmte Anzahl von Editionsbänden stellte Moriz Ritter in seiner „Denkschrift" von 1900 die Frage nach „dem zeitlichen Fortgang des Unternehmens" und seiner inhaltlichen Ausrichtung, denn – so faßte er seines Kollegen Leistung zusammen – „seit Stieves Eintritt in die Historische Kommission bis zum Erscheinen des ersten anderthalb Jahr umfassenden Aktenbandes sind 28 Jahre verflossen". Dieser hatte sich von Anfang an „in's Unbegrenzte verirrt", denn schon seine Einleitung zu den von ihm zu edierenden „jüngeren wittelsbachischen Korrespondenzen" umfaßte „mit Einschluß der Nachträge 1.665 Seiten, womit Ritter die beiden Hälften der „Politik Baierns 1591–1607" meinte, die die Bände 4 und 5 der Reihe „Briefe und Acten zur Geschichte des Dreißigjährigen Krieges in den Zeiten des vorwaltenden Einflusses der Wittelsbacher" von 1878 und 1883 bildeten. Aktenpublikationen ohne Akten – so wird man zusammenfassen dürfen – sollte es seiner Auffassung nach nicht mehr geben.[39]

„Angesichts dieser Überschreitung" kam es Ritter darauf an zu entscheiden, ob sie „eine nur gelegentliche sein, oder ob sie im Fortgang der Arbeit immer größere Dimensionen annehmen sollte", zumal die von Stieve eingestellten Mitarbeiter Karl Mayr, ab 1911 Mitglied der Historischen Kommission, und Anton Chroust nach Stieves Tod an dessen Expansionsplänen fest-

Abb. 27: Moriz Ritter (1840–1923), Editor und 1901–1912 Leiter der Abteilung „Briefe und Akten zur Geschichte des Dreißigjährigen Krieges in den Zeiten des vorwaltenden Einflusses der Wittelsbacher".

hielten: Der eine verlangte nach seinen Worten 1899 „für die Jahre 1611–13 drei weitere starke Bände, wobei es nicht ganz deutlich ist, ob in ihnen nur die pfälzischen oder in irgendwelcher Verbindung auch die bairischen Correspondenzen Platz finden sollen." Der andere wollte unter anderem „im Wiener Finanzarchiv die Acten über die Finanzen der Kaiser Rudolf, Matthias und Ferdinand II. (bis 1620) bearbeitet haben", was nach Ritter den Eindruck erweckte, „als ob die oesterreichischen Verhältnisse noch vor den bairischen bevorzugt würden, da ja hinsichtlich Baierns die Acten der innern Verwaltung ausgeschieden sind."

„Sollen die Arbeiten wieder in einen festeren und engeren Plan eingefügt werden?" – fragte Ritter am Ende seiner „Denkschrift" zunächst und schlug vor, falls die Kommission diese Grundsatzfrage bejahte, zu den Prinzipien der drei von ihm zwischen 1870 und 1877 in rascher Folge publizierten Bände zurückzukehren. Dies bedeutete für ihn, daß sie „auf die Bearbeitung der bairischen Correspondenzen in der Weise anzuwenden wären, daß das, was über die Acten der Politik der Pfälzer, der Union und der Correspondierenden gesagt ist, auf Baiern und die Liga übertragen würde, natürlich auch mit Berücksichtigung des über die Acten von Reichsversammlungen Bemerkten." Zurückhaltend äußerte er sich in Fußnoten zur Einbeziehung „kriegsgeschichtliche[n] Materials", hielt es aber für ausgeschlossen, „die kriegerischen Actionen nach den Acten und Berichten der entgegengesetzten Parteien allseitig zu beleuchten." Dem Einwand, der Dreißigjährige Krieg werde „zu einseitig nur vom Standpunkt der Politik Baierns und der Liga beleuchtet", setzte er die Zuversicht entgegen, jeder Bearbeiter werde das Archivmaterial umfassend recherchieren und alles Wichtige angemessen berücksichtigen.

An seine Ausgangsfrage schloß Ritter die nach dem Zeitraum an, für den die von ihm neu vorgeschlagene Auswahl und Bearbeitung der Akten vorzusehen wäre, und schlug, um die „Fortführung des Unternehmens nicht ins Endlose hinauszuschieben", als neuen Beginn das Jahr 1623 vor, in dem ein Regensburger Deputationstag, auf dem die pfälzische Kurwürde des „Winterkönigs" Friedrich V. auf Herzog Maximilian I. von Bayern überging, und die Versammlung der Liga in der Reichsstadt an der Donau einen gemeinsamen Ausgangspunkt bildeten. Ihm war klar, daß er die für die Jahre 1611 bis 1613 und 1618 bis 1620/21 von Mayr und Chroust nach den Vorstellungen Stieves begonnenen Arbeiten nicht abbrechen konnte, drängte aber darauf, „daß die Commission die Zahl der ihnen zu bewilligenden Bände nicht nur zu bestimmen, sondern auch unerbittlich festzuhalten hätte." Die Lücke der Jahre 1614 bis 1618 sollte erst nach Abschluß dieser Arbeiten geschlossen werden.

Schließlich plädierte Ritter im Anschluß an frühere Diskussionen für eine Änderung des „störenden Zusatz[es]" im Reihentitel – „in den Zeiten des vorwaltenden Einflusses der Wittelsbacher" – und sprach sich für eine Ergänzung des Haupttitels „Briefe und Akten zur Geschichte des Dreißigjährigen Krieges" um den Untertitel „Die Politik Maximilians von Baiern und der Liga, 1623–35" aus; das Endjahr „1635" begründete er – in Abkehr von Cornelius' Planungen von 1860 für die erste Hälfte des 17. Jahrhunderts – mit dem Abschluß des Prager Friedens und der Auflösung der Liga und beendete seine wegweisende „Denkschrift": „Wie dann die Publikation von 1635 an weiter zu führen ist, wie die übersprungenen Abschnitte vor 1623 nachzuholen sind, ob endlich die pfälzische Correspondenz nach der Auflösung der Union (Mai 1621) fortzusetzen ist, – diese Fragen werden sich später, wenn nur erst das Unternehmen wieder in kräftigen Gang gekommen ist, leichter lösen lassen, als wenn man sich jetzt bei ihnen aufhalten wollte."

Ritters „Denkschrift" avancierte zum Plan der Historischen Kommission für die weiteren Editionen der ursprünglich „jüngeren wittelsbachischen Korrespondenzen".[40] Unter seiner Abteilungsleitung ab 1901 – Cornelius starb zwei Jahre später 84jährig – legten die alten Mitarbeiter Mayr und Chroust in den Jahren 1903 bis 1909 zügig fünf, auf Wunsch der Historischen Kommission nicht der Chronologie, sondern dem Stand der Bearbeitung folgende Bände vor, an denen der von ihnen sehr verehrte Stieve zum Teil noch mitgewirkt hatte, ohne daß sie über das Jahr 1613 hinauskamen. Schon in den Buchtiteln kam die ohne großen Aufwand nicht mehr zu verändernde kleinteilige Konzeption zum Ausdruck, wenn Chroust als neunten Band der Reihe „Vom Einfall des Passauer Kriegsvolks bis zum Nürnberger Kurfürstentag" vorlegte, der lediglich die Monate Januar bis Oktober 1611 behandelte. Erstmals wurden die Akten von Union, Neutralen und Liga nicht mehr getrennt, sondern ineinandergreifend in chronologischer Folge, aber wegen des Umfangs stark gekürzt präsentiert, was die Perspektive erheblich erweiterte. Im Jahre 1905 folgte der von Mayr endgültig bearbeitete Band „Von der Abreise Erzherzog Leopolds nach Jülich bis zu den Werbungen Herzog Maximilians von Bayern im März 1610", der ebenfalls nur wenige Monate in den Blick nahm und weitgehend auf den „unendliche[n] Mengen von Akten" beruhte, die Stieve, der „Unvergeßliche", als „Meister der Aktenbearbeitung" – so das „Vorwort" allzu panegyrisch – lediglich gesammelt und durchgesehen hatte.[41] Als Band 7 schloß er – um weniges ergänzt – unmittelbar an dessen letzten Band an, dem 1908 – die Lücke zu Chrousts Band schließend – der achte, auch noch im wesentlichen auf Stieves Arbeiten zurückgehende unter dem Titel „Von den Rüstungen Herzog Maximilians von Bayern bis zum Aufbruch der Passauer" folgte. Zuvor schon hatte Chroust Band 10 – „Der Ausgang der Regierung Rudolfs II. und die Anfänge des Kaisers Matthias" – für die Monate von Oktober 1611 bis Dezember 1612 vorgelegt, der die Reichsgeschichte ebenso deutlich akzentuierte wie Band 11, der den „Reichstag von 1613" behandelte. Als Edition zu einem Reichstag, dem letzten vor dem Dreißigjährigen Krieg, stand sie isoliert von der der „Deutschen Reichstagsakten", die in der „Jüngeren Reihe" bis zum Nürnberger Reichstag von 1524 gediehen war und die erst ab den 1980er Jahren in den „Reichsversammlungen 1556–1662" eine Fortsetzung finden sollte.

Im Jahre 1909 lagen damit die letzten noch von Stieve projektierten Bände vor, aber sie betrafen nur den ersten von Ritter in seiner „Denkschrift" bezeichneten Zeitraum, den er in der Edition – so oder so – abgeschlossen sehen wollte, noch nicht die Jahre 1618 bis 1620/21. Zwar hatten dafür zunächst Stieve und dann auch seine Mitarbeiter Mayr und Chroust „ungeheure[s] Material" gesammelt, dessen „Verarbeitung" – nach den Worten Ritters in seinem „Vorwort" zum ersten unter seiner Abteilungsleitung fertiggestellten Band der Neuen Folge im Jahre 1907 – „jetzt in erster Linie, sei es ganz, sei es zum großen Teil" beiden zustand. Er selber hatte 1901 die Übernahme der Abteilungsleitung unter dem Vorbehalt angetreten, „weder eine Sichtung jenes Materials vorzunehmen, noch in die Arbeit der genannten beiden Herren [...] einzugreifen."[42] Allerdings kam es nicht mehr zur Vorlage einer Aktenedition. Da zudem die Bearbeitung der Akten aus der Zeit von 1614 bis 1618 auf Wunsch Ritters unbefristet zurückgestellt worden war, bestand in den „Briefe[n] und Akten zur Geschichte des Dreissigjährigen Krieges" in dem Augenblick eine Editionslücke von etwa einem Jahrzehnt, als Walter Goetz bereits 1907 seinen ersten Band in der Neuen Folge „Die Politik Maximilians I. von Baiern und seiner Verbündeten" vorgelegt hatte.

Zur Halbierung dieser Lücke war zunächst vorgesehen, die Neue Folge der „Briefe und Akten zur Geschichte des Dreissigjährigen Krieges" nicht – wie in Moriz Ritters „Denkschrift" von 1900 geplant – erst mit dem Jahr 1623 einsetzen zu lassen, sondern es wurden – dem Wunsch der Historischen Kommission bei der Übertragung der Abteilungsleitung auf Ritter folgend – „das Jahr 1618 und der Ausbruch des dreißigjährigen Krieges als der Zeitpunkt bestimmt, von dem die neue Arbeitsweise zu beginnen habe." Mayr sollte der Bearbeiter sein, der bereit war, das von ihm gesammelte Material unter „Befolgung der neu aufgestellten Grundsätze" zu edieren. Da er jedoch während des Ersten Weltkrieges 1917 starb, sollte dieser Teil der Lücke erst in den Jahren 1966 und 1970 von anderen geschlossen werden. Der erste Teil der Lücke – die Zeit von 1613/14 bis 1617/18 umfassend – bestand sogar bis 1978, weil man sich in der Historischen Kommission seit Beginn des 20. Jahrhunderts weder zu einer Fortsetzung der Edition auf dem von Mayr und Chroust beschrittenen Weg entscheiden konnte, noch für die von Ritter von den Jahren 1623 beziehungsweise 1618 an vorgesehene Weise. Schließlich wurde lange nach dem Ende des Zweiten Weltkrieges von Hugo Altmann „eine darstellende Behandlung der wesentlichen Probleme und Entwicklungszüge der bayerisch-ligistischen Politik dieser Jahre und ihres Zusammenhanges mit der Politik des Kaisers und des Hauses Österreich" vorgelegt, die – so Dieter Albrecht in seiner „Vorbemerkung" als Abteilungsleiter – ursprünglich eine Dissertation war, „betont quellennah gearbeitet und [für die Publikation] ergänzt durch den Abdruck zentraler Aktenstücke."[43] Indem dieses Werk als Band 12 der „Briefe und Akten [...] in den Zeiten des vorwaltenden Einflusses der Wittelsbacher" erschien, beendete es diese Reihe und wurde zum darstellenden Überbrückungsband zur Neuen Folge der Reihe, die bis heute der „Politik Maximilians I. von Bayern und seiner Verbündeten 1618–1651" gewidmet ist.

7. Eine Neue Folge: Briefe und Akten zur „Politik Maximilians I. von Baiern und seiner Verbündeten" von 1618 bis 1635

Unübersehbar drängten Moriz Ritter, der noch am dritten Band seiner „Deutsche[n] Geschichte im Zeitalter der Gegenreformation und des Dreißigjährigen Krieges (1555–1648)" arbeitete, und die Historische Kommission seit Beginn des 20. Jahrhunderts auf Akteneditionen aus der Zeit des Dreißigjährigen Krieges. Neben Mayr, der mit der Edition für die Jahre 1618 bis 1620 betraut blieb, stellte Ritter als neuer Abteilungsleiter im Jahre 1901 wieder Walter Goetz ein, der – gemäß der „Denkschrift" aus dem Vorjahr – mit dem Jahr 1623 beginnend die Akten zur „Politik Maximilians I. von Bayern und seiner Verbündeten" bis 1626 bearbeiten und sich dabei auf die bayerische und die Liga-Politik konzentrieren sollte. Goetz war ein erfahrener Editor, der – wie erwähnt – 1898 bereits im Rahmen der älteren bayerisch-wittelsbachischen Korrespondenzen „Beiträge zur Geschichte Herzog Albrechts V. und des Landsberger Bundes 1556–1598" vorgelegt hatte und bis 1913 zusammen mit Leonhard Theobald einen weiteren Band dieser Reihe fertigstellen sollte.

Unter strenger Beachtung der Ritterschen Richtlinien hatte er seinen ersten Band im Rahmen der Neuen Folge bereits bis 1907 abgeschlossen, deren Entstehung der Abteilungsleiter in einem ausführlichen Vorwort angesichts einer von Cornelius ausgehenden fast 50jährigen Editionsgeschichte erläuterte. Der Band erschien als erster des zweiten Teils der Neuen Folge – der erste Teil blieb den geplanten Bänden für die Zeit von Januar 1618 bis Dezember 1622 vorbehalten – und hatte Akten für die Jahre 1623 und 1624 zum Inhalt, die der „Aufhellung eines Kreises von geschichtlichen Vorgängen" dienen sollten. „Ein Anfang dieser Tätigkeit" – so Ritter in seinem für die Neue Folge insgesamt programmatischen „Vorwort" – „liegt ja schon darin, daß die Schriftstücke nicht nach äußeren Merkmalen, sondern nach ihrem Wert für die Erkenntnis der fraglichen Vorgänge aufzuspüren, aufzunehmen oder auszuscheiden sind, das eigentliche Gebiet aber, auf dem sie sich bewähren soll, ergibt sich aus der Methode der Verkürzung des Stoffes, bei der die größere Masse der Akten teilweise oder ganz in Auszüge umzugießen oder im bloßen Referat zusammenzufassen sind."[44]

An diesen Grundsätzen, zu denen auch die Aufgaben von Anmerkungen und Registern gehörten, „den Benützer auf alles hin[zu]führen, was zur vollen Erkenntnis und zur Verbindung der politischen Tatsachen notwendig ist",[45] änderte sich auch nichts, nachdem Goetz 1912 die Abteilungsleitung von Ritter übernommen hatte, der 1908 zum Präsidenten der Historischen Kommission gewählt worden war und es bis 1923 bleiben sollte. Allerdings verzögerte sich das Erscheinen des zweiten Bandes bis 1918, denn Goetz war 1905 auf ein Ordinariat an der Universität Tübingen berufen worden, 1913 nach Straßburg. Außerdem ließen verschiedene Mitarbeiterwechsel – von Goetz zu Georg Friedrich Preuß und dann zu Fritz Endres – und die Kriegsereignisse keine zügige Fertigstellung des zweiten Bandes zu, der dann auch nur Akten zum Jahr 1625 enthielt, um auf seine Fertigstellung nicht noch länger warten zu müssen.

Bis zum Erscheinen der ebenfalls hauptsächlich von Goetz bearbeiteten Bände 3 und 4 für die Jahre 1626 und 1627 sowie die Zeit von Januar 1628 bis Juni 1629 (Zäsur des Friedens von Lübeck vom 22. Mai 1629) sollte noch sehr viel mehr Zeit vergehen, denn sie kamen erst 1942 und 1948 zum Druck. Aber das geschah angesichts der Zeitumstände und häufigen Personalwechsels wohl auch nur deshalb noch im und kurz nach dem Zweiten Weltkrieg, weil Goetz als Gegner des Nationalsozialismus 1933 als Lehrstuhlinhaber der Universität Leipzig zwangspensioniert worden war und er damit gezwungenermaßen über die notwendige Zeit verfügte, die zuvor immer wieder unterbrochene Editionsarbeit fortzusetzen. Der abschließend von Dieter Albrecht bearbeitete Anschlußband für die Zeit von Juli 1629 bis Dezember 1630 – also Band 5 des zweiten Teils der Neuen Folge – sollte noch 16 Jahre auf sich warten lassen, wie auch die Bände des ersten Teils weiterhin fehlten.

Nachdem sich die Historische Kommission – mit ihrem 1945 kommissarisch an die Spitze gestellten neuen Vorsitzenden Walter Goetz – 1946 mit der Zuwahl von 13 neuen Mitgliedern gleichsam neu konstituiert hatte, bot ihre Plenarversammlung des folgenden Jahres Gelegenheit zu einer gründlichen Bestandsaufnahme der Arbeiten auch in der nunmehr „Akten des 30jährigen Krieges" genannten Abteilung, die weiterhin unter der Leitung von Goetz stand, und zu Gedanken über die Fortsetzung dieses inzwischen arg ins Stokken geratenen Editionsunternehmens über das Jahr 1630 hinaus. Der Abteilungsleiter schlug „in gekürzter Form Weiterführung" vor, „was sich" – so hielt es das Protokoll vom 1. September 1947 fest – „auch durch geringere Bedeutung der 2. Hälfte des Krieges für die bairische Politik rechtfertigen läßt"; für die „Feststellung der Archivalien 1632–48" sollte „auf 1 Jahr gegen Honorarzahlung" Otto Graf zu Stolberg-Wernigerode eingestellt werden,[46] der 1942 Professor an der Universität Rostock geworden war. Entscheidungen aber fielen erst auf der Grundlage von Ausschußberatungen am 1. Juli 1955 während der darauf folgenden Jahresversammlung im Oktober, in der Albrecht mit der

Abb. 28: Walter Goetz (1867–1958), 1912–1955 Leiter der Abteilung „Briefe und Akten zur Geschichte des Dreißigjährigen Krieges".

Fertigstellung des Bandes für die eineinhalb Jahre von Mitte 1629 bis Ende 1630 beauftragt wurde.

Mit Blick auf die Zukunft der Reihe hatte der Ausschuß ferner festgestellt, „es der Tradition der Kommission und dem Bedürfnis der wissenschaftlichen Forschung schuldig zu sein, das Unternehmen nicht jählings abzubrechen."[47] Die Historische Kommission insgesamt schloß sich dem an und sah für die Zeit nach 1630 bis zum Prager Frieden 1635 zwei Bände mit Aktenpublikationen vor, für das Jahrzehnt bis zum Beginn der den Dreißigjährigen Krieg abschließenden Friedensverhandlungen einen weiteren Band und für diese selbst dann noch einmal zwei Bände, „um vom Standpunkt der bayerischen Politik aus" – so das Protokoll vom 11./12. Oktober 1955 – „sich anderen, teils vollendeten, teils geplanten Veröffentlichungen zum Westfälischen Frieden an die Seite stellen zu können."[48] Wie schon bei den Ausschußberatungen vertrat Stolberg-Wernigerode eine andere Position, denn er wollte das ganze Editionsunternehmen „mit einer Darstellung und einem Quellenband für die Jahre 1630–35" beenden, was in anderer Weise jedoch erst von der Jahresversammlung 1978 beschlossen werden sollte.

Mit den Entscheidungen von 1955 war für die Abteilung „Briefe und Akten zur Geschichte des Dreissigjährigen Krieges, Neue Folge" ein Wechsel in der Leitung verbunden, denn nach 43 Jahren verantwortlicher Tätigkeit bat der 88 Jahre alte Goetz, seit 1951 erster – und einziger – Ehrenpräsident der Historischen Kommission, ihn von seinen Pflichten zu entbinden. In der Tradition seines Vorgängers Moriz Ritter als Abteilungsleiter stehend, hat er das Unternehmen der „Wittelsbachische[n] Korrespondenzen" mit insgesamt sechs Aktenbänden maßgeblich geprägt. Sein Nachfolger bis 1968 wurde mit Max Spindler ein in erster Linie als bayerischer Landeshistoriker profiliertes Mitglied der Historischen Kommission.

Unter Spindlers Abteilungsleitung kam es ein halbes Jahrhundert nach Mayrs Tod 1966 zur Publikation eines ersten Bandes zur Schließung der Lücke von 1618 bis 1622, die Georg Franz (1899–1979) vorlegte, nachdem der erste Bearbeiter nur unvollständiges Material hinterlassen hatte und druckfertige Teile im Zweiten Weltkrieg verlorengegangen waren. Franz war seit den 1920er Jahren – beauftragt von Walter Goetz – mit der Bearbeitung des Bandes betraut gewesen, die dann kriegsbedingt bis 1945 „völlig unterbrochen" werden mußte, wie er in einem Schreiben vom 9. Dezember 1961 an Götz Freiherrn von Pölnitz als damaligem Sekretär der Historischen Kommission berichtete. Auf dessen zwei Tage zuvor erfolgte Anfrage hatte er mitgeteilt, „alles Material für die Jahre 1618/20" 1956 an Goetz gesandt zu haben, und begründete die weiteren Verzögerungen mit den Umständen der unmittelbaren Nachkriegszeit, die in der Sowjetischen Besatzungszone beziehungsweise dann in der DDR keinerlei Weiterarbeit in Form von schriftlichen Recherchen in westdeutschen Archiven oder gar Archivreisen in den Westen möglich gemacht hätten. Die politisch bedingte Flucht aus Leipzig im Jahre 1953 hatte weitere Verluste bereits gesammelten und bearbeiteten Materials zur Folge, und „die Notwendigkeit des Aufbaus einer neuen Existenz im Westen" – so Franz an von Pölnitz weiter – „ließ leider eine weitere Beschäftigung bez[ü]gl[ich] Redigierung des übriggebliebenen Materials nicht zu."[49] Gleichwohl hat er seine Editionsarbeit dann doch noch mit vielen Mühen abgeschlossen.[50] Für die Zeit vom Januar 1618 bis zum Dezember 1620 war es der erste Band des ersten Teils der „Politik Maximilians I. von Bayern und seiner Verbündeten 1618–1651", dessen abschließender zweiter Band für die zwei Jahre von Januar 1621 bis Dezember 1622 dann – aus ähnlichen Gründen verspätet – 1970 von dem langjährigen Kommissionsmitarbeiter Arno Duch zum Druck gebracht wurde.

Zudem hat Dieter Albrecht, dessen große Maximilian-Biographie von 1998 in weiten Teilen auf seinen Quellenforschungen in der von ihm von 1968 bis zu seinem Tod 1999 geleiteten Abteilung beruht,[51] seinen Aktenband – wie erwähnt – 1964 vorgelegt, in dessen Mittelpunkt vor allem der von Herzog – seit 1623 Kurfürst – Maximilian I. maßgeblich geprägte Regensburger Kurfürstentag des Jahres 1630 mit der Entlassung Wallensteins durch Kaiser Ferdinand II. steht. Mit ihm war aber auch – gegenüber den ersten vier Editionen des zweiten Teils der Neuen Folge – eine leichte Korrektur der ganz auf die Politik Bayerns und der Liga ausgerichteten Konzeption der Goetzschen Bände verbunden, denn das Heilige Römische Reich wurde nicht mehr so konsequent ausgeblendet, wie es Moriz Ritter mit seiner „Denkschrift" von 1900 gefordert hatte. Vorsichtig deutete Albrecht das in seinem „Vorwort" vom 25. Oktober 1963 an, wenn er zwar die Bayern- und Liga-Orientierung für seinen Band anerkannte, aber zugleich „auch die allgemeineren Verhältnisse und insbesondere die Politik Kaiser Ferdinands II." ansprach, „die in vielen Bereichen erhellt werden", vor allem durch die kaiserlichen Akten des reichsgeschichtlich so bedeutsamen Regensburger Kurfürstentages von 1630.[52]

Diese von der Sache her in noch ausführlicherer Weise gebotene reichsgeschichtliche Akzentuierung fällt zusammen mit einer in den 1960er Jahren beginnenden neuen Beschäftigung mit der Geschichte des Heiligen Römischen Reiches, die auch für die Zukunft der „Briefe und Akten zur Geschichte des Dreissigjährigen Krieges" nicht ohne Folgen bleiben sollte. Schon während der Jahressitzung der Historischen Kommission am 27./28. September 1956

Abb. 29: Dieter Albrecht (1927–1999), 1968–1999 Leiter der Abteilung „Briefe und Akten zur Geschichte des Dreißigjährigen Krieges".

berichtete Max Braubach von Planungen für „eine Quellensammlung zur Vorgeschichte und Geschichte des Westfälischen Friedens, gesondert nach Ländern". Seine Frage nach der Bereitschaft der Historischen Kommission, ein solches „Werk in ihre Reihe aufzunehmen", bejahte die Jahresversammlung und bat Braubach, „einen genauen Entwurf auszuarbeiten" und „den Mitgliedern der Kommission vor der nächsten Jahressitzung zugehen zu lassen". Dabei sollte auch geprüft werden, „wie sich der neue Plan auf den Vorschlag abstimmen lässt", den man 1955 zur Weiterführung des Editionsunternehmens „Briefe und Akten zur Geschichte des Dreissigjährigen Krieges" angenommen hatte.[53]

Noch vor der Jahresversammlung 1957 nahmen die Bonner Planungen, von denen Braubach 1956 erstmals berichtet hatte und die vom Ministerialdirektor im Bundesinnenministerium, dem Historiker Paul Egon Hübinger (1911–1987), maßgeblich forciert wurden, konkretere Gestalt an. Vor dem Hintergrund, daß er die großen europäischen Friedensschlüsse der Neuzeit vor allem von 1648, 1815 und 1919 durch Editionen erschlossen und erforscht sehen wollte, stellte sich für die Historische Kommission die drängende Frage, „ob auch der Westfälische Friede, soweit er Bayern betrifft, und die vorangehenden Friedensverhandlungen" von ihr behandelt werden sollten.[54] Zu einer Entscheidung kam es zwei Jahre später, als Braubach von der Aufnahme der Editionsarbeiten zur Geschichte der Friedensschlüsse von Münster und Osnabrück aus dem Jahre 1648 durch die in Bonn im September 1957 gegründete „Vereinigung zur Erforschung der Neueren Geschichte e.V." berichtete, die zur Trägerin des bis heute bestehenden Editionsunternehmens „Acta Pacis Westphalicae" wurde.[55] Im Protokoll der Jahressitzung der Historischen Kommission vom 1./2. Oktober 1959 wurde – Einvernehmen zwischen Bonn und München beschreibend – festgehalten: „Im allgemeinen soll zwischen den bayerischen Akten und den Akten des Westfälischen Friedens das Jahr 1635 als Trennungslinie dienen. Es empfiehlt sich zwar, die allgemeinere Reichsgeschichte ab 1635 in die Acta Guestphalicae pacis einzubeziehen, hingegen das Material über Kurfürst Maximilian auch jenseits dieser Zeitgrenze in der bayerischen Reihe zu belassen."[56]

Es brauchte zwar noch einige Zeit, in der Braubach und Konrad Repgen immer wieder auf den Jahressitzungen der Historischen Kommission über den Fortgang des Bonner Acta-Pacis-Westphalicae-Unternehmens berichteten, aber 1978 wurde – auf Vorschlag Albrechts, des Abteilungsleiters seit einem Jahrzehnt – mit der Festlegung der Inhalte für die Bände 8 bis 10 zugleich die Entscheidung getroffen, die „Briefe und Akten zur Geschichte des Dreissigjährigen Krieges" mit dem Jahr 1635 und der Edition des Prager Friedens abzuschließen.[57] Angesichts des in den 1970er Jahren immer wieder geäußerten Optimismus, den Schlußband Ende des Jahrzehnts, dann Ende der 1980er Jahre vorlegen zu können, und angesichts der begonnenen Publikationstätigkeit der „Acta Pacis Westphalicae" erübrigte sich sehr bald die Diskussion über die Konzeption eines beide Editionsunternehmen verbindenden „Übergangsbandes", zumal sie in ihrer Anlage sehr unterschiedlich waren. Wenn Theodor Schieder als Präsident der Historischen Kommission während der Jahressitzung 1973 im Anschluß an einen Bericht Braubachs „für den Fall von Gefahren für die Finanzierung des [Acta-Pacis-Westphalicae-]Unternehmens die Möglichkeit einer Angliederung an die Historische Kommission zur Erwägung" stellte,[58] dann drückten sich darin neben der inhaltlichen Nähe beider Editionen zugleich die wissenschaftsorganisatorischen Veränderungen in der Bundesrepublik Deutschland aus, in denen sich die traditionsreiche Münchener Institution behaupten mußte.

Tatsächlich erschienen sind die Bände 8 bis 10 des zweiten Teils der Neuen Folge der „Briefe und Akten zur Geschichte des Dreissigjährigen Krieges" erst in den Jahren von 1982 bis 1997, sämtlich bearbeitet von Kathrin Bierther. Die reichsgeschichtliche Akzentuierung brachte sie in ihren Vorworten zu den Bänden 8 und 9 zum Ausdruck, die den Zeiten von Januar 1633 bis Mai 1634 und von Juni 1634 bis Mai 1635 gewidmet waren, wenn sie zwar an den Vorgaben Moriz Ritters festhielt, Bayern und die Liga ins Zentrum zu rücken, aber zugleich die Notwendigkeit betonte, „auch der kaiserlichen Politik und Kriegführung relativ breiten Raum zu geben", sofern es für die Zusammenhänge relevant war, in denen der bayerische Herzog und Kurfürst stand.[59] Von der Sache her machten zudem die Bemühungen um einen Frieden eine reichsgeschichtliche Auswertung notwendig. Der am 30. Mai 1635 zu Prag geschlossene Frieden zwischen Kaiser Ferdinand II. und Kurfürst Johann Georg I. von Sachsen ist dann in einem 10. Band („Der Prager Frieden von 1635") in vier Teilen – getrennt nach Erschließungsband, Korrespondenzen, Verhandlungsakten, Vertragstexten – mit insgesamt 2.200 Druckseiten in bisher nie erfolgter Ausführlichkeit als ein zentrales reichsgeschichtliches Ereignis in der Mitte des Dreißigjährigen Krieges dokumentiert. Mit einem Gegenstand, der das politische Geschehen der ersten Hälfte der 1630er Jahre insgesamt in den Blick nehmen mußte, kehrte die Edition gleichsam zu ihren Anfängen zurück.

Mit diesem monumentalen zehnten Band ist sie zwar an ihren 1978 bestimmten thematischen Endpunkt gelangt, das Editionsunternehmen „Briefe und Akten zur Geschichte des Dreissigjährigen Krieges" ist damit jedoch noch nicht abgeschlossen. Noch in Arbeit befinden sich die Bände 6 und 7 für die Jahre 1631 und 1632, seit 2000 unter der Abteilungsleitung Winfried Schulzes. Die erfahrene Editorin Kathrin Bierther hat neben der Fertigstellung des siebenten Bandes auch die abschließende Betreuung des sechsten übernommen, nachdem Dieter Albrecht am 8. Oktober 1999 überraschend gestorben war und seine Arbeit nicht mehr vollenden konnte. Erst mit dem Abschluß dieser beiden Bände wird – wie es in Albrechts Äußerung während der Jahressitzung der Historischen Kommission am 2./3. März 1999 im Protokoll festgehalten ist – „über die Weiterführung der Reihe zu befinden sein",[60] wozu allerdings nicht nur mit Blick auf die Edition der „Acta Pacis Westphalicae", sondern auch der „Deutsche[n] Reichstagsakten. Reichsversammlungen 1556–1662" erst einmal ein neues Konzept zu erarbeiten wäre. Bis zu dem dem Prager Frieden von 1635 gewidmeten Band aus dem Jahre 1997 lautet der Titel der Neuen Folge „Die Politik Maximilians I. von Bayern und seiner Verbündeten 1618–1651" – ein Versprechen der Historischen Kommission an die Geschichtswissenschaft, die „Briefe und Akten zur Geschichte des Dreissigjährigen Krieges" bis ins Todesjahr des Herzogs und Kurfürsten fortzusetzen.

8. „Briefe und Akten“ (1546–1635) im Überblick

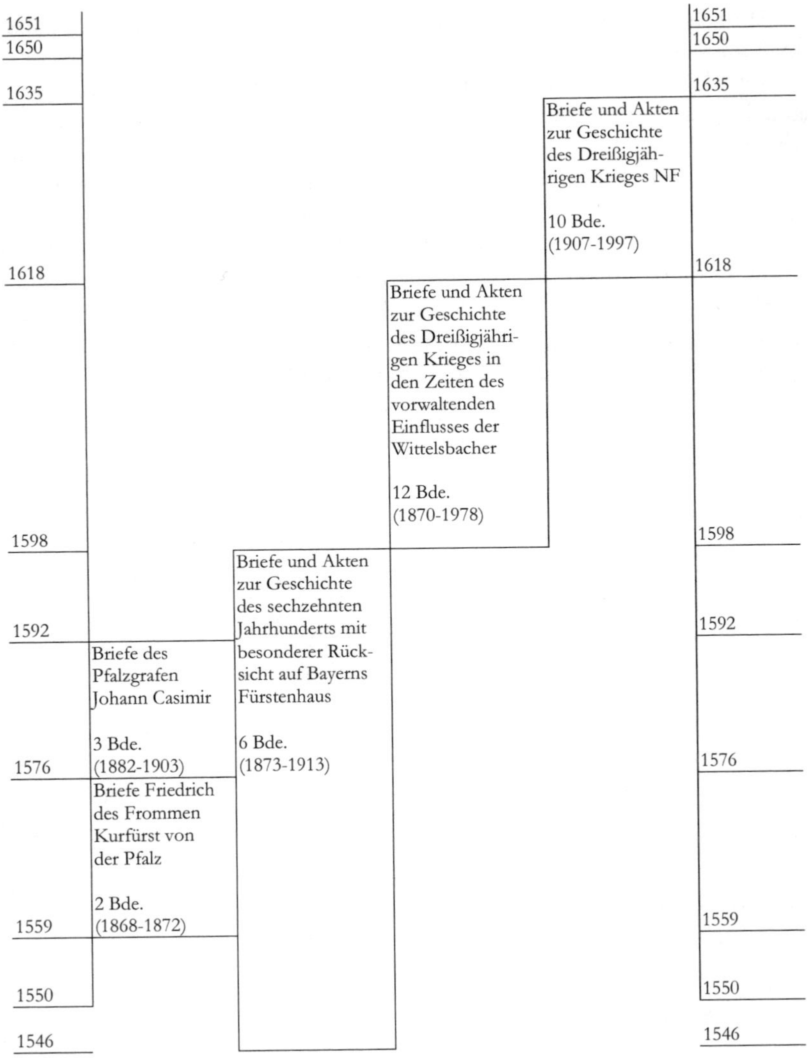

[1] Den folgenden Ausführungen liegen die Materialien des Archivs und der Registratur der Historischen Kommission (HiKo bzw. HiKo R) zugrunde, ferner die Bände der „Pfalzgeschichte" (PfG) und der „Wittelsbachischen Korrespondenzen" (WK) mit den Reihen „Ältere Pfälzische Korrespondenzen" (ÄPfK), „Briefe und Akten zur Geschichte des 16. Jahrhunderts mit besonderer Rücksicht auf Bayerns Fürstenhaus" (BA 16. Jh.), „Briefe und Akten zur Geschichte des Dreißigjährigen Krieges in den Zeiten des vorwaltenden Einflusses der Wittelsbacher" (BA 30jähr. Krieg) sowie „Briefe und Akten zur Geschichte des Dreißigjährigen Krieges. Neue Folge. Die Politik Maximilians I. von Baiern und seiner Verbündeten 1618–1651" (BA 30jähr. Krieg NF); die bibliographischen Angaben zu den insgesamt 36 Bänden finden sich in der Liste der „Veröffentlichungen der Historischen Kommission". Ferner wurden herangezogen: Max Spindler, Wittelsbacher Korrespondenzen, in: FS 1958, 166–180; Dieter Albrecht, Briefe und Akten zur Geschichte des Dreißigjährigen Krieges. Ein Editionsunternehmen der Historischen Kommission bei der Bayerischen Akademie der Wissenschaften, in: Jahrbuch der historischen Forschung in der Bundesrepublik Deutschland, Berichtsjahr 1985, München [u. a.] 1986, 45–47; Konrad Repgen, Akteneditionen zur deutschen Geschichte des späteren 16. und des 17. Jahrhunderts. Leistungen und Aufgaben, in: Quelleneditionen und kein Ende? Symposium der Monumenta Germaniae Historica und der Historischen Kommission bei der Bayerischen Akademie der Wissenschaften, München, 22./23. Mai 1998, hg. von Lothar Gall und Rudolf Schieffer (= HZ, Beihefte [NF] 28), München 1999, 37–79.

[2] Statut und Protokoll der Gründungsversammlung, in: HiKo 1.

[3] Denkschrift Rankes, in: HZ 1 (1859), 28–35, hier 31.

[4] Ebd., 31f.

[5] Vorschlag Cornelius', in: HZ 4 (1860), Nachrichten von der historischen Commission bei der Königlich Bayerischen Akademie der Wissenschaften, Nr. V, 53–57.

[6] Denkschrift Rankes (wie Anm. 3), 30f.

[7] Vorschlag Cornelius' (wie Anm. 5).

[8] Protokoll vom 5. und 6. Oktober 1860, in: HiKo 52.

[9] Protokoll, in: HiKo 266.

[10] Quellen und Erörterungen, Bd. 1, München 1856, Vorwort, VIf.

[11] Im Dienst der bayerischen Geschichte. 70 Jahre Kommission für bayerische Landesgeschichte, 50 Jahre Institut für Bayerische Geschichte, hg. von Wilhelm Volkert und Walter Ziegler, München 1998, 207f.

[12] Protokoll vom 8. Oktober 1861, in: HiKo 53.

[13] Protokoll vom 27. September 1865, in: HiKo 57.

[14] Protokoll vom 6. Oktober 1860, in: HiKo 52.

[15] Zu Lehmann: ADB 18 (1883), 145–147.

[16] MGH-Archiv: B 677/Ib.

[17] Vorwort, VI.

[18] Im Jahre 1974 wurde der Titel – wie auch ein Teil der Werke Lehmanns – als Reprint neu vorgelegt.

[19] Protokoll vom 7. Oktober 1861, in: HiKo 53.

[20] ÄPfK, Bd. 1, V–XI.

[21] So im gedruckten „Bericht des Secretariats" über die „Dreizehnte Plenar-Versammlung" der Historischen Kommission vom Oktober 1872, in: HiKo 63.

[22] ÄPfK, Bd. [4], III–VIII.

[23] Vorschlag Cornelius' (wie Anm. 5), 57.

[24] Moriz Ritter, Druffel, in: ADB 48 (1904), 114–118, hier 115.

[25] BA 16. Jh., Bd. 1, V–XX, hier IX und Vf.

[26] BA 16. Jh., Bd. 2, Vorrede, V–VIII.

[27] Heute ist in den Bibliotheken – entgegen den zeitgenössischen Verlagsanzeigen – als dritter Band aus dem Jahr 1882 auch vorhanden: „Beiträge zur Reichsgeschichte 1546–1552", ohne daß zwei Abteilungen unterschieden werden: Mit Seite 337 beginnt ohne bibliographische Hervorhebung der Abdruck von Archivalien zum Jahr 1552.

[28] August von Druffel, Kaiser Karl V. und die Römische Curie 1544–1546, 4 Abteilungen (= Abhandlungen der Königlichen Bayerischen Akademie der Wissenschaften III. Cl., XIII. Bd. II. Abth., XVI. Bd. I. Abth., XVI. Bd. III. Abth., XIX. Bd. II. Abth.), München 1877–1890.

[29] Protokoll vom 21. bis 23. Mai 1891 nebst Anlage, in: HiKo 82.

[30] BA 16. Jh., Bd. 4, V–X.

[31] BA 16. Jh., Bd. 5, VII–X, hier VII.

[32] BA 30jähr. Krieg, Bd. 1, V–XIV, hier X.

[33] Ebd., XIIf.

[34] Denkschrift Ritters, in: HiKo 91 und 260.

[35] BA 30jähr. Krieg, Bd. 4, V–VIII, hier Vf.

[36] Ebd., VI.

[37] BA 30jähr. Krieg, Bd. 5, Vf.

[38] BA 30jähr. Krieg, Bd. 6, V–X, hier V.

[39] Denkschrift Ritters (wie Anm. 34).

[40] Protokoll vom 29. bis 31. Mai 1901, in: HiKo 92.

[41] BA 30jähr. Krieg, Bd. 7, Vf., hier V.

[42] BA 30jähr. Krieg NF, Zweiter Teil, Bd. 1, VII–X, hier IX.

[43] BA 30jähr. Krieg, Bd. 12, V.

[44] BA 30jähr. Krieg NF, Zweiter Teil, Bd. 1, IXf.

[45] BA 30jähr. Krieg NF, Zweiter Teil, Bd. 2, VIII.

[46] Protokoll vom 1./2. September 1947, in: HiKo 125.

[47] Ausschußprotokoll vom 1. Juli 1955, in: HiKo 261.

[48] Protokoll vom 11./12. Oktober 1955, in: HiKo 132.

[49] Brief von Georg Franz vom 9. Dezember 1961 aus (West-)Berlin an Götz Freiherr von Pölnitz, in: HiKo 261.

[50] Vgl. Geleitwort des Abteilungsleiters Max Spindler und Vorwort des Bearbeiters: BA 30jähr. Krieg NF, Erster Teil, Bd. 1, V–VII.

[51] Dieter Albrecht, Maximilian I. von Bayern 1573–1651, München 1998.

[52] BA 30jähr. Krieg NF, Zweiter Teil, Bd. 5, Vf., hier V.

[53] Protokoll vom 27./28. September 1956, in: HiKo 133.

[54] Protokoll vom 3./4. Oktober 1957, in: HiKo 134.

[55] Vgl. dazu Repgen, Akteneditionen (wie Anm. 1), 59–70. Repgen hatte dazu im Mai 1957 eine Denkschrift vorgelegt: Konrad Repgen, Über die Publikation ACTA PACIS WESTPHALICAE (APW), in: Konrad Repgen, Dreißigjähriger Krieg und Westfälischer Friede. Studien und Quellen, hg. von Franz Bosbach und Christoph Kampmann (= Rechts- und Staatswissenschaftliche Veröffentlichungen der Görres-Gesellschaft [NF] 81.), Paderborn [u. a.] 1998, 153–180, hier Beilage 3: Über die Ausgabe der wichtigeren Quellen zur Geschichte des Westfälischen Friedens, 174–180.

[56] Protokoll vom 1./2. Oktober 1959, in: HiKo 136.

[57] Protokoll vom 7./8. März 1978, in: HiKo R 17.

[58] Protokoll vom 13./14. März 1973, in: HiKo R 12.

[59] BA 30jähr. Krieg NF, Zweiter Teil, Bd. 8, VII–XI, hier VII.

[60] Protokoll vom 2./3. März 1999, in: HiKo R 38.

Heinz Duchhardt

Eine vernachlässigte Epoche? Die wissenschaftlichen Aktivitäten der Historischen Kommission zum „langen" 18. Jahrhundert

Im Zentrum der wissenschaftlichen Aktivitäten der Historischen Kommission stand das 18. Jahrhundert niemals. Von daher erklärt es sich ohne Mühe, daß die Vormoderne im engeren Sinn in der Festschrift von 1958, die die großen Unternehmen der Kommission darstellte, nicht behandelt wurde.[1] Diese Aussparung einer ganzen Epoche erstaunt freilich und bedarf einer Erklärung, zumal in der Gründungsversammlung im Herbst 1858 nach Diskussion ja der gesamte Zeitraum der deutschen Geschichte als Untersuchungsgegenstand festgelegt worden war und Leopold von Ranke unter den vorrangigen Vorhaben ausdrücklich auch eine Geschichte der Historiographie seit dem 18. Jahrhundert genannt hatte.[2]

Gründe für diese weitgehende Ausblendung des 18. Jahrhunderts aus dem Arbeitsprogramm der Historischen Kommission gibt es genug: Mit den Reichstagsakten hatte die Kommission ein – anfangs zudem eklatant unterschätztes – Großunternehmen von „nationaler" Bedeutung gestartet, das viele Kräfte auch der Neuzeithistoriker in der Historischen Kommission und viele Ressourcen band. Das – im folgenden in einem „langen" Sinn verstandene, also die revolutionäre Umbruchzeit bis zum Wiener Kongreß einschließende – 18. Jahrhundert galt zudem im 19. als das „preußische" Jahrhundert, die Epoche des Aufstiegs des Hohenzollernstaats zur Großmacht, und wurde durch Vorhaben der Berliner Akademie, insbesondere die „Politische Correspondenz Friedrichs des Großen" oder auch die der „Aufdeckung der innersten Triebfedern des staatlichen Handelns" gewidmeten[3] und somit Fanalcharakter tragenden „Acta Borussica"[4] erhellt, mit denen man von München aus weder konkurrieren konnte noch wollte (und die von Einrichtungen getragen wurden, die vor allem nach der Reichsgründung und in der wilhelminischen Epoche immer mehr zu einer scharfen Konkurrenz der Historischen Kommission wurden). Den „Ausweg", sich anderen Territorien oder Geschichtslandschaften, etwa, was besonders nahegelegen hätte und was den Stifter der Kommission ja nachhaltig bewegt hatte,[5] Bayern zuzuwenden, wählte man wohl auch deswegen nicht, weil eine Zeit, in der sich der Kurstaat stark an Frankreich angelehnt und mit Karl Albrecht einen Kaiser (Karl VII.) gestellt hatte, der nicht gerade zu den faszinierendsten Gestalten auf dem Kaiserthron gerechnet wurde, als weniger attraktiv erschien als etwa die Zeit des großen Kurfürsten Maximilian I. Das allgemeine Bewußtsein des späteren 19. Jahrhunderts reduzierte das 18. geradezu extrem auf die Funktion eines Vorläufers der nationalen Einigung und der Profilierung Preußens – da blieb dann auch für die Mindermächtigen oder das (in Alteuropa singuläre) Phänomen der geistlichen Staaten wenig Raum und Interesse. Und da das ausgehende 19. und frühe 20. Jahrhundert für Editionsprojekte abseits der „großen Politik" (sieht man einmal von den genannten „Acta Borussica" ab) noch keinen ausgeprägten Sensus hatte, rückten auch Gelehrtenkorrespondenzen jenseits des Humanismus – Leibniz ausgenommen, dessen „Sämtliche Schriften und Briefe" seit 1923 unter Federführung der Berliner Akademie erschienen –, Matrikeleditionen oder Aufbereitungen statistischer Quellen noch nicht in ihren Fokus. In der Mitte oder im letzten Drittel des 19. Jahrhunderts galt zudem das Jahrhundert der Aufklärung und Friedrichs des Großen noch als zu zeitnah, um schon wirkliche Forschungen zu dieser Epoche (und sei es auch „nur" in Form von Quelleneditionen) zu initiieren – es war kein Zufall, daß viele der seit dem mittleren 19. Jahrhundert gegründeten (lokalen) Historischen Vereine und (regionalen) Historischen Kommissionen das 18. Jahrhundert ganz ausdrücklich aus ihren Arbeitsprogrammen ausklammerten.

Freilich gilt es, die obige Generalaussage zugleich auch wieder zu relativieren. Seit den 1980er Jahren ist, mit angestoßen durch den damaligen Präsidenten Theodor Schieder, der vor dem Hintergrund seiner Interessen an der friderizianischen Epoche – er legte 1983 eine Friedrich-Biographie vor –, aber auch aus wissenschaftspolitischen Überlegungen dem 18. Jahrhundert mehr Interesse gewidmet sehen wollte, gefördert aber auch durch Einzelmitglieder, die gerade für diesen Zeitraum ausgewiesen waren, ein Aufschwung der wissenschaftlichen Aktivitäten in diesem Segment der Vormoderne zu erkennen, die freilich nur zum geringeren Teil wirklich zustande kamen.

Die folgenden Ausführungen widmen sich zunächst einer Reihe von Vorhaben aus der Frühgeschichte der Kommission, die im Planungsstadium wieder abgebrochen, gleichwohl weit ausstrahlten, und nur in einem Fall tatsächlich realisiert wurden, und in einem zweiten Teil jenen Vorhaben, die im späten 20. Jahrhundert angestoßen wurden und noch nicht abgeschlossen sind und die ihren Schwerpunkt im ausgehenden 18. Jahrhundert – also in der revolutionären Umbruchzeit – haben.

*

Geht man die Kommissionsakten durch, findet sich durch beinahe eineinhalb Jahrhunderte hindurch überhaupt kein Projekt speziell zur Geschichte des

18. Jahrhunderts, das nicht nur ernsthaft diskutiert, sondern auch in Angriff genommen worden wäre. Das heißt auf der anderen Seite nicht, daß sich nicht bestimmte angedachte Projekte bis ins 18. Jahrhundert oder gar darüber hinaus hätten erstrecken sollen und vielleicht in dieser Spätzeit sogar ihren Schwerpunkt gehabt hätten. In ganz besonderer Weise gilt das für ein seit 1910/11 ventiliertes Arbeitsvorhaben, sämtliche Reichsabschiede seit der Zeit Maximilians I. bis zum Ende des Alten Reiches neu herauszugeben. Es gründete, auch wenn das nie klar ausgesprochen wurde, wohl auch in der zwischenzeitlich gewachsenen Skepsis, ob es wohl wirklich, wie von Ranke angedacht, gelingen könnte, die Akten sämtlicher Reichstage als Spiegel des pulsierenden geschichtlichen Lebens – möglicherweise sogar unter Einschluß des Immerwährenden Reichstags – aufzubereiten oder ob nicht doch für die späteren Zeiten eine Konzentration lediglich auf die Schlußdokumente sinnvoll wäre. Das 1908 zugewählte Kommissionsmitglied Oswald Redlich, Professor an der Wiener Universität, hatte den Wunsch nach Einrichtung einer Abteilung „Reichsabschiede" erstmals in der Jahressitzung am 18. Mai 1910 vorgetragen, woraufhin eine Subkommission eingesetzt wurde, der außer dem Antragsteller die Mitglieder Georg von Below und Moriz Ritter angehörten.[6] Angesichts der Zurückhaltung der Kommission in den zurückliegenden Jahren, vor dem Hintergrund ihrer notorischen finanziellen Probleme überhaupt über neue Vorhaben zu sprechen, war das gewiß schon ein halber Erfolg. Grundlage der folgenden Überlegungen war ein von Ende Dezember 1910 datiertes Gutachten Redlichs, das sich (bereits) aus dem langsamen Voranschreiten der Reichstagsakten speiste und die Forschungstendenz feststellte, daß sich verschiedene Zweige der Geschichtswissenschaft – die politische, die Rechts- und Verfassungs-, die Verwaltungs- und Wirtschaftsgeschichte – immer deutlicher der „neueren Zeit" zuwenden.[7] Redlich schlug ein Unternehmen vor, das alle Reichsabschiede, Reichsschlüsse, Landfrieden, Religionsfrieden, alle Verträge des Reiches mit dritten Staaten, insbesondere Friedensschlüsse, die vom Kaiser „ratihabierten" Reichsgutachten, die Wahlkapitulationen und sämtliche Ordnungen für das Reich und die Reichsbehörden, also Münz-, Polizei- und Kommerzienordnungen und die Ordnungen für die Reichsgerichte und die Reichskanzlei umfassen sollte – also ein wahrhaft gigantisches Unternehmen, das auch dadurch nichts von seiner Monumentalität verliert, daß Redlich es auf die Texte an sich, also ohne Vorgeschichte und Verhandlungen, beschränken wollte. Er veranschlagte für das Vorhaben, für das er den Titel „Reichsgesetze" vorschlug, sechs Großoktavbände, und war sich der Überschaubarkeit des Bearbeitungszeitraums auch deswegen sicher, weil der Wiener Ordinarius alles Material aus dem Wiener Haus-, Hof- und Staatsarchiv erheben lassen wollte.

Das vorgeschlagene Vorhaben sprach indirekt ein wirkliches Defizit an: Die Quellensammlung ausgewählter Urkunden zur Verfassungsgeschichte Deutschlands von Wilhelm Altmann und Ernst Bernheim betraf nur das Mittelalter, die auch heute noch bekannte Zeumersche Quellensammlung zur Geschichte der Deutschen Reichsverfassung berücksichtigte zwar auch die Frühe Neuzeit, hatte die Dokumente aber mit sehr spitzen Fingern ausgewählt. Im Kreis der eingesetzten Subkommission fand der Vorschlag deswegen prominente Zustimmung, stieß aber auch auf Vorbehalte. Georg von Below hielt das Vorhaben auch aus der Sicht der „territorialen Verfassungs- und Wirtschaftsgeschichte" für begrüßenswert und fügte gleich den Vorschlag hinzu, im Blick auf die Schulen eine Edition „in usum scholarum" folgen zu lassen.[8] Moriz Ritter freilich, der aktuelle „Vorstand" der Historischen Kommission und damals für die Reichstagsakten Jüngere Reihe zuständig (und von daher mit einem besonderen Sensus für Überschneidungen ausgestattet), plädierte nicht nur für eine präzise Abgrenzung, sondern warf auch die Frage auf, ob denn die alten Editionen aus dem 18. Jahrhundert, insbesondere die „Neue und vollständigere Sammlung der Reichs-Abschiede [...]", die üblicherweise mit den Namen Koch und Schmauß-Senckenberg zitiert wird, wirklich so hoffnungslos unzuverlässig seien, wie es dargestellt werde. Noch gravierender erscheint seine Schlußbemerkung, er sei sich nicht sicher, ob ein solches Unternehmen geeignet sei, die „Aufmerksamkeit weitester Kreise" auf sich zu ziehen, woran der Kommission „in ihrer einigermaßen umwölkten Lage" derzeit am meisten gelegen sein müsse.[9]

Diese Frage trieb den Präsidenten der Kommission in der Tat um, weil nach dem absehbaren Abschluß sowohl der Allgemeinen Deutschen Biographie – tatsächlich dann 1912 – als auch des (nicht im eigentlichen Sinn im Schoß der Kommission verankerten)[10] Großunternehmens „Geschichte der Wissenschaften" kein Vorhaben mehr betrieben wurde, das geeignet war, die Blicke einer breiten Öffentlichkeit auf sich zu ziehen. Ritter hat in der erwähnten Plenarsitzung als mögliche Themenfelder, die diesem Kriterium besser entsprächen, die Geschichte des deutschen Zollwesens im 15. bis 19. Jahrhundert benannt sowie eine als integralen Teil der Verwaltungs- und Wirtschaftsgeschichte anzupackende Geschichte des Münzwesens oder auch eine Allgemeine Deutsche Ikonographie – aber das waren selbstverständlich nur Versuchsballons gewesen.

Die angesprochenen Bedenken Ritters reichten freilich zunächst nicht aus, das Vorhaben an sich zu Fall zu bringen. Redlich legte der Historischen Kommission für ihre Jahressitzung am 29./31. Mai 1912[11] ein umfängliches, unter Mitwirkung der beiden vorgesehenen Mitarbeiter Ludwig Bittner und E. Schwab erstelltes Gutachten vor, in dem er – im Licht der Ritterschen Bedenken verständlich – vor allem den Begriff „Reichsgesetze" zu definieren suchte und sich ausführlich mit den älteren Sammlungen der Reichsabschiede und verwandter Texte beschäftigte, insbesondere den Schwächen und Defiziten der „Neuen und vollständigeren Sammlung [...]". Damit sollte die Sinnhaftigkeit des vorgesehenen Projekts unterstrichen werden, in das nach unveränderter Ansicht Redlichs neben den Reichsgesetzen auch die Wahlkapitulationen, die Reichsmatrikel und die faktisch reichsgesetzlich zu verstehenden Friedensschlüsse des Reichs mit auswärtigen Mächten aufgenommen werden

Abb. 30: Oswald Redlich (1858–1944), seit 1908 o. Mitglied der Historischen Kommission, machte 1910 den Vorschlag, eine Abteilung „Reichsgesetze" einzurichten.

sollten, aber auch alle der kaiserlichen Prärogative entspringenden Anordnungen, die Ordnungen der Reichsgerichte und der Reichskanzlei usw. Redlich schloß in diesem 28 Seiten umfassenden Gutachten, das in sich einen wissenschaftlichen (nicht nur wissenschaftsgeschichtlichen) Wert besitzt (und damit publikationswürdig ist), Folgeunternehmen und Abrundungen des beantragten Vorhabens nicht aus.

Die Kommission hat auf ihrer Sitzung Ende Mai 1912 – übrigens in Abwesenheit des dem Projekt kritisch gegenüberstehenden Vorstands Ritter – den Redlichschen Antrag beraten, allerdings nur mit Einschränkungen genehmigt. Die entscheidende Einschränkung war, daß bei grundsätzlicher Zustimmung der Kommission auf Vorschlag Alfred Doves das Unternehmen strikt auf den Zeitraum 1663 (Beginn des Immerwährenden Reichstags) bis zum Ende des Alten Reiches eingegrenzt wurde.[12] Dann trat jedoch eine Entwicklung ein, die so nicht vorhersehbar war. Redlich, damals Rektor der Wiener Universität, ließ nämlich in einem Brief vom 12. Juni 1912 wissen, daß die beiden vorgesehenen Mitarbeiter „auf das bestimmteste" erklärt hätten, sich an dem „durch Beschluß der Kommission so wesentlich eingeschränkten Unternehmen" nicht mehr beteiligen zu können. Unter diesen Umständen gab Redlich das Mandat der Kommission wieder zurück, da es ihm unmöglich sei, andere qualifizierte Bearbeiter zu finden. Das (genehmigte) Vorhaben fand noch nicht einmal in das versandte Protokoll der Kommissionssitzung Aufnahme![13] Eine Ironie der Geschichte sei nebenbei bemerkt: Der eine der beiden vorgesehenen (und so überaus schnell und kaum nachvollziehbar resignierenden) Mitarbeiter, Ludwig Bittner, der nachmalige Direktor des Wiener Haus-, Hof- und Staatsarchivs, wurde 1943 selbst zum Mitglied der Historischen Kommission gewählt.

Damit verschwand ein Projekt wieder in der Schublade, von dem zwar vielleicht nicht die wissenschaftspolitische Signalwirkung im Sinn einer extremen Publikumsträchtigkeit ausgegangen wäre, das aber wissenschaftlich einen Schritt nach vorne bedeutet hätte – eine moderne Sammlung der Reichsabschiede und Reichsschlüsse des 17. und 18. Jahrhunderts steht bis zur Stunde aus, von den Wahlkapitulationen ganz zu schweigen. Lediglich die in dem Redlichschen Papier genannten Ordnungen der Reichsgerichte sind in der jüngsten Vergangenheit zumindest teilweise aufgearbeitet und neu vorgelegt worden.[14] Wissenschaftlich war es eine vertane Chance, daß zwei Mitarbeiter einem Kompromiß nicht glaubten zustimmen zu können, und damit das ganze Unternehmen wieder begruben.

Freilich war das noch nicht das Ende der (kurzen) Geschichte, indes sollten 70 Jahre vergehen, bis das Projekt in modifizierter Form erneut aufgegriffen wurde. Eine Anregung des Präsidenten Schieder im Jahre 1983, ein Vorhaben zur Reichsgesetzgebung des Alten Reiches zu initiieren,[15] verhallte zunächst zwar scheinbar ungehört. Er wiederholte den Vorschlag in seinem Jahresbericht 1984,[16] und jetzt wurde das Thema einer Edition auf der Grundlage eines Berichts Karl Otmar von Aretins auch im Plenum diskutiert,[17] wobei man zunächst an eine Förderung durch das Bundesministerium für Forschung und Technologie dachte. Das Projekt fand 1986 sogar Aufnahme in das neue „Ausbauprogramm Forschungen und Dokumentationen zu zentralen politischen Entscheidungsprozessen der neueren deutschen Geschichte“[18] und sollte den damaligen Projektionen zufolge, die von einer Abstützung im politischen Raum ausgingen, in den kommenden Jahren mit zwei vollen Mitarbeiterstellen ausgestattet werden. Freilich scheint es – zumindest den Protokollen der Jahresversammlungen zufolge – niemals wirklich betrieben worden zu sein. Es hatte sich wohl von Anfang an den anderen in dem Strategiepapier genannten Vorhaben unterzuordnen, insbesondere denen zum 19. Jahrhundert, um so mehr als sich die kühnen Hoffnungen auf einen weiteren personellen Ausbau auf Mitarbeiterebene bald als weit überzogen erwiesen. Ob auch das Ausscheiden Hans Maiers aus dem Amt des Bayerischen Staatsministers für Wissenschaft und Kultus im Herbst 1986 Konsequenzen für das ambitionierte Ausbauprogramm hatte, bleibe auf sich gestellt.[19]

In einem zumindest mittelbaren Zusammenhang mit Schieders Anregungen stand ein seit 1985 erwogenes Projekt, eine Aktenpublikation zum Immerwährenden Reichstag in Regensburg zu beginnen, dabei aber der Unmöglichkeit, alles seit 1663 angefallene Material in einem überschaubaren Zeitraum bewältigen zu können, Rechnung zu tragen und Tribut zu zollen. Das von Karl Otmar von Aretin vorgeschlagene Projekt wollte sich auf den Reichstag unter Kaiser Franz I., dem ersten habsburg-lothringischen Kaiser (1745–1765), beschränken, u. a. deswegen, „weil ab diesem Zeitpunkt jegliche Hilfsmittel für die Forschung“ fehlten,[20] worunter man vor allem die Quellensammlung von Pachner von Eggenstorff verstand.[21]

Obwohl mit der aus dem Tübinger Sonderforschungsbereich „Spätmittelalter und Reformation“ hervorgegangenen Ingrid Bátori eine Bearbeiterin zur Verfügung gestanden hätte und das vor der Sitzung verschickte Antragspapier[22] bereits ein hohes Maß an Konkretion aufwies – so, was die Verschränkung der Erhebungsarbeiten mit dem Reichstagsdiarium Oertels betraf –, wurde eine Entscheidung zunächst vertagt. Es hätte selbstverständlich mittelfristig auf Ressourcen der Kommission zurückgegriffen werden müssen, was die Zurückhaltung vor allem der davon betroffenen Reichstagsakten-Verantwortlichen erklären dürfte. 1986 sollte nach einer entsprechenden Bewilligung der DFG, die in jenen Jahren ein Schwerpunktprogramm zur Verfassungs- und Sozialgeschichte des Heiligen Römischen Reiches auflegte, das Projekt „Immerwährender Reichstag" als eigenständige Abteilung eingerichtet werden, sofern „aufgrund entsprechender Arbeitsfortschritte und Erfahrungen dazu die Voraussetzungen gegeben sind". Die Sinnhaftigkeit eines solchen Vorhabens, das auch im Hinblick auf Kontinuität und Wandel föderativer Verfassungsformen ins 19. Jahrhundert hinein von erheblicher Relevanz war, wurde zweifellos von den weitaus meisten Kommissionsmitgliedern erkannt. Insofern lag es auch in der Logik der Sache, daß die Kommission es in ihr oben schon genanntes Ausbauprogramm „Forschungen und Dokumentationen zu zentralen politischen Entscheidungsprozessen der neueren deutschen Geschichte" aufnahm.[23] Trotzdem wurde 1987, auch weil sich eine neue Projektvorlage der vorgesehenen Bearbeiterin verzögerte, nochmals eine eigene Unterkommission eingesetzt, die, aus den Mitgliedern Dieter Albrecht, Heinz Angermeier, Erich Meuthen und Konrad Repgen bestehend, mit dem Projektverantwortlichen weiter beraten sollte. Zum Zeitpunkt der Jahressitzung 1987 hatte, nachdem die Stiftung Volkswagenwerk die Finanzierung für drei Jahre übernommen hatte – freilich unter der (nochmals unterstrichenen) Voraussetzung, daß die Kommission eine eigene Abteilung einrichten würde –, die Bearbeiterin die Arbeit voll aufgenommen und das Oertelsche Reichstagsdiarium bereits bis Jahresende 1748 ausgewertet, ohne freilich schon in die Archive vorgedrungen zu sein.[24] Aretin und Repgen kamen dann übereinstimmend zu der Ansicht, erst das Oertelsche Diarium auszuwerten und archivalische Erhebungen dann folgen zu lassen. Freilich erwies es sich spätestens 1988 immer deutlicher,[25] daß an eine herkömmliche Edition ob der Überfülle des Materials nicht zu denken war, allenfalls an eine Art Dokumentation des Reichstags in der fraglichen Zeit und eine Regestensammlung. 1990 kam die Kommission zu der Einschätzung, das Vorhaben – das inzwischen in eine Art Aktenverzeichnis von Frau Bátori eingemündet war – zunächst nicht weiterzuverfolgen, gegebenenfalls aber später „unter einem anderen Konzept" wieder darauf zurückzukommen.[26] Diese Entscheidung fiel damals um so leichter, als Frau Bátori aus der Forschung auszusteigen beabsichtigte und ein politisches Amt übernahm. Ein solches neues Konzept, das der von seiner Dissertation her mit den Akten des Reichstags bestens vertraute Aretin-Schüler Karl Härter erarbeitet hatte, fand dann allerdings nicht die Zustimmung des Plenums,[27] das zudem nicht bereit war, der Auflage des Geldgebers entsprechend eine eigene Abteilung einzurichten. Zwar tauchte das Projekt in der Folge noch gelegentlich in den Protokollen der Jahresversammlungen auf – so 1992 mit der Bemerkung Aretins, daß er daran „festzuhalten beabsichtige" –, aber faktisch verschwand es seit der Mitte der 1990er Jahre von der Tagesordnung, ohne jemals förmlich aufgegeben worden zu sein; noch 1997 sprach sich Präsident Gall ausdrücklich gegen einen negativen Beschluß in dieser Angelegenheit aus.[28] Eine nachhaltige neue Initiative wurde seitdem freilich auch von keinem der neu zugewählten Mitglieder ergriffen. Ob unter den Vorzeichen des elektronischen Publizierens noch einmal darauf zurückzukommen ist, wird die Zukunft erweisen. Das gesamte Material, das im Lauf der Jahre erarbeitet worden war, befindet sich jedenfalls im Archiv der Historischen Kommission.

Von Anbeginn an zählte zu den Arbeitsvorhaben der Historischen Kommission das Projekt einer Edition der Historischen Volkslieder der Deutschen; angesichts der sonstigen, eher auf die „große Politik" zielenden Vorhaben der jungen Kommission ein bemerkenswertes, stark in die Kulturgeschichte einschlagendes Projekt. Vielleicht ist es etwas kühn, den allgemeinen Aufschwung einer Kulturgeschichte – heute muß man hinzufügen: alten Stils – mit diesem Kommissionsvorhaben in Verbindung zu bringen,[29] aber das Volkslieder-Unternehmen der Kommission koinzidierte wohl in besonderem Maß mit den Vorstellungen der „Gründungsväter" der Kommission von deutscher Gemeinschaftlichkeit auf der Grundlage eines nationaldeutschen Kulturgedankens[30] und steht auf jeden Fall am Anfang einer Bewegung, in die man etwa Johannes Janssens „Geschichte des deutschen Volkes seit dem Ausgang des Mittelalters" oder Gustav Freytags „Bilder aus der deutschen Vergangenheit" einordnen muß, zwei vielbändige Werke, die in den 1860er bzw. 1870er Jahren zu erscheinen begannen. Es weist sicher im unmittelbaren Vorfeld der Reichseinigung auch einen Zusammenhang mit einer generell starken Betonung des Nationalen und der Rückführung und Rückspiegelung nationaler oder doch pränationaler Momente weit in die Geschichte auf. Der Mediävist und wissenschaftliche Leiter der Monumenta Germaniae Historica, Georg Heinrich Pertz, brachte das Vorhaben in Anlehnung an eine Anregung Johann Gustav Droysens schon in der Gründungsversammlung im Herbst 1858 in Vorschlag,[31] seitdem wurden flächendeckend deutsche Archive und Bibliotheken kontaktiert und bei der Erhebung von Material um Mithilfe gebeten.[32] Das Unternehmen schlug zudem wegen der notwendigen Reisen der Bearbeiter – zunächst Conrad Hofmann aus München, dann der Jenenser Germanist Rochus Freiherr von Liliencron – zu den entsprechenden Einrichtungen von Anfang an nicht unerheblich zu Buche.

In der Sache selbst wurde zunächst eine Diskussion in Gang gesetzt, wie man das Unternehmen zeitlich begrenzen solle. Für den ersten Band, der die Epoche bis zum Dreißigjährigen Krieg behandelte, war gleich anfangs auf Vorschlag von Pertz der in Meiningen lebende und für den dortigen Hof tätige Rochus Freiherr von Liliencron verpflichtet worden; diese Zäsur wurde auch nicht mehr weiter hinterfragt. Das Entstehen dieses Bandes, der, wie sich dann herausstellte, nur geteilt veröffentlicht werden konnte und am Ende auf ganze fünf Bände anwuchs,[33] wird hier nicht weiter verfolgt, weil das Liliencronsche Unternehmen das 18. Jahrhundert nicht erreichte (und weil es in der Festschrift von 1958 einigermaßen ausführlich behandelt wurde).[34] Unklar war, wie es mit einem „zweiten" Band – oder einer Reihe von Folgebänden – weitergehen sollte, für den gleich 1858 kein Bearbeiter gefunden werden konnte. Den weitestgehenden Vorschlag machte der in Nürnberg ansässige

Sammler Franz Freiherr von Ditfurth, der als Besitzer einer größeren Sammlung einschlägigen Materials und Betreuer der Abteilung Alte Musik im Germanischen Nationalmuseum in Nürnberg 1861 als Eckpunkt das Jahr 1850 benannte, weil das in die Lage versetze, die Lieder, die im Zusammenhang mit der 1848er Revolution entstanden seien, noch zu berücksichtigen.[35] Für den entsprechenden Band, der Material aus dem Zeitraum 1618 bis 1850 beinhalten sollte, veranschlagte Ditfurth, der sich nach einem vorangegangenen Briefwechsel mit dem König gewissermaßen selbst als Herausgeber in Vorschlag gebracht hatte, zwei Jahre – wie sich rasch erweisen sollte, eine geradezu groteske Fehleinschätzung. Zwar konnte darüber auf der Jahressitzung 1861, möglicherweise aus taktischem Ungeschick, nicht entschieden werden, aber auf der Grundlage eines neuerlichen Papiers Ditfurths[36] wurde die Angelegenheit der Kommission 1862 erneut vorgelegt. Nach der Korrespondenz und den Vorgesprächen eher überraschend, lehnte die Kommission das Vorhaben jedoch in der beantragten Form aus vorgeblich finanziellen Gründen ab.[37]

Ditfurth, über alle Maßen enttäuscht, ließ freilich nicht locker. Ende August 1867 wandte er sich erneut an die Historische Kommission, nun – vielleicht um der Aktualität Rechnung zu tragen – mit einem Vorschlag, ein Werk „Deutsche Historische Volkslieder von 1648–1866“ zu verwirklichen.[38] Ditfurth verwies auf seine einmalige Kompetenz, beschäftige er sich doch bereits seit 40 Jahren mit dieser Materie. Aus seinem Schreiben geht aber auch hervor,[39] daß er glaubte, unter dem Dach der Historischen Kommission leichter einen Verleger zu finden. Die Kommission ließ an ihrem Desinteresse aber nun vollends keinen Zweifel mehr: Sie sei – dem Protokoll zufolge – leider nicht in der Lage, seinem Antrag zu entsprechen, rate ihm vielmehr, seine Sammlung, die ja nach seinen Einlassungen sehr bedeutend sein müsse und deren Erhaltung sicher im öffentlichen Interesse liege, einer öffentlichen Bibliothek zum Ankauf anzubieten.[40] Damit war das Problem einer Fortsetzung der (inzwischen vor dem Abschluß stehenden) Liliencronschen Edition zwar nicht vom Tisch, aber die mögliche Zusammenarbeit mit Ditfurth hatte nun endgültig keine Zukunft mehr. Um dieses Kapitel abzuschließen: Ditfurth publizierte seine Sammlung am Ende dann doch,[41] freilich ohne Zutun und ohne das „Dach“ der Historischen Kommission. Daß die finanzielle Situation der Kommission nach König Maximilians II. Tod im März 1864 tatsächlich prekär war, sei hier ausdrücklich hinzugefügt – die Entscheidung der Kommission gegen die Unterstützung des Ditfurthschen Unternehmens muß nicht nur etwas mit menschlichen Problemen, sondern kann in der Tat auch etwas mit den beschränkten Ressourcen der Kommission zu tun gehabt haben.

Leider versiegen ab diesem Zeitpunkt die Quellen erheblich. Die Akten des einschlägigen Konvoluts springen nämlich dann zum frühen 19. Jahrhundert, als die Kommission dem Münchener Bibliothekar August Hartmann einen Druckkostenzuschuß zu seinem Werk über historische Volkslieder und Zeitgedichte des 16. bis 19. Jahrhunderts vornehmlich aus Bayern und Österreich zunächst auf Empfehlung Theodor von Heigels, Gerold Meyers von Knonau, Sigmund Riezlers und Johann Friedrichs in Aussicht stellte und dann auch gewährte; 1913 wurde dann eine letzte Zahlung für den Schlußband (den 3.) geleistet,[42] nachdem der 1. Band bereits 1907 vorgelegt worden war.[43] Aber auch die Durchsicht der Plenarprotokolle erlaubt die Aussage, daß zwischen 1867 und 1904 über eine Fortsetzung der Liliencronschen Sammlung nicht mehr gesprochen worden war, die somit nach einer Unterbrechung mehrerer Jahrzehnte doch noch ihre sinnvolle Abrundung erfuhr.

Kleinere, in das 18. Jahrhundert hineinragende Vorhaben, die aber nie zu wirklichen Kommissionsprojekten wurden, werden nicht eingehend behandelt; es soll hier aber immerhin beispielshalber darauf hingewiesen werden, daß die Kommission in den späten 1880er Jahren die Drucklegung des Werkes des Jenenser Rechtshistorikers Eduard Rosenthal über das Gerichtswesen und die Verwaltungsorganisation Bayerns seit dem 16. Jahrhundert mit einem Druckkostenzuschuß bedachte[44] – Spiegel einer begrenzt immer vorhandenen Bereitschaft, sich Wünschen der Dynastie nicht zu verschließen, die ja eine ganz konsequente staatsintegrative Kultur- und Förderpolitik betrieb. Laetitia Boehm prüfte Anfang der 1980er Jahre, ob das Tagebuch eines Studenten des 18. Jahrhunderts aus einem pietistischen Umfeld für eine Edition geeignet sei, kam aber zu einem negativen Befund. Seit Mitte der 1970er Jahre wurde darüber diskutiert, ob die Kommission in das Trierer Säkularisationsprojekt Wolfgang Schieders eingebunden werden könne; die Gespräche kreisten außer um Finanzierungsfragen vor allem darum, ob und wie das in Trier erhobene Datenmaterial der Fachöffentlichkeit zugänglich gemacht und mit der sozialgeschichtlichen Auswertung verknüpft werden könne.[45] Es sollte freilich von vornherein dem Arbeitsbereich „Sozialgeschichte des 19. Jahrhunderts" zugeordnet werden und wird deswegen hier nicht weiter behandelt. Im Zuge einer deutlichen Verstärkung der wissenschaftlichen Aktivitäten zum 18. und 19. Jahrhundert kam kurzfristig auch ein Vorhaben auf die Tagesordnung, die Reichsgesetzgebung und die Reichsfinanzen vom 16. bis zum 18. Jahrhundert aufzuarbeiten.[46] Inwieweit sich dieses Projekt, auf das dann nicht mehr zurückgekommen und das auch aus dem „Ausbauprogramm" wieder gestrichen wurde, mit dem oben erwähnten zur allgemeinen Reichsgesetzgebung überschnitt, mag hier auf sich gestellt bleiben.

*

Daß in den 1980er Jahren dann doch noch ein großes Editionsunternehmen zum „langen" 18. Jahrhundert in Angriff genommen wurde, hatte etwas mit Personen, aber vor allem mit einer neuen Sicht der napoleonischen Zeit zu tun, die zunehmend nicht mehr primär als eine Epoche der „Fremdherrschaft", sondern als ein entscheidender gesellschaftlicher Modernisierungsschub gesehen und behandelt wurde. Den Arbeiten Helmut Berdings und Elisabeth Fehrenbachs kam hier eine Schlüsselrolle zu, aber auch den Arbeiten des Kommissionsmitglieds Eberhard Weis. Insofern war es kein Zufall, daß das Projekt, das 1982 – in dem Jahr, in dem Weis zum Sekretär der Kommission gewählt wurde – erstmals auf die Agenda der Jahressitzung gelangte, von ihm und dem zwei Jahre zuvor zugewählten Darmstädter Ordinarius und Direktors des Instituts für Europäische Geschichte, Karl Otmar Frhr. von Aretin, eingebracht wurde, übrigens aufgrund einer ausdrücklichen Ermunterung durch den Kommissionspräsidenten Schieder. Es sollte um die „Edition wichtiger Dokumente zu den Reformen in den deutschen Mittelstaaten 1799–1821" gehen, die dem Grundsatzpapier beider Kommissionsmitglieder[47] zufolge auf zwei Bände angelegt und in fünf Jahren abgeschlossen werden sollte. An der Langzeitwirkung dessen, was in den Rheinbundstaaten im raschen Zugriff an Modernisierungen durchgeführt wurde, ließen die beiden Verfasser keinen Zweifel: „eine zentralistische Verwaltung, eine einheitliche, moderne Gerichtsorganisation, ein humanisiertes Strafrecht, die Durchführung von Grundsätzen wie: Gleichheit vor dem Gesetz, Gleichheit der Besteuerung, Abschaffung der Privilegien, allgemeine Wehrpflicht, Toleranz, Gleichstellung der Konfessionen, Abschaffung der Reste der Leibeigenschaft, Beginn der Bauernbefreiung, Aufhebung des Zunftzwanges, Judenemanzipation, weitgehende Reformen auf den Gebieten des Bildungs- und Gesundheitswesens, der Wirtschaftspolitik, der Ausbildung eines modernen, leistungsfähigen Beamtentums usw.".

Dieses „Feuerwerk" an Argumenten, die in die Modernisierungsrichtung verwiesen, und der zusätzliche Hinweis, daß diese Reformen inzwischen als gleichrangig mit den Stein-Hardenbergschen Reformen eingeschätzt würden, waren hinreichend, um nach einer längeren, durchweg zustimmenden Diskussion die einstimmige Genehmigung der Kommission zu erreichen. Freilich konnten zunächst keine Kommissionsmittel zur Verfügung gestellt werden; die Antragsteller wurden vielmehr – was ihnen aber schon von Anfang an klar gewesen war – auf den Weg der Drittmitteleinwerbung verwiesen, wobei sie anfangs an frisch habilitierte Nachwuchswissenschaftler dachten. Das war freilich ein längerer Weg: Bei der Jahressitzung 1983 hatte die DFG über den im Februar 1983 eingereichten und auf Gesamtkosten von 327.500 DM lautenden Förderantrag noch nicht entschieden. Nach der DFG-Bewilligung konnte das Projekt dann zum 1. November 1983 starten, zunächst mit Ulrich Cartarius als Bearbeiter, einem ausgebildeten Archivar, der aber schon rasch, Ende April 1984, wieder ausschied, und schon bald mit der Gewißheit, in den drei von der DFG bewilligten Jahren nicht zu einem Abschluß kommen zu können.[48] Seit 1984 teilte man das Gesamtunternehmen in zwei Teilprojekte, von denen das eine unter Federführung von Eberhard Weis die süddeutschen Rheinbundstaaten (Baden, Württemberg, Bayern) abdeckte, das andere unter Leitung Karl Otmar von Aretins die mitteldeutschen (Hessen-Darmstadt, Frankfurt, Berg, Sachsen-Weimar, Nassau, Königreich Westphalen); für den ersten Teilbereich waren Ina Ulrike Paul und Viktoria Strohbach zuständig, für den zweiten als Nachfolger von Cartarius Klaus Rob, der insofern mit der Epoche bereits bestens vertraut war, als er kurz zuvor in Köln mit einer Arbeit über Dalberg promoviert worden war. 1985 gelang es, eine weitere DFG-Bewilligung für zwei Jahre einzuwerben[49] – insofern ein besonderer Erfolg, als die DFG bei der Erstbewilligung allenfalls eine Verlängerung um ein Jahr in Aussicht gestellt hatte. 1987, nach deren Auslaufen, mußten dann die Verträge mit den drei Mitarbeitern bzw. Mitarbeiterinnen Rob, Paul und Strohbach gekündigt werden. Die Protokolle der Jahresversammlungen und die Berichte der beiden Projektleiter vermitteln einen Eindruck, wie das Vorhaben voranschritt, aber auch davon, wo die Klippen lagen – etwa bei den Lieferungen von Mikrofilmen aus der DDR, vor allem aber bei der Fluktuation unter den Bearbeitern und Bearbeiterinnen (Viktoria Strohbach beispielsweise, die für Baden vorgesehen gewesen war, „sprang" schon bald wieder ab) und in konzeptionellen Meinungsverschiedenheiten: Sollten „nur" die Regierungsakten des fraglichen Zeitraums oder auch die Vorgeschichte und die Umsetzung der Reformen berücksichtigt werden. 1987 lag das erste Manuskript – von Rob über das Großherzogtum Berg – vor, im selben Jahr rechneten die beiden Abteilungsleiter[50] damit, daß bis zum Auslaufen des Projekts per 31. Oktober 1987 die druckfertigen Manuskripte für die süddeutschen Staaten und die Dokumentationsteile Westphalen und Berg vorlägen. Das war arg optimistisch; die beiden Bearbeiterinnen der süddeutschen Rheinbundstaaten wurden im Oktober 1987 auf eine neue Planstelle der Kommission übernommen, für Klaus Rob wurde noch einmal ein auf ein Jahr befristeter Verlängerungsantrag bei der DFG gestellt und überraschenderweise auch genehmigt. Dennoch reichte auch das für alle drei von Rob bearbeiteten Bände nicht aus, so daß die Kommission im Hochsommer 1989 mit einem Werkvertrag einsprang.[51] Aber auch die Prognose der beiden „süddeutschen" Bearbeiterinnen in ihrem „Schlußbericht" vom 19. November 1987,[52] die beiden Bände – Baden/Württemberg und Bayern – 1988 zum Druck geben zu können, ging an der Wirklichkeit (noch) vorbei. Das Thema beschäftigte dann das Plenum der Kommission über all die Jahre hinweg kontinuierlich, so 1996, als Eberhard Weis das Manuskript des Württemberg-Bandes „im Laufe des Jahres" erwartete, so 1998, als er berichten musste, daß „nach wie vor zentrale Kapitel" des Württemberg-Bandes fehlten, den die Bearbeiterin ja nur „nebenamtlich" verfolgte.

Im Verlauf der praktischen Arbeit in den Archiven erlebte das Vorhaben dann noch verschiedene Modifikationen. Das hatte vor allem etwas mit dem Material zu tun. Ursprünglich war geplant gewesen, der angenommenen Quellenarmut zu Hessen-Darmstadt wegen das Großherzogtum und das benachbarte Herzogtum Nassau in einem Band behandeln zu lassen. Die Darmstädter Kriegsverluste konnten indes durch überraschende Funde im Staatsarchiv Münster ausgeglichen werden, die u. a. auch illustrierten, daß viele Darmstädter Reformmaßnahmen aus dem Königreich Westphalen „importiert" worden waren, so daß am Ende jedes der beiden hessischen Staatswesen einen eigenen Band erhielt. Die zweite wesentliche Änderung gegenüber der ursprünglichen

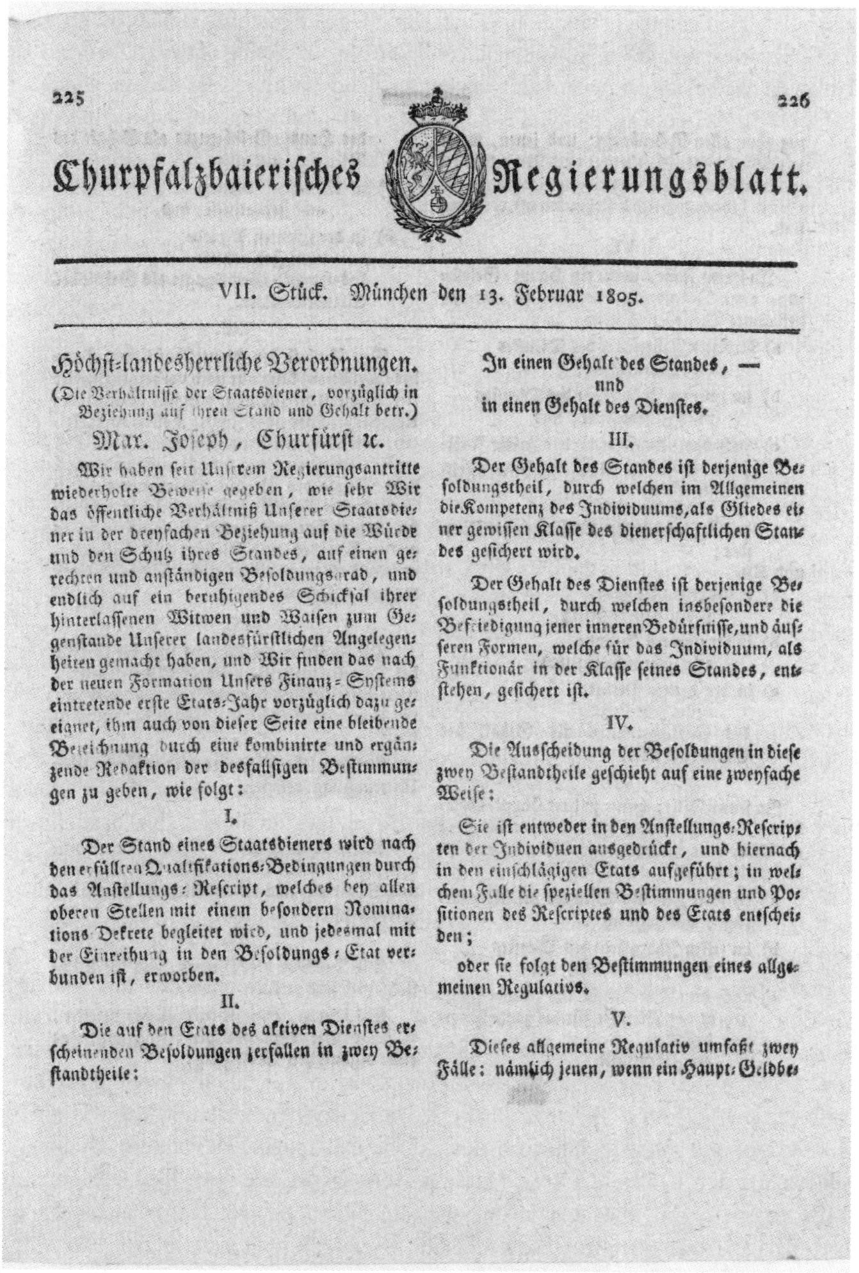

225 226

Churpfalzbaierisches Regierungsblatt.

VII. Stück. München den 13. Februar 1805.

Höchst-landesherrliche Verordnungen.

(Die Verhältnisse der Staatsdiener, vorzüglich in Beziehung auf ihren Stand und Gehalt betr.)

Max. Joseph, Churfürst ꝛc.

Wir haben seit Unserem Regierungsantritte wiederholte Beweise gegeben, wie sehr Wir das öffentliche Verhältniß Unserer Staatsdiener in der dreyfachen Beziehung auf die Würde und den Schuz ihres Standes, auf einen gerechten und anständigen Besoldungsgrad, und endlich auf ein beruhigendes Schicksal ihrer hinterlassenen Witwen und Waisen zum Gegenstande Unserer landesfürstlichen Angelegenheiten gemacht haben, und Wir finden das nach der neuen Formation Unsers Finanz-Systems eintretende erste Etats-Jahr vorzüglich dazu geeignet, ihm auch von dieser Seite eine bleibende Bezeichnung durch eine kombinirte und ergänzende Redaktion der desfallsigen Bestimmungen zu geben, wie folgt:

I.

Der Stand eines Staatsdieners wird nach den erfüllten Qualifikations-Bedingungen durch das Anstellungs-Rescript, welches bey allen oberen Stellen mit einem besondern Nominations-Dekrete begleitet wird, und jedesmal mit der Einreihung in den Besoldungs-Etat verbunden ist, erworben.

II.

Die auf den Etats des aktiven Dienstes erscheinenden Besoldungen zerfallen in zwey Bestandtheile:

In einen Gehalt des Standes, —
und
in einen Gehalt des Dienstes.

III.

Der Gehalt des Standes ist derjenige Besoldungstheil, durch welchen im Allgemeinen die Kompetenz des Individuums, als Gliedes einer gewissen Klasse des dienerschaftlichen Standes gesichert wird.

Der Gehalt des Dienstes ist derjenige Besoldungstheil, durch welchen insbesondere die Befriedigung jener inneren Bedürfnisse, und äusseren Formen, welche für das Individuum, als Funktionär in der Klasse seines Standes, entstehen, gesichert ist.

IV.

Die Ausscheidung der Besoldungen in diese zwey Bestandtheile geschieht auf eine zweyfache Weise:

Sie ist entweder in den Anstellungs-Rescripten der Individuen ausgedrückt, und hiernach in den einschlägigen Etats aufgeführt; in welchem Falle die speziellen Bestimmungen und Positionen des Rescriptes und des Etats entscheiden;

oder sie folgt den Bestimmungen eines allgemeinen Regulativs.

V.

Dieses allgemeine Regulativ umfaßt zwey Fälle: nämlich jenen, wenn ein Haupt-Geldbe-

Abb. 31: Staatsdienerpragmatik vom 1. Januar 1805, Churpfalzbayerisches Regierungsblatt, 13. Februar 1805.

Konzeption bestand darin, daß man Sachsen-Weimar aus dem Kanon der zu bearbeitenden Staaten wieder herausnahm, was angesichts der Schwierigkeiten in den mittleren 1980er Jahren nachvollziehbar ist, freien Zutritt zu den DDR-Archiven zu erhalten, sich heute aber natürlich anders darstellen würde. Die Entscheidung beruhte aber auch auf einer Einschätzung des Kommissionsmitglieds Blaschke, daß es in der fraglichen Zeit in Sachsen-Weimar „kaum Reformen gegeben" habe.[53] Des weiteren wurden die beiden südwestdeutschen Bundesmitglieder auf zwei Bände verteilt. Den zwischenzeitlich erwogenen Gedanken, auch das eine oder andere sehr kleine Territorium (auf dem Niveau einer Grafschaft, etwa Arenberg) in das Tableau der zu behandelnden Staaten aufzunehmen, ließ man am Ende wieder fallen. Ob die allerjüngste Entwicklung, Sachsen-Weimar nun doch bearbeiten zu lassen, dazu führt, daß man zu der ursprünglichen (flächendeckenden) Konzeption zurückkehrt, wird die Zukunft erweisen.

Allen angesprochenen Verzögerungen und Veränderungen zum Trotz kann das Unternehmen zu den erfolgreichen der Kommission gezählt werden: Seit 1992 erschienen in zunächst rascher Folge die von Klaus Rob bearbeiteten Bände mit den Regierungsakten des Großherzogtums Berg, des Königreichs Westphalen, des Dalbergschen Primatialstaats und des Großherzogtums Frankfurt sowie der Band Bayern von Maria Schimke. Nach einer mehrjährigen Unterbrechung folgten seit 2001 auf der Grundlage einer DFG-Bewilligung[54] die Akten Nassaus, des Großherzogtums Hessen-Darmstadt und 2005 zuletzt – als umfangreichster Band der Reihe mit starken analytischen Teilen zusätzlich zur Quellenedition – Württembergs. Abschließen soll das Vorhaben der von Maria Schimke, einer hauptamtlichen Mitarbeiterin der NDB-Redaktion, sozusagen in der „Freizeit" bearbeitete Band zum Großherzogtum Baden. Auffällig bei einer kritischen Durchsicht der Bände ist, wie sehr der ursprüngliche Ansatz, nur Quellen aus der eigentlichen Rheinbundzeit (1806–1813) aufzubereiten, allmählich aufgegeben wurde zugunsten des erweiterten Modells, die Reformen der Rheinbundzeit und die unmittelbar vorangehenden sowie die unmittelbar folgenden Jahre als eine Art Reform-Einheit zu sehen, die als Ganzes den „modernen" Staat begründet haben. Am extremsten wurde das bei dem Württemberg-Band praktiziert, dessen Eckdaten deswegen nicht zufällig bis ins 18. Jahrhundert zurückreichen bzw. mit 1819 gesetzt wurden; bei ihm drängte sich eine solche Lösung um so eher auf, als im Gegensatz zu den anderen behandelten Territorien die Vorarbeiten trotz der Studien von Erwin Hölzle aus den dreißiger Jahren des 20. Jahrhunderts eher als bescheiden eingestuft werden mußten. Diese Entscheidung gründete zum Teil übrigens auch in Besprechungen, die gerade das weitere Schicksal der Reformgesetzgebung nach 1813/14 angemahnt hatten.[55] Die Bände beleuchten je auf ihre Art die faszinierenden Prozesse, wie sich aus eher reformierungsresistenten Staaten „moderne" Gemeinwesen entwickelten, wie die Reformen ganz gezielt eingesetzt wurden, um aus heterogenen Länderpartikeln geschlossene Staatswesen zu machen (Westphalen, Hessen-Darmstadt), sie lassen zugleich aber erkennen, wie die bürokratische Elite je nach ihren eigenen Interessen Reformdekrete auch weitgehend zu entschärfen vermochte. Sie dokumentieren ferner, daß keineswegs alle Rheinbund-Staaten daran dachten und darauf hinarbeiteten, den Code Napoléon integral zu übernehmen (Württemberg). Sie haben jedenfalls die Forschungslandschaft zum frühen 19. Jahrhundert nachhaltig verändert, was sich auch darin spiegelt, daß einzelne Quellen sofort in andere Publikationen, z. B. das Handbuch der Europäischen Verfassungsgeschichte, Eingang fanden.

Da die Meinung immer noch vorherrscht, ein solches Editionsvorhaben sei ein geradezu ideales Sprungbrett für eine akademische Hochschulkarriere, soll ein kurzer, eher desillusionierender Blick auf die „Nachkarrieren" der beteiligten Wissenschaftlerinnen und Wissenschaftler geworfen werden. Die Bearbeiter(innen), die ihren jeweiligen Bänden höchst verdienstvolle Einleitungen vorangestellt hatten, blieben nämlich längst nicht durchgehend in der Wissenschaft. Rob wechselte zu einem renommierten Mainzer Verlagshaus und verstarb früh (2005), Uta Ziegler verstarb ebenfalls tragischerweise kurz nach der Drucklegung ihrer Bände (Nassau, Hessen-Darmstadt), Maria Schimke trat 1996 in die Redaktion der Neuen Deutschen Biographie ein; allein Ina-Ulrike Paul, eine Schülerin Eberhard Weis', habilitierte sich – im übrigen mit dem genannten Württemberg-Werk, das deswegen nicht zufällig auch einen höheren „Forschungsanteil" aufweist – im Wintersemester 2002/03 an der Freien Universität Berlin, wo sie heute (2007) als Privatdozentin tätig ist.

Das alles in allem höchst erfolgreiche Rheinbundstaaten-Projekt, das sich kurz vor seinem Ziel befindet, fand seit den 1990er Jahren dann noch eine wichtige Ergänzung in Gestalt eines neuen Kommissionsvorhabens, das von dem damaligen Präsidenten der Kommission, Eberhard Weis, initiiert worden war. Weis, Verfasser einer Montgelas-Biographie, deren 2. und abschließender Band 2005 erschienen ist, kannte die bayerischen Quellen der Umbruchzeit wie kein zweiter und schlug auf der Grundlage dieser Expertise der Kommission 1998 vor, die bayerischen Staatsratsprotokolle im Zeitraum 1799 bis 1817, obwohl nicht vollständig erhalten, zum Gegenstand einer Edition zu machen. Damit war zunächst die Hoffnung verbunden gewesen, dafür eine Förderung durch die Montgelas-Gesellschaft einwerben zu können,[56] die im Januar 1998 den Anstoß zu dem Vorhaben gegeben hatte. Diese Hoffnungen zerschlugen sich zwar ebenso wie die einer direkten Bezuschussung durch die Staatsregierung – stattdessen betrieb man dann mit Erfolg eine Förderung durch die Bayerische Landesstiftung[57] –, aber an der Einschätzung, daß dieses Projekt die Arbeit der Historischen Kommission sinnvoll ergänze, änderte das nichts. Es wurde deswegen auch in das „Ausbauprogramm der Historischen Kommission" von 2002 aufgenommen – ein Vorhaben, das gewissermaßen die Reformen vor den (rheinbündischen) Reformen erschließt und aufgrund eines seriellen Quellenbestandes tiefe Einblicke in den Transformationsprozeß von den Ordnungsmodellen Alteuropas zu denen der Moderne ermöglicht. Mit Reinhard Stauber, inzwischen (seit 2003) Professor an der Universität Kla-

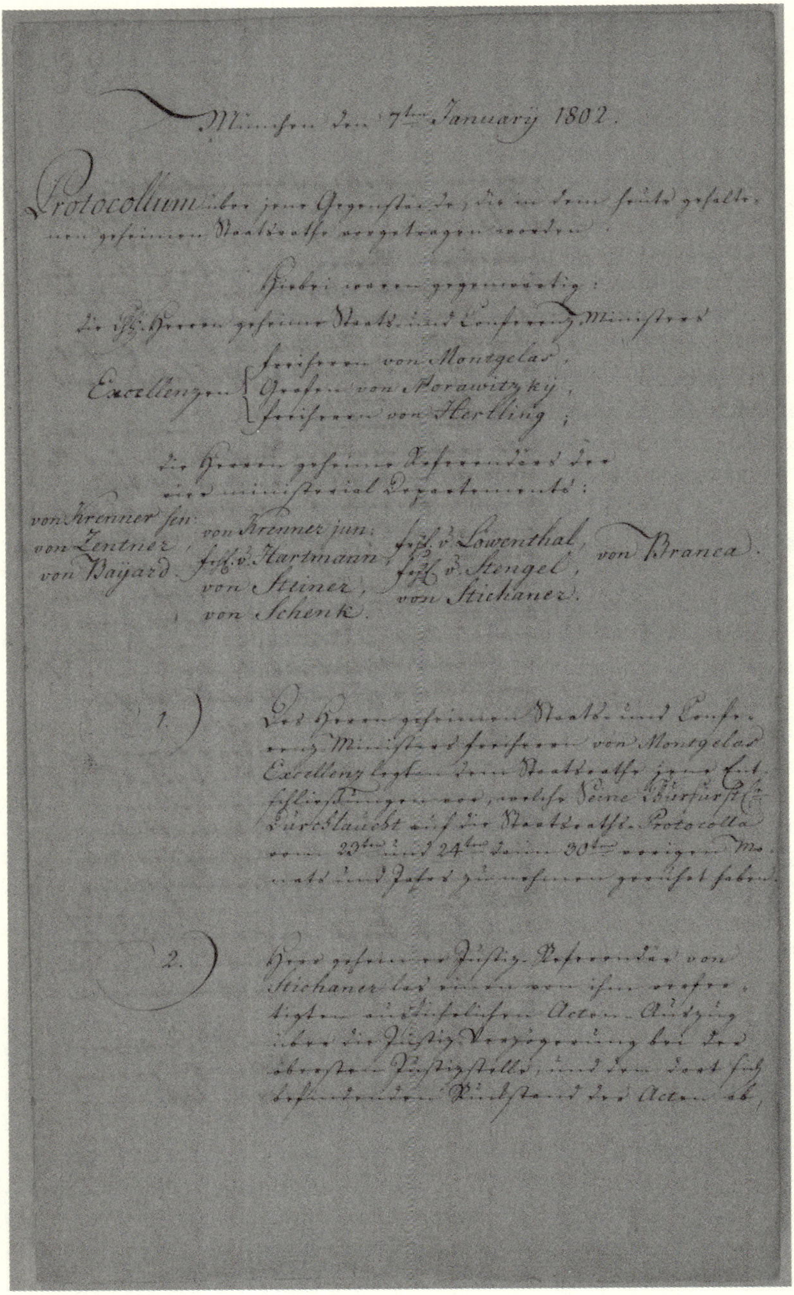
München den 7ten January 1802.

Protocollum über jene Gegenstände, die in dem heute gehaltenen geheimen Staatsrathe vorgetragen worden.

Hiebei waren gegenwärtig:

die Sr. Herren geheimen Staats- und Conferenz-Ministers

Excellenzen { Freiherrn von Montgelas, Grafen von Morawitzky, Freiherrn von Hertling;

die Herren geheimen Referendärs der drei Ministerial Departements:

von Krenner sen., von Zentner, von Bayard. von Krenner jun., Frh. v. Hartmann, von Stiner, von Schenk. Frh. v. Lowenthal, Frh. v. Stengel, von Stichaner. von Branca.

1.) Des Herrn geheimen Staats- und Conferenz-Ministers Freiherrn von Montgelas Excellenz legte dem Staatsrathe jene Entschließungen vor, welche Seine Churfürstl. Durchlaucht auf die Staatsraths-Protocolla vom 23ten und 24ten dann 30ten vorigen Monats und Jahrs zu erlassen geruhet haben.

2.) Herr geheimer Justiz-Referendär von Stichaner las einen von ihm verfertigten ausführlichen Acten-Auszug über die Justiz-Verzögerung bei der obersten Justizstelle, und den dort sich befindenden Rückstand der Acten ab,

Abb. 32: Erste Seite des Staatsratsprotokolls vom 7. Januar 1802 mit Verzeichnis der Teilnehmer.

genfurt, der seit 2001 an dem Vorhaben arbeitete, und Esteban Mauerer, der 2004 die Bearbeitung des 2. Bandes übernahm – beide Schüler von Eberhard Weis –, standen sozusagen schon zwei Bearbeiter „Gewehr bei Fuß", die (in beiden Fällen konsekutiv gefördert durch die Landesstiftung, Esteban Mauerer seit 2007 durch die DFG) in relativ kurzer Zeit zwei Bände, die den Zeitraum 1799/1801 und 1802–1807 abdeckten, zum Druck beförderten (2006/07). Dabei waren, auch im Zusammenwirken mit dem Kooperationspartner, der Generaldirektion der Staatlichen Archive Bayerns, editorische Vorfragen zu klären, insbesondere die, wie man aus den (umfänglicheren) Protokollen den politischen Kern herauslösen könne und wie man die Protokolle vor allem auf die Montgelasschen Reformen hin auswerten solle.[58] 2003 entschied man sich für die ausführliche Regestierung der jeweiligen Sitzung mit der Beigabe des Originaltextes im vollen Wortlaut, soweit es sich um „wichtige Gegenstände" handelte.[59] Das Vorhaben, lange auf unsicheren finanziellen Beinen, hat auch deswegen gute Perspektiven, als eine feste Zusage der Kommission besteht, in Zukunft dem Projekt eine Planstelle zuzuordnen, wenn eine Aufhebung der Haushaltssperren dies zuläßt. Eine tabellarische Übersicht über das Gesamtmaterial liegt bereits vor. Ob es sich freilich im Umfang der anfangs genannten vier bis fünf Bände bewältigen lassen wird, wird die Zukunft zeigen. Daß das Vorhaben, mit dem der Modernisierungs- und Professionalisierungsprozeß im Kurfürstentum bzw. Königreich Bayern nachhaltig weiter erhellt wird, besonderer lokaler Aufmerksamkeit sicher sein kann, unterstrich die Präsentation des 1. Bandes in Anwesenheit des bayerischen Wissenschaftsministers und des Akademiepräsidenten. Die Bände werden im übrigen, auch das ein Spiegel des Zeittrends, ein Jahr nach Erscheinen auf der Homepage der Kommission digitalisiert veröffentlicht und damit kostenfrei nutzbar.

*

Blickt man auf die eineinhalb Jahrhunderte und die wissenschaftlichen Aktivitäten der Historischen Kommission im und zum 18. Jahrhundert zurück, so ist das sicher nicht mit den vielen Arbeitsvorhaben zum 16. oder 17. – und schon gar nicht mit denen zum 19. – Jahrhundert zu vergleichen, korrespondiert aber andererseits damit, daß auch in den Arbeitsprogrammen der regionalen Historischen Kommissionen das 18. Jahrhundert von Anfang an nur schwach, wenn überhaupt, vertreten war. An dieser Einschätzung ändern auch die Tatsachen nichts, daß in die 1952 eingerichtete Schriftenreihe der Historischen Kommission relativ viele Studien zum 18. Jahrhundert Eingang gefunden haben und daß einige der in den „Geschichtsquellen zum 19. Jahrhundert" aufgearbeiteten Quellen noch ins (ausgehende) 18. Jahrhundert zurückreichen, etwa der „Politische Briefwechsel Karl Augusts von Weimar". Verschiedene Momente kamen hier zusammen. Anfangs bestand sicher eine gewisse Zurückhaltung, sich in einem Jahrhundert zu engagieren, das gemeinhin als das

„preußische" galt und für das preußische Einrichtungen dann auch einen energischen Zugriff entwickelten. Es kam hinzu, daß in den Augen vieler Historiker die Reichsgeschichte des 18. Jahrhunderts eher als eine des Verfalls eingeschätzt wurde: eine Phase, in der es dem Reich nicht gelang, seine Vergangenheit abzustreifen und konsequent den Weg zum Nationalstaat zu beschreiten, in dem es ebensowenig gelang, sich – horribile dictu – von französischer Bevormundung und Fremdsteuerung völlig zu befreien. Seit 1916/1917 und vollends nach dem Ende des Zweiten Weltkriegs wandte sich das Interesse der Kommission bei neuen Unternehmungen dann relativ schlagartig dem 19. Jahrhundert zu – auch dies für das 18. Jahrhundert eine eher nachteilige Tendenz. Schließlich aber muß man im Auge haben, daß es unter den Präsidenten und den Kommissionsmitgliedern gar nicht so viele Spezialisten für dieses Jahrhundert gab, von denen Impulse für neue Forschungsvorhaben hätten ausgehen können – ganz unbeschadet von Mitgliedern wie Max Braubach (der sich bald nach seiner Zuwahl ganz den „Acta Pacis Westphalicae" zuwandte) und Anton Ernstberger, Gerhard Ritter oder Hans Haussherr oder im ausgehenden 19. Jahrhundert Alfred Ritter von Arneth. Erst in dem Augenblick, als mit Theodor Schieder ein Präsident ins Amt kam, der deutliche Interessen für das vorrevolutionäre 18. Jahrhundert hatte, und als vermehrt Mitglieder – wie etwa Aretin und Weis – zugewählt wurden, die als Experten für das 18. Jahrhundert und die sich anschließende revolutionär geprägte Umbruchepoche eingestuft werden mußten, wurden verstärkt Projekte ventiliert und dann auch wirklich betrieben. Die Historische Kommission hat sich, wenn hier nur das „lange" 18. Jahrhundert betrachtet wird, immerhin wieder etwas stärker in die Mitte der Neuzeitforschung hineinbewegt, um eine „klassische" Formulierung Hermann Heimpels modifizierend aufzugreifen. Insofern versteht es sich von selbst, daß eine unter den Arbeitsschwerpunkten der Kommission lange nicht figurierende Epoche, die in der Festschrift des Jahres 1958 mit einer gewissen Berechtigung nicht vertreten war, in der Festschrift des Jahres 2008 ihren Platz gefunden hat. Analog zu den Veränderungen in der Wissenschaftslandschaft sind auch die Arbeitsschwerpunkte der Kommission bestimmten Wandlungen unterworfen – und sie müssen das auch, bei allem Respekt gegenüber jenen Unternehmen, die sich mehr oder weniger direkt auf die Gründungsversammlung vom 29. September 1858 zurückführen lassen. Die neuen Projekte zur revolutionären Umbruchphase der „Sattelzeit" ändern jedoch nichts an dem Befund, daß das vorrevolutionäre 18. Jahrhundert in den Arbeitsprogrammen der Historischen Kommission seit ihren Anfängen immer defizitär blieb. Ob sich daran unter den Vorzeichen der Neuen Medien etwas ändert, die bessere Voraussetzungen haben, um sehr große Quellenbestände zu bewältigen, wird die Zukunft erweisen.

[1] Die Historische Kommission bei der Bayerischen Akademie der Wissenschaften, Göttingen 1958 [zitiert: FS 1958].

[2] Protokoll der Sitzung vom 1. Oktober 1858: HiKo 1.

[3] Vgl. Theodor Schieder, Organisation und Organisationen der Geschichtswissenschaft, in: FS 1983, 22–44, hier 29.

[4] Acta Borussica. Denkmäler der Preußischen Staatsverwaltung im 18. Jahrhundert, hg. von der Preußischen Akademie der Wissenschaften, seit 1892.

[5] Franz Schnabel, Die Idee und die Erscheinung, in: FS 1958, 7–69, hier 21.

[6] Protokoll, in: HiKo 101.

[7] HiKo 334.

[8] Stellungnahme vom 12. Januar 1911, in: HiKo 334.

[9] Gutachten vom 19. März 1911, in: HiKo 334.

[10] Vgl. Schnabel (wie Anm. 5), 48ff.

[11] Ebd.

[12] Protokoll, in: HiKo 103.

[13] Exemplar in Hiko 103; vgl. Aktenvermerk Riezler, 28. Juni 1912, in: HiKo 334.

[14] Adolf Laufs (Hg.), Die Reichskammergerichtsordnung von 1555, Köln-Wien 1976; Wolfgang Sellert (Hg.), Die Ordnungen des Reichshofrates 1550–1766, 2 Halbbände, Köln-Wien 1980–1990.

[15] Protokoll der Jahresversammlung vom 1. März 1983, in: HiKo R 22.

[16] Protokoll der Jahresversammlung 1984, 3, in: HiKo R 23.

[17] Ebd., 9.

[18] Tischvorlage für die Jahresversammlung 1986, in: HiKo R 25.

[19] Jahresversammlung 1987, Protokoll 2, in: HiKo R 26.

[20] Protokoll der Jahresversammlung 1985, 15f., in: HiKo R 24.

[21] Johann Joseph Pachner von Eggenstorff, Vollständige Sammlung aller von Anfang des noch fürwährenden Teutschen Reichs-Tags de Anno 1663 biß anhero abgefassten Reichs-Schlüsse, 4 Bde., Regensburg 1740–1777, ND 1996.

[22] Jahresversammlung 1985, in: HiKo R 24.

[23] Akten, in: HiKo R 25.

[24] Vorberichte der Abteilungsleiter, 21ff., in: HiKo R 26.

[25] Arbeitsbericht Bátori für 1987, in: HiKo R 27.

[26] HiKo R 29 Protokoll 14.

[27] HiKo R 30 Protokoll 16.

[28] HiKo R 36 Protokoll 17.

[29] Vgl. Schnabel (wie Anm. 5), 45.

[30] So Schieder (wie Anm. 3), 30.

[31] Protokoll, in: HiKo 1.

[32] Formblatt, in: HiKo 283.

[33] Die historischen Volkslieder der Deutschen vom 13. bis 16. Jahrhundert. Gesammelt und erläutert von Rochus Freiherr von Liliencron, 5 Bde., Leipzig 1865–1869, ND 1966.

[34] Vgl. Schnabel (wie Anm. 5), 44f.

[35] Ditfurth an Sybel, 23. Juli 1861, in: HiKo 283.

[36] Ditfurth an Weizsäcker, 8. Sept. 1861, in: HiKo 283.

[37] Giesebrecht an Ditfurth, 16. Okt. 1862, in: HiKo 283; Protokoll der Plenarsitzung vom 8. Okt. 1862, in: HiKo 54.

[38] Ditfurth an Giesebrecht, 28. Aug. 1867, in: HiKo 283.

[39] 22. Sept. 1867, in: HiKo 283.

[40] Protokoll der Jahresversammlung vom 7. Okt. 1867, in: HiKo 58.

[41] Deutsche Volks- und Gesellschaftslieder des 17. und 18. Jahrhunderts. Wort und Weise, Nördlingen 1872; Die historischen Volkslieder vom Ende des dreißigjährigen Krieges 1648 bis zum Beginn des siebenjährigen 1756, aus fliegenden Blättern, Heilbronn 1877.

[42] Protokoll der Jahresversammlung vom 26. Mai 1904, in: HiKo 95; Hartmann an Historische Kommission, 24. Mai 1905; Hartmann an Historische Kommission, 5. Juni 1906; Kassenanweisung Riezlers, 3. Okt. 1913, in: HiKo 283.

[43] Historische Volkslieder und Zeitgedichte vom 16. bis 19. Jahrhundert. Gesammelt und erläutert von August Hartmann, 3 Bde., München 1907–1913.

[44] Akten, in: HiKo 79, 280. Vgl. auch Protokoll der Jahresversammlung vom 7. Juni 1900, in: HiKo 91, und Protokoll vom 29. Mai 1901, in: HiKo 92 sowie Protokoll vom 21. Mai 1902, in: HiKo 93.

[45] Protokoll der Jahresversammlung 1984, 15f., in: HiKo R 23.

[46] Protokoll der Jahresversammlung 1986, in: HiKo R 25.

[47] 27. Jan. 1982, in: HiKo R 22 und HiKo R 386.

[48] Protokoll der Jahresversammlung 1985, 14, in: HiKo R 24.

[49] Hier und im folgenden HiKo R 386.

[50] Vorberichte der Abteilungsleiter, 33, in: HiKo R 26.

[51] HiKo R 386.

[52] HiKo R 27.

[53] HiKo R 33 Protokoll 15.

[54] Antrag vom 30. Juli 1998, in: HiKo R 387.

[55] Vgl. z. B. Werner Schubert zu Bd. 1, Rheinische Vierteljahrsblätter 57 (1993), 431f.

[56] HiKo R 37, Protokoll 7.

[57] HiKo R 40, Protokoll 11.

[58] HiKo R 42 Protokoll 9.

[59] Bericht Stauber für 2004, in: HiKo R 385.

Dieter Langewiesche

Auf dem Weg in die Moderne: Deutschland im 19. Jahrhundert. Sozialgeschichtliche Editionsprogramme und die Widrigkeiten ihrer Realisierung

Als 1962 die Abteilung Sozialgeschichte eingerichtet wurde, war dies der zweite Versuch der Historischen Kommission, ein Editionsprogramm zur Entstehung der industriegesellschaftlichen Moderne in Deutschland zu entwickeln. Aus den Kommissionsinitiativen der unmittelbaren Nachkriegszeit war bereits 1946 eine Abteilung hervorgegangen, die sich dem „19. Jahrhundert und seiner sozialen Entwicklung" widmen sollte. Anvertraut wurde sie Rudolf Stadelmann. Mit dessen Tod drei Jahre später erlosch dieses Vorhaben. Erst die Wahl Werner Conzes in die Kommission im Jahre 1959 schuf die personelle Voraussetzung, es erneut aufzugreifen.

Conze entwarf 1962 mit seinen „Gedanken zur vorgesehenen Editionsreihe zur Sozialgeschichte des 19. Jahrhunderts"[1] ein weitgestecktes Programm, und er umriß auch bereits die Probleme, die diese Abteilung seit ihren Anfängen begleiteten und dazu führten, daß sie die hohen Erwartungen nicht einlösen konnte, wenngleich ihr mit den „Quellen zur Bevölkerungs-, Sozial- und Wirtschaftsstatistik Deutschlands 1815–1875" und der Reihe „Säkularisation und Mediatisierung in den vier rheinischen Departements 1803–1813" zwei umfangreiche mehrbändige Werke gelangen, die der Forschung grundlegendes Datenmaterial zum gesellschaftlichen Wandel im 19. Jahrhundert zur Verfügung stellen.

1. Das Gründungsprogramm und die strukturellen Probleme der Abteilung Sozialgeschichte[2]

Werner Conze konzipierte 1962 für die neue Abteilung als „Rahmenthematik [...] den großen Zusammenhang der Auflösung der ständischen Gesellschaft und Bildung neuer sozialer Erscheinungsformen (Emanzipation und Organisation)". Diese Entwicklungen sollten „bis zu den 60er Jahren des 19. Jahrhunderts in einigen großen Bereichen durch Editionen" dokumentiert werden.

Als Beispiele nannte er: „Bauernbefreiung und liberale Bodenreformen"; „Wandel der Gewerbeverfassung"; „Vereine und Assoziationen verschiedener Art, besonders von gesamtdeutscher Ausdehnung, wie zum Beispiel Nationalverein und Reformverein. Hierbei auch mit Vorrang Unternehmerzusammenschlüsse einerseits, frühe Arbeiterbewegung andererseits. Früher Parlamentarismus (Landtage in Einzelstaaten vor 1848)."

Auf zwei Wegen wollte Conze dieses Programm angehen: systematisch angelegte „umfassende, vielbändige" Editionen, die einen „längeren Atem" für Archivforschungen voraussetzen, oder „begrenztere Einzeleditionen", die sich aus den Quellenfunden von externen Forschern ergeben und von diesen erarbeitet würden. Alles hänge vom Geld und von Bearbeitern ab. Mit diesen skeptischen Bemerkungen reagierte der Leiter der neuen Abteilung auf die „widrigen Umstände", unter denen er den „Anfang eines so großen, auf lange Zeit hin geplanten Unternehmens" wagen mußte: Mitarbeiterstellen konnte ihm die Kommission nicht bieten. Deshalb fiel es ihm schwer, junge Wissenschaftler zu gewinnen. Sie fanden auf dem Arbeitsmarkt attraktivere Alternativen, die eine feste Anstellung und Karrierechancen boten. Gymnasien und Universitäten wurden damals ausgebaut, die Arbeitsplätze für Akademiker suchten Kandidaten, nicht umgekehrt. Conze hatte selber vier Assistentenstellen zu besetzen – eine historisch gänzlich neue Situation für einen Geisteswissenschaftler. Junge Wissenschaftler könnten unter „Stellen aller Art" wählen, sich einer Edition zu verschreiben, gelte nicht als „nützlich", um beruflich eine günstige Position zu erhalten. Es falle sogar schwer, „begabte Doktoranden" zu bewegen, sich zumindest „kurze Zeit vom Schulamt beurlauben zu lassen".

Das Problem, junge Historiker für das „Editorenhandwerk" anzuwerben, hatte die Historische Kommission schon in ihrer Denkschrift vom 13. Februar 1960 an den Wissenschaftsrat[3] angesprochen, mit der sie beantragte, vergleichbar zu den Akademien ausgestattet zu werden, um „ihren Aufgaben aus eigenen Mitteln" nachkommen zu können. Früher hätten „Archivare, Bibliothekare und Schulmänner eine Kohorte bewährter Editoren" gestellt, heute sei das nicht mehr der Fall. Junge Wissenschaftler sähen in der Editionsarbeit für die Historische Kommission nicht mehr ein „Sprungbrett zur akademischen Laufbahn". Stipendien böten die Möglichkeit, sich „ohne Auftragsbelastung" einem „selbstgewählten Forschungsthema zu widmen", und die „immer zahlreicher geschaffenen Assistentenstellen" würden „einer auf lange Zeit bindenden Editionsarbeit" vorgezogen. Deshalb und weil die „Editorentätigkeit [...] sich zu einem eigenen Berufszweig" entwickelt, müsse die Historische Kommission „gleich ähnlichen Einrichtungen" ihren Mitarbeitern eine dauerhafte Beschäftigung mit attraktiven Gehältern und Aufstiegschancen offerieren können. Nur so werde es möglich sein, „die neu sich bildende Hilfstruppe unseres wissenschaftlichen Lebens" zu stabilisieren.

Für die Abteilung Sozialgeschichte erfüllten sich diese Hoffnungen nicht. Eine feste wissenschaftliche Mitarbeiterstelle hat sie nie erhalten. Die vorhandenen Stellen waren vergeben. Die neue Abteilung blieb deshalb von Beginn an darauf angewiesen, Drittmittel für Mitarbeiter auf Zeit einzuwerben, oder Professoren zu gewinnen, ihre Universitätsmitarbeiter vorübergehend für Editionsaufgaben einzusetzen, oder doch noch einen Archivar zu finden, der neben seinem Hauptberuf oder nach seiner Pensionierung eine thematisch begrenzte Edition übernahm. Diese drei Wege wurden beschritten. Eine systematische editorische Erschließung des Übergangs von der ständischen Welt in die industriegesellschaftliche Moderne ermöglichten sie nicht. Das erkannte Werner Conze rasch, und seine Nachfolger mußten diese Gründungshypothek übernehmen, Abteilungsleiter zu sein, ohne über eine Abteilung mit einer Wissenschaftlerstelle zu verfügen. Deshalb begann für den jungen Habenichts unter den Kommissionsabteilungen die Ära der Drittmittel ungewöhnlich früh.

1965 unternahm die Kommission einen letzten vergeblichen Versuch, die Drittmittelunsicherheit durch langfristige Förderzusagen für ihre sozialgeschichtlichen Projekte zu überwinden. Bei der DFG scheiterte Theodor Schieder mit seinem Plan, eine Art institutionelle Förderung zu erreichen, indem bei Anträgen der Historischen Kommission auf eine Begutachtung verzichtet würde. Im selben Jahr lehnte es auch die Fritz Thyssen Stiftung ab, sich langfristig zu binden.[4] Sie hatte drei Jahre zuvor, 1962, ihr bekanntes Forschungsunternehmen „Neunzehntes Jahrhundert" begonnen, das neun Arbeitskreise umfaßte, zu denen auch die Geschichte gehörte. Diese Mittel flossen aber nicht in die sozialgeschichtliche Abteilung, sondern dienten dazu, am Historischen Seminar der Universität Köln Theodor Schieders Forschungsstelle zur Organisations- und Sozialgeschichte europäischer nationaler Bewegungen im 19. Jahrhundert einzurichten.[5] Innerhalb des Schwerpunktes „Neunzehntes Jahrhundert" finanzierte die Fritz Thyssen Stiftung im Themenbereich „Industrielle Gesellschaft" eine Reihe von Tagungen, die damals die sozialgeschichtliche Forschung voranbrachten. Hier wurden auch Themen aus der Agrargeschichte und der Interessenpolitik von landwirtschaftlichen Interessenorganisationen betrachtet, doch im Zentrum stand stets die Analyse, verbunden mit theoretischen Fragen, nicht aber die Edition von Quellen. Dies mag Werner Conze bewogen haben, nicht zu versuchen, seine sozialgeschichtlichen Editionsvorhaben in diesem Forschungsunternehmen der Fritz Thyssen Stiftung unterzubringen, obwohl es auch hier darum ging, das 19. Jahrhundert in neuer Weise zu erschließen. Er blieb deshalb darauf angewiesen, für jedes Vorhaben separat Drittmittel einzuwerben.

Auf Einzelprojekte zugeschnittene Drittmittel erzwingen kurzfristig angelegte Forschungsvorhaben. Ein vieljähriges systematisches Editionsprogramm hätte sich auf Drittmittelbasis nur verwirklichen lassen, wenn es in die Langfristfinanzierung der DFG oder – in noch längerer zeitlicher Perspektive – in die Vorhaben der Union der Deutschen Akademien der Wissenschaften übernommen worden wäre, wie es 2007 der Kommission mit dem „Repertorium Academicum Germanicum" gelungen ist. Dazu fehlt der Abteilung Sozialgeschichte jedoch eine notwendige Voraussetzung: ein präzise abgestecktes Themenfeld. Werner Conze sprach dieses Problem an, als er auf der Jahresversamm-

Abb. 33: Werner Conze (1910–1986) leitete 1962–1982 die Abteilung „Forschungen zur deutschen Sozialgeschichte".

lung von 1981 auf die gescheiterten oder nur teilweise realisierten Vorhaben der ersten beiden Jahrzehnte zurückblickte: Da „der sozialgeschichtliche Aspekt grundsätzlich allumfassend ist, die Themen einer sozialgeschichtlichen Abteilung deshalb beliebig vermehrbar sind", wäre eine „Idealplanung von vornherein fragwürdig". Einzeleditionen, keine weit angelegte sozialgeschichtliche Editionsserie – zu dieser Einsicht mußte er sich durchringen, nachdem er zunächst noch gehofft hatte, beide Wege gehen zu können.

Selbst dieses begrenzte Programm mußte auf Schwierigkeiten stoßen. Denn der sozialgeschichtliche Aufbruch in den 1960er Jahren versprach zwar eine neue Sicht auf historische Prozesse und neue theoretische Ansätze zu ihrer Deutung, hingegen interessierte er sich nicht für Editionen. Deshalb fiel in diesem Themenfeld, auf dem die stimulierenden Debatten über die künftige Gestalt der Neuzeithistorie geführt wurden, der Historischen Kommission jener Teil zu, der kaum Aufmerksamkeit im Fach und erst recht außerhalb auf sich zog. So kann es nicht überraschen, daß Werner Conze seine Wirkungsstätte als Sozialhistoriker nicht in der Historischen Kommission fand, sondern in dem „Arbeitskreis für moderne Sozialgeschichte". Ihn hatte er gemeinsam mit Otto Brunner gegründet und für die deutsche Sozialgeschichte zu ‚dem' interdisziplinären und richtungsübergreifenden Ort gemacht, an dem theoretische Debatten geführt und Forschungen angeregt wurden. Eine auf Editionen konzentrierte Institution hätte eine solche Faszination nicht entfalten können.

Dies mußte auch die Mainzer Akademie der Wissenschaften und der Literatur erfahren, deren Historische Kommission – ihr Vorsitzender Peter Rassow war Mitglied der Münchener Historischen Kommission – eine vielbändige Quellensammlung zur Geschichte der Sozialpolitik im Deutschen Reich begründet hat. Um die sozialgeschichtlichen Vorhaben der Historischen Kommissionen in München und Mainz abzustimmen, stand Werner Conze bei der Vorbereitung seines sozialgeschichtlichen Editionsprogramms mit Otto Brunner im Gespräch, doch ihre Debatten über eine sozialgeschichtliche Fundierung des Fachs führten sie im „Arbeitskreis" – wie auch andere Kommissionsmitglieder, welche die damaligen Theoriedebatten maßgeblich mitgeprägt haben: Thomas Nipperdey, Reinhart Koselleck und Knut Borchardt.

Dieser Bedeutungsverlust, den die Historische Kommission ausgerechnet in dem Bereich hinnehmen mußte, der die Neuzeithistoriographie mehrere Jahrzehnte am stärksten bestimmen sollte, war nicht von vornherein abzusehen. Als sie 1946 erstmals eine Abteilung Sozialgeschichte gründete, war dies ein innovativer Akt, mit dem die Kommission der Entwicklung in der deutschen Geschichtswissenschaft vorgriff.[6] Die zweite Gründung hingegen fiel 1962 in eine Zeit, in der „Sozialgeschichte" bereits zu einem Programm geworden war, das sich den Umbau der Geschichtswissenschaft auf die Fahne geschrieben hatte. Noch entschiedener verdichtete sich dieser Veränderungswille in den Kampfbegriffen „Gesellschaftsgeschichte" und „Historische Sozialwissenschaft". Die Geschichte sollte durch einen radikalen Perspektivenwechsel ein anderes Gesicht erhalten. Sie von der Gesellschaft her untersuchen, nicht aus der Sicht der Politik, gar aus dem Handeln „großer Männer", wurde gefordert.

Dieses wissenschaftsgeschichtliche und -politische Umfeld, in dem sich die zweite Abteilungsgründung vollzog, sprach Werner Conze nur eingeschränkt an, als er am 1. Oktober 1961 erstmals ein sozialgeschichtliches Editionsprogramm für die Historische Kommission skizzierte. Er stellte es in eine Linie, die zu den großen Debatten in Deutschland vor dem Ersten Weltkrieg führt, während er die Impulse aus dem englischsprachigen Wissenschaftsraum nach 1945 nicht erwähnte und auch nicht die deutsche Form einer „Volksgeschichte", wie sie in den zwanziger Jahren entstanden und in der NS-Zeit ausgebaut worden ist.[7] Die Sozialgeschichte stecke „weithin noch in den Kinderschuhen", da der „große Anstoß, der ihr durch die Generation Max Webers, Otto Hintzes und Gustav Schmollers gegeben worden ist, [...] zumindest in der neueren Geschichte nicht zulänglich weiter entwickelt" worden sei. Es fehle an „elementaren Grundlagen", der Begriff Sozialgeschichte sei ungeklärt geblieben, und für sozialgeschichtliche Editionen müßten neue Verfahren entwickelt werden, die sich von denen der Texteditionen unterscheiden. Conze dachte vorrangig an Statistiken, in denen „die Masse des Zahlenmaterials" „zusammenfassend und umrechnend aufzubereiten" sei, „damit endlich eine befriedigende Orientierung über die grundlegenden Tatsachen der sozialen und wirtschaftlichen Verhältnisse und Entwicklungen Deutschlands im 19. Jahrhundert ermöglicht wird."

Mit diesem Programm einer langwierigen Grundlagenforschung, deren Ergebnisse statistisch aufbereitet als eine spezifisch sozialgeschichtliche Form der Edition präsentiert werden sollten, zog Werner Conze einen klaren Trennstrich zwischen den Aufgaben der Abteilung Sozialgeschichte und den kontroversen Debatten, die unter diesem Programmwort über die Grundlagen der künftigen Geschichtswissenschaft geführt wurden. Im Rückblick wird man die sozialgeschichtlich bestimmte historiographische „Wende um 1960", von der Werner Conze in seinem Vortrag „Die deutsche Geschichtswissenschaft seit 1945"[8] auf dem Deutschen Historikertag von 1976 gesprochen hatte, als Auftakt zu einer rasch fortschreitenden Pluralisierung des Fachs Geschichte in Deutschland verstehen dürfen. Das historische Interesse richtet sich – das ist ein fortdauernder internationaler Trend – auf immer weitere Bereiche des menschlichen Lebens. Nichts ist ausgeschlossen. Einseitig auf die „große Politik" fixiert war das Fach auch zuvor nie. Aber es gab doch einen Konsens, welche Lebensbereiche im Zentrum stehen sollten. Er entstand stets aus der Gesellschaft heraus. Sie entschied, welche Kräfte ihr als geschichtsmächtig galten. Einheitlich fielen diese Entscheidungen nie aus. Die Geschichtswissenschaft nahm diese Schwerpunkte auf, auch dies nicht selten im Konflikt, doch manche blieben lange ausgesperrt oder an den Rand gedrängt. So bot die Gesellschaft des deutschen Kaiserreichs katholischen und jüdischen, marxistischen oder globalhistorischen Geschichtsdeutungen bereits einen Absatzmarkt, als sich die Geschichtswissenschaft an den Universitäten ihnen noch verschloß.[9]

Solche Blockaden aus der Universität und dem Fach heraus sind heute nicht mehr möglich. Dazu ist die deutsche Gesellschaft zu offen und ihre Geschichtswissenschaft zu international. Die Geschichtslandschaft ist unüberschaubar bunt geworden und mit ihr die Fächer, welche die Vergangenheit erforschen. Schnell wechselnde, kurzlebige ‚turns' werden als Programmfahne aufgesteckt, hinter der sich eine internationale Schar von Innovatoren sammelt, bis dann die nächste Fahne gehißt wird und die Karawane weiterzieht. Diesen Reiz des Neuen hat die Sozialgeschichte längst verloren. Sie ist zu einem etablierten Zugang zur Geschichte geworden, der heute einen festen Ort im Methoden- und Theoriearsenal des Fachs Geschichte innehat und unaufgeregt angewendet wird. Der Gestus der Erneuerung liegt nun bei denen, die sich von ihr abwenden. Es sind die Verkünder des Neuen, die ihre Stimme erheben müssen, um Gehör zu finden auf dem Wissenschaftsmarkt und in den Feuilletons als Brücken zu einem allgemeinen Publikum, das die Historiker im Unterschied zu manchen geistes- und sozialwissenschaftlichen Fächern nie aus den Augen verloren haben. Die Geschichtswissenschaft hat sich in dieser vielgestaltigen Unübersichtlichkeit eingerichtet.

Diese neue Form von Beweglichkeit kann für längerfristig angelegte Editionsvorhaben, die auf Drittmittel angewiesen sind, allerdings zu einem Problem werden. Denn Editionen benötigen eine verläßliche Planungsgrundlage, die gefährdet ist, wenn ein Fach – und mit ihm die Gutachter, die es stellt – Aktualität in der Wahl der Themen, Methoden und Theorien prämiert. Auch deshalb sind Einrichtungen, deren Aufgabe es ist, längerfristige Vorhaben zu fördern, auf eine solide finanzielle Grundausstattung angewiesen. Die Abteilung Sozialgeschichte erhielt sie nie.

2. Die Editionsarbeit der Abteilung Sozialgeschichte: Planungen und Ergebnisse[10]

Die ersten Editionsvorhaben, welche die Abteilung „Forschungen zur deutschen Sozialgeschichte" unter der Leitung von Werner Conze in den 1960er Jahren plante, fügten sich in den sozialgeschichtlichen Aufbruch dieses Jahrzehnts ein, nicht aber in die Kampffront, die unter dem Begriff Sozialgeschichte entstanden war. Die Kommission wollte mit der neuen Abteilung weder das Fach insgesamt noch ihre eigene Arbeit neu ausrichten. Geplant war eine begrenzte Erweiterung des Forschungsfeldes, das mit einem wirtschafts- und sozialstatistischen Grundlagenwerk zur deutschen Geschichte des 19. Jahrhunderts fundiert werden sollte. Davon zeugt das erste Großprojekt der Abteilung, aus dem unter der Leitung Wolfgang Köllmanns, der nicht Mitglied der Kommission war, fünf Bände „Quellen zur Bevölkerungs-, Sozial- und Wirtschaftsstatistik Deutschlands 1815–1875"[11] hervorgegangen sind.

Vom ersten Konzept bis zum Abschluß vergingen mehr als drei Jahrzehnte, und das meiste, was darüber hinaus in dieser Zeit geplant und auch in Gang gesetzt worden ist, ließ sich nicht verwirklichen. Theodor Schieder, der diesen hindernisreichen Weg als Präsident der Historischen Kommission begleitete, hat deshalb die Abteilung Sozialgeschichte „eine problematische" genannt.[12] Das Kernproblem bestand darin, daß ein großer, auf Dauer angelegter Aufgabenbereich – Editionen zur Entstehung der Moderne – ohne einen einzigen dauerhaft forschenden Wissenschaftler aufgebaut werden sollte. Daraus erwuchsen alle weiteren Schwierigkeiten.

Werner Conze wollte mit einer Edition beginnen, die in zwei Bänden für den Deutschen Bund und das Deutsche Reich bis zum Ersten Weltkrieg statistische Daten zur Bevölkerungs-, Wirtschafts-, Berufs- und Sozialstruktur sowie zu den Wanderungsbewegungen bietet. Um den vorgesehenen Umfang nicht zu sprengen, sollten die regionalen Entwicklungsunterschiede durch eine die gesamte Spannweite zwischen Agrar- und Industriegebieten abbildende Auswahl von Ländern, preußischen Provinzen und Großstädten erfaßt werden. Als Conze diesen Plan erstmals 1961 anhand der Konzeption seines „alten Schülers" Wolfgang Köllmann vorlegte, ging er noch davon aus, daß die Mainzer Akademie und die Historische Kommission kooperieren und je einen Band finanzieren könnten. Die Mainzer Akademie entschied sich jedoch für eine hinsichtlich ihres Umfangs nicht von vornherein festzulegende „Quellensammlung zur Geschichte der deutschen Sozialpolitik", die „alle wichtigen Quellen" zur Geschichte des „modernen Sozialstaates in Deutschland im 19. und beginnenden 20. Jahrhundert" veröffentlichen solle.[13] Damit war ein zentrales Themenfeld belegt, für das auch öffentliche Aufmerksamkeit vermutet werden durfte. Der Staat als sozialpolitischer Akteur im Prozeß der Entstehung der Moderne schied nun für die Abteilung Sozialgeschichte weitestgehend aus. Eine Statistikedition vermied hingegen Überschneidungen der Arbeitsfelder beider Institutionen.

Werner Conze ging 1961 noch von der raschen Realisierung der Statistikedition aus, sofern die Historische Kommission eine Mitarbeiterstelle schaffe. Hoffnungen konnte ihm Hermann Aubin als Präsident jedoch nicht machen. Die Aussichten seien „leider durch die Entwicklung der Bundesfinanzen und den Zusammenstoß von Bund und Ländern wegen der Ausgaben für Kulturaufgaben in der letzten Zeit sehr viel schlechter geworden." Auf Dauer lasse sich aber die „Aufnahme der Sozialgeschichte in das Programm der Historischen Kommission [...] nicht wegschieben", deshalb brauche diese Abteilung „von Anfang an ein weitschauendes Programm."[14]

Conzes Problem war jedoch nicht das Programm, sondern das fehlende Geld, um die Abteilung aus der Planungsphase herauszuführen, nachdem sich die Hoffnung auf eine Arbeitsteilung mit der Mainzer Akademie, von der man 1962 bei der Gründung der sozialgeschichtlichen Abteilung noch ausgegangen war, nicht erfüllte. Nun begann die Suche nach anderen Finanzierungsmöglichkeiten, da die Kommission allenfalls studentische Hilfskräfte, Reisen und Verbrauchsmaterial bezahlen konnte. Gewann man für eine Edition einen externen Bearbeiter, für den kein Gehalt anfiel, konnte ein Honorar gezahlt werden. Es drückte Anerkennung aus, dokumentierte aber zugleich: Editionsarbeit in der Abteilung Sozialgeschichte ist Nebenerwerb; der Lebensunterhalt muß anderweitig erwirtschaftet werden.

1963 bewilligte die DFG den Antrag für das Statistikprojekt unter der Leitung Wolfgang Köllmanns. Nun stand eine Mitarbeiterstelle auf Zeit zur Verfügung, doch sie zu besetzen, erwies sich als schwierig. „Unter heutigen ‚Arbeitsmarkt'-Bedingungen junge Leute ausgerechnet zur Entsagung von Editionsarbeiten zu gewinnen, das ist schon ein Kunststück", schrieb Werner Conze.[15] Er suchte deshalb – vergeblich – nach einem Archivar. Erst als Wolfgang Köllmann 1964 an die soeben gegründete Ruhr-Universität Bochum berufen wurde, fand sich eine Lösung: Antje Kraus, die kurz zuvor an der Universität Hamburg promoviert worden war, nahm die Aufgabe an und führte sie ab 1965 als Lehrstuhlmitarbeiterin fort.

Auf diesen Finanzierungsweg blieb die Abteilung Sozialgeschichte auch weiterhin angewiesen: Drittmittel, und falls die Förderdauer zum Abschluß eines Projektes nicht ausreichen sollten, dessen Weiterführung aus dem Lehrstuhletat, sofern dies möglich war. Im Falle der Statistikedition entstand daraus eine Kette von Schwierigkeiten, die noch dadurch verstärkt wurden, daß Wolfgang Köllmann kein Mitglied der Kommission war. Die Kommunikation hatte nach der damaligen Kommissionspraxis über den vielbeschäftigten Abteilungsleiter zu laufen. Für 1968 sah sich Werner Conze wegen seines Engagements in „Hochschulpolitik und Hochschulkampf" – 1969 wurde er zum Rektor der Universität Heidelberg gewählt – nicht einmal zu einem Abteilungsbericht imstande.[16] Er hätte nur Unerfreuliches zu sagen gehabt. Die Arbeiten an der Edition hatte Wolfgang Köllmann Mitte 1967 verärgert einstellen lassen, da ihm die Kommission trotz mehrerer Anträge keine Mittel bewilligt habe. Alle seine Mitarbeiter seien mit anderen Aufgaben ausgelastet, ob er Antje

Kraus noch einmal freistellen könne, sei ungewiß, und studentische Mitarbeiter müßten neu eingearbeitet werden. An einen Abschluß in den nächsten zwei Jahren sei deshalb nicht zu denken.[17]

1980 konnte dann endlich der erste Band der „Quellen zur Bevölkerungs-, Sozial- und Wirtschaftsstatistik Deutschlands 1815–1875" erscheinen. Weitere waren nicht hinzugekommen, als Werner Conze 1982 die Leitung der Abteilung Sozialgeschichte an Wolfgang Zorn übergab, und fünf Jahre später informierte dieser den Sekretär der Kommission von einem „finanziellen Notruf" Köllmanns, der „angesichts der Einsparungen des Kohlenlandes Nordrhein-Westfalen nicht unerwartet" komme.[18] Zorn unterstützte die Bitte Köllmanns um finanzielle Unterstützung dringlich, da die Kommission „jahrelang für ein doch anerkannt wertvolles Projekt überwiegend auf Landeskosten gelebt [...] und von daher gewisse moralische Verpflichtungen gegenüber dem Projektleiter" habe. Mit dessen Emeritierung 1990 endete für die Kommission die langjährige Bochumer Alimentierung ihrer sozialstatistischen Grundlagenedition. Daß sie dennoch voranging und schließlich 1995 mit dem vierten und fünften Band abgeschlossen werden konnte, war Antje Kraus zu verdanken. Ohne sie wäre dieses „Standardwerk zur Geschichte des 19. Jahrhunderts" nicht entstanden, wie Wolfgang Köllmann schon anläßlich des Erscheinens des zweiten Bandes 1989 betont hatte.[19]

Zu einem weiteren Editionsschwerpunkt wollte Werner Conze von Beginn an das Themenfeld „Bauernbefreiung und liberale Bodenreformen" ausbauen. 1977 konnte ein gewichtiges Ergebnis vorgelegt werden, als die Schriftenreihe der Abteilung „Forschungen zur deutschen Sozialgeschichte" mit dem zweibändigen Werk Wolfgang von Hippels „Die Bauernbefreiung im Königreich Württemberg" eröffnet wurde. Es verband Darstellung und Quellenedition und ist bis heute die gründlichste Analyse dieses fundamentalen Wandels der deutschen Gesellschaftsordnung im Übergang zur Moderne geblieben. Alle weiteren Pläne des Großvorhabens „Bauernbefreiung" konnten jedoch nicht realisiert werden.

Geplant hatte Werner Conze mehrere Editionsbände, um „den aller sozialen Bewegung der modernen Zeit zugrundeliegenden Vorgang der agrarischen Emanzipation" zu dokumentieren.[20] Er dachte nicht nur an die „Massnahmen zur sog. Bauernbefreiung im engeren Sinne", sondern auch an „die Gemeinheitsteilungen und Verkoppelungen" und darüber hinaus an „alle Bemühungen um die Verwirklichung einer ‚rationellen Landwirtschaft' im Sinne Albrecht Thaers". Einbeziehen wollte er auch den landbesitzenden Adel.

Gewarnt durch die Erfahrung, wie schwer es ist, Drittmittel und Wissenschaftler für diese Aufgabe zu gewinnen, wollte er mit Schleswig-Holstein, Preußen, Österreich, Bayern und Württemberg oder Hessen eine Auswahl, die er als repräsentativ einschätzte, bearbeiten lassen, ohne sich jedoch auf diese Staaten festzulegen. Wenn Archivare bereit wären, sich mit „größeren oder auch begrenzteren Arbeiten" zu beteiligen, sollten deren Möglichkeiten den Ausschlag geben. Er hoffte auf eine Kooperation mit den landesgeschichtlichen Kommissionen und den Instituten für Landesgeschichte an den Universitäten. Dazu ist es nicht gekommen.

In eigener Regie konnte die Kommission 1965 dank einer Projektförderung der Fritz Thyssen Stiftung und der DFG, die je eine Mitarbeiterstelle für zwei bzw. drei Jahre finanzierten, die Editionsarbeiten zur Bauernbefreiung in Württemberg[21] und Baden beginnen. Auch das Werk zu Baden nahm Gestalt an, scheiterte aber. In den drei Förderjahren wurden zwar Teile der geplanten Edition erarbeitet, doch zu einer Veröffentlichung kam es nicht. Meinungsverschiedenheiten zwischen Werner Conze und der Bearbeiterin über die Konzeption der Edition und über die Art der Publikation – als Gesamtwerk oder in Teilen – ließen sich schließlich nicht mehr überbrücken. Das Vorhaben wurde aufgegeben, nachdem die Kommission die Möglichkeit, auf Herausgabe des Quellenmaterials zu klagen, verworfen hatte.[22]

Neben den Editionen zur Bevölkerungsstatistik[23] und zu den Agrarreformen plante Werner Conze auch Studien zum Industriesektor. Zunächst war eine Edition der „Protokolle der Ausschußsitzungen der Gewerkschaften Deutschlands bzw. des ADG" im Gespräch.[24] Da die Bearbeitung einer Assistentin an Conzes Heidelberger Institut anvertraut wurde, wäre nur ein Honorar für „freiberufliche Tätigkeit" angefallen.[25] Das Vorhaben mußte zunächst krankheitsbedingt unterbrochen werden und wurde dann nicht wieder aufgenommen. Die Protokolle des Bundesausschusses liegen inzwischen gedruckt vor, da sie in die von Erich Matthias begründete Edition zur Geschichte der deutschen Gewerkschaftsbewegung aufgenommen wurden.[26]

Nicht verwirklichen ließ sich auch der Plan, Fabrikordnungen des 19. Jahrhunderts zu edieren. Er entstand als ein Nebenprodukt von Werner Conzes Forschungsprojekt zur württembergischen Arbeiterschaft im 19. Jahrhundert, aus dem damals vielbeachtete Studien hervorgingen, die in der Schriftenreihe des „Arbeitskreises für moderne Sozialgeschichte" veröffentlicht wurden. Heilwig Schomerus war bei ihren Forschungen zu den Arbeitern der Maschinenfabrik Esslingen auf einen Archivbestand mit ca. 200 württembergischen Fabrikordnungen gestoßen, die sie edieren und als Grundlage für eine Studie nutzen wollte, die den staatlichen Einfluß auf diese Ordnungen als eine Form von begrenzter Sozialpolitik deutet.[27] Obwohl die Fritz Thyssen Stiftung für dieses Vorhaben 1976 eine dreijährige Förderung bewilligte, kam es nicht zustande. Es war nicht das erste Mal, daß mit einem Stipendium, das die Stiftung statt einer besser dotierten vollen Mitarbeiterstelle anbot, in der Ära der Vollbeschäftigung kein Mitarbeiter zu gewinnen war. Der Arbeitsmarkt begann sich zwar zu ändern, und Werner Conze sprach von einer „fast aussichtslosen Lage des jüngeren und älteren wissenschaftlichen Nachwuchses", so daß künftig vielleicht leichter Editionsbearbeiter zu finden seien.[28] Doch noch war es nicht so weit. „So entfällt das schöne Projekt für die Historische Kommission."[29]

Nicht alle Kommissionsmitglieder vermochten das Problem zu erkennen, an dem die Abteilung Sozialgeschichte hier erneut scheiterte: den Drittmittelbeschäftigten mit einer Edition keine Verbesserung ihrer Berufsperspektiven bieten zu können. Als Wolfgang Zorn 1975 für den abwesenden Abteilungsleiter das Vorhaben „Fabrikordnungen" auf der Jahresversammlung vorzustellen hatte, parierte er die Anregung zweier Mitglieder, das auf Württemberg begrenzte Vorhaben der Kommission für geschichtliche Landeskunde Baden-Württembergs zu empfehlen, mit dem Vorschlag, es auf andere Regionen auszuweiten und „die Edition als großes Unternehmen in breiter Aufarbeitung des Materials in Angriff" zu nehmen. Das Planen in Drittmittelgrößen war damals offensichtlich noch unvertraut. Dies galt auch noch 1981, als Werner Conze auf der Jahresversammlung mit seinem Wunsch scheiterte, das Angebot Heinz Reifs anzunehmen, seine 1979 erschienene Dissertation über den westfälischen Adel im 18. und 19. Jahrhundert mit einer Edition zu ergänzen. Keine Einzelstudien, da dann „die große Linie" verloren gehe; ausweiten zu einem „breiteren, vergleichenden Ansatz" – so lauteten die Empfehlungen von Kommissionsmitgliedern. Die Bitte des Präsidenten, „einen neuen, erweiterten Plan vorzulegen", kam einer höflich formulierten Ablehnung gleich. Werner Conze akzeptierte sie enttäuscht und leitete sie an Heinz Reif weiter, der die Arbeit an der Edition aufgab.[30]

Zu den Themenfeldern der Abteilung Sozialgeschichte, die Werner Conze in seinem Gründungsprogramm genannt hatte, gehörten auch Vereine und Assoziationen im 19. Jahrhundert sowie die frühen Landtage. Dazu konnte er kein systematisches Editionsvorhaben entwickeln, da es sich mit dem Aufgabenfeld der „Kommission für die Geschichte des Parlamentarismus und der politischen Parteien" überschnitten hätte, deren Präsident er 1956 bis 1962 gewesen ist. Unter den skizzierten Finanzierungswegen, die einer Abteilung ohne Ausstattung möglich waren, beschritt er hier denjenigen, der von vornherein nur punktuelle Vorhaben zuließ: Editionen durch einen Archivar als Feierabendbeschäftigung oder nach der Pensionierung. So entstanden die beiden Editionsbände zur Revolution 1848/49, die Rüdiger Moldenhauer bearbeitet hat, der als Mitarbeiter des Bundesarchivs für dessen Bestand zu dieser Revolution zuständig war. Auf der Jahresversammlung von 1972 hatte Werner Conze den Abschluß der Materialsammlung mitgeteilt, 1992 und 1994 sind schließlich nach dem Tode des Bearbeiters (1988) die beiden Bände in der Schriftenreihe der Abteilung Sozialgeschichte erschienen.[31]

Diese Edition blieb ein Torso. Die Planung sah einen dritten Band mit den Petitionen an den Volkswirtschaftlichen Ausschuß der Frankfurter Nationalversammlung – eine Auswahl bietet der Band zu den Sitzungsprotokollen des Ausschusses im Anhang – und eine Kommentierung vor, die sozialgeschichtliche Daten für alle Petitionsorte und -regionen bieten sollte. Darauf mußte verzichtet werden. Umstritten war sogar, ob das Vorhandene druckfertig gemacht werden sollte, da die Bearbeitung nicht den Standards der Kommission entsprach, wie ein Gutachter 1988 schrieb, als ein erster Band vorlag. Er sprach von „Schlamperei" und regte an, das Vorhaben völlig aufzugeben.[32] Wolfgang Zorn, der dieses Projekt von seinem Vorgänger in der Leitung der

Abteilung Sozialgeschichte übernommen hatte, gelang es jedoch, eine geeignete Druckfassung herstellen zu lassen. Unbeantwortet blieb allerdings die Frage des kritischen Gutachters nach dem „wissenschaftlichen Ertrag, der von der Publikation zu erwarten ist". Er hatte „den Nutzen der zahlreichen Regesten" vor Augen, den er als „sehr gering" einschätzte. Was er nicht fragte: Konnten Petitionseditionen – Volltexte oder Regesten – in ihrem Wert für die Revolutionsforschung überhaupt mit den ausgezeichneten Petitionsanalysen konkurrieren, die damals bereits erschienen waren?[33] An den Petitionen einiger Themenbereiche waren sozialwissenschaftliche Quantifizierungsmethoden erprobt worden, ohne die eine Erschließung aller 25.000 bis 30.000 Petitionen, die an die Frankfurter Nationalversammlung gerichtet wurden, unmöglich wäre. Text- oder Regesteneditionen bedürften angesichts einer solchen Quellenmasse Begründungen, über die damals nicht nachgedacht wurde.

Ein Erfolg wurde das zweite Großunternehmen, das die Abteilung Sozialgeschichte mit den sieben (Teil-)Bänden zur „Säkularisation und Mediatisierung in den vier rheinischen Departements 1803–1813"[34] 1991 abschließen konnte, ergänzt durch monographische Studien.[35] Werner Conze wollte an einem Themenfeld die Möglichkeit, sozialgeschichtliche Massenquellen zu edieren, erproben lassen. Wolfgang Schieder, der wie Wolfgang Köllmann, der das andere Großprojekt der Abteilung geleitet hat, nicht der Kommission angehörte, nahm diese Anregung auf und entwickelte einen Plan, die Säkularisierung der Kirchengüter in den vier von Napoleon annektierten rheinischen Departements zu erfassen. Das Vorhaben wurde bald ausgeweitet auf die Mediatisierung der Adelsgüter, um alle Nationalgüter einzubeziehen.

Als die Kommission es 1975 auf der Jahresversammlung in ihr Programm aufnahm, dachte man zunächst an eine Pilotstudie, da eine Gesamtedition, die alle zu veräußernden Nationalgüter berücksichtigt, als zu aufwendig eingeschätzt wurde. Wolfgang Schieder realisierte jedoch seinen Plan, den gesamten Verkauf der Nationalgüter zu dokumentieren, nachdem er zunächst in einer Studie die Aussagekraft der Quellen hatte prüfen lassen.[36] Erfaßt wurden über 23.000 Fälle, in denen Nationalgüter zum Verkauf oder Wiederverkauf angeboten wurden. Die rund 600.000 Einzeldaten, welche die Edition ausweist, sind auch in einer Datenbank verzeichnet. Begonnen hatte man zunächst noch mit Karteikarten und dann Lochkarten und wuchs mit dem Projekt in die elektronische Datenverarbeitung hinein.

Im Zentrum dieser Edition steht nicht die Konfiskation der Besitzungen, die zu Nationalgütern wurden, sondern deren Besitzwechsel. Die Erforschung der Vermögensumwälzungen, die in den linksrheinischen deutschen Gebieten während der französischen Ära stattfanden, wurde durch diese Dokumentation auf eine neue Grundlage gestellt, und zudem wurde die Erschließung des enormen Quellenbestandes durch dessen analytische Auswertung in monographischen Studien begleitet. Es konnte eine frühbürgerliche Wirtschaftselite identifiziert werden, welche die Versteigerung der Nationalgüter nutzte und in diesen Prozessen auf dem Immobilienmarkt entstand. Die großen Immobilienhändler waren in allen Bereichen von Wirtschaft, Politik und Kultur etabliert und ein erheblicher Teil von ihnen fand Zugang zur napoleonischen Notabelngesellschaft.

Die Kommission hätte die zeitaufwendigen Forschungen dieses großen Projektes nicht gänzlich aus eigener Kraft finanzieren können. Sie stellte sieben Jahre eine halbe Wissenschaftlerstelle und zusätzlich Mittel für Werkverträge zur Verfügung. Hinzu kamen Mitarbeiter am Trierer Lehrstuhl von Wolfgang Schieder und eine dreijährige Förderung durch die Volkswagen Stiftung. Der Landschaftsverband Rheinland, der Südwestfunk und die Historische Kommission brachten die Druckkosten auf.

3. Auf der Suche nach neuen Konzepten

Bevor Werner Conze im Oktober 1961 erstmals ein anspruchsvolles sozialgeschichtliches Editionsprogramm für die Kommission entwarf und es 1962 auf der Plenarversammlung vortrug, hatten auf dem Jahrestreffen von 1960 bereits einige Kommissionsmitglieder Ideen vorgetragen, die in eine andere Richtung zielten oder noch umfangreicher angelegt waren. So regte Percy Ernst Schramm eine „zeitgeschichtliche Edition über sozial- und wirtschaftsgeschichtliche Zusammenhänge der 20er- und 30er Jahre (z. B. die Inflation und ihre Folgen)“ an. Wie in der von Theodor Schieder organisierten Dokumentation zur Geschichte der Vertreibung wollte er auch Befragungen durchführen lassen, um die herkömmlichen Quellen zu ergänzen. Ein solches Projekt hätte erhebliche Finanzmittel erfordert. Noch teurer wäre die ebenfalls 1960 präsentierte Wunschliste des Sekretärs Götz Freiherr von Pölnitz gekommen, auf der Editionen zur Finanzgeschichte des Reiches, der Länder und Territorien sowie zu herausragenden Ereignissen wie den Türkenkriegen, dem Bauernkrieg oder dem Kampf gegen die Wiedertäufer standen. Auch eine Handelsgeschichte der „Oberdeutschen“ regte er an.

Über Mittel für solche Vorhaben, die sich nur längerfristig hätten verwirklichen lassen, verfügte die Kommission nicht. Als ihr bereits erwähnter Versuch vom Februar 1960 scheiterte, mit Hilfe des Wissenschaftsrates eine neue Finanzgrundlage zu erhalten, blieb nur der Weg von Einzelanträgen an die DFG oder an Stiftungen. Ihn ging in der Abteilung Sozialgeschichte nur Werner Conze, nicht aber die anderen Ideengeber von 1960. Auch Percy E. Schramm hat die bereits zur nächsten Jahresversammlung angekündigte Konzeption für ein sozialhistorisches Projekt zur Zeitgeschichte nicht entworfen.

Die Kommissionsmitglieder scheuten vor Einzelanträgen wohl aus der realistischen Einschätzung zurück, daß sich mit ihnen ein systematisches Editionsprogramm zur deutschen Sozialgeschichte, aber auch zu anderen Projekten, die angeregt wurden, nicht aufbauen lasse. Es fehlten also nicht Ideen, sondern Geld und damit Planungssicherheit. Theodor Schieder erklärte deshalb 1966 auf der Jahresversammlung, es sei für die Kommission auf Dauer nicht akzeptabel, für ihre Projekte auf nichtstaatliche Geldgeber angewiesen zu sein. Mit dieser Situation mußte sie sich jedoch abfinden. Deshalb kamen einige Vorhaben, die damals innovativ hätten wirken können, über das Stadium von Vorbereitungen nicht hinaus.

Am weitesten entfernte sich von den herkömmlichen Arbeitsformen der Kommission Thomas Nipperdeys Plan für eine Abteilung Universitätsgeschichte, den er auf der Jahresversammlung von 1972 vortrug. Er zielte auf eine sozialhistorisch ausgerichtete Wissenschafts- und Universitätsgeschichte, die – möglichst alle deutschen Hochschulen übergreifend – „Arbeiten zur Sozialstruktur, Herkunft und Karriere von Studenten und Dozenten“ mit Studien zur „Rolle der Universitäten im Gefüge von Staat und Gesellschaft“ sowie zur Wissenschaftspolitik und Wissenschaftsorganisation verbinden sollte.

Nipperdey wollte nicht nur ein neues Themenfeld in der Kommission etablieren. Er reagierte mit seinem Konzept vielmehr auf zwei ihrer Kernprobleme: Für neue größere Projekte besaß sie keine Finanzgrundlage, und die Fixierung auf Editionen drohte sie in der Neuzeithistoriographie ins Abseits zu führen. Sie edierte, doch die konzeptionellen Debatten wurden anderswo geführt, und die Forschungen, in denen diese Konzeptionen erprobt wurden, waren keine Editionen. An der Entwicklung der sozialgeschichtlichen Abteilung ließen sich diese Gefahren am deutlichsten erkennen. Thomas Nipperdey sah sie und plädierte entschieden für einen neuen Kurs. Die Edition sollte nicht mehr im Zentrum stehen und die Kommission sich für Forschungsprojekte öffnen, die sie nicht in eigener Regie durchführt. Beides wollte er in der Abteilung Universitätsgeschichte erproben. „Ziel der Abteilung könne es nicht sein, Quellen zu publizieren.“ Er strebte eine „drei- bis vierbändige Geschichte des deutschen Universitätswesens, vielleicht in handbuchartiger Form“ an. Da dazu die Vorarbeiten fehlten, sollten Forschungsaufträge vergeben werden. Er dachte an die Zusammenarbeit mit Universitäten, wobei die Kommission „eine Koordinierungsfunktion“ übernehmen sollte. Beginnen wollte er mit Kolloquien.

Die Einwände, die von Kommissionsmitgliedern auf der Jahresversammlung gegen einen Verzicht auf Editionen in der geplanten Abteilung geäußert wurden, suchte Nipperdey mit geschmeidiger Unnachgiebigkeit aufzufangen: Er sei „nicht festgelegt“, hege aber „gewisse Zweifel hinsichtlich der Zweckmäßigkeit“ von Editionen. Sein Plan zielte auf eine Universitätsgeschichte seit dem Spätmittelalter, die Experten für die einzelnen Bereiche nach einer längeren Forschungsphase schreiben und als ein Gesamtwerk veröffentlichen sollten. Doch „ohne Aussicht auf Mittel und Mitarbeiter“ werde er sich nicht an das Vorhaben wagen und auch keine Konzeption ausarbeiten. Die Jahresversammlung beschloß, das Kolloquium abzuwarten, um dann über die Errichtung einer Abteilung Universitätsgeschichte zu entscheiden. An einer weiteren Abteilung ohne Eigenmittel hatte Thomas Nipperdey aber offensichtlich kein Interesse.

Fünf Jahre später brachte Laetitia Boehm das Projekt einer Universitätsgeschichte erneut vor die Jahresversammlung, nun aber auf das erprobte Gleis gestellt, auf dem die Kommission sich zu bewegen pflegte: Edition, nicht monographische Darstellung, und in eigener Regie. „Man müsse auf alle Fälle aus dem Monographischen heraus", hält das Protokoll fest. Hermann Heimpel dürfte damit die Überzeugung der meisten Kommissionsmitglieder ausgesprochen haben. Die Professoren der Universitäten des Alten Reiches sollten systematisch erfaßt, ihre soziale Herkunft, ihr Salär und weitere persönliche Daten erhoben und in der Art von „Matrikeleditionen" präsentiert werden. Eine Synthese in Gestalt „eines Handbuches der europäischen Universitäten oder auch nur eine Gesamtdarstellung der deutschen Universitätsgeschichte" seien noch nicht möglich. In der Diskussion ging es vor allem um Erweiterungen, die Laetitia Boehm abwehrte. Es gehe darum, „etwas Realisierbares zu beginnen", zumal sie Nipperdeys Skepsis, für solche Vorhaben Nachwuchswissenschaftler gewinnen zu können, angesichts ihrer Münchener Erfahrungen teile.

Offensichtlich vermochten nicht alle Mitglieder bereits einzuschätzen, was es bedeutete, daß man seitens der Kommission für neue Vorhaben vornehmlich nur noch immaterielle Hilfe anzubieten hatte: wissenschaftliches Prestige, das die Chancen erhöhen mochte, Drittmittel einzuwerben, und einen Ort, an dem diese verwaltet würden. Erfahrungen mit Drittmitteln mußten erst erworben werden, und auch die Bereitschaft, ein Projekt nicht nach dem wissenschaftlich Wünschbaren zu dimensionieren, sondern antragsgerecht. Je umfangreicher und teurer das Projekt, desto größer die Wahrscheinlichkeit zu scheitern. Die Jahresversammlung billigte schließlich das Vorhaben, das zunächst eine Stelle für einen wissenschaftlichen Mitarbeiter, weitere drei Wissenschaftler auf Werkvertragsbasis und Stipendien vorsah,[37] zu finanzieren allerdings über Drittmittel. Der Antrag an die Gerda Henkel-Stiftung hatte keinen Erfolg.

Das Vorhaben Laetitia Boehms, die Professoren im Alten Reich durch eine großangelegte Edition zu erforschen, konnte zwei Jahrzehnte später doch noch in veränderter Form mit dem „Repertorium Academicum Germanicum" auf den Weg gebracht werden. Es wurde unter der Leitung der Kommissionsmitglieder Peter Moraw (Gießen) und Rainer C. Schwinges (Bern) mit Hilfe der Deutschen Forschungsgemeinschaft, des Schweizerischen Nationalfonds und der Fritz Thyssen Stiftung seit 2001 aufgebaut und 2007 durch die Aufnahme in das Akademienprogramm auf eine feste Grundlage gestellt. Der Personenkreis wurde erweitert, der Untersuchungszeitraum begrenzt. Erfaßt werden alle an deutschen und auswärtigen Universitäten zwischen 1250 und 1550 graduierten Theologen, Juristen, Mediziner und Artisten-Magister. Damit wird die Voraussetzung geschaffen, das Wirken von Gelehrten in der vormodernen Gesellschaft auf breiter empirischer Grundlage zu erforschen. Ihre biographischen und sozialen Daten werden in einer mit differenzierten Suchfunktionen ausgestatteten Datenbank bereits während des Arbeitsprozesses im Internet frei zugänglich gemacht.[38]

Datenpräsentation im Internet sieht auch ein weiteres universitätsgeschichtliches Projekt vor, das 2001 in Zusammenarbeit zwischen Dieter Langewiesche und Rainer C. Schwinges begonnen wurde. Es erfaßt die im deutschen Sprachraum im 19. und 20. Jahrhundert nachweisbaren Rektoratsreden bibliographisch und erschließt sie mit Suchkriterien. Die Rektoratsreden aller Schweizer Universitäten werden zudem im vollen Wortlaut digitalisiert online zugänglich gemacht.[39] Ob dies auch für die Reden, die an den Universitäten des Deutschen Reiches bzw. des Deutschen Bundes und der Habsburgermonarchie gehalten wurden, durch Drittmittel finanziert werden kann, wird zur Zeit geprüft.

Begleitet wird das Bibliographieprojekt – darauf hatten es die DFG-Gutachter verkürzt, während der Antrag vorsah, Erschließung und Edition zu verbinden – durch monographische Studien, ermöglicht durch Mittel der Fritz Thyssen Stiftung und aus der Schweiz. Neben thematisch begrenzteren Arbeiten, die bei den Projektleitern in Bern und Tübingen entstehen, ist eine umfassende Monographie geplant, die, ermöglicht durch Drittmittel, erstmals die Bedeutung der Rektoratsreden seit dem frühen 19. Jahrhundert als ein Spezifikum der Hochschulen im deutschen Sprachraum (einschließlich der Schweiz und Österreichs) darstellen soll. Bislang hatte es dazu keine Forschung gegeben. Die Universitäten haben sich – das konnten die bisherigen Arbeiten in diesem Kommissionsprojekt zeigen – in den Rektoratsreden ihrer wissenschaftlichen und ihrer gesellschaftlichen bzw. kulturellen Bedeutung vergewissert und diese offensiv nach außen vertreten. Nach innen gerichtet dienten die Reden dem Bemühen, die Einheit der Hochschulen trotz voranschreitender Spezialisierung zu bewahren. Sie wurden vor einem Publikum gehalten, zu dem stets hochrangige Entscheidungsträger aus Politik und Staatsbürokratie gehörten, aber auch Repräsentanten der Wirtschaft, der Kirche und des Militärs. Die Rektoratsreden bildeten das wichtigste Forum, auf dem die Universität sich nach innen und nach außen als die zentrale Bildungsinstitution der Nation präsentieren konnte.[40]

Auch andere Themenfelder der Universitäts- und Wissenschaftsgeschichte hat die Historische Kommission bearbeiten lassen, ohne dafür eine eigene Abteilung einzurichten. Doch eine koordinierende Schlüsselstellung, wie sie Thomas Nipperdey 1972 anstrebte, erreichte sie nicht. In der dezentralisierten deutschen Forschungslandschaft besteht kein Interesse an einer solchen Institution, und Editionen böten ohnehin keine geeignete Plattform.

Das haben auch die Vorhaben gezeigt, mit denen Gerhard A. Ritter, der 1993 bis 2001 die Abteilung Sozialgeschichte geleitet hat, auf der Jahresversammlung von 1985 die Kommission bekannt machte: Die Arbeitsgemeinschaft der deutschen Großforschungseinrichtungen plane, ihre Geschichte erforschen zu lassen, und das Bundesministeriums für Forschung und Technologie denke an eine Geschichte der Forschungsförderung. Nach einer ausführlichen Diskussion, in der die Gefahren einer politischen Instrumentalisierung solcher Forschungen erörtert wurden, beschloß man, die Vorhaben zu beobachten und an den Beratungen durch Laetitia Boehm und Gerhard A. Ritter teilzunehmen. Die genannten Institutionen ließen die Forschungen in eigener Regie durchführen. An den Studien zur Geschichte der Großforschung in Deutschland wirkte Gerhard A. Ritter führend mit.[41] Das Editionsvorhaben der Kommission „Der Beitrag des Staates zur Forschung und Entwicklung in Deutschland seit der Reichsgründung" ließ sich hingegen nicht realisieren. An Editionen zeigte sich das Ministerium nicht interessiert. Hingegen wurde auf Initiative des Kommissionsmitgliedes Ulrich Wengenroth vom Bundesforschungsministerium ein Forschungsverbund „Historische Innovationsforschung" eingerichtet, der nach zwei Jahren als „Innovationskultur in Deutschland" fortgeführt wurde.[42]

Als die Max-Planck-Gesellschaft ein großes Forschungsprogramm zur Geschichte ihrer Vorgängerinstitution während der nationalsozialistischen Diktatur einrichtete,[43] konnte die Historische Kommission dies nutzen, ihr 1995 von Gerhard A. Ritter initiiertes Projekt einer Edition zur „Deutschen Arbeitsfront" abzuschließen. Das umfangreiche Gutachten über die Organisation der DAF, das in deren Auftrag der Wirtschaftsprüfer Karl Eicke 1935/36 erarbeitet hat, bietet einen detaillierten und für den Auftraggeber unerwartet kritischen Einblick in alle Bereiche dieser mitgliederstärksten Organisation des „Dritten Reiches". Diese Bestandsaufnahme, die aus Quellen geschöpft ist, die verlorengegangen sind, steht nun in ihren wichtigsten Teilen sorgfältig ediert und mit einer ausführlichen Einleitung versehen der Forschung zur Verfügung.[44]

Nicht realisiert wurden Überlegungen, gemeinsam mit der Bayerischen Akademie der Wissenschaften die Nobelpreisakten der Jahre 1900 bis 1929 zu edieren. Die Quellen erschienen nicht aussagekräftig genug, und zudem hätten zahlreiche Texte in schwedischer Sprache und in deutscher oder englischer Übersetzung publiziert werden müssen. Deshalb beschloß die Kommission auf ihrer Jahresversammlung von 1982, von diesem Angebot, das außerhalb ihrer Forschungsschwerpunkte lag, keinen Gebrauch zu machen.[45]

Eine sozialgeschichtlich ausgerichtete Wissenschaftsgeschichte innerhalb der Historischen Kommission hatte bereits Werner Conze ins Gespräch gebracht, als er 1980 über Editionen zur Sozialgeschichte der Medizin in Deutschland nachdachte. Daran knüpfte Wolfgang Zorn an, der 1982 die Leitung der Abteilung Sozialgeschichte übernahm, als er 1981 der Jahresversammlung einen ausführlichen Plan zur Edition bayerischer Physikatsberichte im 19. Jahrhundert unterbreitete.[46] Ursprünglich dachte er daran, von 207 überlieferten handschriftlichen Einzelberichten bayerischer Gerichtsärzte aus den Jahren 1860/61, die nach einer Anweisung von 1858 erstellt worden waren, etwa 50 kommentiert zu veröffentlichen. Er charakterisierte die Physikatsberichte als eine „in ihrer Art einzigartige soziographische Primärquelle". „Außer Sanitätspolizei- und Medizingeschichte und Bildungs- und Mentalitätsgeschichte der Amtsärzte (offene kritische Urteile über Wesensart der Bevölkerung vermutlich ein Grund der Nichtveröffentlichung) erscheinen fast alle

Bereiche der Sozialgeschichte, insbesondere die Auswirkungen der Industrialisierung und Modernisierung auf sie. Teilweise versuchen die Berichte, das Verhalten der Jugendgeneration eigens abzusetzen."

Wolfgang Zorn sah zunächst sich und Christian Probst, der Geschichte der Medizin und medizinische Soziologie an der Technischen Universität München lehrte, als Herausgeber vor. Für die Kommission sollten nur Hilfskraftmittel anfallen. Innerhalb von drei Jahren hofften sie aus den rund 23.000 Seiten, welche die überlieferten Physikatsberichte einschließlich Beilagen umfaßten, die „zwei besten Berichte" je Regierungsbezirk kommentiert abdrucken zu können. „Die ganze Masse der übrigen Berichte soll in Regestenform mit Teilabdruck von sozial- und medizingeschichtlich besonders interessanten und originellen Stellen vorgestellt werden", wie es in dem Vorbericht des Abteilungsleiters für die Jahresversammlung 1983 hieß. Mit zwei Bänden meinte er auszukommen. Daraus wurde nichts. Aus drei Gründen scheiterte dieses Vorhaben, das Wolfgang Zorn auf der Jahresversammlung von 1984 noch als „neues Pionierprojekt" vorgestellt hatte.

Erstens, seine Universitätsassistentin, die ihre Dissertation über die bayerischen Physikatsberichte 1987 abschloß[47] und als einzige die Quellen überschaute, erkannte die Probleme, die bei einer Edition, die eine Textauswahl mit Regesten verbinden würde, entstünden und entwickelte als Alternative ein außerordentlich anspruchsvolles Editionsvorhaben, das vorsah, das gesamte Textmaterial für eine EDV-Auswertung aufzubereiten. Sie entwarf für die Physikatsberichte, die formal einheitlich, inhaltlich aber „äußerst heterogen" seien, ein detailliertes Kategorienraster, mit dem die Texte, die in eine „maschinenlesbare Form" gebracht werden müßten, entlang der Berichtsabschnitte Bevölkerung, Wohnungen, Nahrung, eheliches Leben, Beschäftigung und Vergnügungen erschlossen werden sollten. Was sie als eine neue Qualität von Quellenedition pries, die „nach konventioneller Methode nicht annähernd erreicht werden" könne, hätte einen enormen Erschließungsaufwand bedeutet, den sie zeitlich und finanziell gänzlich unterschätzte.[48] Vor allem aber wäre eine gedruckte Edition mit den vorgesehenen differenzierten Auswertungsmöglichkeiten wohl überfordert gewesen. Was ihr vorschwebte, zielte auf eine digitalisierte Textedition, die sich per Computer auswerten ließe.

Wolfgang Zorn sprach von einer „neuen Wende", die sich aus dem Vorschlag seiner Mitarbeiterin ergebe, wollte aber die Kommission nicht mit dieser „methodischen ‚Modernisierungsdiskussion'"[49] behelligen und schlug eine Pilotstudie für drei oder vier Berichte vor. Darauf ließ sich die Kommission jedoch nicht ein. Dies ist der zweite Grund, warum das Vorhaben nicht weitergeführt werden konnte. Auf der Jahresversammlung von 1984 wurde eine Vielzahl von Einwänden vorgebracht, die von grundsätzlicher Ablehnung einer EDV-Auswertung statt „individueller Texte" bis zu technischen Details reichten. Der Vorschlag, das Projekt abzubrechen, fand aber keine Mehrheit. Es sollte „im Sinne der bisherigen Konzeption (wörtlicher Abdruck einzelne Berichte, im übrigen Regesten)" fortgesetzt werden.

Auch dieses begrenzte Programm ließ sich nicht realisieren, denn – dies ist der dritte Grund für das Scheitern des Kommissionsvorhabens – inzwischen hatte die „Heimatsgeschichtswelle“, wie Wolfgang Zorn in seinem Vorbericht vom Januar 1987 schrieb, die Physikatsberichte erfaßt und führte, begünstigt durch die „leichte ortsgeschichtliche Aufteilbarkeit des Bestandes“, zu einer großen Zahl von Publikationen. „Das große Echo des von der Kommission ausgehenden Anstoßes“ und die Unmöglichkeit einer „Monopolwahrung“ bewog ihn zu dem „Vorschlag, das Kommissionsprojekt selbst ganz auf ein Regesten- und Findbuch in einem Druckband zu begrenzen“. Auch dazu kam es nicht. Als Wolfgang Zorn 1993 die Leitung der Abteilung Sozialgeschichte an Gerhard A. Ritter übergab, wurde das Projekt eingestellt.

Der neue Leiter legte in freundlichen, aber deutlichen Worten gleich zu Beginn seiner Amtszeit auf der Jahresversammlung von 1994 den Finger auf die wunde Stelle seiner Abteilung: „da ihr keine Planstelle zur Verfügung stehe“, seien ihre Möglichkeiten „begrenzt“. Eine Edition der Petitionen an den bayerischen Landtag im 19. Jahrhundert könne sogleich ein Abteilungsprojekt werden – es hätte die von Werner Conze initiierten Petitionseditionen fortgeführt –, bedürfe aber personeller Unterstützung. Es wurde mit Hilfe des bayerischen Landtags ohne Mitwirkung der Kommission verwirklicht.[50] Zustimmung fand Gerhard A. Ritter 1999 für seinen schon mehrfach angesprochenen Plan, mit einem Werk zur „Vorgeschichte, Entstehung und Geschichte des Sozialistengesetzes“ eine „Paralleledition“ zu der umfangreichen sozialpolitischen Quellensammlung der Mainzer Akademie der Wissenschaften und der Literatur zu schaffen. Die Mittel dazu hätten allerdings bei der Deutschen Forschungsgemeinschaft eingeworben werden müssen. Dazu kam es nicht.[51]

4. Neue Projekte zur Entstehung der Moderne außerhalb der Abteilung Sozialgeschichte

Als die Abteilung Sozialgeschichte 1962 eingerichtet wurde, zielten ihre Pläne vorrangig auf Editionen zum 19. Jahrhundert. Diesen Schwerpunkt behielten alle Abteilungsleiter bei. Doch nicht alle neuen Projekte der Historischen Kommission zum 19. Jahrhundert wurden in der sozialgeschichtlichen Abteilung angesiedelt. Zwei von ihnen sind hier zu nennen: das inzwischen abgeschlossene Projekt zu Europaplänen seit dem Wiener Kongreß, und die noch unabgeschlossene Edition zum Deutschen Bund, für die eine eigene Abteilung gegründet wurde. Beide Vorhaben lassen in unterschiedlicher Weise neue Perspektiven in der Geschichtswissenschaft erkennen.

Die Stichworte Europäisierung und Globalisierung umschreiben Entwicklungen, welche die Gegenwart prägen. Aus ihnen erwachsen neue Fragen an die Vergangenheit. Ihnen muß sich die Geschichtsschreibung widmen, ohne sich dem Zeitgeist auszuliefern. Dies gilt auch für den Wunsch des noch unfertigen „Hauses Europa“ nach einem zukunftsfähigen Geschichtsfundament.

Es geht um eine Europäisierung des Blickes in die Geschichte. Die nationalen Geschichtswissenschaften müssen sich dieser Herausforderung stellen, wenn sie nicht ihren Rückhalt in der Gesellschaft gefährden wollen. Wie intensiv sie sich dieser Aufgabe annehmen, zeigen ihre vielfältigen Bemühungen, „Europa“ historisch sichtbar zu machen. Ihnen fügt sich das Projekt „Deutsche Europa-Pläne und ihre europäische Einbettung“ ein, das Heinz Duchhardt erstmals 1999 auf der Jahresversammlung der Historischen Kommission vorgestellt hat. Die Volkswagen Stiftung sicherte die Finanzierung. Sie hatte ein Rahmenprogramm eingerichtet, dessen Titel „Einheit in der Vielfalt?“ charakteristisch ist für die Suche des EU-Europa nach einem Geschichtsfundament, das die Konfliktgeschichte Europas mit der Geschichte europäischer Gemeinsamkeiten versöhnt.

Mit Hilfe der Volkswagen Stiftung und gestützt auf die Ressourcen des Instituts für Europäische Geschichte Mainz, dessen Direktor Heinz Duchhardt ist, konnten seit 2001 drei Arbeitsgruppen in Mainz, an der Universität Warschau und der Eötvös Lóránd-Universität Budapest das Vorhaben in nur drei Jahren verwirklichen. Es entstand ein dreibändiges Werk, das in 293 Regesten Schriften deutscher, polnischer und ungarischer Autoren präsentiert, die zwischen Wiener Kongreß und 1933/45 „in irgendeiner Form einen in die Zukunft weisenden Gedanken einer europäischen Förderation entwickelten und dies publikumswirksam zu vertreten suchten“.[52] 18 Texte werden im Wortlaut dargeboten. Ein Essayband bietet historische Informationen für einen breiteren Leserkreis, an den sich die Bände richten.

Während dieses Projekt mit einem historischen Thema, dessen Fluchtpunkt das Europa der Zukunft ist, eine Brücke zwischen dem Fachpublikum und einem größeren Leserkreis zu schlagen sucht, zielt das Editionsprojekt Deutscher Bund auf eine fachwissenschaftliche Neubewertung der deutschen Nationalgeschichte im 19. Jahrhundert.

Als Lothar Gall 1986 die Edition zur Geschichte des Deutschen Bundes vorschlug, lagen der Jahresversammlung noch zwei weitere Pläne für größere Vorhaben zum 19. Jahrhundert vor – „Das Deutsche Reich und Österreich-Ungarn im Zeichen des Zweibundes“ (Andreas Hillgruber) und die Fortführung der Editionsserie „Quellen zu den Reformen in den Rheinbundstaaten“ für die süddeutschen Staaten bis 1848 oder 1869 (Eberhard Weis) – sowie generelle Überlegungen des neuen Präsidenten Heinrich Lutz für ein „Ausbauprogramm“ unter der Überschrift „Forschungen und Dokumentationen zu zentralen politischen Entscheidungsprozessen der neueren deutschen Geschichte“.[53] Heinrich Lutz konnte dieses Programm nicht mehr auf den Weg bringen; er starb wenige Monate nach der Jahresversammlung. Er wollte „eine sinnvolle Bereinigung“ bei der Finanzierung erreichen: Etatmittel der Kommission für langfristige Vorhaben, Drittmittel für kurzfristige. Eine Prioritätsliste sollte eine verläßliche Planungsgrundlage schaffen. Auf sie wollte sich die Kommission bei den drei vorgeschlagenen Vorhaben jedoch noch nicht festlegen. Zunächst sollten alle drei weiterverfolgt und durch kleine Arbeitsgruppen präzise ausgearbeitet werden: zeitliche Planung bei zwei Mitarbeiterstellen je Vorhaben; Bearbeiter: auf Zeit oder unbefristet; Darstellungsform: „Dokumentation – monographische Untersuchung"?

Als man 1987 sah, daß für das gesamte Ausbauprogramm „vorerst" nur zwei Mitarbeiterstellen zur Verfügung stehen werden, mußte eine Entscheidung über die drei konkurrierenden Vorhaben gefällt werden. Sie fiel zugunsten der Edition zum Deutschen Bund, wenngleich zunächst nicht definitiv. Höchste Priorität erhielt die Mittlere Reihe der Reichstagsakten, der – als etabliertes Kommissionsunternehmen gewissermaßen außerhalb der Konkurrenz stehend – eine Stelle zugewiesen wurde. Die zweite Stelle blieb umstritten zwischen den geplanten Projekten zu Reformen in den süddeutschen Staaten und dem Deutschen Bund, während das Nein für das Zweibund-Vorhaben in die Hoffnung auf Bundesförderung gekleidet wurde. Dieses vorzeitige Ende drohte auch der Edition zum Deutschen Bund. Lothar Gall konnte sich jedoch mit Unterstützung von einigen Mitgliedern durchsetzen, indem sie die gesamtstaatliche Forschungsausrichtung der Historischen Kommission betonten. Der Kompromiß – die für 1987 zu erwartende Stelle wird ein Jahr zum Abschluß der Arbeiten an der Edition zu den Rheinbundreformen und danach „gegebenenfalls" für die Edition zum Deutschen Bund verwendet – machte den Weg frei für eines der erfolgreichsten Vorhaben, welche die Historische Kommission seit ihrer Neugründung 1946 auf den Weg bringen konnte. 1988 wurde dafür eine eigene Abteilung unter der Leitung Lothar Galls gegründet und ihr die Mitarbeiterstelle zugewiesen, zu der im Oktober 1989 noch eine zweite Stelle hinzukam, die zunächst bis 1993 aus Drittmitteln der DFG finanziert wurde.

Die Edition zum Deutschen Bund, von der seit 1996 vier umfangreiche Bände erschienen sind,[54] ist dabei, die Quellengrundlage für eine Neubewertung der deutschen Nationalgeschichte im 19. Jahrhundert zu legen. Sie fügt sich in eine Forschungsrichtung ein, welche die jüngere deutsche Geschichte nicht mehr einlinig auf das Jahr 1871 zulaufen sieht. Mit dem Begriff „Föderativnation"[55] wurde der Blick darauf gelenkt, daß in Deutschland nach dem Ende des Alten Reiches der Wunsch nach nationaler Einheit nicht mit der Forderung nach einem Nationalstaat gleichgesetzt werden darf. Erst mit dessen Gründung im Jahre 1871 endete diese Vorstellung einer deutschen Föderativnation ohne einen deutschen Zentralstaat. Sie war nicht nur im Denken der Menschen präsent, sondern hat im Deutschen Bund auch das staatliche Handeln bestimmt. Die Leitidee Föderativnation zielte auf die Einheit der deutschen Nation im Sinne von Einigkeit, war aber nicht bestrebt, aus der staatlichen Vielfalt, in der die deutsche Nation bis 1871 existierte, einen Nationalstaat zu formen, der alle deutschen Staaten zusammenfaßt, nach außen scharf abgrenzt und nach innen vereinheitlicht. Die Entwicklung verlief zwar in diese Richtung, am Ende der deutschen Nationsbildung stand der kleindeutsche Nationalstaat, doch nicht alle zuvor beschrittenen Wege führten dorthin und die nicht zu Ende gegangenen müssen keine historischen Sackgassen gewesen sein. Die Gründung des Nationalstaates als ‚Sinn' der deutschen Nationalgeschichte vorgezeichnet zu sehen und sie nur auf dieses Ergebnis hin zu befragen, hieße, den föderativen Grundzug der deutschen Geschichte zentralstaatlich zu verzerren. Die Geburt des deutschen Nationalstaates aus drei Kriegen und der daraus erwachsene übermächtige Einheitsmythos haben zwar bereits im ausgehenden 19. Jahrhundert die Erinnerung an die föderativen Wurzeln der Idee einer deutschen Nation verdrängt, ihre Wirkungen jedoch nicht auslöschen können. Im Föderalismus des Kaiserreichs lebte die Vorstellung einer Reichsnation fort, deren Besonderheit darin lag, nie staatlich geeint gewesen zu sein, jedenfalls nicht in einem Zentralstaat.

Diese Revision eines Geschichtsbildes, das ganz im Banne von 1871 steht, erhält durch die Edition der Historischen Kommission zur Geschichte des Deutschen Bundes eine breite Quellengrundlage. Es entsteht damit zugleich ein neues Bild vom Deutschen Bund. In zwei Monographien, welche die Edition begleiten, hat es Jürgen Müller herausgearbeitet:[56] Der Bund war – dies in scharfer Abgrenzung von dem dunklen Bild, welches das 19. Jahrhundert mit Wirkung bis in die Gegenwart gezeichnet hatte – aufgrund der Rivalität der beiden deutschen Vormächte und der Uneinigkeit der Mittelstaaten zwar unfähig, einen Nationalstaat zu schaffen, doch er leistete viel für die deutsche Nationsbildung; vor allem rechtspolitisch. Der Deutsche Bund war, so läßt sich diese neue Sicht zuspitzen, ein staatliches Instrument der deutschen Föderativnation, allerdings ein demokratieunwilliges Instrument. Historisch verankert in der ständisch-vormodernen Reichsidee war er auf dem Wege, sie mit neuen, zeitgemäßen Inhalten zu füllen: eine Föderativnation, die sich ein staatliches Handlungsinstrumentarium schaffen wollte, um für die gesamte Nation zu regeln, was als gemeinsame Aufgabe galt, ohne jedoch daraus einen Zentralstaat zu formen, in dem die staatlichen Glieder als Provinzen aufgegangen wären.

Worin diese Leistungen bestanden und was nicht gelang, präsentiert die Edition auf einem breiten Quellenfundament, das der Geschichtsschreibung eine Grundlage bietet, vertraute Vorstellungen der deutschen Geschichte im 19. Jahrhundert zu überprüfen und zu verändern.

5. Eine Zwischenbilanz nach vier Jahrzehnten

Mit der Gründung der Abteilung Sozialgeschichte, zunächst 1946 und dann definitiv 1962, wandte sich die Historische Kommission energisch der Aufgabe zu, den Weg Deutschlands in die Moderne zu erforschen. Den Schwerpunkt legte sie auf das 19. Jahrhundert. Es sollte durch sozialgeschichtliche Grundlageneditionen erschlossen werden. Daß dieser Aufbruch in Themenfelder, denen sich die deutsche Geschichtswissenschaft zuvor kaum zugewandt hatte, nicht so verlief, wie es geplant war, hat Gründe, die sich erst im Rückblick erschließen. Diejenigen jedoch, die damals Entscheidungen zu treffen hatten, mußten sich in mehrfacher Hinsicht auf einen unvertrauten Weg begeben. Auf ihm wurden die Kommission und ihre neue Abteilung mit drei Problemen konfrontiert, die zu erkennen und Lösungen zu entwickeln Zeit brauchte.

1. Langfristige Aufgaben müssen mit Mitteln kurzer Dauer finanziert werden. Im Privatleben und in Wirtschaftsunternehmen gälte dies als unseriös und gefährlich, in den notorisch unterfinanzierten Wissenschaftsbereichen ist es inzwischen normal geworden. Die Historische Kommission wurde mit dieser Situation bereits Anfang der 1960er Jahre konfrontiert, als sie mit der Abteilung Sozialgeschichte ein auf Dauer angelegtes Großvorhaben initiierte, ohne dafür einen angemessenen Etat zur Verfügung zu haben. Daß sich letzteres ändern würde, durfte sie damals, als der gesamte Wissenschaftsbereich expandierte, noch annehmen. Forschungen über Themen, deren gesellschaftliche Relevanz als unabweisbar gilt, werden vom Staat finanziert – von diesem Grundsatz ließ sich die Kommission leiten, als sie darauf setzte, daß solide Projektplanung zu einer ebenso soliden Aufstockung des Etats führen werde. Als dies nicht geschah, wurde das Einwerben kurzfristiger Drittmittel, die ursprünglich nur als Starthilfe für Langzeitprojekte gedacht waren, zur Daueraufgabe. Erstaunlich ist angesichts dieser mißlichen Lage nicht, daß die meisten Vorhaben scheiterten, sondern daß zwei Großprojekte – die Sozialstatistik und die Nationalgüteredition – dennoch gelangen.

2. Sozialgeschichtliche Kommissionsvorhaben in den Langzeitprogrammen der DFG oder der Union der Akademien unterzubringen, hätte vorausgesetzt, angemessen große und zugleich hinreichend klar abgegrenzte Themenfelder zu definieren. Dazu kam es in der Gründungsphase der Abteilung nicht. Das ist verständlich, denn der Reiz des sozialgeschichtlichen Aufbruchs in den 1960er Jahren lag darin, daß ein neuer Zugang zu allen Bereichen der Geschichte versprochen wurde. Sich auf ein einziges Thema zu beschränken, um tauglich für Langzeitförderprogramme zu werden, hätte dem Selbstverständnis der damaligen Sozialgeschichte und den Erwartungen an sie widersprochen. So verwundert es nicht, daß in den kommissionsinternen Beratungen sozialgeschichtlicher Projektideen nicht antragsfreundliche Begrenzung, sondern wissenschaftlich ambitionierte Erweiterung empfohlen wurde.

3. Die Sozialgeschichte, wie sie in den sechziger Jahren diskutiert und etabliert wurde, setzte auf theoretische und methodologische Innovation. Editionen waren ihr fremd. Deshalb fiel es schwer, junge Wissenschaftler für die Drittmittelstellen zu gewinnen, die für sozialgeschichtliche Editionsvorhaben eingeworben werden konnten. Wer in die Spitzenränge der Sozialhistoriker vorstoßen wollte, mied die Kärrnerarbeit der Edition, die nur in die „Hilfstruppe unseres wissenschaftlichen Lebens" führe, wie es in einer Denkschrift der Historischen Kommission von 1960 hieß.

Erst 1986 wurde mit dem „Ausbauprogramm" des Präsidenten Heinrich Lutz der Versuch unternommen, sich realistisch auf die Lage einzustellen, die sich seit der Neugründung der Historischen Kommission im Jahre 1946 ergeben hatte. Es sah eine „Bereinigung" des Mitteleinsatzes vor, indem die Vorhaben der Kommission nach dem Zeitaufwand geordnet werden, der für ihre Bearbeitung anzusetzen ist. Langfristprojekte sollten aus dem langfristig gesicherten Kommissionsetat, Kurzfristprojekte mit kurzfristigen Drittmitteln finanziert werden. Daß auf diesem Weg neue Großvorhaben wohl nur in langsamen „Ausbauraten" voranschreiten würden, abhängig vom Aufwuchs des Etats, war dem Präsidenten bewußt.[57]

Als 1987 zusätzliche Etatstellen zu erwarten waren, nutzte die Historische Kommission diese Chance, indem sie die Abteilung Deutscher Bund gründete. Was in den siebziger Jahren bei universitätsgeschichtlichen Vorhaben noch gescheitert war, gelang nun. Die Konzeption der neuen Abteilung ist auf die heutigen Finanzierungsbedingungen von historiographischer Grundlagenforschung in Gestalt von Editionen zugeschnitten: längerfristig angelegt und doch thematisch klar begrenzt, so daß die Projektdauer überschaubar bleibt; eine arbeitsfähige Ausstattung mit festen Stellen für Wissenschaftler, die zeitweise mit Drittmitteln ergänzt wird; ein Themenfeld, das neue Einsichten in zentrale geschichtliche Entwicklungen verspricht und deshalb Forschungen anregt, so daß Edition und Forschungsdiskussion zusammenfinden.

[1] Korrespondenz Aubin mit Mitgliedern 1961–1962, in: HiKo 82.

[2] Alle in diesem Abschnitt erwähnten Unterlagen befinden sich im Archiv (HiKo) oder der Registratur (HiKo R) der Historischen Kommission: HiKo 14: Bestand 3. Präsident, Korrespondenzen, Hermann Aubin mit Mitgliedern; im Bestand 7.2. Korrespondenzen und Handakten des Archivs sowie in HiKo R 56 Protokolle der Jahresversammlungen 1946–1974.

[3] Plenarversammlung 1960, in: HiKo 137.

[4] Brief des DFG-Präsidenten Julius Speer vom 6.5.1965 an Theodor Schieder, mit Protokoll ihrer Besprechung am 5. Mai in Godesberg, in: HiKo R 164. Zu Thyssen: Jahresversammlung 1965, in: HiKo R 4.

[5] Vgl. Arbeitsgemeinschaft Deutscher Stiftungen (Hg.), Lebensbild einer Stiftung für Wissenschaft und Forschung. Die Fritz Thyssen Stiftung 1960–1970, Tübingen 1971, 31–57, hier 38. Eine Bilanz bietet: Fritz Thyssen Stiftung, Forschungsunternehmen 19. Jahrhundert. Bibliographie, Köln 1984.

[6] Vgl. dazu mit Blick auf Berlin, wo 1949 Hans Rosenberg erstmals als Gastprofessor an der Freien Universität lehrte und – so Gerhard A. Ritter – neben Werner Conze der „einflußreichste Pionier und Nestor der modernen deutschen Sozialgeschichte nach dem Zweiten Weltkrieg" wurde: Jürgen Kocka, Wandlungen der Sozial- und Gesellschaftsgeschichte am Beispiel Berlins 1949 bis 2005, in: Jürgen Osterhammel/Dieter Langewiesche/Paul Nolte (Hg.), Wege der Gesellschaftsgeschichte, Göttingen 2006, 11–31, hier 15; Gerhard A. Ritter, Die neuere Sozialgeschichte in der Bundesrepublik Deutschland, in: Jürgen Kocka (Hg.), Sozialgeschichte im internationalen Überblick, Darmstadt 1989, 19–88, hier 36.

[7] Zu den Kontroversen um die deutsche „Volksgeschichte" und Werner Conzes Anteil an ihr s. die abwägende Forschungsbilanz von Friedrich Lenger, Eine Wurzel fachlicher Innovation? Die Niederlage im Ersten Weltkrieg und die „Volksgeschichte" in Deutschland – Anmerkungen zu einer aktuellen Debatte, in: Horst Carl/Hans-Henning Kortüm/Dieter Langewiesche/F. Lenger (Hg.), Kriegsniederlagen. Erfahrungen und Erinnerungen, Berlin 2004, 41–55.

[8] HZ 225 (1977), 1–28, 13.

[9] Das wird näher ausgeführt in: Dieter Langewiesche, Die Geschichtsschreibung und ihr Publikum. Zum Verhältnis von Geschichtswissenschaft und Geschichtsmarkt, in: Historie und Leben. Der Historiker als Wissenschaftler und Zeitgenosse. FS für Lothar Gall zum 70. Geburtstag, hg. von Dieter Hein/Klaus Hildebrand/Andreas Schulz, München 2006, 311–326.

[10] Die in diesem Abschnitt erwähnten Quellen befinden sich alle im Archiv der Historischen Kommission; neben den in Anm. 1 genannten Fundorten: HiKo R: Bestand ehemalige Mitarbeiter, Personalakten Wolfgang Köllmann, Antje Kraus, Wolfgang von Hippel, Hannah Rabe; HiKo R 82; HiKo 381 1977–1984: Säkularisierungsprojekt Wolfgang Schieder; HiKo R 380–384; HiKo R 441; HiKo R 164.

[11] Quellen zur Bevölkerungs-, Sozial- und Wirtschaftsstatistik Deutschlands 1815–1875. 5 Bände, hg. von Wolfgang Köllmann, bearb. von Antje Kraus (= Forschungen zur deutschen Sozialgeschichte, Bd. 2), Boppard a. Rh. 1980–1995.

[12] Das berichtet der damalige Abteilungsleiter Wolfgang Zorn in einem Brief an Wolfgang Schieder vom 5.3.1984, in: HiKo R 381.

[13] Über diese vielbändige Edition, deren III. Abteilung 2005 mit einem Band eröffnet wurde, informiert die Homepage der Mainzer Akademie: http://www.adwmainz.de/index.php?id=66 (dort das Zitat).

[14] Brief vom 12.4.1962, in: HiKo R 82.

[15] Brief vom 19.8.1963 an Frhr. von Pölnitz, in: HiKo R 380.

[16] Brief vom 7.2.1969 an Fritz Wagner, in: ebd.

[17] Brief Conzes an Fritz Wagner vom 4.10.1968, in: ebd.

[18] Brief vom 28.10.1987 an Dieter Albrecht, in: HiKo R 382.

[19] Brief Wolfgang Köllmanns vom 18.7.1989 an Dieter Albrecht (ebd.); Zitat: Brief des Komissionspräsidenten Eberhard Weis vom 31.5.1995 an Wolfgang Köllmann (HiKo R: Bestand ehemalige Mitarbeiter, Personalakte Köllmann).

[20] Brief W. Conzes an Kommission vom 2.9.1963, in: HiKo R 380.

[21] Nach dem Auslaufen der zweijährigen Thyssen-Förderung setzte Wolfgang von Hippel als wissenschaftlicher Assistent am Historischen Seminar in Heidelberg die Arbeit an der Edition fort.

[22] Die Unterlagen befinden sich in der Personalakte der Bearbeiterin. Informationen bieten auch Briefe W. Conzes an die Kommission (HiKo R 380) und seine Abteilungsberichte auf Jahresversammlungen.

[23] Ein 1972 von Wolfgang von Hippel vorgelegter Plan, angeregt durch die Forschungen zu seinem Werk über die Bauernbefreiung eine Edition und Darstellung verbindende Bevölkerungsgeschichte Württembergs von 1500 bis 1870/90 zu erarbeiten, wurde nicht ausgeführt (HiKo R: Bestand ehemalige Mitarbeiter, Personalakte).

[24] Brief Dr. Ursula Hüllbüschs an W. Conze vom 26.6.1964, in: HiKo R 380.

[25] W. Conze an Karl Bosl, Sekretär der Kommission, vom 24.11.1964, in: ebd.

[26] Quellen zur Geschichte der Gewerkschaftsbewegung im 20. Jahrhundert, begründet von Erich Matthias, hg. von Hermann Weber, Klaus Schönhoven und Klaus Tenfelde, hier: Bände 1–4 (1985–1988) für die Zeit 1914 bis 1933.

[27] Exposé von Heilwig Schomerus, Anlage zu dem Brief von W. Conze vom 6.2.1975 an Fritz Wagner, in: HiKo R 380.

[28] Brief W. Conzes vom 23.11.1976 an Georg Kalmer, in: ebd.

[29] Brief W. Conzes vom 26.8.1976 an Fritz Wagner, in: ebd.

[30] Brief Heinz Reifs vom 23.3.1981 an W. Conze; Brief Conzes vom 8.4.1981 an Theodor Schieder, in: HiKo R 381.

[31] Werner Conze/Wolfgang Zorn (Hg.), bearb. von Rüdiger Moldenhauer, Die Protokolle des Volkswirtschaftlichen Ausschusses der Deutschen Nationalversammlung 1848/49, Boppard a. Rh. 1992; Die Petitionen an den Deutschen Handwerker- und Gewerbe-Kongress in Frankfurt 1848 (= Forschungen zur deutschen Sozialgeschichte, Bd. 6 u. 7), 1994.

[32] Erich Angermann, Gutachten vom 29.4.1988 und Brief vom 1.5.1988 an den Kommissionspräsidenten Eberhard Weis, in: HiKo R 382.

[33] Die Petitionsanalysen werden in den damaligen Forschungsstand eingeordnet bei Dieter Langewiesche, Die deutsche Revolution von 1848/49 und die vorrevolutionäre Gesellschaft: Forschungsstand und Forschungsperspektiven, in: Archiv für Sozialgeschichte. Teil 1, 21 (1981), 458–498.

[34] Wolfgang Schieder (Hg,), Säkularisation und Mediatisierung in den vier rheinischen Departements 1803–1813. Edition des Datenmaterials der zu veräußernden Nationalgüter, datentechnisch aufbereitet von Manfred Koltes, 5 Teile in 7 Bänden (= Forschungen zur deutschen Sozialgeschichte, Bd. 5), Boppard a. Rh. 1991. Im Vorwort von Band 1 gibt Wolfgang Schieder Hinweise auf die Entstehung und Durchführung des Projektes.

[35] Michael Müller, Säkularisation und Grundbesitz. Zur Sozialgeschichte des Saar-Mosel-Raumes 1794–1813 (= Forschungen zur deutschen Sozialgeschichte, Bd. 3), Boppard a. Rh. 1980; Wolfgang Schieder/Alfred Kube, Säkularisation und Mediatisierung. Die Veräußerung der Nationalgüter im Rhein-Mosel-Departement 1803–1813 (= … Bd. 4), 1987; Gabriele B. Clemens, Immobilienhändler und Spekulanten: Die sozial- und wirtschaftsgeschichtliche Bedeutung der Großkäufer bei den Nationalgüterversteigerungen in den rheinischen Departements (1803–1813) (= … Bd. 8), 1995.

[36] Müller (wie Anm. 35).

[37] „Universitätsgeschichte" von Laetitia Boehm, als Anlage zu den Vorberichten am 1.3.1977 versandt, in: HiKo R 111.

[38] Einzusehen unter: http://www.historischekommission-muenchen.de/seiten/ragstart.html.

[39] Die Schweizer Reden stehen z. T. schon online zur Verfügung: http://www.hist.unibe.ch/content/institut/forschungsprojekte/rektoratsreden/index_ger.html. Die anderen Reden werden ebenfalls in diese Datenbank eingegeben, die über die Homepage der Historischen Kommission einzusehen ist (www.historische-kommission-muenchen-editionen.de/rektoratsreden/).

[40] Vgl. Dieter Langewiesche, Selbstbilder der deutschen Universität in Rektoratsreden. Jena – spätes 19. Jahrhundert bis 1948 (im Druck).

[41] Gerhard A. Ritter, Großforschung und Staat in Deutschland. Ein historischer Überblick, München 1992; Gerhard A. Ritter/Margit Szöllösi-Janze/Helmuth Trischler (Hg.), Antworten auf die amerikanische Herausforderung. Forschung in der Bundesrepublik und der DDR in den „langen" siebziger Jahren (= Studien zur Geschichte der deutschen Großforschungseinrichtungen, Bd. 12), Frankfurt/M. 1999.

[42] Vgl. Ulrich Wengenroth, Innovationskultur in Deutschland. Rahmenbedingungen der Wissenschafts- und Technologiepolitik (http://www.lrz-muenchen.de/~Ulrich_Wengenroth/Arbeitspapiere/Wengenroth_Innovationskultur.pdf [Stand: 11.02.07]).

[43] Zu dem Forschungsprogramm „Geschichte der Kaiser-Wilhelm-Gesellschaft im Nationalsozialismus" s. die Informationen auf der Projekthomepage: http://www.mpiwg-berlin.mpg.de/KWG/index.htm (Stand: 11.02.07).

[44] Rüdiger Hachtmann (Hg.), Ein Koloß auf tönernen Füßen. Das Gutachten des Wirtschaftsprüfers Karl Eicke über die Deutsche Arbeitsfront vom 31. Juli 1936 (= Forschungen zur deutschen Sozialgeschichte, Bd. 9), München 2006. Hachtmann war Projektleiter in dem Forschungsunternehmen der Max-Planck-Gesellschaft. Der ursprüngliche Bearbeiter, der 1995 einen Werkvertrag aus Kommissionsmitteln erhalten hatte, vermochte den Auftrag nicht auszuführen, in: HiKo R 383, 384.

[45] Eine Bielefelder Gruppe übernahm das Vorhaben: Guenter Kueppers/Peter Weingart/Norbert Ulitzka, Die Nobelpreise in Physik und Chemie 1901–1929. Materialien zum Nominierungsprozeß (= Report Wissenschaftsforschung, Universität Bielefeld, Bd. 23), Bielefeld 1982.

[46] Alle erwähnten Quellen zu diesem Vorhaben in: Laufende Registratur, Abt. Sozialgeschichte, HiKo R 381–383; Protokolle der Jahresversammlungen 1982–1993, in: HiKo R 21–32.

[47] Monika Bergmeier, Wirtschaftsleben und Modernisierung im Spiegel der bayerischen Physikatsberichte 1858–1862 (Mittelfranken, Unterfranken, Schwaben, Pfalz, Oberpfalz), München 1990 (Diss Univ. München 1987).

[48] S. Monika Bergmeiers „Zwischenberichte" vom 1.12.1983 und 26.7.1984, in: HiKo R 381.

[49] Brief Zorns vom 6.12.1983 an den Kommissionssekretär Eberhard Weis, in: ebd.

[50] Die Beschwerden an die Kammer der Abgeordneten des Bayerischen Landtags 1819–1918, bearb. und eingeleitet von Dirk Götschmann, hg. vom Bayer. Landtag, Abt. Öffentlichkeitsarbeit und Information, 2 Bände (= Beiträge zum Parlamentarismus, Sonderband), München 1997.

[51] Der Antrag wurde 1999 gestellt, aber zurückgezogen.

[52] Włodzimierz Borodziej/Heinz Duchhardt/Małgorzata Morawiec/Ignác Romsics (Hg.), Option Europa. Deutsche, polnische und ungarische Europapläne des 19. und 20. Jahrhunderts, Bd. 1: Essays, Bd. 2: Regesten; Bd. 3: Texte, hg. von der Historischen Kommission bei der Bayerischen Akademie der Wissenschaften und dem Institut für Europäische Geschichte durch Heinz Duchhardt, Göttingen 2005, Zitat: Bd. 1, 7.

[53] Die wichtigsten Quellen, die im Kommissionsarchiv für diesen Abschnitt ausgewertet wurden, sind die Protokolle der Jahresversammlungen und die Unterlagen in: HiKo R 388: Deutscher Bund 1988–1995.

[54] Quellen zur Geschichte des Deutschen Bundes. Für die Historische Kommission bei der Bayerischen Akademie der Wissenschaften hg. von Lothar Gall. Abteilung I: 1813–1830, Bd. 1: Die Entstehung des Deutschen Bundes 1813–1815, 2 Teilbände, bearb. von Eckhardt Treichel, München 2000; Abteilung II: 1830–1848: Reformpläne und Repressionspolitik 1830–1834, bearb. von Rolf Zerback, 2003; Abteilung III: Bd. 1: Die Dresdener Konferenz und die Wiederherstellung des Deutschen Bundes 1850/51, bearb. von Jürgen Müller, 1996; Bd. 2: Der Deutsche Bund zwischen Reaktion und Reform 1851–1858, 1998. Eine Zwischenbilanz mit Einordnung in die Forschung: Eckhardt Treichel/Jürgen Müller, Quellen zur Geschichte des Deutschen Bundes. Ein Forschungsprojekt der Historischen Kommission bei der Bayerischen Akademie der Wissenschaften: http://www.ahf-muenchen.de/Forschungsberichte/Jahrbuch2000/Treichel.shtml#_ftnref1 (Stand: 13.02.07)

[55] Vgl. dazu ausführlich Dieter Langewiesche, Nation, Nationalismus, Nationalstaat in Deutschland und Europa, München 2000.

[56] Jürgen Müller, Deutscher Bund und deutsche Nation 1848–1866 (= Schriftenreihe der Historischen Kommission bei der Bayerischen Akademie der Wissenschaften, Bd. 71), Göttingen 2005; Jürgen Müller, Der Deutsche Bund 1815–1866 (= Enzyklopädie deutscher Geschichte, hg. von Lothar Gall, Bd. 78), München 2006.

[57] Alle Zitate: Jahresversammlung 1986, in: HiKo R 25, 10.

Klaus Hildebrand

Editionen zum 19. und 20. Jahrhundert. Deutsche Geschichtsquellen – Akten der Reichskanzlei – Bayerische Ministerratsprotokolle

1. Plan und Praxis (1916–1945)

Die Abteilung „Deutsche Geschichtsquellen des 19. und 20. Jahrhunderts" der Historischen Kommission bei der Bayerischen Akademie der Wissenschaften kann als Restbestand eines ursprünglich größer angelegten Plans zur organisatorischen Neugestaltung der Geschichtswissenschaft gelten. Mitten im Ersten Weltkrieg, im Juli 1916, gegen Ende der Schlacht von Verdun und am Beginn der Kämpfe an der Somme, ergriff Moriz Ritter, von 1908 bis 1923 Präsident der Historischen Kommission, die Initiative zu einem ehrgeizigen Unternehmen: „Einer der Gründe meines Vorschlags", so leitete er seine Bemerkungen zu dem Vorhaben eines „Quellenwerks zur Geschichte der Gründung und Befestigung des Deutschen Reiches" ein, „lag in der Ansicht, daß die Historische Kommission, wenn sie als eine wissenschaftliche Gesellschaft ersten Ranges fortbestehen soll, eines festen Mittelpunktes vielgestaltiger Tätigkeit bedarf".[1]

Einen solchen Mittelpunkt, ein zweites Zentrum ihrer Existenz neben der Edition der Reichstagsakten sozusagen, sollte die Institution in einem neuen Großunternehmen finden, das sich bevorzugt auf die Geschichte des 19. Jahrhunderts konzentrieren würde. Dieses spezielle Anliegen wiederum ging mit der allgemeinen Absicht einher, dem im Ersten Weltkrieg buchstäblich um seine Existenz ringenden Kaiserreich durch die Herausgabe und das Verfassen historischer Schriften ein geschichtliches Fundament zu verleihen, also dem 1871 gegründeten (klein-)deutschen Nationalstaat historische Legitimität zuwachsen zu lassen.

Wie so oft im Verhältnis zwischen Wissenschaft und Politik mischten sich mithin auch in diesem Fall Begründungen und Entwicklungen: Das gefährdete Dasein des noch jungen Bismarckstaates sollte durch historische Publikationen gestärkt werden; dabei galt dem Verfasser der Denkschrift vom 28. Juli 1916 geradezu als „Voraussetzung des ganzen Unternehmens [...] natürlich ein unsere Nation mit erhöhtem Selbstgefühl erfüllender Ausgang des gegenwärtigen Krieges".[2] Damit aufs engste verbunden, zielte der kühne Entwurf gleichzeitig darauf ab, der einst von Leopold Ranke als „Akademie der deutschen Geschichtswissenschaft" konstituierten Münchener Kommission die zentrale Stellung im Rahmen der neuzeitlichen Geschichtswissenschaft in Deutschland zu sichern.

Diese galt es, der Position der Monumenta Germaniae Historica im Zusammenhang der mittelalterlichen Historiographie vergleichbar, vor konkurrierenden Herausforderungen zu bewahren, die sich in den letzten Jahren vor dem Beginn des Ersten Weltkriegs bemerkbar gemacht hatten. 1917 hatten sie schließlich zur Begründung des „Instituts für Deutsche Geschichte" der Kaiser-Wilhelm-Gesellschaft geführt und nahmen auch zukünftig, beispielsweise in der 1928 konstituierten „Historischen Reichskommission", der freilich nur begrenzte Zeit und ebenso begrenzter Erfolg beschieden war, immer wieder Gestalt an. Der politische Anlaß, die nationalstaatliche Existenz, erforderte und förderte historische Forschung, die den bedrohten Bestand des Reiches mit ihren wissenschaftlichen Erträgen stabilisieren sollte. Eben diese Erträge aber lösten sich mehr und mehr vom ursprünglichen Zweck ab, erweiterten diesen im Wandel der Zeiten weit über den etatistischen Zusammenhang hinaus auf das gesellschaftliche, kulturelle und ökonomische Terrain, blieben gerade dadurch in Verbindung mit den allgemeinen Verhältnissen und bewahrten deren Einflüssen gegenüber doch jene Autonomie, die für wissenschaftliche Tätigkeit nun einmal lebenswichtig ist.

Moriz Ritters ursprünglicher Entwurf bezog sich, im Kern der Dinge jedenfalls, auf die unmittelbare Vorgeschichte und Geschichte der Bismarckzeit zwischen 1866 und 1888/90. Im Zusammenhang mit den darüber einsetzenden Beratungen wurde er jedoch, beinahe umgehend, durch einen darüber großzügig hinausgehenden Plan Friedrich Meineckes in umfassender Art und Weise ausgebaut: „Die Acta Germanica – so möchte ich unser Unternehmen am liebsten genannt sehen –", schrieb dieser unter dem Datum des 16. September 1916, sollten sich ausdehnen „auf den ganzen Zeitraum der modernen deutschen National- und Einheitsbewegung, also etwa auf das Jahrhundert von 1795–1888 (1890), wobei ein Hinübergreifen über diese Jahresgrenzen, wenn der einzelne Fall dazu drängt, nicht ausgeschlossen sein darf".[3] Und seit der Zusammenkunft eines von der Historischen Kommission eingesetzten „Unterausschusses" im Oktober 1916 führte das gesamte Vorhaben den ebenfalls von Friedrich Meinecke vorgeschlagenen Titel „Deutsche Geschichtsquellen des 19. Jahrhunderts",[4] und dieser Name „ist auch dem Restplan verblieben, der mit einer Hinzunahme des 20. Jahrhunderts bis heute existiert".[5]

Der damals vorgelegten Disposition für die neue Großorganisation historischer Wissenschaft zufolge, die Meinecke selbst als ein „an sich fast unermeßliche[r] Plan"[6] erschien, wurde ein gewaltiges Volumen an Quellenmaterial für die geschichtswissenschaftliche Bearbeitung vorgesehen. Diese sollte sich in vier Abteilungen vollziehen: Zum einen ging es dabei vor allem um die äußere Politik des 18./19. Jahrhunderts, also um „Akten und Aktenverarbeitung"; zum

Abb. 34: Erich Marcks (1861–1938), 1917–1922 Leiter der Abteilung „Deutsche Geschichtsquellen des 19. Jahrhunderts".

zweiten, was vornehmlich die Innenpolitik betraf, um „Parlamentsverhandlungen und politische Tagungen"; zum dritten um das, was als „corpus epistolarum et memorabilium" benannt wurde, also um „Denkwürdigkeiten und Briefwechsel bedeutender Persönlichkeiten", nicht zuletzt um die Auswertung entsprechender „Privatnachlässe", denn gerade auf diesem Feld, davon zeigte sich Meinecke überzeugt, „ist [...] durch systematisches Suchen [noch] sehr viel zu gewinnen";[7] und schließlich sollte es viertens um „Regesten und Repertorien" gehen.

Angesichts der riesigen Dimension des Gesamten war bereits vor dem Ende des Kaiserreichs und der in der Inflation einsetzenden Finanzknappheit deutlich geworden, daß eine Teilung der ins Auge genommenen Arbeiten geboten war. Insofern wurde von vornherein an ein Zusammenwirken der Historischen Kommission bei der Bayerischen Akademie der Wissenschaften mit der preußischen Archivverwaltung, der Berliner Akademie der Wissenschaften, dem Berliner Historischen Institut und den maßgeblichen landesgeschichtlichen Einrichtungen gedacht, vor allem mit den Historischen Kommissionen Württembergs und Sachsens, Badens und Hessens, Oldenburgs und Thüringens, aber auch mit der Wiener Akademie der Wissenschaften bzw. der „Kommission für Neuere Geschichte Österreichs" sowie mit etablierten regionalen Organisationen wie der „Gesellschaft für Rheinische Geschichtskunde" beispielsweise. „Die äußere Leitung" des geplanten Großunternehmens, darauf einigten sich die „Vertreter der Akademie, der Königlich Preußischen Archivverwaltung, des Historischen Institutes zu Berlin und der Münchener Historischen Kommission" am 30. Juni und 1. Juli 1917 in Berlin, „wurde dem Sekretär der einladenden Historischen Kommission, Marcks, übertragen".[8] Und was die Zuordnung der Untersuchungsgegenstände anging, so sollte sich die Münchener Kommission insbesondere der dritten und vierten Abteilung des Großprojekts annehmen, sich also nicht zuletzt auf die Edition aus den Nachlässen „bedeutender Persönlichkeiten", auf deren „Denkwürdigkeiten und Briefwechsel",[9] konzentrieren.

Während aus den ehrgeizigen Plänen für die anderen Abteilungen, die sich mit der offiziellen Überlieferung der Geschichte der inneren und äußeren Politik des 18./19. Jahrhunderts befassen sollten und in erster Linie der Bearbeitung durch andere Institutionen zugedacht waren, bei weitem nicht das geworden ist, was den Gründern vorgeschwebt hatte, ging aus jener der Historischen Kommission in München zugeteilten Aufgabe einer Beschäftigung mit den Nachlässen hervor, was im Rahmen der Abteilung „Deutsche Geschichtsquellen des 19. und 20. Jahrhunderts" bis dato in regelmäßig erscheinenden Publikationen vorgelegt wird: In dieser Hinsicht ist also die dafür maßgebliche Idee als ein Bestandteil des ursprünglichen Großplans aufgenommen, fortgeführt und weiterentwickelt worden, nämlich Editionen aus dem unveröffentlichten Schriftgut historischer Persönlichkeiten zu unterbreiten: „Ihre eigene Arbeit", heißt es in diesem Sinne schon im „Bericht über die 58. Vollversammlung der Historischen Kommission" vom 8. Mai 1918, „wird vorerst wesentlich auf die Herausgabe von Nachlässen ausgehen".[10]

Diese Abteilung der Historischen Kommission ist also zum einen als der Rest eines großen Ganzen anzusehen, das insgesamt nicht zustande gekommen ist. Und sie ist andererseits doch, was die zu Beginn einmal vorgenommene Aufteilung der einzelnen Zuständigkeiten zwischen den für die Zusammenarbeit vorgesehenen Forschungseinrichtungen angeht, die Institutionalisierung der zentralen Aufgabe, welche der Historischen Kommission bei der Bayerischen Akademie der Wissenschaften von vornherein bevorzugt übertragen worden ist.

Mehr noch: Bereits zu Anfang der letztlich aufs Ganze gescheiterten Großplanung waren sich die Beteiligten durchaus darüber im klaren, wo die unübersehbaren Schwierigkeiten in bezug auf die Realisierung ihres ehrgeizigen Vorhabens lagen und was demgegenüber eher als machbar gelten durfte. Der Bestand an neuzeitlichen Quellen, der in den Blick genommen wurde, war ja nicht nur mengenmäßig erdrückend, sondern würde auch, zumindest auf absehbar lange Zeit, der Öffentlichkeit einfach nicht zugänglich sein. Planmäßigkeit oder gar Vollständigkeit editorischer Arbeit waren auf diesem Feld also nur schwer, ja wohl kaum zu erreichen, so daß eine gewisse Zufälligkeit in der Auswahl der Gegenstände von Beginn an durch den Zwang der Sachlage geboten war: Mithin hat dieses gleichsam von außen diktierte Erfordernis die Tätigkeit der Abteilung „Deutsche Geschichtsquellen des 19. und 20. Jahrhunderts" von ihren Anfängen an geprägt.

Ihre wissenschaftliche Arbeit vermochte sich daher bis heute nicht im Sinne der großen Fondseditionen in streng chronologischer Reihenfolge zu vollziehen, die mit einer gewissen Systematik Band auf Band folgen läßt. Vielmehr ist sie, um ihrem Auftrag entsprechen zu können, zur Auswahl angehalten: In diesem Sinne wurden zum einen – nicht zuletzt durch die sich bietende Gelegenheit verfügbare – Quellen, die, weil sie würdig sind, gesichert zu werden, für die Wissenschaft editorisch bereitgestellt; und es wurden andererseits, je nach Bedarf der sich wandelnden Forschungslage, einschlägige Akzente gesetzt, um durch spezifische Verbreiterung und Ergänzung der Materialbasis den historiographischen Fortschritt zu befördern.

Denn auch für diese Abteilung der Historischen Kommission gilt die Tatsache, wonach es keine geregelte Reihenfolge von editorischer und monographischer Forschung geben kann: Zum einen vermag, führt man sich allein die enge Verbindung zwischen dem edierten Material und den großen Biographien, beispielsweise über Friedrich den Großen oder Otto von Bismarck, vor Augen, eine grundlegende Edition die geschichtswissenschaftliche Darstellung durchaus nach sich zu ziehen, zu ermöglichen und zu befördern; und zum anderen läßt sich, seit den Tagen Leopold Rankes, dessen Geschichte der Reformation zur Edition der Reichstagsakten angeregt hatte, das genau Umgekehrte beobachten, demzufolge eine Aufsehen erregende Monographie die Aktenarbeit, im Falle dieser Abteilung die Edition einschlägiger Papiere und Briefe aus den Nachlässen, anzuregen imstande ist.

Immerhin: Das von Friedrich Meinecke bereits am Anfang der Planung geforderte „systematische Suchen“[11] nach einschlägigen Nachlässen vermochte bis heute noch nicht in angemessener Art und Weise realisiert zu werden. Das hängt zum einen mit den die Historische Kommission seit den zwanziger Jahren des 20. Jahrhunderts immer wieder plagenden Finanzmängeln zusammen. In diesem Sinne stellt schon das Protokoll der 63. Vollversammlung vom Oktober 1925 gerade im Hinblick auf die „Deutschen Geschichtsquellen“ fest: „Neue Beschlüsse konnten in der letzten Zeit aus Mangel an Mitteln nicht gefaßt werden. Die Abteilung kann erst stärker in Bewegung gesetzt werden, wenn jetzt neue Mittel für sie flüssig gemacht werden können“.[12]

Dieses Defizit ist aber zum anderen auch auf den unübersehbar unklaren, ja in der Anlage hypertrophen Auftrag der neu begründeten Abteilung zurückzuführen, die sich mit ihrer überdimensionierten Aufgabenstellung im Grunde von Anfang an übernommen hat. Daß die „Deutschen Geschichtsquellen“, bis zu einem gewissen Maße jedenfalls, zwangsläufig eine „Abteilung der Verzichte“[13] geworden sind, hat also nicht allein mit personellen Unzulänglichkeiten zu tun, die aufs Ganze gar nicht zu übersehen sind; liegt nicht nur am Problem des fehlenden Geldes, das freilich insgesamt so unverkennbar nachteilig gewirkt hat; ist zumindest nicht vorwaltend auf jene Eigenheiten des Föderalismus zurückzuführen, die ein Zusammenwirken mit den landes- und regionalgeschichtlichen Einrichtungen unter der Ägide der Münchener Kommission hier und da tatsächlich erschwert haben. Vielmehr war es der große Plan selbst, der im Kern der Dinge von Beginn an, neben anderen Elementen bleibender, ja zunehmender Behinderung, gegen die sich etablierende Praxis der modernen Wissenschaft überhaupt gerichtet war: Die mächtig voranschreitende Differenzierung der in der neuen Abteilung eher künstlich zusammengefaßten Untersuchungsgegenstände verlangte, mit voranschreitender Zeit in wachsendem Maße, auch nach organisatorischer Berücksichtigung und institutioneller Eigenständigkeit. Ja, irgendwie stand das gigantische Vorhaben von vornherein gegen den Geist der wissenschaftlichen Entwicklung, die mehr und mehr ihren Tribut forderte. Das war nicht gleich von Anfang an sichtbar, wurde allerdings im Verlauf des zurückliegenden Jahrhunderts, vor allem in seiner zweiten Hälfte, immer deutlicher und trat mehr und mehr zutage.

Erst einmal gaben die Erträge der neuen Abteilung, die vor allem in den zwanziger Jahren rasch, ja zügig voranschritten und deren frühe Anstöße sich auch noch in den Publikationen der dreißiger und vierziger Jahre des 20. Jahrhunderts eindrucksvoll zeigten, viel vom ursprünglichen Anspruch des geschichtswissenschaftlichen Großunternehmens zu erkennen, nämlich eine umfassende Quellenbasis für die Erforschung des 18./19. Jahrhunderts zu legen. Bereits der erste Band, der 1919 von Joseph Hansen unterbreitet wurde und sich aus dem Zusammenwirken mit der „Gesellschaft für Rheinische Geschichtskunde" ergab, die „Rheinischen Briefe und Akten zur Geschichte der politischen Bewegung 1830–1850", der den Zeitraum bis 1845 umfaßt und 1942 mit einem zweiten, bis in den April 1848 reichenden Band fortgesetzt wurde, kann in methodischer Hinsicht als ein Auftakt zur deutschen Parteienforschung angesehen werden. Ebendies gilt für die bereits im Jahr 1919 von Paul Wentzcke der neuen Abteilung unterbreiteten „Vorschläge und Arbeitsplan zur Bearbeitung von ‚Grundlagen der deutschen Parteigeschichte'",[14] die im Rahmen der neuen Abteilung allerdings nicht zum Zuge kommen sollten, sowie für die im Jahr darauf von Paul Wentzcke und Julius Heyderhoff vorgelegte „Denkschrift über eine Sammlung politischer Briefe liberaler Politiker im Zeitalter Bismarcks":[15] Bereits in den Jahren 1925 und 1926 fanden die darin entwickelten Ideen stattlichen Niederschlag in zwei Veröffentlichungen, die mit den Überschriften „Die Sturmjahre der preußisch-deutschen Einigung 1859–1870. Politische Briefe aus dem Nachlaß liberaler Parteiführer" und „Im Neuen Reich 1871–1890. Politische Briefe aus dem Nachlaß liberaler Parteiführer" unter dem gemeinsamen Titel „Deutscher Liberalismus im Zeitalter Bismarcks. Eine politische Briefsammlung" als Publikationen der Abteilung erschienen sind.

Was nach dem Ende des Zweiten Weltkriegs unter dem Eindruck einer sich intensivierenden Differenzierung der Geschichtswissenschaft zur institutionalisierten Aufgabe der „Kommission für Geschichte des Parlamentarismus und der politischen Parteien" geworden ist, findet hier einen frühen Bezug, der sich später organisatorisch verselbständigt und vielfältig entwickelt hat, damit auf jeden Fall aber den weitgesteckten Radius der Aufgaben verließ, welche die Historische Kommission sich ursprünglich einmal gestellt hatte.

Ebendies gilt in vergleichbarer Hinsicht beispielsweise für Hermann Onckens große Dokumentation über „Die Rheinpolitik Kaiser Napoleons III.", die in drei umfangreichen Bänden den Zeitraum von 1863 bis 1870 und den „Ursprung des Krieges von 1870/71. Nach den Staatsakten von Österreich, Preußen und den süddeutschen Mittelstaaten" rekonstruiert und den Veröffentlichungen der Abteilung eingegliedert wurde: Damit wird zumindest auf jene großen Akteneditionen zur Geschichte der preußischen und deutschen Außenpolitik verwiesen, die ursprünglich einmal von der Historischen Kommission besorgt werden sollten und die, denkt man nur an „Die Große Politik der europäischen Kabinette 1871–1914", an die „Akten zur deutschen Auswärtigen Politik 1918–1945" oder an die „Akten zur Auswärtigen Politik der Bundesrepublik Deutschland", durch andere Trägerschaften ihre Herausgabe gefunden haben. Und das ehrgeizige Streben nach mehr als nur einer Edition von Nachlässen zeigt sich auch noch in Heinrich von Srbiks fünfbändigen „Quellen zur deutschen Politik Österreichs 1859 bis 1866", „dem Gegenstück zu der von der Historischen Reichskommission herausgegebenen und unvollendet gebliebenen ‚Auswärtigen Politik Preußens'".[16]

Gleichzeitig schälte sich aber schon sehr früh, überblickt man die zwischen 1919 und 1942 erschienenen Veröffentlichungen der Abteilung, insgesamt 37 Bände an der Zahl, sozusagen als Kern ihrer Arbeit das heraus, was den „Deutschen Geschichtsquellen" im Prinzip seit ihrer Begründung als zentrale Aufgabe zugedacht war, sich nämlich der Edition von Briefen, Tagebüchern und Erinnerungen bedeutender Staatsmänner und Diplomaten, Militärs und Gelehrter zuzuwenden. Ohne in diesem Zusammenhang vollständig über die während des Zeitraums bis zum Ende des Zweiten Weltkriegs erzielten Ergebnisse der Arbeit berichten zu können, erschienen, beispielsweise als Frucht einer Zusammenarbeit mit der Hessischen Historischen Kommission und von Wilhelm Schüssler herausgegeben, bereits im Jahr 1920 „Die Tagebücher des Freiherrn Reinhard von Dalwigk zu Lichtenfels aus den Jahren 1860–1871", jenes hessischen Ministers, der zu den zahlreichen Gegenspielern Bismarcks zählte und ihm schließlich doch, wie so viele andere auch, unterlag; ferner, nur ein Jahr darauf, gleichfalls im Zusammenwirken mit der Hessischen Historischen Kommission und von Heinrich Ulmann besorgt, die „Denkwürdigkeiten aus dem Dienstleben" des Freiherrn Karl Wilhelm Heinrich du Bos du Thil aus den Jahren 1803 bis 1848, der als hessen-darmstädtischer Minister ein entschiedener Gegner der liberalen Bewegung war und als Fachmann der Verwaltung gleichwohl Bedeutendes geleistet hat; sodann als Ergebnis einer Kooperation mit der Badischen Historischen Kommission der Briefwechsel, die Denkschriften und die Tagebücher des Großherzogs Friedrich I. von Baden, dessen maßgebliche Rolle für den Prozeß der Reichsgründung in den beiden, von Hermann Oncken 1927 vorgelegten und den Zeitraum von 1854 bis 1871 umfassenden Bänden zutagetritt; und schließlich auch jene „Denkwürdigkeiten der Reichskanzlerzeit" von Fürst Chlodwig zu Hohenlohe-Schillingsfürst, die Karl Alexander von Müller im Jahr 1931 unterbreitet hat.

Damit sind, wie angedeutet, nur einige Publikationen aus dem Zusammenhang der einschlägigen Erträge der Abteilung benannt, die aus einer großen Anzahl in Erwägung gezogener Projekte schließlich realisiert wurden. In diesem Sinne über das Verhältnis von verwirklichten und nicht verwirklichten Vorhaben zu sprechen, verweist im übrigen nicht allein, ja nicht einmal vornehmlich, auf jene menschlichen Unzulänglichkeiten, welche die Ausführung so mancher Idee, ja auch mancher durchaus schon vorangebrachter Planung behindert und schließlich verhindert haben. Gewiß ist die Tatsache zu beklagen, daß aus dem seit den vierziger Jahren des 20. Jahrhunderts immer wieder

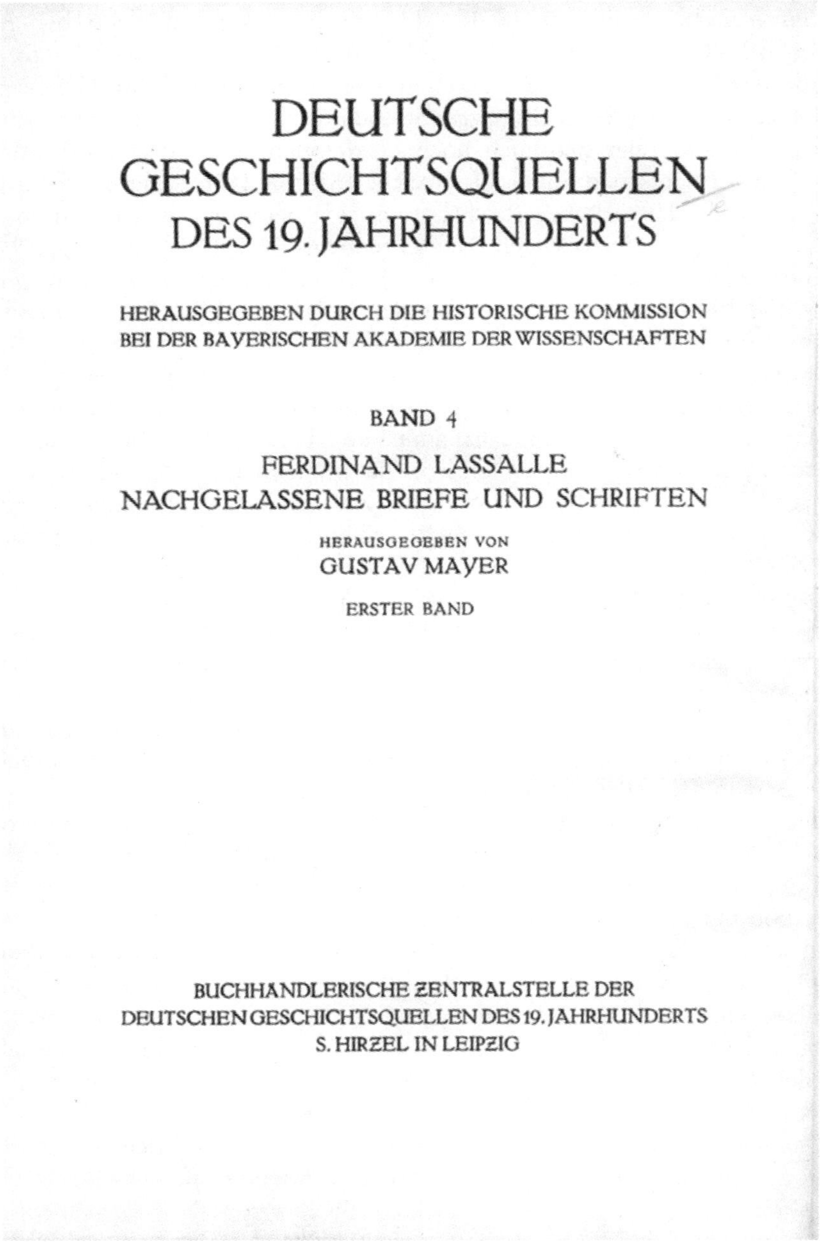

DEUTSCHE
GESCHICHTSQUELLEN
DES 19. JAHRHUNDERTS

HERAUSGEGEBEN DURCH DIE HISTORISCHE KOMMISSION
BEI DER BAYERISCHEN AKADEMIE DER WISSENSCHAFTEN

BAND 4

FERDINAND LASSALLE
NACHGELASSENE BRIEFE UND SCHRIFTEN

HERAUSGEGEBEN VON
GUSTAV MAYER

ERSTER BAND

BUCHHANDLERISCHE ZENTRALSTELLE DER
DEUTSCHEN GESCHICHTSQUELLEN DES 19. JAHRHUNDERTS
S. HIRZEL IN LEIPZIG

Abb. 35: 1921 erschien in den „Deutschen Geschichtsquellen des 19. Jahrhunderts" der erste Band der „Nachgelassenen Briefe und Schriften" von Ferdinand Lassalle. Seit 2007 ist die sechsbändige Ausgabe auch auf der Homepage der Kommission zugänglich.

erörterten Plan, im Rahmen der Abteilung das Werk und den Nachlaß Leopold Rankes, des Gründers der Historischen Kommission, zu edieren, bis auf vier Bände von ganz unterschiedlicher Provenienz und Qualität lange nichts geworden ist: Erst in unseren Tagen sind Ulrich Muhlack und Oliver Ramonat tatkräftig an diese Aufgabe gegangen, nämlich auf einer finanziell langfristig gesicherten Grundlage das Briefwerk des Altmeisters herauszugeben.

Als charakteristisch für die Entwicklung der im Grunde von Beginn an gestaltlos wirkenden Abteilung tritt gerade in diesem Zusammenhang erneut zutage, was sich im Verlauf der Geschichte ihrer Tätigkeit ein um das andere Mal beobachten läßt: Es hat – wie die Ranke-Edition – immer wieder Unternehmen gegeben, die aus dem Schoß der Abteilung erwuchsen und sodann aufgrund ihrer Dimension sowie Bedeutung die Begründung einer eigenen Abteilung erforderlich gemacht haben. Wir werden einen ähnlichen Vorgang, eine vergleichbare Metamorphose der Entfaltung, am Beginn der sechziger Jahre des 20. Jahrhunderts kennenlernen, als die Emanzipation der Edition der „Akten der Reichskanzlei“ von den „Deutschen Geschichtsquellen“ für deren spezifische Entwicklung und für jene der Kommission insgesamt eine markante Zäsur beschrieben hat.

Über solche Feststellungen einschränkender Art ist aber die grundsätzliche Tatsache gar nicht zu verkennen, daß es, aller langjährigen Erfahrung nach, immer mancher Idee, vieler Anläufe und zahlreicher Probebohrungen bedarf, um voranzuschreiten, fündig zu werden und am Ende zur Publikation zu gelangen. Was nun die Arbeit der Abteilung in den Jahrzehnten zwischen den Weltkriegen angeht, so seien im Hinblick auf Editionen aus den Unterlagen von Diplomaten an dieser Stelle nur die „Aufzeichnungen und Erinnerungen aus dem Leben des Botschafters Joseph Maria von Radowitz“ erwähnt, die Hajo Holborn – der Jahre später in die Emigration ging – der Forschung 1925 in zwei Bänden für die Jahre von 1839 bis 1877 und von 1878 bis 1890 zugänglich gemacht hat. Und für die Beschäftigung mit den Nachlässen führender Militärs seien in diesem Rahmen beispielsweise die „Denkwürdigkeiten des General-Feldmarschalls Alfred Grafen von Waldersee“ genannt, die Heinrich Otto Meisner Anfang der zwanziger Jahre des zurückliegenden Jahrhunderts in drei Bänden vorgelegt hat und deren Edition inzwischen arg korrekturbedürftig erscheint.

Was schließlich die von Beginn an zum Aufgabenkanon der Abteilung zählenden Editionen von Gelehrtennachlässen betrifft, so ist nicht zuletzt auf den von Rudolf Hübner 1929 unterbreiteten zweibändigen Briefwechsel von Johann Gustav Droysen zu verweisen. Zudem spiegeln die sechs Bände aus den „Nachgelassenen Briefen und Schriften“ von Ferdinand Lassalle Leben und Wirken eines sozialistischen Denkers, Theoretikers und Politikers im 19. Jahrhundert, der für die Geschichte der Sozialdemokratie maßgeblich war: Besorgt wurde die Herausgabe seiner Papiere von Gustav Mayer, der bei der historischen Zunft zeitlebens kaum Akzeptanz fand und der uns, weil er die Historische Kommission gleichwohl bis heute begleitet, später noch einmal begegnen wird.

Überblickt man die Entwicklung der Abteilung in den Jahrzehnten vom Ende des Ersten bis zum Ende des Zweiten Weltkriegs insgesamt, dann ist die richtungweisende Tatsache gar nicht zu verkennen, daß auch unter den Erich Marcks als Abteilungsleiter nachfolgenden Hermann Oncken und Karl Alexander von Müller, die allesamt gleichzeitig als Sekretäre der Historischen Kommission tätig waren, die Konzentration auf eine Beschäftigung mit den Nachlässen deutlich hervortritt, ohne daß der alles in allem wohl doch allzu weit gefaßte Anspruch des ursprünglichen Plans in dieser Zeit bereits zur Disposition gestanden hätte. Im Gegenteil: Immer wieder wurde er beschworen und aufs neue zu verfolgen versucht. Das hat die Historische Kommission im Grunde daran gehindert, dem ihr von Anfang an zentral zugeordneten Auftrag, sich nämlich um Erfassung und Edition von Nachlässen zu kümmern, in stärker systematischer Form nachzukommen.

Allein, der Schwerpunkt ihrer Tätigkeit gravitierte durchaus in diese Richtung, und das wurde auch in der gelehrten Öffentlichkeit so wahrgenommen: Die 1928 begründete „Historische Reichskommission" beispielsweise, in bezug auf die verwandten Aufgabengebiete zweifellos eine Konkurrenz zur Münchener Einrichtung, zumal es eine starke personelle Identität zwischen beiden Institutionen gab, verzichtete im Sinne einer Anregung von Friedrich Meinecke ganz bewußt „auf die Erschließung von Einzelnachlässen zugunsten der Münchner Kommission". Ja, im Rückblick auf diese seinerzeit vorgenommene „friedliche Grenzbereinigung" zwischen der Reichskommission einerseits sowie dem Reichsarchiv, den Preußischen Staatsarchiven, dem Auswärtigen Amt und der Historischen Kommission betonte deren Ehrenpräsident Walter Goetz in einer Betrachtung vom Jahr 1953 die Konzentration, ja den Rückzug der Münchener auf das für die damit befaßte Abteilung sowieso bereits spezifische Untersuchungsfeld: „Das Ergebnis war, daß dem Reichsarchiv die Erforschung der militärischen, technischen und kriegswirtschaftlichen Verhältnisse des ersten Weltkrieges zugesprochen wurde, den Preußischen Staatsarchiven die Behandlung spezifisch preußischer Fragen wie der Polenpolitik oder der Reform des preußischen Wahlrechtes. Dem Auswärtigen Amt wurde die Behandlung diplomatischer Vorgänge überlassen und die Münchener Historische Kommission war bereit, sich in den ‚Geschichtsquellen des neunzehnten und zwanzigsten Jahrhunderts' wie schon bisher auf die Herausgabe der Nachlässe wichtiger Persönlichkeiten zu beschränken".[17]

Mehr noch: Die Tatsache, daß beide Kommissionen, die in Berlin und die in München, 1928 übereinkamen, in Gestalt des „Historisch-Politischen Archivs zur deutschen Geschichte des 19. und 20. Jahrhunderts" ein gemeinsames „zwanglos erscheinendes Organ für die Publikation kleinerer Privatnachlässe oder einzelner Nachlaßstücke"[18] herauszugeben, das vom damaligen Staatsarchivrat Ludwig Dehio betreut werden sollte, verweist, wenn die Neugründung durch die „Ungunst der Zeiten"[19] auch nur zwei Veröffentlichungen erlebte, doch auf die Bedeutung, welche der Erschließung von Nachlässen nach dem Ende des Ersten Weltkriegs beigemessen wurde: Schon im Jahr 1922 hatte eben dieser Ludwig Dehio einen Beschluß des deutschen Archivtages herbeigeführt, „der zur Sammlung dieser schriftlichen politischen ‚Nachlässe' aufrief und die Veröffentlichung von Listen solcher Persönlichkeiten empfahl, deren Papiere bereits in die Obhut der großen Staatsarchive übergegangen waren".[20]

Indes, nach wie vor überlagerte der große Plan aus den letzten Jahren des Weltkriegs, die Abteilung „Deutsche Geschichtsquellen" zu einem parallelen Unternehmen zu machen, das für die Geschichte des 19. Jahrhunderts das werden sollte, was die Monumenta Germaniae Historica für das Mittelalter darstellen, ein um das andere Mal die alltägliche Praxis: Diese war nicht zuletzt im Sinne der ursprünglichen Aufgabenteilung des Gesamten, was die Historische Kommission angeht, darauf angelegt, sich im Rahmen der „Deutschen Geschichtsquellen des 19. Jahrhunderts" bevorzugt auf eine Beschäftigung mit den Nachlässen zu konzentrieren.

2. Aufbruch und Normalität (1945–1961)

Nach der Zäsur des Jahres 1945 wurden, vom Aufbruch der neuen Zeit gefordert und gefördert, für die Abteilung „Deutsche Geschichtsquellen" weitreichende Ziele ins Auge gefaßt. Wiederum war es ihre schon in der Wurzel gespaltene Existenz zwischen Plan und Praxis, die nachgerade dazu einlud, die wissenschaftliche Tätigkeit „nicht nur im bisherigen Sinne" fortzusetzen, wie eine „Niederschrift über die Sitzung der Historischen Kommission" vom 28. September 1946 forderte, sondern ihre Aufgaben „auf alles quellenmäßige Material des 19. Jahrhunderts"[21] zu erweitern. Eine Beschäftigung mit den „Gesandtschaftsberichten aus der Zeit des deutschen Bundes", über die bereits während der Jahre des Zweiten Weltkriegs beraten worden war, wurde in dieser Perspektive als lohnendes Beispiel für den erforderlichen Ausbau der Abteilung angeführt – ein Vorhaben, das erst sehr viel später und in anderem, größeren Rahmen, nämlich die Geschichte des Deutschen Bundes insgesamt zu erforschen, systematisch und ertragreich verfolgt worden ist. Und wie es für die inzwischen neun Jahrzehnte währende Geschichte der „Deutschen Geschichtsquellen" in so manchem typisch ist, wurde auch dieses Forschungsprojekt, von ihr ursprünglich einmal angestoßen und sodann von den Erforderlichkeiten der Entwicklung bedingt, in eine eigenständige Abteilung überführt. Allein, ungeachtet des geforderten Aufbruchs zu neuen Untersuchungsgegenständen, also zu einer gewissen Rückbesinnung auf den großen Plan aus den Jahren 1916 bis 1918, wurden die Mitglieder der Historischen Kommission, wie das Protokoll festhält, nach wie vor darum ersucht, „sich an der Feststellung wichtiger Nachlässe zu beteiligen".[22]

Diese Aufgabe hatte Bestand: Ja, sie wurde auch auf die Geschichte des 20. Jahrhunderts erweitert, als im Jahr darauf Rudolf Stadelmann und Fritz Hartung mit der Leitung der nunmehr neu benannten Abteilung betraut wurden, die von jetzt an den Namen „Deutsche Geschichtsquellen des 19. und 20. Jahrhunderts"[23] trug. Eine breite Palette der politik-, wirtschafts- und sozialhistorischen Erforschung der beiden letzten Jahrhunderte, vornehmlich aber des 20. Jahrhunderts, wurde dabei ins Auge genommen: Ganz im Vordergrund des Interesses stand in diesem Zusammenhang, wie hätte es anders sein können, die Frage nach der Entstehung der deutschen Diktatur. Angesichts der Fülle der damit verbundenen Aufgaben wurde die Abteilung geteilt: Rudolf Stadelmann erhielt die Zuständigkeit für das 19. Jahrhundert, vor allem für die „soziale Entwicklung" der Verhältnisse, und Fritz Hartung diejenige für das 20. Jahrhundert „mit Weimarer Zeit und Vorgeschichte des Nationalsozialismus".[24]

Aus den „große[n] Verpflichtungen",[25] die der neue Präsident der Kommission, Walter Goetz, damit verband, wurde freilich, sieht man von der voranschreitenden Beschäftigung mit einschlägigen Nachlässen ab, bei weitem nicht das, was ihren Initiatoren damals vorschwebte. Das hatte zum einen mit dem „finanziellen Elend" zu tun, das auch nach 1945 von Beginn an „lähmend"[26] wirkte. Das hing zum anderen damit zusammen, daß der dynamische Stadelmann schon bald verstarb und Hartung die Leitung der Abteilung rasch wieder abgab. Und das ist in entscheidendem, ja wesentlichem Maße darauf zurückzuführen, daß die Entwicklung der Geschichtswissenschaft einfach andere Wege ging: Der Umfang der Aufgaben verlangte geradezu nach differenzierender Behandlung und spezieller Organisation, die sich, was beispielsweise die Geschichte des Nationalsozialismus angeht, in der Begründung des nachmaligen „Instituts für Zeitgeschichte" niederschlug, und die, was die Entwicklung des Parlamentarismus betrifft, zu der bereits erwähnten Einrichtung der „Kommission für Geschichte des Parlamentarismus und der politischen Parteien" führte. Die Historische Kommission ihrerseits wurde von dieser Entwicklung gleichsam überholt – das war, bis zu einem gewissen Grade, auch durch persönliche Verhältnisse bedingt, das hatte aber, wohl ausschlaggebend, eher mit überpersönlichen Gründen des wissenschaftlichen Fortschritts zu tun, der eine neue Normalität seiner institutionalisierten Existenz suchte und fand.

Es war also auch, aber nicht allein und vornehmlich, einer „Aktionsschwäche der Hi[storischen] Ko[mmission]"[27] zuzuschreiben, daß von dem zwischen 1916 und 1918 und sodann erneut zwischen 1945 und 1947 „geplanten großen Strom nur das kleine Rinnsal unserer Serie D[eu]t[sche] Geschichtsquellen des 19. (und 20.) Jahrhunderts"[28] übrigblieb, wie der im Jahre 1949 neu bestellte Abteilungsleiter, der Kölner Historiker Peter Rassow, das Ergebnis einer seit dem Ende des Ersten Weltkriegs sichtbaren Entwicklung im Januar 1958 umschrieb: Von Beginn an war die der Abteilung zugedachte Aufgabe, die in eher vage umrissenen als überschaubar markierten Linien gezeichnet wurde, viel zu groß – und eben diese Tatsache wirkte in vielerlei Hinsicht ausgesprochen blockierend und hemmend.

So versiegten beispielsweise die immer wieder vorgetragenen Forderungen Gerhard Ritters, sich der Aktenpublikationen zur inneren und äußeren Politik der Ära Bismarck oder der Weimarer Republik anzunehmen. Und als schließlich die große Aktenpublikation der Kabinette aus den Jahren zwischen 1919 und 1932 ins Blickfeld rückte und von Karl Dietrich Erdmann vorangebracht wurde, da wuchs sie, wie im einzelnen noch zu zeigen sein wird, von vornherein aus der Abteilung heraus.

Nicht zustande kamen auch die gleichfalls von Gerhard Ritter in Abständen immer wieder entworfenen Pläne, sich eingehend, editorisch und monographisch gleichermaßen, mit der Geschichte des Ersten Weltkriegs auseinanderzusetzen. Zeitweise führten sie im Rahmen der „Deutschen Geschichtsquellen" zur Errichtung einer entsprechenden, im Jahr 1957 eingerichteten „Unterabteilung". In ihrem Rahmen befaßte sich Wolfgang Steglich, am Ende der fünfziger Jahre, beispielsweise mit Forschungen zur päpstlichen Friedensvermittlung des Jahres 1917. Diese erschienen dann allerdings an anderem Ort, die „Unterabteilung" verschwand, und der Plan Gerhard Ritters, aus den „Deutschen Geschichtsquellen", deren Leitung er unmittelbar nach dem Zweiten Weltkrieg zu übernehmen zurückgewiesen hatte, eine neu organisierte Abteilung „Neuere Geschichte"[29] hervorgehen zu lassen, scheiterte gleichfalls.

Wie auch immer, über die Geschichte der Abteilung „Deutsche Geschichtsquellen" zu berichten, heißt beileibe nicht, nur vom Scheitern zu sprechen. Im Kern ihrer Arbeit ging die Pflege der Nachlässe nämlich voran – nicht so zügig wie einst während der zwanziger Jahre, aber stetig allemal. Das entsprach einer allgemeinen Tendenz, die Ludwig Dehio, seit 1946 ordentliches Mitglied der Historischen Kommission, in seiner Eigenschaft als Direktor des Marburger Staatsarchivs im Jahr 1948 unter dem Titel „Erfassung von Privatpapieren als Zeugnissen einer untergehenden Gesellschaftsstruktur" als vorrangige Aufgabe archivarischer und historiographischer Arbeit so postulierte: „Die privaten Papiere erlangen [...] im Verhältnis zu den staatlichen Akten eine weit höhere Bedeutung als bisher. [...] Über wie vieles schweigen die Akten, wo sie erhalten sind – über die Psychologie des Erlebens stets. Aber damit nicht genug. Auch die älteren privaten Papiere, die über unsere Endzeit noch gar nichts enthalten können, aber auch sonst keine bedeutenderen Erscheinungen des politischen, geistigen oder wissenschaftlichen Lebens bekunden – auch sie gewinnen eine ungeahnte Bedeutung als Überlieferung typischer Zustände und Entwicklungen, von denen uns bereits eine Kluft trennt, tiefer als die 1789 in Frankreich oder in Rußland 1917 aufgerissene".[30]

In den Jahren zwischen 1949 und 1961, also in der „Ära Rassow", als nicht selten ein Stillstand der Arbeit zu beklagen war, erschienen, um vom Ertrag der Abteilungsarbeit zu berichten, insgesamt sechs Bände. Die Anregungen freilich, die gegeben, und die Arbeiten, die begonnen wurden, kamen in den folgenden Jahren und Jahrzehnten durchaus zum Tragen, wenn man sich allein vor Augen führt, daß während dieser Dekade Grundlagen für die später unterbreiteten Editionen über Carl von Clausewitz und Karl Friedrich von Savigny, Herbert von Bismarck und Paul Graf von Hatzfeldt gelegt wurden. Zudem wurde die Historische Kommission im Jahr 1957 erstmals durch Hermann Heimpel auf Anregung und durch Vermittlung des Bundespräsidenten Theodor Heuss mit Materialien aus der Feder Kurt Riezlers, des persönlichen Sekretärs des Reichskanzlers Theobald von Bethmann Hollweg, befaßt: Die Erwägungen einer im Rahmen der Abteilung angesiedelten Edition beschäftigten von nun an die Debatten der Kommission. Die einschlägigen Überlegungen, die schließlich in die von Karl Dietrich Erdmann besorgte Publikation des Jahres 1972 „Kurt Riezler. Tagebücher, Aufsätze, Dokumente" einmündeten, begannen also lange vor der von Fritz Fischer mit seinem Buch „Griff nach der Weltmacht" über die Ursachen und den Beginn des Ersten Weltkriegs erneut ausgelösten Kontroverse der sechziger Jahre, gewannen allerdings durch die leidenschaftlich geführte Auseinandersetzung über die Julikrise 1914 eine zuvor ungeahnte Aktualität.

Im übrigen tauchten auch in diesen Jahren immer wieder neue Ideen auf, die Editionsvorhaben auf der Nachlaßebene in den Blick nahmen, wurden besprochen, erschienen plausibel oder wurden verworfen, zeitigten Resultate oder verschwanden wieder: Das beschreibt über den speziellen Fall der Abteilungsarbeit hinaus gleichsam die Normalität wissenschaftlicher Tätigkeit überhaupt. Es gab freilich auch ausgesprochen unrühmliche Beispiele unvorteilhaften Mißlingens, welche die Kommission lange beschäftigten und am Ende doch zu nichts führten. So wurde bereits im Jahre 1949 eine Edition der Briefe von Ferdinand Gregorovius, der zwischen 1859 und 1872 mit einem vielbändigen, durch künstlerische Qualität der Darstellung ausgezeichneten Werk als Historiker der Stadt Rom hervorgetreten war, geplant, die Waldemar Kampf zur Bearbeitung übertragen wurde. Trotz nicht zu unterschätzender Förderung dieser Forschungen durch die Historische Kommission kam es zu keiner Veröffentlichung, so daß das Unternehmen nach mehr als einer Dekade vergeblicher Initiativen nicht weiter verfolgt worden ist.

Gleichwohl nahm die Arbeit der Abteilung insgesamt, fern der großen Entwürfe ihres Ursprungs und ungeachtet vergeblicher Anläufe in nicht wenigen Fällen, ihren ertragreichen Fortgang – beispielsweise mit dem zwischen 1954 und 1973 von Willy Andreas in drei Bänden herausgegebenen „Politischen Briefwechsel des Herzogs und Großherzogs Carl August von Weimar", der an der Wende vom 18. zum 19. Jahrhundert das kleine Sachsen-Weimar zum Zentrum eines vom Geist des aufgeklärten Absolutismus regierten Musterstaates machte, Johann Wolfgang von Goethe mit einem Ministeramt betraute, Johann Gottfried Herder mit der Reform des Kirchen- und Schulwesens beauftragte und Friedrich Schiller an die Universität Jena berief. Diese Veröffentlichung bietet übrigens ein Beispiel dafür, daß es nicht allein Vorhaben gegeben hat, die sich aus dem Rahmen der Abteilung gelöst haben. Dieses Mal mündete vielmehr ein ursprünglich in einer eigenständigen Organisationsein-

Abb. 36: Schutzumschlag der ersten Auflage von Band 43 der „Deutschen Geschichtsquellen des 19. und 20. Jahrhunderts".

heit aufgehobenes Unternehmen schließlich in die „Deutschen Geschichtsquellen" ein.

In die Kategorie von Editionen aus den Nachlässen Regierender gehören auch die 1958 von Hellmut Kretzschmar publizierten „Lebenserinnerungen" des Königs Johann von Sachsen über die Jahre von 1801 bis 1854, der später, im Deutschen Krieg von 1866, auf seiten Österreichs gegen Preußen kämpfte und durch sein Exil große Popularität gewann. Und im Hinblick auf die Beschäftigung mit den Nachlässen von Diplomaten sind beispielsweise die von Willy Real 1981 veröffentlichten Bände aus den Beständen Karl Friedrich von Savignys zu nennen, der während der sechziger Jahre des 19. Jahrhunderts zu den engen Mitarbeitern Otto von Bismarcks gehörte und sich später als Repräsentant des Zentrums zu seinem scharfen Gegner entwickeln sollte.

Was die „Militaria" angeht, so fanden sie, zum Beispiel durch die von Peter Rassow betreute Publikation des „Geheimen Kriegstagebuchs" des später, 1883, zum preußischen Staats- und Kriegsminister ernannten Paul Bronsart von Schellendorf, der am Waffengang von 1870/71 als Chef der Operations-Abteilung im Großen Hauptquartier teilgenommen hatte, ebenso Berücksichtigung wie durch die von Friedrich Freiherr Hiller von Gaertringen besorgte Ausgabe der „Lebenserinnerungen" von Wilhelm Groener, der am Ende des Ersten Weltkriegs als Nachfolger Ludendorffs zum Ersten Generalquartiermeister aufstieg und danach der Weimarer Republik, nicht zuletzt in führenden Ministerämtern, loyal, ja aufopferungsvoll gedient hat.

Weit über den engeren Kreis der Wissenschaft hinausgehende Beachtung fand schließlich „Das Tagebuch der Baronin Spitzemberg", einer geborenen Freiin von Varnbüler und Gattin eines württembergischen Diplomaten. Ihre „Aufzeichnungen aus der Hofgesellschaft des Hohenzollernreiches", von Rudolf Vierhaus ediert und 1960 publiziert, wurden ein regelrechter Bucherfolg, der mehrere Auflagen erlebt hat. Für das Verständnis des Zweiten Kaiserreichs, vor allem aber der Ära Bismarck, werden dem Leser darin Einsichten zuteil, die – über die offiziellen Dokumente hinaus – einfach unverzichtbar sind, weil sie das Persönliche, das Zufällige und das Atmosphärische einer Zeit spiegeln, das sich aus der geregelten Sprache der staatlichen bzw. diplomatischen Überlieferung oftmals nicht erschließen läßt.

3. Akzeptanz und Perspektive (1961–2006)

Das Jahr 1961 markiert eine Zäsur in der Entwicklung der Abteilung „Deutsche Geschichtsquellen", die sich im Rückblick womöglich deutlicher darstellt, als das für die Mitglieder der Historischen Kommission zeitgenössisch der Fall gewesen sein mag. Von nun an traten die spezifischen Möglichkeiten und unübersehbaren Grenzen dieser von Beginn an irgendwie konturenlosen Einrichtung noch deutlicher zutage, als das bis dahin schon der Fall gewesen war. Die Tatsache, daß die Abteilung „ihrem Charakter nach offen"[31] ist, zeigte sich in einer ihre Tätigkeit und die der Historischen Kommission neu prägenden Form, als Karl Dietrich Erdmann im Oktober 1961 zum ordentlichen Mitglied des Münchener Gelehrtengremiums gewählt wurde und als Nachfolger des am 19. Mai desselben Jahres verstorbenen Peter Rassow, seines akademischen Mentors aus gemeinsamen Kölner Tagen, auch mit der Leitung der Abteilung betraut wurde.

Denn im unmittelbaren Anschluß daran setzte er sich in grundsätzlicher Art und Weise mit der Zukunft der ihm übertragenen Aufgabe auseinander und gelangte zu sehr einschneidenden, in vielerlei Hinsicht zukunftweisenden Lösungen: „Ich möchte Ihnen heute", schrieb er unter dem Datum des 21. Mai 1962 dem Präsidenten der Historischen Kommission, Hermann Aubin, „noch einen anderen Gedanken vortragen. Mich beschäftigt die Frage, welche Aufgabe in meiner Abteilung sinnvoll angepackt werden könnte. Es wird sich wohl noch der eine oder andere Nachlaß ergeben, den zu bearbeiten oder publizieren sich verlohnen könnte. Aber dies sind doch mehr Gelegenheitstreffer, und es ist nicht unbedingt eine Institution wie die Historische Kommission dazu erforderlich, um Nachlässe oder Memoiren zu veröffentlichen, die untereinander wenig Zusammenhang haben. Bei meinen Arbeiten auf dem Bundesarchiv im März und April habe ich mich intensiv mit den dortigen Aktenbeständen der Reichskanzlei, die von 1918 bis ins Dritte Reich gehen, beschäftigt. Hier läge eine große lohnende Publikationsaufgabe".[32]

Damit begann eine editorische Erfolgsgeschichte – die Herausgabe der „Reichskabinettsprotokolle", wie die Edition der „Akten der Reichskanzlei" vorläufig abgekürzt benannt wurde. Von Anfang an zielte Erdmann darauf ab, das neue Großunternehmen nicht im Sinne der ursprünglichen Gründungsidee der Abteilung aus dem Ersten Weltkrieg im Rahmen der „Deutschen Geschichtsquellen" zu publizieren, sondern dafür eine eigene Abteilung zu begründen. An einem Ausbau der Nachlaßarbeit hingegen, die inzwischen längst zum Kern seiner Abteilung aufgestiegen war, hatte er kaum viel Interesse angesichts der verlockenden und vielversprechenden Fondsedition, die im Rückblick immer wieder, zu Recht, als ein „Glanzpunkt"[33] eingeschätzt wurde.

Sein entschiedenes Vorgehen fand ganz offensichtlich das Einverständnis der Mitglieder der Historischen Kommission. Mit der wegweisenden Ausgliederung dieser Aktenedition aber wurde der Abteilung, geradezu endgültig, das genommen, was sie ursprünglich zu übernehmen sich angeschickt hatte; stattdessen sah sie sich vielmehr, ganz im Sinne einer nun schon lange andauernden Entwicklung, auf die Bearbeitung der Nachlässe konzentriert, die zukünftig, zunehmend mehr, ins Zentrum ihrer Tätigkeit rückte. Ohne große Generaldebatte über den Sinn, den Zweck und vor allem die Folgen der von Erdmann vorgenommenen Sezession akzeptierte die Historische Kommission damit eine Entwicklung, die entschlossen fortsetzte, was sich längst angebahnt hatte: Die Edition großer Aktenserien gehörte augenscheinlich nicht zu den Aufgaben der Abteilung „Deutsche Geschichtsquellen", sondern diese wurden, wie die Beispiele der bereits erwähnten Reihen der „Großen Politik der europäischen Kabinette", der „Akten zur deutschen Auswärtigen Politik" oder der „Akten zur Auswärtigen Politik der Bundesrepublik Deutschland" zeigen, durch andere Herausgeber ediert, oder wurden, wie von jetzt an die „Akten der Reichskanzlei", in einer eigenständigen Abteilung aufbereitet.

Gemeinsam mit dem Bundesarchiv ging Karl Dietrich Erdmann im Auftrag der Historischen Kommission an ein Unternehmen heran, für das er, ganz ohne Zweifel, federführend fungierte. Außergewöhnlich robust setzte er die zu Beginn noch umstrittene finanzielle Beteiligung der Münchener Kommission zu seinen Gunsten durch. Im Falle einer Verweigerung der erforderlichen Mittel, so ließ er den Sekretär unter dem Datum des 27. Juni 1964 auf Briefpapier des Verbandes der Historiker Deutschlands, dessen Vorsitz er damals innehatte, wissen, „würde sich daraus für mich persönlich die Konsequenz ergeben, mein Verhältnis zur Kommission zu überprüfen".[34] Die Drohung fruchtete! Beinahe umgehend ersuchte der Präsident Theodor Schieder den Sekretär Karl Bosl um eine Erdmann zufriedenstellende Lösung: „Wenn wir eine neue Abteilung einrichten, müssen wir uns auch in irgendeiner Weise finanziell daran beteiligen. Prüfen Sie doch bitte, wie es um die Sache steht, damit wir in

14 Tagen darüber sprechen können. Mir liegt viel daran, daß hier eine Lösung gefunden wird, die Herrn Erdmann einigermaßen befriedigt. Sein Ausscheiden aus der Historischen Kommission wäre doch für uns ein Eklat, den man vermeiden muß".[35] Die Sache entwickelte sich so, wie Erdmann es wollte. Noch einmal, im Jahr darauf nämlich, stellte er im Zusammenhang mit der Forderung nach einer finanziellen Gleichstellung der von der Historischen Kommission besoldeten Mitarbeiter mit denjenigen, die für das Editionsunternehmen von der Deutschen Forschungsgemeinschaft remuneriert wurden, außerordentlich entschlossen in Aussicht, es sei „vielleicht besser, die Edition der Reichskabinettsprotokolle künftig unabhängig von der Kommission fortzuführen".[36]

Die Sache wurde geregelt, und das Unternehmen schritt zügig voran: Ja, die neu eingerichtete Abteilung, die Erdmann seit 1962 leitete, war in einem kaum vorstellbaren Maße erfolgreich. Allen voran von Günter Abramowski und von bis zu einem Dutzend Mitarbeitern vorangebracht, konzentrierte Erdmann sich jetzt bevorzugt auf diese Aufgabe, während er die Leitung der von ihm offensichtlich wenig geschätzten Abteilung „Deutsche Geschichtsquellen" bereits im Jahre 1964 an Hans Herzfeld abgab, der diese bis 1970 leiten sollte.

Ohne nennenswerte Verzögerungen, wie sie ansonsten bei solchen Großunternehmen üblich sind, erschienen in den Jahren zwischen 1968 und 1990 23 Bände der für die Weimarer Kabinette relevanten „Akten der Reichskanzlei", die inzwischen durch die Tätigkeit einer von Maximilian Lanzinner geleiteten Abteilung auch in digitalisierter Form zur Verfügung stehen. Rechtzeitig wurde die Kommission von Erdmann seit der Mitte der siebziger Jahre zudem mit einem von Beginn an erwogenen Plan bekannt gemacht, in entsprechender Form den einschlägigen Bestand der „Akten der Reichskanzlei" aus den dreißiger Jahren, also für die Regierung Adolf Hitlers zwischen 1933 und 1938, als die Gepflogenheit der Kabinettssitzungen zu Ende ging, fortsetzen zu lassen. Im Sinne eines Entwurfs aus der Feder von Karl Heinz Minuth[37] wurde das Vorhaben realisiert und die Leitung der neuen Abteilung im Jahr 1976 dem Bonner Historiker Konrad Repgen übertragen, der die erfolgreiche Arbeit im Jahre 1997 an Hans Günter Hockerts von der Universität München weitergab. Inzwischen liegen, vor allem von Friedrich Hartmannsgruber bearbeitet, vier Bände vor, die bis in das Jahr 1937 reichen: Überlegungen, das Unternehmen in gewandelter Form für die Jahre des Zweiten Weltkriegs fortzusetzen, sind mittlerweile im Gange.

Anläßlich einer Präsentation des vierten Bandes der Serie der „Akten der Reichskanzlei" aus den dreißiger Jahren am 16. August 2005 im Informationssaal des Bundeskanzleramtes würdigte der verantwortliche Abteilungsleiter bei der „Beauftragten der Bundesregierung für Kultur und Medien beim Bundeskanzler", Ministerialdirektor Knut Nevermann, das Werk insgesamt: „Im Jahre 1964 begann die Arbeit an der Serie Weimarer Republik. Am Anfang stand die Idee des Mentors dieser Edition, des Kieler Historikers Karl Dietrich Erdmann, den Aktenbestand der Reichskanzlei – eine einzigartige Quelle zur Ge-

Abb. 37: Karl Dietrich Erdmann (1910–1990), 1962–1990 Leiter der Abteilung „Akten der Reichskanzlei, Weimarer Republik".

schichte des Reichs – durch eine Fondsedition zu erschließen, sich also bei der Dokumentenauswahl auf einen Bestand zu konzentrieren. [...] Es macht die Besonderheit dieses Aktenfonds aus, daß sich in ihm die Doppelaufgabe der Reichskanzlei spiegelt: Sie besorgte nämlich gleichzeitig die Geschäfte des Reichskanzlers, sozusagen als dessen Sekretariat, und diejenigen der Reichsregierung als obersten Kollegialorgans. Neben den Protokollen der Kabinettssitzungen, von Besprechungen mit Ländervertretern und Parteiführern, neben Berichten und Entwürfen für den Kanzler enthalten die Akten der Reichskanzlei eine reichhaltige Korrespondenz mit den Reichsministerien, den Ländern, mit Verbänden, Gewerkschaften und anderen Vertretern des öffentlichen Lebens. Der Bestand ist daher eine Fundgrube, und seine besondere Aussagekraft beruht gerade darin, daß er das Ineinandergreifen und die gegenseitige Bedingtheit der verschiedenen Bereiche staatlicher Tätigkeit erkennbar macht: Innen-, Außen-, Wirtschafts-, Verfassungs-, Militärpolitik. Das Ziel der Edition war demgemäß, wie Erdmann formulierte, die Politik der Weimarer Koalitionskabinette in ganzer Spannbreite und ‚in der Verflechtung der verschiedenen Ressortbereiche' zu dokumentieren, oder mit anderen Worten die ‚Reichsregierung in Aktion' vorzuführen".

Und den speziellen Anlaß ins Allgemeine erweiternd, führte der Repräsentant der Bundesregierung über das Editionsgeschäft, also über den Kern der Aufgaben der Historischen Kommission, ganz grundsätzlich aus: „Der Nutzen von Quelleneditionen ist in der Fachwelt unbestritten, und er sollte es auch in der an historischer Erkenntnis interessierten Öffentlichkeit sein. An Editionen können nicht nur angehende Historiker die Kunst des kritischen Umgangs mit ihrem Urstoff, eben den Quellen, erlernen. Dokumenteneditionen ermöglichen auch die Erstorientierung und eine zielsichere Navigation in den ungeheuren Quellenmassen, wie sie namentlich die Zeitgeschichte bereithält, indem sie filtern, qualitativ verdichten, kommentieren und erschließen. Gerade die disparate Gemengelage der Themen in Fondseditionen befreit sie darüber hinaus von der Beschränkung auf nur momentan aktuelle, zeitgebundene Interessen und kann Impulse zu künftigen Fragestellungen geben, neue Forschungsfelder eröffnen – im Idealfall sogar noch für kommende Generationen, denn wie schon Goethe festgestellt hat, wird jede Generation ihre Geschichte schreiben".[38]

Indes, die Arbeit der Abteilung schritt insgesamt viel ertragreicher voran, als der ganz auf die Edition der „Akten der Reichskanzlei" konzentrierte Erdmann es ursprünglich, durchaus gezielt, darf man annehmen, um für seinen Plan einer Beschäftigung mit den Reichskabinettsprotokollen Raum zu schaffen, beurteilt hatte. Er selbst behielt sich im übrigen, auch nachdem er die Verantwortung für die Leitung der Abteilung an Hans Herzfeld abgetreten hatte, zwei Editionen persönlich vor. Das war zum einen die Betreuung der von Werner Hahlweg bearbeiteten Edition über Carl von Clausewitz, die zwischen 1966 und 1990 unter dem Titel „Schriften – Aufsätze – Studien – Briefe" in zwei Bänden und insgesamt drei Teilen erschienen ist; und das war zum anderen die bereits vorgestellte Bearbeitung des Riezler-Tagebuchs, das Anfang der siebziger Jahre als Band 48 der „Deutschen Geschichtsquellen" vorgelegt wurde und durch die Herausgabe der Aufzeichnungen dieses engen Mitarbeiters Theobald von Bethmann Hollwegs Einblick in die Gedankenbildung des 1914 verantwortlichen Reichskanzlers gibt. Diese nicht unumstrittene Edition, deren Authentizität für gewisse Teile von Bernd Sösemann bezweifelt wurde, verstärkte, alles in allem, noch einmal den Schwerpunkt der Arbeit der „Deutschen Geschichtsquellen", die sich auf die Erschließung und Edition der Nachlässe von Staatsmännern, Diplomaten und Militärs aus der Ära Bismarck und dem Wilhelminischen Zeitalter konzentrierte: Zu erwähnen ist in diesem Zusammenhang vor allem die von Walter Bußmann besorgte, 1964 erschienene Veröffentlichung der „Politischen Privatkorrespondenz" Herbert von Bismarcks, der als Staatssekretär des Auswärtigen Amts der eigentliche Vertraute des ersten Kanzlers des Hohenzollernreiches war. Die offenkundige Intensivierung einer wissenschaftlichen Beschäftigung mit dem Kaiserreich schlug sich darüber hinaus in der Edition des „Briefwechsels" zwischen dem bayerischen Ministerpräsidenten Georg Graf von Hertling und dem bayerischen Gesandten in Berlin Hugo Graf von und zu Lerchenfeld nieder, den Ernst Deuerlein im Jahr 1973 in zwei Teilen herausgegeben hat; sie dokumentierte sich ferner in der nur wenige Jahre später von Gerhard Ebel vorgelegten Veröffentlichung der „Nachgelassenen Papiere" von „Botschafter Paul Graf von Hatzfeldt", der bis zu seinem Tod, kurz nach der Wende vom 19. zum 20. Jahrhundert, zu den führenden Diplomaten und Englandexperten der Ära Bismarck und der wilhelminischen Zeit gehört hatte; sie trat schließlich zutage in der zwischen 1976 und 1983 in drei Bänden von John Röhl unterbreiteten Publikation von „Philipp Eulenburgs politischer Korrespondenz", der über viele Jahre lang der engste Freund Kaiser Wilhelms II. gewesen war: Angesichts der editorischen Probleme, die im Zusammenhang mit der Herausgabe dieser Texte zu lösen waren, stellte der Präsident der Historischen Kommission, Theodor Schieder, bei Erscheinen des ersten Bandes mit unverkennbarer Genugtuung fest: „Es zeigt sich hier, daß quellenkritische Editionsprobleme nicht ein Monopol der Mediävistik sind".[39] Und die Akzentuierung der Auseinandersetzung und Beschäftigung mit der Bismarckischen und Wilhelminischen Zeit, die sich nicht zuletzt im Banne der Fischer-Kontroverse vollzog, zeigte sich, last but by no means least, auch darin, daß eine mächtige Stimme der wilhelminischen Publizistik erneut zu Gehör gebracht wurde, als Bernd Sösemann die Tagebücher von Theodor Wolff aus der Zeit des Ersten Weltkriegs und den Anfängen der Weimarer Republik in einer vorbildlichen Edition zugänglich machte. Staatsmänner und Diplomaten, Militärs, aber auch Gelehrte standen, neben anderen Untersuchungsgegenständen aus den knapp einundeinhalb Jahrhunderten zwischen der preußischen Reformzeit und dem Zweiten Weltkrieg, auch während der achtziger und neunziger Jahre des 20. Jahrhunderts im Zentrum des wissenschaftlichen Interesses der Abteilung.

Damit ist bereits angeklungen, daß die Konzentration auf Repräsentanten des Regierungshandelns, in Aufnahme früher Tendenzen der Kommissionsarbeit, nach und nach erweitert, ja verschoben wurde. „Hielten Sie für richtig", lautete die ebenso mahnende wie ermunternde Frage, die der Präsident mit dieser Absicht bereits am 12. Dezember 1966 an den verantwortlichen Abteilungsleiter, Hans Herzfeld, richtete, „daß wir uns einmal überlegen, in welcher Richtung wir die Geschichtsquellen weiter zu entwickeln gedenken?"[40]

Theodor Schieder hatte, als er diesen Anstoß gab, zweierlei im Sinn: zum einen eine Verlagerung der Abteilungsarbeit auf die Erfassung von Gelehrtennachlässen. Empfohlen wurden im Rahmen der Kommissionsberatungen beispielsweise Editionen über Lorenz von Stein, der in der damaligen Zeit „als geistiger Gegenpol zu Marx"[41] allgemeine Beachtung fand, über Gustav von Schmoller und sogar – aufgrund der Dimension des überproportional anspruchsvollen Untersuchungsgegenstandes jedoch bald schon wieder aufgegeben – über Wilhelm von Humboldt. Und zum anderen ging es dem langjährigen Präsidenten der Historischen Kommission darum, auf eine stärker systematische Disposition der Abteilung zu dringen, um „von mehr oder weniger zufälligen Angeboten fortzukommen": „Dabei ist manches Gute herausgekommen", räumte er über die geläufige Praxis der Kommissionsarbeit zwar ein, bemerkte jedoch im gleichen Atemzug kritisch: „auf manches hätte man aber verzichten können. Mir schwebt vor", proponierte er ebenso vorsichtig wie vage, „daß wir irgendeinen Plan entwickeln, der unsere wichtigsten Desiderata enthält. Dabei denke ich nicht so sehr an einzelne Werke wie an ganze Kategorien (Memoiren, Nachlaß-Editionen u. ä.). Sie wissen ja, daß die Geschichtsquellen ein Fragment eines umfassenden Projektes darstellen, das eigentlich an die Seite der Monumenta Germaniae Historica hätte treten sollen. Nun kann man doch auf die Dauer auch den Torso nicht ganz dem Zufall überlassen. Schreiben Sie mir doch bitte einmal, ob Sie meine Überlegungen für richtig halten und was unter Umständen getan werden könnte".[42]

Die an Hans Herzfeld gerichtete Aufforderung erfuhr eine eher unbestimmte Reaktion. Zwar betonte der Abteilungsleiter die Bedeutung, welche die „Abtrennung der Publikation Erdmann",[43] gemeint ist die Edition der „Akten der Reichskanzlei", darstelle und riet in dieser Perspektive von einer

Aufnahme, einer Akzentuierung gar, von weiteren Aktenpublikationen im Rahmen der „Deutschen Geschichtsquellen" eher ab: Das war ein erster Schritt zu einer vorurteilslosen, ja ehrlichen Bestandsaufnahme dessen, was längst geläufige Praxis war.

Sich dem verbleibenden Aufgabenfeld jedoch, also der Erschließung und Edition von Nachlässen, „mit strengerer und stärkerer planmäßiger Systematik"[44] zu nähern, unterblieb in den Jahren seiner Leitung, die er 1970 an den in eben diesem Jahr von der Universität München an die Technische Hochschule nach Karlsruhe wechselnden Walter Bußmann weitergab. Eher schmallippig fiel dann auch Schieders Dank an Herzfeld aus, wenn er ihm in einem lediglich zwölf Zeilen umfassenden Schreiben am 9. November 1970 attestierte: „Unter Ihrer Leitung hat sich die Abteilung in einer sehr befriedigenden Weise entwickelt".[45] Fortan bemühten sich sodann Walter Bußmann ebenso wie dessen 1988 bestellter Nachfolger verstärkt um eine Erschließung und Edition von Nachlässen aus dem Bereich der Wissenschaft und der Gelehrtenwelt. Von seiten der Kommission wurde dafür immer wieder, ohne andere Genera aus dem Bereich der Nachlässe darüber aus dem Blick zu verlieren, Zustimmung signalisiert. In diesem Sinne verdient die von Walter Bußmann und Günther Grünthal 1993 vorgelegte Auswahl der Briefe des Historikers Siegfried A. Kaehler aus den Jahren von 1900 bis 1963 ohne Zweifel bevorzugte Beachtung. Das ungewöhnlich umfangreiche und mit literarischer Sorgfalt gestaltete Briefwerk des Göttinger Historikers umkreiste zeitlebens das „Rätsel der deutschen Geschichte" im 20. Jahrhundert. Und für die Intensivierung dieses Schwerpunktes spricht ebenso die von Folker Reichert und Eike Wolgast besorgte, 2004 veröffentlichte Edition des „Kriegstagebuchs" des Heidelberger Mediävisten Karl Hampe, der die Jahre von 1914 bis 1919 aus den unterschiedlichsten Perspektiven der Betrachtung Revue passieren läßt: vom universitären Leben unter den Bedingungen des Ersten Weltkriegs bis hin zum alltäglichen Überlebenskampf in der Heimat, der auch vor bürgerlich situierten Milieus nicht haltmachte.

Auf der Grenze zwischen „Staatskunst und Kriegshandwerk" bewegte sich, um auch ein Beispiel der Editionstätigkeit der Abteilung in bezug auf Repräsentanten des Regierungshandelns zu benennen, zeit seines Lebens Paul von Hintze, Marineoffizier, Diplomat und schließlich Staatssekretär des Auswärtigen Amts im Ersten Weltkrieg: Seine Briefe und Schriften, die vor allem über die weltgeschichtliche Zäsur des Jahres 1917/18 und den Friedensschluß von Brest-Litowsk Auskunft geben, hat Johannes Hürter im Jahr 1998 zur Publikation gebracht. Und schließlich ist in diesem Kontext noch auf die vorläufig neueste Edition der Abteilung hinzuweisen, die Holger Afflerbach besorgt und die bereits unmittelbar nach ihrem Erscheinen im Jahr 2005 über den engeren Rahmen der Geschichtswissenschaft hinaus viel Aufmerksamkeit in der interessierten Öffentlichkeit gefunden hat.[46] Sie unterbreitet „Quellen aus der militärischen Umgebung Kaiser Wilhelms II. 1914–1918", die lange als verschollen gegolten hatten: Sowohl das Tagebuch des Generalobersten Hans

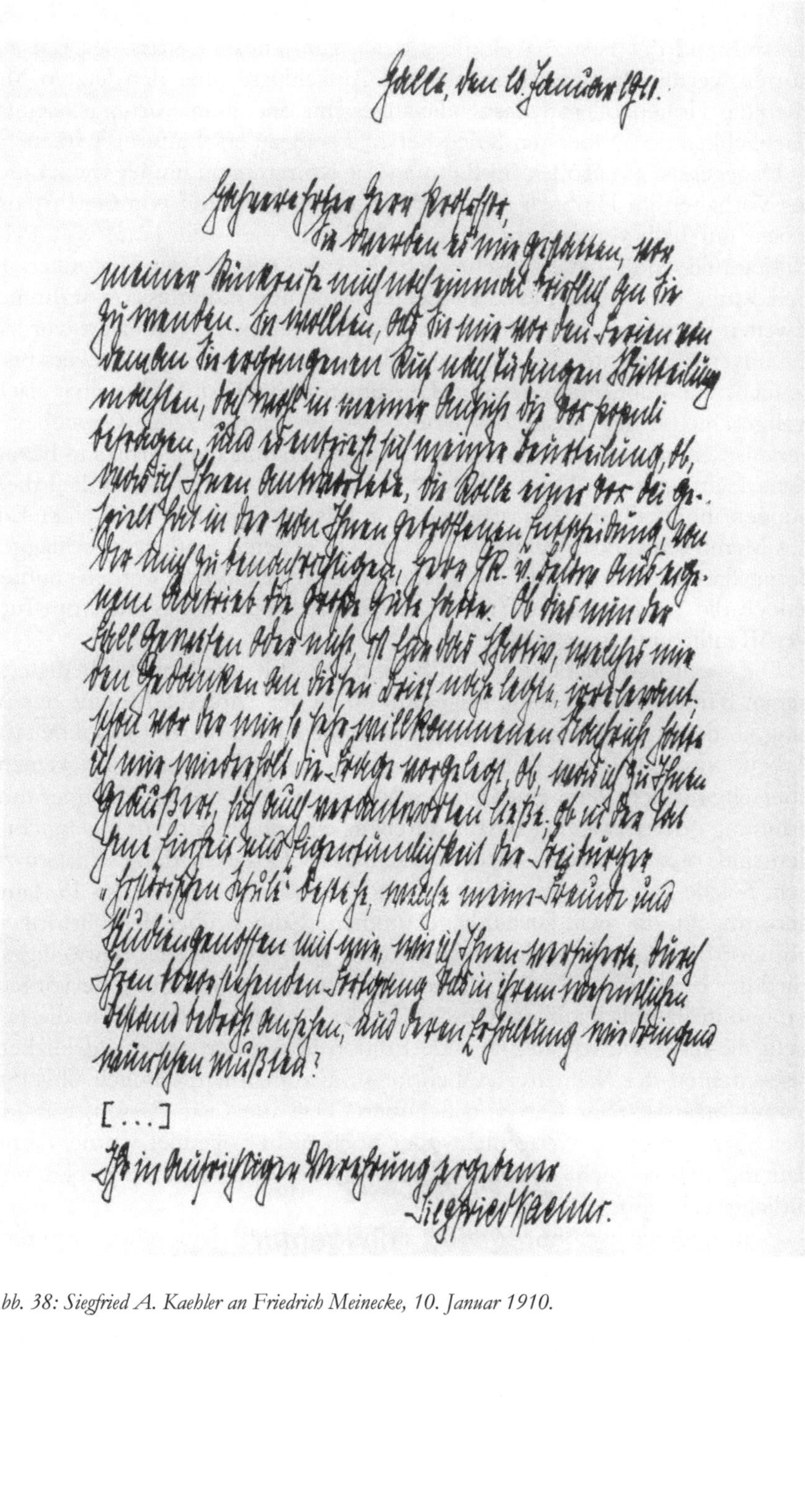

Abb. 38: Siegfried A. Kaehler an Friedrich Meinecke, 10. Januar 1910.

Georg von Plessen als auch die Kriegsbriefe von Moriz Freiherr von Lyncker, die während des Ersten Weltkriegs beide zum engsten Kreis des Kaisers gehörten, vermitteln bislang unbekannte Aufschlüsse über den letzten Monarchen der Hohenzollerndynastie, die angesichts der verantwortungslosen Oberflächlichkeit des „Obersten Kriegsherrn" geradezu erschütternd wirken.

Dagegen ist ein großes, im Rahmen der Kommission immer wieder erörtertes Vorhaben im Hinblick auf Erschließung und Edition von Gelehrtennachlässen nur halb verwirklicht worden: Während die – die Jahre von 1912 bis 1945 umfassende – „wissenschaftliche Korrespondenz" des Historikers Heinrich Ritter von Srbik, Präsident der Historischen Kommission während des Zweiten Weltkriegs, im Jahr 1988 von Jürgen Kämmerer publiziert wurde, sind die unveröffentlichten Erinnerungen des österreichischen Historikers bis heute nicht zur Publikation gelangt. Der umstrittene Text, unmittelbar nach der weltgeschichtlichen Zäsur des Jahres 1945 verfaßt, der mit Gewißheit dazu veranlassen würde, die ohnehin umstrittene Persönlichkeit Srbiks in bezug auf seine Haltung zum „Dritten Reich" aufs neue zu thematisieren, ließ die Meinungen innerhalb der Historischen Kommission über den Sinn einer Edition des Memoirenwerks regelmäßig hin und her gehen. Letztlich ausschlaggebend dafür, daß die Edition, vorläufig jedenfalls, zurückgestellt werden mußte, war jedoch die Weigerung von seiten der Familie Srbiks, das Manuskript für eine Veröffentlichung freizugeben.

Die stattliche Zahl der seit dem Beginn der sechziger Jahre bis heute erschienenen Bände der Abteilung, insgesamt 30 an der Zahl, die für eine der Abteilung, in den letzten Jahren zumal, immer wieder attestierte Produktivität ihrer Arbeit[47] sprechen, darf freilich zweierlei Beanstandenswertes auf keinen Fall übersehen lassen: Zum einen gibt es nicht wenige Vorhaben, die über ihre Erwähnung oder Erwägung hinaus durchaus eingeleitet und vorangebracht worden sind, ohne sich schließlich als publizierter Ertrag niedergeschlagen zu haben. Solche bedauerlichen Beispiele sind, was die Geschichte des 19. Jahrhunderts angeht, die nicht zustande gekommene Edition über den Historiker Georg Gottfried Gervinus, der als einer der „Göttinger Sieben", zeitweiliges Mitglied der Frankfurter Paulskirche und Kritiker Leopold Rankes hervorgetreten ist; und im Hinblick auf die Geschichte des 20. Jahrhunderts ist in dieser Hinsicht die nach wie vor ausstehende Edition über einen der maßgeblichen Repräsentanten der Weimarer Außenpolitik anzumahnen, nämlich über Stresemanns Staatssekretär Carl von Schubert: Daß die Liste dessen, was in vergleichbarer Art und Weise nicht oder noch nicht vollendet wurde, damit bedauerlicherweise nicht erschöpft ist, liegt in der beispielhaften Benennung natürlicherweise aufgehoben.

Zum anderen ist ohne Zweifel zu beklagen, daß eine eher systematische und annäherungsweise umfassende Erschließung einschlägiger Nachlässe, auf die sich das Interesse der Abteilung im Grunde von Beginn an und zunehmend ausschließlich konzentriert hat, im Sinne einer überschaubaren Akzentuierung und zukunftsorientierten Arbeitsplanung unterblieben ist. Zu beheben wäre das Defizit freilich nur, wenn den „Deutschen Geschichtsquellen“ dafür die Stelle eines Mitarbeiters zur Verfügung stünde. In der modifizierten Fortschreibung des 1992 großzügig beschlossenen Ausbauprogramms der Historischen Kommission wurde im Jahr 1996 eine solche Stelle vorgesehen,[48] die sich in einer planmäßigen Art und Weise dieser zentralen Aufgabe hätte widmen können: Das Vorhaben fiel freilich wie so manches andere jener von dem Präsidenten Heinrich Lutz entwickelten Konzeption einer Erweiterung und Intensivierung der Kommissionsarbeiten finanziellen Problemen zum Opfer.

Was dagegen ein sachkundiger und tatkräftiger Wissenschaftler für den Fortgang eines Projekts bedeuten kann, zeigt ein Blick auf die Geschichte eines Editionsunternehmens, das von Anfang an, charakteristisch für die Akzeptanz der in bezug auf die „Deutschen Geschichtsquellen“ seit den siebziger Jahren eingetretenen Entwicklung durch die Historische Kommission, unabhängig von der dafür ursprünglich einmal vorgesehenen Abteilung konzipiert und verwirklicht wurde – die Herausgabe der „Protokolle des Bayerischen Ministerrats 1945–1954“. Wie im Falle der Edition der „Akten der Reichskanzlei“ wurde auch dieses Mal eine Zusammenarbeit mit einer anderen Institution, nämlich mit der Generaldirektion der Staatlichen Archive Bayerns, eingeleitet, deren Tätigkeit sich allerdings insgesamt auf die fachliche Unterstützung der federführenden Historischen Kommission beschränkte. Seit den achtziger Jahren des zurückliegenden Jahrhunderts von der Kommission ins Auge gefaßt, galt es erst einmal, das schwierige Problem einer Freigabe der Materialien zu klären, deren allgemeine Relevanz über die Geschichte Bayerns hinaus für die Entstehung und Entwicklung der Bundesrepublik Deutschland eine nicht zu unterschätzende Bedeutung zu beanspruchen vermag.

In einem Meisterstück behutsamen, aber zielgerichteten Vorgehens gelang es Eberhard Weis, dem Präsidenten der Historischen Kommission, Dieter Albrecht, ihrem Sekretär, dem sodann 1991 die Leitung der neu eingerichteten Abteilung übertragen wurde, sowie Georg Kalmer, dem langjährigen und erfahrenen Geschäftsführer, von dem ebenso stillen wie beharrlichen Hintergrundwirken Rudolf Morseys durchgehend unterstützt, der nach Albrechts Tod im Jahr 2000 mit der Leitung der Abteilung betraut wurde, im Zusammenwirken mit der Generaldirektion der Staatlichen Archive Bayerns unter Walter Jaroschka, die Ministerpräsidenten Strauß und Streibl für die Sache zu gewinnen, so daß die Bayerische Staatskanzlei am 21. November 1991 schließlich den Beschluß des Ministerrats vom 19. jenes Monats bekanntzumachen imstande war: „Der Ministerrat stimmt der Abgabe von Ministerratsprotokollen an das Bayer[ische] Hauptstaatsarchiv entsprechend dem Bayer[ischen] Archivgesetz – Abgabe in der Regel dreißig Jahre nach Entstehung – zu. Für die Benützung der Ministerratsprotokolle ist entsprechend dem Ministerratsbeschluß vom 16. Januar 1990 die Entscheidung des Leiters der Staatskanzlei im Einvernehmen mit dem Kabinettsmitglied, dessen Ressort für den Tagesordnungspunkt federführend war, einzuholen“.[49]

Abb. 39: Begrüßung von Bundespräsident Theodor Heuss (links) durch Ministerpräsident Hans Ehard (rechts) bei seinem Antrittsbesuch am 6. Oktober 1949 am Münchner Hauptbahnhof.

Zügig und erfolgreich vorangebracht wurde die Edition sodann durch Karl-Ulrich Gelberg. Mit der Materie engstens vertraut, legte er zwischen 1995 und 2005 fünf stattliche Bände vor, die vom ersten Nachkriegskabinett unter Ministerpräsident Schäffer aus dem Jahr 1945 bis zum Kabinett Ehard II, das bis an das Jahresende 1950 amtierte, die einschlägigen Protokolle unterbreiten. Von Ausstellungen zum Untersuchungsgegenstand begleitet, an deren Zustandekommen der Bearbeiter gleichfalls maßgeblich mitwirkte, und jeweils bei Erscheinen der Bände hochrangig, beispielsweise durch den Ministerpräsidenten des Freistaates Bayern, der Öffentlichkeit präsentiert, fand die Edition viel, durchweg positive Resonanz.

Auch im Hinblick auf diese große Fondsedition bleibt also festzustellen, daß die Historische Kommission eine Entwicklung prinzipiell akzeptiert und schöpferisch aufgenommen hat, die sich seit Beginn der Begründung ihrer Abteilung „Deutsche Geschichtsquellen“ angedeutet hatte.

Ob man die „Deutschen Geschichtsquellen“ angesichts dieser sich mehr und mehr einstellenden Einsicht in eine sich gleichsam natürlich vollziehende Entwicklung der Dinge, wie Hermann Heimpel es vor vielen Jahren getan hat, als ein „resigniertes Restunternehmen“[50] eher abtun sollte, sei dahingestellt: Gewiß, wenn man die sich entfaltende Erscheinung der Abteilung nur an ihrer ursprünglichen Idee messen will, wenn man nichts anderes als den in der fiebrigen Ausnahmesituation des Ersten Weltkriegs entworfenen Plan als alleinigen Maßstab für die Gestaltung der späteren Normalität gelten lassen möchte, dann mag man leicht zu solcher Beurteilung gelangen. Schaut man freilich unter die Oberfläche in das Innere des Gesamten, betrachtet man also den Verlauf der sich mächtig vollziehenden Praxis, die sich den Gesetzen der sich auch organisatorisch und institutionell mehr und mehr differenzierenden Geschichtswissenschaft gar nicht zu entziehen vermochte, dann wird plausibel, warum die wissenschaftliche Arbeit der „Deutschen Geschichtsquellen" im Kern der Dinge auf das gerichtet blieb, was ihnen im übrigen seit der kühnen Gründungsaktion sowieso schon als bevorzugte Aufgabe zugewiesen war – nämlich die Auseinandersetzung mit den „Denkwürdigkeiten und Briefwechseln bedeutender Persönlichkeiten".

Unter diesem Aspekt ist abschließend über die Perspektive der Abteilung zu sprechen, also mit einem Wort Leopold Rankes zu berichten „Von dem, was noch zu tun sei".[51] Im Zentrum der wissenschaftlichen Tätigkeit der „Deutschen Geschichtsquellen" steht gegenwärtig die Beschäftigung mit den Nachlässen bedeutender Gelehrter der Geschichts- und Sozialwissenschaften: Eine Edition aus dem Briefwechsel zwischen Theodor Mommsen und Friedrich Althoff, dem Althistoriker und Organisator historischer Großforschung an der Wende vom 19. zum 20. Jahrhundert und dem diese Bestrebungen nach Kräften fördernden Ministerialdirektor im preußischen Kultusministerium, nähert sich ihrem Abschluß. Ebendies gilt für die Herausgabe einschlägiger Unterlagen aus der Feder des Historikers Gustav Mayer, dessen editorische Auseinandersetzung mit dem Werk von Ferdinand Lassalle uns bei der Betrachtung über die Anfänge der „Deutschen Geschichtsquellen" bereits begegnet ist.

Editionen aus den Nachlässen des Nationalökonomen und Sozialwissenschaftlers Werner Sombart, dessen Bedeutung für die Entwicklung der Wissenschaftsgeschichte im 20. Jahrhunderts nicht eigens zu betonen ist, sowie der Mediävisten Johannes Haller und Alexander Cartellieri, deren private Papiere weit über das Fachliche hinaus spezifische Einsichten in die problemreiche Geschichte des 20. Jahrhunderts bereithalten, befinden sich in Vorbereitung. Einer maßgeblichen Tendenz der Zeit und dem entsprechenden Gang der Forschung gemäß sollen zudem die Nachlässe bedeutender Repräsentanten des wirtschaftlichen Lebens zukünftig stärker ins Blickfeld genommen werden. Durch eine kürzlich erschienene, auf den Zeitraum des Ersten Weltkriegs bezogene Dissertation über den Geheimrat Carl Duisberg[52], den maßgeblichen Mitbegründer des heutigen Unternehmens „Bayer AG" in Leverkusen, angeregt, könnte es beispielsweise lohnend sein, sich editorisch einmal des ungemein reichhaltigen Briefwerks anzunehmen, das diese Ausnahmeerscheinung der deutschen Industrie der Nachwelt hinterlassen hat.

Aus dem, was dargelegt worden ist, mag hervorgegangen sein, daß die bevorzugte Aufgabe der Abteilung „Deutsche Geschichtsquellen des 19. und 20. Jahrhunderts" darin liegt, Nachlässe historischer Persönlichkeiten editorisch aufzubereiten. Eine mittelfristig angelegte Erfassung der in diesem Zusammenhang relevanten Materialien zur Geschichte des 19. und 20. Jahrhunderts vornehmen zu können, wäre als orientierende Perspektive dabei natürlich sehr wünschenswert: Doch ungeachtet aller Entwurfsplanung, die es selbstverständlich geben muß, bleibt gerade für die Arbeit dieser Abteilung auch ein gewisses Finderglück bestimmend, das unverzichtbar ist. Dabei wird die Auseinandersetzung mit den Nachlässen immer von dem Gedanken geleitet, auf gar keinen Fall die großen Editionen staatlicher und öffentlicher Provenienz ersetzen oder überflüssig machen zu wollen. Vielmehr geht es darum, gerade deren unverzichtbare Erträge zu illustrieren und zu verfeinern, zu ergänzen sowie hier und da auch zu korrigieren. Denn wo die Protokollsprache eine neutrale Wendung bevorzugen muß, kann der persönliche Brief oder der Eintrag ins Tagebuch erläuternd wirken; wo die Analyse der Sache einen Gegensatz der Kontrahenten oftmals nicht zureichend zu erklären imstande ist, wird die möglicherweise dahinter stehende persönliche Spannung eben durch den Blick in das ursprünglich nicht für die Öffentlichkeit bestimmte Schriftgut zuweilen sichtbar; wo der offizielle Text nicht selten manche Frage offenläßt, kann die atmosphärische Illustration möglicherweise zur Antwort beitragen. Insofern dienen die Editionen der „Deutschen Geschichtsquellen des 19. und 20. Jahrhunderts" in besonderem Maße dem, was sich in Anlehnung an den Historiker Hermann Oncken, von 1923 bis 1928 Leiter dieser Abteilung, sinngemäß so umschreiben läßt: Das Wesen der Geschichte ist die Nuance.

[1] Historische Kommission bei der K. Bayerischen Akademie der Wissenschaften, Plan eines Quellenwerkes zur deutschen Geschichte des 19. Jahrhunderts, München 1916, 5, in: HiKo 284.

[2] Ebd.

[3] Ebd., 9.

[4] Protokoll über die Besprechung des Unterausschusses, 19.10.1916, in: HiKo 284.

[5] Theodor Schieder, Organisation und Organisationen der Geschichtswissenschaft, in: FS 1983, 22–44, hier 31.

[6] Wie Anm. 1, 9.

[7] Ebd., 12.

[8] Bericht über die am 30.6. und 1.7.1917 abgehaltene Beratung, in: HiKo 284.

[9] Wie Anm. 1, 19f., sowie Vorschläge für die geplante Konferenz der vier Institute, 1.6.1917, in: HiKo 284.

[10] HiKo 108.

[11] Wie Anm. 1, 12.

[12] HiKo 113.

[13] Hermann Heimpel, Über Organisationsformen historischer Forschung in Deutschland, in: HZ 189 (1959), 172.

[14] HiKo 284.

[15] Ebd.

[16] Schieder (wie Anm. 5), 36.

[17] Helmut Heiber, Walter Frank und sein Reichsinstitut für Geschichte des neuen Deutschlands, Stuttgart 1966, 147, und Walter Goetz, Die Historische Reichskommission von 1928, in: HJb 72 (1953), 545.

[18] Protokoll der Vollversammlung 1928, in: HiKo 116.

[19] Hermann Onckens Urteil aus dem Jahr 1935 wird zitiert bei Heiber (wie Anm. 17), 160.
[20] Johannes Papritz, Ludwig Dehio, in: Der Archivar. Mitteilungsblatt für deutsches Archivwesen 12 (1959), Sp. 83.
[21] HiKo 124.
[22] Ebd.
[23] Niederschrift über die Sitzung der Historischen Kommission 1947, in: HiKo 125.
[24] Ebd.
[25] Bericht der Historischen Kommission seit 1944, in: HiKo 126.
[26] Spindler an den Leiter der Abteilung Deutsche Geschichtsquellen (wahrscheinlich Stadelmann), 31.10.1948, in: HiKo 293.
[27] Rassow an Fuchs (Abschrift), 12.5.1960, in: HiKo 14.
[28] Rassow an Aubin, 11.1.1958, in: HiKo 195.
[29] Protokoll der Vollversammlung (Entwurf) 1961, in: HiKo 138.
[30] In: Der Archivar. Mitteilungsblatt für deutsches Archivwesen 1 (1948), Sp. 91.
[31] Protokoll der Vollversammlung 1979 (Bericht des Präsidenten), in: HiKo R 57.
[32] Erdmann an Aubin, 21.5.1962, in: HiKo R 83.
[33] Protokoll der Vollversammlung 1989 (Dank des Präsidenten), in: HiKo R 57.
[34] Erdmann an Bosl, 27.6.1964, in: HiKo R 391.
[35] Schieder an Bosl, 30.6.1964, in: HiKo R 391.
[36] Protokoll der Vollversammlung 1965 (Beitrag Erdmann), in: HiKo R 56.
[37] Akten der Reichskanzlei 1933–1938 (Anlage III zu den Vorberichten 1976), in: HiKo R 57.
[38] Eingangsstatement, in: HiKo R 395.
[39] Jahresbericht des Präsidenten 1977, in: HiKo R 121.
[40] Schieder an Herzfeld, 12.12.1966, in: HiKo R 365.
[41] Protokoll der Vollversammlung 1962 (Beitrag Erdmann), in: HiKo R 56.
[42] Wie Anm. 40.
[43] Herzfeld an Schieder, 25.1.1967, in: HiKo R 365.
[44] Ebd.
[45] Schieder an Herzfeld, 9.11.1970, in: HiKo R 120.
[46] Vgl. Süddeutsche Zeitung vom 30.11.2005, 16: „Sachbücher im Dezember".
[47] Protokoll der Vollversammlung 1984 (Bericht des Präsidenten), in: HiKo R 57, sowie Bericht des Präsidenten über die Lage und Arbeit der Kommission im Jahre 1999, in: HiKo R 58.
[48] Protokoll der Vollversammlung 1996 (Anlage I), in: HiKo R 57.
[49] Bayerische Staatskanzlei (B III 3 – 481–17), 21.11.1991, in: HiKo R 397.
[50] Heimpel (wie Anm. 13).
[51] Zitiert nach Franz Schnabel, Die Idee und die Erscheinung, in: FS 1958, 7–69, hier 39.
[52] Thomas Portz, Großindustrie, Kriegszielbewegung und OHL, Siegfrieden und die deutsche Außenpolitik im Ersten Weltkrieg, Erlangen 2000.

Hans Günter Hockerts

Vom nationalen Denkmal zum biographischen Portal. Die Geschichte von ADB und NDB 1858–2008

1. Der Ursprung

Der Gedanke, eine „allgemeine Lebensbeschreibung der namhaften Deutschen“ in einem historischen Lexikon herauszugeben, ist so alt wie die Historische Kommission selbst. Leopold Ranke regte ein solches Unternehmen bereits in der Gründungsversammlung 1858 an. Allerdings sah er darin keine Hauptsache, sondern nannte diesen Vorschlag ausdrücklich erst „an dritter Stelle“. Die beiden Hauptaufgaben der neuen Gelehrtenvereinigung sah er vielmehr in der „Erforschung der großen, Alle angehenden, Alle verbindenden, das Leben der Nation beherrschenden Ereignisse“ sowie in der Herausgabe grundlegender Quelleneditionen.[1] Der dritte Platz des biographischen Unternehmens brachte sozusagen „die natürliche Rangordnung“ der Rankeschen Historie zum Ausdruck, denn dort kam den „großen Ideen und Gebilden des Gemeinlebens in Politik und Kultur“ eine höhere Bedeutung zu als dem „einzelnen Dasein in seiner Mannigfaltigkeit“.[2] Daher dachte Ranke auch zeitlebens „höchst skeptisch“ von der „unabhängigen Rolle der Persönlichkeit im Geschichtsverlauf“.[3] Wenngleich er dem biographischen Aspekt eine eher ergänzende als tragende Bedeutung beimaß, erschien ihm das lexikalische Vorhaben doch wichtig genug, um in den folgenden Jahresversammlungen der Kommission mehrfach daran zu erinnern.[4]

Ein zusätzlicher Anstoß kam von Ignaz Döllinger. Das biographische Interesse dieses katholischen Theologen und Historikers, der 1871 wegen seiner Ablehnung des Unfehlbarkeitsdogmas exkommuniziert wurde, hatte einen konfessionellen Ursprung. Darüber gibt ein Briefwechsel Auskunft, den Döllinger 1861 mit dem Freiburger Verleger Herder führte.[5] Er warb dort für das Konzept eines biographischen Sammelwerks, das einer protestantischen Zeittendenz entgegenwirken sollte: der Tendenz, „Deutschlands Größe und Bedeutung erst mit der Reformation beginnen zu lassen" und somit die „reiche katholische Geschichte" zu verdunkeln. Um so dringlicher sei ein „Deutschland und die deutschen Katholiken ehrendes Werk". Eigens fügte er hinzu, was damals ja nicht selbstverständlich war: „Auch Frauen wären aufzunehmen". Döllinger deutete an, daß er sich seit Jahren mit einem solchen Plan trage; er hatte auch schon Titelvorschläge wie „Pantheon Deutschlands" oder „Biographische Geschichte Deutschlands" parat. Aber weder Döllinger noch Herder gelang es, eine für die Leitung des Unternehmens geeignete Persönlichkeit zu finden, so daß die Sache stecken blieb. Als Döllinger 1863 in die Historische Kommission berufen wurde, stellte er dort sogleich den Antrag, „eine Darstellung der deutschen Geschichte in Biographien" ins Arbeitsprogramm aufzunehmen.[6] Von einer konfessionell pointierten Argumentation sah er in diesem Kreis jedoch ab, denn mit der Stiftung der Historischen Kommission hatte Maximilian II. ja ein dezidiertes Stück Kulturprotestantismus nach München transferiert. So schlug Döllinger nun ohne ausdrückliche konfessionelle Tendenz eine Serie von etwa 120 Biographien vor, die – auf „gründliche Forschung" gestützt und chronologisch geordnet – acht Bände füllen sollten, darunter zwei für das Mittelalter und sechs für die „neuere Zeit". Was ihm vorschwebte, war also eine Sammlung großer biographischer Studien über eine relativ kleine Zahl hervorragender Persönlichkeiten, wobei die Beiträge nicht dem Alphabet, sondern den Epochen folgen sollten.

Döllinger erläuterte seinen Antrag in der Plenarversammlung 1864. Dabei konnte er sich auf das positive Votum einer Subkommission stützen,[7] die das Projekt als „zeitgemäß und dem Interesse der Commission entsprechend" begrüßte. Ranke erkannte aber sofort, daß Döllingers Plan auf etwas anderes hinauslief als seine eigene Anregung, die er nun um so nachdrücklicher wiederholte. Ihm ging es um ein „gelehrtes biographisches Lexikon", das Lebensbeschreibungen aller namhaften Deutschen in alphabetischer Folge umfassen sollte. In eine etwas heikle Lage versetzt, befand die Plenarversammlung salomonisch, „dass beide Werke nebeneinander bestehen könnten". Am Ende vertagte sie aber die weitere Beratung über Döllingers Antrag, während sie Rankes Wunsch folgte und den Würzburger Historiker Franz Xaver Wegele damit beauftragte, „den Plan eines biographischen Lexikons auszuarbeiten" und demnächst vorzulegen.

Die Entscheidung fiel erst vier Jahre später, als die Finanzlage gesichert und ein geeigneter Redakteur gefunden war. Zudem setzte sich Wilhelm von Giesebrecht, der Heinrich von Sybel in der wichtigen Position des Sekretärs der Kommission abgelöst hatte, anders als dieser energisch für das historisch-biographische Lexikon ein. So beschloß die Plenarversammlung im Herbst 1868 ganz im Sinne Rankes, das „große nationale Werk" der Lebensbeschreibung „aller namhaften Deutschen" nunmehr in Angriff zu nehmen und auf „kritisch gesicherter Grundlage" in lexikalischer Reihenfolge auszuführen.[8] Für die redaktionelle Leitung war zuerst Franz Xaver Wegele in Betracht gezogen worden, der aber wegen anderer Verpflichtungen absagte. Mit Hinweis auf sei-

Abb. 40: Rochus Freiherr von Liliencron (1820–1912), von 1869 bis 1908 Leiter der Allgemeinen Deutschen Biographie.

ne römischen Pläne lehnte auch Ferdinand Gregorovius ab. Die Wahl fiel dann auf den Germanisten und Musikwissenschaftler Rochus Freiherr von Liliencron, der soeben eine mehrbändige, im Auftrag der Historischen Kommission erarbeitete Edition „Historische Volkslieder der Deutschen vom 13. bis 16. Jahrhundert“ abgeschlossen hatte. Liliencron übernahm sein neues Amt 1869. Er stand damals kurz vor seinem 50. Geburtstag und ahnte wohl kaum, daß die Redaktionsarbeit ihn fortan bis zum 87. Lebensjahr in Atem halten sollte. Die Plenarversammlung billigte sein grundlegendes Exposé[9] über „Anlage und Einteilung“ des Vorhabens im Herbst 1869 und stellte ihm einen beratenden Ausschuß zur Seite. Neben Giesebrecht und Franz Löher, dem Direktor des Allgemeinen Reichsarchivs in München, gehörte auch Döllinger dem Ausschuß an. Seinen eigenen Antrag hatte er inzwischen fallen gelassen und Rankes Version zugestimmt.

Als Verleger wurde Carl Geibel gewonnen, Inhaber des angesehenen Leipziger Verlags Duncker & Humblot, bei dem seit 1867 auch die sämtlichen Werke Rankes erschienen. Geibel erklärte sich bereit, die gesamten Druckkosten und die Autorenhonorare zu tragen, denen allerdings nur ein kleiner und für alle Autoren einheitlicher Honorarsatz zugrunde lag. Der Vertrag, den Giesebrecht und Geibel im Dezember 1870 unterzeichneten, legte den Titel des Werks auf „Allgemeine Deutsche Biographie“ und den Gesamtumfang auf 20 Bände zu je 50 Bogen fest. Vorgesehen war ein schneller Erscheinungsrhythmus: Ab 1873 sollte „so weit als irgend möglich“ in jedem Halbjahr ein Band erscheinen.[10] Am Anfang stand also die sehr optimistische Erwartung, daß das Gesamtwerk in rund 10 Jahren abgeschlossen sei. Wegen der erdrückenden Fülle der Geschäftslast, die Liliencron als einziger Redakteur zu tragen hatte, trat Franz Xaver Wegele 1873 als Mitredakteur hinzu. Er übernahm das Ressort „politische Geschichte“ und betreute es bis zu seinem Tod 1897. Über die Stelle eines Kanzleisekretärs verfügte Liliencron erst ab 1887. Insgesamt war und blieb der redaktionelle Personalaufwand also äußerst gering. Gleichwohl wuchs sich das Unternehmen bis zum Vorabend des Ersten Weltkriegs zu einem Monumentalwerk aus, das schließlich 56 Bände umfaßte.

2. Das „große nationale Werk" der ADB

Es war der Impuls des Nationalgedankens, der dem Projekt Schwung und Richtung gab. Die Historische Kommission sprach bei ihrem Beschluß 1868 von einem „großen nationalen Werk". Getragen vom Hochgefühl der Reichsgründungszeit war in der Jahresversammlung 1872 gar von einem „glänzenden Ehrendenkmal" die Rede, das dem deutschen Volk mit der „Allgemeinen Deutschen Biographie" errichtet werde.[11] In der öffentlichen Wahrnehmung galt das Werk als „Monumentum Germaniae".[12] Wie die Gründung der Kommission selbst, so entsprach also auch ihr biographisch-lexikalisches Großvorhaben dem erklärten Ziel, zur nationalen Bewußtseinsbildung und zur Entwicklung des Nationalgefühls beizutragen.

Diese mächtige Triebkraft brachte auch in anderen Staaten große Nationalbiographien hervor. Ihnen allen war gemeinsam, daß sie sich von dem universalen Ansatz abwandten, den die französischen Sammelwerke der „Biographie universelle" und der „Nouvelle Biographie Générale" markant entfaltet hatten. Die Anfänge der „Biographie universelle" reichten noch in die Zeit der imperialen Herrschaft Napoleons I. zurück. Von 1843 bis 1865 erschien eine zweite, verbesserte Auflage in 45 Bänden, die viel Anerkennung in der internationalen Gelehrtenwelt fand. Das gleichfalls in Paris verlegte Konkurrenzwerk der „Nouvelle Biographie Générale" erschien von 1852 bis 1866 in ähnlich großer Bandzahl und bewegte sich ebenfalls in weltgeschichtlichen Dimensionen.[13] Davon hob sich nun der nationalbiographische Anspruch dezidiert ab. Ein frühes Beispiel bietet Schweden, wo ein einschlägiges Werk von 1835 bis 1857 in 23 Bänden erschien.[14] Die Niederlande folgten 1852 bis 1878 mit 21 Bänden, Belgien von 1866 bis 1938 mit 27. Die belgische „Biographie nationale" ist in unserem Zusammenhang besonders interessant, denn Liliencron hat den von der Brüsseler Akademie der Wissenschaften auf hohem Niveau herausgegebenen Auftaktband gründlich studiert und daraus wichtige Anregungen für die Arbeit an der ADB gewonnen. Diente also die belgische Nationalbiographie in gewissem Maße als Vorbild für die deutsche, so wirkte die ADB wiederum anregend auf das dann so berühmt gewordene britische „Dictionary of National Biography" (DNB), das zehn Jahre nach der ADB zu erscheinen begann.[15] In Privatinitiative von dem reichen schottischen Verleger George Smith getragen und aufwendig finanziert, kam das britische Unternehmen unter der Leitung von Leslie Stephen – dem Vater Virginia Woolfs – so schnell und so gut in Fahrt, daß das DNB bald den Maßstab bildete, an dem sich Vorzüge und Nachteile des ADB-Konzepts messen lassen mußten. Umgekehrt galt die ADB als „most formidable competitor"[16] des DNB.

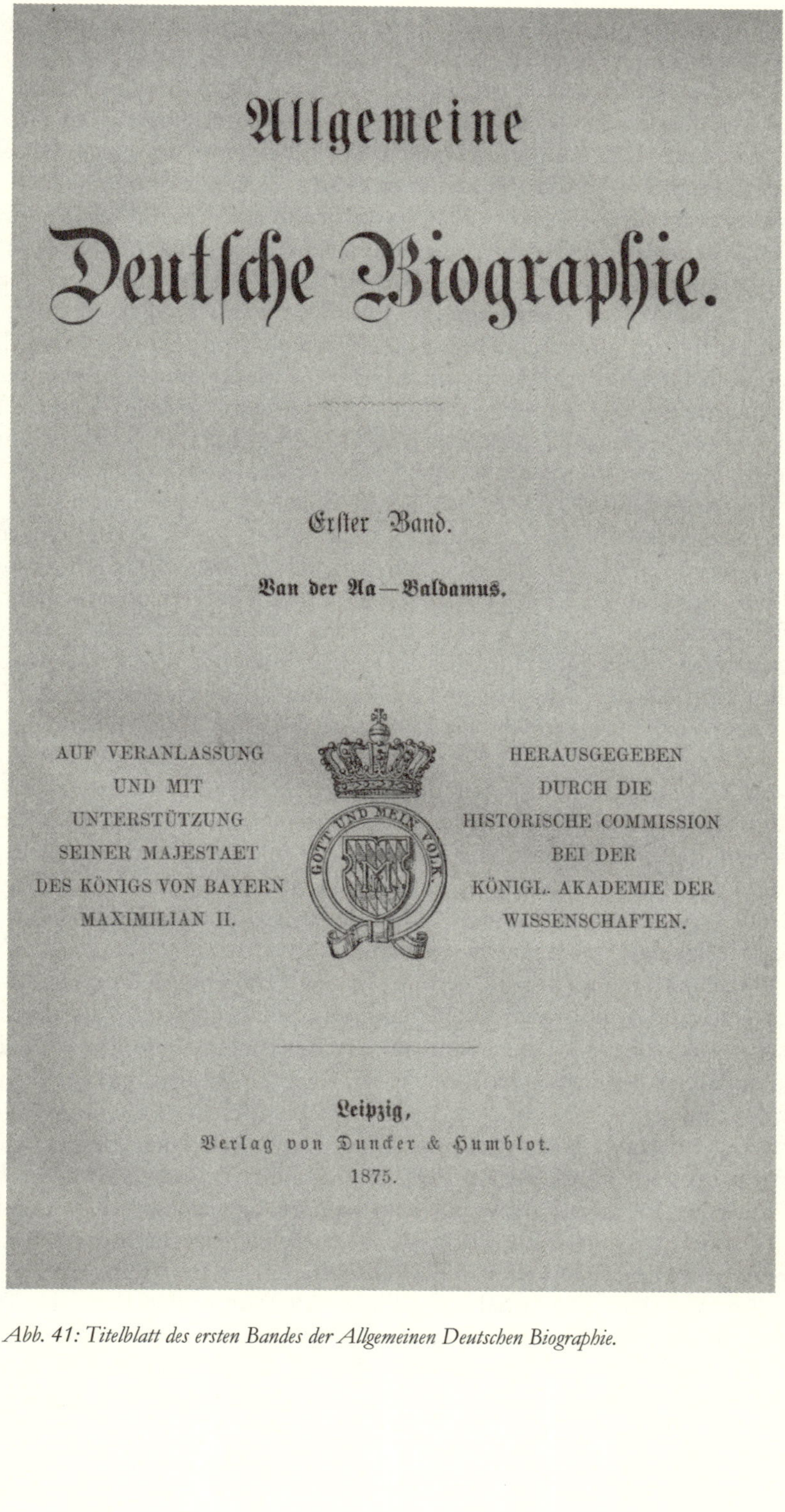

Allgemeine

Deutsche Biographie.

Erster Band.

Van der Aa — Baldamus.

AUF VERANLASSUNG
UND MIT
UNTERSTÜTZUNG
SEINER MAJESTAET
DES KÖNIGS VON BAYERN
MAXIMILIAN II.

GOTT UND MEIN VOLK.

HERAUSGEGEBEN
DURCH DIE
HISTORISCHE COMMISSION
BEI DER
KÖNIGL. AKADEMIE DER
WISSENSCHAFTEN.

Leipzig,
Verlag von Duncker & Humblot.
1875.

Abb. 41: Titelblatt des ersten Bandes der Allgemeinen Deutschen Biographie.

Die ADB wollte historische Forschung und nationales Leben miteinander verbinden. Sie war daher sowohl für den „wissenschaftlichen Gebrauch des Gelehrten“ als auch für ein breiteres Lesepublikum konzipiert, das man mit „gemeinfasslicher Darstellung und in wohllesbarer Form“ erreichen wollte. Dabei hatte man „die Gesammtheit der Gebildeten“ im Auge, einschließlich der Benutzerschichten der kleineren Stadt- und Schulbibliotheken.[17] Die im Verlagsvertrag anvisierte Auflage von 3.000 Exemplaren, die anfangs zwar deutlich übertroffen wurde, mit dem wachsenden Umfang der Reihe jedoch absank, warnt freilich vor übertriebenen Vorstellungen vom Verbreitungsgrad. Die ADB wollte dem Publikum „alle bedeutenderen Persönlichkeiten“ vor Augen führen, „in deren Thaten und Werken sich die Entwickelung Deutschlands in Geschichte, Wissenschaft, Kunst, Handel und Gewerbe, kurz in jedem Zweige des politischen und des Culturlebens darstellt.“ Die Anfänge der deutschen Geschichte versetzte die ADB möglichst weit nach vorn, nicht nur in die Zeit der Völkerwanderung, so daß z. B. der Westgotenkönig Alarich I. einen Artikel aus der Feder von Georg Waitz erhielt, sondern bis zur Schlacht im Teutoburger Wald. Arminius, der Cherusker, wurde kräftig eingedeutscht, und da das Alphabet ihn gleich in den ersten Band verschlug, konnte man 1875 – im Jahr der Enthüllungsfeier des Hermanns-Denkmals – in einer etwas fadenscheinigen Konstruktion lesen: Eine „wirkliche Charakteristik Armins“ gestatte die Überlieferungslage zwar nicht, aber „ohne Zweifel haben wir in ihm den Befreier Deutschlands zu verehren“.[18] Hier verneigte sich die ADB gewissermaßen vor einem Gründungsmythos des Kaiserreichs: der Erinnerung an Arminius und die Varusschlacht. Das Werk präsentierte mehr als tausend Jahre wie ein Kontinuum deutscher Geschichte und führte dabei dicht an die Gegenwart heran. Noch Lebende waren ausgeschlossen, da es unmöglich schien, diese schon „frei und mit ruhiger Objektivität“ historisch zu beurteilen. Die Aufnahmegrenze lag zunächst beim Jahr 1870 und wurde später auf 1899 verschoben. Man findet in der ADB also nur Persönlichkeiten, die vor dem 1. Januar 1900 verstorben waren.

Welchen Nationsbegriff vermittelte die ADB? Sie definierte „Nation“ als Sprach- und Kulturraum unabhängig von politischen oder staatlichen Grenzen. Daher bezog sie die außerhalb der Reichsgründung von 1871 liegenden „Lande“ nachdrücklich ein, sofern sie – wie Österreich und die deutschsprachige Schweiz – mit dem „Gesammtleben Deutschlands in einem engeren geistigen Zusammenhang“ geblieben sind. Die Niederlande berücksichtigte die ADB bis zum Westfälischen Frieden, der „ihre Trennung vom Reich“ besiegelt habe. Der Nationsbegriff war weit genug gefaßt, um prinzipiell auch „Fremde“ aufzunehmen, wenn sie hauptsächlich im deutschen Sprach- und Kulturraum gewirkt hatten. Wie könnte denn „in der Reihe der Wiener Kapellmeister der Italiener Salieri“ fehlen? Oder „unter den Freunden Friedrichs des Großen der Franzose Algarotti“? Mit rhetorischen Fragen dieser Art brachte die Vorrede im ersten Band die Selbstverständlichkeit zum Ausdruck, mit der die kulturelle Bedeutung das ethnische Prinzip durchbrechen konnte.

Bei den Rezipienten war das bald schon nicht mehr so selbstverständlich. So verwies ein Rezensent in der Historischen Zeitschrift 1886 mit hochgezogenen Augenbrauen auf „alle die Tschechen, Kroaten, Wallonen, Italiener und Magyaren“, die „im Dienste des Hauses Habsburg gegen deutsche Geistesfreiheit gekämpft haben“ und jetzt in die ADB Einzug hielten.[19] Es ist bemerkenswert, daß sich der Blick der ADB sozusagen nur auf die Importseite des Kulturtransfers richtete, nicht auf die Exportseite. Denn Deutsche, die ins Ausland ausgewandert waren und dort ihre Hauptleistung erbracht hatten, wurden im Grundsatz ausgeschlossen. Man sieht, wie fremd den Gründern der ADB noch die Wahrnehmung dessen war, was später mit dem Begriff des „Auslandsdeutschtums“ erfaßt und mit politischer Brisanz aufgeladen wurde. Nach dem Ersten Weltkrieg galt die ADB daher besonders in diesem Punkt als revisionsbedürftig.

Was den Werdegang des Werks betrifft, so genügt hier ein kurzes Streiflicht.[20] Zehn Jahre nach dem ersten Band (1875) lag bereits der 20. Band vor. Zahl und Umfang der Artikel waren jedoch inzwischen derart gewachsen, daß der 20. Band nicht – wie anfangs geplant – das Ende des Alphabets, sondern nur die Mitte erreichte. Zum „Z“ gelangte die ADB erst 1899 mit dem 45. Band. Dann folgten noch zehn Nachtragsbände, für die Liliencron ein „zweites Alphabet“ erarbeitete. So füllte er einige Lücken der früheren Bände, vor allem aber aktualisierte er die Aufnahmegrenze: Nun wurden Persönlichkeiten „litterarisch beigesetzt“,[21] die zwischen 1870 und 1900 verstorben waren. Nach dem 55. Band (1910) kam noch ein Personenregister-Band hinzu, der die in den Artikeln genannten Namen, soweit sie gewichtig waren, aber auch die über fast alle Bände verstreuten Nachträge und Berichtigungen erschloß. Diesen abschließenden 56. Band (1912) bearbeitete Fritz Gerlich, der damals Archivar in München war und im Juni 1934 als entschiedener Hitler-Gegner ermordet wurde.

Insgesamt enthält die ADB rund 26.300 Artikel, die von ca. 1.850 Autoren aus Deutschland, Österreich, der Schweiz und den Niederlanden verfaßt wurden. Darunter befanden sich hervorragende Wissenschaftler, denn eine Zeitlang galt es als eine Art Ehrenpflicht, an dem „großen nationalen Werk“ mitzuwirken. Von seiten der Historischen Kommission beteiligten sich neben Ranke selbst, der die Artikel über Friedrich II. und Friedrich Wilhelm IV. beisteuerte, unter anderem Georg Waitz, Wilhelm von Giesebrecht, Heinrich von Sybel, Alfred von Arneth und Wilhelm Wattenbach, aus der nächsten Generation Max Lenz und Erich Marcks. Hinzu traten Historiker wie Ferdinand Gregorovius, Literaturhistoriker wie Wilhelm Scherer, Musikforscher wie Friedrich Chrysander, der über Händel schrieb, Philosophen wie Wilhelm Dilthey, der den Artikel über Friedrich Schleiermacher verfaßte, Geographen wie Friedrich Ratzel oder Ökonomen wie Gustav Schmoller. Auch Künstler und Schriftsteller kamen zu Wort wie z. B. Gustav Freytag, der den Artikel über Ernst Moritz Arndt beitrug.

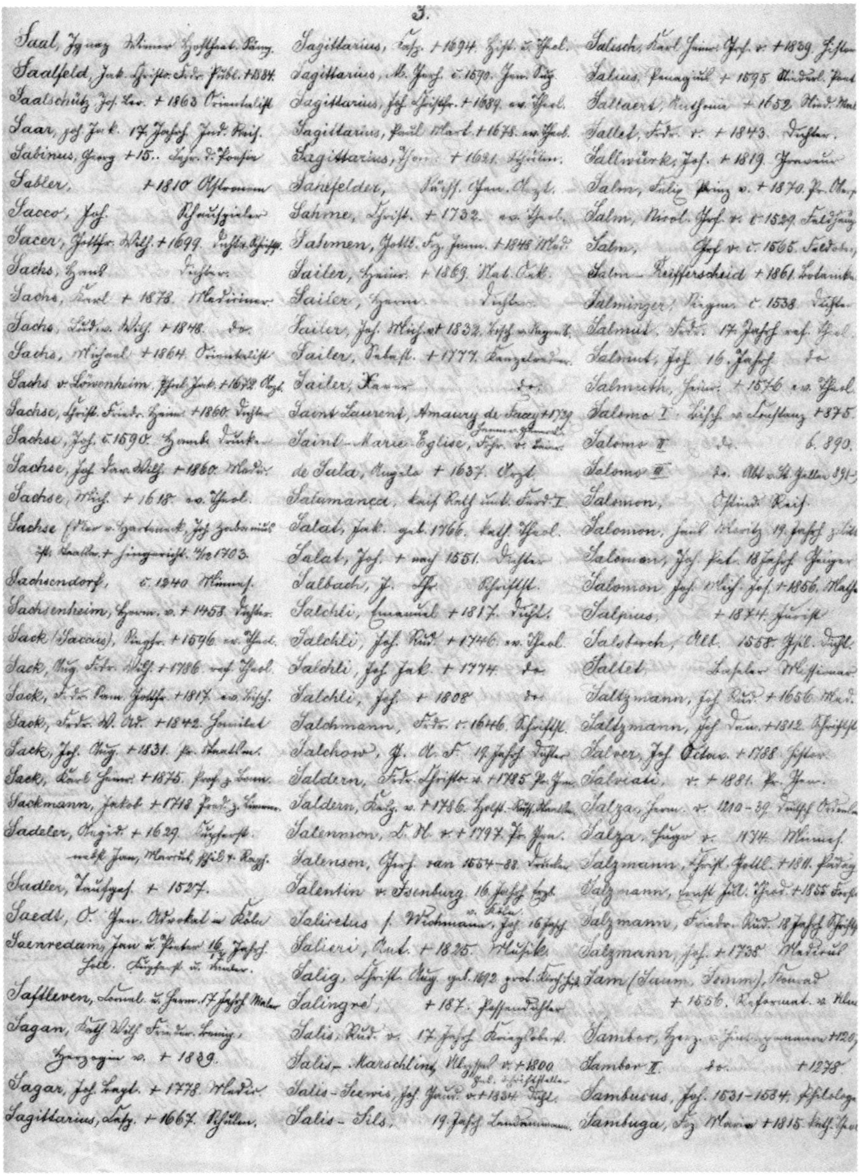

3.

Saal, Ignaz
Saalfeld, Joh. Christ. +1834
Saalschütz, Jos. Lev. +1863 Orientalist
Saar, 17. Jahrh.
Sabinus, Georg +15..
Sabler, +1810 Astronom
Sacco, Jos.
Sacer, Gottfr. Wilh. +1699
Sachs, Hans Dichter
Sachs, Karl +1878
Sachs, Ludw. Wilh. +1848
Sachs, Michael +1864 Orientalist
Sachs v. Löwenheim, +1672
Sachse, Christ. Friedr. +1860
Sachse, Jos. c. 1590
Sachse, +1860
Sachse, Mich. +1618 ev. Theol.
Sachse 1703
Sachsendorf, c. 1240 Minnes.
Sachsenheim, Herm. v. +1458 Dichter
Sack (Saccus), +1596 ev. Theol.
Sack, Aug. Fr. Wilh. +1786 ref. Theol.
Sack, +1817 ev. Theol.
Sack, +1842
Sack, Joh. Aug. +1831
Sack, Karl +1875
Sackmann, Jakob +1718
Sadeler, Aegid. +1629
Sadler, +1527
Saedt, O.
Saenredam, Jan 16. Jahrh.
Saftleven, 17. Jahrh.
Sagan, Herzogin v. +1839
Sagar, Joh. +1778
Sagittarius, +1667
Sagittarius, +1694
Sagittarius, c. 1670
Sagittarius, +1689 ev. Theol.
Sagittarius, Paul Mart. +1678 ev. Theol.
Sagittarius, +1621
Sahlfelder,
Sahme, Christ. +1732 ev. Theol.
Sahmen, Gottl. +1848
Sailer, +1869
Sailer,
Sailer, Joh. Mich. +1832
Sailer, Sebast. +1777
Sailer, Xaver
Saint Laurent, Amaury de +17..
Saint-Marie-Eglise,
de Sala, Angelo +1637
Salamanca,
Salat, Jak. geb. 1766
Salat, Jos. + nach 1551 Dichter
Salbach,
Salchli, Emanuel +1817
Salchli, Joh. +1746 ev. Theol.
Salchli, Joh. Jak. +1774
Salchli, Joh. +1808
Salchmann, c. 1646
Salchow, 19. Jahrh.
Saldern, +1785
Saldern, +1786
Salemnon, +1797
Salensen, van 1654–88
Salentin v. Isenburg 16. Jahrh.
Saliceus 16. Jahrh.
Salieri, Ant. +1825 Musiker
Salig, Christ. Aug. geb. 1692
Salingré, +187.
Salis, Rud. v. 17. Jahrh.
Salis-Marschlins, +1800
Salis-Seewis, Joh. Gaud. v. +1834 Dichter
Salis-Sils, 19. Jahrh.
Salisch, Karl +1839
Salius, +1595
Sallaert, +1652
Sallet, Fr. v. +1843 Dichter
Sallwürk, Jos. +1819
Salm, +1870
Salm, Nicol. Graf v. +1529
Salm, c. 1565
Salm-Reifferscheid +1861
Salminger, c. 1538
Salmuth, 17. Jahrh.
Salmuth, Joh. 16. Jahrh.
Salmuth, +1576 ev. Theol.
Salomo I +875
Salomo II 890
Salomo III
Salomon,
Salomon, Paul Moritz 19. Jahrh.
Salomon, Joh. Pet. 18. Jahrh.
Salomon, Joh. Mich. Jos. +1856
Salpius, +1874
Salsbach, 1558
Sallet,
Saltzmann, Joh. +1656
Saltzmann, Joh. +1812
Salver, Joh. Octav. +1788
Salviati, v. +1881
Salza, v. 1210–39
Salza, Hugo v. 1174 Minnes.
Salzmann, Christ. Gotth. +1811
Salzmann, +1855
Salzmann, Friedr. Rud. 18. Jahrh.
Salzmann, Joh. +1738
Sam (Saum, Somm), Konrad +1556
Samber, +1290
Samber II +1278
Sambucus, Joh. 1531–1584
Sambuga, Jos. Anton +1815

Abb. 42: Die Abbildung zeigt in akkurater Kanzleischrift die erste Seite einer von „Saal" bis „Schimmelmann" reichenden Namensliste für die Bände 30 und 31 der ADB, die Rochus von Liliencron und Franz Xaver Wegele den Mitarbeitern der ADB im August 1888 zusandten.

Natürlich findet man in einem so ausgedehnten Unternehmen nicht nur Licht, sondern auch Schatten. So staunenswert das Organisationstalent und so ertragreich die weit verzweigten Beraternetze und Autorenkontakte des Freiherrn von Liliencron auch waren: Die lockere Art des „geborenen Gentleman“ [22] führte doch zu einer gewissen Zügellosigkeit. Der Umfang der Artikel geriet mehr und mehr aus den Fugen, sowohl absolut – den Rekord erzielte der Bismarck-Artikel von Max Lenz mit 225 Seiten – als auch relativ, denn das ursprünglich geplante Klassifikationsschema für die Länge der Texte wurde nicht eingehalten. Außerdem gewährte Liliencron den Autoren im Blick auf Gehalt und Gestalt der Artikel viel individuelle Freiheit, was zwar der Farbigkeit und dem zum Teil literarisch-essayistischen Charakter der Texte zugute kam, aber die Gleichmäßigkeit des lexikalischen Anspruchs sprengte. Es basierten auch keineswegs alle Artikel auf „kritisch gesicherter Grundlage“, wie die Historische Kommission 1868 beschlossen hatte; durchaus häufig behalfen sich Autoren minderer Qualität mit „nichts als Kompilationen“.[23] Auch den Vorwurf laxer Auswahl mußte sich Liliencron gefallen lassen. Aufs Ganze gesehen schuf die ADB somit zwar einen enormen Informationsreichtum, das üppig wuchernde Wachstum entsprach aber gar nicht der lexikalischen Strenge, die das britische Äquivalent auszeichnete. Von 1885 bis 1900 in 63 Bänden erschienen, achtete das DNB viel stärker auf einheitliche Systematik, sachlich-nüchternen Ton und knappe Fassung. Im Durchschnitt kamen die 31.000 Artikel des DNB mit je einer einzigen Druckseite aus.

Inzwischen ist die ADB selbst ein Stück Wissenschaftsgeschichte geworden. Die Artikel entsprechen in der Regel nicht mehr dem aktuellen Forschungsstand. Gleichwohl bleiben sie „ein nützlicher Ratgeber“,[24] wenn die Autoren auf Quellen zurückgriffen, die heute verloren sind, was häufig vorkommt, oder wenn es sich um Biographierte handelt, über die seither nicht mehr weiterführend gearbeitet worden ist. Vor allem aber: Das Monumentalwerk hat den Wert eines Zeitdokuments gewonnen, das über den intellektuellen Horizont, über den Bürgergeist in der Zeit zwischen der Gründung des Deutschen Reichs und dem Ersten Weltkrieg vielfältig Auskunft gibt. Es dokumentiert zugleich den methodischen Stand und die zeittypischen Gesichtspunkte einer nationalpädagogisch konzipierten Geschichtswissenschaft, die sich als Ferment allgemeiner Bildung verstand. Kurz: Was damals Forschung war, hat heute Quellenwert. Dabei ist nicht allein an wissenschaftsgeschichtliche Fragen zu denken. Wenn man bedenkt, daß in der ADB „Jude und Christ, altkatholische, evangelische und ultramontane Theologen und Publizisten“ zu Wort gekommen sind, „Monarchisten wie Männer aristokratischer und demokratischer Gesinnung“, „Preuße und Hanseate, Bayer und Mecklenburger“, überhaupt „Söhne aller Landschaften Deutschlands“,[25] dann lohnt sich zum Beispiel auch die Frage nach dem Integrationskonzept der ADB in Zeiten der inneren Reichsgründung. Sowohl das Autorenspektrum als auch die Variationsbreite der mit einem Artikel bedachten „namhaften Deutschen“ legt die Annahme nahe, daß die ADB sich als ein Forum präsentierte, in dem nicht nur das Konzept der Föderativnation zur Geltung kam, sondern auch Raum für Minderheitenpositionen und konkurrierende Öffentlichkeiten blieb.

Gewiß kamen die Grundtöne aus bürgerlich-liberalen und konservativen Milieus, die im Protestantismus verwurzelt waren. Aber da überwiegend jüdische Autoren über Juden schrieben,[26] überwiegend katholische über Katholiken,[27] österreichische über Österreicher,[28] kurz: da Sondermilieus oder „deutsche Lande" außerhalb der Reichsgrenzen Gelegenheit zur Selbstdarstellung erhielten, wurden sie in die Arbeit am nationalen Gedächtnis auf ihre je spezifische Weise einbezogen. Die ADB konstruierte das national Verbindende somit bemerkenswert gemäßigt, in Grenzen pluralistisch. Das sozialistische Milieu war aber ganz an den Rand gedrängt und setzte sich wohl auch selber von diesem Unternehmen ab. Unter den Autoren ließ sich bisher kein Repräsentant dieses Milieus entdecken, unter den Biographierten nur ausnahmsweise. Immerhin konnte man in dem 1884 erschienenen Artikel über Karl Marx lesen, „dass er zur Klarstellung der Entwicklungsgesetze der Volkswirthschaft viel, sehr viel, ja vielleicht mehr als alle neueren Nationalökonomen beigetragen" habe.[29] Im einzelnen ist die pluralistische Reichweite der ADB, also das Gefüge von Einschluß und Ausschluß bei der Arbeit am kollektiven Gedächtnis der Nation, bisher noch nicht untersucht worden. Mit Hilfe des digitalen Registers wäre eine solche Untersuchung aber neuerdings leichter möglich.

3. Auslandsdeutschtum? Die ADB in der Zwischenkriegszeit

Nach dem Ersten Weltkrieg befaßte sich die Historische Kommission mehrfach mit der Frage, ob und wie die biographisch-lexikalische Arbeit fortgeführt werden sollte. Den ersten Anstoß gab Ludwig Quidde, einer der Abteilungsleiter der Kommission, der 1927 als Friedensnobelpreisträger berühmt wurde, 1933 sogleich ins Exil ging und vom NS-Regime ausgebürgert worden ist. Seit der Plenarversammlung von Mai 1917 warb er für den Gedanken, den „unermesslich reichen Gesamtinhalt" der ADB mit Hilfe eines Sachregisters systematisch nutzbar zu machen. Die Kommission bildete dafür 1917 einen Ausschuß, in dem Quidde sich mit dem Bonner Historiker Aloys Schulte und vor allem mit dem Kölner Stadtarchivar Joseph Hansen beriet. Im Sommer 1920 legte Quidde sodann eine Denkschrift vor, in der er die Grundzüge einer tiefgestaffelten Register-Systematik entwickelte.[30] Seinen Plan erkannte der Ausschuß zwar als mustergültig an, am Ende überwogen jedoch die Bedenken. Diese waren teils pragmatischer Art, da es an Ressourcen fehlte und „unser Elend zu groß" sei, um jetzt eine solche Sache anzupacken (Schulte). Die Bedenken reichten aber auch ins Grundsätzliche: Gewiß sei die ADB „eine monumentale Arbeit, auf die alle Beteiligten mit recht stolz sind", aber es sei doch fraglich, ob man „auf ein so ungleichmäßig gearbeitetes Werk ein so minutiöses Registersystem applizieren" solle (Hansen). Schließlich wurde Quiddes Vorarbeit zu den Akten gelegt.

Stattdessen gewann bald die Frage einer Neubearbeitung der ADB an Dringlichkeit. Denn es trat ein neuer Akteur mit biographischen Ambitionen auf den Plan, und die Historische Kommission lief Gefahr, ins Hintertreffen zu geraten. Dabei handelte es sich um die Deutsche Akademie, die 1923/25 in München mit der Absicht gegründet wurde, dem materiellen Machtverlust des Deutschen Reiches – so nannte sich ja auch die Weimarer Republik in ihrem Verfassungstext – mit den „geistigen Waffen" auswärtiger Kulturpolitik entgegenzuwirken.[31] Inmitten einer aufsprießenden Organisationsvielfalt ähnlicher Bestrebungen nahm die Deutsche Akademie besonders die deutschsprachigen Minderheiten im Ausland in den Blick. Die mit dem Vertrag von Versailles gezogenen neuen Staatsgrenzen hatten die Zahl solcher Minderheiten vermehrt, und das Revisionssyndrom gab ihnen im Verein mit dem Vordringen des Volkstumsbegriffs, der mit einer variablen Dosis völkischer Wertideen vermischt war, großes Gewicht, ja geradezu strategische Bedeutung. Daher rückten diese Minderheiten nun unter dem Signalbegriff der „Auslandsdeutschen" vom Rand ins Zentrum des deutsch-nationalen Denkens. Um die Auslandsdeutschen im Gedächtnis der Nation und im politischen Horizont der Gegenwart zu verankern, wollte die Deutsche Akademie eine „Biographie des gesamten Auslandsdeutschtums"[32] in Angriff nehmen. Zudem betrieb sie die Gründung einer eigenen „historischen Sektion".

Als die Historische Kommission im Herbst 1925 ihre Jahrestagung abhielt, war somit die Frage akut, in welches Verhältnis sie zu dieser Neugründung treten wollte. Wie Friedrich Meinecke in der Aussprache hervorhob, konnte dieses Verhältnis „nur entweder Kampf oder ein modus vivendi" sein. Die Debatte verlief sehr verwickelt, denn Hermann Oncken, der Sekretär der Kommission, hatte sich bereit gefunden, das Amt des Vizepräsidenten der Deutschen Akademie zu übernehmen. Oncken warb nun für eine Zusammenarbeit mit möglichst viel Personalunion und stellte finanzielle Zuschüsse aus der Kasse der Akademie in Aussicht. Insbesondere das biographische Projekt, befand er, könne man doch gemeinsam durchführen. Darin stimmten ihm andere zu, so auch der damalige Präsident der Kommission, Erich Marcks. Die klarste Gegenrede hielt Walter Goetz, der liberale Leipziger Historiker, der für die DDP im Reichstag saß und die im national-konservativen Milieu Bayerns gegründete Deutsche Akademie skeptisch betrachtete. Er warnte, die Akademie werde „noch unausbleiblichen Konflikten" entgegen gehen, „mit denen sich die Historische Kommission besser nicht belaste". Trotz der aktuellen Finanznot solle man sich auch nicht in der Hoffnung auf Geldzufluß an die Deutsche Akademie „anschließen", denn das käme einer „Bankerotterklärung unserer Kommission" gleich. Meinecke äußerte sich behutsamer, teilte aber im Grunde den Distanzierungskurs von Goetz. Man könne der Akademie wohl die „Herstellung eines populären Auszugs" aus der ADB überlassen, aber die Kommission solle sich „weitere Anbauten" an die ADB, die auf „wirklicher Forschungstätigkeit beruhen, überhaupt alle Aufgaben mit spezifischem Forschungscharakter" selber vorbehalten, „auch die Serie der Biographie des Auslandsdeutschtums". Oswald Redlich, Präsident der Wiener Akademie der Wissenschaften, äußerte ebenfalls Bedenken gegen die „Abgabe eines so ruhmvollen und populären Unternehmens wie die ADB". Am Ende faßte Marcks in seiner Präsidentenrolle diplomatisch zusammen, es sei wünschenswert, „die beiderseitigen Arbeitsgebiete in Zukunft freundschaftlich abzugrenzen". Die Frage, wie es mit der ADB weitergehen solle, überwies das Plenum an einen Ausschuß, der die Sache jedoch einstweilen ruhen ließ.

In den Plenardebatten 1926 und 1927 kristallisierten sich auf Anregung von Hansen, Meinecke und Oncken zwei Überlegungen heraus. Bei der einen stand eine Erfolgsidee des „Dictionary of National Biography" Pate. Die Briten hatten 1903 nach dem Abschluß des DNB eine Kurzfassung herausgebracht, die in einem einzigen Band über den Kern jedes Artikels unterrichtete. Dieses „Concise DNB" förderte die Verbreitung des DNB ungemein, und so war man einhellig der Meinung, daß ein erschwingliches Kompendium dieser Art auch für die ADB angestrebt werden sollte. Zum anderen wurde eine Neubearbeitung der ADB ins Auge gefaßt, auf höchstens 10 oder 12 Bände berechnet, mit straffen, pointierten Artikeln auf neuem Forschungsstand. Oncken schwärmte geradezu von einem solchen „nationalen Handbuch", das in „10.000e von Häusern des gesamten Deutschtums zu dringen" vermöge. Wiederum warb er für eine Kooperation mit der Deutschen Akademie. In den konkreten Fragen engagierte sich Hansen am meisten, und so fiel es dann auch ihm zu, unterstützt von einem neuen Ausschuß, einen eingehenden Plan auszuarbeiten.[33]

Diesen Plan stellte Hansen dem Plenum im Herbst 1928 vor.[34] Worin sah er den hauptsächlichen Revisionsbedarf der ADB? Was den Inhalt betraf, so setzte er neben der Ergänzung der Periode seit 1900 zwei neue Akzente. Zum einen sollte die „Vertretung der technischen und naturwissenschaftlichen Berufe, des Handels und der Industrie" entschieden stärker berücksichtigt werden. Dieser Hinweis implizierte Kritik an der im Ganzen doch eher politik-, militär-, kunst- und geistesgeschichtlich ausgerichteten Anlage des älteren Werks. Zum anderen sollte nun „in starkem Grad das Auslandsdeutschtum herangezogen werden". Deshalb sei eine „Verbindung mit der Deutschen Akademie" ratsam, wobei freilich nur an „finanzielle und sachliche Unterstützung" gedacht war, während die wissenschaftliche Regie ganz der Historischen Kommission vorbehalten blieb. Was die Gestalt des Werks betraf, so plante Hansen in Annäherung an das Format des britischen Seitenstücks eine strengere lexikalische Form. Daß die ADB literarisch ausgearbeitete Lebensbilder mit dem Lexikographischen verquickt habe, nannte er geradezu „schädlich". Im einzelnen entwickelte Hansen ein detailliertes Programm, das auf 12 Bände zu je 50 Druckbogen mit rund 3.000 Biographien pro Band hinauslief, die folglich knapp gefaßt sein mußten (durchschnittlich 46 Zeilen). Die Auflage setzte er bei 2.000 oder alternativ bei 10.000 an. Für die Herstellung des Manuskripts veranschlagte er zwölf Jahre. Der Plan fand im Plenum viel Anklang. Die Kommission billigte ihn „grundsätzlich" und ermächtigte den Ausschuß, ihn weiter zu verfolgen. Die finanzielle Frage hatte die Kommission bis zu diesem Zeitpunkt allerdings noch gar nicht geklärt. Die „Notgemeinschaft der Deutschen Wissenschaft" hatte sich bei Voranfragen mehr als sperrig gezeigt, und so hoffte man, unter Betonung der „nationalen Bedeutung des Werkes" Gelder vom Reichsinnenministerium zu erhalten.

In den Herbstversammlungen 1929 und 1930 geriet aber alles wieder ins Stocken. Denn in der anhebenden Wirtschaftsdepression erwies es sich als unmöglich, die nötigen Mittel einzuwerben. Weder floß Geld von staatlicher Seite, noch fand sich ein Verleger zur Vorfinanzierung. Auch von der Deutschen Akademie, die sich selbst nur mit Mühe über Wasser halten konnte, kam keine Unterstützung. So wurde das Unternehmen erst vertagt und dann im Plenum 1932 „auf unbestimmte Zeit" verschoben.[35] Nach Hitlers „Machtergreifung" ging die praktische Arbeit der Kommission zwar im wesentlichen weiter, aber nur „sehr schleppend" und in „reduzierter Form".[36] Auch für das biographisch-lexikalische Projekt tat sich keine neue Chance auf, wenngleich die Plenarversammlung 1934 wieder einmal einen einschlägigen Ausschuß bildete und ihn ermächtigte, „gegebenenfalls" mit der „Reichsregierung bzw. mit kulturpolitisch maßgebenden Persönlichkeiten Fühlung aufzunehmen".[37] Das war zugleich auch die letzte Plenarversammlung, die bis 1943 einberufen wurde. In der Zwischenzeit fanden lediglich Abteilungsleitersitzungen statt. Dort hielt man das biographische Projekt noch eine Weile als Merkposten wach. „Die Neugestaltung der ADB bleibt eine große Zukunftsaufgabe der Kommission", hieß es in diesem Kreis im Herbst 1935, und Anfang 1937: Die Neufassung der ADB bleibe „ein Hauptanliegen der Kommission", denn dieses Projekt sei „besonders geeignet, den Widerhall unserer Arbeit in der Öffentlichkeit zu stärken und den gesamtdeutschen Charakter der Kommission ins Licht zu stellen".[38] Unter tiefgreifend gewandelten Umständen knüpfte eine solche Bewertung an eine alte Erfahrung an, welche die Historische Kommission anno 1885 in die Worte gekleidet hatte: „kaum ein anderes Unternehmen" der Kommission habe „eine allgemeinere Teilnahme erweckt" als die ADB.[39] Noch einmal keimte also die Hoffnung auf, mit einem biographischen Projekt breite Aufmerksamkeit zu finden. Nach 1937 verliert sich dann aber jahrelang jede Spur dieses Vorhabens in den Akten. Ob die Kommission im Ganzen in einen „Winterschlaf" (von Müller) verfiel, sei hier dahingestellt, beim biographischen Projekt trat jedenfalls völliger Stillstand ein.

4. Fehlstart im Krieg: Die NDB 1943–1949

Im Juni 1943 kam plötzlich Bewegung in die Dinge, und nur einen Monat später begann ein redaktioneller Stab mit der Arbeit an einer Neufassung der ADB. Um diese überraschende Wende zu erläutern, muß man den Namen Franz Thierfelder ins Spiel bringen. Thierfelder war 1926 als Pressereferent an die Deutsche Akademie in München geholt worden. 1929 rückte er dort in die

Position des Generalsekretärs auf und war maßgeblich daran beteiligt, die Aktivität der Akademie auf die Verbreitung der deutschen Sprache im Ausland zu konzentrieren. 1937 schied er im Streit aus, wobei sich persönliche Spannungen und partieller politischer Dissens auf eine etwas unklare Weise vermischten. Thierfelder, der sich nie um Mitgliedschaft in der NSDAP bemühte und Abstand vom rassistischen Kern der NS-Ideologie hielt, war dem deutschnationalen Lager zuzurechnen. Er definierte den Volkstumsbegriff eher sprachlich-kulturell und völkerpsychologisch, freilich mit gleitenden Übergängen zur ontologischen Annahme völkischen „Wesens" und durchaus bereit, den deutschen „Führungsanspruch in Europa" mittels Kulturpropaganda zu untermauern, wobei er allerdings kein rabiates, sondern stets ein „kluges, Zuneigung erweckendes Verhalten" empfahl.[40] Seit 1937 betätigte er sich auf dem Feld der auswärtigen Kulturpropaganda als freier Schriftsteller und produzierte eine Flut von Broschüren und Büchern, darunter „Deutsch als Weltsprache" (1938). So kam er mit mehreren Verlagen in engen Kontakt, insbesondere mit Luken & Luken, von dem noch die Rede sein wird.

Auch mit Walter Goetz trat Thierfelder in Verbindung. Goetz, der 1933 seiner akademischen Ämter enthoben und 1935 emeritiert worden war,[41] hatte seine ursprüngliche Distanz zur Deutschen Akademie aufgegeben und sich intensiv an der Vorbereitung des biographischen Lexikons des Auslandsdeutschtums beteiligt, das die Akademie 1935 als eine Hauptaufgabe in ihr Programm aufnahm, aber 1939 wieder stoppte.[42] Thierfelder kannte Goetz aus seiner Akademie-Zeit, und als er von ihm erfuhr, daß die Historische Kommission eine Neufassung der ADB lediglich aus Mangel an Ressourcen ruhen ließ, ergriff er die Initiative und ließ seine Verlagskontakte spielen. Zunächst wandte er sich an den Verlag Cotta, der nach einigen Vorgesprächen, an denen auch Goetz teilnahm, ein Angebot unterbreitete. Darüber unterrichteten der Präsident und der Sekretär der Kommission, Heinrich von Srbik und Karl Alexander von Müller, die Mitglieder im Juni 1943. Demnach bildete der 1928 gebilligte Hansen-Plan die konzeptionelle Grundlage. Die Druckkosten sollte der Verlag, die Honorarzahlung die Kommission übernehmen, und für die laufende Arbeit bot Cotta „zunächst für drei Jahre" eine Jahreszahlung von 15.000 RM an.[43] Um ihre Meinung gebeten, stimmten die Mitglieder durchwegs zu, manche mit der Bemerkung, es handele sich hier um eine „Ehrensache" (Joseph Hansen) und „Ehrenpflicht" (Paul Kehr). Während die positiven Antworten einliefen, zog Cotta sein Angebot aber wieder zurück. Daraufhin zauberte Thierfelder sofort ein Ersatzangebot herbei, das – wie Goetz hoch erfreut kommentierte – Cottas Angebot sogar „bei weitem" übertraf und „außerordentlich günstig" schien.[44] Das Angebot kam von Otto Luken, Inhaber des Verlags Luken & Luken, mit dem Thierfelder eng befreundet war.

Dieser Verlag war in den Kreisen der Historischen Kommission ganz unbekannt, denn als Wissenschaftsverlag war Lukens 1926/27 in Berlin gegründete Firma bisher nicht hervorgetreten. Eigentlich handelte es sich eher um eine Großdruckerei, die auf dem Zeitschriftenmarkt Fuß gefaßt hatte und beim

Versuch, auch auf den Buchmarkt vorzudringen, nicht sehr wählerisch verfuhr. Im Programm fand man neben einer Frühschrift des jugendlichen Philosophen Max Bense mancherlei völkisch grundierte Trivialhistorie.[45] Als Herausgeber der Schriftenreihe „Umgang mit Völkern" ritt Thierfelder dort sein kulturpropagandistisches Steckenpferd. Lukens erfolgreichstes Produkt war die Zeitschrift „Die Auslese", eine Art Digest, zusammengestellt aus Zeitschriften des In- und Auslands. Der Reichsleiter Baldur von Schirach ließ sie anscheinend als Lesestoff an der Front verteilen, die Parteikanzlei der NSDAP bezog sie im Abonnement.[46] Biographisch kaum faßbar, war Luken anscheinend ein Mann des „nationalen Lagers", der aber erst im Oktober 1941 der NSDAP beitrat.[47] Sein von Thierfelder gewecktes, bald ungestüm drängendes Interesse an der Neufassung der ADB wurde vielleicht von dem Wunsch getragen, als Wissenschaftsverlag Anerkennung zu finden, vielleicht auch nur oder primär von der Geschäftsidee, sich einen langfristigen Druckauftrag zu sichern und das viele flüssige Geld, über das er nach eigenem Bekunden verfügte, unter den beschränkten Anlagemöglichkeiten der Kriegszeit geschickt zu investieren.

Als der Münchner Ortsausschuß der Historischen Kommission sich im Juli 1943 zur Beratung traf, war die Lage „nicht ganz einfach".[48] Einerseits drängte Goetz sehr auf den Vertragsabschluß. Er hatte offensichtlich Feuer gefangen und auch schon eingehende Gespräche mit präsumtiven Mitarbeitern geführt. Andererseits regten sich in diesem Kreis doch gravierende Bedenken, insbesondere bei von Müller. Er wollte den Verlag noch genauer unter die Lupe nehmen und entdeckte zudem im Text des Kontraktangebots mancherlei „Fußangeln". Zwar lockte der Verlag damit, ein Jahrzehnt lang jährlich 15.000 RM für die Redaktionsarbeit zu zahlen. Er wollte aber einem von seiten des Verlags ernannten Vertreter – im Klartext war das Franz Thierfelder – bedenklich viel Einfluß auf das Unternehmen sichern, nahm die Kommission finanziell erheblich in die Pflicht und behielt sich außerdem drei Jahre lang ein Rücktrittsrecht vor. Brieflich meldeten auch weitere Kommissionsmitglieder Bedenken an, so der Göttinger Historiker Karl Brandi, der davor warnte, die Kommission und die Redaktion auf den Status „wissenschaftlicher Organe des Verlags hinabdrücken" zu lassen.[49]

Im nächsten Halbjahr trat ein sonderbarer Schwebezustand ein. Lukens Gelder flossen bereits ab Juli 1943, und Goetz baute sofort einen Mitarbeiterstab auf, in den Thierfelder auch einen früheren Verlagsleiter Lukens hereinzog. Bereits am 16. Juli 1943 begrüßte Goetz seine Arbeitsgruppe zur „1. Sitzung der Schriftleitung der Neuen Deutschen Biographie" und hielt fest: „Mit der Arbeit wird sofort begonnen".[50] Hingegen zögerten Präsident und Sekretär ihre Unterschrift unter den Vertrag noch lange hinaus. Sie unterzeichneten ihn – auf den 30. Juni 1943 rückdatiert – erst im Februar 1944. Denn nach wie vor gab es erhebliche Bedenken, auch dann noch, als Luken sich mit einigen Nachbesserungen einverstanden erklärte. Wie brüchig das Vertrauen zu diesem Verleger bei Präsident, Sekretär und im Kreis des Ortsausschusses war, zeigt der Versuch, die beiden altbewährten Verlage Beck und Oldenbourg für eine Kooperation zu gewinnen. Luken lehnte es aber entschieden ab, mit diesen Verlagen in eine „Gemeinschaftsarbeit" einzutreten: Er wolle die Kosten allein tragen, aber auch „die Früchte allein ernten".[51] So begnügte sich die Kommission damit, daß Beck und Oldenbourg in Aussicht stellten, „bei etwaigem Versagen Lukens" in den kommenden zwei Jahren einzuspringen.[52] Aber mehr als eine grundsätzliche Bereitschaft äußerten die beiden Münchner Verlage nicht, und das war im Falle des Falles, wenn alles auf das Detail ankam, nur eine schwache Rückversicherung. Bei diesem Stand der Dinge faßte der Münchner Ortsausschuß – Hermann Aubin und Karl Brandi kamen von auswärts hinzu – im September 1943 „vorläufige Beschlüsse". Darüber unterrichtete der Präsident alle Mitglieder im Dezember 1943 mit der Bitte um Zustimmung. Die wichtigste Entscheidung lag darin, Goetz mit der Leitung des Unternehmens zu beauftragen und „ihm für die Einleitung der Arbeiten freie Hand zu gewähren". Der Präsident verschwieg die Bedenken gegenüber dem „noch ziemlich unbekannten Verlag" nicht, überdeckte sie aber mit dem Prinzip Hoffnung: Der „Wagemut" eines jungen Verlags, „der sich seine Zukunft schaffen will", sei ja „zumeist ein wertvoller Aktivposten". Der Rundbrief stellte die auswärtigen Mitglieder, die nicht an den Verhandlungen des Ortsausschusses teilgenommen hatten, „vor eine fast vollendete Tatsache". Auch das verschwieg der Präsident nicht, er federte den fait accompli aber mit dem Hinweis ab, der Vertrag werde endgültig erst nach der Rückäußerung der Mitglieder unterzeichnet. Außerdem werde die Kommission demnächst einen besonderen Ausschuß „zur Überwachung der Arbeit" einsetzen.

Schließlich unterzeichneten Präsident und Sekretär den Vertrag im Februar 1944. Damit war nun eine Neufassung der ADB in 12 Bänden vereinbart. Der Titel blieb im Vertrag noch offen, obwohl sich „Neue Deutsche Biographie" – von Goetz im Juli 1943 eingeführt – in der internen Kommunikation bereits eingebürgert hatte. Wie der Vertrag festhielt, sollten nur solche Persönlichkeiten aufgenommen werden, die „mittelbar oder unmittelbar eine dauerhafte, volksgeschichtlich erhebliche Wirkung hinterlassen" haben. Bei der Gründung der ADB hatte noch der Nationsbegriff im Mittelpunkt gestanden, nun trat der Volksbegriff an seine Stelle. Der Verlag verpflichtete sich zu einem jährlichen Zuschuß von 15.000 RM und legte dabei eine Herstellungsdauer von 10 Jahren und eine Auflage von 5.000 zugrunde. Die Kommission übernahm es, „jährlich mindestens 5.000 RM" für Autorenhonorare aufzubringen. Die wissenschaftliche Leitung (die Goetz übernahm) lag in der Hand der Kommission, doch erhielt der Verlag das Recht, durch „einen ständigen Vertreter" kräftig auf den redaktionellen Arbeitsverlauf einzuwirken: Der Verlagsvertreter wirkte im Einvernehmen mit dem wissenschaftlichen Leiter nicht nur bei der Überwachung des Bürobetriebs und der Aufstellung des Jahresetats mit, sondern auch bei Einstellungen und Entlassungen von Angestellten der Redaktion! Die Kommission ließ sich sogar auf die Verpflichtung ein, den Verlagsvertreter stets hinzuzuziehen, wenn sie über Angelegenheiten des Projekts verhandelte. Dagegen erhielt sie keinerlei Einblick in die Tätigkeit des Verlags, noch nicht einmal das Recht, die Zahl der Subskriptionen zu erfahren. Offensichtlich war die starke Stellung des Verlagsvertreters ganz auf die Person Thierfelders zugeschnitten, der obendrein noch eine Doppelrolle erhielt: Einerseits wirkte er als „ständiger Vertreter" des Verlags in dessen Auftrag und Interesse mit, andererseits wurde er von der Historischen Kommission als Mitglied der Redaktion bezahlt. Daß die Kommission sich mit einer so unausgewogenen Vertragskonstruktion eine bedenkliche Hypothek auflud, war eigentlich unschwer zu erkennen.

Das Plenum der Kommission tagte in den Kriegsjahren (außer im März 1943) nicht. Stattdessen verhandelte man die drängenden Fragen in Ausschuß-Sitzungen, so auch im August 1944 in Murnau. Dort trafen sich – die Münchner Kommissionsräume waren inzwischen von Bomben zerstört – Heinrich von Srbik, Karl Alexander von Müller, Walter Goetz und Hermann Heimpel.[53] Zur Debatte stand unter anderem die Arbeit an der NDB, die als „schon sehr weit gefördert" galt. Man hörte sich Thierfelders Jahresbericht an und trat dann in eine „lebhafte Diskussion" über den aufzunehmenden Personenkreis ein. Dazu gehörten, darin war man sich einig: „alle Deutschschweizer", Niederländer bis etwa 1550, Auslandsdeutsche, „wenn sie als Deutsche gewirkt haben", „Germanen", soweit sie auf dem Boden des späteren deutschen Reiches gesiedelt haben, „also Arminius, aber nicht Odoaker". „Wahldeutsche Ausländer" sollten in einen Anhang gerückt werden. Srbik sagte zu, sich um die Mitarbeit des Vereins deutscher Ingenieure zu kümmern, um Technikerbiographien zu fördern. Über einen für den Charakter des geplanten Werks entscheidenden Punkt schwieg man sich anscheinend aus: Was sollte mit den jüdischen Deutschen geschehen? Welchen Platz wollte man ihnen in dem „volksgeschichtlich" konzipierten Werk geben? Das von Heimpel angefertigte Protokoll vermerkt dazu nichts. Eine zweite Gesprächsüberlieferung sagt ebenfalls nichts.[54] Man zog es also offenbar vor, gemeinschaftlich zu schweigen. Einige Zeit vor diesem Treffen hatte ein interner Bericht vermerkt: „Über einige grundsätzliche Fragen wie die über die Aufnahme von Juden, Mischlingen, Wahldeutschen" werde die „von der Kommission einzusetzende Unterkommission in erster Linie zu entscheiden haben".[55] Eine solche Kommission setzte der in Murnau tagende Führungszirkel als NDB-„Kontrollausschuß" tatsächlich ein.[56] Anscheinend ist dieser dann aber bis zum Ende des Kriegs nicht in Aktion getreten.

Ein paar Wochen nach diesem Treffen in Murnau, Ende September 1944, schrieb Walter Goetz an Theodor Heuss, seinen ehemaligen Schüler, persönlichen Freund und früheren politischen Weggefährten in der DDP: „Auch wenn es scheint, als ob wir hier in München außerhalb der Welt und ihres Geschehens lebten, wage ich es doch, Ihnen einige Themen für die N.D.B vorzulegen".[57] Goetz hatte sich seit dem Juli 1943 intensiv an der redaktionellen Arbeit beteiligt und auch schon mit der Suche nach geeigneten Autoren begonnen. Dabei wandte er sich auch an Persönlichkeiten, die alles andere als regi-

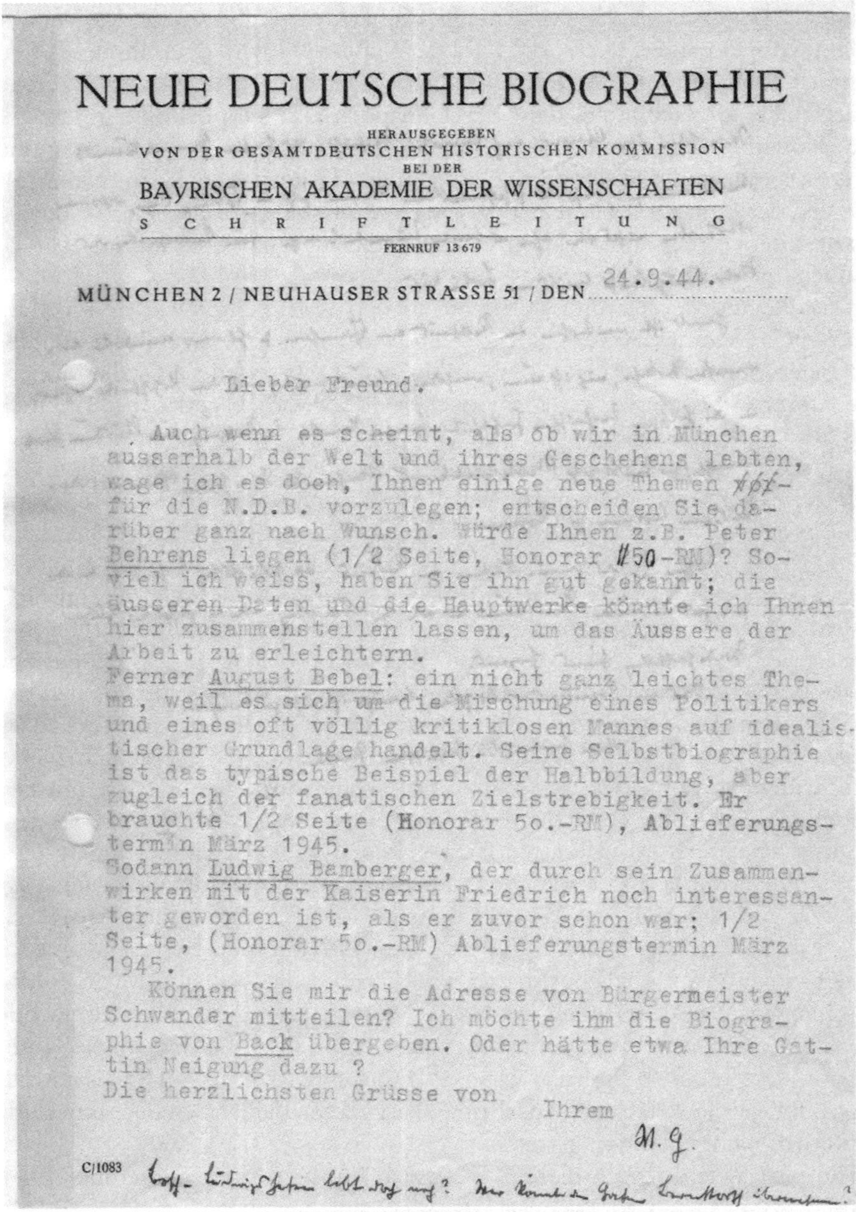

NEUE DEUTSCHE BIOGRAPHIE

HERAUSGEGEBEN
VON DER GESAMTDEUTSCHEN HISTORISCHEN KOMMISSION
BEI DER
BAYRISCHEN AKADEMIE DER WISSENSCHAFTEN
S C H R I F T L E I T U N G
FERNRUF 13 679

MÜNCHEN 2 / NEUHAUSER STRASSE 51 / DEN 24.9.44.

Lieber Freund.

Auch wenn es scheint, als ob wir in München ausserhalb der Welt und ihres Geschehens lebten, wage ich es doch, Ihnen einige neue Themen für die N.D.B. vorzulegen; entscheiden Sie darüber ganz nach Wunsch. Würde Ihnen z.B. Peter Behrens liegen (1/2 Seite, Honorar 50-RM)? Soviel ich weiss, haben Sie ihn gut gekannt; die äusseren Daten und die Hauptwerke könnte ich Ihnen hier zusammenstellen lassen, um das Äussere der Arbeit zu erleichtern.
Ferner August Bebel: ein nicht ganz leichtes Thema, weil es sich um die Mischung eines Politikers und eines oft völlig kritiklosen Mannes auf idealistischer Grundlage handelt. Seine Selbstbiographie ist das typische Beispiel der Halbbildung, aber zugleich der fanatischen Zielstrebigkeit. Er brauchte 1/2 Seite (Honorar 5o.-RM), Ablieferungstermin März 1945.
Sodann Ludwig Bamberger, der durch sein Zusammenwirken mit der Kaiserin Friedrich noch interessanter geworden ist, als er zuvor schon war; 1/2 Seite, (Honorar 5o.-RM) Ablieferungstermin März 1945.

Können Sie mir die Adresse von Bürgermeister Schwander mitteilen? Ich möchte ihm die Biographie von Back übergeben. Oder hätte etwa Ihre Gattin Neigung dazu ?
Die herzlichsten Grüsse von

Ihrem

W. G.

C/1083

Abb. 43: Walter Goetz (1867–1958), 1943–1950 Leiter der NDB, trat bereits vor Kriegsende an Theodor Heuss heran, um ihn als Autor zu gewinnen.

menah waren, wie z. B. den Journalisten Erwein Freiherr von Aretin, der nach Hitlers „Machtergreifung“ ein Jahr lang inhaftiert gewesen war und seither einem Berufs- und Publikationsverbot unterlag.[58] Ebenso bezog er nun Theodor Heuss ein, mit dem er schon früher eng zusammengearbeitet hatte.[59] Er bot ihm die Artikel über den Architekten und Mitbegründer des modernen Industriedesigns Peter Behrens, über den 1848er Demokraten und Liberalen der Bismarckzeit Ludwig Bamberger und über August Bebel an – Ablieferungstermin „März 1945“. Ein merkwürdiger Brief! Warum tat Goetz im September 1944 mit absonderlich wirkender Routine so, als befinde man sich nicht inmitten der letzten Zuckungen eines mörderischen Kriegs und kurz vor dem Kollaps des Regimes? Er hatte sich innerlich wohl schon auf die Nachkriegszeit eingestellt und versuchte, das Werk hinüberzuretten. Artikel wie die von Heuss über Bebel paßten jedenfalls entschieden besser in die ‚Zeit danach‘ als in die braune Ära. Aber konnte Goetz eine solche Vorausschau auch schon im Sommer 1943 haben, als er den Start der NDB mit so großem Nachdruck betrieb und gegen manche nicht unbegründete Einwände durchsetzte? Fraglich ist auch, warum Goetz in der ersten Jahreshälfte 1944 anscheinend damit rechnete, daß der erste Band des Werkes in etwa zwei Jahren druckfertig sein werde.

Versucht man, die Motive der Aufbruchstimmung zu klären, die Walter Goetz im Sommer 1943 erfaßte, und damit zugleich dem entscheidenden Gründungsimpuls der NDB auf die Spur zu kommen, so stößt man auf eine Tagebuchnotiz, die Goetz am 25. September 1943 zu Papier brachte – am Tag, als der Münchner Ortsausschuß sich trotz mancher Bedenken mit dem Start der NDB einverstanden erklärte und Goetz dafür „freie Hand“ gewährte. „Die Leitung des Unternehmens wird mir übergeben“, notierte Goetz. „Gemeinsam mit Dr. Thierfelder hatte ich die Vorarbeiten schon so weit geführt, daß nun die volle Arbeit sofort beginnen kann – die Mitarbeiter sind ausgewählt, geschickt und arbeitsfreudig. Auf 10–15 Jahre ist das Unternehmen veranschlagt – ich werde also den Abschluß nicht erleben. Aber die Hauptsache ist jetzt der Anfang, der gemacht werden mußte, ehe ihn etwa Katastrophen verhindern“.[60] Dies war also das Hauptmotiv: die Gelegenheit beim Schopf zu ergreifen und einen Anfang zu setzen, obwohl oder weil die Zukunft so ungewiß war. Dabei ist zu bedenken, daß die Neufassung der ADB im Kreis der Kommission seit vielen Jahren als ein großes Desiderat galt, an dem Goetz auch selbst ein fachliches Interesse hatte. Das Angebot Lukens nahm er wie einen Glücksfall wahr, den man unbedingt nutzen müsse: Da bot ein wohlhabender Verleger der Kommission 150.000 RM an und war bereit, im Handumdrehen zu zahlen. Zudem glaubte Goetz, mit Franz Thierfelder einen außerordentlich tüchtigen, auch organisatorisch sehr fähigen Mitarbeiter an seiner Seite zu haben. Dem ehemaligen Geschäftsführer der Deutschen Akademie eilte in der Tat der Ruf voraus, ein erstklassiges Talent zu sein; man mußte dann freilich die Augen vor seinen allzu umtriebigen Seiten verschließen. Es kommt wohl hinzu, daß Goetz das drohende Schicksal der

Kommission, „durch Auszehrung in den endgültigen Tod" überzugehen,[61] durch eine große, neue Initiative abzuwenden suchte.

Es spricht indes wenig dafür, daß Goetz im Sommer 1943 bereits klipp und klar ein Projekt für die ‚Zeit danach' plante. Er war sich zu dieser Zeit wohl selbst noch im Unklaren, unter welchen politischen Umständen das Werk seinen Weg nehmen werde. Beherzt anfangen und dann weitersehen – das war die Devise. Daß „Goetz und seine jungen Mitarbeiter" schon beim Start der NDB überzeugt gewesen seien, „auf das bestehende politische System keine Rücksicht mehr" nehmen zu müssen – diese Annahme nimmt sich eher wie eine nachträgliche Glättung aus.[62]

Schenkt man einem Bericht Thierfelders Glauben, so hat das Kriegsende die Arbeit an der NDB nur ein paar Wochen lang unterbrochen: Sie ging bald wieder „in gewohntem, ja erweitertem Umfang" voran und ließ sogar hoffen, daß das Manuskript des ersten Bandes noch im Laufe des Jahres 1945 fertig werde.[63] Ein solcher Optimismus unterschätzte freilich die massiven Schwierigkeiten, die sich in den Nachkriegsjahren auftürmten. So stellte der – in Berlin völlig ausgebombte – Verlag Luken & Luken seine Zahlungen im Frühjahr 1945 gänzlich ein, was die NDB in Finanznot brachte. Zudem lehnte es die amerikanische Militärregierung im Februar 1947 ab, Otto Luken eine Verlagslizenz zu erteilen, da er „Pg" gewesen war.[64] Somit geriet die Verlagsfrage nun wieder ganz ins Ungewisse. Ebenso beeinträchtigte die Fluktuation des Mitarbeiterstabs den Fortgang der Arbeit.[65] Auch Thierfelder selbst konnte sich um die NDB bald kaum noch kümmern, denn er machte an anderer Stelle rasch Karriere.[66] Von Juni bis Dezember 1945 amtierte er als kommissarischer Generalsekretär der Deutschen Akademie, die er allerdings nicht vor dem Auflösungsbeschluß der Militärregierung retten konnte. Im Oktober 1945 übernahm er das Amt des Syndikus der Universität München und zugleich der Bayerischen Akademie der Wissenschaften. Im Juli 1946 zog er für die CSU in die Verfassunggebende Landesversammlung ein, und im selben Jahr kooptierte ihn die Historische Kommission als außerordentliches Mitglied.

Der Höhenflug währte aber nur kurz. Im August 1946 erhob die Süddeutsche Zeitung den Vorwurf, Thierfelder sei ein Propagandist des NS-Regimes gewesen. Die publizistische Anklage schlug so hohe Wellen, daß er im folgenden Monat von seinem Syndikus-Amt zurücktrat. Auch seine parteipolitischen Ambitionen zerschlugen sich augenblicklich. Bis zum Ende seines Entnazifizierungsverfahrens, das im November 1948 in erster, im Februar 1949 in zweiter Instanz für ihn günstig ausging, war er gewissermaßen lahmgelegt. Daher versuchte er zwischenzeitlich, wieder stärker bei der NDB tätig zu werden. Dort mehrten sich zwar die Anzeichen, daß Goetz allmählich auf Distanz zu Thierfelder ging, aber das minderte dessen Tatendrang nicht. So schrieb er Ende 1947/Anfang 1948 hunderte deutsche Hochschullehrer an und bat sie um Auskunft zur Person und zu Publikationen. Der Rundbrief kündigte nichts Geringeres an als die Ausdehnung dieser „Gelehrtenkartei" auf „die gelehrte Welt aller Kulturvölker".[67] Auf der Suche nach einer neuen Leitidee pries Thierfelder das geplante Werk in einer Ausarbeitung für den Sekretär der Kommission, Max Spindler, als „nationalpädagogisches Erziehungsmittel, das das Urteil und die Gesinnung unseres Volkes für das nächste Halbjahrhundert mitbestimmen" und den „deutschen Beitrag zur abendländischen Kultur" zeigen werde.[68] Goetz gegenüber bemängelte er die ineffiziente Leitung der redaktionellen Arbeit: Diese müsse entschieden „planvoller und konzentrierter als bisher geordnet" werden.[69] Offensichtlich strebte Thierfelder wieder jene starke Stellung an, die ihm der Verlagsvertrag 1943 gegeben hatte. Sein Aktionismus und sein Verhalten stießen bei Goetz jedoch auf wachsende Abneigung.

Zum Bruch kam es 1949. Den Anlaß bot eine Forderung Lukens im Streit um die Verlagsrechte. Otto Luken hatte die jahrelang verwehrte Verlagslizenz im Dezember 1948 doch noch erhalten und wollte den alten Vertrag mit der Historischen Kommission sogleich in modifizierter Weise wieder aufleben lassen.[70] Daran war Goetz jedoch nicht mehr interessiert. Er verhandelte inzwischen mit Hans Broermann, dem Inhaber des Berliner Verlages Duncker & Humblot, der einst die ADB verlegt hatte. Dieser erhielt nun den Vorzug, der Vertrag wurde im März 1949 unterzeichnet.[71] Es folgte eine verwickelte Auseinandersetzung, in der Luken auf seinen alten Rechten beharrte, während Broermann argumentierte, der 1943 geschlossene Vertrag über die Neubearbeitung der ADB habe die noch älteren ADB-Rechte von Duncker & Humblot nicht beachtet. Schließlich lenkte Luken um den Preis einer Abfindung ein. Er forderte eine Entschädigung für sein 1943/45 in die Redaktionsarbeit der NDB investiertes Geld[72] sowie für das monatliche Salär, das er in dieser Zeit an Thierfelder als „ständigen Vertreter" des Verlags in der Geschäftsführung der NDB gezahlt hatte. Diese letzte Forderung führte zum Eklat. Denn Goetz erklärte, ein solcher Honorierungsvertrag sei ihm nicht bekannt gewesen, und die Vorstellung, daß Thierfelder sich sowohl von der Kommission als auch stillschweigend vom Verlag habe bezahlen lassen, löste in der Jahresversammlung 1949 eine so lebhafte Empörung aus, daß Goetz es übernahm, „das Ausscheiden Herrn Thierfelders aus der Kommission herbeizuführen".

Ganz so einfach lagen die Dinge allerdings nicht. Anscheinend hatte Thierfelder seinen Sondervertrag zwar nicht offengelegt, aber gelegentlich beiläufig erwähnt, so daß Goetz ein „allgemeines Wissen" bald nicht mehr ausschließen wollte. Und da die Vertragskonstruktion, auf die sich die Kommission 1943 eingelassen hatte, die Mitwirkung eines Verlagsvertreters in der NDB-Redaktion vorgesehen und Luken die Bestellung Thierfelders gemeldet hatte, wäre es auch möglich gewesen, der Sache auf den finanziellen Grund zu gehen. Davon hatte Goetz jedoch abgesehen, denn ihm, dem vornehm-zurückhaltenden Gelehrten alter Schule, waren die Sonderbeziehungen seines Mitarbeiters „immer eine etwas peinliche Angelegenheit".[73] So tat sich eine Grauzone auf, die zum Streit führte. Weitere Vorwürfe eher persönlicher Art kamen hinzu. Der Konflikt zog sich bis 1951 hin und ließ sich schließlich nur mühevoll mit einer beiderseitigen Ehrenerklärung beilegen, verbunden mit Thierfelders Zusage, freiwillig aus der Historischen Kommission auszuscheiden, deren außerordentliches Mitglied er ja seit 1946 war. Aus den Diensten der NDB war Thierfelder bereits 1949 ausgeschieden. Er wandte sich wieder der auswärtigen Kulturpolitik zu, wo ihm ein beachtlicher Aufstieg beschieden war.[74]

5. Anfänge unter widrigen Bedingungen: Die NDB in der Ära des Bundespräsidenten Heuss

In den Anfangsjahren der Bundesrepublik befand sich die Historische Kommission in einer äußerst schwierigen Lage. Am augenfälligsten war die „finanzielle Misere".[75] Sie war so groß, daß 1950 keine Jahresversammlung stattfinden konnte; sie mußte aus Geldnot ins nächste Jahr verschoben werden. Vor allem war ganz unklar, wie man die NDB weiter finanzieren konnte. Die kalkulierten Kosten waren selbst dann, wenn man einen im Grunde zu kleinen Redaktionsstab in Rechnung stellte, nur zu einem Drittel gedeckt, im wesentlichen durch den Verlag, der vertragsgemäß jährlich 12.000 DM zu zahlen hatte. Die Notgemeinschaft der deutschen Wissenschaft (aus der 1951 die DFG hervorging) lehnte eine Unterstützung der NDB im Herbst 1950 ab, und um die Jahreswende 1950/51 kündigte der Verleger an, daß er seine Zahlungen einstweilen einstellen werde. Damit reagierte er auf die Nachricht, daß er noch mindestens ein Jahr lang auf das Manuskript des ersten Bandes warten müsse, obwohl der von Goetz 1949 unterzeichnete Verlagsvertrag festgehalten hatte, daß dieses Manuskript bereits druckfertig sei. Die bestürzten Kommissionsmitglieder sprachen im internen Briefwechsel von einer „heillos verfahrenen Angelegenheit", ja einer drohenden „Katastrophe".[76] Dabei war unschwer zu erkennen, daß das Unheil nicht allein der Geldnot geschuldet war, sondern auch einer „unhaltbaren Organisation" (Gerhard Ritter) des NDB-Projekts, ja mehr noch: Als ein Kernproblem schälte sich immer deutlicher die Art heraus, in der Walter Goetz – mit Jahrgang 1867 hoch betagt und mit nachlassender Sehkraft – die Geschäfte führte. In seiner Hand lag nach wie vor die wissenschaftliche Leitung der NDB, und er amtierte seit 1945 zudem als Präsident der Historischen Kommission. Wissenschaftlich hoch angesehen und durch sein Verhalten in der NS-Zeit unbelastet, hatte er sich um den Neuanfang der Kommission nach Kriegsende so verdient gemacht, daß seine Autorität geradezu unanfechtbar war. Die drohende Katastrophe erzwang nun jedoch Schritte zur Kurskorrektur.

Der Münsteraner Mediävist Herbert Grundmann übernahm es, Goetz für ein Arrangement zu gewinnen, das mit dessen Wahl zum Ehrenpräsidenten die Bahn für einen Wechsel an der Spitze der Kommission und der NDB frei machte. Zum Präsidenten wählte die Kommission 1951 Franz Schnabel, die Leitung der NDB übertrug sie 1950 an Otto Graf zu Stolberg-Wernigerode, der diese dann bis 1968 mit dem Titel des Hauptschriftleiters innehatte. Wer war dieser neue Leiter?[77] Einer alten Grafenfamilie aus dem Harz entstammend, war Stolberg 1921 als Schüler von Erich Marcks an der Universität München promoviert worden. Anschließend hatte er sich dort 1931 bei Arnold Oskar Meyer mit einer Studie über die Beziehungen zwischen Deutschland und den USA im Zeitalter Bismarcks habilitiert. 1935 folgte er einem Ruf nach Rostock, wo er zunächst eine a.o. Professur, 1942 eine o. Professur für Neuere Geschichte erhielt. Nach seiner Entlassung im November 1945 übersiedelte er in die US-Zone. Im Spruchkammerverfahren stufte man ihn in die Gruppe der „Mitläufer" ein, da er 1937 in die Partei eingetreten, wenngleich „politisch nicht in Erscheinung getreten" war.[78] Bei seiner Umhabilitierung an die Universität München wirkte sich diese Einstufung zunächst sehr nachteilig aus, denn ein Ministerialerlaß von 1948 verwehrte es vorerst, einen „Mitläufer" zum Privatdozenten und apl. Professor zu ernennen. So erhielt Stolberg 1949 lediglich die Lehrbefugnis, während er auf die Ernennung zum apl. Professor bis 1954 warten mußte. Im Zuge des 131er Gesetzes, das geflüchteten oder vertriebenen Hochschullehrern ein Wiedereingliederungsrecht gab, erhielt Stolberg dann 1955 einen ad personam eingerichteten Lehrstuhl an der Universität München. Er befand sich also noch in einer ganz und gar ungesicherten Lage, als Goetz ihn 1949 in die NDB holte und ihm „den Weg zu einer neuen Existenz bahnte".[79] 1950 rückte er nun zum Hauptschriftleiter auf. Nach seiner Berufung an die Münchner Universität stand auch der Kooptation in die Historische Kommission (1957) nichts mehr im Wege.

Die personellen Weichen waren somit neu gestellt. Die Finanzierungskrise hielt jedoch an. In dieser Hinsicht erwies es sich als ein wahrer Glücksfall, daß Theodor Heuss – inzwischen Bundespräsident – sich bereit fand, seine schützende Hand über das biographische Projekt seines Freundes Goetz zu halten. Die wichtigste Hilfe lag darin, daß er den Kontakt zur Kulturabteilung des Bundesinnenministeriums vermittelte, das den Fortgang des Unternehmens seither mit großem Wohlwollen begleitete[80] und ab 1951 beträchtliche jährliche Zuschüsse für die NDB bereitstellte, ohne die das Projekt wohl untergegangen wäre.[81] Man hätte es andernfalls entweder einstellen oder – was Schnabel eine Weile erwog – von der Kommission abtrennen müssen. Daß die NDB im ersten Bundespräsidenten einen so „warmen Fürsprecher"[82] fand, hing einesteils mit der Freundschaft und Verehrung zusammen, die Heuss mit Goetz verband. Darüber hinaus zeigte Heuss jedoch auch ein ganz persönliches Interesse an der biographischen Forschung im Allgemeinen[83] und dem biographisch-lexikalischen Ansatz der NDB im Besonderen. So verfaßte er für den ersten Band der NDB, der 1953 erschien, tatsächlich die Artikel über Ludwig Bamberger und August Bebel, die Goetz ihm im September 1944 angetragen hatte, außerdem die Artikel über Ernst Abbe und Theodor Barth. Im zweiten Band (1955) schrieb er über Robert Bosch und Peter Bruckmann, im dritten (1957) über Adolf Damaschke und im vierten (1959) über Anton Dohrn. Posthum erschien, von der Redaktion aktualisiert, sein Artikel über seinen politischen Lehrer Friedrich Naumann.

Wie lebhaft Heuss an der NDB Anteil nahm, zeigt der über Jahre hinweg geführte Schriftwechsel mit Stolberg. So bat er um Nachsicht für die „leichtere literarische Fazettierung“ seines Bebel-Artikels, die zu der lexikalischen Strenge des Werks nicht ganz passe. Sein essayistisches Vorrecht balancierte er mit dem Hinweis, daß er „im Privaten und bei Politikern“ gelegentlich für die NDB Propaganda mache, so bei Ollenhauer, den er darauf hingewiesen habe, daß „Bebel von mir“ behandelt worden sei.[84] Er appellierte an die NDB, die Persönlichkeiten der „historischen Gewerkschaftsbewegungen“ sorgsam zu beachten, denn Männer wie Paul Bömelburg und Hans Böckler im Bewußtsein zu halten sei „für das historische Gefühl fast notwendiger und fruchtbarer als irgend ein Humanist des 16. Jahrhunderts“.[85] Heuss wandte sich sogar selbst an den Bundesvorstand des DGB, um einen Kontakt zwischen Gewerkschaftshistorie und NDB anzubahnen.[86] Ebenso mahnte er, daß der Redaktionsstab bedeutende Frauen der Frauenbewegung und der „wichtigen karitativen Stiftungen oder Verbände“ im Auge behalten müsse.[87] Insgesamt ist also hervorzuheben: Bundespräsident Heuss hat in der NDB einen bedeutenden Beitrag zur kulturellen Gründung der Bundesrepublik gesehen, und dieses Werk hätte ohne seine Hilfe womöglich in den frühen fünfziger Jahren Schiffbruch erlitten.

Die von Heuss vermittelte Bonner Hilfe sicherte einstweilen die Existenz der NDB, bot aber keine dauerhafte Grundlage. Dies gilt auch für die von Fritz Hellwig vermittelte Unterstützung durch das Deutsche Industrie-Institut.[88] Seit 1952 bemühte sich Schnabel daher um eine Förderung durch die DFG. Die lang ersehnte Zusage traf schließlich im Herbst 1956 ein. Zuvor hatte es mancherlei Turbulenzen gegeben, die zum Teil mit der Weigerung des Verlegers zusammenhingen, den von der DFG gewünschten Einblick in seine Berechnungen zu gewähren. Mit dem 1956 gefundenen Ausweg, daß der Verleger seinen Zuschuss für die nächsten Bände verdoppelte, konnten dann freilich alle zufrieden sein. Außerdem geriet die NDB in den Wirbel des Versuchs, die traditionell von Bayern getragene Finanzierung der Historischen Kommission auf den föderalen Verbund des Königsteiner Abkommens zu übertragen. Dies hätte die Abtrennung der NDB von der Kommission und die Umwandlung in die Rechtsform eines eingetragenen Vereins nach sich gezogen. Aus mehreren Gründen, nicht zuletzt im Blick auf den Aufwärtstrend der bayerischen Staatsfinanzen, entschied sich der Freistaat jedoch dafür, an der bisherigen Konstruktion – Finanzierung der Kommission durch Bayern – festzuhalten. Mehr noch: Ab 1958 steigerte Bayern seine jährlichen Zuschüsse an die Kommission beträchtlich.[89] Mit der Förderung durch die DFG, dem erhöhten Verlagszuschuß und den wachsenden Ressourcen der Kommission erreichte die NDB 1956/58 endlich sicheren Boden.[90] Erst jetzt wurde es auch möglich, einen kontinuierlich tätigen Redaktionsstab aufzubauen; bisher war die Fluktuation der redaktionellen Mitarbeiter sehr groß gewesen.[91]

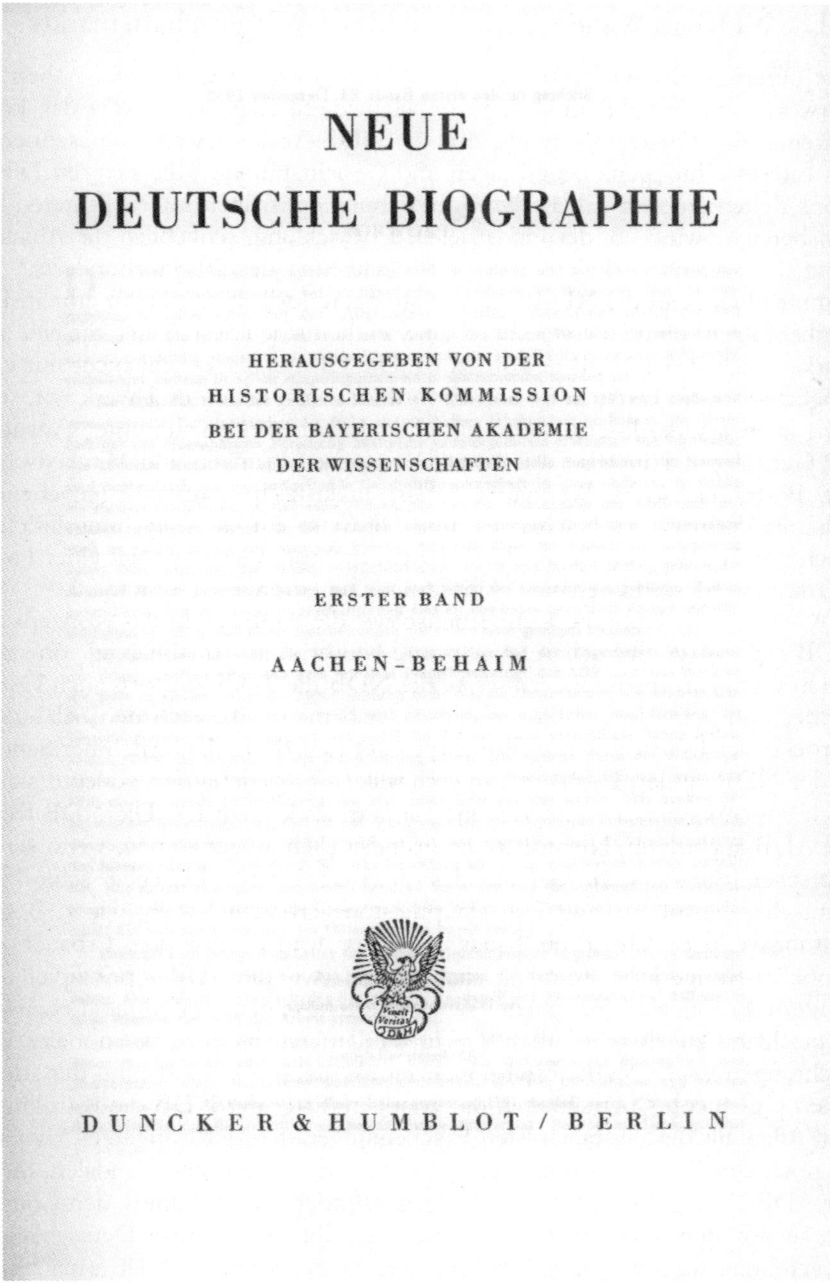
NEUE

DEUTSCHE BIOGRAPHIE

HERAUSGEGEBEN VON DER
HISTORISCHEN KOMMISSION
BEI DER BAYERISCHEN AKADEMIE
DER WISSENSCHAFTEN

ERSTER BAND

AACHEN-BEHAIM

DUNCKER & HUMBLOT / BERLIN

Abb. 44: Titelblatt des ersten Bandes der Neuen Deutschen Biographie.

6. Die NDB im Wandel der Zeit und des Wissenschaftsmarkts

Was unterscheidet die NDB von der ADB? Goetz und Schnabel hoben im Vorwort zum Auftaktband 1953 vor allem diese Aspekte hervor: das Fortschreiten des Forschungsstands, den die NDB-Artikel jeweils repräsentieren, das Interesse für „ganz neue Fragen und Gesichtspunkte", die sich seit Liliencrons Zeiten ergeben haben, die Einbeziehung der früher unterbelichteten Lebensbereiche wie z. B. der industriellen Entwicklung, schließlich die Ausdehnung des zeitlichen Bogens auf Persönlichkeiten des 20. Jahrhunderts.[92] Es kommt hinzu, daß die NDB eine viel strengere lexikalische Form erhielt. Die Artikel folgen seit dem ersten Band einer einheitlichen Systematik, die eine Art Markenzeichen der NDB geworden ist. Die Grundanlage sieht nicht nur eine möglichst straffe Darstellung und Einordnung von Leben und Werk vor, sondern auch standardisierte weiterführende Informationen, darunter Angaben zur Genealogie, Hinweise auf Auszeichnungen, Ehrungen und Mitgliedschaften, Porträtnachweise, Werkverzeichnisse in kritischer Auswahl (gegebenenfalls mit Vermerk des Nachlasses) und Hinweise auf die Forschungsliteratur. Auch der Typ des Familienartikels, in dem mehrere Generationen einer Familie zusammenfassend behandelt sind, folgt einer strengeren Systematik.[93]

Wo liegen die Kontinuitäten? Ebenso wie die ADB erfaßt das Konzept der NDB den ganzen deutschen Sprach- und Kulturraum – unabhängig von staatlichen Grenzen. Insbesondere setzte die NDB die Tradition fort, auch Österreicher und Schweizer aufzunehmen, so daß man z. B. auch den Salzburger Barockmaler Johann Michael Rottmayr oder den Basler Unternehmer Sandoz in der NDB findet. Die Aufnahmeschwelle für Niederländer verlegte sie jedoch vom Westfälischen Frieden ins 13. Jahrhundert zurück. Die NDB folgte der ADB auch darin, Nichtdeutsche grundsätzlich aufzunehmen, wenn sie im deutschen Sprachraum Bedeutendes geleistet hatten. Dagegen schloß sie Deutsche, die im Ausland ihre Hauptleistung erbracht hatten, wie z. B. den Zeitungsverleger Christoph Sauer in Pennsylvania oder den Erbauer der Brooklyn-Bridge John Roebling, nicht mehr – wie die ADB – prinzipiell aus, sondern bezog sie ein, „wenn sie wenigstens einen Teil ihres Lebens in Deutschland zugebracht hatten".[94] Für die Untersuchung transnationaler Verflechtungen ist die NDB somit ergiebiger als die ADB. Als Beginn der „deutschen Geschichte" betrachteten die geistigen Väter der NDB die Karolingerzeit. Allenfalls die „auffallendsten Erscheinungen der Merowingerzeit" wollten sie noch einbezogen wissen, aber nicht mehr die Goten und Vandalen, die in der ADB Platz gefunden hatten. Hingegen findet man Arminius, den Cherusker, auch in der NDB, freilich nicht mehr, um ihn als „Befreier Deutschlands" zu verehren, wie einst die ADB formuliert hatte, sondern erklärtermaßen als Ausnahme mit der Begründung, daß die Schlacht im Teutoburger Wald in „die Vorstellungswelt aller Deutschen eingegangen" sei.[95] Eher beiläufig kam hier ein Auswahlkriterium zur Geltung, das später für das historiographische Konzept der „lieux de mémoire" (Pierre Nora) grundlegend geworden ist.

Welches geistige Profil zeigte die NDB in den 1950er Jahren? Als Franz Schnabel in seiner Funktion als Präsident der Historischen Kommission 1952/53 das Konzept der NDB umriß, betonte er den „streng wissenschaftlichen Charakter" und die „wissenschaftliche Unabhängigkeit", aber auch die nationale Bedeutung eines solchen biographisch-lexikalischen Grundlagenwerks.[96] In gewisser Weise knüpfte er damit an die Ursprungsidee der ADB an: Wie die Kommission zu Rankes Zeiten, so hob nun auch Schnabel das Lexikon als ein „nationales und wissenschaftliches Unternehmen" hervor, und er konnte hinzufügen, daß mittlerweile „alle Nationen Europas" vergleichbare Werke vorzuweisen hätten.[97] Schnabel koppelte das Konzept der NDB wieder ganz von den beiden Signalbegriffen ab, die in der Zwischenkriegszeit und im Zweiten Weltkrieg so beherrschend geworden waren: „Volkstum" und „Auslandsdeutschtum". Stattdessen rückte er wieder den Nationsbegriff ins Zentrum, der für eine Wertehierarchie im Sinne des Bonner Grundgesetzes entschieden offener und geeigneter war. Zudem faßte Schnabel den internationalen Horizont stärker ins Auge, und so gelangte er am Ende zu dieser Formel: Die NDB sei ein „unentbehrliches Forschungsmittel", das jedoch auch „interessierte Laien" unterrichten solle und insgesamt „einem öffentlichen Interesse der deutschen Nation und der internationalen Wissenschaft" entspreche.

So weit die Idee. In der Praxis zeigte die NDB in den fünfziger Jahren noch mancherlei Unsicherheiten. Als Stolberg die Einleitung zum ersten Band niederschrieb, floß ihm die Formulierung „deutschblütige Österreicher" noch wie selbstverständlich aus der Feder. Die Druckfassung war dann auf die neue Redeweise „Österreicher deutscher Herkunft" umgestellt.[98] Ein Exposé Stolbergs aus dem Jahr 1955 läßt erkennen, wie schwer sich die NDB anfangs mit einer angemessenen Einbeziehung der NS-Geschichte tat.[99] Die moralische Distanz zu „Schurken wie Bormann, Freisler, Heydrich und Koch" stand ganz außer Frage, aber wenn es um die „hohen Beamten und Diplomaten" und „die hohen Offiziere" ging, trat eine für die frühe Bundesrepublik zeittypische apologetische Tendenz hervor. Es scheint, daß Stolberg sogar Albert Speer zur Kategorie jener „Fachleute" rechnen wollte, die „selbstverständlich nicht zu den Nationalsozialisten" zu zählen seien.[100]

Stolberg plädierte dafür, möglichst wenige NS-Politiker aufzunehmen. Dafür sprach die Überlegung, daß die Forschungslage „noch außerordentlich dürftig" sei, so daß man einstweilen Gefahr laufe, allzu provisorische und bald revisionsbedürftige Artikel zu drucken. Wie begründet diese Skepsis war, zeigt beispielsweise der Artikel über den Reichsgerichtspräsidenten Erwin Bumke im dritten Band (1957), der die NS-Zeit sehr lückenhaft behandelt. Vor die Wahl gestellt, den zweiten Band (1955) mit einem unbefriedigenden oder gar keinem Artikel über den Gauleiter Josef Bürckel erscheinen zu lassen, entschied sich Stolberg fürs Weglassen. Er hatte nur einen Beitrag verfügbar, der Bürckels Funktionen unklar beschrieb und obendrein den Eindruck erweckte, Bürckel habe sich als Reichskommissar „große Verdienste um die Saarabstimmung erworben". Das Alphabet fügte es günstig, daß der Hitler-Artikel erst im neunten Band (1972) fällig wurde, als mit dem Hitler-Biographen Joachim Fest ein erstklassiger Autor bereitstand.[101] Für seine Entscheidung, den Kreis der aufzunehmenden NS-Politiker möglichst klein zu halten, führte Stolberg neben dem plausiblen Hinweis auf die Forschungslage jedoch auch Argumente ins Feld, die eine tiefgreifende Unsicherheit in der Aufarbeitung der NS-Geschichte erkennen lassen. Er befürchtete allen Ernstes, daß bei einem weit gefaßten Aufnahmekreis der Eindruck entstehen könnte, das NS-System sei „für die Entfaltung der Einzelpersönlichkeit günstig" und „reich an starken Naturen" gewesen. Auch Stolbergs Hinweis, es sei nicht die Aufgabe der NDB, „allen Nazigrößen ein Denkmal zu setzen", traf nicht den Kern der Sache. Denn die Zeiten, in denen sich Nationalbiographien wie eine Ruhmeshalle inszenieren konnten, waren ja – ganz besonders in Deutschland – vorbei. Sowohl unter spezifisch wissenschaftlichen Gesichtspunkten als auch im Kontext einer Erinnerungskultur, in der neben Denkmäler Mahnmale traten, mußte die NDB eine historisch-kritische Räson gewinnen.

Was die Aufnahme von Gegnern und Verfolgten des NS-Regimes betrifft, so unterschied Stolberg zwischen (aktiven) Kämpfern und (passiven) Opfern. Sein Plädoyer, nur die „Kämpfer" zu berücksichtigen, verweist abermals auf eine zeittypische Tendenz. Diese rückte den patriotischen Widerstand in den Vordergrund der Erinnerung, so daß die nicht aus politischen, sondern rassischen Gründen verfolgten Opfer an den Rand gerieten – ganz anders als später im Zeichen der „culture of victimhood". Bei den Kämpfern wiederum folgte die Auswahl einer Patriotismus-Deutung, in der Namen wie Ludwig Beck und Dietrich Bonhoeffer einen gebührenden Platz fanden, aber der aus dem kommunistischen Milieu stammende Attentäter Georg Elser ausgespart blieb.

Die Unsicherheit im Umgang mit jüdischen Biographien war anfangs groß. Walter Goetz sandte im Sommer 1949 eine Anfrage an zwei jüdische Repräsentanten, Philipp Auerbach (u. a. Präsident des Landesverbands der Israelitischen Kultusgemeinden in Bayern) und August Gallinger (der 1948 remigrierte Münchner Ordinarius für Philosophie), und bat um Rat, ob die NDB bei jüdischen Deutschen das Bekenntnis oder die jüdische Abstammung stets oder nur dann erwähnen solle, „wenn es aus irgendeinem besonderen Grunde notwendig ist".[102] Die Antworten rieten dazu, entweder von Fall zu Fall zu entscheiden oder so zu verfahren wie bei den anderen Religionsgemeinschaften auch.[103] In Stolbergs Ägide entschied sich die NDB dann für die Regel, in die Kopfzeile der Artikel stets eine Konfessions- oder Religionsangabe einzufügen, sofern damit ein biographisches Merkmal erfaßt wird. Was die Aufnahme von Rabbinern und Gelehrten auf dem Gebiet der Wissenschaft des Judentums betrifft, so bürgerte sich eine befremdliche Praxis ein: Im Unterschied zu jüdischen Deutschen, die sich auf anderen Gebieten hervorgetan hatten und daher ohne weiteres einbezogen wurden, aber auch im Unterschied zur Praxis der alten ADB wurde diese Personenkategorie größtenteils ausgespart. In der

Redaktion überwog die Meinung, daß solche Spezialgelehrte und Rabbiner in der Regel nur innerjüdisch bedeutsam gewesen seien und nicht die allgemeine deutsche Geschichte beeinflußt hätten. Alarmiert von einem Redaktionsmitglied, protestierte der Berliner Mediävist Reinhard Elze – ab 1968 Mitglied der Zentraldirektion der Monumenta Germaniae Historica – 1967 gegen diese Sichtweise. Es sei wohl richtig gewesen, bemerkte er, nach den Verbrechen des Dritten Reiches erst einmal „Zurückhaltung" zu üben und Persönlichkeiten mit jüdischem Selbstverständnis nicht ohne weiteres „als Deutsche zu ‚adoptieren'". Aber inzwischen wirke das restriktive Verfahren „betrüblich" und „unerträglich", zumal es „seit dem Wiederaufleben eines Neonazismus" – Elze dachte an die damaligen NPD-Wahlerfolge – auch völlig mißdeutet werden könne. Er empfehle dringend, bei der Aufnahme jüdischer Gelehrter und Rabbiner „eher des Guten etwas zu viel als – wie bisher eindeutig – zu wenig zu tun".[104] Tatsächlich kam es in diesem Punkt zu einer nachhaltigen Kurskorrektur, die sich auch in der redaktionsinternen Aufgabenverteilung niederschlug.

Unter der Leitung von Otto Graf zu Stolberg-Wernigerode (1950 bis 1968), Walter Bußmann (1968 bis 1970), Fritz Wagner (1970 bis 1987) und Karl Otmar Frhr. von Aretin (1987 bis 1998) gelang es der NDB, sich als historisch-biographisches Grundlagenwerk für den deutschen Sprach- und Kulturraum zu etablieren.[105] Die Historische Kommission begleitete die Redaktionsarbeit kontinuierlich mit besonderen Ausschüssen; auch am Lesen der Korrekturfahnen beteiligten sich Kommissionsmitglieder – insbesondere Dieter Albrecht und Hermann Heimpel – bis in die 1980er Jahre hinein.[106] Blickt man auf das Profil, das die NDB in dieser Zeit gewann, so ist dreierlei hervorzuheben. Erstens legte die NDB großen Wert darauf, ‚alle' Bereiche des historischen Lebens zu erfassen: Politik und Staat, Wirtschaft und Gesellschaft, Wissenschaft und Technik, Kunst und Kultur. Wie schon im Hansen-Plan 1928 gefordert, vermied die NDB die geistesgeschichtliche Schlagseite der ADB und achtete von Anfang an besonders auch auf „Vertreter der Naturwissenschaften, der Wirtschaft und Technik".[107] Daher hat sich die NDB gerade auch als unternehmergeschichtliches Forschungsinstrument sehr bewährt.[108] Auch modernen Wachstumsbranchen wie z. B. der Versicherungs- und der Energiewirtschaft oder der Unternehmensberatung blieb sie dicht auf den Fersen. Der Wirtschaftshistoriker Fritz Redlich, damals einer der Fachberater der NDB, schrieb 1960 an die zuständige Redakteurin: er habe die Überzeugung gewonnen, „dass die gesamte moderne wirtschaftliche Entwicklung in Deutschland das Werk von hundert unter sich versippten Familien war".[109] Ob diese These tragfähig ist, sei hier dahin gestellt; wer sie überprüfen will, findet in der NDB jedenfalls reichhaltige Informationen – nicht zuletzt auch in den systematisch erarbeiteten genealogischen Abschnitten. Zweitens ist zu betonen, daß die NDB nicht nur über herausragende Namen informiert, über die man sich zumeist auch andernorts gut unterrichten kann. Sie sieht vielmehr eine besondere Aufgabe darin, kaum bekannte, aber wirklich bedeutsame Persönlichkeiten aus der zweiten Reihe herauszufinden und vorzustellen. Personen der zweiten Kategorie (second-rate people) machen ja, wie schon Leslie Stephen treffend festgestellt hatte, den „eigentlichen Wert eines biographischen Lexikons" aus.[110]

Drittens und vor allem: Die NDB bringt ausschließlich Originalbeiträge, die – bisher von Autoren aus 20 Ländern – auf dem aktuellen Forschungsstand neu geschrieben sind. Die Leistung der NDB liegt also nicht nur darin, bereits verfügbares Wissen lexikographisch zusammenzufassen, sie erarbeitet vielmehr lexikographisches Wissen neu. Ein kurzer Blick in die Werkstatt mag die Rechercheleistung verdeutlichen.[111] Die Redaktion, in der Vertreter unterschiedlicher Disziplinen eng zusammenwirken,[112] hat eine riesige biographische Dokumentation aufgebaut, die mit derzeit etwa 140.000 Namen das ganze Alphabet umfaßt und ständig aktualisiert und erweitert wird. So werden für den Buchstabenbereich eines jeden Bandes Tausende von Namen vorgehalten, die für Artikel in Frage kommen können. Die permanente Suchbewegung rückt auch solche Namen ins Visier, die zuvor in keinem anderen Lexikon erfaßt worden sind. Aus Tausenden von ‚Kandidaten' wählt die Redaktion pro Band rund 10 bis 13 Prozent aus, die einen eigenen Artikel erhalten. In dieser Auswahl, einem Prozeß der Filterung und qualitativen Verdichtung, liegt eine aufwendige, wenn auch für die Benutzer kaum augenfällige Leistung. Bei der Abwägung der ‚Kandidaten' orientieren sich die Redakteure an der Fachliteratur und stimmen sich mit einem Beraternetz ab, das mehrere hundert Fachleute verschiedener Disziplinen umfaßt.[113] Sodann sucht und verpflichtet die Redaktion ausgewiesene Autoren. An jedem Band wirken 500 bis 600 Autoren und Autorinnen verschiedener Disziplinen mit. Die redaktionelle Betreuung sorgt dafür, daß die Artikel durchgängig der Systematik entsprechen, die für die NDB charakteristisch ist. Zu den festen Merkmalen der NDB gehören insbesondere die genealogische Einleitung zu jedem Einzelartikel, die Gruppierung von Einzelartikeln nach Familienzusammengehörigkeit sowie die Familienartikel. Nicht selten verlangt die präzise Ermittlung der genealogischen Angaben eingehende Recherchen. Wenn man den etwas altmodisch klingenden Begriff „Genealogie" in „verwandtschaftliche Verflechtungen" übersetzt, wird jedoch auf Anhieb klar, warum diese Abschnitte wichtig sind. Formal orientiert sich die NDB in dieser Hinsicht seit den ersten Bänden am „Dansk Biografisk Leksikon", und sie wurde selbst zum Vorbild für viele Regionallexika wie z. B. die „Sächsische Biografie", das „Biographische Lexikon für Schleswig-Holstein", das „Deutschbaltische Biographische Lexikon", die „Badische" bzw. „Baden-Württembergische Biographie".

Als „fundamentales Werk" hat die NDB viel Anerkennung gefunden.[114] Man hat ihr „außergewöhnliche Präzision, Korrektheit der Angaben, Qualität und Solidität" bescheinigt und ihren Erfolg beim Aufspüren von Personen der zweiten Kategorie „bewundernswert" genannt.[115] Auch in der Aufarbeitung der NS-Geschichte, bei der die NDB sich anfangs so schwer tat, hat sie längst ein bemerkenswertes Niveau erreicht; ein kritischer Vergleich hat neuerdings sogar ergeben, daß die Einträge zur NS-Zeit „die einschlägigen Fachlexika mühelos übertreffen".[116] Insgesamt gilt die NDB als Beispiel dafür, daß „sich Ausdauer und seriöse lexikographische Arbeit langfristig lohnen und eine rentable und nachhaltige Investition in die Zukunft sind".[117] Sie hat Standards gesetzt und ist weltweit verbreitet.

Eine problematische Seite ist jedoch die lange Entstehungsdauer. Bei der 125-Jahr-Feier der Historischen Kommission 1983 lobte Theodor Schieder, ihr damaliger Präsident, die NDB als „ein Werk, das immer eindrucksvoller wird, je weiter es fortschreitet." Er fügte indes hinzu: „Nach 30 Jahren ist es heute mit 13 Bänden beim Buchstaben L angelangt. Das bedeutet, um es paradox zu sagen, für die Zukunft eine absehbare Unabsehbarkeit." Alle bisherigen Überlegungen über das Enddatum seien „schockierend, aber ergebnislos" gewesen. „Unser einziger Trost: in anderen Nationen befindet man sich bei weit besserer Ausstattung erst beim Buchstaben C".[118] Damit spielte er auf das „Dizionario Biografico degli Italiani" an, das mit Band 29 (1983) soeben bei „Corvo" angelangt war. Er hätte auch den „Dictionnaire de Biographie Française" ins Auge fassen können, dessen Band 15 (1982) gerade bis „Gilbert" führte. Was Schieder seufzend andeutete: Die Erarbeitung großer Nationalbiographien erweist sich nun einmal als eine Langzeitaufgabe, deren Tempo sich nicht beliebig steigern und deren Umfang sich nicht leicht begrenzen läßt. Der von Goetz 1949 unterzeichnete Verlagsvertrag hatte für die NDB 12 Bände vorgesehen, wobei jährlich mindestens ein Band erscheinen sollte. So manches Kommissionsmitglied hatte eine solche Planung von vornherein als „illusionär" bezeichnet.[119] Bei einer so knappen Bandzahl, argumentierte z. B. Peter Rassow, laufe man Gefahr, daß die Artikel „kurz und farblos" werden, wohingegen ein Werk, das die Historische Kommission herausgebe, doch „Fülle und Tiefe" offenbaren müsse, gerade auch in den „neu zu berücksichtigenden Bereichen (Technik, Industrie, Sozialpolitik)". Stolberg rechnete 1954 je nach der künftigen Finanzausstattung bereits mit einer Bearbeitungsdauer von 15 bis 30 Jahren. 30 Jahre nach dem Auftaktband (1953) langte der 13. Band (1982) jedoch erst beim Buchstaben L an. Als der 17. Band (1994) erschien, hielt ein veränderter Verlagsvertrag fest, daß „das Werk ca. 35 Bände erreichen" dürfte. Das bedeutete, wenn man die bisherige Produktionsdauer fortschreiben wollte, weitere 40 Jahre.

Gemessen an der Entstehungsdauer vergleichbarer Lexika wäre eine solche „absehbare Unabsehbarkeit" nicht ganz ungewöhnlich,[120] gemessen an übergreifenden Rationalitätskriterien könnte man jedoch einwenden, daß dieses Langzeitvorhaben aus den Fugen zu geraten drohte. Zu den offensichtlichen Nachteilen der langen Entstehungsdauer zählt der eingeschränkte Gebrauchswert, der einem unabgeschlossenen Lexikon anhaftet, aber mehr noch das innere Ungleichgewicht, das sich im Lauf der Zeit in zweierlei Hinsicht ergibt: Zum einen repräsentieren die jüngeren Artikel oft einen deutlich besseren Forschungsstand als die vor drei oder vier Jahrzehnten verfaßten Artikel. Zum anderen zieht das gleitende Aufnahmestichjahr eine gewisse Asymmetrie der einzelnen Buchstabenbereiche nach sich. In NDB 1 (1953) wurden Persönlichkeiten mit einem Sterbejahr bis 1952 aufgenommen; das Stichjahr rückte dann bandweise nach vorn und lag für NDB 23 (2007), der von „Schinzel" bis „Schwarz" führt, bereits bei 2006. Somit findet man in der NDB zwar Artikel über den Historiker Ernst Schubert oder den Mineralogen Werner Friedrich Schreyer, die beide 2006 starben, aber z. B. keine Artikel über Hermann Josef Abs oder Konrad Adenauer, die ja noch lebten, als der erste Band erschien. Je länger sich der Abschluß des Gesamtwerks hinzieht, umso größer wird insoweit das innere Ungleichgewicht.

Hier lag einer der Gründe, aus denen sich die Historische Kommission 1996 veranlaßt sah, eine Straffung und Beschleunigung herbeizuführen. Sie verabschiedete neue Richtlinien, die darauf hinausliefen, daß die NDB mit insgesamt 28 Bänden im Jahre 2017 zum Abschluß kommt. Der Fahrplan, der noch heute gilt, sieht vor, daß die noch ausstehenden Bände im Zweijahresrhythmus publiziert werden, wobei jeder Band – bei einem Umfang von rund 800 Seiten unter Mitwirkung von 500 bis 600 Autoren – rund 850 Artikel enthalten soll. Der neue Plan bezog das Fortschreiten im Alphabet[121] ebenso ein wie die Länge der Artikel, die – bei mehreren Abstufungen im Maß der Bedeutung der Person – insgesamt gestrafft wurde. Die ursprünglich eher knapp bemessenen Artikel waren im Laufe der Zeit in die Länge gewachsen – bei Goethe bis auf 29 Seiten –, und der Abstand zwischen den Bandpublikationen hatte zwischen zwei und drei Jahren geschwankt – mit einer Ausnahme von vier Jahren. In beiderlei Hinsicht griff die Kommission nun steuernd ein und zwar auf einem Mittelkurs zwischen der Skylla der Qualitätseinbuße und der Charybdis eines unabsehbaren Endes.

Die Beschlüsse von 1996 reagierten jedoch nicht nur auf die oben skizzierte Binnenproblematik, sondern auch auf veränderte Rahmenbedingungen des biographisch-lexikalischen Wissenschaftsmarkts. Damit ist nicht so sehr die stetig steigende Fülle der zeitlich, räumlich oder nach Fachgebieten spezialisierten biographischen Lexika gemeint.[122] Die Flut der spezialisierten Lexika wirkt sich zwar auf die redaktionellen Arbeitsabläufe aus, aber diese Nachschlagewerke ersetzen weder die eigenständige Dokumentation und Recherche der NDB, noch konkurrieren sie mit deren Leitidee. Die NDB zeichnet sich ja gerade durch den übergreifenden Ansatz aus, der die Epochen, Regionen und Wirkungsfelder des deutschsprachigen Kulturraums biographisch-lexikalisch integriert. Sie soll, wie Schieder formulierte, den „Blick aufs Ganze" bewahren.[123] Die eigentliche Herausforderung lag vielmehr in zwei Entwicklungen anderer Art: im Vordringen großer kommerzieller Verlagsprojekte, die einen ähnlich weit gefaßten biographisch-lexikalischen Anspruch erhoben, und im Durchbruch des digitalen Zeitalters.

Vor allem setzte der K.G. Saur-Verlag auf dem Feld der biographischen Lexika neue Akzente. Den Auftakt machte eine Mikrofiche-Reproduktion, die 1982–1993 Artikel von rund 550 biographischen Nachschlagewerken des deutschsprachigen Raums aus der Zeit vom 17. bis zum 20. Jahrhundert zusammenführte. Damit waren an die 1,3 Millionen Druckseiten erfaßt, die man sich im Umfang von 80 Regalmetern vorstellen kann.[124] Daraus entwickelte der Verlag zum einen das Verbundprojekt eines „Internationalen Biographischen Informationssystems", zum anderen die „Deutsche Biographische Enzyklopädie" (DBE). Diese erschien 1995-1999 in zehn Bänden von A bis Z und machte binnen kurzer Frist ein „abgeschlossenes allgemeines biographisches Nachschlagewerk" verfügbar, das sich mit ca. 57.000 Artikeln auf die gesamte Geschichte der deutschen „Kulturnation" erstreckte.[125]

Warum, so fragt man sich natürlich, gelingt einem tüchtigen Verleger in wenigen Jahren, wofür die NDB Jahrzehnte braucht? Die Antwort liegt in der grundverschiedenen Konzeption. Von jenen 57.000 Artikeln können allenfalls etwa 1.000 als Originalbeiträge bezeichnet werden, während alle anderen das bereits verfügbare lexikographische Wissen – nicht zuletzt auch dasjenige der ADB und NDB – kompilieren und in Kurzform (zumeist wenig mehr als 10 Zeilen) reproduzieren. Es mag für das breite Publikum durchaus nützlich sein, daß die DBE bereits vorhandenes, aber verstreutes Material zusammenträgt und bequem verfügbar macht. Aber sie erarbeitet in 98 bis 99 Prozent der Fälle kein lexikalisches Wissen neu, sondern bietet Extrakte, die vom Verläßlichkeitsgrad und Selektionsverhalten der benutzten Nachschlagewerke abhängen und sich zumeist mit einem knappen Datengerüst der Biographie begnügen. Kurz: Bei der DBE handelt es sich ganz überwiegend um ein kompilatorisches Werk, dessen Konzept keineswegs den nationalbiographischen Standards entspricht.[126] Hingegen bringt die NDB ausschließlich Originalbeiträge, die der oben dargestellten, anspruchsvollen Systematik folgen. Natürlich kostet das viel mehr Zeit. Der Gewinn liegt in dem systematischen Ansatz, der u. a. die Genealogie, die Angabe von Primär- und Sekundärliteratur sowie Quellen- und Porträtnachweise integriert, sowie in der Originalität der Artikel, die vor allem dann unentbehrlich ist, wenn es sich um Personen handelt, die sonst gar nicht oder nur unzureichend erfaßt sind.[127] Diese Leistungen machen die besondere Stärke der NDB aus, die im kritisch abwägenden Vergleich als „die wahre deutsche Nationalbiographie" bezeichnet worden ist.[128]

Man geht wohl nicht fehl in der Annahme, daß das Großprojekt des K.G. Saur-Verlags, in der breiten Öffentlichkeit als Konkurrenz zur NDB wahrgenommen, zu den Beschleunigungsbeschlüssen der Kommission beigetragen hat.[129] Stärkere Impulse gingen jedoch von jenem Strukturwandel des Wissenschaftsmarkts aus, der mit den Möglichkeiten und Erfordernissen der neuen Datentechnologie zusammenhing. Die traditionelle Arbeitsweise der NDB wurde ab 1990 schrittweise auf eine EDV-gestützte Dokumentation, Artikelverwaltung und Bandproduktion umgestellt. Zudem wurde immer stärker offenbar, daß der große Zug der Zeit im Einsatz digitaler Publikationsformen lag. Nicht nur die Projekte des K.G. Saur-Verlags, auch weitere nationale und internationale biographische Lexika gingen in dieser Hinsicht voraus, so daß die lexikalisch-biographische Informationslandschaft mehr und mehr vom parallelen Angebot gedruckter Ausgaben und elektronischer Versionen auf CD-ROM und im Internet geprägt wurde.[130]

Die NDB schaffte den Sprung ins digitale Zeitalter mit der Präsentation des im Internet frei verfügbaren elektronischen ADB & NDB-Gesamtregisters.[131] Als CD-ROM liegt dieses Register den gedruckten Bänden seit NDB 21 (2003) in jeweils aktualisierter Form bei und ist auch separat erhältlich. Die Datenbank entstand 2000–2002 als ein von der DFG gefördertes Gemeinschaftsprojekt der Historischen Kommission und der Bayerischen Staatsbibliothek mit Unterstützung des Verlages Duncker & Humblot. Dabei ging es nicht nur darum, die gedruckten Register sämtlicher Bände der ADB und aller bislang erschienenen Bände der NDB zu kumulieren; die Daten wurden auch redigiert, standardisiert und um spezifische Kriterien erweitert.[132] Die Datenbank umfaßt sowohl die Personen, denen ein eigener Artikel gewidmet ist, als auch die in den Genealogien sowie in den Einzel- und Familienartikeln erwähnten Namen. So hat das digitale Register die Effizienz der Suchfunktionen enorm verbessert: Es ermöglicht nicht nur einen schnellen und komfortablen Zugriff auf die rund 46.800 Artikel der ADB und NDB, sondern eröffnet auch neue Abfrage- und Analysemöglichkeiten, insbesondere durch die Kombination verschiedener Suchfelder. Zusätzlich wurden alle Artikel der ADB als digitale Vollbilder erfaßt und mit der Register-Datenbank verknüpft. Die rund 26.300 ADB-Artikel können somit als Bilddateien im Open Access aufgerufen werden. Die Resonanz ist sehr groß: Vom 1. Februar 2006 bis zum 31. Januar 2007 wurden 3.043.686 Zugriffe auf das ADB & NDB-Register gezählt.

So hoch frequentiert und hilfreich das digitale Register auch ist: Will man die Artikel der NDB einsehen, so muß man nach wie vor in die Bibliothek gehen und zu den gedruckten Bänden greifen. Um dem Wandel der Nutzungsgewohnheiten Rechnung zu tragen, aber auch im Blick auf die erweiterten Recherche-Möglichkeiten, die eine Volltextdigitalisierung bietet, plant die Historische Kommission – analog zu den Nationalbiographien anderer Staaten – einen Ausbau des digitalen Angebots. In Zusammenarbeit mit der Bayerischen Staatsbibliothek sind die Vorbereitungen für eine digitale Erfassung, Erschließung und Bereitstellung der NDB im Internet in Gang gekommen. Die DFG fördert dieses Projekt. Zudem haben die Historische Kommission, die Österreichische Akademie der Wissenschaften und die Bayerische Staatsbibliothek eine Kooperation vereinbart, die das ADB & NDB-Gesamtregister und das Register des „Österreichischen Biographischen Lexikons" unter dem Dach eines gemeinsamen Suchformulars zusammenführen soll. Das Historische Lexikon der Schweiz schließt sich diesem Vorhaben an. Damit rückt zugleich die Eröffnung und Ausgestaltung eines „Biographischen Portals" in den Blick, das im Netz biographischer Internet-Informationssysteme zu einer zentralen Adresse entwickelt werden soll. Im einzelnen ist hier noch manches offen. Auch die Entwicklung der Finanzen birgt Risiken. Aber sicher ist: Wenn die biographisch-lexikalische Idee, die seit Rankes Anregung im Jahre 1858 die Historische Kommission unter wechselnden Vorzeichen unentwegt beschäftigt hat, auch heute noch eine Zukunft haben soll, dann liegt diese in den Fachinformationssystemen im World Wide Web.

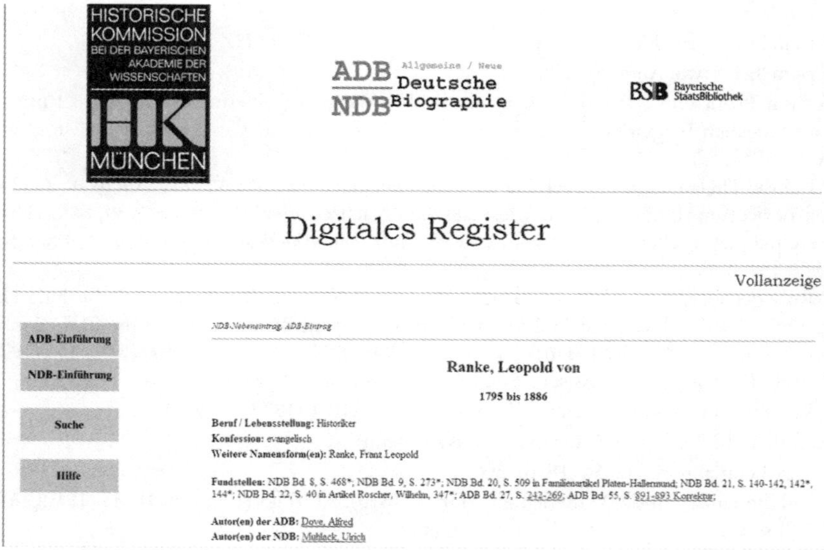

Abb. 45: Seit 2002 ist das digitale ADB & NDB-Register online (www.deutsche-biographie.de), das derzeit die 55 ADB- und 23 NDB-Bände erschließt.

[1] Vgl. den Beitrag von Lothar Gall im vorliegenden Band. Die folgenden Ausführungen stützen sich großenteils auf die Materialien des Archivs der Historischen Kommission (HiKo) und der Registratur der NDB (NDB R).

[2] Vorrede zu ADB 56 (1912), VII. Die Vorrede ist wahrscheinlich von dem Freiburger Historiker Alfred Dove verfaßt, einem Ranke-Schüler, der seit 1909 die Schlußbände der ADB redigierte.

[3] Theodor Schieder, Strukturen und Persönlichkeiten in der Geschichte, in: HZ 195 (1962), 265–296, hier 269.

[4] Otto Graf zu Stolberg-Wernigerode, Allgemeine Deutsche Biographie und Neue Deutsche Biographie, in: FS 1958, 192–202.

[5] Für die folgenden Zitate vgl. den mit „Weihnachten 1861" datierten Brief Döllingers an Herder, auszugsweise abgedruckt bei Anton Bettelheim, Leben und Wirken des Freiherrn Rochus von Liliencron. Mit Beiträgen zur Geschichte der Allgemeinen Deutschen Biographie, Berlin 1917, 148f.

[6] Protokoll der Plenarversammlung vom 28.9. bis 4.10.1864 (HiKo 56). Dort auch die folgenden Zitate.

[7] Dieser gehörten neben Döllinger an: Ludwig Häusser (Heidelberg), Karl Hegel (Erlangen), Alfred von Arneth (Wien), Franz Xaver Wegele (Würzburg).

[8] Bericht über die Plenarversammlung vom 30.9. bis 5.10.1868 in: HZ 20 (1868), 454.

[9] Abgedruckt bei Bettelheim (wie Anm. 5), 270–288.

[10] Ein Vertragsexemplar findet sich in HiKo 298.

[11] Bericht über die Plenarversammlung vom 7. –10.10.1872 in: HZ 29 (1873), 240.

[12] Bettelheim (wie Anm. 5), 248.

[13] Zum Profil und zur Konkurrenz der beiden Werke vgl. Hermann Christern, Entwicklung und Aufgaben biographischer Sammelwerke. Ein Beitrag zur Geschichte der Historiographie, Berlin 1933, 52f.

[14] Für die Titelaufnahme – auch der im folgenden genannten Werke – vgl. Gerd A. Zischka, Index Lexicorum. Bibliographie der lexikalischen Nachschlagewerke, Wien 1959, 86f.; Handbuch der bibliographischen Nachschlagewerke, 4. Aufl., hg. von Wilhelm Totok u. a., Frankfurt/M. 1972, 151–158.

[15] Robert Faber/Brian Harrison, The Dictionary of National Biography: A Publishing History, in: Lives in print: biography and the book trade from the Middle Ages to the 21st century, hg. von Robin Myers/Michael Harris/Giles Mandelbrote, New Castle-London 2002, 171–192.

[16] Ebd., 172 (eine zeitgenössische Stimme aus dem Jahr 1900 zitierend).

[17] Vgl. hierzu und zum folgenden die Vorrede zu ADB 1 (1875), V–XVII.

[18] ADB 1 (1875), 534–536, hier 536 (G. Kaufmann).

[19] Max Lehmann in: HZ 56 (1886), 300.

[20] Vgl. im einzelnen die Vorreden zu ADB 1 (1875), ADB 45 (1900), ADB 55 (1910), ADB 56 (1912) sowie Bettelheim (wie Anm. 5), passim.

[21] ADB 56 (1912), XII.

[22] Ebd., X. Ein etwas hilflos anmutendes Mahnschreiben an alle Autoren der ADB von September 1888 in: HiKo 298.

[23] So der Rezensent Max Lehmann in: HZ 56 (1886), 300.

[24] Franz Schnabel, Die Idee und die Erscheinung, in: FS 1958, 7–69, hier 48.

[25] Max Thamm, Epilog zur „Allgemeinen Deutschen Biographie". Beilage zum Bericht des Königlichen Gymnasiums zu Brieg über das Schuljahr 1904/1905, Brieg 1905, 3–25, hier 4. Thamm, Gymnasiallehrer für Latein und Geschichte, setzte sich hier gründlich mit der ADB auseinander, die er als „bereitwilliger Abonnent und eifriger Leser" von Anfang an benutzt hatte. Er begrüßte das „Riesenwerk deutscher Gelehrten-Arbeit", listete aber insbesondere Mißgriffe, Versehen und Flüchtigkeiten auf, die er fleißig gesammelt hatte. Seine Auseinandersetzung ist zum Teil arg pedantisch, aber nach wie vor grundlegend.

[26] Vor allem der jüdische Religionswissenschaftler Adolf Brüll, der 1881–1908 die „Monatsblätter zur Belehrung über das Judenthum fuer Gebildete aller Confessionen" herausgab. Inwieweit antisemitische Formulierungen in die ADB eindrangen, ist einer genaueren Untersuchung wert, z. B. nicht in den Familienartikel Rothschild in: ADB 29 (1889), 373–375 (W. Stricker), wohl aber in den Artikel Süß-Oppenheimer, Joseph, in: ADB 37 (1894), 180–183 (R. Krauß).

[27] Die ADB hatte neben einem protestantischen (Liliencron) einen katholischen (Wegele) Redakteur, der dem liberalen Flügel des Katholizismus zugehörte. Zu den Autoren zählte z. B. der Münsteraner Publizist Franz Hülskamp, Päpstlicher Geheimkämmerer und Hausprälat, langjähriger Herausgeber des katholischen Rezensionsorgans „Literarischer Handweiser". Zur katholisch-protestantischen Vermittlungsleistung der ADB, die einer genaueren Untersuchung wert ist, vgl. auch Christern (wie Anm. 13), 38f.

[28] Über den österreichischen Anteil an der ADB, der auch den katholischen Aspekt berührt, unterrichtet Reinhold Lorenz, Ottokar Lorenz und die Allgemeine Deutsche Biographie, in: MIÖG, Ergänzungsband XI, Innsbruck 1929, 807–832.

[29] ADB 20 (1884), 541–549, hier 548 (Gustav Groß).

[30] Die Denkschrift vom 28.7.1920 und der begleitende Briefwechsel in: HiKo 298.

[31] Eckard Michels, Von der Deutschen Akademie zum Goethe-Institut. Sprach- und auswärtige Kulturpolitik 1923–1960, München 2005. Zitat aus einem Flugblatt der Deutschen Akademie um die Jahreswende 1924/25, ebd., 19.

[32] Protokoll der Vollversammlung der Historischen Kommission vom 5.–7.10.1925, Bericht Hermann Onckens (HiKo 113). Die folgenden Zitate entstammen diesem Protokoll.

[33] Protokolle der Vollversammlungen der Historischen Kommission vom 29.9.–1.10.1926 und vom 26. –27.9.1927 (HiKo 114, 115). Dem Ausschuß gehörten neben Joseph Hansen an: Paul Kehr, Hermann Oncken, Oswald Redlich, Georg Leidinger, Paul Joachimsen.

[34] Protokoll der Vollversammlung der Historischen Kommission vom 17.–19.9.1928 (HiKo 116).

[35] Protokoll der Vollversammlung der Historischen Kommission vom 12.–13.9.1932 (HiKo 116).

[36] Vgl. dazu den Beitrag von Lothar Gall in diesem Band.

[37] Protokoll der Vollversammlung der Historischen Kommission vom 26.5.1934 (HiKo 121). Der Ausschuß bestand aus Erich Brandenburg, Karl Alexander von Müller, Hermann Oncken, Oswald Redlich, Joseph Hansen, Willy Andreas.

[38] Sitzung vom 30.9.1935: Erich Marcks, Karl Alexander von Müller, Erich Brandenburg, Willy Andreas; Sitzung vom 27.2.1937: Karl Alexander von Müller, Erich Brandenburg, Willy Andreas, Walter Goetz, Hermann Heimpel, Aloys Schulte (HiKo 122).

[39] Bettelheim (wie Anm. 5), 189.

[40] Franz Thierfelder, Deutsche, Berlin 1943, 9.

[41] Vgl. Wolf Volker Weigand, Walter Wilhelm Goetz 1867–1958. Eine biographische Studie über den Historiker, Politiker und Publizisten, Boppard 1992, 317.

[42] Ebd., 319. Weigand verweist zudem auf Goetz' Bemühungen um „ein Handwörterbuch des Auslandsdeutschtums“, klammert diesen Aspekt jedoch aus seiner Untersuchung ganz aus.

[43] Der Rundbrief vom 16.6.1943 und die Antworten in: HiKo 300.

[44] Goetz an von Srbik, 17.6.1943 (HiKo 300).

[45] Z. B. W. Haenichen, Wie siegten die Germanen am Teutoburger Wald? Lagersturm und Verfolgungskampf, Berlin 1933.

[46] Schreiben von v. Schirachs „Haus Hohe Warte“ an Luken, 31.8.1943 (mit Hinweis auf die Absicht der Verteilung an der Front); Parteikanzlei an Luken, 18.6.1941, mit der Bestellung eines Abonnements von 128 Exemplaren, beide Schreiben in Kopie in: HiKo 311. Einem Hinweis im Jg. 1941 der „Auslese“ ist zu entnehmen, daß die Druckauflage bei 20.000 lag.

[47] Vgl. seine Mitgliedskarte im BA Berlin (ehem. BDC), NSDAP-Gaukartei.

[48] Vgl. von Müller an von Srbik, 10.7.1943 (HiKo 36); dort auch die folgenden Zitate.

[49] Brandi an von Müller, 22.7.1943 (HiKo 36).

[50] Vgl. die von Thierfelder angefertigte Niederschrift über diese Sitzung, 17.7.1943 (BA Koblenz, NL Goetz, N 1215/70). Teilnehmer waren neben Goetz und Thierfelder: der Germanist Hans Gaitanides (früher Verlagsleiter bei Luken), Arno Duch (Mitarbeiter der Historischen Kommission), ein Dr. Koch, der als „wissenschaftlicher Mitarbeiter“ begrüßt wurde, ein „Herr Bühler als Vertreter der Autoren“, die Damen Wilcke und Reichel als „künftige Sekretärinnen der Schriftleitung“ sowie die Damen Aschenheimer und Thümen als „auswärtige Mitarbeiterinnen der Schriftleitung“. – Arno Duch, ein mit bibliothekarischen und editorischen Aufgaben (Briefe und Akten zur Geschichte des Dreißigjährigen Krieges) betrauter Mitarbeiter der Historischen Kommission, stand dem NDB-Projekt skeptisch gegenüber und zog sich daraus bald zurück. In einem Brief an Max Spindler vom 13.9.1950 vermerkte Duch, daß Goetz „außerordentlich“ an diesem Projekt hänge, und er fügte rückblickend hinzu: „Als ich s. Zt. absagte,

klang seine Antwort fast drohend, dass ich das noch zu bereuen haben würde, und die Zurücksetzung, mit der er mich seitdem bedenkt – sie ist ganz leiser Natur – hat mir manchmal recht wehe getan" (HiKo 38).

51 Luken an Goetz, 18.9.1943 (HiKo 311).

52 Rundbrief des Präsidenten und Sekretärs an die Mitglieder der Kommission, 15.12.1943 (HiKo 300). Vgl. auch Oldenbourg an Goetz, 10.11.1943: die Verlage Beck und Oldenbourg seien „grundsätzlich bereit", die neue Ausgabe der ADB gemeinsam herauszubringen, falls Luken binnen zwei Jahren „Abstand nehmen müsste" (HiKo 300).

53 Protokoll über die Ausschußsitzung vom 17.8.1944 in Murnau (BayHStA, NL Karl Alexander von Müller 433).

54 Es handelt sich um eine vermutlich von Thierfelder verfaßte Protokollnotiz über den NDB-Teil der Beratungen. Diese ergänzt jedoch einen bei Heimpel ausgesparten Punkt: „keine Aufnahme von slawischen Namen (Pommern-Herzöge, Piasten usw.)" (HiKo 300).

55 Undatiertes Schreiben mit der Überschrift „An die Mitglieder der Historischen Kommission", maschinenschriftlich mit „Goetz" unterzeichnet (HiKo 300). Ob das Schreiben tatsächlich von Goetz gebilligt und ob es versandt oder nur von Thierfelder so entworfen wurde, ist nicht eindeutig festzustellen. Das Schreiben ist nach dem Januar 1944 und vor dem August 1944 entstanden.

56 Dies waren neben Präsident und Sekretär: Willy Andreas, Ludwig Bittner, Karl Brandi, Hermann Heimpel, Georg Leidinger.

57 Goetz an Heuss, 24.9.1944 (BA Koblenz, NL Heuss, N 1221, Bd. 80).

58 Einer freundlichen Mitteilung von Karl Otmar Frhr. von Aretin zufolge bot Goetz seinem Vater Erwein 1943 die Familienartikel von Arco und von Aretin an. Dessen Veröffentlichungsverbot habe er bewußt ignoriert. Von Erwein Frhr. von Aretin verfaßt, erschien der Familienartikel von Arco dann in: NDB 1 (1953).

59 Im Rückblick erinnerte sich Heuss 1957, daß Goetz vor dem Krieg ein „Lexikon der Auslandsdeutschen" vorzubereiten begann: „Ich selber hatte auf seinen Wunsch hin begonnen, eine Unmasse von Kurzbiographien und Literaturhinweisen zusammenzustellen, bin aber an der Arbeit selber, zumal als im Kriege die Publikationsmöglichkeiten fehlten, hängen geblieben und habe die ganzen Kisten mit Notizen vor Jahren an Walter Goetz zurückgesandt". Vgl. Heuss an Stolberg, 9.9.1957 (NDB R).

60 BA Koblenz, NL Goetz, N 1215/30.

61 Vgl. den Beitrag von Lothar Gall in diesem Band.

62 Stolberg-Wernigerode (wie Anm. 4), 198.

63 Thierfelder an Luken, 21.8.1945 (HiKo 311).

64 BA Berlin (ehem. BDC), Unterlagen zur Entnazifizierung von Otto Luken.

65 Von den in der „1. Sitzung der Schriftleitung der NDB" am 16.7.1943 begrüßten Mitarbeitern war im August 1945 nur noch Elisabeth Reichel (seit 1949 Elisabeth Freifrau von Reiswitz) für die NDB tätig. Kurz nach Kriegsende übernahm Thierfelder „die Herren Dr. Gollwitzer und Lippert" aus der Deutschen Akademie in die NDB. Vgl. Thierfelder an Luken, 21.8.1945 (HiKo 311).

66 Dazu Michels (wie Anm. 31), 192–204.

67 Das Formular des Rundbriefs in: HiKo 300. Einige hundert Antworten in NDB R.

68 Exposé vom 2.8.1948 (HiKo 312).

69 Thierfelder an Goetz, 18.7.1948 (HiKo 312).

70 Luken an die Historische Kommission, 13.1.1949 (HiKo 311).

71 Ein Exemplar des Vertrags, den Goetz am 23.3. und Broermann am 1.4.1949 unterzeichneten, in: HiKo 314. Von Februar bis November 1947 hatte die Kommission erfolglos mit dem Verlag Oldenbourg verhandelt.

[72] Die Historische Kommission anerkannte die Zahlung von 41.250 RM und zahlte eine Abfindung in Höhe von 4.135 DM. In einem Schreiben an Goetz vom 20.4.1950 bestätigte Luken, daß seine Forderungen damit abgegolten seien (HiKo 311).

[73] Goetz an Thierfelder, 22.10.1949 (HiKo 312).

[74] Er wurde Generalsekretär des Stuttgarter Instituts für Auslandsbeziehungen und Mitbegründer des Goethe-Instituts.

[75] Grundmann an Spindler, 21.8.1950 (HiKo 201).

[76] Ritter an Aubin, Hartung, Heimpel, Rassow, Schnabel und Spindler, 2.10.1950 (HiKo 195); Rassow an Schnabel, 17.4.1950 (HiKo 7).

[77] Die folgenden Angaben stützen sich auf Stolbergs Personalakte im Archiv der LMU München.

[78] Spruchkammerbescheid Giessen-Land, 15.11.1946 (ebd.).

[79] So Stolberg im Rückblick in einem Schreiben an Heuss, 14.11.1957 (NDB R).

[80] Dies geht z. B. aus einem Schreiben von Goetz an den Staatssekretär des Bundesinnenministeriums, Erich Wende, 11.12.1950, hervor (HiKo 317). Auch der Bundestagsabgeordnete Anton Freiherr von Aretin setzte sich in Bonn für die Unterstützung der NDB ein, vgl. Stolberg an Heuss, 29.11.1952 (HiKo 318).

[81] Aus dem Topf des Ministeriums floß 1952 das Dreifache des Verlagszuschusses von 12.000 DM, in den folgenden Jahren das Vierfache.

[82] Spindler an Aubin, 24.11.1950 (HiKo 194).

[83] Heuss verfaßte bekanntlich mehrere biographische Werke, so über Friedrich Naumann (1937), Hans Poelzig (1939) und Robert Bosch (1946). Mit Hermann Heimpel und Benno Reifenberg gab er das ab 1956 bei Ullstein erscheinende Reihenwerk „Die großen Deutschen – Deutsche Biographie" heraus.

[84] Heuss an Stolberg, 25.3.1953 bzw. 19.1.1955 (HiKo 318).

[85] Heuss an Stolberg, 31.10.1957 (NDB R).

[86] Heuss an Georg Reuter, Vorstandsmitglied des DGB, 20.2.1958 (Durchschlag in NDB R).

[87] Heuss an Stolberg, 22.5.1958 (NDB R).

[88] Ende 1952 kam von dort eine Zuwendung von 10.000 DM. Bis mindestens 1960 folgte eine jährliche Unterstützung in Höhe der Hälfte dieser Summe.

[89] Bayerisches Kultusministerium (von Elmenau) an Stolberg, 1.2.1958 (HiKo 318).

[90] Die DFG-Förderung lief bis 1963. Danach trugen der Bund und Bayern die Finanzierung gemeinsam; seit 1977 erfolgt die Finanzierung allein durch Bayern.

[91] An der Vorbereitung der ersten Bände waren zeitweilig u. a. Heinz Gollwitzer, Erich Angermann, Friedrich H. Schubert und Karl Otmar Frhr. von Aretin beteiligt. Alle diese jungen Wissenschaftler habilitierten sich und erhielten bald Rufe. Das Ressort „Wirtschaft" betreute 1955/58 Wolfgang Zorn, danach Marianne Leber. Das Ressort „Naturwissenschaften" übernahm 1957 Grete Ronge, die ebenso wie Hans Jürgen Rieckenberg (ab 1951) und Hans Körner (ab 1956) hauptamtlich langfristig in der Redaktion tätig blieb.

[92] NDB 1 (1953), V.

[93] In einem Merkblatt für die Autoren des ersten Bandes ist die Systematik detailliert erläutert (HiKo 301). Zum formalen Verfahren der Artikelbearbeitung vgl. Hans Körner, Die Neue Deutsche Biographie. Eine Abteilung der Historischen Kommission bei der Bayerischen Akademie der Wissenschaften, in: Jahrbuch der historischen Forschung 1980, München 1981, 45–49.

[94] Stolberg, Einleitung, in: NDB 1 (1953), VIII.

[95] Ebd.

[96] Schnabel an die DFG, 4.12.1952, 12.3.1953, 21.3.1953 (HiKo 319).

[97] Zu denken war hier z. B. an den „Dictionnaire de biographie française“ oder das „Dansk biografisk leksikon”, die beide seit 1933 erschienen. Das 1900 abgeschlossene Grundwerk des britischen DNB war seit 1912 mit Supplementbänden fortgesetzt worden. Der erste Band des „Dictionary of American biography“ erschien 1928. Die Österreichische Akademie der Wissenschaften zog ab 1957 mit dem „Österreichischen Biographischen Lexikon“ nach, Italien ab 1960 mit dem „Dizionario biografico degli Italiani“.

[98] Das im August 1953 verfaßte Manuskript in: HiKo 304; vgl. dagegen NDB 1 (1953), VIII.

[99] Exposé mit dem Titel: Bemerkungen zu den Listen „Geschichte des Nationalsozialismus“, 30.4.1955 (NDB R).

[100] In dem Exposé heißt es: „Fachleute wie Trost, Sperr, Schacht usw. sind selbstverständlich nicht zu den Nationalsozialisten zu zählen." Höchstwahrscheinlich haben sich da Tippfehler eingeschlichen, gemeint sind wohl Paul Ludwig Troost und Albert Speer.

[101] Der Hauptschriftleiter Fritz Wagner dankte Joachim Fest in seiner Funktion als Hauptschriftleiter am 1.12.1970 für den „so ausgezeichnet aufgebauten und tiefschürfenden“ Artikel (NDB R).

[102] Goetz an Philipp Auerbach und August Gallinger, 4.5. bzw. 14.5.1949 (NDB R).

[103] Auerbach antwortete am 8.6.1949, man solle das Bekenntnis nur dort erwähnen, „wo es aus besonderen Gründen notwendig ist, und wo andere Religionsgemeinschaften auch erwähnt werden“. Gallinger schlug am 29.5.1949 vor, „überhaupt keine allgemeine Richtlinie für diese Frage“ aufzustellen, sondern von Fall zu Fall zu entscheiden, je nach dem Gewicht, das dem Bekenntnis bzw. der Herkunft in der Biographie zukomme (NDB R).

[104] Exposé Reinhard Elzes, 11.12.1967 (NDB R). Elze argumentierte auf der Basis einer Materialzusammenstellung und eines Appells von Martin Glaubrecht, der 1964–1974 der Redaktion angehörte.

[105] Karl Otmar Frhr. von Aretin gab den Stab 1998 an den Verfasser des vorliegenden Beitrags weiter. Die mit Stolbergs Ernennung 1950 eingeführte Bezeichnung „Hauptschriftleiter“ wurde ab NDB 20 (2001) durch „Herausgeber“ ersetzt.

[106] Heimpel beteiligte sich daran bis kurz vor seinem Tod 1988. In seinen späten Jahren achtete er vor allem auf stilistische Verbesserungen. In einer kleinen Denkschrift von November 1986 hob er hervor: „Die Sprache ist etwas Heiliges, und die NDB ist als nationales Werk berufen und geradezu verpflichtet, dieses bedrohte Heiligtum in die Zukunft hinein zu hüten.“(NDB R).

[107] Stolberg, Einleitung, in: NDB 1 (1953), IX.

[108] Vgl. Maria Schimke, Unternehmergeschichte in lexikalischer Form. Unternehmerbiographien in der Neuen Deutschen Biographie, in: Ulrich S. Soénius (Hg.), Bewegen, Verbinden, Gestalten. Unternehmer vom 17. bis zum 20. Jahrhundert, Köln, 2003, 25–33.

[109] Ebd., 33.

[110] Helmuth Grössing, Bemerkungen zu biographischen Lexika und deren Aufgaben und Ziele, in: Mensch – Wissenschaft – Magie. Mitteilungen der Österreichischen Gesellschaft für Wissenschaftsgeschichte, 22 (2002), 145–149, hier 148.

[111] Vgl. Franz Menges/Bernhard Ebneth, Die Neue Deutsche Biographie als Projekt und Aufgabe der Historischen Kommission bei der Bayerischen Akademie der Wissenschaften, in: Traditionelle und zukunftsorientierte Ansätze biographischer Forschung und Lexikographie, hg. von Peter Csendes/Elisabeth Lebensaft, Wien 1998, 9–15.

[112] Als Generalredaktoren (seit 2001: Chefredakteur) amtierten Hans Körner (1980–1988), Hans Jaeger (1988–1996) und Franz Menges (1996–2006), der der Redaktion seit 1974 angehörte. Vor der Einrichtung der Generalredaktorenstelle (1980) nahmen Hans Jürgen Rieckenberg und Hans Körner entsprechende Funktionen wahr. Redakteure sind zur Zeit Claus Priesner (seit 1984), Regine Sonntag (seit 1988), Bernhard Ebneth (seit 1992), Maria Schimke (seit 1996) und Stefan Jordan (seit 1999).

[113] Am Ende bleiben natürlich Ermessensspielräume; die Gewichtungen sind folglich kritisierbar. So ist z. B. auf eine Unterrepräsentation der Paulskirchenlinken hingewiesen worden. Vgl. Christian Jansen, Einheit, Macht und Freiheit. Die Paulskirchenlinke und die deutsche Politik in der nachrevolutionären Epoche 1849–1867, Düsseldorf 2000, 18.

[114] Grössing (wie Anm. 110), 145.

[115] Hans Pohl, Rezension von NDB 17 und NDB 18, in: VSWG 86 (1999), 211–214.

[116] Armin Nolzen, Rezension NDB 21, in: sehepunkte 4 (2004), Nr. 10 http://www.sehepunkte.de/2004/10/5699.html.

[117] Marco Jorio, Rezension von NDB 20, in: HZ 276 (2003), 409–411. Jorio ist Chefredakteur des „Historischen Lexikons der Schweiz".

[118] Theodor Schieder, Organisation und Organisationen der Geschichtswissenschaft, in: FS 1983, 22–44, hier 41.

[119] Rassow an Aubin, undatiert, der Kontext läßt auf 1951 schließen (HiKo 195). Daraus auch das folgende Zitat.

[120] „Dictionnaire de Biographie Française" 1 (1933) bis 20 (2004) steht bei „L"; „Dizionario Biografico degli Italiani" 1(1960) bis 64 (2005) steht gleichfalls bei „L".

[121] Nach NDB 23 (2007) stehen noch aus: Band 24 ab Schwa, Band 25 ab Spo, Band 26 ab Tew, Band 27 ab Wa, Band 28 ab Wil.

[122] Eine Zusammenstellung spezialisierter biographischer Lexika bietet die Internetseite der NDB unter http://www.ndb.badw.de/eb_buecher.htm.

[123] Wie Anm. 118.

[124] Franz J. Bauer, Tschitschikows Traum. Das Welt-Archiv der toten Seelen im K. G. Saur-Verlag, in: HZ 261 (1995), 449–457.

[125] DBE 1 (1995), VIII (Zitat mit Kasus-Änderung).

[126] Zur Definition dieser Standards vgl. Klaus Schreiber, Biographische Informationsmittel. Eine Typologie mit Beispielen (= Informationsmittel für Bibliotheken, Beiheft 9, Teilband 1), Berlin 1999, 33f.

[127] So fehlen z. B. knapp 50% der in NDB 21 (2003) vertretenen Unternehmer in der DBE. Das verweist auf die Intensität der Recherchen der NDB und ihre Zusammenarbeit mit Experten. Zum Vergleich der beiden Lexika vgl. Maria Schimke, Die „Deutsche Biographische Enzyklopädie" und ihre Stellung im Umfeld der biographischen Lexika, in: GWU 48 (1997), 674–681.

[128] Schreiber (wie Anm. 126), 488.

[129] Karl Otmar Frhr. von Aretin, Die „Neue Deutsche Biographie" und die „Deutsche Biographische Enzyklopädie". Zwei Deutsche Lexika im deutschen Sprachraum, in: Erste Begegnungen – Gemeinsame Projekte. Klaus G. Saur zum 60. Geburtstag, München-Leipzig 2001, 308–311.

[130] Als Vorbild der digitalen Version einer Nationalbiographie kann das „Oxford Dictionary of National Biography" gelten: http://www.oxforddnb.com. Eine Übersicht über nationale und internationale biographische Lexika in elektronischen Medien bietet Bernhard Ebneth unter http://www.ndb.badw.de/eb_lexika.htm.

[131] http://www.deutsche-biographie.de.

[132] Vgl. im einzelnen Bernhard Ebneth, Das digitale Gesamtregister zur Neuen Deutschen Biographie und zur Allgemeinen Deutschen Biographie, in: Die biographische Spur in der Kultur- und Wissenschaftsgeschichte, hg. von Peter Zigman, Jena 2006, 25-36.

Karl-Ulrich Gelberg

Die ordentlichen Mitglieder der Historischen Kommission bei der Bayerischen Akademie der Wissenschaften (Stand Mai 2007)

Albrecht, Dieter, *9.5.1927 München-Pasing, † 8.10.1999 Regensburg; 1964 o. Prof. Mainz, 1967 Prof. (Neuere und Neueste Geschichte) Regensburg; 1962 a. o., seit 1966 o. Mitglied, 1987–1997 Sekretär, 1968–1999 Leiter der Abt. Briefe und Akten zur Geschichte des Dreißigjährigen Krieges, 1991–1999 der Abt. Die Protokolle des Bayerischen Ministerrats 1945–1954 sowie 1987–1989 kommissarisch der Abt. Deutsche Reichstagsakten, Jüngere Reihe.

NACHRUFE: HJb 121 (2001), 581–592 (K. Repgen); ZBLG 62 (1999), 857–861 (A. Kraus); KÜRSCHNER [17](1996), 11; W. Becker/W. Chrobak (Hg.), Staat, Kultur, Politik. Beitr. z. Geschichte Bayerns u. des Katholizismus. FS z. 65. Geb. v. D. A., 1992; NACHLASS: —.

Andreas, Willy, *30.10.1884 Karlsruhe, † 10.7.1967 Konstanz; 1919 o. Prof. Rostock, 1922 Prof. (Verfassungsgeschichte) Berlin, 1923 (Neuere Geschichte) Heidelberg; seit 1930 o. Mitglied; 1932–1967 Leiter der Abt. Deutsche Reichstagsakten, Mittlere Reihe; 1952–1967 Leiter der Abt. Pol. Briefwechsel des Großherzogs Carl August von Weimar (1968 Angliederung dieser Abt. an die Deutschen Geschichtsquellen des 19. u. 20. Jahrhunderts).

NACHRUFE: Jb. BAdW 1968, 179–181 (F. Wagner); HZ 207 (1968), 525–528 (F. Facius); KÜRSCHNER [10](1966), 34; D. Hauck, Verz. d. Schr. v. W. A. 1905–1955 (= ZGORh 105); LITERATUR: D. Drüll, Heidelberger Gelehrtenlexikon 1803–1932, 1986, 3f.; E. Wolgast, Mittlere und Neuere Geschichte, in: Die Univ. Heidelberg im Nationalsozialismus, hg. v. W. U. Eckert u. a., 2006, 491–515; Geistiger Umgang mit der Vergangenheit. Studien z. Kultur u. Staatengeschichte. FS f. W. A., 1962; NACHLASS: Generallandesarchiv Karlsruhe; Korrespondenz auch im Archiv der Historischen Kommission.

Angermann, Erich, *2.3.1927 Chemnitz, † 10.11.1992 Herrsching; 1963 o. Prof. (Neuere Geschichte mit bes. Berücksichtigung der Anglo-Amerikanischen Geschichte) Köln; seit 1971 o. Mitglied.

NACHRUF: HZ 258 (1994), 279–285 (H. Wellenreuther); KÜRSCHNER [16](1992), 51; N. Finzsch (Hg.), Liberalitas. FS f. E. A. z. 65. Geb., 1992; NACHLASS: BA Koblenz.

Angermeier, Heinz, *11.4.1924 Vilsbiburg; 1968 o. Prof. (Mittlere und Neuere Geschichte) Regensburg, seit 1974 o.

Mitglied, seit 1974 Leiter der Abt. Deutsche Reichstagsakten, Mittlere Reihe; 1986/87 kommissarisch der Abt. Deutsche Reichstagsakten, Jüngere Reihe; 1986–2003 Leiter der Abt. Reichsversammlungen.

KÜRSCHNER [21](2007), 58.

Arneth, Alfred Ritter von, *10.7.1819 Wien, † 30.7.1897 Wien; 1868 Direktor des Haus-, Hof- und Staatsarchivs in Wien; seit 1863 o. Mitglied, 1896–1897 Präsident.

NACHRUF: Almanach ÖAW 48 (1898), 245–256 (A. Huber); NDB Bd. 1, 364f. (A. Novotny); LITERATUR: H. Pöschl, A. v. A. als Politiker, 1960; NACHLASS: Österreichisches Staatsarchiv: Haus-, Hof- und Staatsarchiv/19.

Aretin, Karl Otmar Freiherr von, *2.7.1923 München; 1964 o. Prof. (Zeitgeschichte) TH Darmstadt; seit 1980 o. Mitglied, 1987–1998 Hauptschriftleiter der Neuen Deutschen Biographie; seit 1982 Leiter der Abt. Quellen zu den Reformen in den Rheinbundstaaten.

KÜRSCHNER [21](2007), 69; R. Melville (Hg.), Deutschland u. Europa in der Neuzeit. FS K. O. v. A. z. 65. Geb., 1988; Wege u. Umwege zur Geschichte, in: FS R. Vierhaus, 1997, 9–20.

Aubin, Hermann, *23.12.1885 Reichenberg/Böhmen, † 11.3.1969 Freiburg i. Br.; 1925 o. Prof. Gießen, 1929–1945 Prof. (Mittelalterliche Geschichte, Wirtschafts- u. Sozialgeschichte, Geschichtliche Landeskunde) Breslau, 1930–1933 Kairo, 1945/46 Prof. Göttingen, anschließend bis 1954 Prof. (Mittlere u. Neuere Geschichte) Hamburg; seit 1932 o. Mitglied; 1959–1964 Präsident; 1949–1968 Leiter der Abt. Deutsche Handelsakten des Mittelalters und der Neuzeit.

NACHRUFE: Jb. BAdW 1969, 223ff. (K. Bosl); HZ 210 (1970), 518–521 (L. Petry); KÜRSCHNER [10](1966), 51f.; Munzinger-Archiv 2/1969; Syntagma Friburgense. Hist. Studien. H. A. z. 70. Geb. am 23.XII.1955; O. Brunner u. a. (Hg.), FS H. A. z. 80. Geb., 2 Bde., 1965; LITERATUR: E. Mühle, Für Volk u. dt. Osten. Der Historiker H. A. u. die dt. Ostforschung, 2005; NACHLASS: BA Koblenz.

Bächtold, Hermann, *3.2.1882 Ramsen, † 4.6.1934 Basel; 1915 o. Prof. (Mittelalterliche und Neuere Geschichte), 1931 für allgemeine Geschichte Basel; 1923 a. o., seit 1927 o. Mitglied.

NACHRUF: Neue Schweizer Rundschau 8 (1940/41), 91–103 (G. C. L. Schmidt); NDB Bd. 1, 514 (P. Roth); KÜRSCHNER [4](1931), 78; H. B., 1882–1934, 1934; NACHLASS: —.

Baethgen, Friedrich, *30.7.1890 Greifswald, † 18.6.1972 München; 1929 o. Prof. (Mittelalterliche Geschichte) Königsberg, 1939 Berlin, 1948 Honorarprof. LMU; 1948–1959 Präsident MGH; 1956–1964 Präsident BAdW; seit 1946 o. Mitglied u. 1948–1960 Leiter der Abt. Jahrbücher der Deutschen Geschichte.

NACHRUFE: Jb. BAdW 1973, 198–202 (H. Heimpel); HZ 216 (1973), 783–786 (H. M. Schaller); DA 2 (1973), 1–17 (G. Tellenbach); KÜRSCHNER [11](1970), 83; Munzinger-Archiv 3/1972; NACHLASS: Archiv der Bayerischen Akademie der Wissenschaften.

Baumgarten, Hermann, *28.4.1825 Lesse (Braunschweig), † 19.6.1893 Straßburg; 1861 o. Prof. TH Karlsruhe, 1872 (Geschichte und Geschichte d. Literatur) Straßburg; seit 1880 o. Mitglied.

NACHRUF: Sitzungsb. d. BAdW, 1894, 158–159 (C. A. v. Cornelius); NDB Bd.

1, 658f. (O. Graf zu Stolberg-Wernigerode); LITERATUR: W. H. Stark, H. B. Ein biograph. Beitrag z. Klärung d. Ideenwelt d. dt. pol. Liberalismus d. 19. Jhdts., 1980; NACHLASS: BA Berlin.

Beckmann, Gustav, *15.10.1864 Osnabrück, † 26.3.1928 Erlangen; 1909 o. Prof. (Mittlere und Neuere Geschichte) Erlangen; 1902 a. o., seit 1914 o. Mitglied, seit 1900 mit Hermann Herre und Quidde „selbständiges Redaktionsmitglied" der Abt. Deutsche Reichstagsakten, Ältere Reihe.

NACHRUF: HZ 138 (1928), 448f. (B. Schmeidler); NACHLASS: —.

Below, Georg von, *19.1.1858 Königsberg, † 21.10.1927 Badenweiler; 1891 o. Prof. (Mittlere und Neuere Geschichte) Münster, 1897 Marburg, 1901 Tübingen, 1905 Freiburg i.Br.; seit 1903 o. Mitglied, seit 1904 Leiter der Abt. Chroniken der Deutschen Städte, seit 1913 Leiter der Abt. Deutsche Handelsakten des Mittelalters und der Neuzeit sowie 1920–1927 der Abt. Jahrbücher der Deutschen Geschichte.

NACHRUFE: Almanach ÖAW 78 (1928), 259–263 (A. Dopsch); ZGORh 82 (1930), 598–609 (G. Baier); NDB Bd. 2, 32f. (H. Aubin); LITERATUR: H. Cymorek, G. v. B. u. die dt. Geschichtswiss. um 1900, 1998; Aus Pol. u. Geschichte, Gedächtnisschrift f. G. v. B., 1928, ND 1996; NACHLASS: 1945 in Privathand durch Kriegseinwirkung verlorengegangen; Korrespondenz im Archiv der Historischen Kommission.

Beumann, Helmut, *23.10.1912 Braunschweig, † 14.8.1995 Marburg; 1956 o. Prof. (Mittlere und Neuere Geschichte) Bonn, 1964 Marburg; seit 1971 o. Mitglied, 1979–1995 Leiter der Abt. Jahrbücher der Deutschen Geschichte.

NACHRUFE: Almanach ÖAW 146 (1995), 459–465 (H. Appelt), HZ 262 (1996), 657–659 (J. Petersohn); FAZ 23.8.1995 (H. K. Schulze); KÜRSCHNER [16](1992), 241; J. Petersohn, H. B., 1997; K.-U. Jäschke u. a. (Hg.), FS f. H. B. z. 65. Geb., 1977; NACHLASS: Mainzer Akademie der Wissenschaften.

Bezold, Friedrich von, *26.12.1848 München, † 29.4.1928 Bonn; 1884 o. Prof. (Geschichte) Erlangen, 1896 Bonn; 1883 a. o., seit 1892 o. Mitglied; 1890–1903 Leiter der Abt. Ältere pfälzische Korrespondenzen (im Rahmen der Wittelsbacher Korrespondenzen).

NACHRUF: HZ 141 (1930), 315–326 (G. Beyerhaus); W. Hubatsch, F. B., in: Bonner Gelehrte. Beiträge zur Geschichte der Wissenschaften in Bonn. Geschichtswissenschaften, 1968, 284–292; NACHLASS: Durch Kriegseinwirkungen vernichtet.

Bittner, Ludwig, *19.2.1877 Wien, † 3.4.1945 Wien (Freitod); seit 1926 Leiter des Haus-, Hof- und Staatsarchivs Wien, 1928 o. Prof. (Mittlere und Neuere Geschichte) Wien; seit 1943 o. Mitglied.

NACHRUFE: Almanach ÖAW 95 (1945), 183–192 (L. Santifaller); HZ 169 (1949), 450f. (H. v. Srbik); NDB Bd. 2, 281 (T. v. Borodajkewycz); KÜRSCHNER [6](1940/41), 138; Fellner/Corradini, 59f.; O. Hageneder, Eine Existenzkrise d. Österreichischen Instituts für Geschichtsforschung im Jahr 1940? Zu einem Briefwechsel zwischen L. B. u. Heinrich von Srbik, in: MIÖG 112 (2004), 399–412; M. Hochedlinger/Th. Just, „Diese Diebstähle sind einzig in der Geschichte aller Archive der Welt". Die Affäre Grill 1951–1953. Ein Beitrag z. Personalgeschichte d. Haus-, Hof- u. Staatsarchivs zw. 1. u. 2. Republik, in: MIÖG 113 (2005), 362–388, bes. 364–369;

NACHLASS: Österreichisches Staatsarchiv: Haus-, Hof- und Staatsarchiv/19.

Blaschke, Karlheinz, *4.10.1927 Schönlinde/Böhmen; 1992–1998 Prof. (Sächsische Landesgeschichte) TU Dresden; seit 1990 o. Mitglied.

KÜRSCHNER [21](2007), 290; D. Petschel, Die Professoren der TU Dresden 1828–2003, 2003, 97; H. Magirius, Laudatio auf K. B. zu s. 75. Geb. (Sächs. Heimatblätter) 2002, 413–415.

Boehm, Laetitia, *30.3.1930 München; 1969 o. Prof. (Mittlere und Neuere Geschichte mit bes. Berücksichtigung d. Universitäts- u. Bildungsgeschichte) LMU München; seit 1975 o. Mitglied.

KÜRSCHNER [21](2007), 321; H.-M. Körner, Jahres- u. Tagungsber. d. Görres-Ges. 2001, 99–101; Universität u. Bildung. FS f. L. B. z. 60. Geb., hg. v. W. Müller, 1991; H. Bußmann (Hg.), Stieftöchter der Alma Mater?, 1993, 154f.

Bonjour, Edgar Conrad, *21.8.1898 Neuchatel, † 26.5.1991 Basel; 1935 o. Prof. (Schweizer Geschichte und Neuere Allgemeine Geschichte) Basel; seit 1965 o. Mitglied.

NACHRUF: HZ 254 (1992), 222–228 (H. R. Guggisberg); KÜRSCHNER [15](1987), 431; Munzinger-Archiv 1/1959; E. B., Erinnerungen, 1984; Discordia concors. Fg. f. E. B. z. 70. Geb., hg. v. M. Sieber, 1968; NACHLASS: Staatsarchiv Basel.

Borchardt, Knut, *2.6.1929 Berlin; 1962 o. Prof. Wirtschaftshochschule/Universität Mannheim, 1969 Prof. (Neuere Wirtschaftsgeschichte, Geschichte der Volkswirtschaftslehre) LMU München; seit 1981 o. Mitglied, 2007 aus der Kommission ausgeschieden.

KÜRSCHNER [21](2007), 354f.; Zerrissene Zwischenkriegszeit. Wirtschaftshist. Beiträge. K. B. z. 65. Geb., 1994.

Bosl, Karl, *11.11.1908 Cham/Oberpfalz, † 18.1.1993 München; 1953 Prof. (Mittelalterliche Geschichte) Würzburg, 1960–1976 (bayer. Landesgeschichte) LMU München; seit 1962 o. Mitglied, 1964–1968 Sekretär.

NACHRUFE: Jb. BAdW 1994, 246–252 (E. Weis); ZBLG 57 (1994), 171–176 (W. Störmer); KÜRSCHNER [16](1992), 356f.; Munzinger-Archiv 2/1993; LITERATUR: F. Kramer, Der Lehrstuhl f. bayer. Landesgeschichte, in: W. Volkert/W. Ziegler (Hg.), Im Dienst der bayer. Geschichte, 1999, 391–404; P. Herde, Michael Seidlmayer und der Neubeginn der Würzburger Mediävistik seit 1945, in: Würzb. Diözesangeschichtsbl. 69 (2007), 205–260, bes. 241–260; F. Seibt (Hg.), Gesellschaftsgeschichte. FS f. K. B. z. 80. Geb., 2 Bde., 1988; NACHLASS: —.

Brackmann, Albert, *24.6.1871 Hannover, † 17.3.1952 Berlin-Dahlem; 1913 o. Prof. (Mittelalterl. Gesch. und Historische Hilfswissenschaften) Königsberg, 1920 Marburg, 1922 Berlin, 1929 Generaldirektor der Preuß. Staatsarchive, 1935 kommissarischer Leiter des Reichsarchivs; seit 1928 o. Mitglied.

NACHRUFE: Jb. BAdW 1952, 169–174 (F. Baethgen); HZ 180 (1955), 655ff. (H. Meinert); NDB Bd. 2, 504f. (H. Goetting); KÜRSCHNER [7](1950), 207; LITERATUR: M. Burleigh, A. B., Ostforscher (1871–1952). The years of retirement, in: Journal of Contemporary History 23 (1988), 573–588; s. Mühle (Eintrag Aubin); NACHLASS: Geheimes Staatsarchiv Preußischer Kulturbesitz.

Brandenburg, Erich, *31.7.1868 Stralsund, † 22.1.1946 Leipzig; 1904 o. Prof.

(Neuere Geschichte) Leipzig; 1911 a. o. Mitglied, seit 1913 o. Mitglied, 1910–1946 Leiter der Abt. Deutsche Reichstagsakten, Jüngere Reihe.

NACHRUF: Jb. BAdW 1949/50, 105f. (W. Goetz); NDB Bd. 2, 517 (H. Helbig); KÜRSCHNER [6](1940/41), 183; Munzinger-Archiv 2/1946; Staat u. Persönlichkeit, E. B. z. 60. Geb., dargebracht v. A. Doren u. a., 1928; LITERATUR: C. Friedrich, E. B., Historiker zwischen Wissenschaft u. Politik, 1998; NACHLASS: UB Leipzig; Politisches Archiv des Auswärtigen Amtes.

Brandi, Karl, *20.5.1868 Meppen, † 9.3.1946 Göttingen; 1902 o. Prof. (Mittlere Geschichte, Historische Hilfswissenschaften) Göttingen; seit 1927 o. Mitglied.

NACHRUFE: Jb. BAdW 1949, 106–110 (W. Goetz); ZSRG (G. Abt.) 65 (1947), 464–477 (P. E. Schramm); NDB Bd. 2, 523 (S. Krüger); KÜRSCHNER [6](1940/41), 185; W. Berges, K. B., in: Westfälische Lebensbilder 11 (1975), 7–26; LITERATUR: W. Petke, K. B. u. die Geschichtswissenschaft, in: Geschichtswissenschaft in Göttingen (= Göttinger Universitätsschriften 2), 1987, 285–320; NACHLASS: Staats- und Universitätsbibliothek Göttingen; Universitätsarchiv Göttingen.

Braubach, Max, *10.4.1899 Metz, † 21.6.1975 Bonn; 1928 o. Prof. (Mittelalterliche und Neuere Geschichte) Bonn; seit 1951 o. Mitglied.

NACHRUFE: Jb. BAdW 1976, 196ff. (F. Wagner); HZ 224 (1977), 82–91 (K. Repgen); KÜRSCHNER [11](1970), 312f.; LITERATUR: K. Repgen, M. B. Leben u. Werk, in: Annalen des HV für den Niederrhein 1999 (Heft 202), 9–43; Spiegel der Geschichte. Festgabe f. M. B., 1964; NACHLASS: Archiv der Universität Bonn.

Brentano, Lujo, *18.12.1844 Aschaffenburg, † 9.9.1931 München; o. Prof. (Nationalökonomie, Finanzwissenschaft u. Wirtschaftsgeschichte) in Breslau, Straßburg, Wien, Leipzig und an der LMU München; seit 1903 o. Mitglied, 1910 aus der Kommission ausgeschieden.

NACHRUF: Jb. BAdW 1931/32, 26f. (W. Lotz); NDB Bd. 2, 596f. (F. Zahn); KÜRSCHNER [4](1931), 308f.; LITERATUR: M. Goes, L. B. Nationalökonom u. bürgerl. Reformer (= Fränk. Lebensb. 19), 2002, 165–178; FS f. L. B. z. 80. Geb., 2 Bde., 1925; L. B., Mein Leben im Kampf um die soziale Entwicklung Deutschlands, 1931; NACHLASS: BA Koblenz; Stadt- und Stiftsarchiv Aschaffenburg.

Brunner, Otto, *21.4.1898 Mödling/Niederösterreich, † 12.6.1982 Hamburg; 1923–1931 Archivar Haus-, Hof- und Staatsarchiv Wien, 1941–1945 o. Prof. (Mittlere und Neuere Geschichte mit bes. Berücksichtigung der südostdeutschen Landesgeschichte) Wien, seit 1954 Prof. (Mittlere u. Neuere Geschichte) Hamburg; seit 1953 o. Mitglied, 1969–1972 Leiter der Abt. Deutsche Handelsakten des Mittelalters und der Neuzeit.

NACHRUFE: HZ 236 (1983), 779–781 (P. Blickle); Almanach ÖAW 132 (1982), 387–397 (A. Wandruszka); KÜRSCHNER [13](1980), 464; Fellner/Corradini 70; Munzinger-Archiv 4/1982; Zum Gedenken an O. B., Ansprachen auf der akademischen Gedenkfeier 1.12.1982, 1983; LITERATUR: O. G. Oexle, Sozialgeschichte – Begriffsgeschichte – Wissenschaftsgeschichte. Anm. z. Werk O. B. VSWG 71 (1984), 305–341; R. Blänkner, Von der

„Staatsbildung“ zur „Volkwerdung“. O. Bs Perspektivenwechsel der Verfassungshistorie im Spannungsfeld zwischen völkischem u. alteuropäischem Geschichtsdenken, in: L. Schorn-Schütte (Hg.), Alteuropa u. Frühe Moderne, 1999, 87–135; St. Weiß, O. B. und das ganze Haus oder die zwei Arten der Wirtschaftsgeschichte, in: HZ 273 (2001), 335–371; P. N. Miller, Nazis and neo-stoics. O. B. and Gerhard Oestreich before and after the second World War, in: Past and present (2002), 144–186; E. Grothe, Zwischen Geschichte u. Recht. Dt. Verfassungsgeschichtsschreibung 1900–1970, 2005; NACHLASS: wiss. Teilnachlaß Staatsarchiv Hamburg.

Bußmann, Walter, *14.1.1914 Hildesheim, † 20.4.1993 Bad Herrenalb; 1959 o. Prof. (Politikwissenschaft, Otto-Suhr-Institut) FU Berlin, 1960 (Neuere Geschichte, Friedrich-Meinecke-Institut), 1966 LMU München, 1970 (Neuere und Neueste Geschichte) Karlsruhe; seit 1965 o. Mitglied, 1968–1970 Hauptschriftleiter der Neuen Deutschen Biographie, 1970–1988 Leiter der Abt. Deutsche Geschichtsquellen des 19. und 20. Jahrhunderts.

NACHRUFE: Jb. BAdW 1993, 260–262 (G. A. Ritter); VfZ 41 (1993), 495–501 (H. Möller); HZ 258 (1994), 867–876 (G. Grünthal); FAZ 22.4.1993 (K. Hildebrand); KÜRSCHNER [16](1992), 478; LITERATUR: M. Messerschmidt, K. D. Erdmann, W. Bußmann u. P. E. Schramm. Historiker an der Front u. i. d. Oberkommandos d. Wehrmacht u. d. Heeres, in: Nationalsozialismus in den Kulturwissenschaften. Fächer, Milieus, Karrieren, hg. v. H. Lehmann/O. G. Oexle, Bd. 1, 2004, 417–443; NACHLASS: Archiv der Universität Karlsruhe (TH).

Chmel, Joseph, *18.3.1798 Olmütz (Mähren), † 28.11.1858 Wien; Archivdirektor Haus-, Hof- und Staatsarchiv Wien; 1858 o. Mitglied.

NACHRUFE: Almanach ÖAW 1859, 83–90 (A. Schrötter); Jahresber. d. hist. V. f. Oberbayern 21 (1858), 136–147 (H. Föringer); NDB Bd. 3, 212 (W. Goldinger); NACHLASS: —.

Conze, Werner, *31.12.1910 Neuhaus/Elbe, † 28.4.1986 Heidelberg; 1951 o. Prof. (Zeitgeschichte, Sozial- und Wirtschaftsgeschichte) Münster, 1957 (Neuere Geschichte) Heidelberg; o. Mitglied seit 1959, 1962–1982 Leiter der Abt. Forschungen zur deutschen Sozialgeschichte.

NACHRUFE: Jb. BAdW 1986, 274–279 (G. A. Ritter); HZ 245 (1987), 529–543 (R. Koselleck); VSWG 73 (1986), 153–157 (W. Zorn); KÜRSCHNER [14](1983), 603f.; Munzinger–Archiv 2/1986; LITERATUR: Th. Etzemüller, Sozialgesch. als pol. Gesch. W. C. u. die Neuordnung der westdt. Geschichtswiss. n. 1945, 2001; Soziale Bewegung u. pol. Verfassung. Beiträge zur Geschichte der modernen Welt. FS z. 65. Geb., hg. v. U. Engelhardt u. a., 1976; NACHLASS: Universitätsarchiv Heidelberg.

Cornelius, Carl Adolf von, *12.3.1819 Würzburg, † 10.2.1903 München; 1855 o. Prof. Bonn, 1856 (Geschichte) LMU München; seit 1858 o. Mitglied, 1861–1901 Leiter der Abt. Wittelsbacher Korrespondenzen (Briefe und Akten zur Gesch. des Dreißigjährigen Krieges in den Zeiten des vorwaltenden Einflusses der Wittelsbacher), 1890–1898 Sekretär.

NACHRUFE: Hist. Vjsch. 6 (1903), 449–452 (W. Goetz); Gedächtnisrede auf C. A. v. C. Sitzungsb. d. BAdW, 12.11.1904 (55 S.) (J. Friedrich); Forsch. z. Gesch. Bayerns 12 (1904), 1–17 (M. Ritter);

NDB Bd. 3, 363 (W. Goetz); LITERATUR: W. Goetz, C. A. v. C., in: Historiker in meiner Zeit, 1957, 187–197; HJb 123 (2003), 267–295 (Th. Brechenmacher); J. Nettesheim, C. A. C. in seinen Briefen an Wilhelm Junkmann, in: HJb 82 (1963), 278–299; A. Sing, Wissenschaftspolitik Maximilian II., 1996; NACHLASS: Bayerische Staatsbibliothek München; Korrespondenz auch im Archiv der Historischen Kommission.

Dehio, Ludwig, *25.8.1888 Königsberg, † 24.11.1963 Marburg; 1933 Leiter Brandenb.-Preuß. Hausarchiv, 1945–1954 Direktor Staatsarchiv Marburg, 1946 Honorarprofessor Marburg; seit 1946 o. Mitglied.

NACHRUFE: HZ 198 (1964), 263f. (W. Kienast); HZ 201 (1965), 1–12 (Th. Schieder); KÜRSCHNER 9(1961), 301; Munzinger-Archiv 1/1964; NACHLASS: Hessisches Staatsarchiv Marburg.

Doeberl, Michael, *15.1.1861 Waldsassen, † 24.3.1928 Partenkirchen; 1917 o. Prof. (bayerische Landesgeschichte) LMU München; seit 1916 o. Mitglied.

NACHRUF: Jb. BAdW 1928/29, 73–78 (H. Oncken); KÜRSCHNER 1(1925), 164; LITERATUR: F. Kramer, Der Lehrstuhl für bayer. Landesgeschichte, in: W. Volkert/W. Ziegler (Hg.), Im Dienst der bayer. Geschichte, 1999, 353–365; NACHLASS: —.

Döllinger, Ignaz von, *28.2.1799 Bamberg, † 10.1.1890 München; 1826 a. o. Prof. (Kirchenrecht und Kirchengeschichte) LMU München, 1847 Dillingen, 1850 o. Prof. (Kirchengeschichte) LMU München; 1873–1890 Präsident BAdW; seit 1863 o. Mitglied.

NACHRUF: Gedächtnisrede auf I. v. D., 1890, BAdW, 28.3.1890 (17 S.) (C. A. Cornelius); Giesebrecht u. Döllinger. Eröffnungsrede z. Vers. d. Historischen Kommission 1890, in: H. Sybel, Vorträge u. Abhandlungen, 1897, 321–335; NDB Bd. 4, 21–25 (W. Küppers); TRE 9, 20–26 (V. Conzemius); BAUTZ 1 (1990), 1340–1344 (F. W. Bautz/www.bautz.de); LITERATUR: H. Fuhrmann, I. v. D. Ein exkommunizierter Theologe als Akademiepräsident u. Historiker, Menschen u. Meriten, 2001, 149–173; Ders., D. als Akademiepräsident u. Historiker, in: Münchener theol. Zs. 50 (1999), 312–328; NACHLASS: Bayerische Staatsbibliothek München.

Dopsch, Alfons, *14.6.1868 Lobositz/Böhmen, † 1.9.1953 Wien; 1900 o. Prof. (Österreichische Geschichte, allg. Wirtschafts- und Kulturgeschichte) Wien; seit 1920 o. Mitglied.

NACHRUFE: Jb. BAdW 1954, 170–173 (W. Enßlin); Almanach ÖAW 103 (1953), 304–320 (A. Loehr); HZ 179 (1955), 213–216 (Th. Mayer); KÜRSCHNER 7(1950), 365; Fellner/Corradini 97; LITERATUR: H. Knittler, Die Wiener Wirtschaftsgeschichte – eine Auseinandersetzung mit A. D. u. seinem Seminar, in: Jb f. Landeskunde f. Niederösterreich 63/64 (1997/98), 325–345; Wirtschaft u. Kultur. FS f. A. D., 1938; A. D. (Autobiographie), in: S. Steinberg (Hg.), Dt. Geschichtswissenschaft d. Gegenwart in Selbstdarstellungen I, 1925, 51–90; NACHLASS: Universitätsarchiv Wien.

Dove, Alfred, *4.4.1844 Berlin, † 19.1.1916 Freiburg i.Br.; 1879 o. Prof. (Geschichte) Breslau, 1884 (Mittlere und Neuere Geschichte) Bonn, 1897 (Neuere Geschichte) Freiburg i.Br.; seit 1901 o. Mitglied.

NACHRUFE: Jb. BAdW 1916, 166–169 (E. Marcks); HZ 116 (1916), 69–100 (F. Meinecke); NDB Bd. 4, 91f. (O. Dammann); C. A. Willemsen, A. D., in: Bonner Gelehrte. Beiträge zur Geschichte der Wissenschaften in Bonn. Geschichtswissenschaften, 1968, 254–259; A. D. Ausgewählte Briefe u. Aufsätze, hg. v. F. Meinecke, 2 Bde., 1928; NACHLASS: UB und Universitätsarchiv Freiburg; Geheimes Staatsarchiv Preußischer Kulturbesitz.

Droysen, Johann Gustav, *6.7.1808 Treptow/Rega, † 19.6.1884 Berlin; 1840 o. Prof. (Geschichte) Kiel, 1850 (Geschichte) Jena, 1859 (Geschichte und Staatswissenschaften) Berlin; seit 1858 o. Mitglied, 1871 aus der Kommission ausgeschieden.

NACHRUF: Sitzungsb. d. BAdW, 1885, 208–219 (W. v. Giesebrecht); NDB Bd. 4, 135ff. (Th. Schieder); http://www.klassiker.historicum.net/19/droysen.htm; LITERATUR: U. Haltern, Geschichte u. Bürgertum. Droysen – Sybel – Treitschke, in: HZ 259 (1994), 59–108; NACHLASS: Geh. Staatsarchiv Preuß. Kulturbesitz Berlin; Thüringische Universitäts- und Landesbibliothek Jena.

Druffel, August von, *21.8.1841 Koblenz; † 23.10.1891 München; 1885 Honorarprof.; seit 1887 o. Mitglied.

NACHRUFE: Sitzungsb. d. BAdW, 1892, 176–179 (C. A. v. Cornelius); Beilage Allgemeine Zeitung 8., 9., 11.1.1892 (M. Lossen); ADB Bd. 48, 114–118 (M. Ritter); H. Gollwitzer, Westf. Historiker des 19. Jhdts. in Österreich, Bayern u. der Schweiz, in: Westf. Zs 122 (1972), 9–50; NACHLASS: —.

Duchhardt, Heinz, *10.11.1943 Berleburg/Westfalen; 1984 o. Prof. Bayreuth, 1988 Münster, 1995 Dir. Inst. f. Europ. Gesch. u. Prof. f. Neuere Geschichte Mainz; seit 1995 o. Mitglied; 2000–2005 Leiter der Abt. Deutsche und ostmitteleuropäische Europa-Pläne des 19. und 20. Jahrhunderts.

KÜRSCHNER [21](2007), 668f.; Die frühneuzeitliche Monarchie u. ihr Erbe. FS f. H. D. z. 60. Geb., 2003.

Dümmler, Ernst, *2.1.1830 Berlin, † 11.9.1902 Friedrichroda (Thür. Wald); 1866 o. Prof. (Geschichte, Historische Hilfswissenschaften) Halle; seit 1871 o. Mitglied, 1889–1902 Leiter der Abt. Jahrbücher der Deutschen Geschichte.

NACHRUFE: Sitzungsb. d. BAdW, 1903, 252f. (J. Friedrich); Neues Archiv d. Ges. f. ältere dt. Geschichtskunde 28 (1903), 521–530, 542 (H. Bresslau); NDB Bd. 4, 161 (F. Baethgen); Mitteldeutsche Lebensbilder V (1930), 415–446, 459 (R. Holtzmann); NACHLASS: Archiv der Berlin-Brandenburgischen Akademie der Wissenschaften; Geheimes Staatsarchiv Preußischer Kulturbesitz; Staatsbibliothek zu Berlin, Preußischer Kulturbesitz.

Erdmann, Karl Dietrich, *29.4.1910 Köln-Mülheim, † 23.6.1990 Kiel; 1953 o. Prof. (Mittlere und Neuere Geschichte) Kiel; seit 1961 o. Mitglied, 1961–1964 Leiter der Abt. Deutsche Geschichtsquellen des 19. und 20. Jahrhunderts, 1962–1990 Leiter der Abt. Akten der Reichskanzlei, Weimarer Republik.

NACHRUF: HZ 252 (1991), 529–539 (E. Jäckel); KÜRSCHNER [15](1987), 949f.; Munzinger-Archiv 3/1990; LITERATUR: M. Messerschmidt, K. D. Erdmann, W. Bußmann u. P. E. Schramm. Historiker an der Front u. i. d. Oberkommandos d. Wehrmacht u. d. Heeres, in: Nationalsozialismus in den Kulturwissenschaften. Fächer, Milieus, Karrieren, hg. v. H. Lehmann/O. G. Oexle, Bd. 1, 2004, 417–443; W. Schulze, K. D. E. u. der Nationalsozialismus (GWU 48), 1997 220–223; M. Kröger/R. Thimme, Die Geschichtsbilder des Historikers K. D. E. Vom Dritten Reich zur Bundesrepublik Deutschland, 1996; NACHLASS: BA Koblenz.

Erdmannsdörffer, Bernhard, *24.1.1833 Altenburg/Thür., † 1.3.1901 Heidelberg; 1870 o. Prof. (Geschichte) Greifswald, 1873 (Mittlere und Neuere Geschichte) Breslau, 1874 (Mittlere und Neuere Geschichte) Heidelberg; seit 1898 o. Mitglied.

NACHRUFE: HZ 87 (1901), 56–66 (D. Schäfer = Gedenkrede Univ. Heidelberg 4.3.1901); ZGORh 55 (1901), 325–330 (K. Obser); NDB Bd. 4, 574f. (G. Oestreich); Kleinere hist. Schriften v. B. E. mit einem biograph. Geleitwort v. H. Lilienfein III–XXVI, 1912; Bad. Biographie V (1906), 151–160 (J. Wille); D. Drüll, Heidelberger Gelehrtenlexikon 1803–1932, 1986, 62f.; NACHLASS: —.

Ernstberger, Anton, *22.11.1894 Mallowitz/Böhmen, † 10.10.1966 Erlangen; 1942 [1938] o. Prof. (Geschichte der Neuzeit) Prag, 1947 (Neuere und Neueste Geschichte) Erlangen; seit 1958 o. Mitglied, 1958/59 Sekretär.

NACHRUF: JffL 27 (1967), 1–14 (W. P. Fuchs); KÜRSCHNER [10](1966), 492f.; Erlanger Stadtlexikon 2002, 243; NACHLASS: —.

Esch, Arnold, *28.4.1936 Altenbögge (Lkr. Unna); 1977 o. Prof. (Geschichte des Mittelalters) Bern, 1988 Direktor DHI Rom; seit 1992 o. Mitglied.

KÜRSCHNER [21](2007), 776; H. Keller (Hg.), Italia et Germania. Liber amicorum A. E., 2001.

Faber, Karl-Georg, *21.7.1925 Kirn/Nahe, † 15.9.1982 Triftern (Lkr. Rottal-Inn); 1967 o. Prof. (Neuere und Neueste Geschichte) Saarbrücken, 1976 (Neuere Geschichte) Münster; seit 1979 o. Mitglied.

NACHRUFE: HZ 236 (1983), 773–778 (H. Gollwitzer); Storia della storiografia 1982 (2), 3–10: In memoriam K. G. F. (W. J. Mommsen); KÜRSCHNER [13](1980), 830; NACHLASS: Universitäts- u. Landesbibliothek Münster.

Fester, Richard, *20.9.1860 Frankfurt a.M., † 5.1.1945 Garmisch-Partenkirchen; 1899 o. Prof. (Neuere Geschichte) Erlangen, 1906 Kiel, 1908 Halle; seit 1930 o. Mitglied.

NACHRUFE: Jb. BAdW 1949, 101–103 (W. Goetz); HZ 169 (1949), 446 (F. Hartung); W. Leesch, Die dt. Archivare, Bd. 2, 1992, 151; NACHLASS: BA Koblenz.

Finke, Heinrich, *13.6.1855 Krechting (Kreis Borken/Westfalen), † 19.12.1938 Freiburg i. Br.; 1897 o. Prof. Münster, 1899 (Geschichte) Freiburg i. Br.; seit 1925 o. Mitglied, 1935 kommissarischer Leiter der Abt. Deutsche Reichstagsakten, Ältere Reihe.

NACHRUFE: Sitzungsb. d. BAdW, 1939, 15–17 (M. Grabmann); HZ 160 (1939), 534–545 (H. Heimpel); NDB Bd. 5, 162 (J. Spörl); KÜRSCHNER [5](1935), 321; A. Dyroff, Betrachtungen über Geschichte FG z. 70. Geb., 1926; M. Braubach, Zwei dt. Historiker aus Westfalen. Briefe H. F. an A. Schulte, in: Westf. Zs. 118 (1968), 9–113 und 120 (1970), 239–244; H. F. (Autobiographie), in: S. Steinberg (Hg.), Dt. Geschichtswissenschaft der Gegenwart in Selbstdarstellungen I (1925), 91–128; LITERATUR: O. Engels, in: Zeitgeschichte in Lebensbildern 9 (1999), 63–78, 337f.; P. E. Hübinger, H. F., in: Westfälische Lebensbilder 13 (1985), 156–192; A. Frenken, H. F., der Nationalsozialismus u. die Zwangsauflösung der Görres-Gesellschaft, in: HJb 118 (1998), 287–303; B. Mütter, Historische Wissenschaft u. nationale Pädagogik. H. F., Aloys Meister u. die Anfänge der Historischen Kommission für Westfalen, in: Westf. Forschungen 52 (2002), 159–185; NACHLASS: Universitätsarchiv Freiburg.

Föringer, Heinrich, *14.8.1802 München, † 9.2.1880 München; Bibliothekar, Hof- und Staatsbibliothek; seit 1858 o. Mitglied (lt. Nachruf 1858 a.o. und 1863 o. Mitglied).

NACHRUFE: Ch. Häutle, H. Konrad F. Eine Lebensskizze m. e. Bildnisse (Jahresber. d. hist. V. v. Obb. f. d. Jahre 1879 u. 1880 42/43), 127–212; Sitzungsb. d. BAdW, 1880, 156–159 (W. v. Giesebrecht); NACHLASS: —.

Fried, Johannes, *23.5.1942 Hamburg; 1980 o. Prof. Köln, 1982 (Mittelalterliche Geschichte) Frankfurt/M.; seit 1985 o. Mitglied, 1991–2005 Leiter der Abt. Urkunden und Akten der oberdeutschen Städtebünde, 1997–2002 Leiter der Abt. Jahrbücher der Deutschen Geschichte.

KÜRSCHNER [21](2007), 920.

Friedrich, Johann, 5.5.1836 Poxdorf (Oberfranken), † 19.8.1917 München; 1872 o. Prof. (Theologie) LMU München; seit 1898 o. Mitglied.

NACHRUF: Jb. BAdW 1918, 69–78 (H. Prutz); NDB Bd. 5, 601 (W. Küppers); BAUTZ 2 (1990), 131f. (F. W. Bautz/ www.bautz.de); LITERATUR: E. Kessler, J. F. Ein Beitrag z. Gesch. d. Altkatholizismus, 1975; NACHLASS: —.

Fuchs, Walther Peter, *13.3.1905 Remscheid-Lüttringhausen, † 4.11.1997 Erlangen; 1953 o. Prof. (Geschichte) Karlsruhe, 1962 (Neuere und Neueste Geschichte) Erlangen; 1962 a. o., seit 1965 o. Mitglied.

NACHRUF: ZGORh 148 (2000), 385–391 (L. Müller); KÜRSCHNER [16](1992), 933; Erlanger Stadtlexikon 2002, 293f.; NACHLASS: Archiv der Friedrich-Alexander-Universität Erlangen-Nürnberg.

Fuhrmann, Horst, *22.6.1926 Kreuzburg/Schlesien; 1962 o. Prof. (Mittlere und Neuere Geschichte) Tübingen, 1971 (Geschichte des Mittelalters) Regensburg; 1971–1994 Präsident MGH; 1992–1997 Präsident BAdW; seit 1972 o. Mitglied.

KÜRSCHNER [21](2007), 957; H. Mordek (Hg.), Papsttum, Kirche u. Recht im Mittelalter. FS f. H. F., 1991.

Gall, Lothar, *3.12.1936 Lötzen/Ostpreußen; 1968 o. Prof. (Neuere Geschichte) Gießen, 1972 FU Berlin, 1975 Frankfurt/M.; seit 1977 o. Mitglied, seit 1997 Präsident, seit 1988 Leiter der Abt. Quellen zur Geschichte des Deutschen Bundes.

KÜRSCHNER [21](2007), 972; D. Hein, K. Hildebrand, A. Schulz (Hg.), Historie u. Leben. Der Historiker als Wissenschaftler u. Zeitgenosse. FS L. G. (z. 70. Geb.), 2006.

Giesebrecht, Wilhelm von, *5.3.1814 Berlin, † 18.12.1889 München; 1857 o. Prof. (Geschichte) Königsberg, 1861 LMU München; seit 1858 o. Mitglied, 1862–1889 Sekretär, 1886–1889 Leiter der Abt. Jahrbücher der Deutschen Geschichte.

NACHRUF: Gedächtnisrede auf W. v. G. Öff. Sitzung BAdW, 21.3.1891 (59 S.) (S. Riezler); Giesebrecht u. Döllinger. Eröffnungsrede z. Vers. d. Historischen Kommission 1890, in: H. Sybel, Vorträge u. Abhandlungen, 1897, 321–335; NDB Bd. 6, 379–382 (H. Heimpel); NACHLASS: Korrespondenz im Archiv der Historischen Kommission.

Goetz, Walter, *11.11.1867 Leipzig (bzw. Lindenau bei Leipzig),

† 30.10.1958 Adelholzen (Obb.); 1920–1928 MdR (DDP); 1905 o. Prof. (Mittlere Geschichte) Tübingen, 1913 (Geschichte) Straßburg, 1915–1933 (Geschichte, Kulturgeschichte) Leipzig, bis 1952 Stellvertretung der Professur f. Neuere Geschichte LMU München; 1911 a. o., seit 1913 o. Mitglied, 1912–1955 Leiter der Abt. Briefe und Akten zur Geschichte des Dreißigjährigen Krieges, 1943–1950 Leiter der Abt. Neue Deutsche Biographie, 1930–1932 komm. Leiter der Abt. Deutsche Reichstagsakten, Mittlere Reihe, 1945–1951 Präsident, bis 1947 in Personalunion auch Sekretär, 1951–1958 Ehrenpräsident.

NACHRUF: Jb. BAdW 1959, 137–145 (F. Baethgen); NDB Bd. 6, 582ff. (H. Grundmann); KÜRSCHNER [8](1954), 683; Munzinger-Archiv 1/1959; W. G., Aus dem Leben eines dt. Historikers, in: H. Grundmann (Hg.), Historiker in meiner Zeit. Gesammelte Aufsätze, 1957, 1–87; Lebenskräfte in der abendländischen Geistesgeschichte. FS W. G. z. 80. Geb., hg. v. W. Stammler, 1948; LITERATUR: W. V. Weigand, W. W. G. 1876–1958, 1992; M. Schumacher, M.d.R., [3]1994, 153ff.; H. Goetz, W. G., in: Sächs. Lebensbilder 5 (2003), 205–212; W. G., in: R. Lambrecht, Politische Entlassungen in der NS-Zeit. Vierundvierzig biographische Skizzen von Hochschullehrern der Universität Leipzig, 2006, 83–86; NACHLASS: BA Koblenz.

Gollwitzer, Heinz, *30.1.1917 Nürnberg, † 26.12.1999 München; 1957 o. Prof. (Neuere politische Geschichte, Sozial- u. Wirtschaftsgeschichte) Münster; seit 1968 o. Mitglied.

NACHRUFE: Jb. BAdW 1999, 284–286 (E. Weis); Nordrhein-Westf. Akad. d. Wiss. Jb. 2000, 53–60 (K. Repgen); HZ 271 (2000), 263–268 (H.-Ch. Kraus); KÜRSCHNER [16](1992), 1070; Munzinger-Archiv 11/2000; H. Dollinger (Hg.), Weltpolitik, Europagedanke, Regionalismus. FS f. H. G. z. 65. Geb., 1982; NACHLASS: BA Koblenz.

Grabmann, Martin, *5.1.1875 Winterzhofen bei Berching (Oberpfalz), † 9.1.1949 Eichstätt; 1913 o. Prof. (Christliche Philosophie) Wien, 1918 LMU München; seit 1946 o. Mitglied.

NACHRUF: Jb. BAdW 1949, 103–105 (P. Lehmann); NDB Bd. 6, 699f. (L. Ott); TRE 14, 110–114 (M. Schmaus); BAUTZ 2 (1990), 280f. (F. W. Bautz/www.bautz.de); KÜRSCHNER [5](1935), 422f.; LITERATUR: H. Köstler/L. Ott, M. G. Nachlaß u. Schrifttum. Mit e. Nachlaßteil von Clemens Baeumker, 1980; Th. Prügl (Hg.), Credo ut intelligam. M. G. z. 50. Todestag. Begleitband z. Ausstellung, 1999; NACHLASS: Martin-Grabmann-Forschungsinstitut der LMU; UB Eichstätt-Ingolstadt; Teile auch Bayerische Staatsbibliothek München.

Grauert, Hermann von, *7.9.1850 Pritzwalk (Ostpriegnitz), † 12.3.1924 München; 1885 o. Prof. (Geschichte) LMU München; seit 1901 o. Mitglied.

NACHRUFE: Jb. BAdW 1924, 45–49 (M. Doeberl); HZ 131 (1925), 263–267 (K. Wenck); HJb 44 (1924), 169–196 (H. Günter); www.bautz.de (in Bearbeitung); M. Jansen (Hg.), H. G. z. Vollendung d. 60. Lebensjahres, 1910; K. A. v. Müller, Zwölf Historikerprofile, 1935, 80–87; LITERATUR: R. Morsey, Die Görres-Gesellschaft unter ihrem Präsidenten H. v. G. (1919/20–1924), in: Jahres- u. Tagungsbericht der Görres-Gesellschaft 2005, 73–114; NACHLASS: Bayerische Staatsbibliothek München.

Griewank, Karl, *16.8.1900 Bützow/Mecklenburg, † 27.10.1953 Jena (Freitod); 1947 o. Prof. (Mittlere und Neuere

Geschichte) Jena; seit 1946 o. Mitglied, 1951–1953 Sekretär.

NACHRUFE: HZ 177 (1954), 665ff. (W. Andreas); K. G. Betrachtungen zu einem modernen Gelehrtenschicksal, in: GWU 5 (1954), 610–614 (W. Andreas); KÜRSCHNER [7](1950), 635; LITERATUR: P. Schäfer, K. G. u. die Jenaer Geschichtswissenschaft nach 1945, in: GWU 43 (1992), 199–208; T. Kaiser, K. G. (1900–1953) – ein dt. Historiker im „Zeitalter der Extreme", 2007 [zur Historischen Kommission bes. 378–386]; NACHLASS: Thüringische Universitäts- und Landesbibliothek Jena; Geheimes Staatsarchiv Preußischer Kulturbesitz.

Grimm, Jacob, *4.1.1785 Hanau, † 20.9.1863 Berlin; 1830 o. Prof. Göttingen; seit 1858 o. Mitglied.

NACHRUF: G. Waitz, Zum Gedächtnis an J. G., 1863; Zur Erinnerung an J. G., Vortrag in d. Berliner Akademie d. Wiss. am Geb. Friedrichs d. Großen, in: H. Sybel, Vorträge u. Abhandlungen, 1897, 203–215; NDB Bd. 7, 76–79 (F. Neumann); LITERATUR: H.-C. Kraus, J. G. – Wissenschaft u. Politik, in: B. Heidenreich/E. Grothe (Hg.), Kultur u. Politik – Die Grimms, 2003, 149–178; NACHLASS: Der Nachlaß der Brüder Grimm. Bearb. v. R. Breslau (Kataloge der Handschriftenabt. Staatsbibliothek zu Berlin – Preuß. Kulturbesitz Reihe 2, Nachlässe 3), 1997.

Grundmann, Herbert, *14.2.1902 Meerane/Sachsen, † 20.3.1970 München; 1939 o. Prof. (Mittlere Geschichte) Königsberg, 1944 (Mittlere und Neuere Geschichte, Historische Hilfswissenschaften) Münster; 1959–1970 Präsident MGH; seit 1946 o. Mitglied u. 1951–1957 komm., 1957–1970 Leiter der Abt. Deutsche Reichstagsakten, Jüngere Reihe.

NACHRUFE: Jb. BAdW 1970, 214–223 (F. Baethgen); HZ 211 (1970), 781–786 (H. Heimpel); DA 26 (1970), 327–353 (A. Borst); AfK 52 (1970), 1–3 (F. Wagner); KÜRSCHNER [11](1970), 916; Munzinger-Archiv 2/1970; LITERATUR: A. Ch. Nagel, „Mit dem Herzen, dem Willen u. d. Verstand dabei". H. G. u. der Nationalsozialismus, in: Nationalsozialismus in den Kulturwissenschaften. Fächer, Milieus, Karrieren, hg. v. H. Lehmann/O. G. Oexle, Bd. 1, 2004, 593–618; J. Piepenbrink, Das Seminar f. Mittlere Geschichte des Hist. Instituts 1933–1945, in: U. v. Hehl (Hg.), Sachsens Landesuniversität in Monarchie, Republik u. Diktatur, 2005, 363–383; NACHLASS: Universitätsarchiv Leipzig; Korrespondenz auch im Archiv der Historischen Kommission.

Günter, Heinrich, *15.2.1870 Schelklingen/Alb-Donau-Kreis (Baden-Württemberg), † 13.5.1951 München; 1923 o. Prof. (Geschichte) LMU München; seit 1930 o. Mitglied, 1934–1948 Leiter der Abt. Jahrbücher der Deutschen Geschichte.

NACHRUF: HJb 70 (1951), 3–14 (H. Spörl); ZBLG 16 (1951/52), 405f. (M. Spindler); KÜRSCHNER [7](1950), 657; NACHLASS: —.

Guggisberg, Hans Rudolf, *26.7.1930 Berlin, † 12.1.1996 Basel; 1967 o. Prof. (Europäische Geschichte) FU Berlin, 1969 (Geschichte der Neuzeit) Basel; seit 1993 o. Mitglied.

NACHRUFE: HZ 262 (1996), 963–966 (H. Lehmann); ZHF (1997), 311–314 (M. Erbe); NZZ 15.1.1996 (R. Wecker); KÜRSCHNER [17](1996), 464; NACHLASS: Handschriftenabteilung der UB Basel (NL 310).

Guttenberg, Erich Freiherr von, *27.2.1888 Augsburg, † 1.12.1952 Erlangen; 1935 o. Prof. (Mittlere und Neuere Geschichte, Historische Hilfswissenschaften) Gießen, 1936 Erlangen; seit 1947 o. Mitglied.

NACHRUF: ZBLG 17 (1953/54), 180–182 (W. Engel); NDB Bd. 7, 352 (J. Bischoff/Familienartikel); KÜRSCHNER [7](1950), 668; Fränk. Lebensb. 11 (1984), 192–210 (A. Wendehorst); Erlanger-Stadtlexikon 2002, 333; NACHLASS: Staatsarchiv Bamberg; UB Erlangen-Nürnberg; Bayerisches Hauptstaatsarchiv – Abt. Kriegsarchiv.

Häusser, Ludwig, *26.10.1818 Kleeburg (Unterelsaß), † 17.3.1867 Heidelberg; 1849 o. Prof. (Geschichte) Heidelberg; seit 1858 o. Mitglied, 1861–1867 Leiter der Abt. Pfalzgeschichte.

NACHRUF: Sitzungsb. d. BAdW, 1868, Bd. 1 472–474 (I. Döllinger); NDB Bd. 7, 456–459 (P. Fuchs); LITERATUR: E. Marcks, L. H. u. die pol. Geschichtsschreibung in Heidelberg, in: Heidelberger Professoren des 19. Jahrhunderts (1903), 284–354; E. Wolgast, Politische Geschichtsschreibung in Heidelberg, in: Semper apertus. 600 Jahre Ruprecht-Karls-Universität Heidelberg, hg. v. W. Doerr u. a. Bd. 2, 1985, 158–196; D. Drüll, Heidelberger Gelehrtenlexikon 1803–1932, 1986, 98; P. Fuchs, L. H. in: Pfälz. Lebensb. 2 (1970), 215–256; NACHLASS: UB Heidelberg; BA Koblenz.

Hahn, Hans-Werner, *5.11.1949 Wetzlar; 1992 o. Prof. (Neuere Geschichte) Jena; seit 2003 o. Mitglied.

KÜRSCHNER [21](2007), 1219f.

Hansen, Joseph, *26.4.1862 Aachen, † 29.6.1943 Köln (durch Fliegerangriff); Stadtarchivar der Stadt Köln; seit 1917 o. Mitglied; 1927–1943 Leiter der Abt. Deutsche Städtechroniken.

NACHRUFE: Jb. BAdW 1949, 113f. (W. Goetz); HZ 171 (1951), 433 (J. Hashagen); W. Leesch, Die dt. Archivare, Bd. 2, 1992, 221; LITERATUR: E. Pelzer, J. H. (1862–1943) u. sein Beitrag zur rhein. Revolutionsgeschichtsforschung, in: Tel Aviver Jb. f. dt. Gesch. XVIII (1989), 271–291; E. Kleinertz, J. H. (1862–1943), in: J. H., Preußen u. Rheinland v. 1815–1915. Hundert Jahre pol. Lebens am Rhein, 1990, 273–325; NACHLASS: —.

Hartung, Fritz, *12.1.1883 Saargemünd/Lothringen, † 24.11.1967 Berlin-Schlachtensee; 1922 o. Prof. (Neuere Geschichte) Kiel, 1923 (Neuere Geschichte, Verfassungs-, Verwaltungs- und Wirtschaftsgeschichte) Berlin; seit 1946 o. Mitglied, 1947–1949 Leiter der Abt. Deutsche Geschichtsquellen des 19. u. 20. Jahrhunderts (für 20. Jhdt.).

NACHRUFE: Jb. BAdW 1968, 197–200 (F. Wagner); HZ 206 (1968), 525–528 (R. Dietrich); Jb. f. d. Gesch. Mittel- u. Ostdeutschlands 32 (1983), 219–250 (W. Schochow); Der Staat 7 (1968), 447–469 (G. Oestreich); KÜRSCHNER [10](1966), 822f.; Munzinger-Archiv 1/1968; LITERATUR: E. Grothe, Zwischen Geschichte u. Recht. Dt. Verfassungsgeschichtsschreibung 1900–1970, 2005; Forschungen zu Staat u. Verfassung, FS f. F. H., 1958; NACHLASS: Staatsbibliothek zu Berlin.

Hauck, Albert, *9.12.1845 Wassertrüdingen (Mittelfranken), † 7.4.1918 Leipzig; 1889 o. Prof. (Kirchengeschichte) Leipzig; seit 1903 o. Mitglied.

NACHRUF: Jb. BAdW 1919, 90–98 (H. v. Grauert); NDB Bd. 8, 75f. (H. Heimpel); F. Hauck, A. H., Leben u. Werk, 1947; K. Nowak, A. H. Historiker des dt. Mittelalters im wilhelminischen Kaiserreich, in: Herbergen der Christenheit 19 (1995), 27–45; A. H. (1845–1918).

Vorträge d. festl. Veranstaltung aus Anlaß seines 150. Geb. in d. Theol. Fak. Leipzig, hg. v. G. Wartenberg, 1999 (48 S.); NACHLASS: UB Leipzig; Landeskirchliches Archiv Nürnberg.

Haussherr, Hans, *8.7.1898 Berlin, † 17.9.1960 Köln; 1946 o. Prof. (Wirtschafts- u. Sozialgeschichte) Halle, 1955 zugleich Prof. am Institut für Geschichte der Max-Planck-Gesellschaft Göttingen, 1958 Prof. Göttingen; seit 1955 o. Mitglied.

NACHRUF: HZ 193 (1961), 512ff. (Th. Schieder); KÜRSCHNER 8(1954), 836; NACHLASS: Universitäts- und Landesbibliothek Halle; Geheimes Staatsarchiv Preußischer Kulturbesitz.

Heckel, Martin, *22.5.1929 Bonn; 1960 o. Prof. (Kirchenrecht, Staatsrecht) Tübingen; seit 1985 o. Mitglied.

KÜRSCHNER 20(2005), 1241f.; K.-H. Kästner u. a., FS f. M. H. z. 70. Geb., 1999.

Heckel, Rudolf von, *3.5.1880 München, † 29.3.1947 München; 1932 o. Prof. (Geschichte, Historische Hilfswissenschaften) LMU München; seit 1946 o. Mitglied.

NACHRUFE: HJb 62/69 (1949), 932–935 (J. Spörl); DA 8 (1951), 254f. (B. Bischoff); KÜRSCHNER 1(1940/41), 663; FS HJb 60 (1940), 353–744 (mit Foto); [u. a. Mitglied im Stefan-George-Kreis]; NACHLASS: MGH-Archiv.

Hegel, Karl, *7.6.1813 Nürnberg, † 5.12.1901 Erlangen; 1848 o. Prof. (Geschichte und Politik) Rostock, 1856 (Geschichte) Erlangen; seit 1858 o. Mitglied; 1858–1901 Leiter der Abt. Deutsche Städtechroniken.

NACHRUFE: Nachrichten von der Königl. Gesellschaft der Wissenschaften zu Göttingen 1902, 52–72 (F. Frensdorff); Mittlg. d. V. f. Geschichte d. Stadt Nürnberg 15 (1902), 175–183 (G. Kress); ZSRG (G. Abt.) 23 (1902), XXXIII–XXXIX (U. Stutz); Erlanger Stadtlexikon 2002, 348f.; LITERATUR: H. Neuhaus, K. Hegel – Historiker d. 19. Jhdts., 2001; NACHLASS: UB Erlangen-Nürnberg.

Hehl, Ulrich von, *19.10.1947 Viersen; 1992 o. Prof. (Neuere und Neueste Geschichte) Leipzig; seit 2004 o. Mitglied.

KÜRSCHNER 21(2007), 1304.

Heigel, Karl Theodor Ritter von, *23.8.1842 München, † 23.3.1915 München; 1885 o. Prof. (Neuere Geschichte) LMU München; 1904–1915 Präsident BAdW; 1883 a.o., seit 1887 o. Mitglied, 1898–1908 Sekretär, 1899–1915 Leiter der Abt. Quellen und Erörterungen zur bayer. und dt. Geschichte (Neue Folge).

NACHRUF: Jb. BAdW 1916, 149–158 (E. Marcks); LITERATUR: H.-M. Körner, K. Th. v. H. u. die Benutzung der Bayer. Staatsratsprot. 1883/84, in: FS Spindler III, 1984, 303–319; Th. Bitterauf, FG K. Th. Heigel z. Vollendung seines 60. Geb., 1903; NACHLASS: Bayerische Staatsbibliothek München; Archiv der Bayer. Akademie der Wissenschaften.

Heimpel, Hermann, *19.9.1901 München, † 23.12.1988 Göttingen; 1931 o. Prof. (Mittelalterliche Geschichte) Freiburg i. Br., 1934 Leipzig, 1941–1944 Straßburg, 1946 a. o. Prof. Göttingen; seit 1938 o. Mitglied und 1935–1979 Leiter der Abt. Deutsche Reichstagsakten, Ältere Reihe; 1937–1949 kommissarischer Leiter der Abt. Deutsche Handelsakten des Mittelalters und der Neuzeit.

NACHRUF: Jb. BAdW 1989, 204–210 (H. Fuhrmann); KÜRSCHNER 15(1987),

1673f.; Munzinger-Archiv 1/1989; ERINNERUNGEN: H. H., Die halbe Violine, 1978; LITERATUR: J. Fleckenstein, Gedenkrede auf H. H., in: In Memoriam H. H., 1989, 27–45; H. Fuhrmann, in: Menschen und Meriten, 2001, 272–284; P. Racine, H. H. à Strasbourg, in: W. Schulze/O. G. Oexle, Dt. Historiker im Nationalsozialismus, 1999, 142–158; P. Herde, Kontinuitäten u. Diskontinuitäten im Übergang vom Nationalsozialismus zum demokratischen Neubeginn. Die gescheiterten Berufungen von H. H. nach München (1944–46) u. v. F. Schnabel nach Heidelberg (1946–1947), 2007; http://www.klassiker.historicum.net/20/heimpel.htm; FS f. H. H., 3 Bde. 1971/72; NACHLASS: Archiv zur Geschichte der Max-Planck-Gesellschaft (Berlin).

Herzfeld, Hans, *22.6.1892 Halle/Saale, † 16.5.1982 Berlin; 1950 o. Prof. (Neuere Geschichte) FU Berlin; seit 1961 o. Mitglied, 1964–1970 Leiter der Abt. Deutsche Geschichtsquellen des 19. und 20. Jahrhunderts.

NACHRUF: Jahrbuch f. d. Geschichte Mittel- u. Ostdeutschlands 32 (1983), 13–91 (G. A. Ritter); KÜRSCHNER [13](1980), 1500; Munzinger-Archiv 3/1982; D. Kurze (Hg.), Aus Theorie u. Praxis der Geschichtswissenschaft. FS f. H. H. z. 80. Geb., 1972; H. H. Aus den Lebenserinnerungen, hg. v. Willy Real, 1992; NACHLASS: BA Koblenz; Archiv der sozialen Demokratie der Friedrich-Ebert-Stiftung, Bonn.

Hildebrand, Klaus, *18.11.1941 Bielefeld; 1972 UProf. Bielefeld, 1974 o. Prof. Frankfurt/M., 1977 (Neuere Geschichte) Münster, 1982 (Neueste Geschichte) Bonn; seit 1983 o. Mitglied, seit 1988 Leiter der Abt. Deutsche Geschichtsquellen des 19. und 20. Jahrhunderts, 1990–1999 Leiter der Abt. Dokumentation der deutsch-französischen Beziehungen 1949–1963, seit 2005 Leiter der Abt. Gesamtausgabe des Briefwechsels von Leopold von Ranke.

KÜRSCHNER [21](2007), 1420.

Hillgruber, Andreas, *18.1.1925 Angerburg/Ostpreußen, † 8.5.1989 Köln; 1968 o. Prof. (Neuere und Neueste Geschichte) Freiburg i. Br., 1972 (Mittlere und Neuere Geschichte) Köln; seit 1982 o. Mitglied.

NACHRUFE: HZ 250 (1990), 190–197 (K. Hildebrand); MGM 46 (1989), 9–19 (G. Wollstein); KÜRSCHNER [15](1987), 1814f.; Munzinger-Archiv 2/1989; K. Hildebrand u. a. (Hg.), Dt. Frage u. europ. Gleichgewicht. FS f. A. H. z. 60. Geb., 1985; J. Dülffer (Hg.), Deutschland in Europa, Kontinuität u. Bruch. Gedenkschr. f. A. H., 1990; NACHLASS: BA Koblenz.

Hockerts, Hans Günter, *7.2.1944 Echternach/Luxemburg; 1981 o. Prof. München, 1982 Frankfurt/M., 1986 LMU (Zeitgeschichte) München; seit 1995 o. Mitglied, seit 1997 Leiter der Abt. Akten der Reichskanzlei, Regierung Hitler 1933–1945, seit 1998 Herausgeber der NDB.

KÜRSCHNER [21](2007), 1448.

Holtzmann, Walther, *31.12.1891 Eberbach/N. (Baden), † 25.11.1963 Bonn; 1931 o. Prof. (Mittlere und Neuere Geschichte) Halle, 1936–1939 und 1945–1953 Prof. (Mittlere Geschichte, histor. Hilfswissenschaften) Bonn, 1924–1926 und 1953–1961 Direktor DHI Rom; seit 1946 o. Mitglied.

NACHRUF: DA 20 (1964), 299–324 (Th. Schieffer); NDB Bd. 9, 562f. (R. Elze); KÜRSCHNER [9](1961), 815; In memoriam W. H. Gedächtnisreden von Wolfgang Schmid, Paul Egon Hübinger, Franz-Josef Schmale (= Bonner akademische Reden 17), 1965; LITERATUR: F.-J. Schmale, W. H., in: Bonner Gelehrte. Beiträge zur Geschichte der Wissenschaften in Bonn. Geschichtswissenschaften, 1968, 398–409; NACHLASS: —.

Huber, Alfons, *14.10.1834 Schlitters, Zillertal (Tirol), † 23.11.1898 Wien; 1863 o. Prof. (allgemeine Geschichte), 1870 (österreichische Geschichte) Innsbruck, 1887 (allgemeine und österreichische Geschichte) Wien; seit 1894 o. Mitglied.

NACHRUF: Almanach ÖAW 49 (1899), 321–325 (J. Karabaček); NDB Bd. 9, 689 (A. Coreth); ÖBL 1815–1950 Bd. 2, 442f.; LITERATUR: G. Oberkofler (Hg.), A. H. Briefe (1859–1898). Ein Beitr. z. Gesch. d. Innsbrucker Hist. Schule um Julius Ficker u. A. H., 1995; F. Fellner, A. H. Werk u. Wirken im Umfeld der zeitgenössischen Geschichtswissenschaft, in: Tiroler Heimat 64 (2000), 8–21; NACHLASS: —.

Joachimsen, Paul, *12.3.1867 Danzig, † 25.1.1930 München; 1916 Honorarprof. LMU; seit 1927 o. Mitglied, 1928–1930 Leiter der Abt. Deutsche Reichstagsakten, Mittlere Reihe.

NACHRUF: HZ 142 (1930), 220f. (E. Marcks); NDB Bd. 10, 441f. (O. Schottenloher); KÜRSCHNER [3](1928/29), 1065; LITERATUR: N. Hammerstein, P. J., in: Kulturwissenschaftler des 20. Jhdts., 2002, 159–173; NACHLASS: Bayerische Staatsbibliothek München.

Kehr, Paul Fridolin, *28.12.1860 Waltershausen b. Gotha/Thüringen, † 9.11.1944 Wässerndorf b. Würzburg; 1895 o. Prof. (Mittlere Geschichte) Göttingen, 1915 Generaldirektor der Preußischen Staatsarchive; seit 1917 o. Mitglied, 1927–1934 Leiter der Abt. Jahrbücher der Deutschen Geschichte.

NACHRUFE: Jb. BAdW 1944–48, 157f. (P. Lehmann); DA 8 (1951), 26–58 (W. Holtzmann); NDB Bd. 11, 396–398 (Th. Schieffer); KÜRSCHNER [4](1931), 1405; BAUTZ 3 (1992), 1285–1290 (R. Böhm/www.bautz.de); P. F. K., Zugänge u. Beiträge zu seinem Wirken u. seiner Biographie, 1996; H. Fuhrmann, P. F. K., Menschen u. Meriten, 2001, 174–212; F. Reichert, P. K. u. Karl Hampe über die Zukunft der Monumenta Germaniae Historica nach dem Ersten Weltkrieg. Ein Briefwechsel, in: DA 60 (2004), 549–571; M. Schubert, Meister – Schüler. Th. Sickel u. P. F. Kehr (nach ihrem Briefwechsel), in: MIÖG 106 (1998), 149–167; A. Brackmann (Hg.), Papsttum u. Kaisertum. P. K. z. 65. Geb., 1926, ND 1973; NACHLASS: Geheimes Staatsarchiv Preußischer Kulturbesitz; Staatsarchiv Bamberg; Archiv der Berlin-Brandenburgischen Akademie der Wissenschaften; MGH-Archiv; DHI Rom.

Kellenbenz, Hermann, *28.8.1913 Süssen/Württemberg, † 26.11.1990 Thannried/Warngau (Tegernsee); 1957 o. Prof. Hochschule f. Wirtschafts- und Sozialwissenschaften Nürnberg, 1960 Köln, 1970 (Wirtschafts- und Sozialgeschichte) Erlangen; seit 1972 o. Mitglied, 1972–1990 Leiter der Abt. Deutsche Handelsakten des Mittelalters und der Neuzeit.

NACHRUFE: VSWG 78 (1991), 1–5 (W. Zorn); Mitt. d. V. f. Gesch. d. Stadt Nürnberg 78 (1991) VIII–X (E. Walter); KÜRSCHNER [15](1987), 2191f.; J. Schneider (Hg.), Wirtschaftskräfte u. Wirtschaftswege. FS f. H. K., 1978; NACHLASS: Rheinisch-Westfälisches Wirtschaftsarchiv Köln (Abt. 168) (Bestand wird derzeit verzeichnet und ist noch nicht benutzbar).

Kluckhohn, August, *6.7.1832 Bavenhausen (Lippe), † 19.5.1893 München; 1869 o. Prof. (Geschichte) TH München, 1883 Prof. (Neuere Geschichte) Göttingen; seit 1871 a. o., 1878 o. Mitglied; 1870–1890 Leiter der Abt. ältere Pfälzische Korrespondenzen (im Rahmen der Wittelsbacher Korrespondenzen), 1886–1893 Leiter der Abt. Deutsche Reichstagsakten, Jüngere Reihe.

NACHRUFE: Sitzungsb. d. BAdW, 1894, 157f. (C. A. v. Cornelius); F. Frensdorff, Nachrichten der Königl. Gesellschaft der Wissenschaften zu Göttingen, 1894, 58–67; F. Stieve, A. K., in: Ders., Vorträge u. Reden, 1900, 381–388; ADB Bd. 51, 241–244 (A. Wrede); NACHLASS: Deutsches Literaturarchiv, Schiller Nationalmuseum, Marbach.

Kölzer, Theo, *17.11.1949 Steckenstein (Lkr. Altenkirchen/Ww.); 1992 o. Prof. (Mittlere und Neuere Geschichte, hist. Hilfswissenschaften und Archivkunde) Bonn; seit 2006 o. Mitglied.

KÜRSCHNER 21(2007), 1861.

Koselleck, Reinhart, *23.4.1923 Görlitz, † 3.2.2006 Bad Oeynhausen; 1966 o. Prof. (Politikwissenschaft unter bes. Berücksichtigung der Zeitgeschichte) Bochum, 1968 (Neuere Geschichte) Heidelberg, 1973 Bielefeld; seit 1979 o. Mitglied.

NACHRUF: FAZ 6.2.2006 (M. Jeismann); R. K. Reden zur Gedenkfeier am 24. Mai 2006 (Bielefelder Universitätsgespräche und Vorträge 9) 66 S., 2007; KÜRSCHNER 20(2005), 1833; LITERATUR: U. Daniel, R. K., in: L. Raphael (Hg.), Klassiker der Geschichtswissenschaft Bd. 2, 2006, 166–194.

Koser, Reinhold, *7.2.1852 Schmarsow bei Prenzlau, † 25.8.1914 Berlin; 1884 o. Prof. Berlin, 1890 (Geschichte) Bonn; seit 1898 o. Mitglied.

NACHRUF: HZ 114 (1915), 65–87 (O. Hintze); St. Skalweit, R. K., in: Bonner Gelehrte. Beiträge zur Geschichte der Wissenschaften in Bonn. Geschichtswissenschaften, 1968, 272–277; NACHLASS: Geheimes Staatsarchiv Preußischer Kulturbesitz.

Krause, Hermann, *27.9.1902 Schwerin, † 31.7.1991 Heidelberg; 1936 o. Prof. Heidelberg, 1950 Wirtschaftshochschule Mannheim, 1955 (dt. Rechtsgeschichte und bürgerliches Recht) LMU München; seit 1965 o. Mitglied.

NACHRUFE: Jb. BAdW 1991, 239–244 (P. Landau); ZSRG (G. Abt.) 110 (1993), 675–680 (M. Kobler); KÜRSCHNER 15(1987), 2466; St. Gagnér, FS f. H. K., 1975; NACHLASS: —.

Kühn, Johannes, *24.1.1887 Bogschütz/Schlesien, † 24.2.1973 Heidelberg; 1928 o. Prof. (Geschichte) TH Dresden, 1947 (Neuere Geschichte) Leipzig, 1949 (Neuere Geschichte) Heidelberg; seit 1946 o. Mitglied.

NACHRUFE: Ruperto-Carola Bd. 51, Jg. 25 (1973), 143f. (R. Koselleck); Sächs. Akademie der Wissenschaften zu Leipzig, Jb. 1973/74, 439–442 (H. Heimpel); KÜRSCHNER 11(1970), 1627f.; D. Petschel, Die Professoren der TU Dresden 1828–2003, 2003, 511f.; NACHLASS: UB Heidelberg (Heid. Hs. 3930).

Langewiesche, Dieter, *11.1.1943 Mariazell/Österreich; 1978 o. Prof. Hamburg, 1985 (Neuere Geschichte) Tübingen; seit 1998 o. Mitglied, seit 2001 Leiter der Abt. Forschungen zur deutschen Sozialgeschichte.

KÜRSCHNER 21(2007), 2078.

Lanzinner, Maximilian, *30.7.1948 Reichertshofen/Oberbayern; 1991 o. Prof. Passau, 2001 (Frühe Neuzeit) Bonn; seit 2001 o. Mitglied, seit 2003 Leiter der Abt. Deutsche Reichstagsakten, Reichsversammlungen 1556–1662; seit 2005 Leiter der Abt. Digitalisierung Akten der Reichskanzlei, Weimarer Republik.

KÜRSCHNER [21](2007), 2081.

Lappenberg, Johann Martin, *30.7.1794 Hamburg, † 28.11.1865 Hamburg; 1823 Archivar der Stadt Hamburg; seit 1858 o. Mitglied, 1859–1865 Leiter der Abt. Hanserecesse.

NACHRUF: Sitzungsb. d. BAdW, 1866, Bd. 1 408–412 (I. Döllinger); NDB Bd. 13, 631f. (R. Postel); NACHLASS: Staatsarchiv der Freien und Hansestadt Hamburg.

Leidinger, Georg, *30.12.1870 Ansbach, † 9.3.1945 Marquartstein; Direktor der Handschriftenabteilung der Bayerischen Staatsbibliothek und Honorarprof. LMU München; 1916 a. o., seit 1920 o. Mitglied.

NACHRUFE: Jb. BAdW 1944–48, 122–125 (W. Goetz); ZBLG 15 (1949), 1–4 (M. Spindler) u. 174–184 (P. Ruf); NDB Bd. 14, 137f. (S. v. Moisy); KÜRSCHNER [6](1940/41), Bd. II 40; NACHLASS: —.

Lenz, Max, *13.6.1850 Greifswald, † 6.4.1932 Berlin; 1885 o. Prof. (jeweils Neuere Geschichte) Marburg, 1888 Breslau, 1890 Berlin, 1914 Hamburg; seit 1894 o. Mitglied.

NACHRUFE: HZ 147 (1933), 265–268 (H. Oncken); Hansische Geschichtsblätter 57 (1932), 17–37 (O. Westphal); KÜRSCHNER [4](1931), 1715; LITERATUR: J. L. Herkless, Idealism and the study of history. The development of the historiography of M. L., 1977; Studien u. Versuche z. neueren Geschichte. M. L. gewidmet v. Freunden u. Schülern (FS), 1910; NACHLASS: Archiv der Berlin-Brandenburgischen Akademie der Wissenschaften; Geheimes Staatsarchiv Preußischer Kulturbesitz.

Liliencron, Rochus Freiherr von, *8.12.1820 Plön (Holstein), † 5.3.1912 Koblenz; 1851 Prof. f. nordische Sprachen Kiel, 1852 a. o. Prof. Jena; seit 1870 o. Mitglied, 1869–1908 Leiter der Allgemeinen Deutschen Biographie.

NACHRUF: —; NDB Bd. 14, 553–556 (H. J. Rieckenberg); LITERATUR: A. Bettelheim, Leben u. Werk des R. v. L. mit Beitr. z. Gesch d. ADB, 1917; Lebenserinnerungen, hg. v. A. Bettelheim, in: Dt. Rundschau 1913/14; FS z. 90. Geb., 1910; NACHLASS: Landesarchiv Schleswig-Holstein; BA Koblenz.

Löher, Franz, *15.10.1818 Paderborn, † 1.3.1892 München; 1859 o. Prof. (allg. Literaturgeschichte, dann der Länder- und Völkerkunde) LMU München; seit 1858 o. Mitglied, 1861–1892 Leiter der Abt. ältere bayerische Korrespondenzen (im Rahmen der Wittelsbacher Korrespondenzen).

NACHRUFE: Sitzungsb. d. BAdW, 1892, 179–182 (C. A. v. Cornelius); Chronik der LMU München 1891/92 11ff.; Allgemeine Zeitung 4.11.1892 (Pius Wittmann); Kollektaneen-Blatt f. d. Gesch. Bayerns, insbes. d. ehem. Herzogtum Neuburg 56 (1892), 22–41 [23–32 autobiograph. Text Löhers bis 1864 in der 3. Person, 32–41 Teilabdruck des Nachrufs von P. Wittmann für die Jahre ab 1864]; NDB Bd. 15, 36f. (K. Hüser); NACHLASS: —.

Lossen, Max, *25.4.1842 Emmershäuser Hütte (Emmershausen), Nassau, † 5.1.1898 München; 1881 Sekretär BAdW; 1887 a. o., seit 1892 o. Mitglied;

1892–1898 Leiter der Abt. ältere bayerische Korrespondenzen (im Rahmen der Wittelsbacher Korrespondenzen).

NACHRUF: Sitzungsb. d. BAdW, 1898 Bd. 1, 337–340 (J. Friedrich); NACHLASS: —.

Lutz, Heinrich, *20.8.1922 Wolfratshausen, † 18.5.1986 Zwettl/Niederösterreich; 1963 o. Prof. (Neuere Geschichte) Saarbrücken, 1966 (Geschichte der Neuzeit) Wien; seit 1969 o. Mitglied, 1971–1986 Leiter der Abt. Deutsche Reichstagsakten, Jüngere Reihe, 1985/86 Präsident.

NACHRUFE: Jb. BAdW 1986, 279–281 (E. Weis); Almanach ÖAW 137 (1987), 325–337 (G. Hamann); HZ 244 (1987), 487–493 (K. O. v. Aretin); NDB Bd. 15, 567f. (E. Weis); KÜRSCHNER [14](1983), 2598f.; Fellner/Corradini, 265f.; BAUTZ 15 (1999), 884–896 (A. P. Luttenberger/ www.bautz.de); LITERATUR: A. Kohler u. a. (Hg.), Die Einheit der Neuzeit. Zum hist. Werk v. H. L., 1989; A. Ara, H. Lutz. La testimonianza di uno storico della generazione della guerra, in: Rendiconti. Istituto Lombardo Accademia di Scienze e Lettere. Classi di Lettere e Scienze Morali e Storiche 134, 2 (2000), 243–275. NACHLASS: Universitätsarchiv Wien.

Maenner, Ludwig, *9.6.1890 Kaiserslautern/Rheinpfalz, † 13.4.1958 München; 1932 a. o. Prof. LMU München, 1948 Oberarchivrat und Vorstand Geheimes Staatsarchiv München; 1947 a. o., seit 1954 o. Mitglied, 1954–1958 Sekretär.

NACHRUF: —; W. Leesch, Die dt. Archivare, Bd. 2, 1992, 382; NACHLASS: —.

Marcks, Erich, *17.11.1861 Magdeburg, † 22.11.1938 Berlin; 1892 o. Prof. (Mittlere und Neuere Geschichte) Freiburg i. Br., 1894 Leipzig, 1901 Heidelberg, 1907 Hamburg Wissenschaftliche Stiftung, 1913 (Neuere Geschichte) LMU München, 1922 Berlin; seit 1914 o. Mitglied, 1916–1923 Sekretär, 1923–1938 Präsident, 1917–1922 Leiter der Abt. Geschichtsquellen des 19. Jahrhunderts.

NACHRUFE: HZ 160 (1939), 496–533 (K. Stählin); Jb. d. Preuß. Ak. d. Wiss. 1939, 167–174 (F. Hartung); Almanach ÖAW 89 (1939), 286–290 (v. Srbik); NDB Bd. 16, 122–125 (P. Fuchs); KÜRSCHNER [5](1935), 863; LITERATUR: J. Nordalm, Historismus u. moderne Welt: E. M. (1861–1938) in d. dt. Geschichtswissenschaft, 2003; Von staatlichem Werden u. Wesen. FS E. M. z. 60. Geb., hg. v. L. Bergsträßer, 1921; NACHLASS: Generallandesarchiv Karlsruhe; BA Koblenz sowie weiterer Teilnachlaß ohne Archivangabe.

Maschke, Erich, *2.3.1900 Berlin, † 11.2.1982 Heidelberg; 1935 o. Prof. (Mittlere Geschichte) Jena, 1942 (Mittlere Geschichte) Leipzig, 1956 (Wirtschafts- und Sozialgeschichte) Heidelberg; seit 1968 o. Mitglied.

NACHRUFE: HZ 235 (1982), 251–255 (E. Schremmer); VSWG 69 (1982), 300f. (W. Conze); KÜRSCHNER [13](1980), 2460; LITERATUR: B. Nickel, Der Historiker E. M. Wiss. u. pol. Tätigkeit in den Jahren 1933–1945 M.A., Jena, 2000; H. Gottwald, Die Jenaer Geschichtswiss. in der Zeit des Nationalsozialismus, in: U. Hoßfeld u. a. (Hg.), „Kämpferische Wissenschaft“. Studien zur Univ. Jena im Nationalsozialismus, 2003, 913–942, bes. 917-920; Aus Stadt- u. Wirtschaftsgeschichte Südwestdeutschlands, FS f. E. M. z. 75. Geb., 1975; NACHLASS: Hauptstaatsarchiv Stuttgart.

Maurer, Georg Ludwig von, *2.11.1790 Erpolzheim b. Dürkheim/Pfalz,

† 9.5.1872 München; 1826 o. Prof. (des franz. Rechts) LMU München; seit 1863 o. Mitglied.

NACHRUFE: Jahresberichte d. Hist. V. v. u. f. Oberbayern f. d. J. 1871/72, 185–191 (L. Rockinger); Sitzungsb. d. BAdW, III 1873, 168–173 (I. v. Döllinger); NDB Bd. 16, 435–437 (K. Dickopf); NACHLASS: Bayerische Staatsbibliothek München.

Maurer, Konrad, *29.4.1823 Frankenthal/Pfalz, † 16.9.1902 München; 1847 o. Prof. (Deutsches Privat- und Staatsrecht) LMU München; seit 1892 o. Mitglied, gemeinsam mit Johann Caspar Bluntschli (1808–1881) Leiter der Abt. Deutsche Rechtssprichwörter.

NACHRUFE: Gedächtnisrede auf K. M. Öff. Sitzung BAdW, 25.11.1903 (19 S.) (K. v. Amira); ZSRG (G. Abt.) (1903) V–XXVIII (E. Mayer); H. E. Feine, K. v. Maurer, in: Geist u. Gestalt I, 1959, 228–232; NDB Bd. 16, 437f. (K. Dickopf); NACHLASS: —.

Mayr, Karl, *28.3.1864 Krumbach/Schwaben, † 24.10.1917 (wohl München); Syndikus der BAdW; Honorarprof. LMU; seit 1911 o. Mitglied.

NACHRUFE: Jb. BAdW 1918, 79f. (M. Doeberl); K. M., in: K. A. v. Müller, Zwölf Historikerprofile, 1935, 96–115 [zuerst Süddt. Monatshefte Mai 1918]; NACHLASS: Archiv der Historischen Kommission.

Meinecke, Friedrich, *30.10.1862 Salzwedel/Altmark, † 6.2.1954 Berlin; 1901 o. Prof. (Neuere Geschichte) Straßburg, 1905 Freiburg i.Br., 1914 Berlin, 1948 FU Berlin; seit 1916 o. Mitglied.

NACHRUFE: Jb. BAdW 1954, 174–200 (F. Schnabel); HZ 174 (1952), 231–250 (W. Goetz); NDB Bd. 16, 657–660 (H. Dollinger); KÜRSCHNER [8](1954), 1519; Munzinger-Archiv 2/1954; http://www.klassiker.historicum.net/19/meinecke.htm; G. A. Ritter (Bearb.), F. M. Akademischer Lehrer u. emigrierte Schüler. Briefe u. Aufzeichnungen 1910–1977, 2006; M. Erbe (Hg.), F. M. heute. Bericht über ein Gedenk-Colloquium zu seinem 25. Todestag am 5. u. 6. April 1979, 1981; G. Bock u. a. (Hg.), F. M. in seiner Zeit, 2006; NACHLASS: Geheimes Staatsarchiv Preußischer Kulturbesitz.

Meuthen, Erich, *31.5.1929 Mönchengladbach; 1971 o. Prof. Bern, 1976 (Mittelalterliche Geschichte) Köln; seit 1977 o. Mitglied, 1979–2002 Leiter der Abt. Deutsche Reichstagsakten, Ältere Reihe.

KÜRSCHNER [21](2007), 2382; Studien zum 15. Jahrhundert. FS f. E. M., 1994; NACHLASS: Universitätsarchiv Köln.

Meyer, Arnold Oskar, *20.10.1877 Breslau, † 3.6.1944 Königsberg (Neumark); 1915 o. Prof. (Mittlere und Neuere Geschichte) Kiel, 1922 Göttingen, 1929 München, 1938 Berlin; seit 1928 o. Mitglied.

NACHRUF: Jb. BAdW 1949, 116–118 (W. Goetz); Literatur: F. Hartung, A.O.M., 1944; NACHLASS: Staats- und Universitätsbibliothek Göttingen.

Meyer von Knonau, Gerold, *5.8.1843 Zürich, † 16.3.1931 Zürich; 1872 o. Prof. (allg. Geschichte des Mittelalters und der Neuzeit, seit 1875 auch des Altertums) Zürich; seit 1894 o. Mitglied, Leiter der Abt. Jahrbücher der Deutschen Geschichte.

NACHRUFE: HZ 144 (1931), 447f. (A. Brackmann); Zs. f. Schweizerische Geschichte 11 (1931), 206–213 (A. Largiadèr); NDB Bd. 17, 382f. (E. Bonjour); KÜRSCHNER [4](1931), 1953; Fg. G. M. z. K. z. 70. Geb., 1913; NACHLASS: Familienarchiv Zentralbibliothek Zürich (FA Meyer vK 34–34df).

Möller, Horst, *12.1.1943 Breslau; 1982 o. Prof. (Neuere Geschichte) Erlangen, 1992 Regensburg und Direktor IfZ, 1996 LMU München; seit 1991 o. Mitglied; 1990–1999 Leiter der Abt. Dokumentation der deutsch-französischen Beziehungen 1949–1963.

KÜRSCHNER [21](2007), 2429.

Moraw, Peter, *31.8.1935 Mährisch Ostrau; 1972 o. Prof. (Allgemeine Geschichte unter bes. Berücksichtigung der hist. Hilfswissenschaften) Bielefeld, 1973 (Mittelalterliche Geschichte, Deutsche Landesgeschichte und Wirtschafts- und Sozialgeschichte) Gießen; seit 1987 o. Mitglied, seit 2000 Leiter der Abt. Repertorium Academicum Germanicum.

KÜRSCHNER [21](2007), 2446; Reich, Regionen u. Europa in Mittelalter u. Neuzeit. FS f. P. M., hg. v. P.-J. Heinig, 2000.

Morsey, Rudolf, *16.10.1927 Recklinghausen; 1966 o. Prof. (Neuere und Neueste Geschichte) Würzburg, 1970 (Neuere Geschichte, insbes. Verfassungs- und Verwaltungsgeschichte) Hochschule f. Verwaltungswissenschaften Speyer; seit 1981 o. Mitglied, seit 2000 Leiter der Abt. Protokolle des Bayer. Ministerrats 1945–1954.

KÜRSCHNER [21](2007), 2451; K. Ruppert, Laudatio auf R. M. anläßlich der Verleihung der Ehrendoktorwürde der Kath. Univ. Eichstätt (11.2.2004), in: Jb. d. Hambach-Gesellschaft 2005, 13–21; Von der Geschichte des Rheinlands u. Westfalens zur Landeszeitgeschichte Nordrhein-Westfalens. Erinnerungen eines Historikers, in: G. Ruge (Hg.), Lebensbilder – Landesbilder, 2003, 40–52; Miterlebte u. mitgestaltete Zeitgeschichts- u. Katholizismusforschung, in: Jb. d. Hambach-Gesellschaft 2005, 23–30; Staat u. Parteien. FS z. 65. Geb., 1992.

Müller, Heribert, *16.3.1946 Köln; 1987 o. Prof. (Mittelalterliche Geschichte) Frankfurt/M., 1994 Köln, 1998 Frankfurt/M.; seit 2000 o. Mitglied, seit 2002 Leiter der Abt. Deutsche Reichstagsakten, Ältere Reihe.

KÜRSCHNER [21](2007), 2477f.

Müller, Karl Alexander von, *20.12.1882 München, † 13.12.1964 Rottach-Egern; 1928 o. Prof. (bayerische Landesgeschichte, 1936 Neuere und Neueste Geschichte sowie bayerische Geschichte) LMU München; 1936–1944 Präsident BAdW; 1916 a. o., seit 1923 o. Mitglied, 1928–1945 Sekretär, 1938–1942 infolge der Vakanz des Präsidentenamtes auch Führung von dessen Geschäften, 1929–1945 Leiter der Abt. Dt. Geschichtsquellen des 19. Jahrhunderts, 1945 aus der Kommission ausgeschieden.

NACHRUFE: HZ 205 (1967), 295–322 (H. Gollwitzer); ZBLG 28 (1965), 920–928 (K. Bosl); NDB Bd. 18, 440ff. (H. W. v. Hentig); KÜRSCHNER [9](1961), 1397f.; Munzinger-Archiv 1/1965; Aus Gärten d. Vergangenheit, 1952; Mars u. Venus, 1954; Im Wandel einer Welt, 1966; Land u. Volk, Herrschaft u. Staat in der Geschichte u. Geschichtsforschung Bayerns. K. A. v. M. z. 80. Geb., 1964; LITERATUR: F. Kramer, Der Lehrstuhl für bayer. Landesgeschichte, in: W. Volkert/W. Ziegler (Hg.), Im Dienst der bayer. Geschichte, 1999, 365–378; M. Kinner, K. A. v. M. Historiker u. Publizist, 1997; NACHLASS: Bayerisches Hauptstaatsarchiv, Abt. V.

Muffat, Karl, *29.4.1804 Sulzbach, † 28.9.1878 München; 2. Reichsarchivrat,

Reichsarchiv München; 1858 a. o., seit 1863 o. Mitglied.

NACHRUFE: Jahresbericht d. Hist. V. v. Obb. 41 (1878), 82–91 (L. Rockinger); Sitzungsb. d. BAdW, 1879, Bd. 1 329–334 (W. v. Giesebrecht); ADB Bd. 22, 443f. (E. v. Oefele); W. Leesch, Die dt. Archivare, Bd. 2, 1992, 427; NACHLASS: —.

Nabholz, Hans, *12.6.1874 Bachs b. Zürich, † 5.5.1961 Zürich; 1931 o. Prof. (Schweizerische und Allgemeine Verfassungs- und Wirtschaftsgeschichte, Hist. Hilfswissenschaften) Zürich; seit 1928 o. Mitglied.

NACHRUF: Schweizerische Zs. f. Gesch. 11 (1961), 224–228 (M. Silberschmidt); NDB Bd. 18, 678f. (E. Bonjour); KÜRSCHNER ^{9}(1961), 1418; Fg f. H. N. z. 70. Geb., 1944; NACHLASS: Zentralbibliothek Zürich.

Näf, Werner, *7.6.1894 St. Gallen, † 19.3.1959 Gümlingen b. Bern; 1925 o. Prof. (Neue allgemeine Geschichte) Bern; seit 1947 o. Mitglied.

NACHRUF: HZ 190 (1960), 78–86 (W. Andreas); NDB Bd. 18, 696 (E. Bonjour); W. N. u. die dt. Geschichte, in: Schweizer Beitr. z. Allg. Geschichte 18/19 (1960/61), 109–117 (F. Schnabel); W. N. u. die NDB, in: Ebd., 118ff. (O. Stolberg-Wernigerode); KÜRSCHNER ^{9}(1961), 1420; Munzinger-Archiv 2/1959; LITERATUR: P. Wegelin, Stadtrepublik u. Weltgeschichte. W. N. (1894–1959) u. sein Werk (119 S.), 1994; NACHLASS: Kantonsbibliothek St. Gallen/Schweiz.

Neuhaus, Helmut, *29.8.1944 Iserlohn; 1989 o. Prof. (Neuere Geschichte) Erlangen; seit 1998 o. Mitglied, seit 2006 Sekretär.

KÜRSCHNER ^{21}(2007), 2553.

Nipperdey, Thomas, *27.10.1927 Köln, † 14.6.1992 München; 1963 o. Prof. (Geschichte) TH Karlsruhe, 1967 (Neuere Geschichte) FU Berlin, 1972 (Neuere Geschichte) LMU München; seit 1969 o. Mitglied.

NACHRUFE: Jb. BAdW 1992, 243–247 (G. A. Ritter); NDB Bd. 19, 282ff. (G. A. Ritter); BAUTZ 16 (1999), 1155–1157 (Th. K. Kuhn/www.bautz.de); H. Möller, Bewahrung u. Modernität: Z. historiographischen Werk von Th. N., in: VfZ 40 (1992), 469–482; L. Gall, Zum Lebenswerk v. Th. N. (= Laudatio Preis des Historischen Kollegs 19.11.1992), in: H. Holzbauer, Th. N. Bibliographie seiner Veröffentlichungen 1953–1992, 1993, 1–12; W. Hardtwig, Forschung u. Synthese. Das Werk des Historikers, in: Reden gehalten am 14.6.1993 bei der Akademischen Gedenkfeier, 1994, 15–27; KÜRSCHNER ^{16}(1992), 2611; Munzinger-Archiv 3/1992; ERINNERUNGEN: Th. N. Eine bürgerliche Jugend (1927–1945), 1998 (29 S.); NACHLASS: —.

Oexle, Otto Gerhard, *28.8.1939 Singen/a.H. (Baden-Württemberg); 1980 o. Prof. Hannover, 1987–2004 Direktor Max-Planck-Institut für Geschichte und Honorarprofessor (Mittlere und Neuere Geschichte) Göttingen; seit 1998 o. Mitglied.

KÜRSCHNER ^{21}(2007), 2631.

Oncken, Hermann, *16.11.1869 Oldenburg, † 28.12.1945 Göttingen; 1905 o. Prof. Chicago, 1906 (Neuere Geschichte) Gießen, 1907 Heidelberg, 1923 LMU München, 1928 Berlin; seit 1920 o. Mitglied, 1923 komm., 1925–1928 Sekretär; 1923–1928 Leiter der Abt. Dt. Geschichtsquellen des 19. Jahrhunderts.

NACHRUFE: Jb. BAdW 1949, 118–121 (W. Goetz); Preußische Jb. 218 (1929),

162–181 (F. Hirsch); NDB Bd. 19, 538f. (Ch. Studt); KÜRSCHNER [6](1940/41) Bd. II 306; Munzinger-Archiv 1/1947; D. Drüll, Heidelberger Gelehrtenlexikon 1803–1932, 1986, 197; Ch. Cornelißen, H. O. (1896–1945), in: M. Fröhlich (Hg.), Das Kaiserreich. Portrait einer Epoche in Biographien, 2001, 388–399; NACHLASS: Niedersächsisches Staatsarchiv Oldenburg (Findbuch z. Bestand NL H. O., bearb v. St. Hartmann u. hg. v. A. Eckhardt, 1979).

Paravicini, Werner, *25.10.1942 Berlin; 1984 o. Prof. Kiel (Mittlere Geschichte), 1993 Direktor DHI Paris; seit 2002 o. Mitglied.

KÜRSCHNER [21](2007), 2678; Menschenbilder – Menschenbildner. Individuum u. Gruppe im Blick d. Historikers. W. P. z. 60. Geb., hg. v. St. Selzer, 2002.

Pertz, Georg Heinrich, *28.3.1795 Hannover, † 7.10.1876 München; 1823–1874 wiss. Leiter MGH; seit 1858 o. Mitglied.

NACHRUF: Sitzungsb. d. BAdW, 1877, 65–74 (W. v. Giesebrecht); NDB Bd. 20, 205ff. (M. Wesche); NACHLASS: Geheimes Staatsarchiv Preußischer Kulturbesitz; Landeshauptarchiv Koblenz.

Planck, Wilhelm von, *22.4.1817 Göttingen, † 14.9.1900 München; 1842 o. Prof. (römisches Recht und Zivilprozeßrecht) Basel, 1845 Greifswald, 1850 Kiel, 1867 LMU München; seit 1898 o. Mitglied.

NACHRUF: Sitzungsb. d. BAdW, 1902, 81–94 (J. Friedrich); L. v. Seuffert, J. J. W. P., 1901; Fg. z. Doktorjubiläum des W. v. P. in München v. der rechts- und staatswiss. Fakultät zu Straßburg, 1887; NACHLASS: —.

Pölnitz, Götz Freiherr von, *11.12.1906 München, † 9.11.1967 Erlangen; 1936 Direktor Fuggerarchiv Augsburg; 1954 o. Prof. (Mittelalterliche und Neuere Geschichte) Dillingen, 1960 Hochschule f. Wirtschafts- und Sozialwissenschaften Nürnberg, seit 1961 Fakultät der Univ. Erlangen-Nürnberg; seit 1958 o. Mitglied, 1959–1964 Sekretär.

NACHRUF: VSWG 56 (1969), 282–288 (H. Kellenbenz); KÜRSCHNER [10](1966), 1870; NDB Bd. 20, 563 (H. W. v. Hentig/Familienartikel); Erlanger Stadtlexikon 2002, 559f.; G. v. P., in: 50 Jahre Schwäbische Forschungsgemeinschaft, 1999 219f. (W. Zorn); Munzinger-Archiv 1/1968; NACHLASS: —.

Preger, Johann Wilhelm, *25.8.1827 Schweinfurt, † 30.1.1896 München; seit 1892 o. Mitglied.

NACHRUFE: Sitzungsb. d. BAdW, 1896, 152–155 (Ad. v. Cornelius); Beitr. z. bayer. Kirchengesch. II 1896, 253ff. (Th. Kolde); ADB Bd. 53, 107–113 (V. Michels); NACHLASS: —.

Quidde, Ludwig, *23.3.1858 Bremen, † 5.3.1941 Genf; 1919/20 MdR (DDP); 1887 a. o., seit 1907 o. Mitglied; 1889–1935 Leiter der Abt. Deutsche Reichstagsakten, Ältere Reihe, 1935 von der Abteilungsleitung entbunden; 1936/37 aus dem Verzeichnis der Mitglieder der Kommission im Jb. BAdW getilgt, 1940 Ausbürgerung aus dem Deutschen Reich.

NDB Bd. 21, 45ff. (K. Holl); KÜRSCHNER [4](1931), 2295; R. Rürup, L. Q., in: Dt. Historiker Bd. 3, 1973, 358–381; T. Quidde, Friedensnobelpreisträger L. Q., 2003; LITERATUR: K. Holl, L. Q (1858–1941). Eine Biographie (Schriften des Bundesarchivs 67), 2007; M. Schumacher, M.d.R., [3]1994, 374f.; NACHLASS: BA Koblenz; Stadtarchiv München;

Literaturarchiv der Monacensia, Stadtbibliothek München.

Ranke, Leopold von, *20.12.1795 Wiehe/Unstrut, † 23.5.1886 Berlin; 1833 o. Prof. (Geschichte) Berlin; seit 1858 o. Mitglied; 1858–1886 Präsident und Leiter der Abt. Jahrbücher der Deutschen Geschichte.

NACHRUFE: Akademische Gedächtnisrede auf L. v. R. Öffentl. Sitzung BAdW 28.3.1887 (32 S.) (W. v. Giesebrecht); HZ 56 (1886), 463–481 (H. v. Sybel = Gedächtnisrede auf Ranke kgl. Preuß. Akademie d. Wiss., 1.7.1886); NDB Bd. 21, 140ff. (U. Muhlack); BAUTZ 7 (1994), 1324–1355 (V. Dotterweich/ www.bautz.de); E. Schulin, L. R., in: Europa–Historiker, 1, 2006, 129–151; http://www.klassiker.historicum.net/18/ranke.htm; NACHLASS: Geh. Staatsarchiv Preußischer Kulturbesitz Berlin; Staatsbibliothek Berlin; Syracuse University, Syracuse/NY.

Rassow, Peter, *23.11.1889 Elberfeld, † 19.5.1961 Köln; 1940 o. Prof. (Deutsche Geschichte, insbes. Geschichte der Kriegswissenschaften/nach 1945 Mittlere und Neuere Geschichte) Köln; seit 1946 o. Mitglied, 1949–1961 Leiter der Abt. Deutsche Geschichtsquellen des 19. und 20. Jahrhunderts.

NACHRUF: HZ 195 (1962), 131–146 (K. D. Erdmann); NDB Bd. 21, 166f. (M. Vogt); KÜRSCHNER 9(1961), 1607f.; Munzinger–Archiv 3/1961; Hist. Forsch. u. Probleme. P. R. z. 70. Geb., hg. v. K. E. Born, 1961; NACHLASS: BA Koblenz; Korrespondenz auch im Archiv der Historischen Kommission.

Redlich, Oswald, *17.9.1858 Innsbruck, † 20.1.1944 Wien; 1897 o. Prof. (Mittelalterliche Geschichte und Historische Hilfswissenschaften) Wien; seit 1908 o. Mitglied.

NACHRUFE: Almanach ÖAW 94 (1944), 160–191 (L. Bittner); Jb. BAdW 1949, 121f. (W. Goetz); NDB Bd. 21, 249f. (W. Stelzer); ÖBL 1815–1950 Bd. 9, 11f. (H. Appelt); KÜRSCHNER 6(1940/41), 434; Fellner/Corradini 338f.; FS zu Ehren O. R.s, 1928; LITERATUR: L. Santifaller, O. R., 1948; R. Neck, O. R. u. das österreichische Archivwesen, in: Mitteilungen des Österreichischen Staatsarchivs 28 (1975), 378–389; NACHLASS: Institut für Österreichische Geschichtsforschung; Universitätsarchiv Wien; Dr. Lieselotte Popelka (Wien).

Repgen, Konrad, *5.5.1923 Friedrich-Wilhelms-Hütte (Rhein-Sieg-Kreis); 1962 o. Prof. (Neuere und Neueste Geschichte) Saarbrücken, 1967 (Mittlere und Neuere Geschichte) Bonn; seit 1971 o. Mitglied, 1976–1997 Leiter der Abt. Akten der Reichskanzlei, Regierung Hitler 1933–1938 (seit 1988: 1933–1945).

KÜRSCHNER 21(2007), 2911f.; D. Albrecht u. a. (Hg.), Politik u. Konfession. FS f. K. R. z. 60. Geb., 1983; J. Scholtyseck, 5 Jahrzehnte Geschichtswissenschaft in Bonn: K. R. z. 80. Geb., 2003 (56 S.); P. Bahners, Die List d. offenen Wortes. Gründe sind stärker als Wünsche. z. 80. Geb. K. R. (FAZ 3.5.2003).

Riezler, Sigmund von, *2.5.1843 München, † 28.1.1927 München; 1898 o. Prof. (Bayerische Geschichte) LMU München; seit 1883 a.o., 1887 o. Mitglied, 1908–1916 Sekretär, 1899–1915 Leiter der Abt. Quellen und Erörterungen zur bayer. und dt. Geschichte (Neue Folge).

NACHRUFE: Jb. BAdW 1927, 18–26 (H. Oncken); HZ 138 (1928), 255–314 (W. Goetz); NDB Bd. 21, 615f. (H.-Ch. Kraus); KÜRSCHNER 1(1925), 829f.; LITERATUR: K. Weigand, Der Lehrstuhl für bayer. Landesgeschichte an der Univ.

München u. sein erster Inhaber S. v. R., in: W. Volkert/W. Ziegler (Hg.), Im Dienst der bayer. Geschichte, 1999, 307–350; A. Dove (Hg.), FS S. R. z. 70. Geb., 1913; NACHLASS: —.

Ritter, Gerhard, *6.4.1888 Bad Sooden/Werra, † 1.7.1967 Freiburg i. Br.; 1923 o. Prof. (Mittlere und Neuere Geschichte) Hamburg, 1925 (Mittlere und Neuere Geschichte) Freiburg i. Br.; seit 1946 o. Mitglied, seit 1957 Leiter der Unter-Abt. der Dt. Geschichtsquellen „Quellen zur deutschen Politik im Ersten Weltkrieg".

NACHRUF: Jb. BAdW 1967, 216ff. (F. Wagner); NDB Bd. 21, 658ff. (Ch. Cornelißen); KÜRSCHNER [10](1966), 2000f.; BAUTZ 8 (1994), 412–414 (K. Fuchs/www.bautz.de); Ch. Cornelißen, G. R. Geschichtswissenschaft u. Politik im 20. Jhdt., 2001; NACHLASS: BA Koblenz; Evangelisches Zentralarchiv Berlin; Hessisches Staatsarchiv Marburg; UB Düsseldorf.

Ritter, Gerhard A., *29.3.1929 Berlin; 1962 o. Prof. (Politische Wissenschaften) FU Berlin, 1965 (Neuere Geschichte) Münster, 1974 LMU München; seit 1971 o. Mitglied; 1993–2001 Leiter der Abt. Forschungen zur deutschen Sozialgeschichte.

KÜRSCHNER [21](2007), 2957f.; Munzinger-Archiv 1/1989; W. Hardtwig, Geschichtswissenschaft als Demokratietheorie. Vorträge anl. d. Verleihung d. Ehrendoktorwürde an G. A. Ritter 2.7.1999 (3–16) (http://edoc.hu-berlin.de/ovl/ovl102/PDF/Ritter.pdf), 1999; J. Kocka u. a. (Hg.), Von der Arbeiterbewegung z. modernen Sozialstaat. FS f. G. A. Ritter z. 65. Geb., 1994.

Ritter, Moriz, *16.1.1840 Bonn, † 28.12.1923 Bonn; 1873 o. Prof. (Geschichte) Bonn; 1883 a. o., seit 1898 o. Mitglied, 1908–1923 Präsident, 1901–1912 Leiter der Abt. Briefe und Akten zur Geschichte des Dreißigjährigen Krieges.

NACHRUFE: Jb. BAdW 1922/23, 94ff. (M. Doeberl); HZ 131 (1925), 472–495 (W. Goetz); S. Skalweit, M. R., in: Bonner Gelehrte. Beiträge zur Geschichte der Wissenschaften in Bonn. Geschichtswissenschaften, 1968, 209–224; NDB Bd. 21, 668 (Th. Brechenmacher); LITERATUR: Th. Brechenmacher, Großdt. Geschichtsschreibung im 19. Jhdt., 1996; E. Kessler, Lebenserinnerungen des Historikers M. R. [v. 5.6.1923], in: Internationale kirchliche Zs. 86 (1996), H. 3 161–189, 87 (1997), H. 4 277–291, 88 (1998), H. 3 403–414, H. 4 461–473; NACHLASS: Teilnachlaß UB Bonn Handschriftenabteilung.

Rockinger, Ludwig, *29.12.1824 Würzburg, † 24.12.1914 München; 1863 Honorarprof. (Paläographie und bayerische Geschichte) LMU München, 1889–1895 Reichsarchivdirektor München; seit 1878 o. Mitglied.

NACHRUFE: Jb. BAdW 1915, 143ff. (E. Marcks); Almanach ÖAW 65 (1915), 459 (G. Winter); Archivalische Zs. I (1915), 3. Folge 276–293 (F. L. v. Baumann); W. Leesch, Die dt. Archivare, Bd. 2, 1992, 492f.; NACHLASS: Bayerische Staatsbibliothek München.

Rothfels, Hans, *12.4.1891 Kassel, † 22.6.1976 Tübingen; 1926 o. Prof. (Mittlere und Neuere Geschichte) Königsberg, 1940–1946 Brown University Providence (USA), 1946 Chicago, 1951 (Mittlere und Neuere Geschichte) Tübingen; seit 1953 o. Mitglied.

NACHRUF: HZ 237 (1983), 311–360 (W. Conze); NDB Bd. 22, 123–125 (W. Neugebauer); KÜRSCHNER [12](1976), 2642; Munzinger-Archiv 33/1976; LITERATUR: J. Hürter/H. Woller (Hg.),

H. R. u. die dt. Zeitgeschichte, 2005; J. Eckel, H. R. Eine intellektuelle Biographie im 20. Jhdt., 2005; NACHLASS: BA Koblenz.

Rudhart, Georg Thomas von, *27.3.1792 Weismain (Oberfranken), † 10.11.1860 (wohl München); 1847 o. Prof. LMU München; seit 1858 o. Mitglied.

NACHRUF: Denkrede auf G. Th. v. R. gelesen i. d. öffentl. Sitzung d. BAdW, 26.3.1861 (K. A. Muffat) (28 S.), 1861; NDB Bd. 22, 163f. (H. Rumschöttel); LITERATUR: F. Machilek, G. Th. v. R., in: Weismain 2 (1996), 421–430; NACHLASS: Bayerisches Hauptstaatsarchiv Abt. V.

Scheffer-Boichorst, Paul, *25.5.1843 Elberfeld, † 17.1.1902 Berlin; 1875 o. Prof. (f. Geschichte) Gießen, 1876 (Mittlere Geschichte) Straßburg, 1890 (Mittlere Geschichte) Berlin; seit 1898 o. Mitglied.

NACHRUF: HZ 89 (1902), 54–71 (H. Bloch); K. Brandi, P. Sch.-B., in: Westfälische Lebensbilder 2 (1931), 522–538; NACHLASS: Staatsbibliothek zu Berlin, Preußischer Kulturbesitz.

Schieder, Theodor, *11.4.1908 Oettingen/Ries, † 8.10.1984 Köln; 1942 o. Prof. (Deutsche Geschichte) Königsberg, 1947 (Mittlere und Neuere Geschichte) Köln; seit 1953 o. Mitglied, 1959–1979/80 Leiter der Abt. Leopold von Ranke, Aus Werk und Nachlaß, 1964–1984 Präsident.

NACHRUFE: HZ 241 (1985), 1–25 (L. Gall); Jb. BAdW 1985, 228–231 (W. Bußmann); Geschichte und Gesellschaft 11 (1985), 143–153 (H.-U. Wehler); NDB Bd. 22, 732ff. (L. Gall); KÜRSCHNER [14](1983), 3634f.; Munzinger-Archiv 4/1985; Kleine u. große Welt. Große Ereignisse im Spiegel d. Erinnerungen an eine Jugend in Bayer.-Schwaben [bis 1926], in: FS Spindler III, 1984, 389–413; LITERATUR: L. Gall, Elitenkontinuität in Wirtschaft u. Wissenschaft. Hindernis oder Bedingung für den Neuanfang nach 1945? Hermann Josef Abs u. Th. Sch., in: HZ 279 (2004), 659–677; NACHLASS: BA Koblenz.

Schieffer, Rudolf, *31.1.1947 Mainz; 1980 o. Prof. (Geschichte des Mittelalters, Historische Hilfswissenschaften) Bonn, 1994 LMU München u. Präsident MGH; seit 1994 o. Mitglied.

KÜRSCHNER [20](2005), 3020.

Schieffer, Theodor, *11.7.1910 Bad Godesberg, † 9.4.1992 Bad Godesberg; 1951 o. Prof. (Mittelalterliche Geschichte) Mainz, 1954 (Mittlere und Neuere Geschichte, Historische Hilfswissenschaften) Köln; seit 1957 o. Mitglied; 1961–1979 Leiter der Abt. Jahrbücher der Deutschen Geschichte.

NACHRUFE: HZ 256 (1993), 241–248 (H. Meuthen); Jb. d. Akademie d. Wiss. Göttingen 1992, 253–263 (J. Fleckenstein); NDB Bd. 22, 735f. (H. Müller); BAUTZ 16 (1999), 1420–1426 (K. Fuchs/www.bautz.de); KÜRSCHNER [16](1992), 3190; LITERATUR: H. Müller, Th. Sch. – Leben u. Werk, in: Th. Sch. 1910–1992, o. J., 3–20; NACHLASS: Privatbesitz Rudolf Schieffer.

Schnabel, Franz, *18.12.1887 Mannheim, † 25.2.1966 München; 1922–1936 o. Prof. (Geschichte) TH Karlsruhe, 1947 (Mittlere und Neuere Geschichte) LMU München; seit 1947 o. Mitglied, 1951–1959 Präsident.

NACHRUFE: Jb. BAdW 1966, 188–193 (K. Bosl); HZ 205 (1967), 323–357 (F. H. Schubert); NDB Bd. 23, 273f. (L. Gall); KÜRSCHNER [9](1961), 1828; LI-

TERATUR: Th. Hertfelder, F. Sch. u. die dt. Geschichtswissenschaft, 2 Bde. (= Schriftenreihe HiKo 60) 1995; K. Malisch, F. Sch. 1887–1966, Archivische Dokumente z. s. Wirken in München ab 1947, 2003; P. Herde, Kontinuitäten u. Diskontinuitäten im Übergang vom Nationalsozialismus zum demokratischen Neubeginn. Die gescheiterten Berufungen von Hermann Heimpel nach München (1944–1946) u. v. F. Sch. nach Heidelberg (1946–1947), 2007; NACHLASS: Historische Kommission, Nachlaß Schnabel; Bayerische Staatsbibliothek München, Schnabeliana; Städt. Reiß-Museum Mannheim; Stadtarchiv Mannheim.

Schramm, Percy Ernst, *14.10.1894 Hamburg, † 12.11.1970 Göttingen; 1929 o. Prof. (Mittlere und Neuere Geschichte, Historische Hilfswissenschaften) Göttingen; seit 1951 o. Mitglied.

NACHRUFE: Jb. BAdW 1971, 203–210 (W. Bußmann); HZ 214 (1972), 96–108 (H. Heimpel); DA 27 (1971), 655ff. (R. Elze); NDB Bd. 23, 515–517 (H. M. Schaller); KÜRSCHNER [11](1970), 2173; LITERATUR: M. Messerschmidt, K. D. Erdmann, W. Bußmann u. P. E. Schramm. Historiker an der Front u. i. d. Oberkommandos der Wehrmacht u. d. Heeres, in: Nationalsozialismus in den Kulturwissenschaften. Fächer, Milieus, Karrieren, hg. v. H. Lehmann/O. G. Oexle, Bd. 1, 2004, 417–443; D. Thimme, Die Erinnerungen des Historikers P. E. Schramm, in: Zs. d. V. f. Hamburgische Gesch. 89 (2003), 227–262; Ders., P. E. Sch. u. d. Mittelalter. Wandlungen eines Geschichtsbildes (= Schriftenreihe HiKo 75), 2006; http://www.klassiker.historicum.net/20/schramm.htm; P. Classen (Hg.), FS P. E. Sch. z. s. 70. Geb., 2 Bde. 1964; NACHLASS: Staatsarchiv der Freien und Hansestadt Hamburg.

Schubert, Friedrich Hermann, *26.8.1925 Dresden, † 30.6.1973 Frankfurt a.M.; 1963 o. Prof. (Mittlere und Neuere Geschichte) Kiel, 1968 (Mittlere und Neuere Geschichte) Frankfurt a. M.; 1961 a. o., seit 1965 o. Mitglied, 1968–1973 Leiter der Abt. Deutsche Reichstagsakten, Mittlere Reihe, 1970/71 kommissarischer Leiter der Deutschen Reichstagsakten, Jüngere Reihe.

NACHRUF: HZ 218 (1974), 354–363 (E. ANGERMANN); KÜRSCHNER [11](1970), 2733; K. O. v. Aretin, F. H. SCH., Rede am 24. Okt. 1973 im Histor. Seminar d. Johann Wolfgang Goethe-Univ., Frankfurt a.M., 1974; NACHLASS: Korrespondenz im Archiv der Historischen Kommission.

Schulte, Aloys, *2.8.1857 Münster, † 14.2.1941 Bonn; 1893 o. Prof. (Geschichte, bes. Badische Landesgeschichte, Hilfswissenschaften) Freiburg i.Br., 1896 (Geschichte) Breslau, 1903 (Geschichte) Bonn; seit 1916 o. Mitglied, 1919–1930 Leiter der Abt. Deutsche Handelsakten des Mittelalters und der Neuzeit.

NACHRUFE: Jb. BAdW 1949, 122ff. (W. Goetz); HZ 165 (1942), 447ff. (M. Braubach); HJb 78 (1959), 82–109 (M. Braubach); NDB Bd. 23, 687–689 (S. Jordan/K. Repgen); KÜRSCHNER [5](1935), 1261; M. Braubach, A. Sch., in: Bonner Gelehrte. Beiträge zur Geschichte der Wissenschaften in Bonn. Geschichtswissenschaften, 1968, 299–310; BAUTZ 9 (1995), 1115–1118 (G. Kaller/www.bautz.de); LThK 9 (2000), 300 (W. Janssen); A. Sch. z. 80. Geb. (= HJb 57 (1937) 2/3, 157–540); J. Mathieu, Cento anni di vita di un classico: l'opera di a. sch. sul traffico commerciale transalpino, in: archivio storico ticinese 128 (2000), 207–216; NACHLASS: UB Bonn (http://www.ulb.uni-bonn.de/bibliothek/bestaende/sonderbestand/nachlass/nachlassregister-schulte.pdf).

Schulze, Winfried, *13.10.1942 Bergisch Gladbach; 1978 o. Prof. (Geschichte der frühen Neuzeit, Methodologie der Geschichtswissenschaft) Bochum, 1993 (Neuere Geschichte) LMU München; seit 1994 o. Mitglied, 1997–2002 Sekretär, seit 2000 Leiter der Abt. Briefe und Akten zur Geschichte des Dreißigjährigen Krieges.

KÜRSCHNER [21](2007), 3376; R. Hohls u. a., Versäumte Fragen. Dt. Historiker im Schatten des Nationalsozialismus, 2000, 472.

Schwinges, Rainer C., *19.2.1943 Paderborn; 1989 a. o., 1992 o. Prof. (Geschichte des Mittelalters, Universitäts- u. Bildungsgeschichte des MA und der Neuzeit) Bern; seit 1999 o. Mitglied, seit 2000 Leiter der Abt. Repertorium Academicum Germanicum.

KÜRSCHNER [21](2007), 3417; Personen der Geschichte – Geschichte der Personen. FS f. R. C. Sch. z. 60. Geb., 2003.

Sickel, Theodor Ritter von, *18.12.1826 Aken/Sachsen, † 21.4.1908 Meran/Tirol; 1867 o. Prof. (Geschichte und Historische Hilfswissenschaften) Wien; seit 1873 o. Mitglied, 1897–1908 Präsident.

NACHRUFE: Almanach ÖAW 58 (1908), 327–340 (E. v. Ottenthal); Jb. d. Thüringisch-Sächsischen Vereins f. Erforschung d. vaterländ. Altertums u. Erhaltung seiner Denkmale in Halle a. Saale f. 1907/08 (1909), 15–33 (K. Heldmann) (mit Verz. weiterer Nekrologe); ÖBL 1815–1950 Bd. 12, 223f. (W. Stelzer); Fellner/Corradini 379f.; BAUTZ 10 (1995), 13–16 (I. Hlavácek /www.bautz.de); W. Erben (Bearb.), Th. S. Denkwürdigkeiten aus der Werdezeit eines dt. Geschichtsforschers, 1926; LITERATUR: M. Schubert, Meister – Schüler. Th. S. u. P. F. Kehr (nach ihrem Briefwechsel), in: MIÖG 106 (1998), 149–167; NACHLASS: Institut für Österreichische Geschichtsforschung.

Spindler, Max, *28.11.1894 Birnbaum/Oberfranken, † 9.4.1986 Neunkirchen am Brand/Oberfranken; 1946 o. Prof. (Mittlere und Neuere Geschichte, bayerische Landesgeschichte) LMU München; seit 1946 o. Mitglied, 1947–1950 Sekretär; 1955–1966/68 Leiter der Abt. Briefe und Akten zur Geschichte des Dreißigjährigen Krieges.

NACHRUFE: Jb. BAdW 1986, 270–274 (A. Kraus); HJb 107 (1987), 514–518 (D. Albrecht); KÜRSCHNER [15](1987), 4463; LITERATUR: F. Kramer, Der Lehrstuhl für bayer. Landesgeschichte, in: W. Volkert/W. Ziegler (Hg.), Im Dienst der bayer. Geschichte, 1999, 379–390; Volk u. Reich – Stamm u. Nation. FG f. M. S. z. 90. Geb., 3 Bde., 1984; NACHLASS: Bayerische Staatsbibliothek München.

Spruner von Merz, Karl, *15.11.1803 Stuttgart, † 24.8.1892 München; königl. Flügeladjutant, General der Infanterie u. Kartograph; seit 1858 o. Mitglied.

NACHRUF: Sitzungsb. d. BAdW, 1893, Bd. 1, 243–246 (C. A. v. Cornelius); ADB Bd. 35, 325–328 (K. Th. v. Heigel); NACHLASS: —.

Srbik, Heinrich Ritter von, *10.11.1878 Wien, † 16.2.1951 Ehrwald/Tirol; 1938–1945 MdR, 1929/30 Österr. Bundesminister für Unterricht; 1917 o. Prof. (Neuere Geschichte und Wirtschaftsgeschichte) Graz, 1922 (Allgemeine Geschichte der Neuzeit) Wien; seit 1928 o. Mitglied, 1942–1945 Präsident, 1945 aus der Kommission ausgeschieden.

NACHRUFE: Jb. BAdW 1951, 163–170 (F. Schnabel); Almanach ÖAW 101 (1951), 327–371 (W. Bauer); HZ 173 (1952), 95–101 (W. Näf); KÜRSCHNER 7(1950), 1995; Fellner/Corradini 385f.; Gesamtdt. Vergangenheit. Fg. f. H. R. v. S. z. 60. Geb., 1938; LITERATUR: A. Wandruszka, H. R. v. S.s Leben u. Werk, Anzeiger der phil.-hist. Kl. d. ÖAW 115 (1978), 352–395; J. Kämmerer, H. R. v. S. Die wiss. Korrespondenz des Hist. 1912–1945, 1987; F. Fellner, H. v. S., „Urenkelschüler Rankes", in: Ders., Geschichtsschreibung u. nationale Identität, 2002, 330–345; J. Lilla, Statisten in Uniform. Die Mitglieder des Reichstags 1933–1945, 2004, 635f.; NACHLASS: BA Koblenz.

Stadelmann, Rudolf, *23.4.1902 Adelmannsfelden (Kreis Aalen Württemberg), † 17.8.1949 Gut Theusenberg (Albterrasse bei Essingen); 1937 o. Prof. (Neuere Geschichte) Gießen, 1938 (Neuere Geschichte) Tübingen; seit 1946 o. Mitglied, 1947–1949 Leiter der Abt. Deutsche Geschichtsquellen des 19. und 20. Jahrhunderts (für das 19. Jhdt.).

NACHRUF: HZ 172 (1951), 285–307 (H. Heimpel); KÜRSCHNER 7(1950), 1996; Lebensbilder aus Schwaben u. Franken XV (1983) [mit Abb.] 432–451 (Th. Pfizer); NACHLASS: BA Koblenz.

Stadler, Peter, *11.11.1925 Zürich; 1967 o. Prof. (Neuere Geschichte) Gießen; 1970 (Schweizergeschichte) Zürich; seit 1980 o. Mitglied.

KÜRSCHNER 21(2007), 3544; FS P. St., 2003.

Stälin, Christoph Friedrich von, *4.8.1805 Calw, † 12.8.1873 Stuttgart; Oberbibliothekar; seit 1858 o. Mitglied.

NACHRUF: Sitzungsb. d. BAdW, 1874, Bd. 1 188–191 (W. v. Giesebrecht); ADB Bd. 35, 417–422 (P. Stälin); NACHLASS: Familienarchiv im Landeskirchl. Archiv Nürnberg.

Stieve, Felix, *9.3.1845 Münster, † 10.6.1898 München; 1885 Prof. (Geschichte) am Münchner Polytechnikum (Vorläufer TU München); 1883 a. o., seit 1887 o. Mitglied.

NACHRUF: Sitzungsb. d. BAdW, 1899, Bd. 1 158–164 (J. Friedrich); ADB Bd. 54, 524–534 (K. Mayr); M. Geisberg, Meine Jugend im alten Münster, 1984, 105–112 (Onkel Felix Stieve [Foto S. 107]); NACHLASS: —.

Graf zu Stolberg-Wernigerode, Otto, *31.3.1893 Wernigerode/Harz, † 5.8.1984 Hamburg; 1942 o. Prof. (Neuere Geschichte) Rostock, 1955 (Europäische Geschichte unter bes. Berücksichtigung Westeuropas) LMU München; 1953 a. o., seit 1957 o. Mitglied, 1950–1968 Hauptschriftleiter der Neuen Deutschen Biographie.

NACHRUF: Notiz FAZ 17.8.1984; zum 80. Geb. Die Welt 30.3.1973 (W. Görlitz); KÜRSCHNER 14(1983), 4157; NACHLASS: Korrespondenz im Archiv der Historischen Kommission.

Stollberg-Rilinger, Barbara, *17.7.1955 Bergisch Gladbach; 1997 o. Prof. (Frühe Neuzeit) Münster; seit 2006 o. Mitglied.

KÜRSCHNER 21(2007), 3625.

Stourzh, Gerald, *15.5.1929 Wien; 1964 o. Prof. (Neuere Geschichte mit bes. Berücksichtigung Nordamerikas) FU Berlin, 1969 (Geschichte der Neuzeit) Wien; seit 1996 o. Mitglied.

KÜRSCHNER 21(2007), 3630; T. Angerer u. a. (Hg.), Geschichte und Recht. FS G.

S. z. 70. Geb., 1999; Fellner/Corradini 399f.

Strieder, Jakob, *18.12.1877 Dorchheim/Hessen, † 24.7.1936 Garmisch; seit 1920 Vorstand Fürstl. u. gräfl. Fuggersches Familien- u. Stiftungsarchiv, 1923 o. Prof. (Wirtschaftsgeschichte) LMU München; 1923 a. o., seit 1927 o. Mitglied, 1930–1936 Leiter der Abt. Deutsche Handelsakten des Mittelalters und der Neuzeit.

NACHRUFE: ZBLG 9 (1936), 497f. (C. Bauer); HZ 155 (1937), 223f. (Cl. Bauer); KÜRSCHNER [4](1931), 2952; W. Leesch, Die dt. Archivare, Bd. 2, 1992, 601; NACHLASS: Bayerisches Hauptstaatsarchiv, Abt. V.

Sybel, Heinrich von, 2.12.1817 Düsseldorf, † 1.8.1895 Marburg; 1844 Prof. f. Geschichte Bonn, 1845 Marburg, 1856 München, 1861 Bonn; seit 1858 o. Mitglied, 1858–1862 Sekretär, 1886–1895 Präsident; 1860–1870 Leiter der Abt. Ältere pfälzische Korrespondenzen (im Rahmen der Wittelsbacher Korrespondenzen), 1858–1895 Oberleitung Abt. Deutsche Reichstagsakten, Ältere Reihe und 1886–1895 Abt. Deutsche Reichstagsakten, Jüngere Reihe.

NACHRUF: HZ 75 (1895), 390–395 (F. Meinecke); ADB Bd. 54, 645–667 (P. Bailleu); BAUTZ 20 (2003), 1443–1445 (K. Fuchs/www.bautz.de); W. Bußmann, H. v. S., in: Bonner Gelehrte. Beiträge zur Geschichte der Wissenschaften in Bonn. Geschichtswissenschaften, 1968, 93–103; V. Dotterweich, H. v. S. Geschichtswissenschaft in politischer Absicht (1817–1861) (= Schriftenreihe HiKo 16), 1978; M. Lemberg, H. v. S. u. Eduard Zeller Briefwechsel (1849–1895), 2004; NACHLASS: Geheimes Staatsarchiv Preußischer Kulturbesitz Berlin; BA Koblenz.

Szöllösi-Janze, Margit, *22.2.1957 München; 2000 o. Prof. (Zeitgeschichte) Salzburg, 2001 (Neuere Geschichte) Köln; seit 2004 o. Mitglied.

KÜRSCHNER [21](2007), 3681f.

Tellenbach, Gerd, *17.9.1903 Groß-Lichterfelde (Berlin), † 12.6.1999 Freiburg i.Br.; 1938 o. Prof. (Mittlere und Neuere Geschichte) Gießen, 1942 (Mittlere und Neuere Geschichte) Münster, 1944 (Mittlere und Neuere Geschichte) Freiburg i.Br.; seit 1958 o. Mitglied, 1960–1985 Leiter der Abt. Urkunden und Akten der oberdeutschen Städtebünde.

NACHRUFE: Jb. BAdW 2000, 309–315 (H. Fuhrmann); QFIAB 79 (1999) S. XXXV–XXXVIII (A. Esch); FAZ 19.6.1999 (H. Keller); Munzinger-Archiv 3/1988; KÜRSCHNER [17](1996), 1455f.; FS G. T. z. 65. Geb., 1968; Fg. G. T. z. 80. Geb., hg. v. H. Keller (= ZGORh 131), 1983; ERINNERUNGEN: Aus erinnerter Zeitgeschichte, 1981; LITERATUR: H. Keller, Das Werk G. T. in d. Gesch.wiss. unseres Jhdts., in: Frühmittelalterl. Studien 28 (1994), 374–397; D. Mertens u. a. (Hg.), G. T. (1903–1999). Ein Mediävist des 20. Jhdts. Vorträge aus Anlaß seines 100. Geb. in Freiburg i.Br. 24.10.2003, 2005; NACHLASS: Universitätsarchiv Freiburg.

Wackernagel, Wilhelm, *23.4.1806 Berlin, † 21.12.1869 Basel; 1833 o. Prof. (dt. Sprache und Literatur) Basel; seit 1863 o. Mitglied.

NACHRUF: Zs. f. d. Phil. 2 (1870), 329–342 (Sal. Vögelin); ADB Bd. 40, 460–465 (E. Schröder); BAUTZ 13 (1998), 134–136 (Th. K. Kuhn /www.bautz.de); NACHLASS: Handschriftenabteilung der UB Basel (NL 88).

Wagner, Fritz, *5.12.1908 Ludwigsburg, † 2.3.2003 Wildbad Kreuth; 1947 o. Prof. (Neuere Geschichte) Marburg, 1966 (Mittlere und Neuere Geschichte) LMU München; seit 1967 o. Mitglied, 1968 zunächst kommissarisch, anschließend 1969–1982 Sekretär, 1970–1987 Hauptschriftleiter der Neuen Deutschen Biographie.

NACHRUFE: Jb. BAdW 2003, 304–307 (E. Weis); HJb 123 (2003), 529–533 (H.-H. Brandt); AfK 85 (2003), 387–391 (H. Neuhaus); KÜRSCHNER [19](2003), 3550f.; NACHLASS: —.

Waitz, Georg, *9.10.1813 Flensburg, † 24.5.1886 Berlin; 1842 o. Prof. (Geschichte) Kiel, 1849 (Geschichte, vornehmlich Mittlere Geschichte) Göttingen; seit 1858 o. Mitglied, 1865–1886 Leiter der Abt. Hanserecesse.

NACHRUFE: Sitzungsb. d. BAdW, 1887, Bd. 1 277–293 (W. v. Giesebrecht); HZ 56 (1886), 482–487 (H. v. Sybel); HJb 8 (1887), 48–100 (H. Grauert); ADB Bd. 40, 602–629 (F. Frensdorff); Zur Erinnerung an G. W., in: Vorträge u. Aufsätze v. A. Kluckhohn, hg. v. K. Th. Heigel u. A. Wrede, 1894, 441–470; NACHLASS: BA Berlin; Univ. Göttingen, Seminar f. Mittlere u. Neuere Geschichte.

Walter, Friedrich, *18.8.1896 Wien, † 30.5.1968 Wien; Archivar, 1959 a. o. Prof. (Neuere Geschichte) Wien; seit 1961 o. Mitglied.

NACHRUF: MIÖG 77 (1969), 242–248 (F. Huter); KÜRSCHNER [10](1966), 2607; Fellner/Corradini 437; LITERATUR: Religion, Wissenschaft, Kultur (Wiener Kath. Akademie) 1956; NACHLASS: Österreichisches Staatsarchiv E 1778.

Wandruszka, Adam, *6.8.1914 Lemberg, † 9.7.1997 Wien; 1959 o. Prof. (Neuere Geschichte) Köln, 1969 (Österreichische Geschichte) Wien; seit 1970 o. Mitglied.

NACHRUFE: Almanach ÖAW 147 (1996/97), 587–602 (R. G. Plaschka); MIÖG 106 (1998), 443–450 (F. Fellner); KÜRSCHNER [17](1996), 1535f.; Fellner/Corradini 438f.; FS z. 75. Geb. (= Röm. Hist. Mittlg. 31) 1989; NACHLASS: —.

Wattenbach, Wilhelm, *22.9.1819 Rantzau/Holstein, † 20.9.1897 Frankfurt a. M.; 1862 o. Prof. (Geschichte) Heidelberg, 1873 (Historische Hilfswissenschaften) Berlin; seit 1873 o. Mitglied.

NACHRUFE: Nachrichten der Gesellschaft der Wissenschaften Göttingen, Geschäftl. Mitteilungen 1898, 67–72 (P. Kehr); HZ 80 (1898), 75–85 (K. Zeumer); W. W. z. 22. Sept. 1889, in: Preuß. Jb. 64 (1889), 408–429 (S. Löwenfeld); ADB Bd. 44, 439–443 (C. Rodenberg); H. Jakobs, Die Mediävistik bis zum Ende der Weimarer Republik, in: Geschichte in Heidelberg, hg. v. J. Miethke, 1992, 41–46; D. Drüll, Heidelberger Gelehrtenlexikon 1803–1932, 1986, 286; NACHLASS: Geheimes Staatsarchiv Preußischer Kulturbesitz.

Wegele, Franz Xaver, *28.10.1823 Landsberg am Lech, † 16.10.1897 Würzburg; 1857 o. Prof. (Geschichte) Würzburg; seit 1858 o. Mitglied, 1873–1897 Mitredakteur („politische Geschichte“) bei der Allgemeinen Deutschen Biographie.

NACHRUFE: Sitzungsb. d. BAdW, 1898, Bd. 1 342 (J. Friedrich); B. Seuffert, Nekrolog (Euphorion 5); ADB Bd. 44, 443–448 (R. Graf Du Moulin Eckart); LITERATUR: J. Petersohn, F. X. W. u. d. Gründung d. Würzburger Hist. Seminars (1857), in: Vierhundert Jahre Univ. Würzburg, hg. v. P. Baumgart, 1982, 483–537; Fränk. Lebensbilder 7 (1977),

222–240 (A. Wendehorst); NACHLASS: Thüringer Universitäts- und Landesbibliothek Jena.

Weis, Eberhard, *31.10.1925 Schmalkalden; 1969 o. Prof. (Europäische Geschichte) FU Berlin, 1970 (Neuere Geschichte) Münster, 1974 LMU München; seit 1974 o. Mitglied, 1982–1987 Sekretär, 1987–1997 Präsident; seit 1982 Leiter der Abt. Quellen zu den Reformen in den Rheinbundstaaten, seit 2000 der Abt. Die Protokolle des Bayerischen Staatsrats 1799–1817.

KÜRSCHNER 21(2007), 3950; Mein Weg zur Geschichte, in: FS R. Vierhaus, 1997, 225–236; D. Albrecht u. a. (Hg.), Europa im Umbruch 1750–1850. E. W. z. 70. Geb., 1995.

Weizsäcker, Julius, *13.2.1828 [ev. 28.2.1828 nach HZ] Oehringen/Württemberg, † 3.9.1889 Bad Kissingen; 1863 o. Prof. (Geschichte) Erlangen, 1867 (Geschichte) Tübingen, 1872 (Mittlere Geschichte) Straßburg, 1876 (Geschichte, Mittlere Geschichte) Göttingen, 1881 (Geschichte, Mittlere Geschichte) Berlin; 1862 a. o., seit 1870 o. Mitglied, 1860–1889 Leiter der Abt. Deutsche Reichstagsakten, Ältere Reihe.

NACHRUF: HZ 64 (1890), 193–198 (H. v. Sybel = Nachruf in der 30. Plenarvers. der Historischen Kommission 1.10.1889); ADB Bd. 41, 637–645 (E. Bernheim); Erinnerungen an J. W., in: Vorträge u. Aufsätze v. A. Kluckhohn, hg. v. K. Th. Heigel u. A. Wrede, 1894, 471–509; J. W. in: Dt. Zs. f. Geschichtswissenschaft 2 (1889) (L. Quidde); J. L. F. W., Ein Gelehrter opfert den Ruhm, in: M. Wein, Die Weizsäckers, 1988, 80–142; www.bautz.de (Beitrag in Bearbeitung); NACHLASS: —.

Wengenroth, Ulrich, *17.5.1949 Kölbingen/Oberwesterwaldkreis; 1989 o. Prof. (Geschichte der Technik) TU München); seit 1998 o. Mitglied, 2000–2005 Leiter der Abt. Forschungsverbund „Historische Innovationsforschung“.

KÜRSCHNER 21(2007), 3974.

Willoweit, Dietmar, *17.7.1936 Klaipeda/Memel; 1974 o. Prof. FU Berlin, 1979 Tübingen, 1984 (Dt. Rechtsgeschichte, Kirchenrecht, Bürgerliches Recht und Handelsrecht) Würzburg, seit 2006 Präsident BAdW; seit 2000 o. Mitglied, 2002–2006 Sekretär, seit 2004 kommissarischer Leiter der Abt. Deutsche Handelsakten des Mittelalters und der Neuzeit.

KÜRSCHNER 21(2007), 4038.

Winkler, Heinrich August, *19.12.1938 Königsberg; 1972 o. Prof. (Neuere und Neueste Geschichte) Freiburg i. Br., 1991 (Neueste Geschichte) Humboldt-Univ. Berlin; seit 1999 o. Mitglied.

KÜRSCHNER 21(2007), 4049f.; W. v. Kieseritzky u. a. (Hg.), Demokratie in Deutschland. Chancen u. Gefährdungen im 19. u. 20. Jahrhundert, FS z. 60. Geb., 1999; M. Borgolte, Königsberg – Deutschland – Europa. H. A. W. u. d. Einheit d. Geschichte. Festvortrag anläßlich des 65. Geb., 15.1.2004, 8–43 (http://edoc.hu-berlin.de/documents/ovl/borgolte-michael-2004-01-15/PDF/Borgolte.pdf).

Winter, Gustav, *27.2.1846 Znaim/Mähren, † 31.5.1922 [oder 30.5.1922] Wien; 1897–1909 Direktor des Haus-, Hof- und Staatsarchivs; seit 1901 o. Mitglied.

NACHRUF: Almanach ÖAW 73 (1924), 192–199 (H. v. Voltelini); Fellner/Corradini 459f.; NACHLASS: Österreichisches Staatsarchiv: Haus-, Hof- und Staatsarchiv/19 Wien; Archiv der Österreichischen Akademie der Wissenschaften.

Wittram, Reinhard, *9.8.1902 Bilderlingshof bei Riga, † 16.4.1973 Meran/Tirol; 1938 o. Prof. Riga, 1941 (Neuere Geschichte, Osteuropäische Geschichte) Reichsuniversität Posen, 1955 (Mittlere und Neuere Geschichte, Osteuropäische Geschichte) Göttingen; seit 1965 o. Mitglied.

NACHRUF: Jb. d. Akademie d. Wissenschaften in Göttingen (1977), 64–72 (R. Nürnberger); KÜRSCHNER [11](1970), 3324; BAUTZ 25 2006, 1529–1543 (B. Laxy/www.bautz.de); LITERATUR: K. Neitmann, R. W. u. d. Wiederbeginn der baltischen hist. Studien in Göttingen nach 1945, in: Nordost-Archiv 7 (1998), 11–32; H.-E. Volkmann, Von J. Haller zu R. W. Deutschbaltische Historiker u. d. Nationalsozialismus, in: ZfG 45 (1997), 21–46; Das Vergangene u. die Geschichte. FS f. R. W. z. 70. Geb, hg. v. R. v. Thadden, 1973; NACHLASS: BA Koblenz.

Wolgast, Eike, *8.9.1936 Ludwigslust (Mecklenburg); 1976 o. Prof. (Neuere Geschichte) Heidelberg; seit 1988 o. Mitglied, seit 1989 Leiter der Abt. Deutsche Reichstagsakten, Jüngere Reihe.

KÜRSCHNER [21](2007), 4098f.; A. Kohnle u. a. (Hg.), Zwischen Wissenschaft u. Politik. FS z. 65. Geb. v. E. W., 2001.

Wrede, Adolf, *1860 im hannöverschen Bücken, † 5.4.1908 Göttingen; seit 1887 Mitarbeiter der RTA, Jüngere Reihe; 1894 a. o., seit 1907 o. Mitglied.

NACHRUF: Historische Vierteljahrschrift 11 (1908), 296 (Notiz ohne Verfasserangabe); NACHLASS: —.

Wyss, Georg von, *31.3.1816 Zürich, † 17.12.1893 Zürich; 1870 o. Prof. (Schweizergeschichte) Zürich; seit 1880 o. Mitglied.

NACHRUF: Sitzungsb. d. BAdW, 1894, 163–164 (C. A. v. Cornelius); ADB Bd. 44, 417–423 (G. Meyer von Knonau); LITERATUR: W. Koller, G. v. W. Welt- u. Geschichtsbild, 1958; C. F. Meyer – F. v. Wyss u. G. v. W. Briefe 1855–1897/3, 2004; NACHLASS: —.

Zorn, Wolfgang, *3.10.1922 Augsburg, † 8.7.2004 Augsburg; 1962 o. Prof. (Mittlere und Neuere Geschichte, Wirtschafts- und Sozialgeschichte, Verfassungsgeschichte) Bonn, 1967 LMU München; seit 1968 o. Mitglied, 1982–1993 Leiter der Abt. Forschungen zur deutschen Sozialgeschichte, 1991–2004 der Abt. Deutsche Handelsakten des Mittelalters und der Neuzeit.

NACHRUFE: ZBLG 67 (2004), 441–444 (R. Kießling); VSWG 91 (2004), 419–421 (G. Schulz); KÜRSCHNER [19](2003), 3840; Historia Socialis et Oeconomica. FS f. W. Z. z. 65. Geb., hg. v. H. Kellenbenz u. a., 1987 (darin 9–14 biograph. Abriß v. H. Kellenbenz: W. Z. als Wirtschafts- u. Sozialhistoriker); P. Fried, 50. J. Schwäb. Fg., 1999; W. Z., Studium der Geschichte im Geschichtserleben vor u. nach Kriegsende, in: FS R. Vierhaus, 1997, 249–270; NACHLASS: —.

Die außerordentlichen Mitglieder der Historischen Kommission

Bader, Joseph, *20.12.1805 Thiengen im Klettgau, † 7.2.1883 Freiburg i. Br.; Archivrat Generallandesarchiv Karlsruhe; seit 1858 a. o. Mitglied.

NACHRUF: ZGORh 36 (1883), 476–478 (ungezeichnet); ADB Bd. 46, 182f. (F. v. Weech); NACHLASS: —.

Basler, Otto, *8.5.1892 Kitzingen, † 28.5.1975 Freiburg i.Br.; Direktor Heeresbücherei München, 1952 o. Prof. (dt. Philologie und Volkskunde) LMU München, 1959 Honorarprof. Freiburg i. Br.; seit 1946 a. o. Mitglied.

NACHRUF: —; KÜRSCHNER [11](1970), 107; NACHLASS: —.

Grüneisen, Henny, *20.10.1917 Berlin, † 26.12.1973 Göttingen; seit 1943 wiss. Mitarbeiterin der Deutschen Reichstagsakten, Ältere Reihe; seit 1970 a. o. Mitglied.

NACHRUF: HZ 218 (1974), 521f. (H. Heimpel); NACHLASS: —.

Herre, Hermann, *1.9.1864 Preußlitz (Anhalt), † 12.7.1921 München; seit 1890 wiss. Mitarbeiter der Deutschen Reichstagsakten, Ältere Reihe und seit 1900 mit Gustav Beckmann und Quidde „selbständiges Redaktionsmitglied" der Abteilung; 1910 kgl. Prof.; seit 1902 a. o. Mitglied.

NACHRUF: Dt. Reichstagsakten, Ältere Reihe, Bd. 16, 1921/28 III–IV (L. Quidde); NACHLASS: —.

Kerler, Dietrich, *21.8.1837 Urach, † 3.3.1907 Würzburg; Oberbibliothekar der Universität Würzburg; seit 1883 a. o. Mitglied.

NACHRUF: Reden gehalten bei der Beerdigung des Dr. D. K. (8 S.), 1907 [Ex. UB Würzburg]; NACHLASS: —.

Koppmann, Karl, *24.3.1839 Hamburg, † 25.3.1905 Rostock; wiss. Mitarbeiter der Abt. Deutsche Städtechroniken und Hanserecesse, seit 1886 auch Leiter der Abt. Hanserecesse, 1884 Stadtarchivar Rostock; seit 1883 a. o. Mitglied.

NACHRUF: Mitt. d. Vereins f. Hamburgische Gesch. 25 (1905), 22–33 (A. Wohlwill); NDB Bd. 12, 578f. (R. Postel); NACHLASS: —.

Ohnsorge, Werner, *16.1.1904 Dresden, † 23.9.1985 Neustadt a. d. W.; 1932 preuß. Archivdienst, 1938 Sächs. Hauptstaatsarchiv Dresden, 1947 Eintritt in den niedersächs. Archivdienst, 1961 Honorarprof. Univ. Hamburg; 1946 a. o. Mitglied.

NACHRUF: Niedersächs. Jb. f. Landesgeschichte 60 (1988), 481–484 (Ch. Gieschen); NDB Bd. 19, 496 (P. Wirth);

KÜRSCHNER [6](1940/41), 305; NACHLASS: —.

Rieckenberg, Hans Jürgen, *24.1.1915 Mandelsloh, Neustadt a. Rbg. (Niedersachsen), † 17.1.2003 München; seit 1951 wiss. Mitarbeiter NDB; seit 1970 a. o. Mitglied.

NACHLASS: —.

Schellhaß, Karl, *24.2.1862 Bremen, † 18.9.1942 München; u. a. Sekretär des Preuß. Hist. Instituts in Rom, wiss. Mitarbeiter der Deutschen Reichstagsakten, Ältere Reihe; seit 1923 a. o. Mitglied.

NACHRUF: QFIAB 34 (1954) X (Notiz ohne Verfasserangabe); Bremische Biographie 1969, 441; NACHLASS: DHI Rom (http://194.242.233.150/archiv/xml/inhalt/pdf/N4_Karl_Schellhass.pdf).

Schwineköper, Berent, *8.11.1912 Magdeburg, † 8.3.1993 Freiburg i. Br.; 1961 Leiter Stadtarchiv Freiburg i. Br., [1964] 1972 Honorarprof. (Hist. Hilfswissenschaften und Landesgeschichte) Freiburg i. Br.; seit 1968 a. o. Mitglied, 1985–1991 Leiter der Abt. Urkunden und Akten der oberdeutschen Städtebünde.

NACHRUF: Zs. d. Breisgau-Geschichtsv. „Schau-ins-Land" 112 (1993), 183–185 (U. P. Ecker/H. Schadeck); KÜRSCHNER [16](1992), 3452; FS f. B. Sch. zu s. 70. Geb., hg. v. H. Maurer u. H. Patze, 1982; NACHLASS: Stadtarchiv Freiburg i.Br.

Thierfelder, Franz, *24.4.1896 Deutschenbora (Sachsen), † 23.4.1963 Dachau; 1946 kommissarischer Syndikus LMU und BAdW; seit 1946 a. o. Mitglied, 1951 aus der Kommission ausgeschieden.

NACHRUF: —; Munzinger-Archiv 24/1963; LITERATUR: SZ 10./11.8.1991; E. Michels, Von d. Dt. Akademie z. Goethe-Institut. Sprach- u. auswärtige Kulturpolitik 1923–1960, 2005; NACHLASS: Korrespondenz im Archiv der Historischen Kommission.

Voigt, Georg, * 5.4.1827 Königsberg, † 18.8.1891 Leipzig; in München als Honorarprof. mit der Edition der Deutschen Reichstagsakten (Ältere Reihe) beschäftigt, 1860 o. Prof. Rostock, 1866 Leipzig; seit 1858 a. o. Mitglied.

NACHRUF: Biograph. Jb. f. Alterthumskunde 17 (1894), 43–68 (M. Lehnerdt); ADB Bd. 40, 204 (F. X. Wegele); LITERATUR: M. Todte, G. V. (1827–1891), Pionier der hist. Humanismusforschung, 2004; NACHLASS: —.

Seit der Änderung des Statuts der Historischen Kommission vom 2. März 2004 ist die Wahl außerordentlicher Mitglieder nicht mehr vorgesehen.

Präsidenten und Sekretäre der Historischen Kommission

Die Präsidenten

1858–1886	Leopold von Ranke, Berlin
1886–1895	Heinrich von Sybel, Bonn
1896–1897	Alfred Ritter von Arneth, Wien
1898–1908	Theodor Sickel, Wien
1908–1923	Moriz Ritter, Bonn
1923–1938	Erich Marcks, Berlin
1938–1942*	Karl Alexander von Müller, München
1942–1945	Heinrich Ritter von Srbik, Wien
1946–1951	Walter Goetz**, München
1951–1959	Franz Schnabel, München
1959–1964	Hermann Aubin, Freiburg i. Br.
1964–1984	Theodor Schieder, Köln
1985–1986	Heinrich Lutz, Wien
1987–1997	Eberhard Weis, München
seit 1997	Lothar Gall, Frankfurt a. M.

* Von 1938 bis 1942 war das Amt des Präsidenten nicht besetzt; es wurde kommissarisch durch den Sekretär, Karl Alexander von Müller, versehen.
** Ehrenpräsident 1951–1958.

Die Sekretäre

1858–1862	Heinrich von Sybel, München
1862–1889	Wilhelm von Giesebrecht, München
1890–1898	Carl Adolf von Cornelius, München
1898–1908	Karl Theodor Ritter von Heigel, München
1908–1916	Sigmund Ritter von Riezler, München
1916–1923	Erich Marcks, München
1923–1928	Hermann Oncken, München
1928–1945	Karl Alexander von Müller, München
1945–1947*	Walter Goetz, München
1947–1951	Max Spindler, München
1951–1953	Karl Griewank, Jena
1954–1958	Ludwig Maenner, München
1958–1959	Anton Ernstberger, Erlangen
1959–1964	Götz Freiherr von Pölnitz, Augsburg
1964–1968	Karl Bosl, München
1969–1982	Fritz Wagner**, München
1982–1987	Eberhard Weis, München
1987–1997	Dieter Albrecht, Regensburg
1997–2002	Winfried Schulze, München
2002–2005	Dietmar Willoweit, Würzburg
seit 2006	Helmut Neuhaus, Erlangen

* Kommissarisch.
** Kommissarisch seit 1968.

Abteilungsleiter der Historischen Kommission

Jahrbücher der Deutschen Geschichte (seit 1858)

1858–1886	Leopold von Ranke
1886–1889	Wilhelm von Giesebrecht
1889–1902	Ernst Dümmler
1909	Gerold Meyer von Knonau
1920–1927	Georg von Below
1927–1934	Paul Fridolin Kehr
1934–1948	Heinrich Günter
1948–1960	Friedrich Baethgen
1961–1979	Theodor Schieffer
1979–1995	Helmut Beumann
1997–2002	Johannes Fried

Deutsche Reichstagsakten, Ältere Reihe (seit 1858)

1858–1860	Heinrich von Sybel (bis 1895 Oberleitung)
1860–1889	Julius Weizsäcker
1889–1935	Ludwig Quidde[1]
1935	Heinrich Finke (kommissarisch)
1935–1979	Hermann Heimpel
1979–2002	Erich Meuthen
seit 2002	Heribert Müller

Deutsche Reichstagsakten, Mittlere Reihe (seit 1928)

1928–1930	Paul Joachimsen
1930–1932	Walter Goetz (kommissarisch)

1932–1967	Willy Andreas
1968–1973	Friedrich Hermann Schubert
seit 1974	Heinz Angermeier

Deutsche Reichstagsakten, Jüngere Reihe (seit 1886)

1886–1895	Heinrich von Sybel (Oberleitung)
1886–1893	August Kluckhohn
1893–1910	– Vakanz – („selbständige Leitung“ bei Adolf Wrede, † 1908)
1910–1946	Erich Brandenburg
1946–1951	– Vakanz –
1951–1970	Herbert Grundmann (1951–1957 kommissarisch)
1970–1971	Friedrich Hermann Schubert (kommissarisch)
1971–1986	Heinrich Lutz
1986–1987	Heinz Angermeier (kommissarisch)
1987–1989	Dieter Albrecht (kommissarisch)
seit 1989	Eike Wolgast

Deutsche Reichstagsakten, Reichsversammlungen 1556–1662 (seit 1986)

1986–2003	Heinz Angermeier
seit 2003	Maximilian Lanzinner

Die Chroniken der deutschen Städte vom 14. bis in's 16. Jahrhundert (1862–1968)

1858–1901	Karl Hegel
1901–1904	– Vakanz –
1904–1926	Georg von Below
1927–1943	Joseph Hansen

Hanserecesse (1859–1897)

1859–1865	Johann Martin Lappenberg
1865–1886	Georg Waitz

1886–1897	Karl Koppmann[2]

Die Urkunden und Akten der oberdeutschen Städtebünde (1960–2005)

1960–1985	Gerd Tellenbach
1985–1991	Berent Schwineköper
1991–2005	Johannes Fried

Deutsche Handelsakten des Mittelalters und der Neuzeit (seit 1913)

1913–1927	Georg von Below, seit 1919 gemeinsam mit Aloys Schulte
1927–1930	Aloys Schulte (offenbar gemeinsam mit Jakob Strieder)
1930–1936	Jakob Strieder
1937–1949	Hermann Heimpel (kommissarisch)
1949–1969	Hermann Aubin
1969–1972	Otto Brunner
1972–1990	Hermann Kellenbenz
1991–2004	Wolfgang Zorn
seit 2004	Dietmar Willoweit (kommissarisch)

Repertorium Academicum Germanicum (1250–1550) (seit 2000)

seit 2000	Peter Moraw und Rainer C. Schwinges

Wittelsbachische Korrespondenzen (seit 1860)

1860–1901	Carl Adolf von Cornelius (Oberleitung)

A. Ältere pfälzische Korrespondenzen (bis 1903)

1860–(1870)	Heinrich von Sybel
1862/1870–1890	August Kluckhohn
1890–1903	Friedrich von Bezold

B. Briefe und Akten zur Geschichte des 16. Jahrhunderts mit besonderer Rücksicht auf Bayerns Fürstenhaus (bis 1913)

1861–1892	Franz Löher
1892–1898	Max Lossen

C. Briefe und Akten zur Geschichte des Dreißigjährigen Krieges in den Zeiten des vorwaltenden Einflusses der Wittelsbacher (bis 1978)

1861–1901	Carl Adolf von Cornelius
1901–1912	Moriz Ritter

D. Briefe und Akten zur Geschichte des Dreißigjährigen Krieges. Neue Folge. Die Politik Maximilians von Bayern und seiner Verbündeten 1618–1651 (seit 1907)

1901–1912	Moriz Ritter
1912–1955	Walter Goetz
1955–1966/68	Max Spindler
1968–1999	Dieter Albrecht
seit 2000	Winfried Schulze

Pfalzgeschichte (erschienen 1862–1888)

1861–1867	Ludwig Häusser

Quellen und Erörterungen zur bayerischen und deutschen Geschichte (erschienen 1860–1864)

Quellen und Erörterungen zur bayerischen und deutschen Geschichte (Neue Folge) (1899–1915)

1899–1915	Karl Theodor Ritter von Heigel und Sigmund Ritter von Riezler

Geschichte der Wissenschaften in Deutschland (1864–1952)

Sekretär

Volkslieder. Die historischen Volkslieder der Deutschen vom 13. bis 16. Jahrhundert (erschienen 1865–1913)

Johann Gustav Droysen
Jacob Grimm
Wilhelm Wackernagel

Deutsche Geschichtsquellen des 19. und 20. Jahrhunderts (seit 1917)

1917–1922	Erich Marcks
1923–1928	Hermann Oncken
1929–1945	Karl Alexander von Müller
1947–1949	Rudolf Stadelmann (für das 19. Jahrhundert)
1947–1949	Fritz Hartung (für das 20. Jahrhundert)
1949–1961	Peter Rassow
1961–1964	Karl Dietrich Erdmann
1964–1970	Hans Herzfeld
1970–1988	Walter Bußmann
seit 1988	Klaus Hildebrand

Deutsche und ostmitteleuropäische Europa-Pläne des 19. und 20. Jahrhunderts (in Zusammenarbeit mit dem Institut für Europäische Geschichte, Mainz) (2000–2005)

2000–2005	Heinz Duchhardt

Forschungen zur Deutschen Sozialgeschichte (seit 1962)

1962–1982	Werner Conze
1982–1993	Wolfgang Zorn
1993–2001	Gerhard A. Ritter
seit 2001	Dieter Langewiesche

Die Protokolle des Bayerischen Staatsrats 1799–1817 (in Zusammenarbeit mit der Generaldirektion der Staatlichen Archive Bayerns) (seit 2000)

seit 2000	Eberhard Weis

Quellen zu den Reformen in den Rheinbundstaaten (seit 1982)

seit 1982	Karl Otmar Frhr. von Aretin und Eberhard Weis

Quellen zur Geschichte des Deutschen Bundes (seit 1988)

seit 1988	Lothar Gall

Leopold von Ranke, Aus Werk und Nachlaß (erschienen 1964–1975)

1959–1980	Theodor Schieder

Gesamtausgabe des Briefwechsels von Leopold von Ranke (seit 2005)

seit 2005 Klaus Hildebrand

Akten der Reichskanzlei. Weimarer Republik (in Zusammenarbeit mit dem Bundesarchiv, Koblenz) (1962–1990)

1962–1990 Karl Dietrich Erdmann

Akten der Reichskanzlei. Weimarer Republik; Digitale Erfassung, Erschließung und Bereitstellung im Internet (in Zusammenarbeit mit dem Bundesarchiv, Koblenz) (2005–2007)

2005–2007 Maximilian Lanzinner

Akten der Reichskanzlei. Regierung Hitler 1933–1945 (in Zusammenarbeit mit dem Bundesarchiv, Koblenz) (seit 1976)

1976–1997 Konrad Repgen
seit 1997 Hans Günter Hockerts

Die Protokolle des Bayerischen Ministerrats 1945–1954 (in Zusammenarbeit mit der Generaldirektion der Staatlichen Archive Bayerns) (seit 1991)

1991–1999 Dieter Albrecht
seit 2000 Rudolf Morsey

Dokumentation der deutsch-französischen Beziehungen 1949–1963 (1990–1999)

1990–1999 Klaus Hildebrand und Horst Möller

Forschungsverbund „Historische Innovationsforschung" (in Verbindung mit dem Münchner Zentrum für Wissenschafts- und Technikgeschichte) (2000–2005)

2000–2005	Ulrich Wengenroth

Allgemeine Deutsche Biographie (ADB) (1875–1912)

1869–1908	Rochus Freiherr von Liliencron

Neue Deutsche Biographie (NDB) (seit 1953)

[1943–1950]	Walter Goetz
1950–1968	Otto Graf zu Stolberg-Wernigerode
1968–1970	Walter Bußmann
1970–1987	Fritz Wagner
1987–1998	Karl Otmar Frhr. von Aretin
seit 1998	Hans Günter Hockerts

Schriftenreihe der Historischen Kommission (seit 1957)

Sekretär

Geschäftsführer der Historischen Kommission

1973–2005	Georg Kalmer
seit 2005	Karl-Ulrich Gelberg

[1] 1896 Entzug der Leitung und Übertragung an Friedrich von Bezold, der den Auftrag 1897, ohne ihn wahrgenommen zu haben, zurückgab; seither faktische, seit unbekannter Zeit auch formelle Leitung durch Quidde; formale Selbständigkeit der Bearbeiter Hermann Herre († 1921), Gustav Beckmann († 1928) und Ludwig Quidde seit 1900.

[2] In der Verantwortung der Historischen Kommission erschienen die „Recesse und andere Akten der Hansetage von 1256 bis 1430" in acht Bänden, alle bearbeitet von Karl Koppmann, publiziert zwischen 1879 und 1897. Parallel dazu begann der „Verein für Hansische Geschichte" aufgrund eines auf Antrag von Georg Waitz in der Jahresversammlung der Kommission wohl 1871 gefaßten Beschlusses mit der Herausgabe der zeitlich anschließenden Edition „Die Recesse und andere Akten der Hansetage 1431–1476", die, bearbeitet von Goswin von der Ropp, in 7 Bänden zwischen 1876 und 1892 erschienen sind.

Die Veröffentlichungen der Historischen Kommission bei der Bayerischen Akademie der Wissenschaften 1858–2007

Vorbemerkung

Jahrbücher der Deutschen Geschichte

Deutsche Reichstagsakten
- [Ältere Reihe]
- Mittlere Reihe
- Jüngere Reihe
- Reichsversammlungen 1556–1662

Die Urkunden und Akten der oberdeutschen Städtebünde (vom 13. Jahrhundert bis 1549)

Die Chroniken der deutschen Städte vom 14. bis in's 16. Jahrhundert

Hanserecesse

Deutsche Handelsakten des Mittelalters und der Neuzeit

Repertorium Academicum Germanicum (RAG)

Vatikanische Akten

Wittelsbachische Korrespondenzen
- [Ältere pfälzische Korrespondenzen]
- Briefe und Akten zur Geschichte des sechzehnten Jahrhunderts mit besonderer Rücksicht auf Bayerns Fürstenhaus
- Briefe und Acten zur Geschichte des Dreißigjährigen Krieges in den Zeiten des vorwaltenden Einflusses der Wittelsbacher
- Briefe und Akten zur Geschichte des Dreißigjährigen Krieges. Neue Folge: Die Politik Maximilians I. von Bayern und seiner Verbündeten 1618–1651

[Pfalzgeschichte]

Quellen und Erörterungen zur bayerischen und deutschen Geschichte
- [Alte Folge]
- Neue Folge

Geschichte der Wissenschaften in Deutschland. Neuere Zeit

Die Ackerbaugeräte

Weisthümer

Deutsche Rechtssprichwörter

Gerichtswesen

Otfrids Evangelienbuch

Bayerisches Wörterbuch

Historische Volkslieder

Deutsche Geschichtsquellen des 19. und 20. Jahrhunderts

Leopold von Ranke. Aus Werk und Nachlaß

Gesamtausgabe des Briefwechsels von Leopold von Ranke

Forschungen zur deutschen Sozialgeschichte

Deutsche und ostmitteleuropäische Europa-Pläne des 19. und 20. Jahrhunderts

Die Protokolle des Bayerischen Staatsrats 1799 bis 1817

Quellen zu den Reformen in den Rheinbundstaaten

Quellen zur Geschichte des Deutschen Bundes

Akten der Reichskanzlei
- Weimarer Republik
- Regierung Hitler 1933–1945

Die Protokolle des Bayerischen Ministerrats 1945–1954

Dokumentation der deutsch-französischen Beziehungen 1949–1963

Preisschriften

Allgemeine Deutsche Biographie

Neue Deutsche Biographie

Forschungen zur Deutschen Geschichte

Historisch-politisches Archiv zur deutschen Geschichte des 19. und 20. Jahrhunderts

Schriftenreihe der Historischen Kommission

Fest- und Informationsschriften

Jahresberichte

Vorbemerkung

Das Verzeichnis der Veröffentlichungen der Historischen Kommission bei der Bayerischen Akademie der Wissenschaften wurde anläßlich ihres 150jährigen Bestehens als Verzeichnis der Erstausgaben angelegt. Es beruht auf den früher vorgelegten Publikationsverzeichnissen in den Bänden „Die Historische Commission bei der königlich bayerischen Akademie der Wissenschaften 1858–1883. Eine Denkschrift“ (München 1883, 100–106), „Die Historische Kommission bei der Bayerischen Akademie der Wissenschaften 1858–1958“ (Göttingen 1958, 223–260), „Historische Kommission bei der Bayerischen Akademie der Wissenschaften 1858–1983“ (München 1984, 83–139) und „Historische Kommission bei der Bayerischen Akademie der Wissenschaften München, Jahresbericht 2004“ (München 2005, 57–74), ergänzt um die Neuerscheinungen der Jahre 2005 bis 2007. Nicht verzeichnet sind spätere Auflagen und die Vielzahl von Nach- bzw. Neudrucken einzelner Werke oder ganzer Reihen.

Das Verzeichnis der Veröffentlichungen erscheint auch auf der Internetseite der Bayerischen Akademie der Wissenschaften und wird dort fortlaufend aktualisiert.

Jahrbücher der Deutschen Geschichte

1) Die Anfänge des karolingischen Hauses. Von Heinrich Eduard Bonnell. Berlin 1866.

2) Jahrbücher des fränkischen Reiches. 714–741. Die Zeit Karl Martells. Von Theodor Breysig. Leipzig 1869.

3) Jahrbücher des fränkischen Reichs. 741–752. Von Heinrich Hahn. Berlin 1863.

4) Jahrbücher des fränkischen Reiches unter König Pippin. Von Ludwig Oelsner. Leipzig 1871.

5) Jahrbücher des Fränkischen Reiches unter Karl dem Großen. Von Sigurd Abel. Bd. I: 768–788. Berlin 1866. 2. Auflage bearbeitet von Bernhard Simson. Leipzig 1888.

6) Jahrbücher des Fränkischen Reiches unter Karl dem Großen. Von Sigurd Abel, fortgesetzt von Bernhard Simson. Bd. II: 789–814. Leipzig 1883.

7) Jahrbücher des Fränkischen Reichs unter Ludwig dem Frommen. Von Bernhard Simson. Bd. I: 814–830. Leipzig 1874.

8) Jahrbücher des Fränkischen Reichs unter Ludwig dem Frommen. Von Bernhard Simson. Bd. II: 831–840. Leipzig 1876.

9) Geschichte des Ostfränkischen Reiches. Von Ernst Dümmler. Bd. I: Ludwig der Deutsche. Berlin 1862.

10) Geschichte des Ostfränkischen Reiches. Von Ernst Dümmler. Bd. II: Die letzten Karolinger. Konrad I. Berlin 1865.

11) Jahrbücher des Deutschen Reichs unter König Heinrich I. Von Georg Waitz. [2. Auflage des zuerst 1837 in Rankes „Jahrbücher des Deutschen Reiches unter dem Sächsischen Hause" erschienenen Bandes.] Berlin 1863.

12) Kaiser Otto der Große. Begonnen von Rudolf Köpke, vollendet von Ernst Dümmler. Leipzig 1876.

13) Jahrbücher des Deutschen Reiches unter Otto II. und Otto III. Von Karl Uhlirz. Bd. I: Otto II. 973–983. Leipzig 1902.

14) Jahrbücher des Deutschen Reiches unter Otto II. und Otto III. Von Karl und Mathilde Uhlirz. Bd. II: Otto III. 983–1002. Von Mathilde Uhlirz. Berlin 1954.

15) Jahrbücher des Deutschen Reichs unter Heinrich II. Von Siegfried Hirsch. Bd. I. Berlin 1862.

16) Jahrbücher des Deutschen Reichs unter Heinrich II. Von Siegfried Hirsch. Bd. II, vollendet von Hermann Pabst. Berlin 1864.

17) Jahrbücher des Deutschen Reichs unter Heinrich II. Von Siegfried Hirsch. Bd. III, herausgegeben und vollendet von Harry Bresslau. Leipzig 1875.

18) Jahrbücher des Deutschen Reiches unter Konrad II. Von Harry Bresslau. Bd. I: 1024–1031. Leipzig 1879.

19) Jahrbücher des Deutschen Reichs unter Konrad II. Von Harry Bresslau. Bd. II: 1032–1039. Leipzig 1884.

20) Jahrbücher des Deutschen Reichs unter Heinrich III. Von Ernst Steindorff. Bd. I. Leipzig 1874.

21) Jahrbücher des Deutschen Reichs unter Heinrich III. Von Ernst Steindorff. Bd. II. Leipzig 1881.

22) Jahrbücher des Deutschen Reiches unter Heinrich IV. und Heinrich V. Von Gerold Meyer von Knonau. Bd. I: 1056–1069. Leipzig 1890.

23) Jahrbücher des Deutschen Reiches unter Heinrich IV. und Heinrich V. Von Gerold Meyer von Knonau. Bd. II: 1070–1077. Leipzig 1894.

24) Jahrbücher des Deutschen Reiches unter Heinrich IV. und Heinrich V. Von Gerold Meyer von Knonau. Bd. III: 1077 (Schluß) – 1084. Leipzig 1900.

25) Jahrbücher des Deutschen Reiches unter Heinrich IV. und Heinrich V. Von Gerold Meyer von Knonau. Bd. IV: 1085–1096. Leipzig 1903.

26) Jahrbücher des Deutschen Reiches unter Heinrich IV. und Heinrich V. Von Gerold Meyer von Knonau. Bd. V: 1097–1106. Leipzig 1904.

27) Jahrbücher des Deutschen Reiches unter Heinrich IV. und Heinrich V. Von Gerold Meyer von Knonau. Bd. VI: 1106–1116. Leipzig 1907.

28) Jahrbücher des Deutschen Reiches unter Heinrich IV. und Heinrich V. Von Gerold Meyer von Knonau. Bd. VII: 1116 (Schluß) – 1125. Leipzig 1909.

29) Lothar von Supplinburg. Von Wilhelm Bernhardi. Leipzig 1879.

30) Konrad III. Von Wilhelm Bernhardi. Erster Theil: 1138–1145. Leipzig 1883.

31) Jahrbücher des Deutschen Reiches unter Friedrich I. Von Henry Simonsfeld. Bd. I: 1152–1158. Leipzig 1908.

32) Kaiser Heinrich VI. Von Theodor Toeche. Leipzig 1867.

33) Philipp von Schwaben und Otto IV. von Braunschweig. Von Eduard Winkelmann. Bd. I: König Philipp von Schwaben. 1197–1208. Leipzig 1873.

34) Philipp von Schwaben und Otto IV. von Braunschweig. Von Eduard Winkelmann. Bd. II: Kaiser Otto IV. von Braunschweig. 1208–1218. Leipzig 1878.

35) Kaiser Friedrich II. Von Eduard Winkelmann. Bd. I: 1218–1228. Leipzig 1889.

36) Kaiser Friedrich II. Von Eduard Winkelmann. Bd. II: 1228–1233. Leipzig 1897.

37) Jahrbücher des Deutschen Reichs unter König Albrecht I. von Habsburg. Von Alfred Hessel. München 1931.

38) Jahrbücher des Deutschen Reichs unter Heinrich (VII.). Teil 1. König Heinrich (VII.), das Reich und die Territorien. Untersuchungen zur Phase der Minderjährigkeit und der „Regentschaften" Erzbischof Engelberts I. von Köln und Herzog Ludwigs I. von Bayern (1211) 1220–1228. Von Peter Thorau. Berlin 1998.

Deutsche Reichstagsakten – [Ältere Reihe]

1) Bd. I: Deutsche Reichstagsakten unter König Wenzel. Erste Abtheilung: 1376–1387. Herausgegeben von Julius Weizsäcker. München 1867.

2) Bd. II: Deutsche Reichstagsakten unter König Wenzel. Zweite Abtheilung: 1388–1397. Herausgegeben von Julius Weizsäcker. München 1874.

3) Bd. III: Deutsche Reichstagsakten unter König Wenzel. Dritte Abtheilung: 1397–1400. Herausgegeben von Julius Weizsäcker. München 1877.

4) Bd. IV: Deutsche Reichstagsakten unter König Ruprecht. Erste Abtheilung: 1400–1401. Herausgegeben von Julius Weizsäcker. Gotha 1882.

5) Bd. V: Deutsche Reichstagsakten unter König Ruprecht. Zweite Abtheilung: 1401–1405. Herausgegeben von Julius Weizsäcker. Gotha 1885.

6) Bd. VI: Deutsche Reichstagsakten unter König Ruprecht. Dritte Abtheilung: 1406–1410. Herausgegeben von Julius Weizsäcker. Gotha 1888.

7) Bd. VII: Deutsche Reichstagsakten unter Kaiser Sigmund. Erste Abtheilung: 1410–1420. Herausgegeben von Dietrich Kerler. München 1878.

8) Bd. VIII: Deutsche Reichstagsakten unter Kaiser Sigmund. Zweite Abtheilung: 1421–1426. Herausgegeben von Dietrich Kerler. Gotha 1883.

9) Bd. IX: Deutsche Reichstagsakten unter Kaiser Sigmund. Dritte Abtheilung: 1427–1431. Herausgegeben von Dietrich Kerler. Gotha 1887.

10) Bd. X: Deutsche Reichstagsakten unter Kaiser Sigmund. Vierte Abteilung, 1. Hälfte: 1431–1432. Herausgegeben von Hermann Herre. Gotha 1900.

11) Bd. X: Deutsche Reichstagsakten unter Kaiser Sigmund. Vierte Abteilung [2. Hälfte]: 1432–1433. Herausgegeben von Hermann Herre. Gotha 1906.

12) Bd. XI: Deutsche Reichstagsakten unter Kaiser Sigmund. Fünfte Abteilung: 1433–1435. Herausgegeben von Gustav Beckmann. Gotha 1898.

13) Bd. XII: Deutsche Reichstagsakten unter Kaiser Sigmund. Sechste Abteilung: 1435–1437. Herausgegeben von Gustav Beckmann. Gotha 1901.

14) Bd. XIII: Deutsche Reichstagsakten unter König Albrecht II. Erste Abteilung: 1438. Herausgegeben von Gustav Beckmann. Stuttgart/Gotha 1925.

15) Bd. XIV: Deutsche Reichstagsakten unter König Albrecht II. Zweite Abteilung: 1439. Herausgegeben von Helmut Weigel. Stuttgart 1935.

16) Bd. XV: Deutsche Reichstagsakten unter Kaiser Friedrich III. Erste Abteilung: 1440–1441. Herausgegeben von Hermann Herre. Gotha 1914.

17) Bd. XVI: Deutsche Reichstagsakten unter Kaiser Friedrich III. Zweite Abteilung: 1441–1442. 1. Hälfte. Herausgegeben von Hermann Herre [1921]. 2. Hälfte. Bearbeitet von Hermann Herre, herausgegeben von Ludwig Quidde. Stuttgart/Gotha 1928.

18) Beiheft: Die Reformation Kaiser Sigmunds. Eine Schrift des 15. Jahrhunderts zur Kirchen- und Reichsreform. Herausgegeben von Karl Beer. Stuttgart 1933.

19) Bd. XVII: Deutsche Reichstagsakten unter Kaiser Friedrich III. Dritte Abteilung: 1442–1445. Herausgegeben von Walter Kaemmerer. Göttingen 1963.

20) Bd. XIX: Deutsche Reichstagsakten unter Kaiser Friedrich III. Fünfte Abteilung, 1. Hälfte: 1453–1454. Herausgegeben von Helmut Weigel und Henny Grüneisen. Göttingen 1969.

21) Bd. XXII: Deutsche Reichstagsakten unter Kaiser Friedrich III. Achte Abteilung, 1. Hälfte: 1468–1470. Herausgegeben von Ingeborg Most-Kolbe. Göttingen 1973.

22) Bd. XXII: Deutsche Reichstagsakten unter Kaiser Friedrich III. Achte Abteilung, 2. Hälfte: 1471. Herausgegeben von Helmut Wolff. Göttingen 1999.

23) Bd. XXII: Deutsche Reichstagsakten unter Kaiser Friedrich III. Achte Abteilung: 1468–1471. Verzeichnisse und Register. Bearbeitet von Gabriele Annas und Helmut Wolff. Göttingen 2001.

Deutsche Reichstagsakten – Mittlere Reihe

1) Bd. I: Deutsche Reichstagsakten unter Maximilian I.: Reichstag zu Frankfurt 1486. 2 Teilbände. Bearbeitet von Heinz Angermeier unter Mitwirkung von Reinhard Seyboth. Göttingen 1989.

2) Bd. II: Deutsche Reichstagsakten unter Maximilian I.: Reichstag zu Nürnberg 1487. 2 Teilbände. Bearbeitet von Reinhard Seyboth. Göttingen 2001.

3) Bd. III: Deutsche Reichstagsakten unter Maximilian I.: 1488–1490. 2 Halbbände. Bearbeitet von Ernst Bock. Göttingen 1972/73.

4) Bd. V: Deutsche Reichstagsakten unter Maximilian I.: Reichstag von Worms 1495. [3 Teilbände.] Bearbeitet von Heinz Angermeier. Göttingen 1981.

5) Bd. VI: Deutsche Reichstagsakten unter Maximilian I.: Reichstage von Lindau, Worms und Freiburg 1496–1498. Bearbeitet von Heinz Gollwitzer. Göttingen 1979.

Deutsche Reichstagsakten – Jüngere Reihe

1) Bd. I: Deutsche Reichstagsakten unter Kaiser Karl V. Erster Band [1519, Januar – Juli]. Bearbeitet von August Kluckhohn. Gotha 1893.

2) Bd. II: Deutsche Reichstagsakten unter Kaiser Karl V. Zweiter Band [Der Reichstag zu Worms 1521]. Bearbeitet von Adolf Wrede. Gotha 1896.

3) Bd. III: Deutsche Reichstagsakten unter Kaiser Karl V. Dritter Band [Reichstage zu Nürnberg 1522/23]. Bearbeitet von Adolf Wrede. Gotha 1901.

4) Bd. IV: Deutsche Reichstagsakten unter Kaiser Karl V. Vierter Band [Reichstag zu Nürnberg 1524]. Bearbeitet von Adolf Wrede. Gotha 1905.

5) Bd. VII: Deutsche Reichstagsakten unter Kaiser Karl V. Siebenter Band. 2 Halbbände [Tagungen 1527–29; Beilagen]. Bearbeitet von Johannes Kühn. Stuttgart 1935.

6) Bd. VIII: Deutsche Reichstagsakten unter Kaiser Karl V. Achter Band. 2 Halbbände [Die protestierenden Reichsstände und Reichsstädte zwischen den Reichstagen zu Speyer 1529 und Augsburg 1530; Die Schwäbischen Bundestage zwischen den Reichstagen zu Speyer 1529 und Augsburg 1530]. Bearbeitet von Wolfgang Steglich. Göttingen 1970/71.

7) Bd. X: Deutsche Reichstagsakten unter Kaiser Karl V. Der Reichstag in Regensburg und die Verhandlungen über einen Friedstand mit den Protestanten in Schweinfurt und Nürnberg 1532. 3 Teilbände. Bearbeitet von Rosemarie Aulinger. Göttingen 1992.

8) Bd. XII: Deutsche Reichstagsakten unter Kaiser Karl V. Der Reichstag zu Speyer 1542. 2 Teilbände. Bearbeitet von Silvia Schweinzer-Burian. München 2003.

9) Bd. XV: Deutsche Reichstagsakten unter Kaiser Karl V. Der Speyrer Reichstag von 1544. 4 Teilbände. Bearbeitet von Erwein Eltz. Göttingen 2001.

10) Bd. XVI: Deutsche Reichstagsakten unter Kaiser Karl V. Der Reichstag zu Worms 1545. 2 Teilbände. Bearbeitet von Rosemarie Aulinger. München 2003.

11) Bd. XVII: Deutsche Reichstagsakten unter Kaiser Karl V. Der Reichstag zu Regensburg 1546. Bearbeitet von Rosemarie Aulinger. München 2005.

12) Bd. XVIII: Deutsche Reichstagsakten unter Kaiser Karl V. Der Reichstag zu Augsburg 1547/48. 3 Teilbände. Bearbeitet von Ursula Machoczek. München 2005.

13) Bd. XIX: Deutsche Reichstagsakten unter Kaiser Karl V. Der Reichstag zu Augsburg 1550/51. 2 Teilbände. Bearbeitet von Erwein Eltz. München 2005.

Deutsche Reichstagsakten – Reichsversammlungen 1556–1662

1) Der Kurfürstentag zu Frankfurt 1558 und der Reichstag zu Augsburg 1559. 3 Teilbände. Bearbeitet von Josef Leeb. Göttingen 1999.

2) Der Reichstag zu Augsburg 1566. 2 Teilbände. Bearbeitet von Maximilian Lanzinner und Dietmar Heil. München 2002.

3) Der Reichstag zu Regensburg 1567 und der Reichskreistag zu Erfurt 1567. Bearbeitet von Wolfgang Wagner, Arno Strohmeyer und Josef Leeb. München 2007.

4) Der Reichstag zu Speyer 1570. 2 Teilbände. Bearbeitet von Maximilian Lanzinner. Göttingen 1988.
5) Der Reichstag zu Augsburg 1582. 2 Teilbände. Bearbeitet von Josef Leeb. München 2007.
6) Der Reichsdeputationstag zu Worms 1586. Bearbeitet von Thomas Fröschl. Göttingen 1994.

Die Urkunden und Akten der oberdeutschen Städtebünde (vom 13. Jahrhundert bis 1549)

1) Bd. I: Vom 13. Jahrhundert bis 1347. Bearbeitet von Konrad Ruser. Göttingen 1979.
2) Bd. II: Städte- und Landfriedensbündnisse von 1347 bis 1380. Erster Teil. Bearbeitet von Konrad Ruser. 2 Teilbände. Göttingen 1988.
3) Bd. II: Städte- und Landfriedensbündnisse von 1347 bis 1380. Zweiter Teil. Bearbeitet von Konrad Ruser. Göttingen 1988.
4) Bd. III: Städte- und Landfriedensbündnisse von 1381 bis 1389. Herausgegeben von Rainer C. Schwinges. Erster Teil. Bearbeitet von Konrad Ruser. Göttingen 2005.
5) Bd. III: Städte- und Landfriedensbündnisse von 1381 bis 1389. Herausgegeben von Rainer C. Schwinges. Zweiter Teil. Bearbeitet von Konrad Ruser. Göttingen 2005.
6) Bd. III: Städte- und Landfriedensbündnisse von 1381 bis 1389. Herausgegeben von Rainer C. Schwinges. Dritter Teil. Bearbeitet von Konrad Ruser. Göttingen 2005.

Die Chroniken der deutschen Städte vom 14. bis in's 16. Jahrhundert

1) Bd. I: Die Chroniken der fränkischen Städte. Nürnberg. Erster Band. [Bearbeitet von Karl Hegel und Theodor von Kern.] Leipzig 1862.
2) Bd. II: Die Chroniken der fränkischen Städte. Nürnberg. Zweiter Band. [Bearbeitet von Theodor von Kern, Friedrich von Weech und Matthias Lexer.] Leipzig 1864.
3) Bd. III: Die Chroniken der fränkischen Städte. Nürnberg. Dritter Band. [Bearbeitet von Dietrich Kerler, Matthias Lexer, Theodor von Kern und Karl Hegel.] Leipzig 1864.

4) Bd. IV: Die Chroniken der schwäbischen Städte. Augsburg. Erster Band. [Bearbeitet von Ferdinand Frensdorff.] Leipzig 1865.

5) Bd. V: Die Chroniken der schwäbischen Städte. Augsburg. Zweiter Band. [Bearbeitet von Ferdinand Frensdorff.] Leipzig 1866.

6) Bd. VI: Die Chroniken der niedersächsischen Städte. Braunschweig. Erster Band. [Bearbeitet von Ludwig Hänselmann.] Leipzig 1868.

7) Bd. VII: Die Chroniken der niedersächsischen Städte. Magdeburg. Erster Band. [Bearbeitet von Karl Janicke.] Leipzig 1869.

8) Bd. VIII: Die Chroniken der oberrheinischen Städte. Straßburg. Erster Band. [Bearbeitet von Karl Hegel.] Leipzig 1870.

9) Bd. IX: Die Chroniken der oberrheinischen Städte. Straßburg. Zweiter Band. [Bearbeitet von Karl Hegel.] Leipzig 1871.

10) Bd. X: Die Chroniken der fränkischen Städte. Nürnberg. Vierter Band. [Bearbeitet von Theodor von Kern.] Leipzig 1872.

11) Bd. XI: Die Chroniken der fränkischen Städte. Nürnberg. Fünfter Band. [Bearbeitet von Theodor von Kern.] Leipzig 1874.

12) Bd. XII: Die Chroniken der niederrheinischen Städte. Cöln. Erster Band. [Bearbeitet von Hermann Cardauns.] Leipzig 1875.

13) Bd. XIII: Die Chroniken der niederrheinischen Städte. Cöln. Zweiter Band. [Bearbeitet von Hermann Cardauns.] Leipzig 1876.

14) Bd. XIV: Die Chroniken der niederrheinischen Städte. Cöln. Dritter Band. [Bearbeitet von Hermann Cardauns.] Leipzig 1877.

15) Bd. XV: Die Chroniken der baierischen Städte. Regensburg. Landshut. Mühldorf. München. [Bearbeitet von Edmund Frhr. von Oefele, Karl Theodor Heigel und Karl Muffat.] Leipzig 1878.

16) Bd. XVI: Die Chroniken der niedersächsischen Städte. Braunschweig. Zweiter Band. [Bearbeitet von Ludwig Hänselmann.] Leipzig 1880.

17) Bd. XVII: Die Chroniken der mittelrheinischen Städte. Mainz. Erster Band. [Bearbeitet von Karl Hegel.] Leipzig 1881.

18) Bd. XVIII: Die Chroniken der mittelrheinischen Städte. Mainz. Zweiter Band. [Bearbeitet von Karl Hegel.] Leipzig 1882.

19) Bd. XIX:. Die Chroniken der niedersächsischen Städte. Lübeck. Erster Band. [Bearbeitet von Karl Koppmann.] Leipzig 1884.

20) Bd. XX: Die Chroniken der westfälischen und niederrheinischen Städte. Erster Band. Dortmund. Neuß. [Bearbeitet von Karl Lamprecht unter Mitarbeit von Johannes Franck, Joseph Hansen, Carl Nörrenberg und Adolf Ulrich.] Leipzig 1887.

21) Bd. XXI: Die Chroniken der westfälischen und niederrheinischen Städte. Zweiter Band. Soest. [Bearbeitet von Joseph Hansen und Franz Jostes.] Leipzig 1889.

22) Bd. XXII: Die Chroniken der schwäbischen Städte. Augsburg. Dritter Band. [Bearbeitet von Friedrich Roth.] Leipzig 1892.

23) Bd. XXIII: Die Chroniken der schwäbischen Städte. Augsburg. Vierter Band. [Bearbeitet von Friedrich Roth.] Leipzig 1894.

24) Bd. XXIV: Die Chroniken der westfälischen und niederrheinischen Städte. Dritter Band. Soest und Duisburg. [Bearbeitet von Theodor Ilgen.] Leipzig 1895.

25) Bd. XXV: Die Chroniken der schwäbischen Städte. Augsburg. Fünfter Band. [Bearbeitet von Friedrich Roth.] Leipzig 1896.

26) Bd. XXVI: Die Chroniken der niedersächsischen Städte. Lübeck. Zweiter Band. [Bearbeitet von Karl Koppmann.] Leipzig 1899.

27) Bd. XXVII: Die Chroniken der niedersächsischen Städte. Magdeburg. Zweiter Band. [Bearbeitet von Max Dittmar und Georg Hertel.] Leipzig 1899.

28) Bd. XXVIII: Die Chroniken der niedersächsischen Städte. Lübeck. Dritter Band. [Bearbeitet von Karl Koppmann.] Leipzig 1902.

29) Bd. XXIX: Die Chroniken der schwäbischen Städte. Augsburg. Sechster Band. [Bearbeitet von Friedrich Roth.] Leipzig 1906.

30) Bd. XXX: Die Chroniken der niedersächsischen Städte. Lübeck. Vierter Band. [Bearbeitet von Karl Koppmann und Friedrich Bruns.] Leipzig 1910.

31) Bd. XXXI: Die Chroniken der niedersächsischen Städte. Lübeck. Fünfter Band. 2 Teile. [Bearbeitet von Friedrich Bruns und Walter Ziesemer.] Leipzig 1911/14.

32) Bd. XXXII: Die Chroniken der schwäbischen Städte. Augsburg. Siebenter Band. [Bearbeitet von Friedrich Roth.] Leipzig 1917.

33) Bd. XXXIII: Die Chroniken der schwäbischen Städte. Augsburg. Achter Band. [Bearbeitet von Friedrich Roth.] Stuttgart/Gotha 1928.

34) Bd. XXXIV: Die Chroniken der schwäbischen Städte. Augsburg. Neunter Band. [Bearbeitet von Friedrich Roth.] Stuttgart/Gotha 1929.

35) Bd. XXXV: Die Chroniken der niedersächsischen Städte. Braunschweig. Dritter Band. [Bearbeitet von Hermann Bäsecke.] Stuttgart/Gotha 1928.

36) Bd. XXXVI: Die Chroniken der niedersächsischen Städte. Lüneburg. [Bearbeitet von Wilhelm Reinecke.] Stuttgart 1931.

37) Bd. XXXVII: Die Chroniken der niedersächsischen Städte. Bremen. [Bearbeitet von Hermann Meinert.] Bremen 1968.

Hanserecesse

1) Bd. I: Die Recesse und andere Akten der Hansetage von 1256–1430. [1256–1370.] [Bearbeitet von Karl Koppmann.] Leipzig 1870.
2) Bd. II: Die Recesse und andere Akten der Hansetage von 1256–1430. [1370–1387.] [Bearbeitet von Karl Koppmann.] Leipzig 1872.
3) Bd. III: Die Recesse und andere Akten der Hansetage von 1256–1430. [Nachträge von 1256–1387 und 1388–1390.] [Bearbeitet von Karl Koppmann.] Leipzig 1875.
4) Bd. IV: Die Recesse und andere Akten der Hansetage von 1256–1430. [1391–1400.] [Bearbeitet von Karl Koppmann.] Leipzig 1877.
5) Bd. V: Die Recesse und andere Akten der Hansetage von 1256–1430. [1401–1410.] [Bearbeitet von Karl Koppmann.] Leipzig 1880.
6) Bd. VI: Die Recesse und andere Akten der Hansetage von 1256–1430. [1411–1418.] [Bearbeitet von Karl Koppmann.] Leipzig 1889.
7) Die Recesse und andere Akten der Hansetage von 1256–1430. [1419–1425] [Bearbeitet von Karl Koppmann.] Leipzig 1893.
8) Die Recesse und andere Akten der Hansetage von 1256–1430. [1426–1430 und Nachträge und Berichtigungen 1360–1430.] [Bearbeitet von Karl Koppmann.] Leipzig 1897.

Deutsche Handelsakten des Mittelalters und der Neuzeit

1) Bd. I: Geschichte der Großen Ravensburger Handelsgesellschaft. 1380–1530. Von Aloys Schulte. Erster Band. Stuttgart/Berlin 1923.
2) Bd. II: Geschichte der Großen Ravensburger Handelsgesellschaft. 1380–1530. Von Aloys Schulte. Zweiter Band. Stuttgart/Berlin 1923.
3) Bd. III: Geschichte der Großen Ravensburger Handelsgesellschaft. 1380–1530. Von Aloys Schulte. Dritter Band. Stuttgart/Berlin 1923.
4) Bd. IV: Aus Antwerpener Notariatsarchiven. Quellen zur deutschen Wirtschaftsgeschichte des 16. Jahrhunderts. Von Jakob Strieder. Berlin/Leipzig 1930.
5) Bd. V: Welthandelsbräuche (1480–1540). Von Karl Otto Müller. Stuttgart/Berlin 1934.
6) Bd. VI: Das Runtingerbuch 1383–1407 und verwandtes Material zum Regensburger-südostdeutschen Handel und Münzwesen. Von Franz Bastian. Erster Band: Darstellung. Regensburg 1944.

7) Bd. VII: Das Runtingerbuch 1383–1407 und verwandtes Material zum Regensburger-südostdeutschen Handel und Münzwesen. Von Franz Bastian. Zweiter Band: Text des Runtingerbuches. Regensburg 1935.

8) Bd. VIII: Das Runtingerbuch 1383–1407 und verwandtes Material zum Regensburger-südostdeutschen Handel und Münzwesen. Von Franz Bastian. Dritter Band: Urkunden, Briefe, Rechnungsauszüge; Register zum Text des Runtingerbuches, Berichtigungen, Ergänzungen. Regensburg 1943.

9) Bd. IX: Quellen zur Handelsgeschichte der Paumgartner von Augsburg (1480–1570). Von Karl Otto Müller. Wiesbaden 1955.

10) Bd. X: Deutsche Zolltarife des Mittelalters und der Neuzeit. Teil I: Quellen zur Geschichte des Zollwesens und Handelsverkehres in Tirol und Vorarlberg vom 13. bis 18. Jahrhundert. Von Otto Stolz. Wiesbaden 1955.

11) Bd. XI: Deutsche Zolltarife des Mittelalters und der Neuzeit. Teil II: Die Zolltarife der Stadt Hamburg. Von Ernst Pitz. Wiesbaden 1961.

12) Bd. XII: Deutsche Zolltarife des Mittelalters und der Neuzeit. Teil III: Quellen zur Geschichte des Klevischen Rheinzollwesens vom 11. bis 18. Jahrhundert. 1. Hälfte. Von Marie Scholz-Babisch. Wiesbaden 1971.

13) Bd. XIII: Deutsche Zolltarife des Mittelalters und der Neuzeit. Teil IV: Quellen zur Geschichte des Klevischen Rheinzollwesens vom 11. bis 18. Jahrhundert. 2. Hälfte. Von Marie Scholz-Babisch. Wiesbaden 1971.

14) Bd. XIV: Handelsstrategie und betriebswirtschaftliche Kalkulation im ausgehenden 18. Jahrhundert. Der Süddeutsche Salzmarkt. Zeitgenössische quantitative Untersuchungen u. a. von Mathias Flurl und Joseph Ludwig Wolf. In Zusammenarbeit mit Wolf-Rüdiger Ott und Hans Loreth herausgegeben und eingeleitet von Eckart Schremmer. Wiesbaden 1971.

15) Bd. XV: Handelsbräuche des 16. Jahrhunderts. Das Meder'sche Handelsbuch und die Welser'schen Nachträge. Herausgegeben und eingeleitet von Hermann Kellenbenz. Wiesbaden 1974.

16) [Bd. XVI:] Der Fondaco dei Tedeschi in Venedig und die deutsch-venetianischen Handelsbeziehungen. Von Henry Simonsfeld. Band 1: Urkunden von 1225 bis 1653. Stuttgart 1887.

17) [Bd. XVI:] Der Fondaco dei Tedeschi in Venedig und die deutsch-venetianischen Handelsbeziehungen. Von Henry Simonsfeld. Band 2: Geschichtliches. Consuln der deutschen Kaufmannschaft im Fondaco 1492–1753. Grabschriften von Deutschen in Venedig. Anhang: Zur Geschichte deutscher Gewerbetreibender in Venedig. Stuttgart 1887.

18) [Bd. XVII:] Daniel Hoechstetter the Younger. Memorabilia and Letters 1600–1639. Copper Works and Life in Cumbria. Bearbeitet von George Hammersley. Stuttgart 1988.

19) Bd. XVIII: Zwei Augsburger Unterkaufbücher aus den Jahren 1551 bis 1558. Älteste Aufzeichnungen zur Vor- und Frühgeschichte der Augs-

burger Börse. Herausgegeben und eingeleitet von Friedrich Blendinger unter Mitarbeit von Elfriede Blendinger. Stuttgart 1994.

20) Bd. XIX: Quellen und Regesten zu den Augsburger Handelshäusern Paler und Rehlinger 1539–1642. Wirtschaft und Politik im 16./17. Jahrhundert. Teil 1: 1539–1623. Herausgegeben und eingeleitet von Reinhard Hildebrandt. Stuttgart 1996.

21) Bd. XIX: Quellen und Regesten zu den Augsburger Handelshäusern Paler und Rehlinger 1539–1642. Wirtschaft und Politik im 16./17. Jahrhundert. Teil 2: 1624–1642. Herausgegeben und eingeleitet von Reinhard Hildebrandt. Stuttgart 2004.

22) Bd. XX: Die Firma Jakob Grimmel zu Konstanz und Memmingen. Quellen und Materialien zu einer oberdeutschen Handelsgesellschaft aus der Mitte des 16. Jahrhunderts. Herausgegeben und eingeleitet von Frank Göttmann und Andreas Nutz. Stuttgart 1999.

23) Bd. XXI: Oberdeutsche Kaufleute in Sevilla und Cadiz (1525–1560). Eine Edition von Notariatsakten aus den dortigen Archiven. Herausgegeben von Hermann Kellenbenz (†) und Rolf Walter, eingeleitet von Rolf Walter. Stuttgart 2001.

Repertorium Academicum Germanicum (RAG)

Das Repertorium Academicum Germanicum (RAG) wird unter der Adresse www.rag-online.org im Internet präsentiert. Seit März 2006 ist es möglich, dort Daten zur universitären Ausbildung der graduierten Gelehrten in der Zeit von 1250 bis 1550 online abzufragen. Zunächst werden die Angaben ausgewählter Universitäten veröffentlicht, später wird in regelmäßigen Abständen, dem Arbeitsfortschritt entsprechend, die Datenbasis erweitert.

Vatikanische Akten

1) Vatikanische Akten zur Deutschen Geschichte in der Zeit Kaiser Ludwigs des Bayern. [Bearbeitet von Sigmund Riezler unter Mitwirkung von Hermann Grauert, Johann Petz, Georg Jochner, Rudolf Lange und Franz Löher.] Innsbruck 1891.

Wittelsbachische Korrespondenzen – [Ältere Pfälzische Korrespondenzen]

1) Briefe Friedrich des Frommen, Kurfürsten von der Pfalz, mit verwandten Schriftstücken. Gesammelt und bearbeitet von A[ugust] Kluckhohn. Erster Band: 1559–1566. Braunschweig 1868.
2) Briefe Friedrich des Frommen, Kurfürsten von der Pfalz, mit verwandten Schriftstücken. Gesammelt und bearbeitet von A[ugust] Kluckhohn. Zweiter Band. Erste Hälfte: 1567–1572. Braunschweig 1870.
3) Briefe Friedrich des Frommen, Kurfürsten von der Pfalz, mit verwandten Schriftstücken. Gesammelt und bearbeitet von A[ugust] Kluckhohn. Zweiter Band. Zweite Hälfte: 1572–1576. Braunschweig 1872.
4) Briefe des Pfalzgrafen Johann Casimir mit verwandten Schriftstücken. Gesammelt und bearbeitet von Friedrich von Bezold. Erster Band: 1576–1582. München 1882.
5) Briefe des Pfalzgrafen Johann Casimir mit verwandten Schriftstücken. Gesammelt und bearbeitet von Friedrich von Bezold. Zweiter Band: 1582–1586. München 1884.
6) Briefe des Pfalzgrafen Johann Casimir mit verwandten Schriftstücken. Gesammelt und bearbeitet von Friedrich von Bezold. Dritter Band: 1587–1592. München 1903.

Wittelsbachische Korrespondenzen – Briefe und Akten zur Geschichte des sechzehnten Jahrhunderts mit besonderer Rücksicht auf Bayerns Fürstenhaus

1) Bd. I: Beiträge zur Reichsgeschichte 1546–1551. Bearbeitet von August von Druffel. München 1873.
2) Bd. II: Beiträge zur Reichsgeschichte 1552. Bearbeitet von August von Druffel. München 1880.
3) Bd. III: Beiträge zur Reichsgeschichte [1546–]1552. Bearbeitet von August von Druffel. München 1882.
4) Bd. IV: Beiträge zur Reichsgeschichte 1553–1555. Von August von Druffel. Ergänzt und bearbeitet von Karl Brandi. München 1896.
5) Bd. V: Beiträge zur Geschichte Herzog Albrechts V. und des Landsberger Bundes 1556–1598. Von Walter Goetz. München 1898.
6) Bd. VI: Beiträge zur Geschichte Herzog Albrechts V. und der sog. Adelsverschwörung von 1563. Bearbeitet von Walter Goetz und Leonhard Theobald. Leipzig 1913.

Wittelsbachische Korrespondenzen – Briefe und Acten zur Geschichte des Dreißigjährigen Krieges in den Zeiten des vorwaltenden Einflusses der Wittelsbacher

1) Bd. I: Die Gründung der Union 1598–1608. Bearbeitet von Moriz Ritter. München 1870.
2) Bd. II: Die Union und Heinrich IV. 1607–1609. Bearbeitet von Moriz Ritter. München 1874.
3) Bd. III: Der Jülicher Erbfolgekrieg. Bearbeitet von Moriz Ritter. München 1877.
4) Bd. IV: Die Politik Baierns 1591–1607. Erste Hälfte. [Wilhelm V.]. Bearbeitet von Felix Stieve. München 1878.
5) Bd. V: Die Politik Baierns 1591–1607. Zweite Hälfte. [Maximilian I.]. Bearbeitet von Felix Stieve. München 1883.
6) Bd. VI: Vom Reichstag 1608 bis zur Gründung der Liga. Bearbeitet von Felix Stieve. München 1895.
7) Bd. VII: Von der Abreise Erzherzog Leopolds nach Jülich bis zu den Werbungen Herzog Maximilians von Bayern im März 1610. Von Felix Stieve. Bearbeitet von Karl Mayr. München 1905.
8) Bd. VIII: Von den Rüstungen Herzog Maximilians von Bayern bis zum Aufbruch der Passauer. Von Felix Stieve. Bearbeitet von Karl Mayr. München 1908.
9) Bd. IX: Vom Einfall des Passauer Kriegsvolks bis zum Nürnberger Kurfürstentag. Bearbeitet von Anton Chroust. München 1903.
10) Bd. X: Der Ausgang der Regierung Rudolfs II. und die Anfänge des Kaisers Matthias. Bearbeitet von Anton Chroust. München 1906.
11) Bd. XI: Der Reichstag von 1613. Bearbeitet von Anton Chroust. München 1909.
12) Bd. XII: Die Reichspolitik Maximilians I. von Bayern 1613–1618. Von Hugo Altmann. München/Wien 1978.

Wittelsbachische Korrespondenzen – Briefe und Akten zur Geschichte des Dreißigjährigen Krieges. Neue Folge: Die Politik Maximilians I. von Bayern und seiner Verbündeten 1618–1651

1) Die Politik Maximilians I. von Bayern und seiner Verbündeten 1618–1651. Erster Teil. Erster Band: Januar 1618 – Dezember 1620. Auf Grund des

Nachlasses von Karl Mayr-Deisinger bearbeitet und ergänzt von Georg Franz. München/Wien 1966.

2) Die Politik Maximilians I. von Bayern und seiner Verbündeten 1618–1651. Erster Teil. Zweiter Band: Januar 1621 – Dezember 1622. Bearbeitet von Arno Duch. München/Wien 1970.

3) Die Politik Maximilians I. von Baiern und seiner Verbündeten 1618–1651. Zweiter Teil. Erster Band: 1623, 1624. Bearbeitet von Walter Goetz. Leipzig 1907.

4) Die Politik Maximilians I. von Baiern und seiner Verbündeten 1618–1651. Zweiter Teil. Zweiter Band: 1625. Mit Unterstützung von Fritz Endres bearbeitet von Walter Goetz. Leipzig 1918.

5) Die Politik Maximilians I. von Baiern und seiner Verbündeten 1618–1651. Zweiter Teil. Dritter Band: 1626, 1627. Bearbeitet von Walter Goetz. Leipzig 1942.

6) Die Politik Maximilians I. von Baiern und seiner Verbündeten 1618–1651. Zweiter Teil. Vierter Band: 1628 – Juni 1629. Bearbeitet von Walter Goetz. München 1948.

7) Die Politik Maximilians I. von Bayern und seiner Verbündeten 1618–1651. Zweiter Teil. Fünfter Band: Juli 1629 – Dezember 1630. Bearbeitet von Dieter Albrecht. München/Wien 1964.

8) Die Politik Maximilians I. von Bayern und seiner Verbündeten 1618–1651. Zweiter Teil. Achter Band: Januar 1633 – Mai 1634. Bearbeitet von Kathrin Bierther. München/Wien 1982.

9) Die Politik Maximilians I. von Bayern und seiner Verbündeten 1618–1651. Zweiter Teil. Neunter Band: Juni 1634 – Mai 1635. Bearbeitet von Kathrin Bierther. München 1986.

10) Die Politik Maximilians I. von Bayern und seiner Verbündeten 1618–1651. Zweiter Teil. Zehnter Band: Der Prager Frieden 1635. [4 Teilbände.] Bearbeitet von Kathrin Bierther. München 1997.

[Pfalzgeschichte]

1) Urkundliche Geschichte der Grafschaft Hanau-Lichtenberg. Von J[ohann] G[eorg] Lehmann. 1. Band: die Geschichte der Dynasten von Lichtenberg enthaltend. Mannheim 1862.

2) Urkundliche Geschichte der Grafschaft Hanau-Lichtenberg im unteren Elsasse. Von J[ohann] G[eorg] Lehmann. 2. Band: die Geschichte der Dynasten von Ochsenstein, der Grafen von Zweibrücken-Bitsch und der Grafen von Hanau-Lichtenberg enthaltend. Mannheim 1863.

3) Vollständige Geschichte des Herzogthums Zweibrücken und seiner Fürsten, der Stamm- und Voraltern des k[öniglich]-bayer[ischen] Hauses. Nach Urkunden und sonstigen archivalischen Quellen bearbeitet von Johann Georg Lehmann. München 1867.

4) Urkundenbuch zur Geschichte der ehemals Pfalzbayerischen Residenzstadt Zweibrücken. Herausgegeben von Ludwig Molitor. Zweibrücken 1888.

5) Die Graffschaft und die Grafen von Spanheim der beiden Linien Kreuznach und Starkenburg bis zu ihrem Erlöschen im fünfzehnten Jahrhunderte; aus größtentheils ungedruckten geschichtlichen Quellen und Urkunden erläutert. Von J[ohann] G[eorg] Lehmann. I. Theil: Die kreuznacher Linie. Kreuznach 1869.

6) Die Graffschaft und die Grafen von Spanheim der beiden Linien Kreuznach und Starkenburg bis zu ihrem Erlöschen im fünfzehnten Jahrhunderte; aus größtentheils ungedruckten geschichtlichen Quellen und Urkunden erläutert. Von J[ohann] G[eorg] Lehmann. II. Theil: Die Starkenburger Linie. Kreuznach 1869.

Quellen und Erörterungen zur bayerischen und deutschen Geschichte – [Alte Folge]

1) Bd. II: Quellen zur Geschichte Friedrich's des Siegreichen. Erster Band: Matthias von Kemnat und Eikhart Artzt. Herausgegeben von C[onrad] Hofmann. Regesten von K. Menzel. München 1862.

2) Bd. III: Quellen zur Geschichte Friedrich's des Siegreichen. Zweiter Band: Michel Beheim und Eikhart Artzt. Herausgegeben von C[onrad] Hofmann. München 1863.

3) Bd. VI: Monumenta Wittelsbacensia. Urkundenbuch zur Geschichte des Hauses Wittelsbach. Herausgegeben von F[ranz] Mich[ael] Wittmann. [Vollendet von K. A. Muffat.] Zweite Abtheilung: Von 1293 bis 1397. München 1861.

4) Bd. VIII: [Teil] I. Erhard Schürstab's Beschreibung des Ersten Markgräflichen Krieges gegen Nürnberg. Herausgegeben von Joseph Bader. [Teil] II. Tagebuch Kaiser Karls VII. aus dem Jahre 1744. [Teil] III. Tagebuch des Pfalzgrafen Johann Casimir. Herausgegeben von Ludwig Häusser. München 1860.

5) Bd. IX: Briefsteller und formelbücher des eilften bis vierzehnten jahrhunderts. Bearbeitet von Ludwig Rockinger. Erste abtheilung. München 1863.

6) Bd. IX: Briefsteller und formelbücher des eilften bis vierzehnten Jahrhunderts. Bearbeitet von Ludwig Rockinger. Zweite abtheilung. München 1864.

Quellen und Erörterungen zur bayerischen und deutschen Geschichte – Neue Folge

1) Bd. I: Andreas von Regensburg, Sämtliche Werke. Herausgegeben von Georg Leidinger. München 1903.
2) Bd. II: Erste Abteilung: Des Ritters Hans Ebran von Wildenberg Chronik von den Fürsten aus Bayern. Herausgegeben von Friedrich Roth. München 1905.
3) Bd. II: Zweite Abteilung: Ulrich Füetrer. Bayerische Chronik. Herausgegeben von Reinhold Spiller. München 1909.
4) Bd. III: Veit Arnpeck. Sämtliche Chroniken. Herausgegeben von Georg Leidinger. München 1915.
5) Bd. IV: Die Traditionen des Hochstifts Freising. I. Band: (744–926). Herausgegeben von Theodor Bitterauf. München 1905.
6) Bd. V: Die Traditionen des Hochstifts Freising. II. Band: (926–1283). Herausgegeben von Theodor Bitterauf. München 1909.

Geschichte der Wissenschaften in Deutschland. Neuere Zeit

1) Bd. I: Geschichte des Allgemeinen Staatsrechts und der Politik. Seit dem sechzehnten Jahrhundert bis zur Gegenwart. Von Johann Kaspar Bluntschli. München 1864.
2) Bd. II: Geschichte der Mineralogie. Von 1650–1860. Von Franz von Kobell. München 1864.
3) Bd. III: Geschichte der Landbau- und Forstwissenschaft. Seit dem sechzehnten Jahrhundert bis zur Gegenwart. Von C[arl] Fraas. München 1865.
4) Bd. IV: Geschichte der Erdkunde bis auf Alexander von Humboldt und Carl Ritter. Von Oscar Peschel. München 1865.
5) Bd. V: Geschichte der protestantischen Theologie, besonders in Deutschland, nach ihrer principiellen Bewegung und im Zusammenhang mit dem religiösen, sittlichen und intellectuellen Leben betrachtet. Von I[saak] A[ugust] Dorner. München 1867.
6) Bd. VI: Geschichte der katholischen Theologie. Seit dem Trienter Concil bis zur Gegenwart. Von Karl Werner. München 1866.

7) Bd. VII: Geschichte der Aesthetik in Deutschland. Von Hermann Lotze. München 1868.

8) Bd. VIII: Geschichte der Sprachwissenschaft und orientalischen Philologie in Deutschland seit dem Anfange des 19. Jahrhunderts mit einem Rückblick auf die früheren Zeiten. Von Theodor Benfey. München 1869.

9) Bd. IX: Geschichte der Germanischen Philologie vorzugsweise in Deutschland. Von Rudolf von Raumer. München 1870.

10) Bd. X: Die Entwickelung der Chemie in der neueren Zeit. Von Hermann Kopp. München 1873.

11) Bd. XI: Geschichte der Technologie seit der Mitte des achtzehnten Jahrhunderts. Von Karl Karmarsch. München 1872.

12) Bd. XII: Geschichte der Zoologie bis auf Joh. Müller und Charl. Darwin. Von J[ulius] Viktor Carus. München 1872.

13) Bd. XIII: Geschichte der deutschen Philosophie seit Leibniz. Von Eduard Zeller. München 1873.

14) Bd. XIV: Geschichte der National-Oekonomik in Deutschland. Von Wilhelm Roscher. München 1874.

15) Bd. XV: Geschichte der Botanik vom 16. Jahrhundert bis 1860. Von Julius Sachs. München 1875.

16) Bd. XVI: Geschichte der Astronomie. Von Rudolf Wolf. München 1877.

17) Bd. XVII: Geschichte der Mathematik in Deutschland. Von C[arl] I[mmanuel] Gerhardt. München 1877.

18) Bd. XVIII: Geschichte der Deutschen Rechtswissenschaft. Von R[oderich] Stintzing. Erste Abtheilung. München, Leipzig 1880.

19) Bd. XVIII: Geschichte der Deutschen Rechtswissenschaft. Von R[oderich] Stintzing. Zweite Abtheilung. [Aus Stintzings Nachlaß herausgegeben von Ernst Landsberg.] München/Leipzig 1884.

20) Bd. XVIII: Geschichte der Deutschen Rechtswissenschaft. Von R[oderich] Stintzing. Dritte Abtheilung, 1. Halbband, Text. Fortsetzung der Geschichte der Deutschen Rechtswissenschaft, erste und zweite Abtheilung, von R. Stintzing. Von Ernst Landsberg. München/Leipzig 1898.

21) Bd. XVIII: Geschichte der Deutschen Rechtswissenschaft. Von R[oderich] Stintzing. Dritte Abtheilung, 1. Halbband, Noten. Fortsetzung der Geschichte der Deutschen Rechtswissenschaft, erste und zweite Abtheilung, von R. Stintzing. Von Ernst Landsberg. München/Leipzig 1898.

22) Bd. XVIII: Geschichte der Deutschen Rechtswissenschaft. Von R[oderich] Stintzing. Dritte Abteilung, 2. Halbband, Text. Fortsetzung der Geschichte der Deutschen Rechtswissenschaft, erste und zweite Abtheilung, von R. Stintzing. Von Ernst Landsberg. München/Berlin 1910.

23) Bd. XVIII: Geschichte der Deutschen Rechtswissenschaft. Von R[oderich] Stintzing. Dritte Abteilung, 2. Halbband, Noten. Fortsetzung der Geschichte der Deutschen Rechtswissenschaft, erste und zweite Abtheilung, von R. Stintzing. Von Ernst Landsberg. München/Berlin 1910.

24) Bd. XIX: Geschichte der classischen Philologie in Deutschland von den Anfängen bis zur Gegenwart. Von Conrad Bursian. Erste Hälfte. München/Leipzig 1883.

25) Bd. XIX: Geschichte der classischen Philologie in Deutschland von den Anfängen bis zur Gegenwart. Von Conrad Bursian. Zweite Hälfte. München/Leipzig 1883.

26) Bd. XX: Geschichte der Deutschen Historiographie seit dem Auftreten des Humanismus. Von Franz X[aver] von Wegele. München/Leipzig 1885.

27) Bd. XXI: Geschichte der Kriegswissenschaften vornehmlich in Deutschland. Von Max Jähns. Erste Abteilung: Altertum, Mittelalter, 15. und 16. Jahrhundert. München/Leipzig 1889.

28) Bd. XXI: Geschichte der Kriegswissenschaften vornehmlich in Deutschland. Von Max Jähns. Zweite Abteilung: 17. und 18. Jahrhundert bis zum Auftreten Friedrichs des Großen 1740. München/Leipzig 1890.

29) Bd. XXI: Geschichte der Kriegswissenschaften vornehmlich in Deutschland. Von Max Jähns. Dritte Abteilung: Das 18. Jahrhundert sowie das Auftreten Friedrichs des Großen. 1740–1800. München/Leipzig 1891.

30) Bd. XXII: Geschichte der Medicinischen Wissenschaften in Deutschland. Von August Hirsch. München/Leipzig 1893.

31) Bd. XXIII: Geschichte der Geologie und Paläontologie bis Ende des 19. Jahrhunderts. Von Karl Alfred v. Zittel. München/Leipzig 1899.

32) Bd. XXIV: Geschichte der Physik von den ältesten Zeiten bis zum Ausgange des achtzehnten Jahrhunderts. Von Ernst Gerland, für die Drucklegung durchgesehen von H. von Steinwehr. München/Berlin 1913.

Die Ackerbaugeräte

1) Die Ackerbaugeräte in ihren praktischen Beziehungen wie nach ihrer urgeschichtlichen und ethnographischen Bedeutung. Von Richard Braungart. Heidelberg 1881.

Weisthümer

1) Weisthümer. Gesammelt von Jacob Grimm. Vierter Teil. Göttingen 1863.

2) Weisthümer. Gesammelt von Jacob Grimm. Fünfter Teil unter Oberleitung von Georg Ludwig Maurer herausgegeben von Richard Schroeder. Göttingen 1866.
3) Weisthümer. Gesammelt von Jacob Grimm und nach dessen Tode unter Mitwirkung von F. X. Kraus, Archivar Müller und andern Gelehrten herausgegeben von Georg Ludwig Maurer. Sechster Teil. Bearbeitet von Richard Schroeder. Göttingen 1869.
4) Weisthümer. Gesammelt von Jacob Grimm. Siebenter Teil: Namen- und Sachregister, verfasst von Richard Schroeder. Göttingen 1878.

Deutsche Rechtssprichwörter

1) Deutsche Rechtssprichwörter. Unter Mitwirkung von Johann Kaspar Bluntschli und Konrad von Maurer gesammelt und erklärt von Eduard Graf und Mathias Dietherr. Nördlingen 1864.

Gerichtswesen

1) Geschichte des Gerichtswesens und der Verwaltungsorganisation Baierns. Von Eduard Rosenthal. Bd. I: Vom Ende des 12. bis zum Ende des 16. Jahrhunderts (1180–1598). Würzburg 1889.
2) Geschichte des Gerichtswesens und der Verwaltungsorganisation Baierns. Von Eduard Rosenthal. Bd. II: Vom Ende des 16. bis zur Mitte des 18. Jahrhunderts (1598–1745). Würzburg 1906.

Otfrids Evangelienbuch

1) Bd. II: Otfrids von Weissenburg Evangelienbuch. Text, Einleitung, Grammatik, Metrik, Glossar. Zweiter Band: Die Formen- und Lautlehre der Sprache Otfrids. Bearbeitet von Johann Kelle. Regensburg 1869.
2) Bd. III: Otfrids von Weissenburg Evangelienbuch. Text, Einleitung, Grammatik, Metrik, Glossar. Dritter Band: Glossar der Sprache Otfrids. Bearbeitet von Johann Kelle. Regensburg 1881.

Bayerisches Wörterbuch

1) Bayerisches Wörterbuch von J[ohann] Andreas Schmeller. Zweite, mit des Verfassers Nachträgen vermehrte Ausgabe. Bearbeitet von G. Karl

Frommann. Erster Band: Enthaltend Theil I. und II. der ersten Ausgabe. München 1872.

2) Bayerisches Wörterbuch von J[ohann] Andreas Schmeller. Zweite, mit des Verfassers Nachträgen vermehrte Ausgabe. Bearbeitet von G. Karl Frommann. Zweiter Band: Enthaltend Theil III. und IV. der ersten Ausgabe. München 1877.

Historische Volkslieder

1) Bd. I: Die historischen Volkslieder der Deutschen vom 13. bis 16. Jahrhundert. Gesammelt und erläutert von R[ochus Freiherr] v. Liliencron. [1243–1469]. Leipzig 1865.
2) Bd. II: Die historischen Volkslieder der Deutschen vom 13. bis 16. Jahrhundert. Gesammelt und erläutert von R[ochus Freiherr] v. Liliencron. [1471–1507]. Leipzig 1866.
3) Bd. III: Die historischen Volkslieder der Deutschen vom 13. bis 16. Jahrhundert. Gesammelt und erläutert von R[ochus Freiherr] v. Liliencron. [1506–1529]. Leipzig 1867.
4) Bd. IV: Die historischen Volkslieder der Deutschen vom 13. bis 16. Jahrhundert. Gesammelt und erläutert von R[ochus Freiherr] v. Liliencron. [1530–1554]. Leipzig 1869.
5) Bd. [V]: Die historischen Volkslieder der Deutschen vom 13. bis 16. Jahrhundert. Gesammelt und erläutert von R[ochus Freiherr] v. Liliencron. Nachtrag, enthaltend die Töne und das alphabetische Verzeichniß. Leipzig 1869.
6) Historische Volkslieder und Zeitgedichte vom sechzehnten bis neunzehnten Jahrhundert. Gesammelt und erläutert von August Hartmann. Mit Melodien herausgegeben von Hyacinth Abele. Erster Band: Bis zum Ende des dreißigjährigen Krieges. München 1907.
7) Historische Volkslieder und Zeitgedichte vom sechzehnten bis neunzehnten Jahrhundert. Gesammelt und erläutert von August Hartmann. Mit Melodien herausgegeben von Hyacinth Abele. Zweiter Band: Von Mitte des siebzehnten bis zu der des achtzehnten Jahrhunderts. München 1910.
8) Historische Volkslieder und Zeitgedichte vom sechzehnten bis neunzehnten Jahrhundert. Gesammelt und erläutert von August Hartmann. Mit Melodien herausgegeben von Hyacinth Abele. Dritter Band: Von 1756 bis 1879. München 1913.

Deutsche Geschichtsquellen des 19. und 20. Jahrhunderts

1) Bd. I: Rheinische Briefe und Akten zur Geschichte der politischen Bewegung 1830–1850. Gesammelt und herausgegeben von Joseph Hansen. Erster Band: 1830–1845. Essen 1919. [Zugleich: Publikationen der Gesellschaft für Rheinische Geschichtskunde, Bd. 36.]

2) Bd. II: Die Tagebücher des Freiherrn Reinhard v. Dalwigk zu Lichtenfels aus den Jahren 1860–71. Herausgegeben von Wilhelm Schüßler. Stuttgart/Berlin 1920.

3) Bd. III: Denkwürdigkeiten aus dem Dienstleben des Hessen-Darmstädtischen Staatsministers Freiherrn du Thil 1803–1848. Herausgegeben von Heinrich Ulmann. Stuttgart/Berlin 1921.

4) Bd. IV: Ferdinand Lassalle. Nachgelassene Briefe und Schriften. Herausgegeben von Gustav Mayer. Erster Band: Briefe von und an Lassalle bis 1848. Stuttgart/Berlin 1921.
[Die sechsbändige Lassalle-Briefedition ist auch online unter http://www.historische-kommission-muenchen-editionen.de/lassalle/ verfügbar.]

5) Bd. V: Ferdinand Lassalle. Nachgelassene Briefe und Schriften. Herausgegeben von Gustav Mayer. Zweiter Band: Briefwechsel von der Revolution von 1848 bis zum Beginn seiner Arbeiteragitation. Stuttgart/Berlin 1923.

6) Bd. VI: Ferdinand Lassalle. Nachgelassene Briefe und Schriften. Herausgegeben von Gustav Mayer. Dritter Band: Der Briefwechsel zwischen Lassalle und Marx. Stuttgart/Berlin 1922.

7) Bd. VII: Ferdinand Lassalle. Nachgelassene Briefe und Schriften. Herausgegeben von Gustav Mayer. Vierter Band: Lassalles Briefwechsel mit Gräfin Sophie von Hatzfeldt. Stuttgart/Berlin 1924.

8) Bd. VIII: Ferdinand Lassalle. Nachgelassene Briefe und Schriften. Herausgegeben von Gustav Mayer. Fünfter Band: Lassalles Briefwechsel aus den Jahren seiner Arbeiteragitation 1862–1864. Stuttgart/Berlin 1925.

9) Bd. IX: Denkwürdigkeiten des General-Feldmarschalls Alfred Grafen von Waldersee. Bearbeitet und herausgegeben von Heinrich Otto Meisner. 1. Bd.: 1832–1888. Stuttgart/Berlin 1922.

10) Bd. X: Denkwürdigkeiten des General-Feldmarschalls Alfred Grafen von Waldersee. Bearbeitet und herausgegeben von Heinrich Otto Meisner. 2. Bd.: 1888–1900. Stuttgart/Berlin 1922.

11) Bd. XI: Josef von Radowitz. Nachgelassene Briefe und Aufzeichnungen zur Geschichte der Jahre 1848–1853. Herausgegeben von Walter Möring. Stuttgart/Berlin 1922.

12) Bd. XII: Max Duncker. Politischer Briefwechsel aus seinem Nachlaß. Herausgegeben von Johannes Schultze. Stuttgart/Berlin 1923.

13) Bd. XIII: Denkwürdigkeiten des General-Feldmarschalls Alfred Grafen von Waldersee. Bearbeitet und herausgegeben von Heinrich Otto Meisner. 3. Bd.: 1900–1904. Stuttgart/Berlin 1923.

14) Bd. XIV: Aktenstücke und Aufzeichnungen zur Geschichte der Frankfurter Nationalversammlung aus dem Nachlaß von Johann Gustav Droysen. Herausgegeben von Rudolf Hübner. Stuttgart/Berlin/Leipzig 1924.

15) Bd. XV: Aufzeichnungen und Erinnerungen aus dem Leben des Botschafters Joseph Maria von Radowitz. Herausgegeben von Hajo Holborn. Band 1: 1839–1877. Stuttgart/Berlin 1925.

16) Bd. XVI: Aufzeichnungen und Erinnerungen aus dem Leben des Botschafters Joseph Maria von Radowitz. Herausgegeben von Hajo Holborn. Band 2: 1878–1890. Stuttgart/Berlin 1925.

17) Bd. XVII: Ferdinand Lassalle. Nachgelassene Briefe und Schriften. Herausgegeben von Gustav Mayer. Sechster Band: Die Schriften des Nachlasses und der Briefwechsel mit Karl Rodbertus. Stuttgart/Berlin 1925.

18) Bd. XVIII: Deutscher Liberalismus im Zeitalter Bismarcks. Eine politische Briefsammlung. Band 1: Die Sturmjahre der preußisch-deutschen Einigung 1859–1870. Politische Briefe aus dem Nachlaß liberaler Parteiführer. Ausgewählt und bearbeitet von Julius Heyderhoff. Bonn 1925.

19) [Bd. XIX]: Die Rheinpolitik Kaiser Napoleons III. von 1863 bis 1870 und der Ursprung des Krieges von 1870/71. Nach den Staatsakten von Österreich, Preußen und den süddeutschen Mittelstaaten. Von Hermann Oncken. Erster Band: 1863 bis Juli 1866. Stuttgart/Berlin/Leipzig 1926.

20) [Bd. XX]: Die Rheinpolitik Kaiser Napoleons III. von 1863 bis 1870 und der Ursprung des Krieges von 1870/71. Nach den Staatsakten von Österreich, Preußen und den süddeutschen Mittelstaaten. Von Hermann Oncken. Zweiter Band: Juli 1866 bis Juli 1868. Stuttgart/Berlin/Leipzig 1926.

21) [Bd. XXI]: Die Rheinpolitik Kaiser Napoleons III. von 1863 bis 1870 und der Ursprung des Krieges von 1870/71. Nach den Staatsakten von Österreich, Preußen und den süddeutschen Mittelstaaten. Von Hermann Oncken. Dritter Band: Juli 1868 bis August 1870. Stuttgart/Berlin/Leipzig 1926.

22) [Bd. XXII]: Großherzog Friedrich I. von Baden und die deutsche Politik von 1854–1871. Briefwechsel, Denkschriften, Tagebücher. Herausgegeben von der Badischen Historischen Kommission. Bearbeitet von Hermann Oncken. Erster Band. Stuttgart/Berlin 1927.

23) [Bd. XXIII]: Großherzog Friedrich I. von Baden und die deutsche Politik von 1854–1871. Briefwechsel, Denkschriften, Tagebücher. Herausgegeben von der Badischen Historischen Kommission. Bearbeitet von Hermann Oncken. Zweiter Band. Stuttgart/Berlin 1927.

24) Bd. XXIV: Deutscher Liberalismus im Zeitalter Bismarcks. Eine politische Briefsammlung. Band 2: Im Neuen Reich 1871–1890. Politische Briefe aus dem Nachlaß liberaler Parteiführer. Ausgewählt und bearbeitet von Paul Wentzcke. Bonn 1926.

25) Bd. XXV: Johann Gustav Droysen. Briefwechsel. Herausgegeben von Rudolf Hübner. Erster Band: 1829–1851. Stuttgart/Berlin/Leipzig 1929.

26) Bd. XXVI: Johann Gustav Droysen. Briefwechsel. Herausgegeben von Rudolf Hübner. Zweiter Band: 1851–1884. Stuttgart/Berlin/Leipzig 1929.

27) Bd. XXVII: Ausgewählter Briefwechsel Rudolf Hayms. Herausgegeben von Hans Rosenberg. Stuttgart/Berlin/Leipzig 1930.

28) Bd. XXVIII: Fürst Chlodwig zu Hohenlohe-Schillingsfürst. Denkwürdigkeiten der Reichskanzlerzeit. Herausgegeben von Karl Alexander von Müller. Stuttgart/Berlin/Leipzig 1931.

29) Bd. XXIX: Quellen zur deutschen Politik Österreichs 1859–1866. Unter Mitwirkung von Oskar Schmid herausgegeben von Heinrich Ritter von Srbik. Band I: Juli 1859 bis November 1861. Oldenburg i. O./Berlin 1934.

30) Bd. XXX: Quellen zur deutschen Politik Österreichs 1859–1866. Unter Mitwirkung von Oskar Schmid herausgegeben von Heinrich Ritter von Srbik. Band II: November 1861 bis Januar 1863. Oldenburg i. O./Berlin 1935.

31) Bd. XXXI: Quellen zur deutschen Politik Österreichs 1859–1866. Unter Mitwirkung von Oskar Schmid herausgegeben von Heinrich Ritter von Srbik. Band III: Januar 1863 bis März 1864. Oldenburg i. O./Berlin 1936.

32) Bd. XXXII: Quellen zur deutschen Politik Österreichs 1859–1866. Unter Mitwirkung von Oskar Schmid herausgegeben von Heinrich Ritter von Srbik. Band IV: März 1864 bis August 1865. Oldenburg i. O./Berlin 1937.

33) Bd. XXXIII: Quellen zur deutschen Politik Österreichs 1859–1866. Unter Mitwirkung von Oskar Schmid herausgegeben von Heinrich Ritter von Srbik. Band V, 1. Halbband: August 1865 bis Mai 1866. Oldenburg i. O./Berlin 1938.

34) Bd. XXXIII: Quellen zur deutschen Politik Österreichs 1859 bis 1866. Unter Mitwirkung von Oskar Schmid herausgegeben von Heinrich Ritter von Srbik. Band V, 2. Halbband: 1. Mai 1866 bis August 1866. Oldenburg i. O./Berlin 1938.

35) Bd. XXXIV: Robert Heinrich Graf von der Goltz. Botschafter in Paris 1863–1869. Von Otto Graf zu Stolberg-Wernigerode. Oldenburg i. O./Berlin 1941.

36) Bd. XXXV: Im Ring der Gegner Bismarcks. Denkschriften und politischer Briefwechsel Franz v. Roggenbachs mit Kaiserin Augusta und Albrecht v. Stosch 1865–1896. Bearbeitet und herausgegeben von Julius Heyderhoff. Leipzig 1943.

37) Bd. XXXVI: Rheinische Briefe und Akten zur Geschichte der politischen Bewegung 1830–1850. Herausgegeben von Joseph Hansen. Zweiter Band: 1846 Januar bis 1848 April. Essen 1942.

38) Bd. XXXVII: Politischer Briefwechsel des Herzogs und Großherzogs Carl August von Weimar. Herausgegeben von Willy Andreas. Bearbeitet von Hans Tümmler. Band 1: Von den Anfängen der Regierung bis zum Ende des Fürstenbundes 1778–1790. Stuttgart 1954.

39) Bd. XXXVIII: Politischer Briefwechsel des Herzogs und Großherzogs Carl August von Weimar. Herausgegeben von Willy Andreas. Bearbeitet von Hans Tümmler. Band 2: Vom Beginn der Revolutionskriege bis in die Rheinbundzeit 1791 bis 1807. Stuttgart 1958.

40) Bd. XXXIX: Politischer Briefwechsel des Herzogs und Großherzogs Carl August von Weimar. Herausgegeben von Willy Andreas. Bearbeitet von Hans Tümmler. Band 3: Von der Rheinbundzeit bis zum Ende der Regierung 1808–1828. Göttingen 1973.

41) [Bd. XL]: Geheimes Kriegstagebuch 1870–1871 von Paul Bronsart von Schellendorf. Chef der Operationsabteilung im Großen Generalstab. Unter Mitwirkung von Theodor Michaux herausgegeben von Peter Rassow. Bonn 1954.

42) Bd. XLI: Wilhelm Groener, Lebenserinnerungen. Jugend, Generalstab, Weltkrieg. Herausgegeben von Friedrich Frhr. Hiller von Gaertringen. Mit einem Vorwort von Peter Rassow. Göttingen 1957.

43) Bd. XLII: Lebenserinnerungen des Königs Johann von Sachsen. Eigene Aufzeichnungen des Königs über die Jahre 1801 bis 1854. Herausgegeben von Hellmut Kretzschmar. Göttingen 1958.

44) Bd. XLIII: Das Tagebuch der Baronin Spitzemberg, geb. Freiin von Varnbüler. Aufzeichnungen aus der Hofgesellschaft des Hohenzollernreiches. Ausgewählt und herausgegeben von Rudolf Vierhaus. Mit einem Vorwort von Peter Rassow. Göttingen 1960.

45) Bd. XLIV: Staatssekretär Graf Herbert von Bismarck. Aus seiner politischen Privatkorrespondenz. Herausgegeben und eingeleitet von Walter Bußmann unter Mitwirkung von Klaus-Peter Hoepke. Göttingen 1964.

46) Bd. XLV: Carl von Clausewitz. Schriften – Aufsätze – Studien – Briefe. Dokumente aus dem Clausewitz-, Scharnhorst- und Gneisenau-Nachlaß sowie aus öffentlichen und privaten Sammlungen. Herausgegeben von Werner Hahlweg. Mit einem Vorwort von Karl Dietrich Erdmann. Erster Band. Göttingen 1966.

47) Bd. XLVI: Von der Revolution zum Norddeutschen Bund. Politik und Ideengut der preußischen Hochkonservativen 1848–1866. Aus dem Nachlaß von Ernst Ludwig von Gerlach. Herausgegeben und eingeleitet von Hellmut Diwald. Erster Teil: Tagebuch 1848–1866. Göttingen 1970.

48) Bd. XLVI: Von der Revolution zum Norddeutschen Bund. Politik und Ideengut der preußischen Hochkonservativen 1848–1866. Aus dem Nachlaß von Ernst Ludwig von Gerlach. Herausgegeben und eingeleitet von Hellmut Diwald. Zweiter Teil: Briefe, Denkschriften, Aufzeichnungen. Göttingen 1970.

49) Bd. XLVII: Von Brest-Litovsk zur deutschen Novemberrevolution. Aus den Tagebüchern, Briefen und Aufzeichnungen von Alfons Paquet, Wilhelm Groener und Albert Hopman. März bis November 1918. Herausgegeben von Winfried Baumgart Mit einem Vorwort von Hans Herzfeld. Göttingen 1971.

50) Bd. XLVIII: Kurt Riezler. Tagebücher, Aufsätze, Dokumente. Eingeleitet und herausgegeben von Karl Dietrich Erdmann. Göttingen 1972.

51) Bd. XLIX: Carl von Clausewitz. Schriften – Aufsätze – Studien – Briefe. Dokumente aus dem Clausewitz-, Scharnhorst- und Gneisenau-Nachlaß sowie aus öffentlichen und privaten Sammlungen. Herausgegeben von Werner Hahlweg. Mit einem Geleitwort von Walter Bußmann. Zweiter Band, 1. Teilband. Göttingen 1990.

52) Bd. XLIX: Carl von Clausewitz. Schriften – Aufsätze – Studien – Briefe. Dokumente aus dem Clausewitz-, Scharnhorst- und Gneisenau-Nachlaß sowie aus öffentlichen und privaten Sammlungen. Herausgegeben von Werner Hahlweg. Mit einem Geleitwort von Walter Bußmann. Zweiter Band, 2. Teilband. Göttingen 1990.

53) Bd. L: Briefwechsel Hertling-Lerchenfeld 1912–1917. Dienstliche Privatkorrespondenz zwischen dem bayerischen Ministerpräsidenten Georg Graf von Hertling und dem bayerischen Gesandten in Berlin Hugo Graf von und zu Lerchenfeld. Herausgegeben und eingeleitet von Ernst Deuerlein †. Erster Teil. Boppard am Rhein 1973.

54) Bd. L: Briefwechsel Hertling-Lerchenfeld 1912–1917. Dienstliche Privatkorrespondenz zwischen dem bayerischen Ministerpräsidenten Georg Graf von Hertling und dem bayerischen Gesandten in Berlin Hugo Graf von und zu Lerchenfeld. Herausgegeben und eingeleitet von Ernst Deuerlein †. Zweiter Teil. Boppard am Rhein 1973.

55) Bd. LI: Botschafter Paul Graf von Hatzfeldt. Nachgelassene Papiere 1838–1901. Herausgegeben und eingeleitet von Gerhard Ebel in Verbindung mit Michael Behnen. Erster Teil. Boppard am Rhein 1976.

56) Bd. LI: Botschafter Paul Graf von Hatzfeldt. Nachgelassene Papiere 1838–1901. Herausgegeben und eingeleitet von Gerhard Ebel in Verbindung mit Michael Behnen. Zweiter Teil. Boppard am Rhein 1976.

57) Bd. LII: Philipp Eulenburgs politische Korrespondenz. Herausgegeben von John C. G. Röhl. Bd. 1: Von der Reichsgründung bis zum Neuen Kurs 1866–1891. Boppard am Rhein 1976.

58) Bd. LII: Philipp Eulenburgs politische Korrespondenz. Herausgegeben von John C. G. Röhl. Bd. 2: Im Brennpunkt der Regierungskrise 1892–1895. Boppard am Rhein 1979.

59) Bd. LII: Philipp Eulenburgs politische Korrespondenz. Herausgegeben von John C. G. Röhl. Bd. 3: Krisen, Krieg und Katastrophen 1895–1921. Boppard am Rhein 1983.

60) Bd. LIII: Karl Friedrich von Savigny 1814–1875. Briefe, Akten, Aufzeichnungen aus dem Nachlaß eines preußischen Diplomaten der Reichsgründungszeit. Ausgewählt und herausgegeben von Willy Real. Erster Teil. Boppard am Rhein 1981.

61) Bd. LIII: Karl Friedrich von Savigny 1814–1875. Briefe, Akten, Aufzeichnungen aus dem Nachlaß eines preußischen Diplomaten der Reichsgründungszeit. Ausgewählt und herausgegeben von Willy Real. Zweiter Teil. Boppard am Rhein 1981.

62) Bd. LIV: Theodor Wolff. Tagebücher 1914–1919. Der Erste Weltkrieg und die Entstehung der Weimarer Republik in Tagebüchern, Leitartikeln und Briefen des Chefredakteurs am „Berliner Tageblatt" und Mitbegründers der „Deutschen Demokratischen Partei". Eingeleitet und Herausgegeben von Bernd Sösemann. Erster Teil. Boppard am Rhein 1984.

63) Bd. LIV: Theodor Wolff. Tagebücher 1914–1919. Der Erste Weltkrieg und die Entstehung der Weimarer Republik in Tagebüchern, Leitartikeln und Briefen des Chefredakteurs am „Berliner Tageblatt" und Mitbegründers der „Deutschen Demokratischen Partei". Eingeleitet und Herausgegeben von Bernd Sösemann. Zweiter Teil. Boppard am Rhein 1984.

64) Bd. LV: Heinrich Ritter von Srbik. Die wissenschaftliche Korrespondenz des Historikers 1912–1945. Herausgegeben von Jürgen Kämmerer. Boppard 1988.

65) Bd. LVI: „Fahrtberichte" aus der Zeit des deutsch-sowjetischen Krieges 1941. Protokolle des Begleitoffiziers des Kommandierenden Generals LIII. Armeekorps. Eingeleitet und herausgegeben von Walther Lammers. Boppard 1988.

66) Bd. LVII: Die deutsche Wirtschaftspolitik in den besetzten sowjetischen Gebieten 1941–1943. Der Abschlußbericht des Wirtschaftsstabes Ost und Aufzeichnungen eines Angehörigen des Wirtschaftskommandos Kiew. Herausgegeben und eingeleitet von Rolf-Dieter Müller. Boppard 1991.

67) Bd. LVIII: Siegfried A. Kaehler: Briefe 1900–1963. Herausgegeben von Walter Bußmann und Günther Grünthal unter Mitwirkung von Joachim Stemmler. Boppard 1993.

68) Bd. LIX: Karl August von Hardenberg 1750–1822. Tagebücher und autobiographische Aufzeichnungen. Herausgegeben und eingeleitet von Thomas Stamm-Kuhlmann. München 2000.

69) Bd. LX: Paul von Hintze. Marineoffizier, Diplomat, Staatssekretär. Dokumente einer Karriere zwischen Militär und Politik, 1903–1918. Eingeleitet und herausgegeben von Johannes Hürter. München 1998.

70) Bd. LXI: Anton Wilhelm Nordhof. Die Geschichte der Zerstörung Moskaus im Jahre 1812. Herausgegeben von Claus Scharf unter Mitwirkung von Jürgen Kessel. München 2000.

71) Bd. LXII: Eugen Fischer-Baling 1881–1964. Manuskripte, Artikel, Briefe und Tagebücher. Eingeleitet und herausgegeben von Ralf Forsbach. München 2001.

72) Bd. LXIII: Karl Hampe. Kriegstagebuch 1914–1919. Herausgegeben von Folker Reichert und Eike Wolgast. München 2004.

73) Bd. LXIV: Kaiser Wilhelm II. als Oberster Kriegsherr im Ersten Weltkrieg. Quellen aus der militärischen Umgebung des Kaisers 1914–1918. Bearbeitet von Holger Afflerbach. München 2005.

Leopold von Ranke. Aus Werk und Nachlaß

1) Bd. I: Leopold von Ranke, Tagebücher. Herausgegeben von Walther Peter Fuchs. München/Wien 1964.

2) Bd. II: Leopold von Ranke, Über die Epochen der Neueren Geschichte. Historisch-kritische Ausgabe. Herausgegeben von Theodor Schieder und Helmut Berding. München/Wien 1971.

3) Bd. III: Leopold von Ranke, Frühe Schriften. Unter Mitarbeit von Gunter Berg und Volker Dotterweich herausgegeben von Walther Peter Fuchs. München/Wien 1973.

4) Bd. IV: Leopold von Ranke, Vorlesungseinleitungen. Herausgegeben von Volker Dotterweich und Walther Peter Fuchs. München/Wien 1975.

Gesamtausgabe des Briefwechsels von Leopold von Ranke

1) Leopold von Ranke. Briefwechsel. Historisch-kritische Ausgabe. Band 1: 1813–1825. Herausgegeben und eingeleitet von Ulrich Muhlack und Oliver Ramonat. München 2007.

Forschungen zur deutschen Sozialgeschichte

1) Bd. 1: Die Bauernbefreiung im Königreich Württemberg. Band I: Darstellung. Von Wolfgang v. Hippel. Boppard am Rhein 1977.

2) Bd. 1: Die Bauernbefreiung im Königreich Württemberg. Band II: Quellen. Von Wolfgang v. Hippel. Boppard am Rhein 1977.

3) Bd. 2: Quellen zur Bevölkerungs-, Sozial- und Wirtschaftsstatistik Deutschlands 1815–1875. Herausgegeben von Wolfgang Köllmann. Band I: Quellen zur Bevölkerungsstatistik Deutschlands 1815–1875. Bearbeitet von Antje Kraus. Boppard am Rhein 1980.

4) Bd. 2: Quellen zur Bevölkerungs-, Sozial- und Wirtschaftsstatistik Deutschlands 1815–1875. Herausgegeben von Wolfgang Köllmann. Band II: Berufs- und Gewerbestatistik Deutschlands 1816–1875: Preußische Provinzen. Bearbeitet von Antje Kraus. Boppard am Rhein 1989.

5) Bd. 2: Quellen zur Bevölkerungs-, Sozial- und Wirtschaftsstatistik Deutschlands 1815–1875. Herausgegeben von Wolfgang Köllmann. Band III: Berufs- und Gewerbestatistik Deutschlands 1816–1875: Norddeutsche Staaten. Bearbeitet von Antje Kraus. Boppard am Rhein 1994.

6) Bd. 2: Quellen zur Bevölkerungs-, Sozial- und Wirtschaftsstatistik Deutschlands 1815–1875. Herausgegeben von Wolfgang Köllmann. Band IV: Berufs- und Gewerbestatistik Deutschlands 1816–1875: Mitteldeutsche Staaten. Bearbeitet von Antje Kraus. Boppard am Rhein 1995.

7) Bd. 2: Quellen zur Bevölkerungs-, Sozial- und Wirtschaftsstatistik Deutschlands 1815–1875. Herausgegeben von Wolfgang Köllmann. Band V: Berufs- und Gewerbestatistik Deutschlands 1816–1875: Süddeutsche Staaten. Bearbeitet von Antje Kraus. Boppard am Rhein 1995.

8) Bd. 3: Säkularisation und Grundbesitz. Zur Sozialgeschichte des Saar-Mosel-Raumes 1794–1813. Von Michael Müller. Boppard am Rhein 1980.

9) Bd. 4: Säkularisation und Mediatisierung. Die Veräußerung der Nationalgüter im Rhein-Mosel-Departement. Von Wolfgang Schieder und Alfred Kube. Boppard am Rhein 1987.

10) Bd. 5: Säkularisation und Mediatisierung in den vier rheinischen Departements 1803–1813. Edition des Datenmaterials der zu veräußernden Nationalgüter. Teil I: Einführung und Register. Herausgegeben von Wolfgang Schieder. Datentechnisch aufbereitet von Manfred Koltes. Boppard am Rhein 1991.

11) Bd. 5: Säkularisation und Mediatisierung in den vier rheinischen Departements 1803–1813. Edition des Datenmaterials der zu veräußernden Nationalgüter. Teil II, 1: Rhein-Mosel-Departement. Herausgegeben von

Wolfgang Schieder. Datentechnisch aufbereitet von Manfred Koltes. Boppard am Rhein 1991.

12) Bd. 5: Säkularisation und Mediatisierung in den vier rheinischen Departements 1803–1813. Edition des Datenmaterials der zu veräußernden Nationalgüter. Teil II, 2: Rhein-Mosel-Departement. Herausgegeben von Wolfgang Schieder. Datentechnisch aufbereitet von Manfred Koltes. Boppard am Rhein 1991.

13) Bd. 5: Säkularisation und Mediatisierung in den vier rheinischen Departements 1803–1813. Edition des Datenmaterials der zu veräußernden Nationalgüter. Teil III: Saar-Departement. Herausgegeben von Wolfgang Schieder. Datentechnisch aufbereitet von Manfred Koltes. Boppard am Rhein 1991.

14) Bd. 5: Säkularisation und Mediatisierung in den vier rheinischen Departements 1803–1813. Edition des Datenmaterials der zu veräußernden Nationalgüter. Teil IV: Donnersberg-Departement. Herausgegeben von Wolfgang Schieder. Datentechnisch aufbereitet von Manfred Koltes. Boppard am Rhein 1991.

15) Bd. 5: Säkularisation und Mediatisierung in den vier rheinischen Departements 1803–1813. Edition des Datenmaterials der zu veräußernden Nationalgüter. Teil V, 1: Roer-Departement. Herausgegeben von Wolfgang Schieder. Datentechnisch aufbereitet von Manfred Koltes. Boppard am Rhein 1991.

16) Bd. 5: Säkularisation und Mediatisierung in den vier rheinischen Departements 1803–1813. Edition des Datenmaterials der zu veräußernden Nationalgüter. Teil V, 2: Roer-Departement. Herausgegeben von Wolfgang Schieder. Datentechnisch aufbereitet von Manfred Koltes. Boppard am Rhein 1991.

17) Bd. 6: Die Protokolle des Volkswirtschaftlichen Ausschusses der deutschen Nationalversammlung 1848/49. Mit ausgewählten Petitionen. Herausgegeben von Werner Conze † und Wolfgang Zorn. Bearbeitet von Rüdiger Moldenhauer †. Boppard am Rhein 1992.

18) Bd. 7: Die Petitionen an den Deutschen Handwerker- und Gewerbe-Kongreß in Frankfurt 1848. Herausgegeben von Werner Conze † und Wolfgang Zorn. Bearbeitet von Rüdiger Moldenhauer †. Boppard am Rhein 1994.

19) Bd. 8: Immobilienhändler und Spekulanten. Die sozial- und wirtschaftsgeschichtliche Bedeutung der Großkäufer bei den Nationalgüterversteigerungen in den rheinischen Departements (1803–1813). Von Gabriele B. Clemens. Boppard am Rhein 1995.

20) Bd. 9: Ein Koloß auf tönernen Füßen. Das Gutachten des Wirtschaftsprüfers Karl Eicke über die Deutsche Arbeitsfront vom 31. Juli 1936. Herausgegeben und eingeleitet von Rüdiger Hachtmann. München 2006.

[Die in der Abteilung erarbeitete Datenbank der deutschen und Schweizer Rektoratsreden des 19. und 20. Jahrhunderts ist unter http://www.historische-kommission-muenchen-editionen.de/rektoratsreden/ verfügbar.]

Deutsche und ostmitteleuropäische Europa-Pläne des 19. und 20. Jahrhunderts (in Zusammenarbeit mit dem Institut für Europäische Geschichte)

1) Option Europa. Deutsche, polnische und ungarische Europapläne des 19. und 20. Jahrhunderts. Herausgegeben von Włodzimierz Borodziej, Heinz Duchhardt, Małgorzata Morawiec und Ignác Romsics. Bd. I: Essays. Göttingen 2005.
2) Option Europa. Deutsche, polnische und ungarische Europapläne des 19. und 20. Jahrhunderts. Herausgegeben von Włodzimierz Borodziej, Heinz Duchhardt, Małgorzata Morawiec und Ignác Romsics. Bd. II: Regesten. Göttingen 2005.
3) Option Europa. Deutsche, polnische und ungarische Europapläne des 19. und 20. Jahrhunderts. Herausgegeben von Włodzimierz Borodziej, Heinz Duchhardt, Małgorzata Morawiec und Ignác Romsics. Bd. III: Texte. Göttingen 2005.

Die Protokolle des Bayerischen Staatsrats 1799 bis 1817 (in Zusammenarbeit mit der Generaldirektion der Staatlichen Archive Bayerns)

1) Bd. I: 1799–1801. Bearbeitet von Reinhard Stauber unter Mitarbeit von Esteban Mauerer. München 2006.

Quellen zu den Reformen in den Rheinbundstaaten

1) Bd. I: Regierungsakten des Großherzogtums Berg 1806–1813. Bearbeitet von Klaus Rob. München 1992.
2) Bd. II: Regierungsakten des Königreichs Westphalen 1807–1813. Bearbeitet von Klaus Rob. München 1992.

3) Bd. III: Regierungsakten des Primatialstaates und des Großherzogtums Frankfurt 1806–1812. Bearbeitet von Klaus Rob. München 1995.
4) Bd. IV: Regierungsakten des Kurfürstentums und Königreichs Bayern 1799–1815. Bearbeitet von Maria Schimke. München 1996.
5) Bd. V: Regierungsakten des Herzogtums Nassau 1803–1814. Bearbeitet von Uta Ziegler. München 2001.
6) Bd. VI: Regierungsakten des Großherzogtums Hessen-Darmstadt 1802–1820. Bearbeitet von Uta Ziegler. München 2002.
7) Bd. VII: Württemberg 1797–1816/19. Quellen und Studien zur Entstehung des modernen württembergischen Staates. Von Ina Ulrike Paul. Teilband 1. München 2005.
8) Bd. VII: Württemberg 1797–1816/19. Quellen und Studien zur Entstehung des modernen württembergischen Staates. Von Ina Ulrike Paul. Teilband 2. München 2005.

Quellen zur Geschichte des Deutschen Bundes – Abteilung I: Quellen zur Entstehung und Frühgeschichte des Deutschen Bundes 1815–1830

1) Bd. I: Die Entstehung des Deutschen Bundes 1813–1815. Bearbeitet von Eckhardt Treichel. Halbband 1. München 2000.
2) Bd. I: Die Entstehung des Deutschen Bundes 1813–1815. Bearbeitet von Eckhardt Treichel. Halbband 2. München 2000.

Quellen zur Geschichte des Deutschen Bundes – Abteilung II: Quellen zur Geschichte des Deutschen Bundes 1830–1850

1) Bd. I: Reformpläne und Repressionspolitik 1830–1834. Bearbeitet von Ralf Zerback. München 2003.

Quellen zur Geschichte des Deutschen Bundes – Abteilung III: Quellen zur Geschichte des Deutschen Bundes 1850–1866

1) Bd. I: Die Dresdener Konferenz und die Wiederherstellung des Deutschen Bundes 1850/51. Bearbeitet von Jürgen Müller. München 1996.

2) Bd. II: Der Deutsche Bund zwischen Reaktion und Reform 1851–1858. Bearbeitet von Jürgen Müller. München 1998.

Akten der Reichskanzlei – Weimarer Republik (in Zusammenarbeit mit dem Bundesarchiv)

[Die Edition ist auch online verfügbar unter http://www.bundesarchiv.de/aktenreichskanzlei/1919–1933/0000/index.html]

1) Das Kabinett Scheidemann. 13. Februar bis 20. Juni 1919. Bearbeitet von Hagen Schulze. Boppard am Rhein 1971.

2) Das Kabinett Bauer. 21. Juni 1919 bis 27. März 1920. Bearbeitet von Anton Golecki. Boppard am Rhein 1980.

3) Das Kabinett Müller I. 27. März bis 21. Juni 1920. Bearbeitet von Martin Vogt. Boppard am Rhein 1971.

4) Das Kabinett Fehrenbach. 25. Juni 1920 bis 4. Mai 1921. Bearbeitet von Peter Wulf. Boppard am Rhein 1972.

5) Die Kabinette Wirth I und II. 10. Mai 1921 bis 26. Oktober 1921. 26. Oktober 1921 bis 22. November 1922. Band 1: Mai 1921 bis März 1922, Dokumente Nr. 1 bis 236. Bearbeitet von Ingrid Schulze-Bidlingmaier. Boppard am Rhein 1973.

6) Die Kabinette Wirth I und II. 10. Mai 1921 bis 26. Oktober 1921. 26. Oktober 1921 bis 22. November 1922. Band 2: April 1922 bis November 1922, Dokumente Nr. 237 bis 409. Bearbeitet von Ingrid Schulze-Bidlingmaier. Boppard am Rhein 1973.

7) Das Kabinett Cuno. 22. November 1922 bis 12. August 1923. Bearbeitet von Karl-Heinz Harbeck. Boppard am Rhein 1968.

8) Die Kabinette Stresemann I u[nd] II. 13. August bis 6. Oktober 1923. 6. Oktober bis 30. November 1923. Band 1: 13. August bis 6. Oktober 1923, Dokumente Nr. 1 bis 114. Bearbeitet von Karl Dietrich Erdmann und Martin Vogt. Boppard am Rhein 1978.

9) Die Kabinette Stresemann I u[nd] II. 13. August bis 6. Oktober 1923. 6. Oktober bis 30. November 1923. Band 2: 6. Oktober bis 30. November 1923, Dokumente Nr. 115 bis 282. Bearbeitet von Karl Dietrich Erdmann und Martin Vogt. Boppard am Rhein 1978.

10) Die Kabinette Marx I und II. 30. November 1923 bis 3. Juni 1924. 3. Juni 1924 bis 15. Januar 1925. Band 1: November 1923 bis Juni 1924, Dokumente Nr. 1 bis 213. Bearbeitet von Günter Abramowski. Boppard am Rhein 1973.

11) Die Kabinette Marx I und II. 30. November 1923 bis 3. Juni 1924. 3. Juni 1924 bis 15. Januar 1925. Band 2: Juni 1924 bis Januar 1925, Dokumente Nr. 214 bis 388. Anhang Nr. 1 bis 11. Bearbeitet von Günter Abramowski. Boppard am Rhein 1973.

12) Die Kabinette Luther I und II. 15. Januar 1925 bis 20. Januar 1926. 20. Januar 1926 bis 17. Mai 1926. Band 1: Januar 1925 bis Oktober 1925, Dokumente Nr. 1 bis 170. Bearbeitet von Karl-Heinz Minuth. Boppard am Rhein 1977.

13) Die Kabinette Luther I und II. 15. Januar 1925 bis 20. Januar 1926. 20. Januar 1926 bis 17. Mai 1926. Band 2: Oktober 1925 bis Mai 1926, Dokumente Nr. 171 bis 365. Bearbeitet von Karl-Heinz Minuth. Boppard am Rhein 1977.

14) Die Kabinette Marx III und IV. 17. Mai 1926 bis 29. Januar 1927. 29. Januar 1927 bis 29. Juni 1928. Band 1: Mai 1926 bis Mai 1927, Dokumente Nr. 1 bis 242. Bearbeitet von Günter Abramowski. Boppard am Rhein 1988.

15) Die Kabinette Marx III und IV. 17. Mai 1926 bis 29. Januar 1927. 29. Januar 1927 bis 29. Juni 1928. Band 2: Juni 1927 bis Juni 1928, Dokumente Nr. 243 bis 476. Bearbeitet von Günter Abramowski. Boppard am Rhein 1988.

16) Das Kabinett Müller II. 28. Juni 1928 bis 27. März 1930. Band 1: Juni 1928 bis Juli 1929, Dokumente Nr. 1 bis 256. Bearbeitet von Martin Vogt. Boppard am Rhein 1970.

17) Das Kabinett Müller II. 28. Juni 1928 bis 27. März 1930. Band 2: August 1929 bis März 1930, Dokumente Nr. 257 bis 489. Bearbeitet von Martin Vogt. Boppard am Rhein 1970.

18) Die Kabinette Brüning I u[nd] II. 30. März 1930 bis 10. Oktober 1931. 10. Oktober 1931 bis 1. Juni 1932. Band 1: 30. März 1930 bis 28. Februar 1931, Dokumente Nr. 1 bis 252. Bearbeitet von Tilman Koops. Boppard am Rhein 1982.

19) Die Kabinette Brüning I u[nd] II. 30. März 1930 bis 10. Oktober 1931. 10. Oktober 1931 bis 1. Juni 1932. Band 2: 1. März 1931 bis 10. Oktober 1931, Dokumente Nr. 253 bis 514. Bearbeitet von Tilman Koops. Boppard am Rhein 1982.

20) Die Kabinette Brüning I u[nd] II. 30. März 1930 bis 10. Oktober 1931. 10. Oktober 1931 bis 1. Juni 1932. Band 3: 10. Oktober 1931 bis 30. Mai 1932, Dokumente Nr. 515 bis 774. Bearbeitet von Tilman Koops. Boppard am Rhein 1990.

21) Das Kabinett von Papen. 1. Juni bis 3. Dezember 1932. Band 1: Juni bis September 1932, Dokumente Nr. 1 bis 129. Bearbeitet von Karl-Heinz Minuth. Boppard am Rhein 1989.

22) Das Kabinett von Papen. 1. Juni bis 3. Dezember 1932. Band 2: September bis Dezember 1932, Dokumente Nr. 130 bis 240. Bearbeitet von Karl-Heinz Minuth. Boppard am Rhein 1989.

23) Das Kabinett von Schleicher. 3. Dezember 1932 bis 30. Januar 1933. [Dokumente Nr. 1 bis 79.] Bearbeitet von Anton Golecki. Boppard am Rhein 1986.

Akten der Reichskanzlei – Regierung Hitler 1933–1945

1) Die Regierung Hitler. Teil I: 1933/34. Band 1: 30. Januar bis 31. August 1933, Dokumente Nr. 1 bis 206. Bearbeitet von Karl-Heinz Minuth. Boppard am Rhein 1983.

2) Die Regierung Hitler. Teil I: 1933/34. Band 2: 12. September 1933 bis 27. August 1934, Dokumente Nr. 207 bis 384. Bearbeitet von Karl-Heinz Minuth. Boppard am Rhein 1983.

3) Die Regierung Hitler. Band II: 1934/35. Teilband 1: August 1934 – Mai 1935, Dokumente Nr. 1–168. Bearbeitet von Friedrich Hartmannsgruber. München 1999.

4) Die Regierung Hitler. Band II: 1934/35. Teilband 2: Juni – Dezember 1935, Dokumente Nr. 169–286. Bearbeitet von Friedrich Hartmannsgruber. München 1999.

5) Die Regierung Hitler. Band III: 1936. Bearbeitet von Friedrich Hartmannsgruber. München 2002.

6) Die Regierung Hitler. Band IV: 1937. Bearbeitet von Friedrich Hartmannsgruber. München 2005.

Die Protokolle des Bayerischen Ministerrats 1945–1954 (in Zusammenarbeit mit der Generaldirektion der Staatlichen Archive Bayerns)

1) Das Kabinett Schäffer. 28. Mai bis 28. September 1945. Bearbeitet von Karl-Ulrich Gelberg. München 1995.

2) Das Kabinett Hoegner I. 28. September 1945 bis 21. Dezember 1946. Band 1. Bearbeitet von Karl-Ulrich Gelberg. München 1997.

3) Das Kabinett Hoegner I. 28. September 1945 bis 21. Dezember 1946. Band 2. Bearbeitet von Karl-Ulrich Gelberg. München 1997.

4) Das Kabinett Ehard I. 21. Dezember 1946 bis 20. September 1947. Bearbeitet von Karl-Ulrich Gelberg. München 2000.
5) Das Kabinett Ehard II. 20 September 1947 bis 18. Dezember 1950. Band 1: 24.9.1947–22.12.1948. Bearbeitet von Karl-Ulrich Gelberg. München 2003.
6) Das Kabinett Ehard II. 20 September 1947 bis 18. Dezember 1950. Band 2: 5.1.1949–29.12.1949. Bearbeitet von Karl-Ulrich Gelberg. München 2005.

Dokumentation der deutsch-französischen Beziehungen 1949–1963

1) Die Bundesrepublik Deutschland und Frankreich. Dokumente 1949–1963. Herausgegeben von Horst Möller und Klaus Hildebrand. Band 1: Außenpolitik und Diplomatie. Bearbeitet von Ulrich Lappenküper. München 1997.
2) Die Bundesrepublik Deutschland und Frankreich. Dokumente 1949–1963. Herausgegeben von Horst Möller und Klaus Hildebrand. Band 2: Wirtschaft. Bearbeitet von Andreas Wilkens. München 1997.
3) Die Bundesrepublik Deutschland und Frankreich. Dokumente 1949–1963. Herausgegeben von Horst Möller und Klaus Hildebrand. Band 3: Parteien, Öffentlichkeit, Kultur. Bearbeitet von Herbert Elzer. München 1997.
4) Die Bundesrepublik Deutschland und Frankreich. Dokumente 1949–1963. Herausgegeben von Horst Möller und Klaus Hildebrand. Band 4: Materialien, Register, Bibliographie (Erschließungsband). Bearbeitet von Herbert Elzer in Zusammenarbeit mit Ulrich Lappenküper und Andreas Wilkens. München 1999.

Preisschriften

1) Baldewin von Lützelburg, Erzbischof und Kurfürst von Trier, ein Zeitbild aus der 1. Hälfte des 14. Jahrhunderts. Von A. Dominicus. Koblenz 1862.
2) Aventin. Von Wilhelm Dittmar. Nördlingen 1862.
3) Ludwig der Reiche, Herzog von Bayern. Zur Geschichte Deutschlands im 15. Jahrh[undert]. Von August Kluckhohn. Nördlingen 1865.
4) Denkwürdige Bayern. Kurze Lebensbeschreibungen verstorbener verdienter Männer, die in dem Ländergebiete des jetzigen Königreiches Bayern geboren oder durch längeren Aufenthalt ihm angehörig waren. Durch Pleickhard Stumpf. München 1865.
5) Geschichte des Unterrichtswesens in Deutschland von den ältesten Zeiten bis zur Mitte des dreizehnten Jahrhunderts. Von Franz Anton Specht. Stuttgart 1885.

Allgemeine Deutsche Biographie

56 Bände: Bd. 1, Leipzig 1875, bis Bd. 56 (= Generalregister), Leipzig 1912.

Neue Deutsche Biographie

[Das digitale NDB/ADB-Register erschließt die 55 Bände der ADB und die 23 Bände der NDB unter http://www.deutsche-biographie.de/]

1) Bd. I: Aachen – Behaim. [Schriftleitung: Otto Graf zu Stolberg-Wernigerode.] Berlin 1953.
2) Bd. II: Behaim – Bürkel. Berlin 1955.
3) Bd. III: Bürklein – Ditmar. [Schriftleitung: Otto Graf zu Stolberg-Wernigerode u. a.] Berlin 1957.
4) Bd. IV: Dittel – Falck. [Schriftleitung: Otto Graf zu Stolberg-Wernigerode u. a.] Berlin 1959.
5) Bd. V: Falck – Fyner (voran: Faistenberger). [Schriftleitung: Otto Graf zu Stolberg-Wernigerode u. a.] Berlin 1961.
6) Bd. VI: Gaál – Grasmann. [Schriftleitung: Otto Graf zu Stolberg-Wernigerode u. a.] Berlin 1964.
7) Bd. VII: Grassauer – Hartmann. [Schriftleitung: Otto Graf zu Stolberg-Wernigerode u. a.] Berlin 1966.
8) Bd. VIII: Hartmann – Heske. [Schriftleitung: Otto Graf zu Stolberg-Wernigerode, Walter Bußmann (ab April 1968) u. a.] Berlin 1969.
9) Bd. IX: Hess – Hüttig. [Schriftleitung: Fritz Wagner u. a.] Berlin 1972.
10) Bd. X: Hufeland – Kaffsack. [Schriftleitung: Fritz Wagner u. a.] Berlin 1974.
11) Bd.XI: Kafka – Kleinfercher. [Schriftleitung: Fritz Wagner u. a.] Berlin 1977.
12) Bd.XII: Kleinhans – Kreling. [Schriftleitung: Fritz Wagner u. a.] Berlin 1980.
13) Bd. XIII: Krell – Laven. [Schriftleitung: Fritz Wagner u. a.] Berlin 1982.
14) Bd. XIV: Laverrenz – Locher-Freuler. [Schriftleitung: Fritz Wagner u. a.] Berlin 1985.
15) Bd. XV: Locherer – Maltza(h)n. [Schriftleitung: Fritz Wagner u. a.] Berlin 1987.
16) Bd. XVI: Maly – Melanchthon. [Schriftleitung: Fritz Wagner, Karl Otmar Frhr. v. Aretin u. a.] Berlin 1990.
17) Bd. XVII: Melander – Moller. [Schriftleitung: Karl Otmar Frhr. v. Aretin u. a.] Berlin 1994.

18) Bd. XVIII: Moller – Nausea. [Schriftleitung: Karl Otmar Frhr. v. Aretin u. a.] Berlin 1997.
19) Bd. XIX: Nauwach – Pagel. [Schriftleitung: Karl Otmar Frhr. v. Aretin u. a.] Berlin 1999.
20) Bd. XX: Pagenstecher – Püterich. [Hrsg. v. Hans Günter Hockerts, Redaktion: Franz Menges u. a.] Berlin 2001.
21) Bd. XXI: Pütter – Rohlfs. Mit ADB & NDB Gesamtregister auf CD-ROM. [Hrsg. v. Hans Günter Hockerts, Redaktion: Franz Menges u. a.] Berlin 2003.
22) Bd. XXII: Rohmer – Schinkel. Mit ADB & NDB-Gesamtregister auf CD-ROM. Zweite Ausgabe. [Hrsg. v. Hans Günter Hockerts, Redaktion: Franz Menges u. a.] Berlin 2005.
23) Bd. XXIII: Schinzel – Schwarz. Mit ADB & NDB-Gesamtregister auf CD-ROM. Dritte Ausgabe. [Hrsg. v. Hans Günter Hockerts, Redaktion: Franz Menges u. a.] Berlin 2007.

Forschungen zur deutschen Geschichte (Zeitschrift)

26 Bände: Bd. 1 (1862) – Bd. 26 (1886).

Historisch-Politisches Archiv zur deutschen Geschichte des 19. und 20. Jahrhunderts

Im Auftrage der Historischen Reichskommission und der Historischen Kommission bei der Bayerischen Akademie der Wissenschaften herausgegeben von Ludwig Dehio.

1) Bd. I: [Briefe Wilhelm Stahls aus der Paulskirche. Herausgegeben von Marie von Gerber (1–132); Briefwechsel zwischen dem Chef des Generalstabes Grafen Waldersee und dem Militärattaché in Petersburg Grafen Yorck von Wartenburg, 1885–1894. Herausgegeben von H[einrich] O[tto] Meisner (133–192); Um Bassermann und Bethmann. Erinnerungen von Reichsminister a. D. Dr. E. Schiffer (193–203).] Leipzig 1930.
2) Bd. II: Der Deutsche Gedanke bei den Mecklenburgischen Verwandten der Königin Luise. Briefe, Denkschriften und Aktenstücke aus den Jahren 1806 bis 1831. Herausgegeben von Archivrat Dr. Carl August Endler. Leipzig 1932 [VI u. 229 S.].

Schriftenreihe der Historischen Kommission

1) Schrift 1: Mathilde Uhlirz, Die älteste Lebensbeschreibung des heiligen Adalbert. (Forschungen und Vorarbeiten zu den Jahrbüchern und Regesten Kaiser Ottos III. 3. Teil). Göttingen 1957.
2) Schrift 2: Mathilde Uhlirz, Untersuchungen über Inhalt und Datierung der Briefe Gerberts von Aurillac, Papst Silvesters II. (Forschungen und Vorarbeiten zu den Jahrbüchern und Regesten Kaiser Ottos III. 3. Teil). Göttingen 1957.
3) Schrift 3: Heinrich Schmidt, Die deutschen Städtechroniken als Spiegel des bürgerlichen Selbstverständnisses im Spätmittelalter. Göttingen 1958.
4) Schrift 4: Herbert Grundmann (Hrsg.), Valentin von Tetleben. Protokoll des Augsburger Reichstags 1530. Göttingen 1958.
5) Schrift 5: Aus Reichstagen des 15. und 16. Jahrhunderts. Festgabe, dargebracht der Historischen Kommission bei der Bayerischen Akademie der Wissenschaften zur Feier ihres hundertjährigen Bestehens von den Herausgebern der Deutschen Reichstagsakten. Göttingen 1958.
6) Schrift 6: Dieter Albrecht, Die auswärtige Politik Maximilians von Bayern 1618–1635. Göttingen 1962.
7) Schrift 7: Friedrich Hermann Schubert, Die deutschen Reichstage in der Staatslehre der Frühen Neuzeit. Göttingen 1966.
8) Schrift 8: Heinz Dollinger, Studien zur Finanzreform Maximilians I. von Bayern in den Jahren 1598–1618. Ein Beitrag zur Geschichte des Frühabsolutismus. Göttingen 1968.
9) Schrift 9: Gunter Berg, Leopold von Ranke als akademischer Lehrer. Studien zu seinen Vorlesungen und seinem Geschichtsdenken. Göttingen 1968.
10) Schrift 10: Hans-Jörg Herold, Markgraf Joachim Ernst von Brandenburg-Ansbach als Reichsfürst. Göttingen 1973.
11) Schrift 11: Wolfgang Hardtwig, Geschichtsschreibung zwischen Alteuropa und moderner Welt. Jacob Burckhardt in seiner Zeit. Göttingen 1974.
12) Schrift 12: Grete Klingenstein, Der Aufstieg des Hauses Kaunitz. Studien zur Herkunft und Bildung des Staatskanzlers Wenzel Anton. Göttingen 1975.
13) Schrift 13: Robert Bireley, Maximilian von Bayern, Adam Contzen S. J. und die Gegenreformation in Deutschland 1624–1635. Göttingen 1975.
14) Schrift 14: Erika Kossol, Die Reichspolitik des Pfalzgrafen Philipp Ludwig von Neuburg (1547–1614). Göttingen 1976.
15) Schrift 15: Harm-Hinrich Brandt, Der österreichische Neoabsolutismus: Staatsfinanzen und Politik 1848–1860. Band 1. Göttingen 1978.

16) Schrift 15: Harm-Hinrich Brandt, Der österreichische Neoabsolutismus: Staatsfinanzen und Politik 1848–1860. Band 2. Göttingen 1978.

17) Schrift 16: Volker Dotterweich, Heinrich von Sybel. Geschichtswissenschaft in politischer Absicht (1817–1861). Göttingen 1978.

18) Schrift 17: Christoph Freiherr von Maltzahn, Heinrich Leo (1799–1878). Ein politisches Gelehrtenleben zwischen romantischem Konservatismus und Realpolitik. Göttingen 1979.

19) Schrift 18: Rosemarie Aulinger, Das Bild des Reichstages im 16. Jahrhundert. Beiträge zu einer typologischen Analyse schriftlicher und bildlicher Quellen. Göttingen 1980.

20) Schrift 19: Alfred Kohler, Antihabsburgische Politik in der Epoche Karls V. Die reichsständische Opposition gegen die Wahl Ferdinands I. zum Römischen König und gegen die Anerkennung seines Königtums (1524–1534). Göttingen 1982.

21) Schrift 20: Albrecht Pius Luttenberger, Glaubenseinheit und Reichsfriede. Konzeptionen und Wege konfessionsneutraler Reichspolitik 1530 bis 1552 (Kurpfalz, Jülich, Kurbrandenburg). Göttingen 1982.

22) Schrift 21: Norbert Conrads, Ritterakademien der Frühen Neuzeit. Bildung als Standesprivileg im 16. und 17. Jahrhundert. Göttingen 1982.

23) Bd. 22: Luise Schorn-Schütte, Karl Lamprecht. Kulturgeschichtsschreibung zwischen Wissenschaft und Politik. Göttingen 1984.

24) Bd. 23: Gangolf Hübinger, Georg Gottfried Gervinus. Historisches Urteil und politische Kritik. Göttingen 1984.

25) Bd. 24: Reinhard Seyboth, Die Markgraftümer Ansbach und Kulmbach unter der Regierung Markgraf Friedrichs des Älteren (1486–1515). Göttingen 1985.

26) Bd. 25: Thomas Kleinknecht, Imperiale und internationale Ordnung. Eine Untersuchung zum angloamerikanischen Gelehrtenliberalismus am Beispiel von James Bryce (1838–1922). Göttingen 1985.

27) Bd. 26: Heinrich Lutz und Alfred Kohler (Hrsg.), Aus der Arbeit an den Reichstagen unter Kaiser Karl V. Sieben Beiträge zu Fragen der Forschung und Edition. Göttingen 1986.

28) Bd. 27: Ragnhild Fiebig-von Hase, Lateinamerika als Konfliktherd der deutsch-amerikanischen Beziehungen 1890–1903. Vom Beginn der Panamerikapolitik bis zur Venezuelakrise von 1902/03. Teil 1. Göttingen 1986.

29) Bd. 27: Ragnhild Fiebig-von Hase, Lateinamerika als Konfliktherd der deutsch-amerikanischen Beziehungen 1890–1903. Vom Beginn der Panamerikapolitik bis zur Venezuelakrise von 1902/03. Teil 2. Göttingen 1986.

30) Bd. 28: Dietmar Stutzer, Klöster als Arbeitgeber um 1800. Die bayerischen Klöster als Unternehmenseinheiten und ihre Sozialsysteme zur Zeit der Säkularisation 1803. Göttingen 1986.

31) Bd. 29: Manfred Hörner, Die Wahlen zur badischen zweiten Kammer im Vormärz (1819–1847). Göttingen 1987.

32) Bd. 30: Karl-Joseph Hummel, München in der Revolution von 1848/49. Göttingen 1987.

33) Bd. 31: Gerd van den Heuvel, Der Freiheitsbegriff der Französischen Revolution. Studien zur Revolutionsideologie. Göttingen 1988.

34) Bd. 32: Franz Bosbach, Monarchia Universalis – Ein politischer Leitbegriff der frühen Neuzeit. Göttingen 1988.

35) Bd. 33: Wilhelm Füßl, Professor in der Politik: Friedrich Julius Stahl (1802–1861). Das monarchische Prinzip und seine Umsetzung in die parlamentarische Praxis. Göttingen 1988.

36) Bd. 34: Peter Schmid, Der Gemeine Pfennig von 1495. Vorgeschichte und Entstehung, verfassungsgeschichtliche, politische und finanzielle Bedeutung. Göttingen 1989.

37) Bd. 35: Heinz Angermeier und Erich Meuthen (Hrsg.), Fortschritte in der Geschichtswissenschaft durch Reichstagsaktenforschung. Vier Beiträge aus der Arbeit an den Reichstagsakten des 15. und 16. Jahrhunderts. Göttingen 1988.

38) Bd. 36: Claudia Prestel, Jüdisches Schul- und Erziehungswesen in Bayern 1804–1933. Tradition und Modernisierung im Zeitalter der Emanzipation. Göttingen 1989.

39) Bd. 37: Bernd Roeck, Eine Stadt in Krieg und Frieden. Studien zur Geschichte der Reichsstadt Augsburg zwischen Kalenderstreit und Parität. Erster Teilband. Göttingen 1989.

40) Bd. 37: Bernd Roeck, Eine Stadt in Krieg und Frieden. Studien zur Geschichte der Reichsstadt Augsburg zwischen Kalenderstreit und Parität. Zweiter Teilband. Göttingen 1989.

41) Bd. 38: Gerhard Oestreich, Antiker Geist und moderner Staat bei Justus Lipsius (1547–1606). Der Neustoizismus als politische Bewegung. Herausgegeben und eingeleitet von Nicolette Mout. Göttingen 1989.

42) Bd. 39: Rainer Lahme, Deutsche Außenpolitik 1890–1894. Von der Gleichgewichtspolitik Bismarcks zur Allianzstrategie Caprivis. Göttingen 1990.

43) Bd. 40: Ulrich Lappenküper, Die Mission Radowitz. Untersuchungen zur Rußlandpolitik Otto von Bismarcks (1871–1875). Göttingen 1990.

44) Bd. 41: Andreas Kaernbach, Bismarcks Konzepte zur Reform des Deutschen Bundes. Zur Kontinuität der Politik Bismarcks und Preußens in der deutschen Frage. Göttingen 1991.

45) Bd. 42: Erich Meuthen (Hrsg.), Reichstage und Kirche. Kolloquium der Historischen Kommission bei der Bayerischen Akademie der Wissenschaften. München, 9. März 1990. Göttingen 1991.

46) Bd. 43: Franz J. Bauer, Bürgerwege und Bürgerwelten. Familienbiographische Untersuchungen zum deutschen Bürgertum im 19. Jahrhundert. Göttingen 1991.

47) Bd. 44: Thomas Michael Martin, Auf dem Weg zum Reichstag. Studien zum Wandel der deutschen Zentralgewalt 1314–1410. Göttingen 1992.

48) Bd. 45: Maximilian Lanzinner, Friedenssicherung und politische Einheit des Reiches unter Kaiser Maximilian II. (1564–1576). Göttingen 1993.

49) Bd. 46: Karl Härter, Reichstag und Revolution 1789–1806. Die Auseinandersetzung des Immerwährenden Reichstags zu Regensburg mit den Auswirkungen der Französischen Revolution auf das Alte Reich. Göttingen 1992.

50) Bd. 47: Christoph Studt, Lothar Bucher (1817–1892). Ein politisches Leben zwischen Revolution und Staatsdienst. Göttingen 1992.

51) Bd. 48: Dirk Götschmann, Das bayerische Innenministerium 1825–1864. Organisation und Funktion, Beamtenschaft und politischer Einfluß einer Zentralbehörde in der konstitutionellen Monarchie. Göttingen 1993.

52) Bd. 49: Peter Münch, Stadthygiene im 19. und 20. Jahrhundert. Die Wasserversorgung, Abwasser- und Abfallbeseitigung unter besonderer Berücksichtigung Münchens. Göttingen 1993.

53) Bd. 50: Heinz Gollwitzer, Ein Staatsmann des Vormärz: Karl von Abel 1788–1859. Beamtenaristokratie – Monarchisches Prinzip – Politischer Katholizismus. Göttingen 1993.

54) Bd. 51: Heribert Müller, Kreuzzugspläne und Kreuzzugspolitik des Herzogs Philipp des Guten von Burgund. Göttingen 1993.

55) Bd. 52: Harald Rosenbach, Das Deutsche Reich, Großbritannien und der Transvaal (1896–1902). Anfänge deutsch-britischer Entfremdung. Göttingen 1993.

56) Bd. 53: Hans-Christof Kraus, Ernst Ludwig von Gerlach. Politisches Denken und Handeln eines Preußischen Altkonservativen. Erster Teilband. Göttingen 1994.

57) Bd. 53: Hans-Christof Kraus, Ernst Ludwig von Gerlach. Politisches Denken und Handeln eines Preußischen Altkonservativen. Zweiter Teilband. Göttingen 1994.

58) Bd. 54: Hans Liudger Dienel, Ingenieure zwischen Hochschule und Industrie. Kältetechnik in Deutschland und Amerika, 1870–1930. Göttingen 1995.

59) Bd. 55: Josef Leeb, Wahlrecht und Wahlen zur Zweiten Kammer der bayerischen Ständeversammlung im Vormärz (1818–1845). Erster Teilband. Göttingen 1996.

60) Bd. 55: Josef Leeb, Wahlrecht und Wahlen zur Zweiten Kammer der bayerischen Ständeversammlung im Vormärz (1818–1845). Zweiter Teilband. Göttingen 1996.

61) Bd. 56: Stefanie Schüler-Springorum, Die jüdische Minderheit in Königsberg/Preußen 1871–1945. Göttingen 1996.

62) Bd. 57: Thomas Brockmann, Die Konzilsfrage in den Flug- und Streitschriften des deutschen Sprachraumes 1518–1563. Göttingen 1998.

63) Bd. 58: Andreas Edel, Der Kaiser und Kurpfalz. Eine Studie zu den Grundelementen politischen Handelns bei Maximilian II. (1564–1576). Göttingen 1997.

64) Bd. 59: Ralf Forsbach, Alfred von Kiderlen-Wächter (1852–1912). Ein Diplomatenleben im Kaiserreich. Erster Teilband. Göttingen 1997.

65) Bd. 59: Ralf Forsbach, Alfred von Kiderlen-Wächter (1852–1912). Ein Diplomatenleben im Kaiserreich. Zweiter Teilband. Göttingen 1997.

66) Bd. 60: Thomas Hertfelder, Franz Schnabel und die deutsche Geschichtswissenschaft. Geschichtsschreibung zwischen Historismus und Kulturkritik (1910–1945). Erster Teilband. Göttingen 1998.

67) Bd. 60: Thomas Hertfelder, Franz Schnabel und die deutsche Geschichtswissenschaft. Geschichtsschreibung zwischen Historismus und Kulturkritik (1910–1945). Zweiter Teilband. Göttingen 1998.

68) Bd. 61: Dietmar Heil, Die Reichspolitik Bayerns unter der Regierung Herzog Albrechts V. (1550–1579). Göttingen 1998.

69) Bd. 62: Jutta Seitz, Die landständische Verordnung in Bayern im Übergang von der altständischen Repräsentation zum modernen Staat. Göttingen 1999.

70) Bd. 63: Wilfried Rudloff, Die Wohlfahrtsstadt. Kommunale Ernährungs-, Fürsorge- und Wohnungspolitik am Beispiel Münchens 1910–1933. Erster Teilband. Göttingen 1998.

71) Bd. 63: Wilfried Rudloff, Die Wohlfahrtsstadt. Kommunale Ernährungs-, Fürsorge- und Wohnungspolitik am Beispiel Münchens 1910–1933. Zweiter Teilband. Göttingen 1998.

72) Bd. 64: Reinhard Stauber, Der Zentralstaat an seinen Grenzen. Administrative Integration, Herrschaftswechsel und politische Kultur im südlichen Alpenraum 1750–1820. Göttingen 2001.

73) Bd. 65: Merrit Niehuss, Familie, Frau und Gesellschaft. Göttingen 2001.

74) Bd. 66: Esteban Mauerer, Südwestdeutscher Reichsadel im 17. und 18. Jahrhundert. Geld, Reputation, Karriere: Das Haus Fürstenberg. Göttingen 2001.

75) Bd. 67: Gerrit Walther, Abt Balthasars Mission. Politische Mentalitäten, Gegenreformation und eine Adelsverschwörung im Hochstift Fulda. Göttingen 2002.

76) Bd. 68: Gabriele Annas, Hoftag – Gemeiner Tag – Reichstag. Studien zur strukturellen Entwicklung deutscher Reichsversammlungen des späten Mittelalters (1349–1471). Mit einer CD-ROM: Verzeichnis der Besucher deutscher Reichsversammlungen des späten Mittelalters (1349 bis 1471). Erster Teilband. Göttingen 2004.

77) Bd. 68: Gabriele Annas, Hoftag – Gemeiner Tag – Reichstag. Studien zur strukturellen Entwicklung deutscher Reichsversammlungen des späten Mittelalters (1349–1471). Mit einer CD-ROM: Verzeichnis der Besucher deutscher Reichsversammlungen des späten Mittelalters (1349 bis 1471). Zweiter Teilband. Göttingen 2004.

78) Bd. 69: Markus Friedrich, Die Grenzen der Vernunft. Theologie, Philosophie und gelehrte Konflikte am Beispiel des Helmstedter Hofmannstreits und seiner Auswirkungen auf das Lutherum um 1600. Göttingen 2004.

79) Bd. 70: Christian Hesse, Amtsträger der Fürsten im spätmittelalterlichen Reich. Die Funktionseliten der lokalen Verwaltung in Bayern-Landshut, Hessen, Sachsen und Württemberg 1350–1515. Göttingen 2005.

80) Bd. 71: Jürgen Müller, Deutscher Bund und deutsche Nation 1848–1866. Göttingen 2005.

81) Bd. 72: Stefan Ehrenpreis, Kaiserliche Gerichtsbarkeit und Konfessionskonflikt. Der Reichshofrat unter Rudolf II. 1576–1612. Göttingen 2006.

82) Bd. 73: Maximilian Lanzinner und Arno Strohmeyer (Hrsg.), Der Reichstag 1486–1613: Kommunikation – Wahrnehmung – Öffentlichkeiten. Göttingen 2006.

83) Bd. 74: Cornel Zwierlein, Discorso und Lex Dei. Die Entstehung neuer Denkrahmen im 16. Jahrhundert und die Wahrnehmung der französischen Religionskriege in Italien und Deutschland. Göttingen 2006.

84) Bd. 75: David Thimme, Percy Ernst Schramm und das Mittelalter. Wandlungen eines Geschichtsbildes. Göttingen 2006.

85) Bd. 76: Stephen Schröder, Die englisch-russische Marinekonvention. Das Deutsche Reich und die Flottenverhandlungen der Tripelentente am Vorabend des Ersten Weltkriegs. Göttingen 2006.

86) Bd. 78: Dietmar Willoweit (Hrsg.), Grundlagen der modernen bayerischen Geschichte. Staat und Politik im Spiegel der Regierungsprotokolle des 19. und 20. Jahrhunderts. Göttingen 2007.

Fest- und Informationsschriften

1) Die Historische Commission bei der königlich bayerischen Akademie der Wissenschaften 1858–1883. Eine Denkschrift. München 1883.
2) Die Historische Kommission bei der Bayerischen Akademie der Wissenschaften 1858–1958. Göttingen 1958.
3) Historische Kommission bei der Bayerischen Akademie der Wissenschaften 1858–1983. München 1984.
4) Franz Schnabel. Zu Leben und Werk (1887–1966). Vorträge zur Feier seines 100. Geburtstages. Herausgegeben von der Historischen Kommission bei der Bayerischen Akademie der Wissenschaften. München 1988.
5) Die Historische Kommission bei der Bayerischen Akademie der Wissenschaften. München 1995.

Jahresberichte

1) Jahresbericht 2002. München 2003.
2) Jahresbericht 2003. München 2004.
3) Jahresbericht 2004. München 2005.
4) Jahresbericht 2005. München 2006.
5) Jahresbericht 2006. München 2007.

Abkürzungsverzeichnis

ADB	Allgemeine Deutsche Biographie
AfK	Archiv für Kulturgeschichte
Almanach ÖAW	Almanach der Österreichischen Akademie der Wissenschaften
BA	Bundesarchiv
BAdW	Bayerische Akademie der Wissenschaften
Bautz	Biographisch-Bibliographisches Kirchenlexikon, begründet und herausgegeben von Friedrich Wilhelm Bautz, fortgeführt von Traugott Bautz, 1975ff.
BayHStA	Bayerisches Hauptstaatsarchiv, München
bpk	Bildarchiv Preußischer Kulturbesitz
BDC	Berlin Document Center
DA	Deutsches Archiv zur Erforschung des Mittelalters
DFG	Deutsche Forschungsgemeinschaft
DHI	Deutsches Historisches Institut
DLA	Deutsches Literaturarchiv
ebd.	ebenda
FAZ	Frankfurter Allgemeine Zeitung
Fellner/Corradini	Fritz Fellner/Doris A. Corradini, Österreichische Geschichtswissenschaft im 20. Jahrhundert. Ein biographisch-bibliographisches Lexikon, Wien 2006
Forsch. z. Dt. Gesch.	Forschungen zur Deutschen Geschichte, hg. durch die Historische Commission bei der Königlich Bayerischen Akademie der Wissenschaften 1 (1862) – 26 (1886), Göttingen (Verlag der Dieterichschen Buchhandlung), damit Erscheinen eingestellt
FS	Festschrift
FS 1883	Die Historische Commission bei der königlich bayerischen Akademie der Wissenschaften 1858–1883. Eine Denkschrift [Verfasser: Heinrich von Sybel und Wilhelm Giesebrecht], München 1883
FS 1958	Die Historische Kommission bei der Bayerischen Akademie der Wissenschaften, Göttingen 1958
FS 1983	Historische Kommission bei der Bayerischen Akademie der Wissenschaften 1858–1983, München 1984

GD	Generaldirektion der Staatlichen Archive Bayerns
GWU	Geschichte in Wissenschaft und Unterricht
HiKo	Archiv der Historischen Kommission (im Archiv der Bayerischen Akademie der Wissenschaften) (1858–1961) (Beispiel HiKo 26)
HiKo NL 1	Willy Andreas
HiKo NL 2	Karl Mayr
HiKo NL 3	Friedrich Hermann Schubert
HiKo R	Historische Kommission Registratur (1962–2005)
HJb	Historisches Jahrbuch
HZ	Historische Zeitschrift
IfZ	Institut für Zeitgeschichte
Jb.BadW	Jahrbuch der Bayerischen Akademie der Wissenschaften
JffL	Jahrbuch für fränkische Landesforschung
JV	Protokoll der Jahresversammlung der Historischen Kommission
Kürschner	Kürschners Deutscher Gelehrten-Kalender
LMU	Ludwig-Maximilians-Universität München
LThK	Lexikon für Theologie und Kirche
MA	Staatsministerium des königlichen Hauses und des Äußern
MGH	Monumenta Germaniae Historica
MGM	Militärgeschichtliche Mitteilungen
MIÖG	Mitteilungen des Instituts für Österreichische Geschichtsforschung
MK	Staatsministerium für Unterricht und Kultus
Munzinger	Munzinger-Archiv
NDB	Neue Deutsche Biographie
NDB R	Redaktion der Neuen Deutschen Biographie Registratur
NL	Nachlaß
NZZ	Neue Zürcher Zeitung
ÖBL	Österreichisches Biographisches Lexikon
QFIAB	Quellen und Forschungen aus italienischen Archiven und Bibliotheken
RAG	Repertorium Academicum Germanicum
Ranke u. Bayern	Ranke und Bayern. Zum 200. Geburtstag des ersten Präsidenten der Historischen Kommission bei der BAdW (BayHStA, Kleine Ausstellungen Nr. 2), bearb. v. Kurt Malisch, München 1996 (18 S.)
Ritter, Gründung	Moriz Ritter, Über Gründung, Leistungen und Aufgaben der Historischen Kommission. Rede, gehalten am 4. Juni 1909 in der Münchener Akademie zur Feier des 50jährigen Bestehens der Kommission, in: HZ 103 (1909), 274–301
RTA	Deutsche Reichstagsakten (Ältere Reihe, Mittlere Reihe, Jüngere Reihe, Reichsversammlungen)

RWWA	Rheinisch-Westfälisches Wirtschaftsarchiv
Schnabel, Archivische Dokumente	Franz Schnabel 1887–1966. Archivische Dokumente zu seinem Wirken in München ab 1947, BayHStA, München 25.6.–8.8.2003 (Die Dokumente wurden gezeigt als Ergänzung zur Ausstellung des Generallandesarchivs Karlsruhe und des Instituts für Geschichte der Universität Karlsruhe [TH]: Franz Schnabel – Eine andere Geschichte: Historiker, Demokrat, Pädagoge), bearb. v. Kurt Malisch, München 2003 (18 S.)
StMUK	Staatsministerium für Unterricht und Kultus
StMWFK	Staatsministerium für Wissenschaft, Forschung und Kunst
TRE	Theologische Realenzyklopädie
UB	Universitätsbibliothek
VSWG	Vierteljahrschrift für Sozial- und Wirtschaftsgeschichte
ZBLG	Zeitschrift für bayerische Landesgeschichte
ZHF	Zeitschrift für historische Forschung
ZGORh	Zeitschrift für die Geschichte des Oberrheins
ZSRG	Zeitschrift der Savigny-Stiftung für Rechtsgeschichte

Abbildungsverzeichnis

Personenregister

Die mit * versehenen Seitenzahlen verweisen auf das Mitgliederverzeichnis.

Autorenverzeichnis

Prof. Dr. Heinz Duchhardt, geb. 1943, Direktor der Abteilung Universalgeschichte des Instituts für Europäische Geschichte Mainz
duchhardt@ieg-mainz.de

Prof. Dr. Lothar Gall, geb. 1936, em. Lehrstuhl für Neuere Geschichte an der Johann Wolfgang Goethe-Universität Frankfurt a.M., Präsident der Historischen Kommission bei der Bayerischen Akademie der Wissenschaften
L.Gall@em.uni-frankfurt.de

Dr. Karl-Ulrich Gelberg, geb. 1962, Geschäftsführer der Historischen Kommission bei der Bayerischen Akademie der Wissenschaften
gelberg@hk.badw.de

Prof. Dr. Klaus Hildebrand, geb. 1941, Lehrstuhl für Mittlere und Neuere Geschichte an der Rheinischen Friedrich-Wilhelms Universität Bonn, Leiter der Abteilungen „Deutsche Geschichtsquellen des 19. und 20. Jahrhunderts" und „Gesamtausgabe des Briefwechsels von Leopold von Ranke"
klaus.hildebrand@uni-bonn.de

Prof. Dr. Hans Günter Hockerts, geb. 1944, Lehrstuhl für Neueste Geschichte (Zeitgeschichte) an der Ludwig-Maximilians-Universität München, Leiter der Abteilungen „Neue Deutsche Biographie" und „Akten der Reichskanzlei. Regierung Hitler 1933–1945"
Hockerts@lrz.uni-muenchen.de

Prof. Dr. Dieter Langewiesche, geb. 1943, Lehrstuhl für Neuere Geschichte an der Eberhard-Karls-Universität Tübingen, Leiter der Abteilung „Forschungen zur deutschen Sozialgeschichte"
dieter.langewiesche@uni-tuebingen.de

Prof. Dr. Helmut Neuhaus, geb. 1944, Lehrstuhl für Neuere Geschichte an der Friedrich-Alexander-Universität Erlangen-Nürnberg, Sekretär der Historischen Kommission
helmut.neuhaus@gesch.phil.uni-erlangen.de

Prof. Dr. Rudolf Schieffer, geb. 1947, Professor für Geschichte an der Ludwig-Maximilians-Universität München, Präsident der Monumenta Germaniae Historica
Rudolf.Schieffer@mgh.de

Prof. Dr. Eike Wolgast, geb. 1936, em. Lehrstuhl für Neuere Geschichte an der Ruprecht-Karls-Universität Heidelberg, Leiter der Abteilung „Deutsche Reichstagsakten, Jüngere Reihe"
Eike.Wolgast@urz.uni-heidelberg.de